博学而笃志，切问而近思。
（《论语·子张》）

博晓古今，可立一家之说；
学贯中西，或成经国之才。

复旦博学·复旦博学·复旦博学·复旦博学·复旦博学·复旦博学

主编简介

薛可，上海交通大学长聘教授、博士生导师，上海交大－南加州大学文化创意产业学院副院长，国务院特殊津贴专家。南开大学管理学博士，上海交通大学和北京大学两站博士后。美国麻省理工学院高级访问学者、加州大学圣地亚哥分校、加拿大大不列颠哥伦比亚大学访问学者。主持国家社科基金（艺术类）重大课题、国家社科基金重点课题、国家社科基金一般课题、教育部人文社科项目、民委民族研究重点项目、广电总局社科研究项目、上海市决策咨询重点项目等纵横向课题20多项，出版专著、教材30多种，发表学术论文100多篇。获教育部新世纪优秀人才、上海市教育系统"三八红旗手"、"宝钢教育奖"、"上海交通大学校长奖"等几十个奖项。担任SSCI国际学术期刊副主编。主要学术方向：数字技术与文化传播、人际传播与舆情研究、国家形象与城市形象。

余明阳，上海交通大学安泰经济与管理学院教授、博士生导师，上海交通大学中国企业发展研究院院长。浙江大学哲学学士、复旦大学经济学硕士、复旦大学经济学博士，复旦大学和北京大学两站博士后。曾任中国公关协会常务副会长兼学术委员会主任、上海公关协会副会长兼学术委员会主任、上海市行为科学学会会长。发表中英文SSCI、CSSCI、EI论文100多篇，主持纵横向课题几十项，出版专著、教材几十种，获奖几十项。是中国第一位以品牌研究取得博士学位的学者，中国最早研究公共关系、广告、人际传播、文化创意的学者之一，也是中国第一代咨询策划业的代表人物之一。曾担任多个省市政府高级经济顾问、担任上市公司总裁（CEO）和多家上市公司独立董事。曾获全球十大品牌领袖奖（2009，印度孟买），中国公共关系二十年、三十年、四十年"特殊贡献奖"，首届中国十大策划风云人物（2002），中国首届十大广告学人（2006）等。主要学术方向为品牌战略与市场营销、公共关系与人际传播、广告与文化创意。

文化创意学概论

薛 可 余明阳 主编

图书资源总码

复旦大学出版社

第九章　文化创意产业载体之四：活动创意

第一节　活动创意概述	291
第二节　会展类活动创意	293
第三节　主题类活动创意	300
第四节　媒体类活动创意	306
案例研究："播客季"：媒体外衣下的活动创意	311
思维导图	316
本章参考文献	317

第十章　文化创意的团队与人才　319

第一节　文化创意团队	319
第二节　文化创意人才	333
第三节　文化创意为什么最难	346
案例研究：《阿凡达》创意者无限	354
思维导图	361
本章参考文献	362

第十一章　文化创意的生产流程　365

第一节　文化创意的调研	365
第二节　文化创意的策划	373
第三节　文化创意的实施	380
第四节　文化创意的改体	384
案例研究：《中国好声音》：综艺节目的文化创意	386
思维导图	393
本章参考文献	394

第十二章　文化创意产业园区　396

第一节　文化创意产业园的概述	396
第二节　文化创意产业园的定位	403
第三节　文化创意产业园的发展	412
案例研究：M50：城市更新浪下的文化模方	418
思维导图	424
本章参考文献	425

第十三章 全球文化创意产业的趋势 426

第一节 全球文化创意产业的动力要素 426
第二节 中国文化创意产业发展启示 432
第三节 全球文化创意产业发展趋势 435
案例研读："孙悟空"传统文化的创新传播 440
思考与自测 443
本章参考文献 443

图目录

图 1-1	数百个IP下具方的电商店铺	33
图 2-1	美国的数字产业普遍增长的构图	58
图 2-2	2012—2018年中国文化产业增加值	66
图 2-3	2012—2018年各国提供文化娱乐和休闲文化的数量	67
图 3-1	波提切利的《维纳斯的诞生》	88
图 3-2	凡尔赛的《阿波罗喷泉与水柱池》	88
图 3-3	雅克-路易·大卫的《拿破仑一世皇帝的加冕大典》	89
图 3-4	巴黎圣母院	95
图 3-5	《功夫熊猫》	114
图 4-1	五谷杂粮糕	129
图 4-2	长裤图谱	132
图 4-3	头饰风暴	148
图 4-4	上海迪士尼乐园	160
图 5-1	国家统计局:2015—2019年三次产业增加值占国内生产总值比重	170
图 5-2	三次产业水准器	182
图 5-3	艾瑞咨询:2018年中国网红经济发展图谱分析	185
图 5-4	"红人大V"的博弈关系	198
图 6-1	就业供需格局	220
图 6-2	给下4的福利店:根据购物种X我和我的朋友	228
图 6-3	小罐茶	229
图 7-1	熊出没	242
图 7-2	游戏《泥山客栈》	246
图 7-3	游戏《向下成长与向上》	246
图 7-4	荒海重路簿	247

图 7-5	重路霸	247
图 7-6	王者荣耀英雄元歌王	256
图 7-7	王者荣耀英雄弈星大	256
图 7-8	王者荣耀英雄瑶	256
图 7-9	王者荣耀英雄"梦女孩飞天"	256
图 7-10	王者荣耀皮肤"春日-王昭君"	256
图 7-11	王者荣耀皮肤"玉兔公主"	257
图 7-12	王者荣耀皮肤"如梦令"	257
图 7-13	王者荣耀皮肤"王昭君-凤凰于飞"	258
图 7-14	王者荣耀皮肤"香香-凤凰于飞"	258
图 7-15	王者荣耀 CP 皮肤"霹雳明骏"	258

图 8-1	王耳其蓝洞沉浸店	271
图 8-2	天猫联名旗舰店中"龙珠"龙袋	273
图 8-3	"光谷"美猴舍	273
图 8-4	TeamLab 主题餐厅	273
图 8-5	Under 餐厅	274
图 8-6	潮香香餐厅其传的图	274
图 8-7	潮香香主题餐厅	274
图 8-8	"伝記青年"茶点	275
图 8-9	"蜘蛛八骨"茶点	275
图 8-10	秦宗市旗舰店景	281

图 9-1	ChinaJoy 现场	294
图 9-2	东京 TeamLab	295
图 9-3	北名山博物馆特别作品的 AR 展示	297
图 9-4	南京大报恩寺遗址博物馆的《报恩圣典》家喜演出	298
图 9-5	故宫"紫禁城上元之夜"	299
图 9-6	得到 APP 类办《薛兆丰经济学讲义》新书发布会	304
图 9-7	OPPO 奇幻漫街大赛	305
图 9-8	初步"不知道论坛"	308
图 9-9	种藏流	311

| 图 10-1 | 名海公司沙盘 | 323 |
| 图 10-2 | 广州内大鳌峰 | 327 |

图 11-1	卫龙包装食品风设计	367
图 11-2	红小豆广告	379
图 11-3	礼盒设计广告	379
图 11-4	农夫山泉茶π品牌再生设计	386
图 12-1	北京798艺术区	399
图 12-2	深圳华侨城创意园区	399
图 12-3	昆明871文化创意工场	402
图 12-4	重庆北仓文化创意街区	403
图 12-5	上海M50文化创意园区	418
图 13-1	《我爱刚寒冬》	430
图 13-2	浦士区《花木三》	435
图 13-3	代言者Kaws	437
图 13-4	故宫VR	439

第一章 文化创意的概念与素材采集

第一节 文化创意的概念

文化创意是一个生长性的、不断发展丰富的实体,因此要在不同的代活的历史阶段下用发展的眼光来

学习目标

学习本章,你应该掌握:
(1) 了解文化与创意的概念;
(2) 了解文化创意与文化产业之间的关系;
(3) 了解文化创意的素材概念;
(4) 了解文化创意与其他素材之间的关系。

基本概念

文化创意 文化创意 文化创意产业 文化创意素材

一、文化与create创意

文化创意本身由两个核心概念构成："文化"和"创意"。二者密不可分，因此对文化创意文化的剖析首先需要着重力求其重点，继而可以在进一步明确相关概念的基础上对文化创意的意涵与本质有更深层次的认识。只有准确把握了以这种语境构建的文化创意的概念与本质，我们才能探讨当前我国文化创意发展当中所面临的各种创意文化困境，把握文化创意当下的内涵和外延，并依此为基础深入理解文化创意的重要性，从而为其树立起保持这一意识，为了更好地把握对于理解当前文化创意发展的原因提供思路，本书将首先对文化、创意、文化创意等基础概念进行说明，并其将为论述我们之间的内在联系关系，进而为后续章节上对文化创意的本质与流变进行阐述。

（一）文化

关于"文化"的含义一直都是学者们颇为在意的话题。目前中外许多学者都试图定义文化，其定义与多达上百种。美国文化人类学家洛威尔（A. L. Lowel）曾感叹道："要挑任何一件事都难过给"文化"下定义。在这个世界上，没有别的名词比文化更难搞了。我们可以分析它的构成要素；我们可以叙述它的历史演化；因为它没有固定形态，我们无法加以把握。当我们想把手伸进它时候，除了水在我们手心之外，空无别物。" [1]那么何为"文化"？接下来，我们试试从中西方各自对于"文化"的界定来对"文化"进行全方位的理解。

1. 西方世界对文化的定义

在西方世界，"文化"（英文为"culture"）来源于拉丁文"cultura"，本义是指耕种和庄稼植物，与人类的自然属性有关。在1690年安托尼·菲雷蒂埃的《通用词典》中，"culture"被解释为"人类为使土地肥沃，种植树木和栽培植物所采取的耕种和栽培措施"。由此可见，"文化"一词起源于人们的生产劳动，与耕种和栽培有密切关联。在这一时期，人类所有的生产活动都与文化有紧密的联系，在某种意义上可以说一切人为的东西都是文化的一种体现。但是，随着人类文明的发展，文化与农耕的联系逐渐减弱，到了18世纪末，19世纪初，"文化"已然成为一个抽象概念上的独特名词。

随着科学技术、文学艺术与最高层面的丰富发展，到了18世纪末，19世纪初，"文化"这一词有了新的涵义。"哲学化的涵义化逐渐普及"。19世纪40年代，在《德意志意识形态》一书中，马克思（K. H. Marx）和恩格斯（F. Engels）从唯物主义观点出发，在揭示本质上指出了文化起源于人类的生产生活等活动。这一观点在强调文化本身所起到的作用。

随后，人类学者系谱与进化论研究的不断深入被延伸，到了19世纪中后期，《美洲文化考据书》的作者，一种物质上，另种物质上。精神生活方式为主"，同时作为与人们相对的概念。化的为数更为复杂、人类学者根据他们对文化研究的不断深入，各国学者对相继提出了"文化"一系列不同的定义。"文化"一词早了真实的含义。1871年，英国人类学家泰勒（E. Taylor）在著作《原始文化》中明确指出："文化与文明……

---

[1] 余秋雨. 文化到底是什么? [N]. 光明日报, 2012-10-14.

序

《文化创意学概论》要出版了,受编写组同人的委托,由我来写个序,把本教材编写的来龙去脉做个交代。

近年来,我一直在思考,"功夫"是中国的国粹、"熊猫"是中国的国宝,但"功夫熊猫"却成了美国大片,能为美国创造财富;猫咪是大家都喜爱的宠物,也只不过是"喵星人"的存在,但做成 Hello Kitty 便成为巨大的 IP,让普通产品价值倍增;清香型白酒在白酒家族中似乎没有酱香、浓香火爆,但"江小白"一袭文青风,让多少年轻人为之心动,在白酒这个红海市场中成功逆袭;故宫,厚重庄严,肃穆高冷,但萌萌的皇上形象、口红等一系列时尚产品凭借高颜值让年轻人倍感亲切、爱不释手……这背后的奥秘是什么?其市场的支撑在哪里?

大文创,这个与大数据、大智能、大健康、大生态、大金融同样热门的词语便跃然而出。正是大文创,让平淡的产品充满了精神的力量,让社会的需求充斥着价值的内涵,让受众的心里充盈着多维的满足,让企业的经营充溢全新的模式。

"文创"是"文化创意"的简称,是以文化为元素,以创意为核心,以市场为导向,以载体为形态的社会活动,其构成的理论体系便形成"文化创意学",这是一门综合性应用学科。从 1912 年约瑟夫·熊彼特(Joseph Alois Schumpeter)提出"创意"理论和 20 世纪三四十年代法兰克福学派提出对"文化"的系统阐述发端,经过实践尝试和理论总结,20 世纪 80 年代,美国学者约翰·霍金斯(John Hawkins)出版《创意经济》,标志着文创作为学科的正式产生,1997 年,由于时任英国首相安东尼·布莱尔(Anthony Charles Lynton Blair)对"创意产业"的积极推动,使文创作为大产业被社会广泛关注。实际上,从广义角度来说,文化是人类一切劳动成果之总和,包括物质文明、精神文明、制度文明等,是与人类发展共生的存在,源远流长。创意同样是人类作为高级动物与其他动物的本质差异,自古就有,从未间断。所以,文学创作、艺术创造、发明创新都属于广义上的文创行为。但从狭义上讲，或者从现代文化创意学的内涵上讲，我们把它界定为以市场为导向、以载体为形态的文化创意行为，也就是说，文创一定以满足市场需求为目的，呈现为在特定载体之下的具体形态，可能是创意类产品、创意类文旅景观、创意类的动漫、游戏或展览等。

文创作为产业或学科，在20世纪末成形，21世纪初高速发展，是有着深层的社会背景的。首先，由于制造业的高速发展，现代生产力突飞猛进，产品供过于求，企业急需通过文创寻求差异化和独特性，使企业有内生动因。其次，随着人们生活水平的不断提升，消费升级已是大趋势，消费者不满足于简单的实用价值，更追求精神价值、文化价值，使文创产品具有了广泛的市场基础。再次，互联网、区块链、5G技术、AI、VR体验等技术手段的发展，使文创变得简单易行，人人可做文创、人人参与文创，使得文创行为有了强大的支撑力量。再者，消费迭代，90后、00后迅速成长，二次元价值观、互联网原住民改变了社会审美理念与价值取向，产生了对原有文化的价值重构，许多原有文化内涵被重新定义，客观上为文创产品的多元化、新颖化提供了条件。最后，全球文化呈现分、合双进趋势：一方面各种文化色彩越来越鲜明，越是民族的，越是国际的；另一方面随着通信、交通的日益便捷，文化交融也日益明显，这为文创题材的多样丰富，提供了社会基础。正是由于上述五大背景，促使文创产业和文创学科迅猛发展，有着更大更不可限量的发展前景。

我从事品牌、咨询、公关行业30多年，一直与文创有千丝万缕的关系，也一直致力于文创产业的发展。几年前，上海交通大学与美国南加州大学联合创立了"上海交大-南加州大学文化创意产业学院"，应该院院长、党委书记张伟民教授的盛邀，我荣幸担任该院的双聘教授，一起研讨学院的定位与发展战略，联合指导研究生，更加深了对文创理论的关注与研究。多年来，各级政府文创主管机构、行业协会、文创园区、文创企业、文创论坛等不断邀我作各种报告、讲座，涉及诸多文创话题，但一直没有找到比较系统、完整的教材。现有的教材有些只讲文化产业、讲创意思维，相对比较空泛而难以落地操作；有些则立足平面设计、空间布局、广告推广、项目策划，太过具象，理论构架和学术理论较为缺乏。一直有心编写一部理论体系完整、实务案例丰富、适合本科生、研究生的教材，也适合培训使用，同时，也可以作为行业管理者、从业人员阅读的专业教材；但无奈前几年行政事务缠身，一直静不下来。去年辞去所有行政职务后，应薛可教授邀请一起编写一部兼顾理论与实践的《文化创意学概论》。正好新冠疫情期间宅在家里，又读了大量文献，并与薛教授及相关专业、行业人士多次讨论，终于可以完成这一夙愿。

本教材共13章，第一、第二两章是基本理论，讲述概念、学科背景与历史沿革,勾勒出学科的内涵外延、界定清楚本学科与相关学科的内在关系,描述出学科发展的前世今生。第三到第五章分别阐述文创学科的三个核心范畴,即文化、创意、市场,这是构成文创学科的三大支柱,文化是元素,创意是核心,市场是导向。第六到第九章是文创载体,即产品形态,重点阐述文创发力的四个重要领域,包括产品创意、文化娱乐、旅游创意、活动创意,这些虽然不是文创形态的全部,但一定是文创载体中最集中、最显著和最有代表性的内容。第十到第十二章,分别介绍文创的人才与团队、基本流程和产业园区,从人、事、场三大核心要素来为文创产业提供服务与支撑,使该产业能够存在与发展。第十三章总览国际国内产业的全景,既有借鉴价值,又有对未来发展的思考。

  本教材希望达到以下三个目标:首先,集大成。将中外有关文创的理论、观点、资料、信息、素材,应收尽收,做到内容全面、资料翔实,为初学者提供文创学科丰富全面的学习素材。其次,创造性。在前人研究的基础上,提出原创的学科定义,梳理出具有内在逻辑结构的学科体系。最后,应用性。每一章有一个比较完整的案例分析,设内容提要和思考题,以满足作为应用性学科的学习需求。

  本书第一主编薛可教授,是上海交大-南加州大学文化创意产业学院副院长,上海交通大学媒体与传播学院新闻与传播系主任、长聘教授、博士生导师。她早年获得南开大学管理学博士学位,在北京大学和上海交通大学完成了两站博士后研究工作。她作为高级访问学者和访学学者在美国麻省理工学院(Massachusetts Institute of Technology)、美国加州大学圣地亚哥分校(University of California,San Diego)、加拿大大不列颠哥伦比亚大学(University of British Columbia)、日本吉田秀雄基金会等大学及研究机构进行过多年的学术研究。是教育部新世纪人才、"宝钢教育奖"及上海交通大学"校长奖"获得者,在文创产业、网络舆论、数字传播等领域颇有建树,曾主持国家社科基金(艺术类)重大课题、国家社科基金重点课题、一般课题及教育部人文社会科学研究项目等纵横向项目十多项。在本教材编写中她负责书稿的框架设计与概念创意,并负责书稿的体例确定、编写组织、进度协调和统稿定稿等一系列工作。

  本书由主编确定体系、体例、章节目大纲、案例内容、内在结构等。由以下同志执笔编写:第一章龙靖宜、第二章李亦飞、第三章鲁晓天、第四章王迎、第五章朱涵、第六章杨晨馨、第七章赵娜、第八章倪炜伦、第九章许佩媛、第十章陈楚妍、第十一章陈治任、第十二章廖梓言、第十三章邓源。初稿完成后,由主编分别与各位执笔者讨论修改,最后统稿定稿。龙靖宜老师协助主编参与了后期统稿工作。

因我们的水平所限,本教材中难免有许多错误与不足,敬请广大读者朋友、专家学者给予批评指正,我们将不断听取各种意见与建议,逐步修订完善。本书吸收了大量中外学者多年研究的宝贵成果,在此一并致谢!

是为序。

上海交通大学中国企业发展研究院院长
上海交通大学安泰经济与管理学院教授、博士、博士生导师
2020 年 5 月 31 日于上海交通大学

目 录

第一章　文化创意学的概念与学科背景　1
　　第一节　文化创意学的概念　1
　　第二节　文化创意学的学科背景　16
　　案例研读：故宫的文化创意之路　28
　　思维导图　35
　　本章参考文献　36

第二章　文化创意学的历史沿革　38
　　第一节　文化创意的历史溯源　38
　　第二节　文化创意的学科成形　48
　　案例研读：北京 798 创意园区　68
　　思维导图　73
　　本章参考文献　74

第三章　文化创意的元素：文化　75
　　第一节　文化与文化创意　75
　　第二节　外国文化元素与文化创意　82
　　第三节　中国文化元素与文化创意　97
　　第四节　非物质文化遗产与文化创意　110
　　案例研读：《功夫熊猫》——中国文化的美国创意　113
　　思维导图　118
　　本章参考文献　119

第四章　文化创意的核心：创意　125
　　第一节　创意的产生与价值　125
　　第二节　创意思维　130
　　第三节　创意手段　146
　　案例研读：迪士尼，让创意重塑世界　157
　　思维导图　165
　　本章参考文献　166

i

第五章　文化创意的导向：市场　167

第一节　消费升级与文化需求　167
第二节　人群迭代与文化创新　177
第三节　全球化与文化融合　186
第四节　科技创新与文化寻根　191
案例研读：江小白：用文化创新挑战红海市场　195
思维导图　203
本章参考文献　204

第六章　文化创意的产业载体之一：产品创意　208

第一节　产品创意概述　208
第二节　产品设计与文化创意　213
第三节　产品营销与文化创意　215
第四节　产品传播与文化创意　222
案例研读：小罐茶，大制作　229
思维导图　234
本章参考文献　234

第七章　文化创意的产业载体之二：文娱创意　236

第一节　文娱创意概述　236
第二节　动漫产业与文化创意　239
第三节　游戏产业　244
第四节　影视综产业与文化创意　248
第五节　网络文学产业　252
案例研读：王者荣耀成功的背后　255
思维导图　262
本章参考文献　262

第八章　文化创意的产业载体之三：旅游创意　264

第一节　旅游创意概述　264
第二节　休闲旅游创意　267
第三节　文化旅游创意　276
第四节　旅游产品与文化创意　280
案例研读："印象·刘三姐"：传统景点的文化创意加持　282
思维导图　288
本章参考文献　288

明是一个复杂的整体,包括知识、信仰、艺术、道德、法律、风俗,以及人类作为社会成员所获得的所有能力和习惯。"在这一定义中,文化已经不再是关于农业生产的内容,而是一个集合体,并描述了他认为文化所包含的人类精神财富。这是世界公认的第一个关于"文化"的科学性定义,在同期的学术界具有重要而深远的影响,同时也对后来诸多研究文化的学者具有重要的启示作用。

随着学界的文化研究逐渐兴起与升温,世界涌现出大批不同学科背景的学者,从不同角度提出关于"文化"的定义:

英国文化人类学家、文化功能学派创始人之一的马林诺夫斯基(B. K. Malinowski)从文化传统角度提出的定义是,"文化是指那一样传统的器物、货品、技术、思想、习惯及价值而言的,这概念包容着及调节着一切社会科学",其中包含物质设备、精神文化、语言和社会组织四个构成要素。

美国人类学家威斯勒(C. Wissler)在强调文化结构基础上给出定义:"某个社会或部落所遵循的生活方式被称作文化,它包括所有标准化的社会传统行为。"他认为文化是一种具有规范性的行为活动。

萨默(W. G. Summer)和凯勒(A. G. Keller)提出带有心理学倾向的定义:"人类为适应他们的生活环境所作出的调整行为的总和就是文化或文明。"

美国文化语言学的奠基人萨丕尔(E. Sapir)认为:"文化被民族学家和文化史学家用来表达在人类生活中任何通过社会遗传下来的东西,这些东西包括物质和精神两方面。"他强调了文化具有社会遗传的历史性。

美国社会学开创者之一的沃德(L. K. Ward)认为:"任何人如果愿意的话,他可以把文化说成是一种社会结构,或是一个社会有机体,而观念则是它的起源之地。"

在英国文学评论家 T. S.艾略特《关于文化的定义札记》的基础上,英国马克思主义文化理论家、文化研究的奠基人威廉斯(R. H. Williams)在《文化与社会:1780—1950》一书中指出,文化具有多重概念,"是一种物质、知识与精神构成的整个生活方式",是一个时代社会变迁、科学知识和政治思想的展现与表达。

美国文化人类学家克拉克洪(C. Kluckhohn)梳理了 1871—1951 年西方关于"文化"的定义,这些定义来自人类学、社会学、心理学、哲学等诸多学科的世界著名学者。之后,他在《文化与个人》一书中提出一个较为综合的文化定义:文化是一种借助象征符号获取和传播的某一类人群的行为模式或生活方式,其中核心是传统观念和其所传达的价值观。

综上可以看出,在不同国家对文化的释义各有侧重与不同。在美国,学者从人类学、社会学、心理学、语言学等多个学科角度提出关于文化的定义;在英国,学者从人类学出发,对于文化本身进行理论性定义;在法国,文化还有了一层"教养"的含义。1878 年出版的《法语词典》中,"culture"一词,解释为"文学、科学和美术的修养",也作"培养""教育"的同义词使用。在德国,19 世纪 40 年代时用德文"Kultr"表示文化,曾与"civilization"(文明)含义相同。

21 世纪,随着全球化的发展,学术交流日益密切,学科互相交融,"文化"一词更加频繁地出现在不同学科中,在内涵与外延上也不断延伸,被赋予更广泛的意义。2001年,联合国教育、科学及文化组织通过了《世界文化多样性宣言》,其中定义"文化"是"某一社会或社会群体所具有的一整套独特的精神、物质、智力和情感特征,除了艺术和文学以外,它还包括生活方式、聚居方式、价值体系、传统和信仰"。关于"文化"的不同见解与观点,相互补充、相互交融,也帮助人们更加全面、深入地理解"文化"的内涵。正如美国著名文化人类学家本尼迪克特(R. Benedict)所说:"各种文化的多样性可以无限地记述下去。"

2. 中国关于文化的定义

在中国,关于"文化"的定义,首先需要从"文"与"化"说起。"文"为象形文字,本义是"文身",引申为纹理、文武、文字、天文等,更深一层的引申义可以指礼乐典章、修养或者美德等。而"化"本义指变化,可以引申为教化、风化、造化等。在《周易》中有言:"刚柔交错,天文也;文明以止,人文也。观乎天文,以察时变,观乎人文,以化成天下。"这是中国有关"文化"定义最早的历史记录,"人文化成""以文教化"即为文化。而后,西汉刘向在《说苑·指武》中将"文"与"化"并用,成为中国文献记载中最早出现的"文化"一词:"圣人之治天下也,先文德而后武力。凡武之兴,为不服也;文化不改,然后加诛。"这里的"文化"意思是与暴力相对而言的"文治",有"文治教化"之意,是利用文教而不是武力来治理国家的手段。而后,"文化"一词也频繁出现在诸多文献中,如"文化内辑,武功外悠""设神理以景俗,敷文化以柔远"等。

如今我们使用的"文化"一词是伴随着西方文化的传入,由日本学者转译"culture"一词而来,显然已与中国古代"文化"的含义有所不同。在近代,国内学者也结合中国的历史发展与传统,提出了诸多关于文化的定义。梁漱溟先生认为:文化是"一民族生活的样法"[1]。他用通俗的话语将文化与民族、生活相关联,将文化的问题转移到关乎生活的问题上。钱穆先生在《文化学大义》一书中提出:"文化只是人生,只是人类的生活,惟此所谓人生,并不指个人人生而言。文化是指集体的大群的人类生活而言。"[2]他认为,文化即为人生,是由民族的、集体的生活构成的,这与梁漱溟的观点不谋而合。到了现代,中国文化学者余秋雨也曾提出了异曲同工的"文化"定义:"文化,是一种包含精神价值和生活方式的生态共同体。它通过积累和引导,创建集体人格。"[3]余秋雨的这一定义是在瑞士心理学家荣格的集体人格理论基础上生发的,强调文化是精神财富和生活方式的总和,同时文化也是集体的文化。由此可以看出,中国关于文化的定义更为强调历史、民族与集体的精神内涵。

3. 广义的文化与狭义的文化

人们通常将文化分为广义文化与狭义文化。根据《辞海》中的解释:广义的文化指人类在社会历史实践中所创造的物质财富和精神财富的总和;而狭义的文化指社会的意识形态以及与之相适应的制度和组织机构。这里广义的文化既包括有形的物质财富,如建筑、铁路、卫星、船舶等,也包括艺术、宗教、民俗等无形的精神财富;而狭义的文化包含精神文化与制度文化。

---

[1] 曹锦清.儒学复兴之路——梁漱溟文选[M].上海:上海远东出版社,1994:15.
[2] 钱穆.文化学大义[M].济南:山东人民出版社,1990:9.
[3] 余秋雨.文化到底是什么?[N].光明日报,2012-10-14.

国内学者任继愈也对文化作出"广义"与"狭义"的区分:"广义的文化包括文学创作、哲学著作、宗教信仰、风俗习惯、饮食器服之用等,而狭义的文化就是具有民族特点的精神文明成果"。简而言之,他认为广义文化包含物质财富和精神财富,而狭义的文化仅指精神财富。而另一位学者季羡林在《中国文化的内涵》一文中则分别具体列举了狭义与广义的文化:"狭义指的是哲学、宗教、文学、艺术、政治、经济、伦理、道德等等。广义指的是包括精神文明和物质文明所创造的一切东西,连汽车、飞机等当然都包括在内。"

与此同时,国外的百科全书也对文化做出"广义文化"与"狭义文化"的解释。《苏联大百科全书》(1973)中指出,广义文化"是社会和人在历史上一定的发展水平,它表现为人们进行生活和活动的种种类型和形式,以及人们所创造的物质和精神财富",而狭义文化则"仅指人们的精神生活领域"。而在《大英百科全书》(1973—1974)中,文化的概念分为"一般性"的文化概念和"多元的相对的"文化概念两类。所谓"一般性"的文化概念将文化等同于"总体的人类社会遗产",而"多元的相对的"文化概念指"文化是一种渊源于历史的生活结构的体系,这种体系往往为集团的成员所共有",包括"语言、传统、习惯和制度,包括有激励作用的思想、信仰和价值,以及它们在物质工具和制造物中的体现"。虽然这种分类方法并没有直接称作广义文化与狭义文化,但是从意义上我们可以将"一般性"的文化看作广义的文化,"多元的相对的"文化则为狭义的文化。

关于文化的定义纷繁复杂、各式各样,其原因归结于研究者理论出发点的不同、方法论的不统一,也因此使得文化的定义呈现出多样性。文化定义的多样性不仅是多元文化的理论升华,也是人类社会生活多样性的反映。纵观关于文化定义的论述,中西方对"文化"的释义并无本质的区别,最终都是殊途同归。我们可以总结出,文化是人类在社会历史发展中做出的行为活动和形成的生活方式的集合,它们既是物质的,也是精神的,同时具有群体性差异的特征。随着历史的车轮不断前行,社会不断进步,人类的实践也会更加丰富与多元,文化的内涵也会随之更为深刻。

(二)创意

中国著名剧作家、导演赖声川曾说过:"创意必须超越界限,为创意下定义本身就违背了创意。"即便如此,在我们对"创意"进行讨论分析、理解研究前,仍需要明白究竟什么是"创意"。

1. 西方世界对创意的定义

关于西方"创意"一词来源,要追溯到十七世纪末期,人文主义意义上的"原创"一词出现在这一时期。到了1699年,法语中的"原创"(法文:orginalite)第一次出现,而在英语中的"原创"(original)则出现在1742年。直到1775年,西方世界的"create"一词才出现。

现在,被翻译成中文"创意"的英文主要有"ideas""creative""creativity"和"originality"。"idea"是个名词,可以指主意、思想、观点、看法等,而"ideas"则可以指创意,也是被广泛译为"创意"的单词,在广告行业中经常用"Big Idea"来表示大创意。"creative"和"creativity"两个词都来自"create"的变形,都有"创意"的含义,前一个作为形容词表示有创造力的、有创造性的,后一个作为名词则表示创造力、创造性。而"originality"经常被翻译为原创、原创性、独创,但是有时也会表示创意,这也是我们为什么在开始时要谈到"原创"一词来源的原因。

到了20世纪中叶,随着全球经济逐步恢复与发展,美国经济学领域的相关研究也将视线转向文化与创意相关的问题上。20世纪50—60年代被称为"美国广告史新纪元"、美国广告"创意革命时代",广告行业在这一时期成为创意大爆炸的领域。杨(J. W. Young)曾提出过一个近似定义的观点:"一条创意其实就是以前要素的一个新组合"[1]。他认为将旧的要素重组就是创意。虽然"创意"成为在此时广告行业的高频词汇以及行业竞争中的关键因素,但是广告人们都在强调创意的重要性,却没有提出关于"创意"的明确定义。

1999年,美国著名心理学家斯滕伯格(R. J. Sternberg)和鲁巴特(T. I. Lubart)从心理学研究出发给出一个较为宽泛的概念:"创意是生产作品的能力,这些作品既新颖(也就是具原创性、不可预期),又适当(也就是符合用途,适合目标所给予的限制)"。他强调了创意是一种人类进行创造性活动的能力,也说明这种能力创造的成果是独创又可行的。

直到2002年,"创意产业之父"英国著名经济学家霍金斯(J. Hawkins)出版了《创意经济:如何点石成金》,在这部创意经济学的奠基之作中首次提出"创意经济"这个概念,对与创意相关的内容、产业进行了新的诠释与命名,同时他也首次明确地提出"创意":"'创意'就是催生某种新事物的能力,它表示一个或多人创意和发明的产生,这种创意和发明必须是个人的、原创性的,且具有深远意义的和有用的(personal, original, meaningful and useful, POMU)。"霍金斯的"创意经济"理论对后来的创意理论及产业发展起到举足轻重的作用,也影响了诸多学者对"创意"进一步诠释。如美国创意理论学者佛罗里达(R. Florida)《创意身份》一书中认为,创造力本即拼编(redaction),"为了创造和进行综合,我们需要刺激物———那些可以被陌生的方式拼凑在一起的零零碎碎的东西。"又如英国学者比尔顿(C. Bilton)认为:"'创意'实质上是一个复杂得多的、异常艰巨的过程,而不是简单地凭'灵光'乍现或沉溺于片刻偶发得来的聪明点子。"随着时代的发展和社会的变迁,创意的内涵也不断丰富,关于创意的定义也在世界范围内不断地变化与更新。

2. 中国对创意的定义

相比较而言,汉语中的"创意"要早于西方世界出现。国内学者赵宏在《汉语中"创意"一词源自华夏文化》一文中阐述了"创意"一词在中国文献记载中的详细情况:早在公元86年,东汉王充在《论衡·超奇》中提到:"孔子得史记以作《春秋》,及其立义创意,褒贬赏诛,不复因史记者,眇思自出于胸中也。"这里的"创"为动词,指创立,而"意"则为意义,所以"创意"在这句话中可以理解为"立义"或"立意"。这种释义和用法也在后来的中国多部文献中出现,如唐朝李翱在《答朱载言书》中提到:"六经之词也,创意造言,皆不相师";又如清代学者方东树在散文《答叶溥求论古文书》中言:"及其营之于口而书之于纸也,创意造言,导气扶理,雄深骏远,瑰奇宏杰,蟠空直达,无一字不自己出。"而在南宋罗大经撰的笔记集《鹤林玉露》中,他写道:"近时李易安词云:'寻寻觅觅,冷冷清清,凄凄惨惨戚戚',是起头连叠七字,以一妇人,乃能创意出奇如

---

[1] [美]杨.创意[M].李旭大译.北京:中国海关出版社,2004:26.

此。"在这里,"创意"可以看作一个整体的名词,是对李清照连用叠词的创新性语用方法的总结。而后,王国维在《人间词话》("美成深远之致不及欧秦,唯言情体物,穷极工巧,故不失为第一流之作者。但恨创调之才多,创意之才少耳。")以及郭沫若在《鼎》("文学家在自己的作品的创意和风格上,应该充分地表现出自己的个性。")中使用的"创意"均指"立义"的创新。

进入 21 世纪之后,国内的诸多学者也试从学术角度提出关于"创意"的定义。学者陈放、武力在《创意学》一书中讲到:"所谓'创意就是人们平常说的'点子'、'主意'、'想法',好的点子就是'好的创意'。"他们用通俗的语言把创意描绘成"点子、主意和想法",即人们通过思考和智慧想出来的办法。学者王万举也给出类似的定义:"创意是带有创新性的构思、策划、设计。"而白庆祥等学者从更为宏观的角度定义创意:"创意是人类的一种思维活动,是创新的意识、思想。"学者贺寿昌则将创意纳入文化的范畴,提出"创意是创新和文化的有机结合"。丁俊杰等多位学者在《创意学概论》一书中讲到,"创意"就是"创造新意",具有原创性、首创性和独创性。同时也将创意归结到文化领域:"创意首先是一种思维方式和思维成果,也就是一种不平凡的、富有创见性的思维方式和一种新鲜的新奇的思维成果",也是"一种文化现象"。此外,国内学者钟璞和许青从文化来源和哲学本质的角度来定义"创意",他们认为创意就是"创义",即创造意义世界;也是"创异",创造不同的文化符号;又是"创艺",用艺术化手段进行创造。[1]

在《现代汉语大辞典》中,"创意"有两层含义,其一是作名词,指创造性的想法、构思等;其二是作动名词,指提出有创造性的想法、构思等。由此看出,"创意"一词自东汉以来的含义仍然被保留,只是它的解释变得更加丰富、更加具体、更加通俗。赖声川导演就曾给出一个通俗的解读:"创意是一场发现之旅,发现题目,以及发现解答;发现题目背后的欲望,发现解答的神秘过程。"如今,我们使用"创意"一词的频率越来越多、范围也越来越广泛,也逐渐与英语"idea""creative"等翻译而来的"创意"合用。

综上,我们可以看出,相比"文化"的定义而言,古今中外对于"创意"的定义比较统一,在本质与内涵上并无差异,所谓的不同仅仅体现在对"创意"的表达和描述上。由此可以总结出,创意在动态上是指一种创造性思维活动,而更多地则指它在静态上的含义——具有创新性、原创性的意念、巧妙的构思。"创意是神秘而复杂的",它的魅力还需我们继续挖掘。

3. 创意、创造与创新

在讲到创意时,我们总会提到创造与创新。可见,创意与创造、创新之间有着密不可分的联系。

我们经常会将创意与创造的概念混为一谈。然而,"创造"概念的产生远早于"创意"概念。早在古希腊,"创造"的概念就已经出现,它与人的精神、思维能力相关,是人具有的独特能力。柏拉图认为创作(创造)就是从无到有的过程。维科(G. Vico)认为,创造是通过想象来完成的。柏金斯(D. N. Perkins)指出:"创造是产生我们通常认为有创造性的产品的过程"。在中国,早在《汉书·叙传下》中就有"创,始造之也"的说法。而《辞海》对"创造"的解释为:"首创前所未

---

[1] 钟璞,许青.论创意的文化来源与哲学本质[J].湖南社会科学,2018(5):167-168.

有的事物"。国内学者王加微用"破旧立新"来描述创造。在之后的章节中会从创造学角度对"创造"作进一步解读。但是从以上列举的释义中已经可以总结出,"创造"首先是来自人类的思维活动或思想;其次,创造是认知或创出尚未发现、尚不存在的新事物;最后,创造的产物是首创的、独特的。对比而言,创意是一个名词,是停留在精神层面的思维活动、独特的观点、巧妙的想法;而创造更多时候作为动词使用,是产生思维活动成果、将创意实现并进行物化的一种行为或一个过程。

与创造相比,"创新"的概念则更为广泛。1912年,"创新理论"鼻祖熊彼特(J. A. Schumpeter)在著作《经济发展理论》中首次提出"创新"的概念,他认为:创新就是将从未有过的关于生产要素和生产条件的新组合引入生产体系,从而"建立一种新的生产函数",简言之,就是"生产要素的新组合"。此时的"创新"仅是一个经济学中的概念,但是熊彼特的"创新理论"在学界引起广泛的关注,成为之后创新相关研究的坚实理论基础。李正风教授认为"创新"在中国有两种理解:一是其本身的经济学概念;二是"创造和发现新东西"。随着"创新"研究的发展与应用,如今的创新已经变成一个更为宽泛的概念,拓展、深入到社会活动的各个方面,如理论创新、知识创新、技术创新、管理创新等。而创意可以理解为人类思维活动的一种创新,为创新活动提供"点子""想法"。白庆祥、李宇红在《文化创意学》一书中则解释了两者之间的关系:创意的"元点"和"最直接的要素"就是创新,而创新是在创意基础上的创造与更新。

从上述观点中,可以看出创意、创造与创新三者之间有着千丝万缕的联系。在丁俊杰等主编的《创意学概论》中,将三者在逻辑上的关系总结为线性关系:创意—创新—创造。在此基础上,我们对三者之间关系的描述可以总结为:创意是整个过程的开端与基础,为整个过程提供"点子""主意",作思想上的支持;创新则是创意的发展与延伸,将"想法"与现实相适应、相结合的过程;而创造将创意与创新进行物化或具体化得出的产出和最终成果。

二、文化创意与文化创意产业

文化创意的概念源自文化创意产业,而文化创意学既是研究文化创意内涵的学科,又是研究文化创意产业发展的学科。因此理解它们各自的内涵和了解它们之间的相互关系对我们认识文化创意学是十分必要的。

(一)文化创意

文化创意,从字面组合来看即为"文化"+"创意",但实际上它并不是简单的机械组合,两者的有机结合实现了"1+1>2"的效果,也包含了更为丰富的内容与更深层次的内涵。

国内学者王万举认为"文化创意是对文化元素的重构再现",既要重组文化元素,又要挖掘创新的文化元素。白庆祥、李宇红在《文化创意学》一书中提到:文化与创意是互相依存的关系,文化是创意的基础和精髓,而创意则是"文化传承的动力之源"。他们指出,文化创意就是"以知识为元素,融合多元文化、整合相关学科、利用不同载体而构建的再造与创新的文化现象"。而学者胡鹏林将文化创意的内涵纳入人类的文明与历史文化的范畴,认为它包含文化、创意和艺术三个元素,文化是基础,创意是核心,艺术是手段。从三位学者的学术释义中可以看出，他们认为的"文化创意"更侧重文化方面的内容，创意是为了文化而服务的。而在2014年韩国科学与技术评鉴规划研究所(KISTEP)的文化创意规划简报中，明确指出了文化创意的内容包括："想象的能力、产生解释世界的原创想法与新方法以及透过文本、声音和影像的表达"。这份规划从思想、智力层面定义文化创意，更接近我们之前所提到的"创意"的概念，强调创意的表达与表现。

此外，不同国家、不同地区聚焦文化创意的内容也有所不同。日本的文化创意关注点在文化内容；欧洲的文化创意不仅包括文化、艺术、设计，而且纳入了文化保护的内容；而美国的文化创意则强调文化版权与知识产权。

我们这里所谈及的"文化创意"的概念是从创意产业、文化创意产业等产业相关概念中提炼出来的，很难脱离产业背景去孤立地解释何为"文化创意"，因此我们在下一部分将结合文化创意产业作更详尽地讲解。

（二）文化产业、创意产业与文化创意产业

目前学界与业界关于文化创意产业相关的概念有很多，如文化产业、创意产业、版权产业、文化休闲产业、内容产业等。这是因为各个国家、地区的社会发展和文化历史的差异，所以在如何界定创意产业上也有所会不同。如澳大利亚、英国、新加坡称其为创意产业(creative industries)；美国、加拿大相似产业叫作版权产业(copyright industries)；日本、韩国倾向采用内容产业(contents industries)的称谓；中国大陆、法国、芬兰等称其为文化产业(cultural industries)；德国、中国台湾、中国香港则倾向称作文化创意产业(cultural and creative industries)。目前，从世界范围内来看，各国(地区)在内容上逐渐接近英国的界定的创意产业，并将版权产业纳入其中，在称谓上也逐渐倾向使用"创意产业"来替代"文化产业"。

由此看来，无论何种称谓，文化产业、创意产业与文化创意产业相互联系，又有所差异。下面我们就各国学者与专家对三者的界定进行梳理与说明。

1. 文化产业

1947年，阿多尔诺(T. Adono)和霍克海默(M. Horkhemier)合著的《启蒙辩证法》中首次出现"Kulturindustrie"一词，此时被称作"文化工业"(cultural industry)。在书中，他们从艺术和哲学角度对文化工业进行了批判，认为"文化工业"是因资本介入而使文化逐渐商品化、同质化、缺乏创造性的一种娱乐化工业体系。随着全球的"文化工业"(cultural industry)发展，这一词逐渐演变成"文化产业"(cultural industries)并被普遍接受与广泛使用。英国著名学者加纳姆(N. Garnham)认为文化产业就是从事"生产和传播文化产品和文化服务"的机构，并列举了出版、影像、音乐以及体育等机构。学者奥康纳(J. O'Connor)从经济和商业角度提出："文化产业是指以经营符号性商品为主的那些活动，这些商品的基本经济价值源自它们的文化价值"。另一位英国文化产业研究专家赫斯蒙德夫(D. Hesmondhalgh)认为："与社会意义的生产最直接相关的机构"就是文化产业，其本质是创造、生产和流通文本(text)。[1] 这里的"文本"可以

---

[1] [美]赫斯蒙德夫.文化产业(第3版)[M].张菲娜译.北京：中国人民大学出版社，2016.

理解为文化内容(contents),他认为社会意义可以用文化内容来展现。芬兰学者罗马(Raija-Leena Luo-ma)基于盎格鲁-撒克逊模式(又称"新美国模式")认为,文化产业是文化产品在经济、技术和艺术共同作用下的一种现象。而国内学者胡惠林提出,文化产业是一个以文化产品的生产、交换和消费为主的社会系统。[1]综合各位学者的观点,我们可以总结出界定文化产业的要素:具有文化内涵;包括文化产品与文化服务;存在生产与流通的过程;可以获取商业价值。

联合国教育、科学及文化组织[简称联合国教科文组织(UNESCO)]曾按照工业标准界定文化产业为:"生产、再生产、储存以及分配文化产品和服务的一系列活动。"之后,联合国教科文组织在1993年修订版的《文化统计框架》中将文化产业定义为:"以艺术创造表达形式、遗产古迹为基础而引起的各种活动和产出。"随着文化产业在各国的开展,联合国教科文组织又在1998年"文化政策与文化发展国际会议"上对文化产业进行释义:"开发利用文化资产,生产有形/无形的艺术性和创意性产品,提供以知识为基础的产品/服务的行业"。这不仅融合了工业标准的界定与《文化统计框架》中的定义,而且对文化产业进行全新诠释,突出强调了文化与创意两个重要元素。2009年,联合国教科文组织重新修订的《文化统计框架》,其中文化产业又有了全新的界定:"为社会公众提供文化产品和文化相关产品的生产活动的集合"。伴随着文化产业在世界范围内的发展,联合国教科文组织也在不断调整与优化对文化产业的定义和界定。

在中国,首次提到文化产业相关内容是在1985年的《关于建立第三产业统计的报告》中,将文化艺术列为第三产业的组成部分。在这之后,中国一直采用联合国教科文组织按照工业标准对文化产业的界定。直到2003年9月,文化部制定下发《关于支持和促进文化产业发展的若干意见》,其中明确地对文化产业作出界定:"从事文化产品生产和提供文化服务的经营性行业"。随后,2004年3月,国家统计局下发的文件《文化及相关产业统计分类》,将文化及相关产业界定为:"为社会公众提供文化、娱乐产品和服务的活动,以及与这些活动有关联的活动的集合"。在国家统计局最新公布的《文化及相关产业分类(2018)》中对文化产业的界定,与联合国教科文组织2009年修订的《文化统计框架》保持一致:"为社会公众提供文化产品和文化相关产品的生产活动的集合。"随着国家对文化产业扶持力度的加大,中国对文化产业界定的范围越来越大,包含的具体行业门类也越来越多,所关注的产业发展重点逐渐向"创意"倾斜。

2. 创意产业

从时间来看,"创意产业"(creative industries)的概念产生要晚于文化产业。早在1994年,澳大利亚推出《创意国家:国民文化政策》(*Creative Nation*:*Commonwealth Cultural Policy*),已初见"创意产业"的雏形。但是,"创意产业"的概念真正广泛地被世界了解与接受源自英国1998年出台的《创意产业路径文件》(*Creative Industries Mapping Document*),其中明确定义英国的创意产业是:"源于个人创造力与技能及才华,通过知识产权的生成和取用,具有创造财富并增加就业潜力的产业。"2004年,联合国贸易和发展委员会(UNCTAD)定义创意产业包含

---

[1] 胡惠林.文化产业概论[M].昆明:云南大学出版社,2005.

五个要点:(1)创意产业是创意生产、产品服务分配等要素的循环,这些环节将创意和知识资本作为基本的投入;(2)创意产业由一系列知识性活动构成,关注但不局限于艺术类,其收入主要来源于贸易及知识产权;(3)创意产业包含有形产品及无形的创意服务;(4)创意产业是手工艺、服务与产业部门的结合;(5)创意产业是世界贸易中的充满活力的领域。[1] 这一界定对创意产业从内涵与外延上进行了十分详细的描述,为之后创意产业的行业划分与学术界定具有重要作用。之后,英国在2016年的《创意产业经济评估》(*Creative Industries Economic Estimates*)中重新定义创意产业为:"源于个人创造力的技能和才华的活动,知识产权可为这些活动充分创造价值提供保护"[2]。这一全新的释义将知识产权补充进去,强调了版权的重要性。新加坡也基本采用英国创意产业的定义,并在此基础上补充了"创意聚群"的概念[3],丰富了创意产业的外延。

在中国,上海市率先使用"创意产业"一词。2006年,《上海创意产业发展"十一五"规划》指出:"上海的创意产业是指以创新思想、技巧和先进技术等知识和智力密集型要素为核心,通过一系列创造活动,引起生产和消费环节的价值增值,为社会创造财富和提供广泛就业机会的产业,主要包括研发设计、建筑设计、文化艺术、咨询策划和时尚消费等几大类,并涉及诸多行业。"在规划中,对创意产业的界定进行解释与说明,并列举了上海的创意产业门类。此后,在中国政府的报告、文件或规划中很少出现"创意产业"的字样,逐渐由"文化创意产业"替代。

除了行业界定之外,世界各国学者也试从学术角度对创意产业界定。"创意产业之父"霍金斯从知识产权角度提出,创意产业是一个以创意为核心、强调知识产权的经济部门。英国学者思罗斯比(D. Throsby)在《经济学与文化》一书中指出,"创意产业就是要将抽象的文化直接转化为具有高度经济价值的'精致产业'"[4]。美国文化经济学家凯夫斯(C. Caves)认为,创意产业是"提供给我们宽泛地与文化、艺术或仅仅是娱乐价值相联系的产品和服务"的产业。[5] 澳大利亚学者哈特利(J. Hartley)认为:"'创意产业'这一概念试图以新知识经济中的新媒体技术发展为背景,描述创意艺术(个人才能)和文化工业(大规模)在概念和实践层面上的融合,供新近才实现互动的'公民-消费者'所用。"而新西兰学者波特(J. Pott)则认为,创意力、社交网络运作和价值生产所产生的经济活动构成了创意产业。综上可以看出,由于学术和研究领域的不同,各位学者对于创意产业的定义也有所不同。综合各位学者的观点,我们可以认为创意产业是从事生产和提供具有经济价值、娱乐价值以及文化艺术价值的创意产品与服务的产业。

---

[1] United Nations Conference on Trade and Development (UNCTAD). Creative Economy Report 2008[R]. Geneva: UNCTAD, 2008.
[2] Gov. UK.Creative Industries Economic Estimates 2016[OL]. https://www.gov.uk/government/publications/summary-of-creative-industries-statistics-user-event-january-28th-2016.[访问时间:2020-03-10]
[3] 新加坡创意工作小组.创意产业发展战略:推动新加坡的创意经济[R]. Singapore, 2002.
[4] [澳]思罗斯比.经济学与文化[M].王志标,张峥嵘译.北京:人民大学出版社,2015:102.
[5] Caves R. Creative Industries: Contracts between Art and Commerce[M]. Cambridge: Harvard University Press, 2002.

3. 文化创意产业

文化创意产业(cultural and creative industries)一般都被认为是文化产业与创意产业的结合。实际上,文化创意产业从内涵和外延上更接近创意产业,就如学者欧克利(K. Oakley)所说,从更为宽泛的文化角度来讲,"文化创意产业"与"创意产业"含义相同。国内学者金元浦曾提出一个较为宽泛的定义:"文化创意产业是在全球化的条件下,以消费时代人们的精神、文化、娱乐需求为基础的,以高科技的技术手段为支撑的,以网络等新的传播方式为主导的一种新的产业发展模式"[1]。在这一定义中,他首先肯定了文化创意产业是一种以消费活动为主的产业,并且突出强调了新技术与网络在未来发展中的重要性。

我国台湾地区于2002年最先提出文化创意产业这个概念,将文化创意产业界定为:"源自创意或文化积累,透过智慧财产的形式与运用,具有创造财富与就业机会潜力,并促进整体生活提升之行业"。随后,2005年香港特别行政区政府定义文化创意产业是"一个经济活动群组,开拓和利用创意、技术和知识产权以生产并分配具有社会和文化意义的产品与服务,更可望成为一个创造财富和就业的生产系统。"

2006年《国家"十一五"时期文化发展规划纲要》中指出,要大力发展文化创意产业,这是"文化创意产业"概念首次出现在政府文件中。2009年国务院出台《文化产业振兴规划》,提出重点发展文化创意等9类产业,其中文化创意产业包括文化科技、音乐制作、艺术创作、动漫游戏等4类。自此,中国开始对文化产业与文化创意产业进行区分。在2012年《国家"十二五"时期文化改革发展规划纲要》中,将包括文化创意产业在内的四个产业纳入新兴文化产业行列,并提出加快发展这四个产业。同年,在修订的《文化及相关产业分类》中,文化及相关产业新增了"文化创意与设计服务",其中的文化创意特指"建筑设计服务和专业设计服务"。之后,中国多个重点城市在规划纲要、行业分类标准等文件中采用"文化创意产业"这一说法。"文化创意产业"这一概念不仅吸纳了英国创意产业的精髓,同时也扩展了中国文化产业的内容,其外延也随着中国文化创意产业的发展不断扩大。

从以上论述中我们可以看出,"文化产业""创意产业""文化创意产业"之间有着万缕千丝的关系,但是它们之间却不尽相同。

首先,从概念提出的时间上来看,"文化产业"的概念最早在1947年《启蒙的辩证法》中出现,远早于"创意产业"概念的提出,而"文化创意产业"基本是在创意产业全球化发展后,基于前两者而提出的。

其次,从内涵与外延看,文化产业与创意产业并不属于同一范畴,与创意产业关联的不仅是文化产业,还有更多其他产业,如农业、建筑业、制造业、金融业等。澳大利亚学者坎宁安(S. Cunningham)曾指出,"文化产业"在学术概念中并没有包含新经济企业动态。而创意产业则是可以区分"传统受赞助的艺术部门和通过知识产权的产生和开发而具有创造财富的巨大潜能的文化产业"。而对于文化创意产业,我们可以有两种理解:一种是文化产业与创意产业的交

---

[1] 金元浦.我国文化创意产业发展的三个阶梯与三种模式[J].中国地质大学学报(社会科学版),2010(1):26-30.

集,即在文化范畴内的创意产业;另一种则是与广义的文化产业或创意产业相似的产业。例如,中国目前所界定的文化创意产业与英国、澳大利亚所指的创意产业很接近。学者金元浦也认为广义的文化产业与文化创意产业是一致的。

最后,从产业发展程度来看,创意产业作为后起之秀,可以看作文化产业发展的高级阶段。这是因为创意产业需要"高科技以及数字化传播作为基础的更新、更高端的产业运营方式"。如今,"科技与文化"不仅是全球发展的共同主题,更是创意产业发展的重要途径。借此机遇,"文化创意产业"的概念应运而生,更好地突出了这一主题,并对时代发展主旋律作出恰当的诠释。

三、文化创意学学科概念

在了解了文化创意学中所包含的文化、创意、文化创意和文化创意产业等内容后,不难发现文化创意学的概念是基于多个学科融合发展而来的,结合了文化学、创造学、传播学、经济学等学科的基本理论与方法论,伴随当代社会、经济、科技多方面的发展应运而生的一门交叉科学。因此文化创意学的内涵与外延是与时俱进并丰富多彩的。

(一)文化创意学的学科定义

在中国,文化创意学可以视作一门新兴的学科。但是国内已有不少学者开始从学科角度探讨或提出文化创意学的定义。

白庆祥、李宇红在《文化创意学》一书中指出,"文化创意学是一门研究以知识为元素,融合多元文化、整合相关学科、利用不同载体而构建的再造与创新的文化现象的学问"。他们认为,文化创意学的定义是由文化创意衍生而来的,是对人类的文化创意及其规律进行科学的概括与提炼而成的。

学者尹鸿曾在《当前我国文化产业学科建设的现状分析》一文中提出了一名为"泛文化创意学科群"的概念,包括新闻传播学、文学、艺术学、体育学、旅游学和设计学,并确定了文化产业学的主要研究范围[1]。在这个概念中,文化创意学并没有被视作一个独立的学科而存在,而是由多个学科交叉、组合形成的。

学者王万举则认为文化创意学是一个体系,其基础是艺术-文化学,主要的研究内容是文化产业化产业、文化创意的社会机制、创意人才培养方式等。他从宏观角度将文化创意学看作是一个多学科集合而来的体系,这与学者尹鸿的学科群观点不谋而合。

以上诸位学者的观点既有相通的部分,又各有侧重。在此基础上,结合文化创意的概念、相关理论与文化创意产业的发展现状与和趋势,从内涵与外延上对文化创意学进行总结和归纳,本书提出的定义是:文化创意学是一门以文化为元素,创意为核心,市场为导向,载体为形态的综合性应用学科。总的来说,它就是一门研究文化创意理论、规律与方法等问题的科学。

在这一定义中,我们可以提炼出其中的四个基本要素:文化、创意、市场与载体。这四个基

---

[1] 尹鸿.当前我国文化产业学科建设的现状分析[J].解放军艺术学院学报,2014(4):95-100.

本要素既指出了文化创意学的研究重点与研究方向，也突出了文化创意学作为一门独立学科的学科特点，使其与其他学科区分开来。其中，文化是文化创意产生的根基，是我们进行文化创意活动所需要的内在支撑，世界各国、各地区、各民族的文化丰富多彩、各有千秋，这都是我们取之不尽的创意源泉。而创意则是文化创意学制胜的关键，人的创造性思维与创造技法是可以通过训练获得并加以提升的，因此运用科学的方法对创意人才的培养是文化创意学的重要任务之一。同时，文化创意学与经济生产、产业发展、消费者市场等有着天然而紧密的联系，也是一门理论与实践互动频繁的学科。伴随全球化在文化创意领域的深入渗透与科技日新月异的发展，受众对于文化的需求在全球文化的融合与碰撞中也逐步加大，消费升级使得市场成为文化创意产业发展的主要动力和方向标。文化创意得以实现的重要依托就是载体，既包括我们熟知的文化创意产品、文化创意服务和文化创意活动，也逐渐延伸到更多的领域中，如动漫、游戏、旅游业、会展业、博物馆等。由此看来，这四个关键要素不仅在内涵上紧扣文化创意核心，又对文化创意学在外延上进行了高度概括，也是该定义的创新所在。

（二）文化创意学的研究内容

由于文化创意学是伴随文化产业和创意产业的发展而形成的新兴学科，因此前人在这方面的研究积累为文化创意研究提供了丰富的素材、范式与方法论。澳大利亚学者哈特利曾将全球文化创意产业的理论研究分为三种类型，分别是文化和创意的经济学研究、文化产业的文化批评研究和创意产业的复杂性理论研究。通过这种分类，我们可以很清楚地看出目前文化创意学的研究重点是产业研究、文化研究和交叉学科研究。因此，在综合诸多学者的研究成果与产业发展现状基础上，本书将文化创意学的研究内容分为两大部分：一部分是学科内涵部分的研究；另一部分是学科外延部分的研究。

文化创意学的学科内涵研究就是，从学术角度对文化创意学的基础理论、基本概念、创意范式、基本方法及学科发展史等内容进行科学性的研究与探索，用以指导文化创意产业发展中的各种文化创意实践活动。这方面内容包括文化创意产业的经济属性研究、知识产权研究、文化创意技法、文化创意传播模式、文化创意人才培养等基本理论研究，也包括采用文化批判模式对文化创意产业的发展进行科学性的批判，如反对新自由主义、反对文化创意全球化、批判文化创意产品商业化等。

文化创意学的学科外延研究是指从实践到理论研究文化创意产业，主要体现在交叉学科、跨行业的应用研究上。随着文化创意产业的发展、文化创意在各行各业的深入，会有更多新的文化创意形式、载体、市场发展趋势等新的文化创意现象出现，如创意城市、创意生态、创意社区、创意阶层等。而这些在文化创意领域出现的新问题正是文化创意学新的研究方向和所要研究的内容，从中发现规律，进而解决问题，推动整个文化创意产业发展和文化创意学科的建设。

（三）文化创意学的学科特点

从文化创意学的学科定义与研究内容，可以看出文化创意学有三个突出特性：交叉性、应用性与适应性。

文化创意学是由文化、创意、文化产业和创意产业衍生而来的，正是这样的学科形成过程才决定了它是一门交叉性的学科。就研究内容而言，文化创意学博采众长，借鉴众多学科的研究理论与成果，同时不同的学科背景更是拓展了文化创意学的研究方向，因此学科交叉性是文化创意学的一大突出特点。

文化创意产业的崛起催生了文化创意学，因此从某种意义上可以说文化创意学是因产业发展、从实践中成形的一门科学。同时，文化创意学研究目的之一就是为文化创意实践活动和产业的发展提供科学性指导，这恰好体现了文化创意学的应用性。

文化创意学具有适应性，它的研究内容与范围随着社会的不断进步、产业发展的需要也在不断地延伸与扩大，甚至出现如创意生态这样的新研究领域。同时，交叉学科本身就是模糊学科之间的界限，使学科与学科之间合作与融合，从而碰撞出全新的创意研究，开辟出新的研究视角，找到新的解决办法。这种与时俱进的发展步调正是由于文化创意学具有很强的适应性。

（四）文化创意学的学科意义

发展文化创意产业已成为目前全球发展的新趋势，创意经济成为未来经济发展的新走向，创意则成为各行各业发展的关键因素。同时，澳大利亚学者哈特利认为，中国是当今全球文化创意产业发展最好、也是最快的国家。中国拥有丰饶的文化资源，而独具中国特色的传统文化又蕴藏着巨大的潜力，这些都亟待我们去开发。因此，作为专门研究文化创意现象与规律的应用性学科，文化创意学的出现就显得尤为重要，具有指导性意义。

随着经济与社会的发展，文化创意产业也将面临诸多挑战，如经济与文化的全球化不断加深的影响、后工业时代城市将如何创新性发展、各国和各地区如何权衡文化发展与保护以及文化创意产业在发展中国家的经济地位等问题。这都将是文化创意学未来关注的重点问题，试图通过科学的研究找寻恰当的解决方法，并探索一条具有中国特色的文化创意出路。

此外，金元浦教授指出，中国目前正处于文化创意产业发展的第二个阶段——"商业、技术和创意的协同融合阶段"，如何将文化创意产业升级到第三阶段——"消费者协同创作及用户引导创新"，是中国目前亟须解决的主要问题。而哈特利等学者在《创意经济与文化》一书中已经提出了解决办法——"人人、处处、事事"（everyone, everywhere and everything），并提出"文化生产群体，群体生产知识"的口号。这不仅表明创意已经成为一件更为普遍的全民性生产活动，人人都是参与者，处处都蕴藏创意，事事都需要创意，更是突出强调了创意人群在其中的重要性。而培养具有当代创造性思维的创意人才就是文化创意学学科建立的主要目的之一。

目前，文化创意学在学科建设与发展上来看，依然是一门尚未成熟的学科。但是，文化创意学本身就具有交叉性、应用性和适应性，它的内涵和外延也会在实践与发展中更加深刻和不断扩大，所以文化创意学未来的学科建设之路是任重而道远的。

第二节 | 文化创意学的学科背景

  文化创意学是一门交叉性应用学科,其主要的学科基础是文化学、创造学和传播学。文化学是基石,创造学是灵魂,而传播学则是工具。首先,文化学为文化创意学奠定坚实的文化理论基础,也是创意源源不断的源泉;其次,创造学为文化创意学提供创意的创造技法,培养创造性思维;最后,传播学为文化创意学搭起传播平台,助力文化创意的实现和展示。此外,经济学、法学、管理学等学科也为文化创意学在理论和方法论上提供了学术支撑。因此,本节将依次为大家介绍文化创意学的学科背景,帮助大家理解文化创意学的学科基础与交叉学科的相关研究。

一、文化学与文化创意学

  文化学,是当代人文社会科学中一门独立的综合性交叉学科,主要研究人类社会中与文化相关的现象及其发生、发展规律的学科,并与历史学、哲学、社会学、人类学、文学、艺术学、语言学、经济学、传播学等学科有着密不可分的联系。在进一步解释文化学学科概念和理论之前,我们首先需要了解文化学的起源与发展进程。

(一)西方文化学的发展

  从古希腊时代开始,世界各国人文学者就已经开始关注与文化相关的问题,但是仅作为人文学科的相关问题,文化研究在很长一段时间内并没有独立的学科体系。1725年,意大利哲学家维科的著作《新科学》问世,他认为历史即为文化史,正式开启了近代文化研究的大门。之后,法国启蒙思想家伏尔泰(Voltaire)在1756年出版的《论各国的风尚与精神》一书中指出,文艺复兴是西方世界的一次新文化运动,而这本书则可以被视作一部集政治、经济、艺术、文学于一体的各国文化史书。此时文化研究仍是历史学中的一个新的分支,从史学角度研究文化在人类社会中的历史发展进程。

  直到1838年,"文化学"概念第一次被德国学者列维·皮格亨(L. Peguilhen)提出,他提倡在人文社会科学中建立一门叫作"文化科学"的学科,用来认识、研究人类与民族的产生与发展等问题。随后,德国文化学家克莱姆(C. E. Klemm)在1843—1855年出版了三部关于文化学和文化史的著作,提出人类文化的进化经历了三个阶段:野蛮、驯养和自由阶段,并强调地理环境对人类性格与思想观念影响的重要作用。1871年,英文"文化科学"这一词在学者泰勒的著作《原始文化》首章出现,从此"文化科学"在世界范围内被广泛熟知。这本书则被认为是近代第一部专门研究人类文化的学术专著,成为文化学的奠基之作,从此泰勒被誉为"文化学奠基人"。

  之后,文化研究受到诸多不同学科背景学者们的广泛关注,并逐渐将其引入其他人文社会科学的研究范畴。法国学者杜尔克姆(E. Durkheim)在社会学研究基础上建立了"文化社会学"体系,德国学者韦伯(M. Weber)也从社会学角度开创了比较文化研究的先河。与此同时,德国在 19 世纪末出现了新康德学派,学者文德尔班(W. Windelband)和李凯尔特(H. Rickert)强调思辨文化学,并以文化科学与自然科学的关系、文化哲学、价值哲学为主要研究内容。而后,美国学者霍尔姆斯(W. H. Holmes)于 1901 年提出"文化人类学"(cultural anthropology)的概念,英国学者弗雷泽(J. G. Frazer)则于 1908 年也提出类似的概念——"社会人类学"(socio-cultural anthropology),尽管两者称谓不同,但是他们都是将传统的人类学研究视角——生物特性,转向文化特性,以此来研究人类文化的起源问题。自此,在世界范围内,文化研究已经成为历史学、哲学、社会学和人类学等学科中的重要分支或研究课题,然而独立的文化学学科体系在此时尚未建立。

直到 20 世纪中期,现代意义上的文化学才初步形成。1949 年,文化人类学新进化论学派的代表人物美国学者怀特(L. White)出版著作《文化的科学》,他在书中不仅强调建立一门独立的以探索人类与文化之间关系的新科学——"文化学"(culturology),并确立了文化学的基本概念、理论和方法。这部著作与他的另一部《文化的进化》为现代文化学形成奠定基础,他也被誉为"文化学之父"。此外,美国文化学家克罗伯(A. L. Kroeber)是被认为最早进行文化理论研究的学者之一,他提出了一整套文化研究的概念工具,如文化框架、符号系统、原型文化、文化系统等。在他与克拉克洪(K. Kluckhohn)在 1952 年合著的《文化:关于概念和定义的探讨》一书中,对 1871—1951 年间各国学者关于文化的定义进行梳理、归类,成为学界进行文化研究的重要理论参考。

之后,在世界范围内逐渐形成一波文化研究热潮,文化问题成为不同学科研究的热点。在此期间,文化研究也逐渐形成体系、形成"文化科学群落",不同的文化研究流派也因此出现,为文化学研究贡献了诸多学术成果。如研究文学与文化关系的伯明翰学派、以法国列维-斯特劳斯(C. Levi-Strauss)为代表的文化结构主义学派、对大众文化与传播进行批判性研究的法兰克福学派以及阐释学派、语言学派等。文化研究的内容也紧跟社会发展变化,逐渐呈现出多元化趋势,如文化生态、民族语义、文化心理、东方主义、女性主义、后殖民主义、后现代主义、文化经济等。此处,借用詹姆逊(F. Jameson)在《论"文化研究"》中的观点:"文化研究是一种开放的、适应多元范式的时代要求并与之匹配的超学科、超学术、超理论的'后学科'研究方式。"他的观点恰好指出了文化研究具有动态性的特征,它的研究内容、研究方式都是依社会环境、历史发展的变化而随之变化的,这也正是文化研究的魅力所在。

(二)文化学在中国的发展

中国关于文化的研究也由来已久。在前文也提到,"文化"一词早在周朝的《易经》中就已出现。但是在之后的很长一段历史中,中国关于文化的研究主要集中在文学和哲学上,与西方世界对文化的研究有所差异。而中国现代意义上的文化研究始于 1924 年。李大钊在《史学要论·历史学的系统》一书中最早提出"文化学"一词,认为文化学是广义历史学三大系统之一的特殊历史学的核心学科。此后,"文化学"一词也出现在张申府的文章《文明或文化》中。从 20 世纪三四十年代开始,黄文山、陈序经、闫焕文、朱谦之等国内学者纷纷投入文化研究的学术事业中,也成为最早一批倡导建立文化学学科的学者们。其中,学者陈序经在 1947 年出版的《文化学概观》一书,被认为是中国第一部较全面、系统地研究文化学相关内容的著作。在此期间,中国的文化学研究主要集中在三个方面:一是以黄文山为代表的对文化学基础理论进行研究;二是梁漱溟等学者对传统文化的研究;三是对文化人类学理论及方法的研究。后来发展到20世纪80年代,文化研究主要以翻译国外学者文化学著作为主,西方世界的文化研究理论和思想逐渐传入,开始影响中国一批文化学学者,进而掀起了一阵文化研究热潮。此后,中国的文化研究不仅局限在文化理论、文化史、文化人类学、文化社会学等传统文化研究领域,也逐渐将研究视角转向世界普遍关注的文化问题上,如跨文化研究、文化生态、文化地理、文化经济、文化传播等。

纵观文化学在国内外的发展历史,我们对文化学的由来已经清晰明了。文化学是一门以研究文化的本质、产生、发展、变化规律以及与文化相关的一切现象的综合性交叉学科。目前的文化学的研究内容主要有:一是文化学基础原理,如文化定义、文化要素、文化符号、文化系统、文化价值、文化意义、文化动力及文化传统等;二是文化史与文化学流派,主要用科学的研究方法对文化发展的历史进程进行记录,对文化学科流派作专项深入研究;三是文化现象或交叉学科研究,小到企业文化、校园文化、街头文化、饭圈文化等社会中存在的文化现象,大到文化经济学、文化传播学、文化生态学、文化地理学等分支学科的研究都是文化学的研究范畴。由此也可以总结出,狭义的文化学是研究文化学原理、文化史及文化流派的学科,而广义的文化学则是研究关乎文化的一切问题。因此,本书中所提到的文化学是侧重广义文化学的范畴。

(三) 文化学:文化创意学的基石

文化学是文化创意学的基石,不仅为文化创意学的研究提供理论基础,更为其文化创意的开展提供丰富的素材与多样的元素。自人类起源、进行物质生产实践活动至今,已经创造了无尽的文明和历史,积累了丰富的物质财富和精神财富,如今这些都是进行创意的视角,是产生创意的源泉,是开展创意活动的基础。有了文化学作为学科内核,文化创意学在研究的问题、视角以及方法论上都可以借鉴文化学长久以来的研究经验。

传统文化是促使创意不断产生的重要渠道之一,也是产生独特创意的重要来源。因此,对传统文化的挖掘不仅可以弘扬文化精神、建立文化自信,也可以激发创意灵感的出现,产生与众不同的想法。目前,对本国或本地区传统文化的发掘已经成为世界文化创意产业所关注的重点,基于各国或各地区传统文化进行的创意实践也层出不穷。如罗琳(J. K. Rowling)在《哈利·波特》系列中创造的魔法世界与英国传统文化紧密相连;又如尾田荣一郎以历史上著名的海贼原型创作了动漫作品《航海王》;再如中国故宫文创成功出品了众多文化产品。而中国拥有五千年的灿烂文明,为中国进行文化创意研究提供了丰富的历史文化资源。如何汲取中国文化精髓、采用中华文化元素、弘扬民族文化精神是中国当代年轻人进行文化创意的突破口,这将是中国在世界文化创意发展竞争中的制胜法宝。

二、创造学与文化创意学

创造学是一门独立的应用型科学,它是基于文、理、工的交叉学科,因此不能单独地将其归类为人文社科或者自然科学。《辞海》中对创造学的解释为:研究人类的创造能力、创造发明过程及其规律的科学。由此可知,创造学是以"创造"为主题,研究有关一切人类创造活动的现象和产生及发展规律等问题的学科。我们已经在前文讲解了"创造"的概念、与创意和创新之间的关系,下面就来探讨一下创造学学科的内涵与发展历程。

(一) 创造学的起源

苏联创造学家阿利赫舒列尔(G. S. Altshuller)认为创造学起源于古希腊数学家帕普斯(Pappus)的《数学汇编》一书,因为书中在探讨"试探法"(heruistics)时曾提到了"创造学"这一术语。随后很长一段时间,"创造"一直是哲学的研究课题,如法国哲学家龙沙(P. Ronsard)在1565年出版的《法国诗要略》中认为"创造是一切东西的本源"等。从19世纪到20世纪上半叶,学者们开始关注心理学范畴下的创造的研究:德国精神病学家C.伦布罗卓研究了天才与精神病、环境与人类创造力之间的关系,美国学者笛尔本(R. Dearbern)编制了适用于大学生的《创造性想象测验》,美国心理学家斯佩里(R. W. Sperry)发现人类的右脑承担了人们形象思维、直观思维的创造性功能等。在这一阶段,对创造过程的研究和对创造性人格、动机的研究成为创造学的两个主要研究方向。

而现在被人们所普遍熟知的创造学则起源于美国。1941年被誉为"创造工程之父"的奥斯本(A. F. Osborn)在《思考的方法》一书中提出了一个可以开发人们创造力的方法——"头脑风暴法"(brain storm)。这一创造技法的创立被普遍认为是创造学正式成为一门科学的标志,并以人类创造能力、创造发明过程及其规律为主要研究内容。创造学开始成为学界和业界观众的重点,1950年美国心理学会主席吉尔福德(J. P. Guilford)题为"创造力"(creativity)的演讲更是极大地推动了创造学在美国的发展。自1948年麻省理工学院首设创造性开发课程开始,创造学相关的课程及专业在美国如雨后春笋般设立,世界上第一个创造学硕士学位点就于1975年在纽约州立大学布法罗学院诞生。1989年,以增强人们对创造学重要性的认识和促进创造潜力的开发为宗旨的美国创造学学会(ACA)成立,成为世界各国在商业、教育、艺术、科技等领域对创造学进行交流合作的开放平台。

此外,日本、苏联、德国等国也在本国积极推广创造学。1955年美国的创造学传入日本,促使日本"全民皆创"的一系列活动陆续开展:举办设想运动、制作设想专题电视节目、设立"发明节"、建立"星期日发明学校"、重视创造教育和人才培养、开发新的创造技法等。俄罗斯"技术哲学"创始人之一的恩格迈尔(P. K. Engelmeier)早在1910年就提出建立"创造学"。苏联时期更是将开发国民创造力写进苏联宪法。1971年,世界第一所发明创造大学设立在阿塞拜疆。德国心理学家韦特墨(M. Wertheimer)在1945年出版的《创造性思维》中研究了创造性思维。而英国医生德·博诺则提出了另一创造技法——"侧向思维"。在韩国、加拿大、法国、意大利等近百个国家,创造学或是成为国家层面所关注的重要问题,或是被引入教育体系用于培养创造性人才,或是将其应用于产业开发以促进经济发展。

(二) 创造学在中国的发展

中国最早提出创造学概念的是"中国教育先驱"陶行知先生,他在《创造宣言》中主张教育要以激发人们的创造性为目的。1980年,上海交通大学学者许立言在《论创造性》一文中总结了国外创造学研究的前沿问题和研究成果,正式将美国的创造学引入中国,并倡议建立一门独立的创造学学科。随后,创造学也逐渐在中国推广开来:建立以中国发明协会、中国创造学会等为主的创造学群,在高校开设创造学课程、教研室,科研机构将创造学应用于一线研究,企业单位也引入创造技法用于员工培训等。

此外,在创造学理论研究方面,国内学者在美国创造心理和创造技法的研究基础上,也提出来新的创造理论。甘自恒教授将具有中国特色的创意哲学纳入广义创造学范畴。学者刘仲林提出要开创基于中国传统文化的"创造之道",后被称为"中国创造学"。此外,学者庄寿强提出了新的创造学理论——行为创造学(creatology),主要研究人们在各个领域中的创造行为、创造活动和创造过程。

通过创造学在国内外的理论形成与实际应用可以总结出,创造学是一门以哲学、心理学、社会学、教育学等多学科为理论基础的综合科学。日本学者伊东俊太郎曾定义"创造"是:解决新问题、进行新组合、发现新思想、发展新理论。这一定义恰好揭示了创造学所要研究解决的主要内容与问题。综合来看,创意学就是要运用哲学思维研究创造本质、总结创造规律,运用心理学、社会学等方法论揭示创造产生的原因、开发创造技法、指导创造性活动,遵循教育学原理开发人们的创造力、培养创造性思维和人才,结合多学科和行业特色形成新的创造学理论、开发创造性产品、促进产业创造性地发展。目前,创造学发展相对成熟的研究分支有创造学史、创造学法、创造哲学、创造心理学、创造教育学、创造工程学、创造艺术学等,除此之外,随着创造学在各学科、各行业的应用,也诞生了如创造生态学、比较创造学、创造经济学、创造管理学等新兴的研究方向。

(三) 创造学:文化创意学的灵魂

创造学是文化创意学的灵魂。文化创意围绕"创造"展开,文化创意活动就是人类进行与文化有关的创造性活动,缺少了创造性想法、观念——创意,文化创意也就不成立,就是空洞的、无生机的、毫无灵魂的,也不会被大家所接受和认同。国内创造学学者庄寿强曾说过:"创造是人类社会活动永恒的主题"。创造就在我们身边,无处不在、无时不在,不仅是每个人与生俱来的能力,也是一直随着社会进步与历史发展并将不断持续的人类活动。而一个国家的强大、一个社会的进步、一个民族的崛起,也同样离不开人们的创造力。正如学者刘仲林所言,创造的过程就是一个人乃至一个民族的觉醒过程。[1] 如今,创意逐渐成为各种竞争中的决定性因素,因此亟须创造学为文化创意研究注入能量,将创造学理论与研究方法因地制宜地移植到文化创意学的研究中:创造哲学揭示文化创意学的哲学本质,创造学法为文化创意学提供创意技法,创造心理学为文化创意学开拓创造性思维研究,创意教育为培养文化创意人才提供方法论,创造工程学、创造艺术学、创造生态学等其他分支研究可以为文化创意学在不同产业的应用奠定基础。这样不仅可以丰富文化创意学的学科内容,而且可以将文化创意在产业中激活,从而推动文化创意事业发展。

---

[1] 刘仲林.论创造与创造观[J].东方论坛.青岛大学学报,2002(1):58-62.

三、传播学与文化创意学

传播学是一门应用型社会科学,主要研究人类一切的信息传播活动及其规律、传播与人和社会之间的关系等有关信息传播交流的问题。它是基于多个学科的研究理论与成果而形成的交叉性学科,其学科基础有新闻学、社会学、心理学、政治学以及信息论、控制论、系统论等。随着社会的发展、技术的更新、网络的普及,媒介形态也呈现多元化,传播学的研究与发展也随之与时俱进,更是体现了传播学强大的适应性和持久的生命力。

(一)传播学学科发展历史

最早的传播研究可以追溯到古希腊时期,亚里士多德(Aristotle)的《修辞学》可以被视为最早研究传播理论的著作。之后的两千年间,许多学者都曾从各自学科视角出发研究传播现象、传播活动及规律等问题,但这些研究是零散的、不成体系的,传播学因此不能被认为是一门独立的学科。我们现在所说的传播学是指现代传播,源自 20 世纪 20 年前后,拉斯韦尔(H. D. Lasswell)、卢因(K. Lewin)、霍夫兰(C. Hovland)和拉扎斯菲尔德(P. F. Lazarsfeld)这四位学者的大众传播研究对之后传播学学科的形成有着深远影响,同时他们也被誉为"传播学四大奠基人"。

美国著名政治家拉斯韦尔是首个提出"大众传播学"概念的学者。经过他长期对政治、宣传与舆论等多方面的研究积累,在 1948 年发表的《传播在社会中的结构与功能》一文中首先指出了传播过程及构成五要素——Who(谁)、Says what(说了什么)、In which channel(通过什么渠道)、To whom(向谁说)、With what effect(有什么效果),这就是为人所熟知的拉斯韦尔 5W 模式。同时,他也在这篇文章中提出了大众传播的三功能说——监视环境功能、协调社会功能以及文化传承功能。此外,他也开创了传播学中经典方法论——内容分析法,使用定性与定量结合方式的研究方法。拉斯韦尔从传播模式、传播功能和研究方法上指明了传播学研究的基本内容和方向,为后续的传播学研究奠定了基础。

1947 年,美国"社会心理之父"卢因在《群体生活的渠道》一文中提出了传播学中著名的"把关人"(gatekeeper,也称"守门人")理论,他认为在信息传播过程中存在"把关人"的角色,他们会根据自己的意见对信息进行筛选和过滤。"把关人"的提出不仅被传播学界普遍认可,也成为之后传播研究中的重要课题。

美国实验心理学家霍夫兰对传播学发展的主要贡献是"说服效果"研究。他通过实证性研究揭示在传播过程中有多种因素会影响说服效果。他将心理学中的实验法第一次引入传播学研究中,而传播效果研究也逐渐成为此后传播学主要的研究内容之一。

美国社会学家拉扎斯菲尔德于 1944 年发表的《人民的选择》一文中指出了传播过程中存在"意见领袖"这样的人物,并直接影响传播的效果。他对传播学的另一贡献是创立了定量分析法,因此他也被称为传播学研究的"工具制作者"(toolmaker)[1]。

传播学之所以能发展为一门独立的学科,这要归功于美国传播学家施拉姆(W. Schramm),

---

[1] 卢山冰,黄梦芳.传播学理论百年回眸[J].西北大学学报(哲学社会科学版),2004(3):154-159.

因此他也被世人称为传播学的集大成者或"传播学鼻祖"。1949年,他在"传播学四大先驱"与其他学者的传播学研究基础上,将传播学研究基础理论、研究内容、研究方法等研究成果进行梳理、体系化,出版了世界第一本传播学教科书——《大众传播学》,这标志着传播学自此创立。此外,他还总结出全新的大众传播功能——政治功能、经济功能和一般社会功能,并且在1956年与人合著的《报刊四种理论》一书中提出了当时的四种新闻传播事业模式——所谓集权式、自由式、社会责任式和共产主义式。

自此,传播问题逐渐成为各国学者关注的内容,传播学迅速在世界学术界扩散开来,并且不断发展与壮大:传播学理论层出不穷,如知沟理论、教养理论、"沉默的螺旋"等;与不同学科的交融与合作,传播学的研究方法也更加多样,控制实验法、民族志法、个案研究法等;传播学派也逐渐形成,如政治经济学派、"文化研究"学派、哈贝马斯批判理论学派等。

自20世纪90年代以来,全球面临着信息化、全球化、生态化的新挑战:信息技术的发展催生了新媒体的出现,全球化随之带来的是媒介全球化的趋势,而生态化促使产业升级,媒介产业继而崛起。因此,传播学的研究方向随即也转向这些全球共同关注的问题上,新研究方向也不断出现,如媒介经济、媒介产业、文化软实力、女性主义等。

(二)传播学在中国的发展

20世纪初,早期美国的传播研究就引入了中国。当时传入的传播学是以芝加哥学派的传播研究为主,如传播范式、说服效果、宣传研究等,在中国当时的社会发展背景下并未就此扎根。而当代传播学正式引进中国应以1982年施拉姆来中国作学术交流为标志。这时的传播学已经在美国成为独立的学科,并有着一套比较系统、完善的学科体系,因此将施拉姆的此次到访作为中国传播学研究的开端更为准确。此后,国内学者翻译了《传播学概论》(施拉姆,1984)、《大众传播模式》(麦奎尔与温德尔,1987)、《大众传播通论》(德弗勒,1989)等一批美国传播学的优秀著作,为中国的传播学研究提供了诸多学术参考。传播学在中国属于新闻学科下的二级学科,这与中国最早接触传播学理论的多为新闻学者密不可分。自此,中国的传播学研究便在新闻学的范畴下逐渐开展开来,如何将传播学本土化、如何将传播研究与国际接轨等问题成为国内学者研究的重点。自2009年开始,"新媒体""互联网""媒介融合""文化产业""网络舆论""社会化媒体"和"大数据"等词成为中国的新闻传播学研究的高频词汇,中国的传播研究也追随欧美传播学研究,更加密切地关注"文化"和"科技"的主题。[1]

通过对传播学学科发展的整体认识,从学术概念的角度来看,传播学就是一门以研究人类在社会生产、生活中的所有传播活动及其规律的综合性应用型学科。传播学以定量研究和定性研究两大研究方法,对传播理论、传播模式、传播效果、受众研究、传播媒介等问题进行研究。从宽泛的意义上来看,传播学则是关于人类一切的传播活动的科学,深入政治、经济、文学、艺术等多个领域,其研究领域也呈现细分化、多元化的趋势,正如施拉姆所说:"传播是一种自然而然的、必需的、无处不在的活动",传播和传播学已经涉及人类活动的方方面面。

---

[1] 廖圣清,朱天泽,易红发等.中国新闻传播学研究的知识谱系:议题、方法与理论(1998—2017)[J].新闻大学,2019(11):73-95,124.

(三) 传播学:文化创意学的工具

传播学是文化创意学的工具。传播是文化创意考虑的重要因素之一,也是文化创意表达和呈现得以实现的重要窗口。传播学可以被认为是文化创意学的传播工具,在给文化创意学提供方法指导的同时,又将文化创意学激活,充满生机和活力:传播模式研究为文化创意提供范式参考,实现高效文化创意;媒介研究为文化创意提供选择恰当渠道,实现创意展示最优化;受众研究为文化创意指引方向,实现最受欢迎的创意。

施拉姆(W. Schramm)曾说:"我们建立传播关系是因为我们要同环境,特别是我们周围的人类环境相联系。"传播学研究的内容随人类生产、生活的环境变化而变化,可以称作全球发展动态的风向标。如今,全球经济的发展、现代社会的进步、信息技术的升级都大大推动了传播媒介多元化和新媒体的崛起,"媒介即讯息"[1]变成不争事实。当前全球各国俨然已经成为一个庞大的命运共同体,国家之间的竞争已不单单在政治、经济和军事上的比拼,文化软实力则成为另一决定因素。"创意的关键在于知识信息的生产力、传播和使用",熊彼特的这一论断正好揭示了传播学在文化创意中的重要作用。近年来传播学的研究焦点也逐渐向文化、文化产业、文化创意倾斜,因此文化创意将成为各国发展的新突破口和新制高点,而如何将文化创意进行有效、最优、创新的传播也将成为未来重要的研究课题。

四、其他学科与文化创意学

社会分工随着社会的进步越来越细,使得学科分工也逐渐细化,学科之间交叉情况越来越普遍,联系也更密切。有了文化学、创造学和传播学作为主要的学科支撑,文化创意学与其他学科之间也有着密不可分的关联。下面,我们探讨经济学、法学、管理学、市场营销学、广告学、公共关系学、艺术学、文学、历史学、民俗学、人类学、哲学等 12 个学科与文化创意学之间的关系。

(一) 经济学与文化创意学

经济学是一门研究人类经济活动规律的社会科学。主要研究一个社会如何利用稀缺的资源生产有价值的商品,并将它们在不同的个体之间进行分配[2]。文化创意在经济领域的活动及其规律就是文化创意学的关注和研究重点之一。

当代的文化创意源自经济发展的需要,同时也是文化创意产业持续发展的根本。自霍金斯提出创意经济的概念以来,创意的经济价值和创意产业巨大的经济效益日益凸显,创意经济为社会不断地提供新的就业岗位、催生新的企业,已成为一个国家经济发展的重要组成部分,同样也是世界增长最快的经济。人们对审美和文化的需求随着经济增长也在不断地增加,越来越多人需要的是个性化、创意性、具有文化内涵的产品,这就加速了创意当道的异质化竞争时代的来临。

---

[1] [加]麦克卢汉,[美]菲奥里,[美]阿吉尔.媒介即按摩:麦克卢汉媒介效应一览[M].何道宽译.北京:北京机械出版社,2016:24.
[2] [美]萨缪尔森,[美]诺德豪斯.经济学(第19版)[M].萧琛译.北京:商务印书馆,2013:4-5.

因此，在文化创意产业中，文化创意已作为商品生产的重要要素进入了生产环节，生产者则兼具创意者和传播者双重身份，而最终的产品和服务是集人的创造力和文化的内涵于一身的文化创意产品。[1]如今，得益于数字技术的进步，文化创意在经济增长中的作用更加突出。

(二) 法学与文化创意学

法学也可以称作法律学，是专门研究与法相关问题的学科，主要研究法律、法律现象以及其规律等问题。法律为文化创意产业保驾护航，同时文化创意产业自身也可以被认为是一种关于知识产权的产业。霍金斯(J. Howkins)曾从知识产权角度界定创意产业为：其产品均在知识产权法的保护范围之内的经济部门。而在美国、加拿大等国，文化创意产业即为版权产业——版权起到决定作用的活动或产业。

此外，各种法律条款、制度对文化创意和创意人的创意进行保护，如美国法院用财产权法、反不正当竞争法和著作权法等来保护文化创意[2]；英国为保护非物质文化遗产的创意开发，推行一系列立法及政策[3]；中国目前已有关于文化资源保护的法律法规，如《中华人民共和国非物质文化遗产法》《博物馆条例》等，此外也将出台文化产业促进法、中医药传统知识保护条例之类的法律法规对文化资源产权进行保护。由此看出，知识产权可以看作是文化创意产业的核心，所有的文化创意活动和行为都是一种知识产权，对知识产权的保护则是文化创意产业健康发展的必要前提和重要保障。

(三) 管理学与文化创意学

管理学是研究人类管理活动中各种现象及其规律的学科。研究的主要内容包括管理的规律、管理的方法、管理的模式等，就是管理者通过执行计划、组织、领导、控制等职能，对人、财、物等因素进行合理的组织与配置，获得最大管理效益，从而实现组织目标，最终达到提高生产力水平的目的。[4]

对于文化创意管理来说，主体管理即为创意人才的管理。人在整个文化创意活动中始终处于主导地位，具有原创能力的人才才是文化创意的生产者和文化创意产业的推动者。[5]同时，创意是集体智慧的结晶，如何将各类创意人才进行合理的配置，也是文化创意学关注的重点问题。在文化创意产业链的管理上，企业对知识产权的管理与保护是文化创意管理的重点，既可以有效提升企业文化创意生产效率，增强市场的竞争力，又能保障优势经济效益。此外，管理学中关于企业文化管理的理论与方法同样可以给文化创意企业以启示，为它们在进行内部文化管理上提供诸多参考与指导。

(四) 市场营销学与文化创意学

市场营销学也可称为市场学、营销学，是一门系统性研究企业的市场营销活动、行为及其

---

[1] 李凤亮,潘道远.文化创意与经济增长:数字经济时代的新关系构建[J].山东大学学报(哲学社会科学版),2018(1):77-83.
[2] 王太平.美国对创意的法律保护方法[J].知识产权,2006(2):37-43.
[3] 周方.英国非物质文化遗产创意开发的政策法律环境研究[J].文化遗产,2013(6):13-22.
[4] 张国有.管理学说的积淀、分道及特色[J].经济管理.2012(12):176-183.
[5] 袁薇薇.浅论创意管理的要素与方法[J].经营管理者,2012(12):44,57.

规律的应用型学科。具体而言,市场营销学将整个市场营销活动的过程作为研究对象:企业是如何识别、分析、选择和把握市场机会的;如何确定目标市场和目标消费者的;又是如何以满足目标市场消费者需求为前提开展有计划、有组织的营销活动的;最后是如何完成产品从生产者手中到消费者手中的传递,以达到企业获得利润的目标的。

营销是一项以目标市场的消费者为中心开展的商业活动,而文化创意产品最终也是要进入市场,完成商品交换,因此研究消费者心理的研究也是文化创意学的研究范畴。创意营销是伴随创意消费而来的,消费者的收入水平和消费能力决定了文化创意产品的市场潜力,他们的审美品位和文化需求则决定了文化创意产品的市场走向,而他们对于文化创意产品的消费热情取决于产品本身的附加价值,如文化价值、创意价值、品牌价值等。

同时,"开放商业模式是文化创意产业的生存之本"[1]。在文化创意营销过程中,创意应当是贯穿始终的,不仅在文化创意产品和服务中直接体现,更融合在营销策略的技术展现中,可以称这种营销是一项在经济范畴内的创造性艺术。好的营销策略和活动不仅可以提高商品的销量,也可以为产品加分、为企业积累口碑、为品牌建立良好形象,从而在市场中形成良性循环。如今,在日益充满活力的市场中诞生了如社会化营销、体验式营销等新的营销方式,这对文化创意市场营销活动来说更是锦上添花。

(五)广告学与文化创意学

广告学是一门综合性的独立学科,主要研究广告发展历史、广告基本理论、广告策略、广告制作与经营管理等内容。广告既是文化创意实际应用的载体之一,又是提升文化创意商业价值的重要途径。广告活动中的文案写作、内容策划、媒介展示、品牌推广等具体的行为都是具有创造性的活动。美国著名广告人乔治·路易斯曾说:"广告是打破规则的艺术,而不是建立规则的科学。"[2]创意是广告的生命线并贯穿广告学的始终。在20世纪中期,美国正处于广告的黄金时期,创意成为广告竞争的关键,并且产生了众多广告创意的基础理论,如 USP 理论(unique selling proposition,独特的销售主张)、ROI 理论(releavance、originality、impact,关联性、原创性、震撼性)、BI 理论(brand image,品牌形象论)等,这些理论至今对广告学、创意学、文化创意学等学科都有深远影响。

由于经济的快速发展、商业模式的优化、媒体形式的创新,广告活动的范围也日益扩大,广告活动的形式日趋多元化,场景广告、植入广告、影视贴片广告等新兴广告层出不穷。同时,文化消费的升级也在无形中对广告提出了更高的文化创意要求。因此,创意的竞争已不再是以广告文案为中心,更是渗透在包括计划、内容、媒介、推广、经营等广告运作全流程中。

(六)公共关系学与文化创意学

公共关系学是研究社会组织为了塑造自身形象而与公众之间产生沟通、传播与利益协调的科学艺术。"公共关系"的名称是由英文"public relations"翻译而来,这一称谓也恰好概括了

---

[1] 奚川平.文化创意产业中社会化媒体营销的运作模式[J].新媒体研究,2014(3):112-121.
[2] [美]路易,[美]匹兹.蔚蓝诡计[M].刘家驯译.海口:海南出版社,1996.

公共关系的概念:是社会组织为了塑造组织形象,通过传播沟通与公众建立并协调发展的互利互惠的社会关系。公共关系既是一种传播活动,也是一种管理职能,而公共关系策划就是一种创造性思维活动,除了需要为公共关系活动设计独特的主题、口号、项目,还需要选择新颖的传播内容和方式。在这一过程中,创意逐渐成为公共关系活动策划中的关键。好的创意在公共关系策划中起到至关重要的作用,可以使其变得与众不同、极具个性、让人印象深刻,获得超出预期的公关效果。

而具有创意的公共关系策划则是集科学性、创造性、艺术性和可行性于一身的:以公众为对象,在满足公众需求的同时也提高公众的关注度;以提升社会组织的认知度、美誉度和和谐度为目标;以多元化媒介、多样的传播形式为沟通和传播中介;以获得最大的利益为纽带;以真诚的态度为公共关系策划的信条,最后要以长远眼光为活动方针。此外,在处理危机公关的时候,更是需要创意性策划与设计将危机转危为安,甚至转变成为一场有利于社会组织的公关活动。

(七) 艺术学与文化创意学

通常来讲,艺术学是指研究有关艺术一切问题的人文科学,以艺术性质、目的、作用、任务和方法为研究内容,主要包括艺术学理论、音乐与舞蹈学、戏剧与影视学、美术学和设计学五大部类。艺术源于生活,是饱含美学价值观的创造性活动,其本身就是一种文化创意行为,也可以说是文化创意的升华、高级形式。[1] 由此,艺术学为文化创意提供美学及审美方面的指引,而文化创意学则成为艺术学成果展示的具体表现。

全球化、现代化、信息化已经在各行各业加速渗透,人们在社会心态、价值取向、艺术审美、媒介使用习惯等方面也顺应发展形势随之做出调整与改变,国家之间、地区之间的艺术、文化、创意不断碰撞、融合,也推动艺术向产业化、商品化、创意化、生活化发展。在这过程之中,不仅艺术家们拓宽了视野,为艺术创作注入了新的活力,社会的认知艺术公赏力也在提升,人们对生活中的一切提出了更高的艺术要求,在某种程度上决定了艺术消费,因此诸如生活美学、城市美学、设计美学等新的领域逐渐崛起。

如今,艺术的产业化成果——艺术产品或商品,已经在公众视野中产生了后艺术效应,推动了艺术的衍生品、延伸行业及相关产业的发展,艺术与产业已经成为紧密整体。然而,产业化的要求使得艺术与个性化、独立性的创作渐行渐远,取而代之的却是同质化、批量化的艺术创作和产品。此时,文化创意的出现就显得十分关键,它不仅能够使艺术恢复往昔与众不同的特质,又可以恰如其分地平衡艺术与产业之间的关系,而这些都将是文化创意学所要研究与解决的问题。

(八) 文学与文化创意学

文学是以诗歌、散文、剧本、剧小说、小说为主要题材的人文学科。它是一种语言文字的艺术,是带有浓重文化色彩的、蕴含审美意识的、人类独特的精神领域。国内学者葛红兵认为,

---

[1] 翟浩澎.艺术教育与文化创意产业结合的研究[J].中国民族博览,2017(10):47-48.

"文学的本质是创意"[1],是人类的创造性活动在语言和文字上的表现。

如今,文化创意产业的兴起恰好给文学带来了新生,由此也催生了新的交叉领域——创意写作,这是文学流变的产物。文学为文化创意提供了一种新颖的表现形式,同时又成为文化创意学中新的研究视角。学者田川流指出,"文学创意即运用创意思维,以多元和系统的方式从事文学活动与创作"[2]。也就是说,创意是创意写作的第一性,[3]是高于写作活动而存在的重要因素。创意写作者需顺应文学商业化的趋势,积极投身文化创意事业,进行文学创意活动。这既是文学创作逐渐向消费市场贴合的发展需要,满足更多创意阅读者的需求,又是对文学作品的保护与认同,实现文学的内在价值。

(九)历史学与文化创意学

历史学是一门整合型的社会科学,通过对人类历史材料进行收集、整理和组合,对历史的特殊规律和特点进行理解、分析和研究。曾有历史学家说过:"回望历史,是为了塑造未来"[4]。因此,历史学凭借其学科的开放性,在为文化创意学提供了丰富的文化史、文明史、发展史等史学参考的同时,也是推动文化创意学不断向前的强大动力,并指引了文化创意学的未来研究与发展方向,成为过去通往未来的桥梁。

此外,历史学所关注的中外文化史、各国或各地区历史、社会史、经济史等,都是文化创意亟待探索的领域。特别有形的历史文化遗产也可以为文化创意活动提供源源不断的创新元素与创意灵感,如北京的故宫、伦敦的塔桥、罗马的斗兽场等。在尊重和保护历史的前提下,对历史文化资源进行合理地开发,加以创造性地加工、改造或重塑,不仅可以使文化创意更具独特性,也使历史在文化创意活动中重新焕发生机。

(十)民俗学与文化创意学

民俗学是一门兼具人文科学与社会科学性质的交叉学科,主要研究民俗现象、民俗史、民俗学史等,以此来揭示民俗文化在历史发展流变中的意义的学科。民俗是一个集体创造、享有并传承的文化,包括这个集体的风俗习惯、口承文学、传统技艺、生活文化及其思考模式,它也是人们日常生活中衣、食、住、行、育、乐的集中体现。

随着文化创意产业的崛起,传统文化被反复提及,在这过程中民俗元素也被激活、重构,文化创意逐渐发展成为传统民俗文化在当代发展中获得新生的重要途径之一。民俗也为创意的产生提供独具特色、个性的灵感,成为文化创意不可或缺的珍贵资源。如果说历史文化遗产提供的创意元素是有形、具象的,民俗文化遗产所提供的创意素材就是无形的、抽象的,是需要参与、体验和感受的。有学者认为,民俗资源可以视作一种战略性的宝贵文化资源。[5] 这是因为传统民俗文化具有唯一性、特殊性和不可再生性,是一个民族、一个集体长期的记忆,也是当

---

[1] 葛红兵,高尔雅,徐毅成.从创意写作学角度重新定义文学的本质——文学的创意本质论及其产业化问题[J].当代文坛,2016(4):12-18.
[2] 田川流.创意时代的文学创意[C].当代文学研究资料与信息,2009.
[3] 葛红兵,许道军.中国创意写作学学科构建论纲[J].探索与争鸣,2011(6):68-72.
[4] [美]古尔迪,[英]阿米蒂奇.历史学宣言[M].孙岳译.上海:格致出版社,2017:154.
[5] 陈建宪.民俗文化与创意产业[M].武汉:华中师范大学出版社,2012:1.

今各国、各地区文化创意产业发展独具特色的亮点。

中国拥有丰富的民俗资源,是中华民族积累的宝贵财富,可以为中国文化创意产业发展提供原动力。而文化创意活动的开展为传统民俗文化的复活创造了有利条件,同时文化创意与民俗文化的结合也是建立中华民族文化自信的新路径。

(十一) 人类学与文化创意学

人类学是从生物和文化的角度对人类进行全面研究的学科群。人类学的研究可以说是文化创意研究的理论根基之一,为文化创意学的理论发展提供了丰富的研究经验。比如文化人类学,是从文化角度对人类的一切活动进行研究,是文化研究的重要领域,也是文化创意学研究的一个重要理论支撑。又如在生态人类学的研究基础上,文化创意领域产生了创意生态学,研究人们在如同群聚网络的创意生态系统中如何改变、学习与适应,而不同的创意生态系统之间也在不断地进行互动,进而组合、混搭出新型的创意产品。[1]

(十二) 哲学与文化创意学

哲学是关于世界观的学说,研究人类创造性的活动,是对自然科学和社会科学的概括和总结。哲学的任务就是发现现象、总结现象产生的规律,然后正确运用规律改造世界。哲学是对现象的本质进行研究的,而文化创意本身就是人类极具创造性的活动,因此对文化创意活动本质的研究既是文化创意学深层次的研究视角,也同属于哲学的研究范畴。

文化创意学本身就是一门交叉性十分强的学科,因此除了以上提及的学科之外,它也与教育学、建筑学、心理学等其他学科有着密切关系。随着全球文化创意产业的快速发展,文化创意学的研究会越来越多元化,学科建设也将日渐成熟,学科体系也会愈发完善,其分支学科也会随之更加庞大。

案例研读

故宫的文化创意之路

故宫始于明永乐,兴于清乾隆。左祖右社,面朝后市。[2] 房屋近万间,宫殿七十余,琉璃五色,斗拱千万。天人合一,皇权至高,名起紫微星,故称紫禁城。这就是屹立在北京中轴线上的古建筑群,现在被人熟知的名字叫作故宫。

故宫是世界上迄今为止规模最大、保存最完整的木结构宫殿建筑群,不仅拥有众多的建筑、文物、古迹,更是中国宫廷历史和文化的精粹,见证了封建社会最后两个朝代明清的兴衰。而故宫博物院是于1925年在紫禁城基础上建立的一所特殊博物馆。600年间,历史的车轮在这里留下了无数印迹,如今的故宫不仅仅是一个旅游打卡的百年遗迹,更是中国的文化瑰宝和传统文化的符号象征。

---

[1] 潘英海.论文化创意产业的生产模式:一个人类学的解读[J].社会科学战线,2015(4):31-36.
[2] [汉]郑玄注,[唐]贾公彦疏.《周礼注疏》(卷四十一).[M].北京:北京大学出版社,2000:1346.

一、顶流"网红"是如何炼成的

早在2008年,为迎接北京奥运会,故宫成立了故宫文化创意中心,推出了一系列文化创意产品,开启了博物馆文化创意发展事业。紧接着,2009年出品了以1937年版为蓝本复刻的《故宫日历》,昵称"红砖头",在当时掀起了一阵订购热潮。之后,故宫日历每年都会推出特定主题的版本,一直延续至今,成为故宫文创的代表性产品之一。2010年11月,故宫文化产品唯一淘宝专卖店——"故宫淘宝"上线,主营故宫自主知识产权开发的宫廷娃娃、Q版大兵、八旗娃娃、大明潮人、御花园、皇城根等原创形象及文化产品。这些早期的故宫文化衍生品中规中矩,并不能称之为真正意义上的文化创意产品,因此在社会上并没有引起广泛的关注。

故宫文创真正的崛起应是在"文创达人"——单霁翔出任故宫博物院院长之后。单院长在2012年上任后,走遍了故宫每个角落,总结故宫博物院管理的经验与教训,试图寻找高冷故宫与新时代社会发展的契合点,开辟一条属于故宫文创未来发展的新出路。2013年,受到台北故宫博物院推出的爆款文化创意产品——"朕知道了"纸胶带启发,单院长力求创意为先,开始着手打造故宫超级IP[1],描绘故宫文创蓝图。同年8月,"把故宫文化带回家"的主题文创设计大赛第一次向公众征集文化创意及产品设计,自此拉开了故宫文创"网红"之路的序幕。

2014年,故宫淘宝公众号的文章《雍正:感觉自己萌萌哒》是故宫文创崛起的标志性事件。这篇推文采用网络流行语和动画技术营造出反差萌的强烈对比,一改雍正皇帝日常给人留下的严肃庄严古代帝王印象,在朋友圈瞬间走红,而雍正也一跃成为故宫的代言人。借着"四爷"萌萌哒的人设热度,故宫文创顺势推出了"朕就是这样的汉子"折扇等一系列文化创意产品,在网络上的热度一直持续不下。通过这一波操作,看似遥不可及的故宫与当代消费者之间的距离一下子就被拉近了,年轻化的设计与创意持续提升了故宫IP的社会好感度。"故宫文创产品"更是作为社会热点词汇入选2015年高考文综考题。

2016年,一部名为《我在故宫修文物》的纪录片在CCTV-9和B站(Bilibili视频弹幕网站)走红,全网播放量过亿,更是在年轻人中获得广泛好评。同年,一则名为《穿越故宫来看你》的H5推文刷爆朋友圈,明成祖朱棣变成潮流达人,Rap、自拍、朋友圈、VR等当下最流行的时尚元素应有尽有。其实,这篇H5是故宫联合腾讯NEXT IDEA共同举办的创新大赛报名预告,沿用反差萌的人设路线,让故宫IP变得更加"接地气"。通过这次成功的跨界合作,故宫不仅成功"破圈",携手其他领域品牌强强联合,更是让故宫真正地成为一个文化IP走进大众的视野。这一年,故宫文创产品的销售额达到10亿元人民币。到了2017年,故宫文创的全年销售收入更是高达15亿,在售的文化创意产品已经突破10 000种。

2018年11月,故宫博物院联合北京电视台等多家传媒机构共同出品了电视综艺节目《上新了•故宫》,本着"新与故,才能共同创造出永恒"的目的,[2]打造故宫文化创意衍生

---

[1] IP即知识产权,也可称为知识所属权,指的是权利人对其所创作的智力劳动成果所享有的财产权利。如发明、外观设计、文学和艺术作品,以及在商业中使用的标志、名称、图像,都可被认为是某一个人或组织的智力创造、所拥有的知识产权。

[2] 董雷,单霁翔.故宫文创达人[J].创新世界周刊,2019(1):108-109.

品,创新传承故宫文化。同年底,故宫文创推出六款"国宝色"故宫口红,在网络引发订购热潮,曾一度出现"一支难求"的现象,热度一直持续到2019年上半年。而2019年也被戏称为故宫文创的"宫斗大戏年"。在跨界合作上,故宫文创进一步拓展版图,与众多知名品牌推出联名或定制产品,如健力宝、中国一汽、VIPKID等,几乎覆盖了全年龄段消费者。同时也开始涉足更广领域:开起餐厅、卖上雪糕、举办元宵节灯光秀活动等,这一系列文化创意策划引起了一波又一波的社会关注,故宫IP的影响力也在一步步地扩大。

二、为何是它——故宫文创?

随着故宫的文化创意产品热卖与高居不下的网络热度,故宫文创已经成为文化创意界不折不扣的现象级"网红"。它在许多博物馆中异军突起,更是在众多历史文化遗迹中脱颖而出,率先走上文化创意生产之路,不由让人发问:为何是它——故宫文创?

(一)国家政策为博物馆文化创意发展保驾护航

博物馆的文化创意发展是中国文化创意产业的重要组成部分。国家出台了诸多文件、政策,不仅强调文化创意、文化创新在博物馆的文化创意发展事业中的重要性,更为博物馆大力推进文化创意事业提供强有力的制度保障。

2015年3月20日实施的《博物馆条例》中明确博物馆可以从事商业经营活动,挖掘藏品内涵,与文化创意、旅游等产业相结合,并鼓励"开发相关文化创意产品,丰富民众精神文化生活"。

2016年3月,《国务院关于进一步加强文物工作的指导意见》强调,"进一步调动博物馆利用馆藏资源开发创意产品的积极性,扩大引导文化消费,培育新型文化业态"。同年5月,《关于推动文化文物单位文化创意产品开发的若干意见》出台,强调了文化创意及文化创意产品在博物馆文化创意发展事业中的重要性,鼓励博物馆利用丰富的馆藏文化资源开发创意产品,提高了博物馆参加文化创意开发与生产的积极性,扩大了市场引导的文化消费。因此,2016年也被视作博物馆的运营全面步入文化创意时代的一年。

2017年2月,国家文物局出台《国家文物事业发展"十三五"规划》,其中指出2020年的发展目标为:打造50个博物馆文化创意产品品牌,建成10个博物馆文化创意产品研发基地,文化创意产品年销售额1 000万元以上的文物单位和企业超过50家。这一规划将博物馆的文化创意发展事业提到一个国家发展规划的高度,并将文化创意产品开发、品牌建立、产品销售等环节作为博物馆发展的重要任务之一。

国家推出的这一系列政策,不仅给博物馆的文化创意发展事业带来了前所未有的机遇,也推动了中国文化创意产业向前发展。

(二)在文化认同基础上找准消费痛点

故宫文创之所以能在中国成为一个现象级网红,离不开其中蕴含的中国历史和文化内涵。国内学者向勇就曾解释其中的原因:"故宫文创深深根植于故宫博物院的文化历史中,这些文化元素具有强大的品牌感召力和消费吸引力,这是故宫文创'本土真原性'的文化赋魅。"对中国传统文化的认同是故宫文创产品在中国迅速崛起的重要前提,消费者买的不仅是带有故宫印记的文化创意产品,更是故宫背后蕴藏的历史价值和文化价值。而故宫就是在此基础上,讲好了自己的故事、明清的故事和中国的故事。

为了把故事讲好、受到消费者的喜爱,故宫文创推出的新季度商品往往会经历四个阶段:在结合季度销售情况和实际调研结果的基础上,开展内部"头脑风暴",规划新一季文化创意产品的主题、方向和思路;其后,是要联络供应商进行产品设计,文化创意部门对产品进行审批、把关;紧接着,通过审批的文化创意产品才正式投放市场,进行试销;最后也是最重要的阶段,就是要根据销售数据与评价体系对产品进行评估与总结,取其精华,去其糟粕。每一款优秀的故宫文创产品的背后都有着深刻的故事,这源自中国深厚的历史文化底蕴和中华民族的文化认同、文化自信,而如何来讲好这个故事则要向当代瞬息万变的市场发展看齐。

随着时代的发展,全球化、现代化、信息化已经深入各个领域,人们的价值观念、生活方式、审美取向等也随之改变。当代人的文化消费逐渐升级,对文化消费的需求也不断增长,这是文化创意产品受到越来越多的关注和喜爱的重要原因之一,同时对文化创意产品提出了更高的要求——兼顾文化价值、审美价值和功能价值。历史是古老的,文化是深厚的,但是现代的生活方式和商品可以是年轻的、时尚的,这并不是一个矛盾的议题。故宫文创正是抓住了当代年轻人的消费痛点:从生活中找寻灵感,用创意赋能产品,为严肃的古代形象设置"软萌贱"的人设,通过年轻人的沟通方式传递文化价值,跨界联动扩大目标市场,引起全社会的消费共鸣,从而成为既有人文关怀又年轻时尚的国民文化创意品牌。

(三)"科技"助力破圈,搭上"国潮"顺风车

"文化+科技"是如今各行各业发展的大热趋势,也是当前文化创意产业发展的重要方向。在国货变"网红""国潮"当道的现在,作为中国文化创意界的顶流"网红""带货小能手"的故宫文创,更是抓住了文化和科技的先机,进而一跃成名。

早在2013年,故宫就推出了首款手机应用程序(APP)《胤禛美人图》。截至目前,故宫博物院共出品了《胤禛美人图》《紫禁城祥瑞》《皇帝的一天》《韩熙载夜宴图》《每日故宫》《清代皇帝服饰》《故宫陶瓷馆》《故宫展览》《紫禁城600》《紫禁城祥瑞PRO》等10款APP。这些APP包括了故宫的文物、建筑、历史故事、宫廷生活、故宫展览等多方面内容,几乎涵盖了全年龄段的受众,并根据不同年龄的受众进行了差异化的美工设计,可以满足受众多元化的需求。

自2014年火遍朋友圈的H5推文《雍正:感觉自己萌萌哒》开始,故宫淘宝公众号的"萌萌哒"文风一直沿用至今,从康熙到咸丰、从孝庄到慈禧都"被照顾到",就这样10万+的文案源源不断,如《朕有个好爸爸》《朕生平不负人》《就这样被你征服》《朕是如何把天聊死的》《事已至此,唯有蛋出江湖!》《朕再不许别人说你土》等。

2016年,故宫博物院与腾讯集团在传统文化与数字创意上进行深度合作,主要将故宫IP与社交、游戏、动漫、音乐、工具、青年创新赛事、人工智能、云计算、LBS、眼动技术十大文

化创意业态与前沿技术相结合。在之后的几年间,先后推出了故宫主题表情包、故宫特别版《天天爱消除》、手游《奇迹暖暖》中故宫传统服饰主题、《天天P图》中"故宫国宝唇彩"换妆、《故宫回声》主题漫画、《古画会唱歌》数字音乐专辑、首款功能游戏《故宫:小小宫匠》、首款应用眼动追踪技术的前沿游戏《睛·梦》、基于LBS技术的"玩转故宫"小程序等优秀代表作。故宫与腾讯的联手是"文化+科技"实际应用的范例,搭建起一个文化创意产品和培养创新人才的孵化平台。

  2018年,故宫采用"主题性综合文创项目研发模式",将文化、科技与艺术融合在沉浸式体验与互动式体验之中,是对"文化+科技"理念的进一步实践。2019年,故宫建院94年来的首场"灯会"——"紫禁城上元夜"曾出现一票难求的局面,这不仅是一场充满节日气氛的故宫文化活动,而且是一场力求原景重现、科技含量高的灯光展,通过调节灯光强度制造光影对比效果,减小照明对古迹的损害,在夜晚产生"见光不见灯"的立体感。科技的助力,赋予文化活动生机与"生命",更让文物、古迹"活"起来成为可能。

  随着传承和弘扬中华优秀传统文化进程的推进,"国潮"也在慢慢崛起。故宫作为文化创意界的国潮代表,俨然也成为一种国潮文化而存在。利用创意将以文化为主的软创新与以科技为主的硬创新相结合,使故宫IP下的产品经历了由藏品到商品、再到潮品的发展过程,这也正是中国从文化自觉向文化自信、再向文化自强转变的强有力证明。

(四)借"人气网红"之名创建强大的故宫IP矩阵

  如今,故宫已经成为中国文化创意界最有名的IP之一,更是文化创意界的顶流"网红"。在此形势下,一个庞大的故宫文化传播与文化经营IP矩阵正在建立,秉持的正是故宫出版社总编辑刘辉提出的"国际化视野、个性化设计、非遗人参与、品牌化管理、市场化运作"五大经营理念。[1]

  如今,故宫IP已经深入文物复制工艺品、化妆品、日用品、餐饮服务、珠宝首饰、文化用品等自营领域。除了线下的实体文化创意商店、体验店、快闪店外,在故宫IP下还有咖啡店:故宫角楼咖啡、角楼餐厅等。在电商方面,更是有六位"阿哥"为其"撑腰"——故宫淘宝、故宫出版、故宫文创、故宫食品、上新了故宫和故宫文具:故宫淘宝是故宫IP下的第一家电商店铺,也是国内博物馆的第一家淘宝店,主要商品有"朕就是这样的汉子"折扇、故宫口红、故宫香薰等;故宫出版的镇店之宝就是故宫"日历家族",此外还有"迷宫"系列、手绘地图、书画字帖等;故宫文创强调美学与创意的融合,代表商品是海错图读书灯、紫檀护肤系列、紫禁服饰等;故宫食品以贵妃饼、十二美人系列糕点及初雪调味瓶等为主营商品;上新了故宫则是向生活美学靠近,主要有真丝睡衣、星辰时光旅行箱、相变马克杯等;故宫文具则称之为"书桌上的紫禁城",产品品类涵盖了本册、笔、包袋、学习灯具、桌面收纳、套装文具等300余种(图1-1)。

---

[1] 文化和旅游部官方网站."修身 齐家 平安天下"——故宫博物院主题性综合文化创意项目研发模式发布会在京举行[OL]. https://www.mct.gov.cn/whzx/zsdw/ggbwy/201811/t20181114_835978.htm.[访问时间:2020-03-22]

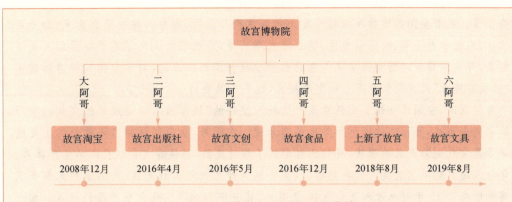

图 1-1　故宫 IP 下官方电商店铺

在不断自主研发文化创意产品的同时,故宫也在跨界合作上大做文章,与不同领域的众多品牌进行深度合作,联合推出众多合作款、限定款等产品。故宫联名的美食产品众多,有奥利奥"朕知道了"限定包装、麦当劳的"故宫桶"、农夫山泉限量版故宫瓶饮用水、必胜客的"御意下午茶"、限量版五粮液九龙坛、与稻香村联名的糕点、健力宝的"祥龙纳吉罐"等。在美妆与护肤方面,故宫与百雀羚、毛戈平、欧莱雅、MAC 等品牌推出联名口红、腮红、套装等商品。此外,故宫还与网易游戏联名推出以宋代名画《千里江山图》为框架的古风手游《绘真·妙笔千山》,联合全球设计师平台 ICY 发布了"吉服回潮"系列服装,曾四度联手人气博主黎贝卡打造故宫联名文化创意产品,还有诸如工商银行、民生银行、浦发银行、小米、飞利浦、Kindle、红旗汽车、安踏、碧桂园、《时尚芭莎》等也推出过故宫联名产品。除以上提及的实体联名产品之外,故宫还携手爱奇艺、抖音、腾讯、凤凰卫视等推出一系列优秀影视产品和数字产品。

如果说自主研发的文化创意产品是故宫 IP 矩阵的基础,那么跨界联名推出的产品则将矩阵扩展开来。这一矩阵的建立是以时代发展为方向、以文化为核心,以创意为驱动力、以科技为依托、以媒介为输出共同作用下的产物,而故宫 IP 的强大影响力仍在不断地扩大和延伸,如今有故宫的猫、故宫的雪、故宫的建筑,之后还会产生更多的故宫故事。

三、当我们谈论故宫文创时,我们应当谈论什么

文化创意产品像一座桥梁,一座将 600 岁的故宫、近百年的故宫博物院与大众联系起来的桥梁,它传递的不仅是中国悠久的历史与深厚的文化积淀,也是新时代的生活方式与审美价值。单霁翔院长谈到发展故宫文创的初衷:"希望能够用文化创意将文化遗存与当代人的生活、审美需求对接起来,让故宫博物院更加接地气。"[1]现在看来,故宫 IP 的建立以及文化创意产品的发展现状,似乎已经可以实现这一目标。如今的故宫文创都会贴上"故宫出品,必属精品"的标签,这既是对故宫文创产品的认可,也是对故宫文创发展模式的认同。

故宫的"网红"成长史可以被视为中国博物馆在文化创意发展进程中的一个缩影,中国其他博物馆也开始纷纷借鉴这一模式,开始研发自己 IP 的文化创意产品,同步开展线下和

---

[1] 黄维,单霁翔.改革开放四十年,奋斗着,幸福着[OL]. https://www.mct.gov.cn/vipchat/home/site/1/304/article.html.[访问时间:2020-03-20]

电商销售。随着全国的博物馆掀起开发文化创意产品之风,各种问题也随之而来,如产品同质化、质量参差不齐、缺乏创意性、销售模式单一等,博物馆的文化创意产品开始变得泛滥起来,导致消费者对博物馆文化创意的热情也逐渐消退。因此,对于中国其他博物馆采用"抄故宫作业"式文化创意产业的发展模式,我们不禁要打一个问号。

  与此同时,中国博物馆文化创意虽然已驶入发展的"快车道",但是成熟的文化创意产业链条尚未形成,而面临的国际形势也不容乐观。在国外,众多国际知名博物馆的主要收入来源是文化创意产品的销售,并且已经形成了相对成熟、完善的文化创意产品生产体系。如年收入超2亿美元的英国大英博物馆,文化创意产品收入占到七成;美国纽约大都会艺术博物馆在2015年时总收入高达9.46亿美元,其中60%来自文化创意产品的收入。相比而言,中国只有年收入达15亿人民币的故宫博物院能与之相提并论,国内其他博物馆的文化创意产品及收入总体水平仍与国际知名博物馆有一定差距。同时,《2019博物馆文创产品市场数据报告》显示,2019年天猫博物馆文化创意网络成交量的整体规模是2017年的3倍,呈现出高速增长态势,并且全球的博物馆争先"触网",开启电商模式:世界四大博物馆之一的大英博物馆在2018年开设了首家天猫旗舰店,随后俄罗斯艾尔米塔什博物馆、美国波士顿艺术博物馆、荷兰梵高博物馆、法国国家博物馆联盟等博物馆也纷纷入驻天猫。[1]这使得国内博物馆文化创意产品面临着更严峻的市场形势,竞争会变得异常激烈,也给中国文化创意产业未来发展带来新的挑战。

  就此而言,中国博物馆文化创意产品已经发展到了亟须进行产业升级的阶段。就连"网红"故宫也在逐步探索自我转型、产品升级的道路。曾经的"卖萌"确实可以在短时间内博人眼球、提升关注度,但在如今的快消费时代这并不是文化创意产品长久发展之路,正如单霁翔院长所言,"卖萌"只是一种有趣的叙述方式,并不能完全承载历史内涵。所以,"软萌贱"的故宫文创产品逐渐被有深层次文化内涵的文化创意产品所替代,更加强调对中国传统文化的传承与弘扬,力求做到"润物细无声",将中国优秀文化融入人们的"衣食住行"。博物馆的文化创意产品既要承载了厚重的历史文化,又要富有创意且具功能性和审美性,这是在新时代语境下对传统文化的守护和创生。

  与此同时,互联网技术、数字技术、5G技术的发展与介入加速了文化创意领域的全球化进程,关起门来搞创新的模式并不适应这个时代的发展,如今的文化创意产业应是全民参与知识生产、共享创意成果、文化交流与碰撞的平台。如此,当我们谈论故宫文创的时候,我们应当放眼整个文化创意产业,并对这片未知的蓝海的未来充满希望。

请思考以下问题:
  1. 请谈谈文化、创意与文化创意有何不同?
  2. 具体来说,文化创意产业包括哪些行业?

---

[1] 清华大学经济研究院,天猫.2019年博物馆文创产品市场数据报告[OL]. http://www.199it.com/archives/925235.html.[访问时间:2020-3-22]

3. 文化创意学与文化学、创造学和传播学之间有着怎样的关系？
4. 试举例说明，文化创意学是一门交叉性极强的应用学科。

思维导图

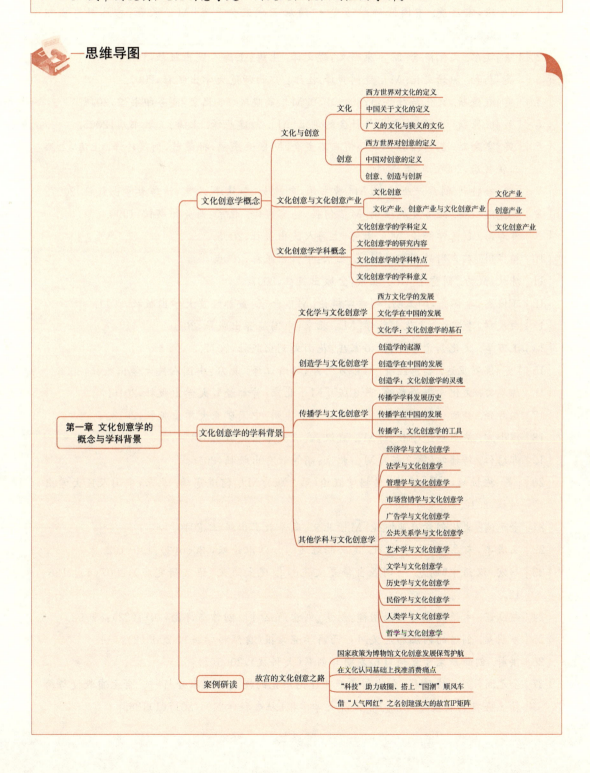

本章参考文献

[1] 郑子瑜,宗廷虎.中国修辞学通史·隋唐五代宋金元卷[M].长春:吉林教育出版社,1998.

[2] [法]埃尔.文化概念[M].康新文,晓文译.上海:上海人民出版社,1988.

[3] [英]泰勒.原始文化[M].连树声译.桂林:广西师范大学出版社,2005.

[4] [英]威廉斯.文化与社会:1780—1950[M].高晓玲译.北京:商务印书馆,2018.

[5] [英]威廉斯.关键词:文化与社会的词汇[M].刘建基译.上海:三联书店,2005.

[6] [英]霍金斯.创意经济——如何点石成金[M].洪庆福,孙薇薇,刘茂玲译.上海:上海三联书店,2006.

[7] [澳]哈特利.创意产业读本[M].曹书乐,包建女,李慧译.北京:清华大学出版社,2007.

[8] [美]熊彼特.经济发展理论[M].何畏,易家祥译.北京:商务印书馆,1990.

[9] 贺寿昌.创意学概论[M].上海:上海人民出版社,2006.

[10] 赖声川.赖声川的创意学[M].北京:中信出版社,2006.

[11] 陈放,武力.创意学[M].北京:金城出版社,2007.

[12] 丁俊杰,李怀亮,闫玉刚.创意学概论[M].北京:首都经贸大学出版社,2011.

[13] 白庆祥,李宇红.文化创意学[M].北京:中国经济出版社,2010.

[14] 王万举.文化创意学[M].石家庄:花山文艺出版社,2017.

[15] [美]佛罗里达.创意经济[M].方海萍,魏清江译.北京:中国人民大学出版社,2006.

[16] 陈华文.文化学概论新编(第3版)[M].北京:首都经贸大学出版社,2016.

[17] 庄寿强.普通行为创造学(第4版)[M].徐州:中国矿业大学出版社,2013.

[18] 谭小宏.应用创造学教程[M].武汉:武汉大学出版社,2014.

[19] 邵培仁.传播学(第3版)[M].北京:高等教育出版社,2015.

[20] [美]施拉姆,[美]波特.传播学概论(第2版)[M].何道宽译.北京:中国人民大学出版社,2010.

[21] 金元浦.文化创意产业概论[M].北京:高等教育出版社,2010.

[22] 王威孚,朱磊.关于对"文化"定义的综述[J].江淮论坛,2006(2):190-192.

[23] 赵宏.汉语中"创意"一词源自华夏文化[J].现代语文(语言研究版),2007(4):126-127.

[24] 赵立诺.术语溯源与理论阐释:创意、创意产业[J].创作与评论,2014(22):89-92.

[25] 罗明星.创造的内涵和定义[J].西昌学院学报(自然科学版),2003(2):1-4.

[26] 洪蔚.创新产生于互动[J].发明与创新(大科技),2005(7):6.

[27] 金元浦,[澳]哈特利.全球创意产业理论研究的模式与流派分析——金元浦教授与约翰·哈特利教授之对话[J].同济大学学报(社会科学版),2017(1):36.

[28] 胡鹏林,刘德道.文化创意产业的起源、内涵与外延[J].济南大学学报(社会科学版),2018(2):125-133,162.

[29] 王操.文化创意产业比较研究:内涵、范围界定、发展现状和趋势[J].国外社会科学前沿,2019(10):47-55.

[30] 金元浦.创意产业的全球勃兴[J].社会观察,2005(2):22-24.

[31] 张立波.后学科:背景、中介和关键词[J].学术研究,2004(9):13-16.

[32] 林坚.文化概念演变及文化学研究历程[J].文化学刊,2007(4):7-18.

[33] 何新.文化学的概念与理论[J].人文杂志,1987(1):14-19.

[34] 王一川.文化产业中的艺术——兼谈艺术学视野中的文化产业[J].当代文坛,2015(5):6-13.

[35] 向勇.故宫文创:传承优秀传统文化的先锋实验[J].人民论坛,2019(9):126-128.

[36] 林拓等.世界文化产业发展前沿报告(2003—2004)[C].北京:社会科学文献出版社,2004.

[37] 钱来忠.文化问题讨论及文化学研究[OL]. https://news.artron.net/20140729/n636469.html.[访问时间:2020-03-05].

[38] 故宫博物院官方网站[OL]. https://www.dpm.org.cn/Home.html.[访问时间:2020-3-20]

[39] 中国经营报.故宫文创是怎样炼成的?[OL]. https://baijiahao.baidu.com/s?id=1638272799856202102&wfr=spider&for=pc.[访问时间:2020-3-20]

[40] 传播体操.600岁的故宫IP,是怎么一路火起来的?[OL]. https://www.meihua.info/article/3223317951810560.[访问时间:2020-3-22]

[41] 京城新闻.不愧是文创圈最靓的仔,故宫2019年持续刷屏中……[OL]. https://www.sohu.com/a/335468090_120046537.[访问时间:2020-3-22]

[42] Alice.故宫火爆文创背后的思考[OL]. http://www.woshipm.com/it/1811434.html.[访问时间:2020-3-22]

[43] Kroeber A L & Kluckhohn D. Culture: A Critical Review of Concepts and Definitions[M]. New York: Kraus Reprint Co., 1952.

[44] Florida R. The Rise of the Creative Class[M]. New York: Basic Books, 2002.

[45] Wise P Cultural Policy and Multiplicities[J]. International Journal of Cultural Policy, 2002(2):221-231.

[46] Lasswell H D. The Structure and Function of Communication in Society, The Communication of Ideas[M]. New York: Harper and Brothers, 1948.

第二章 文化创意学的历史沿革

学习目标

学习完本章,你应该能够:
(1) 了解文化创意的历史发展与演变;
(2) 了解文化创意理论的源起;
(3) 了解文化创意学科的建立及发展;
(4) 了解中外文化创意产业及学科的发展历程及现状。

基本概念

文化创意发展历史　学科萌芽　创新理论　创意经济理论　学科发展

第一节 文化创意的历史溯源

一、农耕文明时代:文化创意的现象

在人类诞生之初,生产方式原始、生产手段落后,但人类在与自然的斗争中充满了创意,文

化也应运而生。尽管这时的文化与创意还不够系统和成熟,但同样构成了文化创意的星星之火。

(一) 史前时期的文化创意(人类文字出现之前)

史前时期指历史学中"史前史"(Prehistory)的时间范围,又常被称为"先史"时期,大约是从1 500万年前地球上出现原始人类开始,至距今约5 000年前人类文字出现之前的原始时期。虽然当时尚未有正式的历史记载,但人类已经开始借助各种原生态、与生俱来的传播手段来进行交流、协作与记录。从时间跨度上看,人类文明发展至今绝大多数时间都是在史前时期中度过的,真正的文明史仅是人类历史的短短一瞬。人类的祖先在距今700万年前开始直立行走,并在约250万年前开始打制石器制作工具,人类的大脑也随之逐渐扩大。[1] 直到距今20万年前,直立人的大脑容量扩大到与现代人几乎一样,智人(Homo Sapiens)由此出现。[2] 体语媒介作为人类历史上最早的传播媒介,即通过肢体语言来进行信息交流,也是在这一时期逐渐产生,并成为智人间进行交流和协作的方式。而随着人类的不断进化和演变,体语媒介已经不再能够满足人类表达自身多元思想的需要,语言开始逐渐形成。作为人类传播史上的第一次符号变异,语言为人类的人际交往媒介带来了质的飞跃,开启了口语媒介时代。

随着原始人类群居生活在不同地域的迁移,逐渐习得了使用火的方法。而"火"的出现加之人类对于工具的制作与运用,则加快了人类进步的步伐。向新石器时代过渡后,农业和畜牧业逐渐诞生,为人类仅依靠捕猎和采摘为主的生活画上了句号。基本的食物需求得到满足后,人类便开始逐渐发明出利用绳结、壁画、岩刻等进行记录的方式,弥补了体语媒介和口语媒介无法留存的缺陷。史前人类通过岩画、洞穴绘画或壁画等形式,来展现和记录其打猎、欢庆、神圣祭祀、日常生活等场景及他们对未来的向往,成为"文化创意"最早的雏形。在原始人类眼中,一切存在的东西都具有神秘的属性,并且不能肆意地更改——日月星辰、山川河流、风雨云雪、空间和时间、人体的部位等等。通过石刻、壁画等"借助于他物的非语言传播"方式就成为"文字"的雏形。

原始人类对于这些"神秘符号"的判断和认知成为后续人类文明发展和文化起源的基石,并在许多文明之中留下了痕迹,其中较为典型的便是非洲文化。黑人艺术是非洲文化的典型艺术形态,其中雕刻、人体装饰艺术和音乐舞蹈又在黑人艺术中具有突出的地位,成为当今全球文化创意的重要来源。黑人艺术的雕刻主要分为人物雕像、舞蹈面具、生活用品雕刻等,其中最重要的是木雕,当代木雕作品与非洲古代岩画在风格上有诸多相似之处,由此便可窥见木雕艺术的悠久历史。木雕的花纹、图饰等也是由原始人类用于描述和刻画日常生活的图像符号不断演化而来,而作为当下热门的旅游文化创意产品,独具非洲特色的木质雕刻面具也是对于非洲黑人艺术的一种文化创意再现。黑人的人体装饰艺术是在身体的各个部位佩戴带有图案花纹的刻印或饰物,这些图案花纹往往与图腾、部落、宗教等息息相关,凸显了非洲独特的文化韵味。音乐舞蹈作为黑人艺术的另一代表,最初是为宗教和社会生产、娱乐而开展的一类活

---

[1] [英]利基.人类的起源[M].符蕊译.上海:上海科学技术出版社,1997:10.
[2] [美]本特利,[美]齐格勒.新全球史(第3版)上册[M].魏凤莲,张颖,白玉广译.北京:北京大学出版社,2007:7-10.

动。其中,传统的非洲黑人音乐最大的特征是"节奏",并辅以手鼓的击打,形成自由奔放的音乐风格。黑人音乐的强烈节奏感以及与口头文学的结合,对当今世界的音乐发展产生了重要影响,也成为文化创意发展的又一文化源泉。

(二) 古代时期的文化创意(公元前 4000 年—公元 5 世纪)

古代时期指从约公元前 4000 年苏美尔人建立国家开始,至公元 5 世纪后期西罗马帝国灭亡这段时间。在这一时期,人类进入文明社会,取得重要文化成就,四大文明古国、古代希腊及古代罗马文化相继形成。与之后在铁器时代才进入文明时期的民族不同,身处大河流域文明中的古西亚、古埃及、古印度及古中国使用铜石并用的生产工具,成为人类文明的基石。作为重要的三大成就之一,文字就在人类文明社会的不断发展中诞生,正式拉开人类"文字媒介"时期的序幕,成为人类文化创意发展的起点。以绳结、岩画等为基础而创造出的文字,突破了人类体语媒介和口语媒介时期信息传播距离有限、难以保存的局限,形成了人类传播史上的第二次符号变异,使得信息传播不再受到时间和空间的局限就能到达更远、更广的地域,也能进行长时间的保存与流传。

文字媒介的诞生和发展,记录和保存了古代时期人类文明所取得的几项重要成就。首当其冲的便是"轴心时代"(Axial Period)(公元前 800 年—公元前 200 年)的形成。在这一时期,世界上各先进文明多处于由王国或城邦向帝国过渡的阶段,原有的社会关系、政治组织、生活方式等都发生了巨大的改变,因此整个文明核心区都在提出和探讨具有深刻含义的问题:理想政府的道德基础是什么? 社会制度的作用是什么? 宇宙和生命又源自何处? 为解答这些问题,中国的老子、孔子及诸子百家,古希腊的毕达哥拉斯、苏格拉底、柏拉图,印度的释迦牟尼,波斯的琐罗亚斯德及建立犹太教的诸位先知均从不同角度给出回答。正是在对这些问题的探讨中,各位先知的思想通过文字媒介代代相传,各地区的文化进入爆发式发展阶段,为后来的人类文明发展奠定基础,并起到弥足轻重的作用。与此同时,"古典科学时代"(公元前 1000 年—公元 300 年)也在这一时期形成。基于美索不达米亚人对科学方法的研究,古希腊人将科学从神学中分离出来,提出"世界宇宙论"的概念,成为启蒙运动后西方科学广泛传播的基石。公元前 600 年,中美洲的玛雅文明的天文学、象形文字及复杂的历法体系也成为科学技术发展的重要源起。[1] 亚里士多德、欧几里得、阿基米德等人展开对数学、天文、物理等学科的基础性研究,成为现代科学的发展基础。各种思想体系、科学思想在这一时期竞相迸发与不断发展,最终成为当今各重要文化的核心内容,也成为文化创意的重要历史积淀和精神基础。

由于交通的闭塞和传播媒介的局限,古代时期的东方与西方之间几乎没有发生交融互通的现象,不同地域孕育出的不同文明拥有着截然不同的文化特征。以印度为例,古印度作为四大文明古国之一,自古代时期便发展出了其独有的文化特色并延续至今。宗教性是印度文化自古印度开始便具有的一个鲜明特征,是由多种宗教在印度长期共存的状态和印度人民对于宗教的虔诚信仰所共同造就的。古代时期也是印度各宗教起源和发展的重要时期,公元前

---

[1] 张琦.《世界历史百科全书》翻译项目报告:第三纪元(公元前 1000 年—公元前 300 年)之科技部分[D].合肥:安徽大学,2013.

2000年至公元前1500年左右,由公元前10世纪的婆罗门教发展而来的印度教在印度诞生;公元前6世纪至公元前5世纪,古印度迦毗罗卫国王子乔达摩·悉达多(释迦牟尼的本名)创立佛教;随着商业兴起,基督教在公元1至3世纪传入印度[1];古代时期后的8世纪,伊斯兰教传入印度;加上如耆那教等的印度传统宗教,使宗教性牢牢地印刻在印度文明之中,并渗透到印度文学、雕刻、建筑、音乐、绘画、舞蹈等各个领域,对印度文化产生了深远的影响。可以说,印度文化对于世界的影响,很大程度上源自印度佛教文化对于世界的影响。佛教流传于世界上诸多地区并成为重要的宗教信仰,而带有独特印度韵味的佛教元素也在文化创意产业中被广泛地使用,为文化创意和文化创意产品增添神秘感、崇高感和壮丽感。同时,多样性和包容性也是印度文化的重要特征,由于印度的众多种族、民族、语言和信仰,不同文化在印度这片土壤上发生交融和冲突,也就创造了具有鲜明特征且丰富多彩的印度文化。

(三)中世纪的文化创意(5世纪—16世纪)

进入中世纪后,随着罗马帝国的逐渐衰弱,西方进入了"黑暗时期",在往后约1 000余年中,大量的文明被破坏并由蛮族文化所取代,文化与科学技术的发展也相对缓慢。这一时期,社会经济思潮经历了由贵族的奢侈消费转为"禁欲主义"思想,并逐渐向"重商主义"过渡。自古希腊开始,社会经济的主要特征以原始的农业生产与保守的消费行为为主。"消费"是普通人获取生活必需品的手段,也是特权阶级享受奢靡宫廷生活的方式。由于整体社会生产力水平不高,阶级划分也较为明显,普通阶层百姓的日常消费仅停留于"吃饱穿暖"的温饱水平,铺张奢华是贵族阶级的特权。因而,文化创意的消费始终局限在特权阶级,难以进入普通百姓的生活中。作为一种极端的消费行为,奢侈型消费最早出现于希腊人的生活中,古希腊宫廷奢靡的生活方式自中世纪开始便广为流传,被大量的贵族阶级所效仿。随后,西方国家和教会开始紧密结合,"禁欲主义"思想开始成为统治阶级禁锢普通百姓思想的重要手段,人们也因此开始唾弃奢侈型消费,将其视作对道德观念的破坏。随着中世纪后期诸多西方国家的封建制度逐步瓦解,在15世纪末,以英国商人托马斯·孟(Thomas Mun)为代表提出了"重商主义",要求英国政府取消货币输出的禁令,提出将货币投入有利可图的对外贸易中,"货币产生贸易,贸易增多货币"。在"重商主义"者的观念中,奢侈消费是必要的,因其能为社会就业带来贡献;而节俭则是不可取的,因其无法促进消费的良性循环,扩大贸易范围。因而,随着"重商主义"成为主导社会经济的思潮后,自中世纪初持续而来的"禁欲主义"在中世纪末被逐渐打破,奢侈消费重新开始受到推崇,并进一步地影响了所有普通大众的消费行为,为文化创意进入大众消费市场奠定了基础。

中世纪时期的东方,日本文化得到了蓬勃的发展。日本作为东亚的一个岛国,通常被认为属于汉文化圈,但日本文化又在很多方面与中国或属于汉文化圈的其他国家相区别。作为日本民族精神的关键因素,武士道在这一时期诞生,并得到长足的发展。公元8至9世纪,随着镰仓幕府的建立,日本的实际统治权由原先的中央贵族转移到武士阶级的手中,武士道便登上

---

[1] 胡光利.基督教传入印度始末[J].辽宁大学学报(哲学社会科学版),1988(2):105-106,32.

了日本的历史舞台。[1]"忠诚""献身精神""崇尚武力""注重名誉""美化自杀""正直与礼仪"等均是武士道的核心内容。[2]而武士道文化作为日本的典型文化,其诸多精神在江户时代便逐渐泛化成普遍的民族精神,并对日本文化产生了深远的影响。当"武士"成为日本的代名词,其形象也成为日本文化创意产品的经典文化来源。从历史发展的进程看,日本是一个不断吸收外来文化的国家,每一次大规模吸收外来文化也都促进了日本经济社会的飞跃式发展,并在之后会进入一个较长时间的冷漠批判过程,使之与日本的民族传统更好地融合。也正是由于日本文化的包容性,后来衍生出的诸多特色文化,如寿司文化、动漫文化、艺伎文化等均对世界各国产生了重要的影响,也成为当今世界文化创意的重要素材。

此外,文字媒介自古代时期诞生以来,伴随着人类社会的不断发展,其形态、载体、传播方式也在不断改进和演化,并在中世纪末期形成了一次质的飞跃。以汉字为例,早在公元前的商周时期,因巫卜之术盛行,促使人们将对渔捞、征伐、农业等诸多事情的占卜结果刻在龟甲上,形成了汉字最初的形态——甲骨文。作为字符文字系统的典型代表(另一种文字系统是以英语为代表的字母文字系统),汉字在经过了甲骨文、金文、大篆、小篆、隶书、草书、楷书的不断演变,最终变成了现行的字体。而文字的载体也经历了龟甲、兽骨、青铜、石碑、竹简、木牍、缣帛到最后蔡伦改造出的纸张的逐步变迁。从手抄文字至石拓文字,再到雕版印刷和毕昇所发明的活字印刷,文字的传播形态、载体和方式都在通过不断演变更替以提高传播的效率,这些变化与发展也为印刷媒介的到来奠定了技术基础。15世纪中叶,约翰内斯·古登堡(Johannes Gutenberg)发明了一种印刷方法,这种方法取代了原先由木头制成活字进行组装印刷,采用了熔点更低的铅、锡和锑的合金。如此一来,只要做好一个字母或标点的字模,就可以随时使用。这种方法对于西方书写简单且字母数量相对较少的罗马文字而言,非常适用。制作好的罗马文字字模只需并排摆放在木板上,通过插入其间的楔形金属,来调整其排列间距使之形成统一的宽度和高度,而后便可以进行印刷。排版整理出一页的版式仅需要一天的时间,然后施以压力,使墨水从活版转印到纸张上面即完成了印刷[3]。古登堡的印刷技术颠覆了以往以抄写为主的文字复制方式,大大提升了信息传播的速度和效率,带来了人类信息传播的第三次飞跃,也被称为"古登堡革命"。从传播学角度看,该阶段的信息符号虽然仍为"文字"与文字媒介时代并未发生改变,但信息符号的复制机制由文字媒介时代的单个复制跃升为批量复制,由人工抄写变为机械印刷。如此,人际传播的传播方式终被打破,拉开了人类历史上大众传播的帷幕。印刷时代的到来,使文化创意的广泛传播成为可能。随着人类的迁移和商品的流动进入不同的国家,特色各异的文化开始通过印刷媒介打破了原先地域的区隔,使多元文化开始逐渐互通、交融,以致创意的迸发。而印刷媒介的诞生也为文化创意信息提供了最初的大众传播渠道:传播新闻的各类书刊和报纸大量出现、图片开始逐渐进入印刷品、广告开始登上报刊的版

---

[1] 高小岩.浅析日本的武士道精神[J].日本问题研究,2006(2):51-56.
[2] 娄贵书.武士道嬗递的历史轨迹[J].贵州大学学报(社会科学版),2003(2):76-84.
[3] 科印网.印刷术与革命:古登堡令欧洲走出愚昧时代[OL]. http://www.keyin.cn/news/gngj/201803/06-1109739.shtml.[访问日期:2020-03-10]

面并因此诞生了广告业等,都为文化创意的产业化发展打下了技术的基础。

(四)西方三大思想解放运动时期的文化创意(14世纪—18世纪末)

步入14世纪,西方开始了由农业社会向工业社会转型、过渡,其文化特征由古代传统文化向近现代文化开始转变。西方的古代传统文化主要通过文艺复兴(Renaissance)、宗教改革(Reformation)和启蒙运动(Enlightenment)三大思想解放运动逐渐产生了近代西方文化。文艺复兴以人文主义为核心思想,将矛头指向教会的神学观念,对旧制度提出批判;宗教改革通过挑战教皇权威来反对封建主义;启蒙运动则以其理性主义为核心思想,公开批判宗教神学,提出资本主义社会的蓝图。作为欧洲最著名的三场思想解放运动,使民众从封建愚昧中获得解放,最终推动了欧洲政治文化的进步,也成为现代文化创意的重要来源和创意积淀。

同一时期,西方近代科学的大门亦缓缓打开,科学技术的发展因文艺复兴运动的不断深入,更加侧重尊重人权。在废除了"君权神授"的观点后,社会对"人权大于神权"倾入了更多的重视。这种人权思想的产生离不开其哲学基础,即人文主义的价值内涵。[1]除此之外,文艺复兴时期的科技发展还对各类文化的存储与创作起到了巨大的推动作用,例如原本日渐式微的意大利图书馆,在修道院丰富的图书文献馆藏、新兴市民对知识和教育的强烈需求、造纸术和印刷术技术的传入以及技术革新等诸多因素的共同影响下,逐渐走向兴盛。图书馆事业的良好发展,也为意大利的科学技术与文化创作提供了肥沃的土壤,从而诞生了一批又一批伟大的科学家、艺术家[2]。其中,意大利建筑家莱昂·巴蒂斯塔·阿尔伯蒂在他的著作《论建筑》中以阿基米德的几何学作为权威依据,创立了"透视法"学说。帮助人们在二维平面上展现空间关系,对绘画、建筑、设计等领域的发展做出了极大的贡献。此后,哥白尼出版了《天体运行论》,书中提出了与托勒密的地心说体系截然相反的日心说体系,揭开了宇宙天文研究的帷幕。而天文学的相关知识与元素亦成为后来文化创意发展的重要来源。

科技的发展也为西方探险家的全球冒险提供了技术支持,随着东方的指南针与罗盘等科技成果陆续传入西方并加以改进,至15世纪,人类进入了大航海时代。欧洲各国发起了广泛的跨洋活动,这些远洋活动促进了世界各大洲之间的交流融合,也拉开了东西方文化碰撞第一阶段的帷幕。这一时期,西方人主要通过探险、经商和殖民掠夺等方式陆续到达东方,此时东方传统农业文明高度发达的地区如中国、印度等与西方国家的发展程度差异尚不明显,因此双方多是进行平等的交往,东方文化对西方文化发生了重大影响,西方文化亦逐渐向东方文化渗透。不同地域间文化的交融与碰撞,刺激了各类文化艺术的创作,也促进了文化创意的萌发与崛起。

随着西方三大思想解放运动的不断推进,启蒙运动所勾勒的资本主义社会开始逐渐成形。公元17世纪,英国的工厂手工业逐渐成为生产的主要形式,产业资本开始逐渐取代商业资本成为社会经济生活的主导。随着1640年英国资产阶级革命的胜利,资本主义开始在西方逐步兴起,进一步解放了生产力,使城市规模开始扩大,城市的数量亦出现了大幅度的增长,越来越多的

---

[1] 何光沪.文艺复兴中的基督宗教与人文主义[J].人文杂志,2007(1):106-111.
[2] 魏妍.文艺复兴时期的意大利[J].收藏投资导刊,2019(4):58-71.

人开始涌入城市进行生活与消费,带动了城市中的商业发展。而这些社会现象也意味着更加庞大和复杂的生产与消费体系开始构建,并在城市化发展的国家中迅速建立起来。罗杰·E.巴克豪斯在《西方经济学史——从古希腊到21世纪初的经济大历史》中描述道,"整个17世纪中,英国经历了数不清的经济问题,这些问题极大地刺激了商人和政府顾问们为各自的利益而鼓吹各项政策"[1]。17世纪下半叶开始,英法等国相继出现了反对"重商主义"的社会经济思潮。其中,英国古典政治经济学家威廉·配第(W. Petty)便从赋税的角度来看待消费问题,指出生产与消费间密不可分的关系,并提出了作为社会经济体系健康运转必要条件的"适度与理性消费"。因而在这一时期,"节俭"成为新的消费文化热潮。被誉为"经济学之父"的亚当·斯密(A. Smith)从道德价值观念上对消费进行了深入的探析,他在《国富论》中指出:"诚然,未有节俭以前,须先有勤劳,节俭所积蓄的物,都是由勤劳得来。但是若只有勤劳,无节俭,有所得而无所贮,资本绝不能加大。节俭可增加维持生产性劳动者的基金,从而增加生产性劳动者的人数。"[2]而与"节俭"相应的"奢侈"则会缩减生产规模而不应被提倡。不同于中世纪所提倡的"禁欲主义",这一时期的"节俭消费"是建立在肯定了消费对市场具有积极作用的基础之上的。对于适度消费的倡导看似抑制了文化创意市场的发展,实则起到了"欲扬先抑"的效果。这一时期,由于社会生产力的发展刚刚获得解放,大众可支配收入刚步入缓慢上升阶段,整个社会与人们都需要积累财富,因此城市商业有了巨大发展,人们也开始提倡节俭消费。这为19世纪末新消费观念的出现埋下了伏笔,也为文化创意市场的开拓和迅速兴起积聚了力量。

二、工业文明时代:文化创意的雏形

工业文明的产生是以生产工具的改进和科学技术的进步为标志的,推动社会快速发展,城市的形成、集约化劳动的普及则为文化创意提供了发展的基础。

(一)第一次工业革命时期的文化创意(18世纪60年代—19世纪中后期)

18世纪60年代的第一次工业革命起源于英国,以牛顿力学的体系作为基础,并且最先反映于纺织工业上。伴随着瓦特和后来诸多科学家对蒸汽机的发明、使用与一系列改良,人类社会正式进入了蒸汽动力时代。同一时期,塞纳菲尔德发明了石版印刷术,为复制各类文字作品的工作节省了大量的人力,但石版印刷存在无法直接复刻原本色彩的缺陷。随着技术的发展,恩格尔曼在前人的基础上对印刷术进行了诸多改良,解决了色彩的复印问题,最后发明了彩色石印法。此外,为代替传统的手工书写、誊抄、复写和刻制蜡版等繁复工作,意大利人佩莱里尼·图里结合蒸汽机技术发明了世界上第一台打字机。在经历数代的改良后,丹麦哥本哈根的尤尔根斯机械公司出品了世界上第一套用于商用的英文打字机。打字机的出现,取代了古老而繁杂的书写模式,使各类文化作品的诞生变得更加简易、便利。而打字机与印刷术的完美结合,使得这一时期的文学和艺术创作达到了前所未有的便捷程度,也为文化创意的诞生和实

---

[1] [英]巴克豪斯.西方经济学史——从古希腊到21世纪初的经济大历史[M].莫竹芩,袁野译.海口:海南出版社,2007:90.
[2] [英]斯密.国民财富的性质和原因的研究[M].郭大力,王亚南译.北京:商务印书馆,1972:310.

施提供了全新的手段。

同一时期,安培定律、欧姆定律和电磁感应现象相继被发现,使"电"从一个陌生的名词开始进入人类的视野中。经过漫长的探索和钻研,人类开始从对静电的研究,到电流的发现,再到电池的发明,最终促成了19世纪电学的实验,推进了对"电"的研究、发明与应用。随着电动力学的诞生,人类开始逐步探究和了解电和磁的本质,并在此基础上将电磁技术的理论研究应用到实践中——"电报"由此诞生。作为电磁技术在信息传播领域的首个应用,电报的发明大大提升了信息传播的速度,打破了印刷媒介时代"信息的传播即是运输"的概念,突破了远距离信息传播的障碍。进入电磁媒介时期,文字、图片、声音、图像等符号都转化成了电磁符号(通过电磁波的有无、强弱幅度、高低频率、大小相位等记录不同信息),实现了信息符号的第三次异化。信息的传播开始不再依靠纸张,无线短波广播网和有线模拟电话网开始逐渐成为主要的信息传播渠道,而电报机、电传机、海尔机、模写机等成为电子通信的终端。信息载体的进化和改变,使得在这一时期以文字、图片为传播内容的模拟通信开始成为信息传播的主要手段,其速度和范围得到了极大的改善。后期,随着广播和电视的先后加入,新的大众传媒方式使得受众能直接听到、看到信息发生的现场情景,进一步提升了信息的感染力。也正是在这一时期,文化创意的传播路径得到了极大的丰富和拓展,其展现形式也不再局限于静态的文字和图片,而能够以视觉和听觉的双重融合方式来进行传播与实践,从而带来了文化创意史上的第一次蓬勃发展。

伴随着科技的迅速发展,西方各国逐渐壮大,而东方各国的发展却相对停滞不前,东西方的差距逐渐拉大,形成了彼此间发展的极度不平衡,也致使东西方平等的文化交流时期在18世纪末画上了句号。自此至20世纪中叶,在西方实施全球殖民统治并将其意识形态向世界各地进行全面扩张的过程中,东方各国先后出现学习西方以达到自强的追求,通过现代党派先后取得民族独立,并将实现国家工业化和现代化作为奋斗之目标,迈过了东西方文化碰撞的第二个阶段。至第二次世界大战结束,世界上绝大多数国家都获得了独立,并确立了自己的发展目标,东西方文化碰撞亦进入了新的阶段。不同于之前的碰撞阶段,西方发达国家开始以非暴力的手段对东方国家的经济、文化产生影响,而东方文化亦在交融中不断壮大,逐渐形成独有的特色。由此可以看出,西方社会在欧洲三大思想解放运动时期,便已经开始并相继完成由传统农业文化向近现代文化的过渡,而大多数东方国家则是在19世纪中后叶才开始这一过渡。由于时间的滞后,东方向近现代文化过渡进程在很大程度上受到西方近现代文化的强烈影响。自"轴心时代"源起并发展至今的中西方文化,在不断交融的过程中发展与演化,为文化创意产业的蓬勃发展提供了丰富的文化"原材料",也成为文化创意的源泉。

(二)第二次工业革命的文化创意(19世纪70年代—20世纪初)

19世纪中叶,欧洲各国、美国、日本等国家相继完成了资产阶级革命或改革,很大程度上促进了经济和科技的发展。1866年,德国人西门子制成了发电机,为后来问世的电影放映机奠定了技术基础。而后,爱迪生发明了留声机,使得各类音乐文化作品能够被保存并流传。为了满足大众越来越广泛的精神文化需求,电影放映机的前身——"活动物体照片连续放映机"问世,这种设备可以通过光学取景器来显示运动中的图像。但是,由于设备无法长时间连续显示图像,且画面具有明显的停顿,因此仍没能形成大众潮流。但随着科技的不断发展,经历多次改革的电影技术趋于成熟,人们终于可以在大银幕上观看完整的剧目,也掀起了欧洲大城市电影短剧的热潮,电影行业的诞生再一次推动了文化创意的发展。

至1946年,世界上第一台电子计算机埃尼阿克(ENIAC)在美国问世。1948年与1949年,信息论的创始人香农(C. E. Shannon)阐明了通信的基本问题并给出了通信系统的模型,为信息论和数字通信奠定了重要基础。数字媒介的诞生也带来了信息符号的第四次异化,由电磁媒介时代的电子符号演化为了数字符号,其传输介质也由模拟电路变为数字电路。由"0"和"1"二维数组构成的数字信号,极大地提高了信息传输的稳定性和可靠性,使信息可以通过计算机处理和多媒体呈现。与模拟通信即电磁媒介相比,数字媒介可以传输各种形式的信息,使通信变得更为灵活,同时又具有数据压缩和纠错功能,节约了大量的储存和传输费用,使得数字传播终端变得更为通用。此外,有线电报、电话、无线电报在19世纪中后叶相继出现并获得广泛应用,使世界各地的人们可以进行实时联系,极大地促进了世界各地文化的交融。同时,随着计算机技术的不断进步和计算机产业的不断发展,数字媒介开始在各个领域得到越来越广泛的关注与应用,其中就包括文化创意产业。数字媒介的兴起,为文化创意信息记录、传播和接收提供了更多的工具,数字照相机、录音笔、MP3播放机、扫描仪、手机都成了数字终端,同时数字媒介又极大降低了信息传播的成本,使文化创意深入到个人成为可能,在无形中推动了民间的文学和艺术创作,并为文化创意的发展提供了更丰富的传播与实践手段。

在自由主义经济理论盛行的社会思潮中,第二次工业革命完成,资本主义经济制度不断完善,极大地推动了社会生产力的发展与人们整体生活水平的提高。除此之外,产业革命的浪潮也带来了生产技术与消费理念的变革,因产业生产出现的消费产品呈爆发式的增长,极大地刺激了人们的消费欲望。由现代生产体系所主导的消费模式也开始出现,过去仅用于维系生活的消费行为被新的消费方式和更为多样的消费产品所取代。这一时期,汽车、柴油机、飞机等现代科技逐步诞生,在为人类的出行提供便利、扩大人类活动范围的同时,也给全球文化流布和商业发展带来了全新契机。汽车等一系列非生活必需的高档消费品也开始进入普通大众的生活中,产生了以享乐为中心的"消费主义",与现代前期的"节俭"消费观念形成截然不同的对比。对于逐渐盛行的"炫耀性消费",美国经济学家凡勃伦(T. B. Veblen)便提出了批判的观点,认为个人的无节制消费会带来社会资源的极大浪费并恶化社会风气。但英国经济学家凯恩斯(J. M. Keynes)却提出了不同的观点,认为一味地节制消费并不科学,也不能为社会经济带来相应的贡献。在这一时期中,越来越多的人开始在闲暇消费中投入更多的资金,并且商品的购买行为也更多地指向精神层面。这一新旧消费观念的交替为文化创意产品打开了市场,旧的消费观念使人们忽略产品所蕴含的文化价值而只注重其实用性,新的消费观念则不然。随着生产力的发展和人们可支配收入的逐步提高,刚需的物质消费已经逐渐达到饱和,人们开始转向精神价值上的消费,由此为文化创意产业的发展带来了契机,使文化创意在19世纪末进入空前活跃的发展阶段。然而,这一时期的精神消费或高层次消费虽然相较18世纪末已经更为普遍,但仍主要集中于收入较高的阶层,未能触及社会最广泛的大众群体。

三、信息文明时代：文化创意的发展

计算机技术和互联网的产生标志着信息时代的来临，文化创意学科亦伴随着信息文明时代的到来而正式形成，社会生产力快速发展所带来的人民可支配收入的日益提高则为文化创意产业的蓬勃发展提供了契机。

（一）互联网的产生（20世纪末—21世纪初）

信息时代的脚步随着1994年Web 1.0时代的到来而拉开序幕，颠覆传统媒体的网络媒介正式到来。相比过去媒介演化的时间跨度，网络媒介的诞生距离数字媒介时代仅仅跨越了30余年，但网络的诞生给媒介社会所带来的影响却丝毫不亚于以往的任何一个阶段。虽然信息符号仍然保持了数字媒介时代的数字符号，但其复制机制则由过去的一对一复制转变为了一对多复制，甚至全球复制。大量的静态HTML网页是信息时代伊始的主要特征。通过Web 1.0，文字和图片可以在网页中进行直观地展示，并通过链接技术将资源与资源进行互联，形成了单向的信息传播模式。然而，虽然联结了海量的信息资源，颠覆了以往空间有限的信息展示模式，且为人们提供了资源检索与聚合的功能，但却没能解决网络平台中用户与用户间的沟通与互动。也由此，Web 2.0将"参与、创造、传播信息"作为其本质特征，弥补并解决了网络平台中人与人之间交流、沟通、互动的需求。大众媒介时代的单向传播模式被彻底打破，信息"传播者"与"受众"的概念逐渐被信息互动的"参与者"所取代，所有人都成为新媒体中的"传播主体"，也在此过程中文化创意的产生与传播开始走向"草根化"，文化创意产品的制作者、传播者、销售者的界限逐渐模糊，任何一个网民都可以在网络媒介中展示和传播自己的文化创新观点或产品，文化创意源泉不断在新媒介生态中涌现。在这一时期，博客（Blog）、百科全书（Wiki）、社会网络（SNS）、即时通信（IM）等应用开始逐渐涌现，重新定义了信息传播与市场营销。也正是基于Web 2.0的技术特性，文化创意产业也开始逐步拓展线上平台，开始运用网络传媒平台传播信息，并通过社交网络进行社群运营，维护用户的人际关系网络，使文化创意信息得以实现裂变式的自发传播，以达到更佳的传播效果[1]。

网络媒介迅速崛起与迭代更新的背后，是全球整体经济的蓬勃发展。自20世纪60年代起，西方社会便逐渐过渡到以"消费"为中心的后工业社会中[2]。随着信息时代的到来，以服务业为代表的第三产业更是得到了极速的发展，技术驱动产业发展的特征开始越发明晰。技术的不断更新迭代也带来了生产和消费领域的巨大变化，多元化的生产模式和后现代的生产理念成为信息时代的典型特征，也由此带来了社会消费观念的转变——人们不再仅仅满足于商品的使用价值，而是转向了由凡勃伦在世纪初提出的"炫耀性消费"即意义消费。后现代时期的消费行为更多的是为了彰显购买者的个性、满足消费者的情感需求，而这种消费行为也展现出愈演愈烈的态势，并开始向普通大众扩散，极大地促进了文化创意产业的发展。物质生活水平的提高，使得消费开始主导生产，后现代的消费行为亦成为这一时期主导人们消费观念的重要思想，具体表现为感官审美消费和符号消费，即追求精神层面的享受成为人们购买商品的

---

[1] 刘岩.技术升级与传媒变革：从Web 1.0到Web 3.0之路[J].电视工程，2019(1)：44-47.

[2] 罗钢.西方消费文化理论述评[J].国外理论动态，2003(5)：32-36.

直接目的。随着社会生产力在信息时代的极速发展,消费产品得到了进一步的丰富,商品生产也逐渐开始向服务性转变,大量的具有"文化意义"的商品被生产出来,由此形成的"概念化消费"与"个性化消费"成为这个时期的重要消费特征。文化创意产业在这一时期也得到了空前的发展,人们对于"文化符号"的追求使得各类文化创意开始融入日常生活的各个角落,文化创意产品也开始不断涌现并通过各传播路径触达每一位消费者,开启了文化创意产业蓬勃发展的黄金时期。

(二)数字技术的不断提升(21世纪初至今)

随着媒介内容细分程度的不断明晰,步入Web 3.0时代的今天,信息的传播方式开始由大众传播转向了分众传播,"个性化"开始成为主流。新媒介环境下的诸多媒体平台,开始逐渐形成截然不同的信息传播路径和方式,构建出各自独具特色的传播模式,为文化创意的传播带来全新生机。作为Web 2.0的再一次发展与延伸,Web 3.0实质是将所有杂乱的网络信息以最小单位进行拆分,并进行语义的标准化和结构化,最终实现信息之间的互动和基于语义的链接。这样的技术使得互联网能够"理解"各类信息,从而实现基于语义的检索与匹配,为用户提供更加个性化、精准化和智能化的搜索。[1] 今日头条、一点资讯等新闻资讯类APP就是内容集成的平台,将用户发布的内容进行系统化整合,通过后台大数据的处理,来完成信息内容与用户间的高度匹配,实现新闻内容的"精准推荐"。一方面,得益于新兴数字传播技术的不断发展,Web 3.0时代的全新媒介将被重新定义为"沉浸媒介",例如基于虚拟现实技术的新闻报道——"沉浸式新闻"逐渐进入公众视野,同时增强现实技术、混合现实技术等也将会作为全新的媒介形态给网络用户带来全新的媒介体验。新兴科技的诞生,也在不断赋能文化创意产业的发展,新的科技也将催生全新的文化创意。在Web 3.0时代,随着5G、VR、AR等新兴数字传播技术的出现,"新媒体"又将迎来再一次的更新。通过更快捷、更具互动性、沉浸式的新型传媒,为文化创意信息提供更佳的传播路径。另一方面,文化创意在网络平台将不再局限于信息的发布与传播,运用多媒体技术和更为时尚的新兴数字传播技术,让文化创意在云端实施成为可能,极大地丰富了文化创意的实施手段,也为文化创意的未来带来无限可能。

第二节 文化创意的学科成形

一、20世纪初的学科萌芽

文化创意学科的产生,经历了萌芽和成型两个阶段,这是由社会发展的政治、经济、科技等诸多因素共同影响而成的。当然,在这一过程中,重要历史人物的作用也全然不可忽视。

---

[1] 段寿建,邓有林.Web技术发展综述与展望[J].计算机时代,2013(3):8-10.

(一) 19世纪中到20世纪初:"创新理论"的提出

1. 历史背景

19世纪70年代至80年代,资本主义从自由竞争向行业垄断开始过渡,其内部矛盾逐渐尖锐,阶级对立和冲突日益加剧。结合当时的社会经济状况来看,频繁发生的周期性经济危机和20世纪初第一次世界大战的爆发,也给资本主义的生存和发展带来了巨大的冲击。许多思想家便开始从不同角度和层次理解、思考与批判资本主义的产生与发展等问题。马克思主义、社会民主主义、资本主义等理论和思潮便在这一时期相继出现,在相互的争论与斗争中逐渐成熟。在此社会背景下,约瑟夫·熊彼特(J. A. Schumpeter)于1912年出版了《经济发展理论》一书,首次提出了"创新理论"的概念,随后又相继在《经济周期》和《资本主义、社会主义和民主主义》等著作中对"创新理论"进行了进一步地阐释、运用和发挥,形成了以"创新理论"为基础的独特的理论体系。他推崇经济学家瓦尔拉斯提出的一般均衡理论,但又摒弃新古典主流经济学的静态与比较静态分析的理论模式,通过理论创新自行设立了动态均衡论,建立了一套从经济体系内部因素来说明经济动态现象的"经济发展理论"。[1] 具体来说,熊彼特突破了西方长期以来的传统经济学,即只从人口、资本、工资、利润、地租等经济变量的变化来认知、分析和判断经济发展。他强调由"创新活动"引起的生产力变化在经济和社会发展过程中的促进作用,并通过分析"技术进步"与"制度变革"这两个变量在提高生产力过程中的角色与地位来证明"创新活动"的重要推动作用。熊彼特的"创新理论"从新的视角阐释了资本主义经济活动及其变化,通过历史分析、理论分析与统计分析相结合的方式揭示了资本主义的产生与发展。

2. 理论内涵

"创新理论"突出的贡献是界定了"创新"的含义。熊彼特在《经济发展理论》一书中指出创新是经济发展的根本现象。他提出"创新"的实质是建立一种新的生产函数,即将一种过去没有的生产要素与生产条件的"新组合"引入生产体系。而这类新组合可以通过五种方式来进行:①采取一种消费者不熟悉的或具有全新特质的新产品;②采用一种全新的生产方式;③开辟出一个无前人拓展过的新兴市场;④控制原材料的一种全新供应来源;⑤实现一种工业的新组织,例如造成或打破一种垄断地位。熊彼特提出的"创新"是一种经济行为,不同于"发明"与"试验",其是为了获得更好的经济及社会效果,而创造并执行的一种新方案的过程和行为。

"把新组合的实现称为企业,把职能是实现新组合的人们称为企业家",熊彼特在理论中如是说,他认为企业家的职能是纯粹的,即是执行新战略上的决定——实现新组合,而非传统定义中所认为的"管理"职能。熊彼特将创新活动发生的原因归结为企业家的创新精神,并指出"企业家精神"包括:①建立私人王国;②对胜利的热情;③创造的喜悦;④坚强的意志。而现实生活中,信息的不充分、人的惰性以及社会环境的反作用则是阻碍创新的因素。因此,企业家要实现创新首要任务即是进行观念更新并不断培养和掌握预测能力(把握当下的机遇,挖掘市场中潜在利润的能力)、组织能力(动员和组织社会资源实现生产要素与生产条件的新组合)及

---

[1] 许曦,刘方.熊彼特的创新理论及其现实意义[J].商业时代,2004(30):18-19.

说服能力(说服人们信任并执行他的创新计划)。

熊彼特提出创新是来自体系内部的,新组合的实现即表明对经济体系中已有生产手段的供应作出异于往常的使用,因为对生产手段的掌握于实现新组合而言是必需的。而经济创新的过程实则是"创造性破坏"的过程,是改变现有经济结构的过程。也正是由于原有经济结构被不断地破坏,又不断地创新出新的结构,而从内部推动经济结构的革命化——这是资本主义的本质性事实。熊彼特认为有价值的竞争是对于新供应源、新产品、新技术、新组合的竞争,是通过成本或质量上占有优势的竞争,因为这是企业利润边际和产量的基础。从历史发展的角度来看,"创新"在手段上是多样的,在时间分布上是不均等分布的,因而经济受其影响也呈现出"周期性的升降起伏波动"。

3. 理论价值及影响

《经济发展理论》自1912年出版至今对社会的发展起到了重大的作用,如著名管理学家彼得·德鲁克(Peter F. Drucker, 1983)所预言的:形势越来越清晰地表明在20世纪末及接下来的三四十年中,熊彼特将在经济政治上重塑人们思考和提问的方式。因此,接下来将从学科研究、企业实践、公共政策三个角度来探讨熊彼特"创新理论"的价值及其带来的影响。

首先,从学科研究的视角来看,"创新理论"无疑对于经济学的影响是最大的。19世纪中期到末期,古典及新古典经济学在西方占据主流地位,亚当·斯密、马歇尔、凯恩斯等经济学家自然也就成为当时主流经济学的代表人物,而熊彼特凭借"创新理论"在20世纪初成为了一颗经济学界的"新星","创新理论"也逐渐成为主流学派的重要理论。熊彼特通过"创新理论"提供了对经济现象分析的基本工具,并构建了一个能够跨越微观(企业家与创新)、中观(由企业家、银行家和模仿者共同形成的社会网络)及宏观(集中创新所推动的经济周期)的理论体系。他创造性地将"创新"纳入经济学的研究领域,在后人不断地深入研究中延伸出长波理论、演化经济学、复杂经济学、系统创新等相关经济理论,对经济学研究起到巨大的推动作用。同时,"创新理论"也为工程学、地理学、历史学、管理学、人类学、社会学、心理学等众多其他学科提供了一个全新的研究视角,[1]&[2]通过学科交叉和理论融合,对整个社会发展及研究产生了重要作用。

其次,对企业的实践而言,公司管理作为创新研究的焦点,以管理学家德鲁克为代表的管理学派自20世纪50年代起就开始研究熊彼特所提出的创新与企业家精神,并诠释了创新在商业中的基本功能和地位。[3]据德鲁克统计,截至1999年,采纳"创新理论"并将创新作为利润主要源泉的跨国公司就已经占到70%以上,而设有专门研发部门或人员的高新技术及先进制造企业则占80%以上。[4]据《2012科学与工程指标》(美国国家科学委员会),2009年全球

---

[1] Fagerberg J, Verspagen B. Innovation Studies: The Emerging Structure of a New Scientific Field[J]. Research Policy. 2009(38):218-233.
[2] Bertoco G. Finance and Development: Is Schumpeter's Analysis still Relevant?[J]. Journal of Banking & Finance. 2007(32):1161-1175.
[3] Maciarielo J. Marketing and innovation in the Drucker Management System[J]. Journal of the Academy of Marketing Science. 2009(37):35-43.
[4] [美]德鲁克.现代管理宗师德鲁克文选:英文版[M].北京:机械工业出版社,1999.

研发支出已超过 1.25 万亿美元,相比 1999 年时的 6 410 亿美元,已经几乎翻了一番。可见,创新理论在指导企业运营与发展中起到了至关重要的作用。

最后,在公共政策方面,支持创新的公共政策最早始于 20 世纪中期,正在经历冷战的美国从当时的全球战略出发,加速抢夺新技术优势的研发创新。[1] 此后,德国、日本、韩国等也纷纷效仿,从政策层面鼓励创新,其国力也在此过程中得到了迅速的提升。受到创新理论的影响,创新政策在 20 世纪 80 年代开始逐步受到世界各国的推崇和采纳,相关的政策涉及国家创新系统的建设、技术基础设施的改善、技术转移、贸易政策等多个维度。[2]

(二) 20 世纪三四十年代:法兰克福学派的"文化"阐述

1. 历史背景

德国法兰克福研究所创建于 1923 年,并于 20 世纪 30 年代在马克斯·霍克海默(Max Horkheimer)的带领下和当时研究所的主要出版刊物《社会研究杂志》共同发展出了法兰克福学派。[3] 当时的法兰克福学派主要提倡与资本主义相抵抗的社会哲学,代表人物有:马克斯·霍克海默、西奥多·阿多尔诺、瓦尔特·本雅明、赫伯特·马尔库塞、艾瑞克·弗洛姆等。在法西斯主义肆虐的 20 世纪 30 年代,法兰克福学派的"社会批判理论"便站在人道主义的立场上对法西斯主义提出了批判,而这也成为法兰克福学派大众文化批判理论的最初形态。阿多尔诺在对法西斯主义的批判中提到,"在法西斯统治时期,又补充了广播,并在报纸上刊登特大醒目新闻,制造装醉闹事,或饮麻醉剂苯齐巨林等耸人听闻的事件,以引起轰动"[4]。可见,当时的"大众文化"其实已经沦为了法西斯宣传的工具,披着为大众作出姿态的外衣、行服务集体主义之实。

随着纳粹法西斯在德国的上台,法兰克福社会研究中心及其主要的研究成员辗转迁移至美国,继续进行研究工作。当时的美国对于资本主义的限制较少,因而促进了商业与工业的快速发展,大众传媒文化体系也在此过程中不断完善。相比欧洲通过强势的统治来推进大众文化的深入,美国的大众文化自然而缓和地进入大众日常生活的方式更具隐蔽性,对操纵社会生活和维护统治者的地位而言也更具优势,因而在美国这个看似民主的国家中却依旧实行着文化的独裁。长期受到贵族文化熏陶和自然地对美国大众文化产生排斥、敌视,分别成为阿多尔诺批判大众文化的内部驱动与外部因素。此外,商业化与工业化的发展不仅推动着科技的革新,大众媒介的普及使接收信息的受众范围得到了极大的扩大,文化产品也借此实现了大规模的复制和传播,大众文化抢占了更多的社会资源与注意力,达到传统媒介时代所无法想象的地步。部分政治派别也开始加大了对大众传媒的运用,通过资本的运转或强权的干预使大众媒

---

[1] Fagerberg J, Verspagen B. Innovation Studies: The Emerging Structure of a New Scientific Field[J]. Research Policy. 2009(38):218-233.

[2] Carlson B. Innovation Systems: A Survey of the Literature from a Schumpeterian Perspective. In A. Pycka (ed). The Companion to Neo-Schumpeterian Economics[M]. Cheltenham: Edward Elgar. 2003.

[3] [苏]达维多夫,王克千.法兰克福学派的形成及其重要的历史阶段[J].现代外国哲学社会科学文摘,1980(1):15-20.

[4] [德]霍克海默,[德]阿多尔诺.启蒙辩证法:哲学片断[M].洪佩郁,蔺月峰译.重庆:重庆出版社,1990:98.

介成为派别之间相互攻击的"武器"。

早在19世纪中期,马克思便在《1844年经济学哲学手稿》中提出了有关"工业化的文化"或"文化工业"的相关思想,但当时他只是在论述异化范围的前提下,将其指代为"工业的一个特殊部分",是有关政治、文化和艺术等上层建筑的组成部分。可以说,马克思的论述是"文化工业"的概念源头,即将文化行为与工业活动相结合。在《资本论》中,马克思还对"文化工业"的问题进行了进一步的探讨,指出大众对于文化艺术作品的需求或对精神享受的需求,会与资本主义工业化生产发生矛盾。而在资本主义制度下,利益会驱动文化产品被大量的复制和传播以满足大众的需求,而使文化失去其原有的独创性及个性,最终文化将在此工业化生产中成为资本主义的一种盈利手段。马克思的此段论述也成为"文化工业"批判主要观点的依据,为阿多尔诺的大众文化批判理论提供了理论的支撑。

2. 文化工业

"文化工业"概念是法兰克福学派的代表学者霍克海默与阿多尔诺在《启蒙辩证法》中首先提出的,[1]是指依靠现代科技手段大规模复制传统文化产品的娱乐工业体系,而对文化工业的分析也成为法兰克福学派对文化研究最主要的贡献。"文化工业"一词将"文化"与"工业"两个截然不同领域的概念组合,蕴含了马克思对商品生产的批判,并将其运用在产品的生产中,包括那些具有审美作用和意识形态的产品生产中。因此,文化工业与其他的资本主义工业别无二致,都是依赖于科技并运用劳动力来追求利润。《启蒙辩证法》一书在提出"文化工业"概念并进行系统性论述与分析的基础上,还首创了左翼"大众文化"理论,对文化研究作出系统性的描述,成为文化研究的雏形。而"文化工业"理论的提出也对往后的文化研究起到决定性的作用,使得其不再只局限于单纯的文化分析,转而在政治、思想等方面对文化进行更为深入的剖析与研究。

法兰克福学派认为,美国在20世纪后期盛行一种普遍的文化,即"大众文化"。这种文化使得工人阶级与资产阶级获得了近乎同等的娱乐,例如工厂的工人与工厂的老板都能拥有相机、都能前往游乐园等。在这种情况下,由于阶级差异所产生的尖锐阶级矛盾被逐渐淡化,使社会大众形成了一种以个人主义和消费主义为主导的世界观。"大众文化"的盛行通过消除大众心中阶级间的差异与矛盾,无形中为资产阶级提供了保护。通过将战后的大众文化与前工业社会以区域化和异质化为特征的文化进行对比,法兰克福学派提出晚期资本主义下的大众文化开始变得"无所不包",展现出了很强的"大众性"和"同一性"(sameness)。而文化工业论即从此出发,揭示大众文化所产生的社会效应,并解释其如何强化统治。

这一时期,文化已经逐渐沦为"商品",出版业、广播业、电视业、广告业都在战后资本主义世界中不断壮大发展成为巨型产业。在此社会发展背景下,由于文化的载体都成为巨型产业,因而文化创作者的作用也发生了改变——其个性被剥夺,创作不再只关注文化内容,更要

---

[1] Horkheimer M, Adorno T W. The Culture Industry: Enlightenment as Mass Deception, in Dialectic of Enlightenment[M]. New York: Herder and Herder, 1972./Payne M. A Dictionary of Cultural and Critical Theory[M]. Oxford: Blackwell Publishers Ltd., 1996:129.

确保其创作的文化内容是有利可图的。文化的生产、分配和接受,已经同其他商品领域的生产、销售和消费一致,成为三个紧密相扣的环节。因此,法兰克福学派立足马克思的商品拜物教理论,将文化工业既视作意识形态又视作一种产业,即把关于语境的分析与关于文本的分析统一起来,或说将文化表现与其发生的制度架构进行结合分析,而这样的一种立场,帮助了法兰克福学派的学者去研究传统经济学分析所无法解释的复杂又相互关联的社会现象。

法兰克福学派认为文化工业用层出不穷的形象或"仿真"(simulations)来针对民众,[1]这些形象不仅转移了人们对于资本主义的批判思想,也刺激了大众的文化消费。也正是由于通俗文化对大众的麻醉作用,使得文化生产与消费间的关系被"单面化",文化在被生产出来之后,伴随广告、教育、宗教等方式来驱动消费。而这种商品关系的单面性又恰恰是文化生产的真实问题所在。文化工业理论强调文化具有麻醉作用,指出大众在消费文化的过程中,通过一时的快乐转移了对于现实问题的注意,并使大众产生得过且过的思想:"文化工业把日常生活描绘得像天堂一样……享乐促成了看破红尘和听天由命的思想。"[2]

当然,文化工业理论的提出也受到了部分文化分析学家的反对,他们指出文化工业理论内含着一种"精英论",赞扬其自身的文化中带有华美风格,却厌恶通俗文化中的解放主题。英美两国的文化研究学者则认为法兰克福学派以一种鄙视的态度去剖析所谓的"低俗"文化,表现出了文化精英主义。为区别法兰克福学派的文化工业论,英美的通俗文化研究强调研究电视、主流音乐这类大众文化形式中的通俗文化问题。[3]

3. 文化艺术

法兰克福学派对于艺术的见解是从社会学角度切入,认为艺术的根本特性在于其对社会的反叛性。然而文化工业的不断发展过程,即是对一切具有个性的艺术不断摧毁的过程,因为"文化工业只承认效益,它破坏了文艺作品的反叛性,而从属于替代作品的格式"[4]。同时,法兰克福学派还强调艺术作为否定已经异化了的现实的重要作用,指出艺术在具有解放和革命功能的同时,还具有超越现实的作用。实质上,法兰克福学派的学者们在关于艺术的理论论述上一直处于一种矛盾之中,既期冀于艺术能够通过其革命性和解放功能,为大众建立一个超越于现实的精神世界,但又深刻地理解这一精神乌托邦的虚幻性。

而在关于艺术生产理论的探讨中,本雅明作为最早阐述艺术生产理论的西方马克思主义美学家,提出艺术家的创造活动是一种生产,而艺术本身亦存在着生产力与生产关系的问题。不同于法兰克福学派其他代表学者对科学技术的坚决否定态度,本雅明将科技发展作为生产力发展的标志,认为科技的进步将最终推动社会和艺术的共同前进。本雅明的艺术生产观提

---

[1] Baudrillard J. Simulations[M]. New York: Semiotext(e),1983.
[2] [德]霍克海默,[德]阿多尔诺.启蒙辩证法:哲学片断[M].洪佩郁,蔺月峰译.重庆:重庆出版社,1990:133.
[3] 萧俊明.法兰克福学派的文化理论与文化解读[J].国外社会科学,2000(6):7-14.
[4] [德]霍克海默,[德]阿多尔诺.启蒙辩证法:哲学片断[M].洪佩郁,蔺月峰译.重庆:重庆出版社,1990:117.

出,科技的进步带动生产力的发展,从而使可复制和批量生产的艺术逐步代替充满"韵味"(aura)的传统艺术并走向人民。艺术机械复制时代的到来,使得"艺术"和"生产力"两者逐渐相互依赖、不可分割,生产力也成为艺术的一种内在因素。本雅明认同机械复制的艺术,认为其更适合现代大众的需求,通过摹本、印刷等现代生产形式将艺术带到了机械复制时代前其永远无法到达的地方。而对韵味的扫荡则从根本上解放了艺术,改变了大众与艺术的关系。本雅明从生产力的角度分析艺术,并用生产力的发展即技术的进步来理解艺术的革命,补充了阿多尔诺、马尔库塞等学者斥责大众文化与科学技术而过度推崇古典高雅艺术的观点。

二、20世纪末的学科产生

随着20世纪创新与文化理论的深入发展,尤其是互联网为创意传播带来了巨大的便捷,文化创意产生的条件亦日趋成熟,信息文明时代催生出文化创意学科。

(一) 20世纪80年代:"创意经济理论"诞生

1."创意经济理论"产生背景

20世纪80年代的英国,由于凯恩斯主义的失灵使得英国自20世纪中叶起就开始了经济上长时间"滞胀"。首相撒切尔夫人在经济危机中奉行货币主义政策,其代表的自由主义思潮和国家干预思潮在英国社会发生了激烈的碰撞。货币主义主张由"看不见的手"——市场,来调节整体的经济,认为在经济发展中应该发挥市场的作用,同时强调政府干预的弊端,认为"企业的自由受到了侵犯",而企业的自由正是英国产业繁荣发展的根基。因此,经济上的货币政策逐步盛行,其强调的"自由"观念也对约翰·霍金斯(J. Howkins)提出创意经济理论产生了影响,在其理论中便通过"创意三原则"强调了"自由"的价值和意义,即"人人都可以做创意""创意取决于身心自由""自由需要市场的支撑"。[1]

随着经济全球化的不断深入,20世纪后期世界各国的经济联系日益密切。跨国公司的逐步壮大和数量的不断增加为传播各国的特色文化创造了契机,而世界各国不同文化的相互交融正是创意文化产业发展的条件。当"麦当劳化""好莱坞化""迪士尼化""商业连锁"等文化风靡世界时,文化的多元发展已经在世界范围内形成热潮,对世界各国的社会、文化、政治等产生了深远的影响。1982—1996年,霍金斯作为国际文化交流中心的负责人,负责与时代华纳、美国电影频道在欧洲进行电视运营合作。这一时期的经历,也为霍金斯提出创意经济理论提供了条件。

而在产业方面,80年代作为世界经济进入区域集团化的时代,欧洲共同体发展迅猛,建立了一个高度统一的市场,生产也开始逐渐步入全球化。当时正处于经济危机过渡时期的英国,社会及经济发展的各方面都百废待兴。霍金斯的创意经济理论为英国的经济找到了一条"出路"。作为首个提出"创意经济"概念的国家,英国开始逐渐认识到文化创意产业在未来的战略

---

[1] 邹根宝.80年代英国经济政策的重大变化[J].世界经济文汇,1991(3):35-40.

地位,从自身深厚的文化积累出发,强调以内容为主进行创意。创意经济理论也逐渐影响到很多国家,各国都结合自身发展特色逐步开发创意产业,如美国强调创意产业与其他产业之间的相互协作等。

步入创意时代,一国的经济不再由其自然资源、工厂生产能力、军事力量或科学技术为主导。创意经济时代的竞争,考察的是一个国家动员、吸引和留住具有创意人才的能力,创意就成为推动经济增长的主要因素。伴随全球创意时代的到来,也将霍金斯(J. Howkins)的创意经济理论推向了高潮。

2. "创意经济理论"诞生

究竟什么是"创意经济"?霍金斯从产业角度给出了界定,他提出,创意经济即是其产品都在知识产权法的保护范围内的经济部门。而知识产权具有专利、版权、商标和设计四大门类。每一类都有自己的法律实体和管理机构,每一类也都应用于保护不同种类的创造性产品。

同时,霍金斯还对"创意"这个行为本身进行了评价。他提出知识和创意将取代自然资源和有形的劳动生产力成为财富创造和经济增长的主要源泉。从广义的角度来看,创意会被视为信息化社会发展的催化剂,21世纪明显的变革就是从一致性和服从性的大众世纪跨越到知识经济和社会的独特性及创造力。[1] 在霍金斯的著作《创意经济》中也有相关的论述,他认为创意本身没有任何经济价值,只有当其落于实处,开始实施和发挥作用时才能真正带来创意的价值。创意也是最重要的自然资源,是拥有最高价值的经济产品,任何创意都拥有三个基本条件:①个人性,即创意需要"人"通过对事物的观察而逐渐形成;②独创性,即创意想法本身是全新的,或是对原有已经存在事物的一种新的理解、诠释或改造;③意义,即该创意想法是能够落到实处、进行实践的。

当一个创意得到实践,便带来了创意产品,而创意产品在霍金斯创意经济理论中即为创造性的、具有经济价值的商品或服务项目,或者说是版权法涵盖人在特定作品中的创意表达。可以看出,创意产品具有双重重要性:从创造性活动中产生,同时又具有明确的经济价值。它的发展需要一个买卖活跃的市场、若干法律和契约方面的基础规则及达成合理交易的管理。霍金斯还指出,人类所创造的无形资产的价值总有一天会超越我们所拥有的所有物质资产的价值。这是由于创意思想具有"非竞争性",即当有价值的创意被开发后,可以被多种产品所运用,不会因为被多次使用而降低了创意自身的价值。相反,使用的次数和产品越多,其价值增长越快。由于创意经济的诞生颠覆了传统以成本决定效益的产品经济,因此霍金斯在创意经济理论中指出,创意经济的规模取决于产品的管理方式和分配方式,并提出"创意经济(CE)=创意产品的价值(CP)×交易次数(T)"这一创意等式。

随着信息技术的不断发展,创意经济将逐步在21世纪深入发展并成为主导的经济形式。但同时,当前全球创意经济发展也面临着全新的挑战。霍金斯提出,首先,创意不容易被观察,创意经济依赖于人才的创意想法,而发现创意的过程是困难的,创意经济时代将会是一个崭新

---

[1] Stevens B, Miller R, Michalski W. Social Diversity and the Creative Society of the 21st Century[M]. OECD Publishing, 2000:7-24.

的社会,因此如何培养和发掘创意人才将会变得至关重要;其次,创意经济需要全新的概念和标准,由于创意经济不同于任何传统的经济形式,其核心价值并非来源于资本或土地,而是人的创造力、想象力,因此衡量传统工业经济的标准在创意经济时代已不再适用,利息、利率的变化也难以用于衡量"创意"所带来的价值;再次,创意经济会带来知识产权的问题,对于如何维护创意的所有权就需要平衡"制度"和"收益"两个方面;最后,随着创意经济在全球的不断深入发展将会为各经济主体带来更多元的合作机会,霍金斯指出将各种不同的声音融为一体,使其相互吸收会得到更好的结果。

3. "创意经济理论"应用与发展

自2001年霍金斯的著作《创意经济》问世后,霍金斯的创意经济理论就被迅速应用于全球各个国家的文化产业发展之中。从中国的发展来看,位于成都的"东郊记忆"就成为一个典范,由旧工业遗址改造成为了一个集合音乐、美术、戏剧、摄影等多种文化形态的文化创意园区,成为成都文化创意产业的高地,也被誉为"中国的伦敦西区"。霍金斯在一次访谈中便曾提到成都的东郊记忆,称这是成都发展创意城市过程中极好的案例之一。[1]

创意经济理论经过长时间的发展,文化创意产业在全新的时代也有了新的诠释和补充。霍金斯在2019年根据全新的时代特征出版了《新创意经济》。在原有创意经济理论的基础上阐述了创意经济对个人的学习和工作方式、企业的创新和发展模式、城市的繁荣和更新再生等诸多领域的重要影响。创意经济的不断深入将会从本质上改变人们的学习内容和传统的工作思路及方法。在信息时代的今天,"创意"也将成为越来越多企业发展的主要动力和工作目的。霍金斯指出,互联网、数字媒体及内容产业在新时代中正变得比以往更加重要,创意也在此过程中不断萌发和生长,逐渐成为主流和支柱。

(二) 1997年,英国"创意产业"的提出

1. 英国文化创意产业的产生背景

步入20世纪中后期,随着生产力水平的不断发展,简单的物质消费已经无法再满足人们的需求,消费理念开始发生极大的转变,享受型的精神消费和心理消费成为人们的关注焦点。20世纪60年代,欧美发达国家开始了大规模的社会解放运动,提倡表达人的意志,承认多元化的异样文化,并鼓励个人创造力的培养。自20世纪以来,科学技术也经历了一段飞速发展的时期。在20世纪以前,古登堡的印刷术支撑起了纸质媒介的时代;到了20世纪20年代,无线电广播技术诞生,使广播、电视时代降临;而进入20世纪中叶,计算机技术的不断发展使得互联网技术逐渐成为核心,数字化革命开始将各类信息广泛传播到每一位受众,引发了信息传播模式翻天覆地的变化。也正是在这样的国际发展背景和技术支撑中,能够通过数字媒介传播的"文化创意"开始成为人们的选择。[2]

就英国国内发展情况而言,在20世纪中后期结束第二次世界大战的英国,经济实力已受

---

[1] 每日经济新闻.独家专访"世界创意经济之父"约翰·霍金斯:发展创意、经济需要政府、商界和个人共同努力[OL].https://www.sohu.com/a/236990104_115362.[访问日期:2020-04-11].
[2] 邹丹琦.当代英国文化创意产业的发展(1990—2013)[D].湘潭:湖南科技大学,2015.

到了极大地削弱,原有的工业化优势被美国等国家后来居上,国际地位也较二战前有了大幅的下降。然而,战后的英国政府仍没能从二战的状态中调整过来,对科技研发、商业发展、人才教育培养等问题没有展示出应有的重视,导致工业发展停滞不前,英国整体处于高通胀、高失业率、低经济增长的严重不景气的发展状态。如此低迷的状态持续到 20 世纪 70 年代末才逐渐开始改变,英国产业结构在这一时期开始由制造业开始向金融、贸易、旅游等第三产业过渡、转变,带动了经济的复苏。然而经过 20 余年的发展至 20 世纪末,英国的金融服务业和商业等却开始出现不同程度的疲软,部分产业因政府的政策始终未能刺激经济发展而濒临危机,亟须调整经济发展模式。因此,在 1994 年澳大利亚公布了国内第一份文化政策报告后,英国政府随即派遣考察团前往澳大利亚学习借鉴经验,回国后逐步投入了大量的资金和资源,开始研究和大力发展文化创意产业。[1]

2. "创意产业"的提出

1997 年,刚刚赢得选举的时任英国首相布莱尔开始了对内阁的改组。作为中央政府对全国文化艺术、新闻广播、电影电视等产业的主管部门,英国文化、媒体和体育部正式成立"创意产业工作小组"(Creative Industries Task Force),旨在大力推动英国创意产业的发展,首相布莱尔亲任小组组长。1998 年和 2001 年,创意产业工作小组先后两次发布《英国创意产业路径文件》(Creative Industry Mapping Document),明确规划了英国创意产业的全国布局及发展战略。1998 年的文件对"创意产业"提出了明确的定义:"那些源自个人创意、技能和才干的活动,通过知识产权的生成和利用,具有创造财富和就业机会潜力的产业。"而延续 1998 年文件,在 2001 年的产业报告中,英国正式将创意产业划分为 13 项细分行业,如表 2-1 所示,这 13 项细分产业又可以进一步归类为产品类、服务类、艺术和工艺类三大门类。其中,产品类包含出版业、电视与广播业、电影与录像业、互动休闲软件业和时尚设计业;软件设计业、设计业、音乐业、广告业和建筑业五个门类归属于服务类;而表演艺术、艺术和古玩、工艺三个门类则属于艺术和工艺类。[2] 这两份文件也使创意产业成为英国经济发展的重要推动力,为世界各国文化创意产业的发展和研究提供了范本。

表 2-1 英国创意产业的分类表 [3]

序号	范畴	核心活动
1	广告	消费者研究,客户市场营销计划管理,消费者品位与反映识别,广告创作,促销,公关策划,媒体规划,购买与评估,广告资料生产
2	建筑	建筑设计,计划审批,信息制作
3	艺术与古玩	艺术品古玩交易

---

[1] 王娜,刘瑜.简析英国的创意产业[J].创意与设计,2011(2):85-87.
[2] 毕佳.英国文化产业[M].北京:外语教学与研究出版社,2007:5.
[3] 褚劲风.世界创意产业的兴起、特征与发展趋势[J].世界地理研究,2005(4):16-21.

续表

序号	范畴	核心活动
4	工艺	纺织品、陶器、珠宝、金属、玻璃等的创作、生产与发展
5	设计	设计咨询,工业零部件设计,室内设计与环境设计
6	时尚设计	服装设计、展览用服装的制作、咨询与分销途径
7	电影与录像	电影剧本创作,制作,分销,展演
8	互动休闲软件	游戏开发、出版、分销、零售
9	音乐	录音产品的制造、分销与零售、录音产品与作曲的著作权管理、现场表演、管理、翻录及促销、作词与作曲
10	表演艺术	内容原创,表演制作,芭蕾、当代舞蹈、戏剧、音乐剧及歌剧的现场表演,旅游,服装设计与制造,灯光
11	出版	原创,书籍出版:一般类、儿童类、教育类、学习类期刊,报纸,杂志,数字读物
12	软件设计	软件开发:系统软件、合约、解决方案、系统整合、系统设计与分析、软件结构与设计、项目管理、基础设计
13	电视与广播	节目制作与配套(资料库、销售、频道),广播(节目单与媒体销售),传送

3. 英国创意产业的起步

随着"创意产业"的正式提出,英国政府也提出了一系列的配套政策,并协同政府下属的不同机构共同贯彻实施(图2-1),以大力扶持创意产业的发展和创意人才的培养。这些举措包

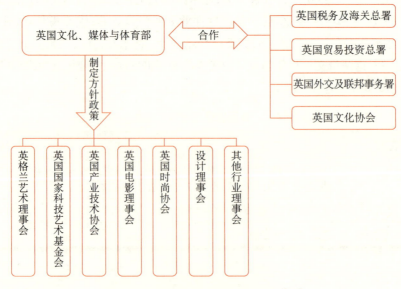

图2-1　英国创意产业管理机构图[1]

---

[1] 王娜,刘瑜.简析英国的创意产业[J].创意与设计,2011(2):85-87.

括:①加强组织管理、人才培养、资金支持等方面的机制建设;②系统性扶持文化产品的研发、制作、经销和出口等各流程;③建立完善的创意产业财务支持系统,包括风险基金、奖励投资、提供企业贷款、定期开展区域财务论坛等为创意产业的企业发展提供财务支持。在这些举措的帮助下,英国在短短的几年间便成功发展出了规模庞大的创意产业,实现了将创意产业作为振兴英国经济重要手段的目标。

三、21世纪国外文化创意产业与学科的发展

(一) 国外文化创意产业的发展

自20世纪90年代以来,文化创意产业迅速发展,已经在21世纪初期成为许多国家的重要支柱产业,不仅为国民经济创造了丰厚的经济价值,提供了大量的就业岗位,更满足了人们对于精神需求的享受。世界范围内,英国的音乐产业、美国的电影业和传媒业、日本的动漫产业、韩国的网络游戏业等都成为国际上的标志性企业,产生了跨文化、跨国界、跨种族的重要影响。在全球文化创意产业的版图中,各国发展不均衡,主要集中在以美国为核心的北美地区、以英国为核心的欧洲地区和以日本、中国、韩国为核心的亚洲地区。这些国家的文化创意产业发展之路,值得我们借鉴和学习。

1. 美国文化创意产业

美国文化创意产业主要分布在加利福尼亚州、纽约州、得克萨斯州、佛罗里达州等四个州。其中位于纽约州纽约大都会博物馆是"世界三大艺术殿堂"之一,拥有苏荷(SOHO)现代文化艺术、百老汇等著名创意集聚区;洛杉矶是美国八大电影公司总部所在地,好莱坞和世界上第一个迪士尼游乐园都汇聚于此;佛罗里达是全球著名的滨海文化旅游胜地。[1]

美国联邦和州政府在政策和资金方面为美国文化创意产业发展提供了支持。市场经济体制和宽松、自由、灵活的文化政策,是美国文化创意产业取得成功的重要保证。自1965年来,美国通过艺术、博物、图书等委员会和基金会专门负责国家巨额的文化投入工作。美国在多方面为文化创意产业发展护航,尤其是在文化创意产品出口方面创造条件,特别强化知识产权保护:放松媒体所有权限制,在传媒业形成了兼并和集中的新格局;放宽对跨媒体所有权限制,改革广播电视网黄金时间,调改节目内容,培育国际市场。

(1) 支柱型的版权产业。美国的版权产业主要分为核心版权产业、部分版权产业、边缘版权产业、交叉版权产业四个主要部分(表2-2)。[2] 美国的版权产业已经成为美国的国民经济支柱型产业,对GDP和就业的贡献已经持续超过其他的产业部门,同时在美国的出口增长中也扮演着十分重要的角色。2017年,总体版权产业(全部4类)的增加值为2.2万亿美元,占美国GDP的比例达到11.59%,同时为美国贡献了1160万个就业岗位。[3]

---

[1] 郑雄伟.全球文化产业发展报告[R].2012.
[2] 上海市经济委员会,上海科学技术情报研究所.世界服务业重点行业发展动态(2005—2006)[M].上海:上海科学文献出版社,2005:367.
[3] The International Intellectual Property Alliance (IIPA). Copyright Industries in the U.S. Economy 2018[R]. 2019.

表 2-2 美国的版权产业分类

产业	定义	主要产业群
核心版权产业	受版权保护的作品或其他物品的创造、生产与制造、表演、宣传、传播、展示、分销和销售的产业	出版与文学；音乐、剧场、制作、歌剧、电影与录影；广播电视；摄影；软件与数据库；视觉艺术与绘画艺术；广告服务；版权集中学会、表演艺术、知识产权、报纸、图书、杂志、旅游、唱片及会展等产业
部分版权产业	部分产品为版权产品的产业	服装、纺织品与鞋类；珠宝与钱币；其他工艺品；家具；家用物品、瓷器及玻璃；墙纸与地毯；玩具与游戏；建筑、工程、测量；室内设计；博物馆等产业
边缘版权产业	其他受版权保护的作品或其他物品的宣传、传播、分销或销售而又没有被归为核心版权产业的产业	发行版权产品的一般批发与零售；大众运输服务；电信与网络服务等产业
交叉版权产业	从事生产、制造和销售受版权保护产品的产业，其功能主要是为了促进版权作品制造、生产或使用其设备的产业	电视机、收音机、录音机、CD 机、DVD 机、答录机、电子游戏、个人电脑、空白磁带、打印机设备及其他相关设备的生产和销售

(2) 影响世界的影视产业。位于洛杉矶的好莱坞不仅是世界闻名的电影中心，更是美国影视产业发展的缩影。自 20 世纪初好莱坞的崛起，在一百年间极大地推动美国影视行业发展，并保持全球领先地位。随着，20 世纪 70 年代，数字剪辑、电脑辅助等技术助力影视制作，加速了美国影视产业的腾飞。在 20 世纪中后期，美国好莱坞已经形成了集制作、发行、放映以及明星制造等方面具有系统性的影视产业体系。发展至今，美国在影视行业的优势地位仍十分突出。2018 年，全球电影票房收入达到 410 亿美元，其中北美票房为 119 亿美元。美国电影产业在继续稳定增长的同时，也带动了国内税收，居民收入的增长。据统计，每年美国都有上百万人次直接或间接从事和影视有关的产业。可以说，美国电影在构筑起国家文化疆界的同时，也已成为国民经济支柱型产业。[1]

(3) 强大的图书出版产业。随着一些大型商业出版社为适应国内竞争和向海外扩张的需要，自 20 世纪 60 年代美国已经开始出现大型的跨国出版集团，发展到现在的五大大众出版集团——企鹅兰登（Penguin Group）、哈珀·柯林斯（Harper Collins）、西蒙及舒斯特（Simon & Schuster）、阿歇特（Hachette）和麦克米伦（Macmillan）。[2] 在 2014 年，美国就已经占全球图书出版市场份额的 22.4%。虽然受到互联网冲击，电子图书与在线阅读越来越受到大众喜爱，但是 2016 年美国的图书销量仍能保持 3%—4% 的增长，可见美国出版产业拥有良好的市场基础。[3]

(4) 风靡世界的音乐产业。音乐产业作为流行大众文化的核心之一，早在 20 世纪 90 年代

---

[1] Motion Picture Association of America (MPAA). 2018 Theme Report[R]. 2019.
[2] 管丹.美国出版业现状分析[J].出版参考,2015(13):9-10.
[3] 美国出版商协会.2019 年出版业销售报告[R]. 2020.

就成为美国文化创意产业的重要组成部分。1994年,美国音乐出版收入就已经占世界总收入五分之一以上。[1] 美国音乐产业形成了制作-出版-发行的庞大产业链条,并且长期保持良性循环,音乐产值也依然保持全球领先地位。Apple Music、Spotify 和 Pandora 等流媒体服务产生了88亿美元的收入,占2019年美国音乐产业总收入的79%。RIAA 在其2019年全年美国唱片音乐收入报告中表示,流媒体收入比2018年增长了20%,这主要归因于付费流媒体服务的增长。整个行业的零售额持续增长,达到111亿美元。[2] 除此之外,美国的"公告牌(Billboard)"也被视为全球音乐风向标,以及著名的音乐类奖项格莱美奖也被全球音乐人视为音乐界的最高荣誉之一。

2. 英国文化创意产业

伦敦是欧洲的第一大创意产业中心、世界第三大电影摄制中心,集中了全国90%的音乐商业活动、70%的影视活动、85%以上的时尚设计师、30%以上的设计机构。曼彻斯特是欧洲第二大创意产业中心,数字媒体产业颇具国际竞争力;爱丁堡是英国重要的文化旅游城市;格拉斯哥和利物浦分别在1990年和2008年获"欧洲文化之都"荣誉称号;伯明翰的国际会议中心吸引了全球众多知名艺术团;谢菲尔德将工业革命时期的老城区改建成了多个创意文化产业园区;德里于2010年当选首个英国文化之城。[3]

自1997年提出"创意产业",英国文化创意产业的发展突飞猛进。据英国跨部门商业注册机构统计显示,截至2000年,英国涉足创意产业的企业已达122 000家,约占全国企业总数的7.6%,其中有近75%集中于软件与计算机服务业、音乐业、视觉和表演艺术业这三个行业。在之后的十几年时间里,英国在创意产业的不断深耕和积淀,彻底改变了英国原有的商业模式和经济发展结构:文化创意产业不但成为英国仅次于金融服务业的第二大产业,也是英国雇佣就业人口的第一大产业,更是仅次于美国的世界第二大创意产品生产国,成为英国重要的经济支柱和核心产业,也对世界各国的文化创意产业发展产生了深远的影响。

到2018年年底,英国数字、文化、媒体和体育部公布报告称,英国电影、电视和广告业增长势头良好,数字、文化、媒体和体育领域相关产业产值已达到2 680亿英镑,其中,创意产业为英国经济作出了创纪录的贡献,产值超过1 000亿英镑。创意产品的国际化帮助英国打造了许多世界级文化产品品牌,如享誉全球的"哈利·波特"系列文化产品等。

(1) 独具英伦风的音乐产业。英国涌现出众多的音乐艺术流派、代表人物和作品,对世界音乐产业有着重要影响。英国音乐产业是世界音乐产业中的佼佼者,跻身世界三大音乐市场和世界三大音乐净出口国之列,同时就人口数量而言,是世界人均唱片购买力比例最高的国家。2018年,英国音乐产业总收入8.655亿英镑(约77亿人民币),较2017年上涨。其中付费流媒体收入增长较快,占英国唱片公司收入的过半,免费流媒体收入增长明显,黑胶唱片收入微增,CD收入下降。自2015年,英国音乐产业回升势头明显,流媒体成为增长的主要动力,英

---

[1] 刘悦迪.透视美国流行音乐产业[J].中国文化产业评论,2003(1):385-414.
[2] Recording Industry Association of America(RIAA). 2019 Year-End Music Industry Revenue Report[R]. 2020.
[3] 郑雄伟.全球文化产业发展报告[R]. 2012.

国付费流媒体收入增长了两倍不止,黑胶收入也增长了一倍。[1]

(2) 丰富的表演艺术产业。英国的表演艺术产业包括舞蹈、歌剧、话剧和音乐剧的创作、演出、节目制作、灯光道具的设计生产等活动,相关产业包括广播影视、音乐、设计、出版和特技效果等。英国的舞蹈工作是公众参与程度最高的文化行业之一,如皇家芭蕾舞剧团、伯明翰皇家芭蕾舞剧团、北方芭蕾剧院以及兰伯特舞蹈团都是世界上最优秀的舞蹈剧团。此外,得益于英国国民对歌剧的浓厚兴趣,伦敦共有百余家剧院,伦敦西区是世界上最重要的音乐剧产生基地之一;是美国百老汇的盟友和最大竞争对手之一。其中,伦敦西区则成为英国表演艺术产业的代名词。

(3) 高品位的文化艺术品产业。英国有2 500多所博物馆和画廊对公众开放,其中包括位于伦敦的大英博物馆和位于爱丁堡的苏格兰国家肖像馆这样的国家博物馆和艺术画廊。其中,大英博物馆不仅是世界上历史最悠久、规模最宏伟的综合性博物馆,也是世界上规模最大、最著名的四大博物馆之一。以大英博物馆及其文物"IP"开发的文化创意产品也是其亮点之一,包括各式各样的书房墨宝、时尚潮品、文具书籍等,成为世界博物馆开发文化创意产品的典范。此外,英国的艺术品拍卖也很发达,位于伦敦市中心的邦德街一带,集中了众多世界著名艺术品拍卖行和销售商,使伦敦成为仅次于纽约的世界艺术品销售中心。

3. 日本文化创意产业

日本是亚洲文化创意产业的领头羊,产业年产值早在1993年就超过了汽车工业的年产值,强大的物质基础使日本文化创意产业发展成就举世瞩目。日本文化创意产业被称为感性产业,分为内容产业、休闲产业和时尚产业,并且越来越强调其文化内容属性,如电视产品、书籍、网络和数字化管理等,由此带来的经济效益超出了传统制造业。

动漫产业是日本文化创意产业主要的构成部分,成为日本第三大产业,年营业额达230万亿日元,因此日本也被誉为"动漫王国"。日本也是世界最大的动漫制作和输出国,全球播放的动漫作品中60%以上出自日本,在欧美市场的占有率更是达到了80%以上。日本动画协会数据显示[2],2018年日本动画产业市场规模达到了21 814亿日元(约1 393.88亿元人民币),2018年日本动画行业的销售额达到2 131亿日元(约139.65亿元人民币),连续8年实现增长,创出历史新高。日本动漫产业主要集中在东京都和大阪府,其中东京都练马区尤以动漫产业闻名,东京都的400多个动漫工作室基本都聚集于此,如吉卜力工作室等。而秋叶原地区因商务文化旅游设施齐全,则成为动漫爱好者的旅游必选之地。[3] 此外,日本另一重要的文化创意产业是游戏产业,占全球三分之一左右的市场份额。随着动漫、游戏产业在海外市场的成功,其衍生品市场也为日本带来了巨大的经济效益。

4. 其他国家文化创意产业

法国是全球最注重文化战略的国家之一,而巴黎更是世界的艺术长廊,一直是世界各地艺

---

[1] British Phonographic Industry(BPI).All About The Music 2018[R]. 2019.
[2] 日本动画协会.日本动画产业报告[R]. 2019.
[3] 郑雄伟.全球文化产业发展报告[R]. 2012.

术家、文艺爱好者向往之地。法国在成立了文化部之后,对文化创意产业的投入不断增加,政府出台了一系列文化产业优惠政策,促进了电影业、图书出版业、表演艺术业等文化创意产业的发展。自 1895 年法国卢米埃尔兄弟发明了电影,法国电影业发展至今,已经成为欧洲最大的和最重要的电影生产国,其电影产量名列世界前列。法国文化创意产业的龙头也包括图书出版业,全法国有超过 4 000 家出版社,营业额超过影视和唱片。此外,表演艺术业也是法国文化创意产业的重要组成部分,全国有专业和半专业话剧团超过 1 000 个,其中巴黎有超过 57 个剧院,超过 2.6 万个座位。[1]

德国政府在政策和资金上都大力扶持文化创意产业发展,提高其产业竞争力。图书出版业是德国文化产业的重要支柱,德国现有超过 3 000 家出版社,每年出版图书超过 8 万种。此外,德国也是传统的电影大国。自 20 世纪 90 年代德国电影产业开始复兴,发展到现在,每年举办上百个电影节,其中最为著名的当属世界五大电影节之一的柏林电影节。

韩国政府在 1998 年提出"文化立国"战略,在法律和机构设置方面积极做出调整,大力发展文化创意产业。韩国的文化创意产业主要分为 17 个类别,包括影视、广播、印象、游戏、动漫、卡通形象、演出、文物美术等,其中电子游戏、电视剧和电影是韩国文化创意产业的主要支柱,大量韩剧出口并形成了强大的海外影响力,网游也逐渐开始引领全球行业潮流。首尔是韩国的文化创意产业的中心,并集聚了诸多游戏产业园区、观光旅游园区、影视文化园区、出版产业园区和艺术产业园区。[2] 韩国文化创意市场在注重国内市场的同时,还积极拓展国际市场。21 世纪初,韩国文化创意产业已呈现出爆发式生长态势,韩国文化风靡全球。到 2018 年,韩国文化内容产业出口额为 95.5 亿美元,同比增 8.4%。从出口增幅来看,由大到小排序为动漫、漫画、出版、动漫形象、广电和音乐。

印度文化创意产业最重要的支柱是影视产业。印度被誉为当今世界的"电影王国",据统计,数十年来印度每年的故事片产量都保持在 900—1 000 部左右,出口量也比较大,在世界上仅次于美国排第二位。而宝莱坞是印度电影产业最突出的代表,也是世界上最大的电影生产基地之一。但是印度电影的国外市场范围较小,主要是出口到受印度文化影响较深的东南亚国家,和有着大量印度打工者的西亚北非地区国家,以及北美和英国等印裔较多的地区。20 世纪末、21 世纪初,为扩大印度电影的国际影响,振兴印度电影产业,印度政府将电影业纳入官方认可的产业范围,从而使电影行业可得到合法的银行贷款,进一步推动印度电影行业发展。

文化创意产业是发达国家经济转型过程中的重要产物,是 21 世纪国家软实力竞争的制高点,凭借创意衍生品价值链、价值提升模式,有力促进了经济发展方式的转变。国外文化创意产业发展的实践表明,文化创意产业具有许多其他产业不具备的重要特征:高知识性、高附加值、强融合性、资源消耗低、环境污染小、需求潜力大、市场前景广等,越来越为各国所重视,增长速度远高于整体国民经济增速,发展文化创意产业已成为当今世界经济发展的新潮流和众多国家的战略性选择。

---

[1] 郑雄伟.全球文化产业发展报告[R]. 2012.
[2] 同上。

(二)国外文化创意的学科发展

文化创意产业的发展离不开对文化创意人才的培养,早在"文化创意"这一概念被提出之前,西方各国就开始对"创意人才""艺术人才"进行了培养。而在文化创意产业逐步发展的今天,世界各国的高校更是不断创新文化创意学科的教学理念和教学方法,力争为文化创意产业提供更多更优秀的人才。梳理世界各国在文化创意学科方向的发展可以发现,不同国家对于文化创意学科的划分各有不同,高校的培养方向亦各有侧重。

1. 美国:构建产业为导向的人才链

美国作为世界上文化创意产业的头号强国,在高等学校文化创意学科的教育方面亦紧跟社会经济发展的进程,注重"以产业为导向"的人才链构建。各知名高校普遍通过艺术设计、图书出版、媒介经营等专业课程的设置培养"创意核心群"人才;通过管理学、传媒学等专业的设置培养"创意专业群"人才,应用型和理论型人才双轨培养制度共同构成了文化创意学科的培养体系,为文化创意产业输送新鲜的人才血液。以美国哥伦比亚大学艺术学院为例,其艺术管理系成立于1975年,旨在培养创意产业的管理者和领导者。该院下设商业管理、表演艺术管理、媒介管理等细分领域的六大管理方向,各方向又按照市场需求进行细分设置,几乎涵盖了美国艺术产业的所有类型,凸显了其所属领域的专业性和适应性。同时,美国的很多著名高校都设有创新实验室和对所有学生开放的创新平台。这些实验室以培养学生的创新创意能力为目标,多学科交叉创新是其不同于一般专业学科教学的培养特色。其课程的大部分内容都是在跨学科基础上进行教学,鼓励学生在科学与艺术间寻找平衡,进行有效融合,为大型企业、政府解决实际问题。

2. 英国:关注创意人才培养过程

英国是世界创意产业的发源地,1997年时任首相布莱尔提出聚焦文化创意产业时便制定了文化创意产业发展的三项政府措施,其中第一项即指出要为有才能的人士提供培训机会,尤其注重对青少年艺术教育和创造力的培养。随后的十几年间,英国对于青少年创意能力的培养便不断更新和升级。英国的高校素来有与职业教育相结合的传统,这种教育机制使得英国高校的专业能够及时根据英国政府的政策进行调整,随时融入市场的需求。而当英国政府提出创意产业的理念后,高校的艺术教育便进行了逐步的转型,强调创意的导向思维,将人才培养纳入产业需求之中。英国诸高校在文化创意学科相关专业的培养过程中,多注重对于学生想象力、理解力、独立思考能力的培养。通过设计较为宽松的教学环境和自由式的教学方式,鼓励丰富多样化的教学手段,让学生自行收集、判断、整理信息并分析探索,注重对于学生关注创意的过程培养。

3. 韩国、日本:重视本国传统文化传承

2000年韩国成立韩国文化产业振兴委员会,负责制定具体的文化产业实施计划,尤其重视对于文化创意产业人才的培养。而在文化创意学科的设置中,韩国高校特别重视对于民族文化的传承,将传统文化根植于各专业培养之中。韩国有近300所高校设置文化创意学科相关专业,通过促进产学研的一体化培养,重点关注影视、动漫、游戏、广播等产业中的创意型人才。

从几年前火爆的《江南Style》歌曲、《来自星星的你》韩国影视剧等作品,便可一窥韩国高校对文化创意产业人才培养的成果。同样的,在日本被称为"内容产业"的文化创意学科在高校培养中尤其重视对"内容原创力"的教育,重视民族文化的融入。1996年随着日本"文化立国"战略启动,日本高校的艺术教育更加注重传统的回归以及对日本民族文化的彰显,通过风靡世界各国的日本动漫文化创意作品便可发现其中所蕴含的浓厚的民族文化传统。在高校培养中,文化创意学科的专业设置要求学生除了掌握相关专业的理论知识外,还要求学生对先进的技术有所了解和涉猎,并鼓励学生将文理交叉的研究成果运用于实践中。

4. 其他国家:以各自优势资源为先导

文化创意学科发轫于西方,而逐步向全世界各国延伸和发展。美国、英国、日韩等国在较长时期的探索和不断完善中积累了丰富的学科人才培养经验,而其他各国也都展示出了各自独特而鲜明的文化创意学科人才培养模式。作为全球游戏、影视产业的重要制作基地,澳大利亚通过发起"工作室教学项目""智慧之洲"战略等将文化创意产业纳入高等教育体系中,注重对于文化理解、沟通能力和决策能力的培养,打造应用型创意人才。素有"文化艺术大国"之称的法国,高校培养侧重文化创意教育与新媒体技术的相互交融,推动创意人才的国际交流,并进行全民文化艺术的普及,推动了全民文化素养的提高和密集创意阶层的形成。[1] 而作为"时尚之都"的意大利,则是在文化创意产业的细分行业基础上,采用打通产、学、研之间的壁垒、加强相互链接的人才培养模式,解决从研究到实践的系列应用问题。由此可以看出,文化创意人才培养模式,与国家的经济发展、社会状况和文化底蕴息息相关。只有立足本国文化创意产业的实际发展和文化资源优势,才能真正开拓出与产业发展接轨的学科发展路径。

四、21世纪中国的文化创意产业与学科

(一)中国文化创意产业发展

1. 中国文化创意产业发展现状

与国外文化创意产业发展相比,中国文化创意产业起步相对较晚,仍在摸索中前进,但资源非常丰富,资源优势转化为产业优势的潜力巨大。早在2009年,文化部和国家旅游局联合发布了《关于促进文化与旅游结合发展的指导意见》,提出要在新形势下促进文化与旅游深度结合,打造文化旅游系列活动品牌、打造高品质旅游演艺产品、利用非物质文化产业资源优势、开发文化旅游产品等诸多具体措施。随后,中国紧随国际文化创意发展趋势,加快发展文化创意产业步伐,开发中国传统文化资源,推进文化创意产品研发与文化创意产业园区建设。自党的十八大以来,中国文化创意产业发展态势良好,得到国家政策、经济、社会、科技等方面的支持,随着居民消费升级,全民文化意识的提升,科学技术的不断赋能,文化创意产业总体营收规模不断扩大,文化创意产业集聚化发展趋势日益明显。

---

[1] 邓文君.数字时代法国文化创意产业的创意环境构建研究[J].深圳大学学报(人文社会科学版),2014(6):141-145.

2017年，文化部新发布《关于推动数字文化产业创新发展的指导意见》引导数字文化产业集聚发展，并在同年4月发布《文化部"十三五"时期文化产业发展规划》，提出要推动文化创意和设计服务与装备制造业和消费品工业相融合，提升产品附加值，鼓励文化与建筑、地产等行业结合，建设有文化内涵的特色城镇。另外，各省市地区也积极出台相关意见推进文化创意产业创新发展。以北京为例，2018年北京市正式发布《关于推进文化创意产业创新发展的意见》，明确回答了新时期北京应当发展什么样的文化创意产业，构建了由"两大主攻方向"和"九大重点领域环节"组成的文化创意"高精尖"内容体系。国家大力倡导文化与旅游业、工业等各产业融合发展，为文化创意产业发展提供了新的思路。

在政府的积极引导下，中国文化产业已经初步形成了以国家级文化产业示范园区和基地为龙头，以省市级文化产业园区和基地为骨干，以各地特色文化产业群为支点，共同推动文化产业加快发展的格局。中国已初步形成六大文化创意产业聚集区：首都文化创意产业区、长三角文化创意产业区、珠三角文化创意产业区、滇海文化创意产业区、川陕文化创意产业区、中部文化创意产业区。北京、上海、深圳、成都等地积极推动创意产业的发展，正在建设一批具有开创意义的创意产业基地。

同时，随着中国经济的高速发展，居民消费结构不断完善，社会经济从以"物质消费"为主逐渐转向以"精神文化消费"为主，极大地刺激了中国文化创意产业的发展。在中国文化创意产业发展各项政策的推动下，文化创意产品和服务逐渐丰富化，文化及相关产业增加值逐年提升。数据显示，2016年中国文化及相关产业增加值为30 785亿元，占GDP4.14%；2017年文化及相关产业增加值34 722亿元，占GDP比重4.2%；到了2018年，全国文化及相关产业增加值为41 171亿元，占GDP的比重为4.48%，比上年提高0.28个百分点（图2-2）。中国文化创意产业在2018年交出了不错的成绩单：中国共有群众文化机构44 464个，比2017年增加57个（图2-3）；电影票房收入突破600亿元，约占全球票房总量的19%，中国也成为世界第二大电影市场；中国音乐客户端用户规模累计达5.43亿人，形成音乐客户端平台"大共享，小独家"的差异化发展趋势；中国知识付费用户规模呈高速增长态势，知识付费用户规模达2.92亿人，用户逐渐养成知识付费的消费习惯等。随着中国文化创意产业规模的扩大，其深度融合的特征亦开始逐步显现，与旅游业、传统制造业、农业等逐渐形成"越界、渗透、提升、融合"的多样路径，继续向国民经济支柱型产业迈进。

图2-2　2012—2018年中国文化产业增加值

图 2-3　2012—2018 年全国群众文化机构和乡镇文化站数量

(二) 中国文化创意的学科发展

2006 年,中国召开了首届创意产业大会,会议提出了"创意产业"应包含如下十大产业:数字软件、工业设计、广告公关与咨询策划、创意地产与建筑、品牌时尚、广播影视、新闻出版、文化艺术、工艺品、创意生活。而与这十大产业所相关的研究与专业,包括设计、创作、制作、表演、咨询等都归属于创意产业活动的范畴。[1][2] 自此,文化创意学逐渐设立,并成为一门为文化创意产业培养输送人才的学科,涵盖了与创意产业活动相关的专业,在各高校的发展中逐步形成了特色鲜明的培养模式。

1. 高校文化创意学科的培养模式

高校是文化创意学科发展的原点,利用好高校的优秀教育及科研资源,才能更好地促进文化创意学科的发展,并为文化创意产业输送优秀的创意人才。自 21 世纪以来,国内诸多高校都抓住了文化创意产业迅猛发展的形势,先后开设了各类与文化创意产业密切相关的专业并引进国内外的优秀教师展开文化创意人才的培养。综合来说,关于文化创意人才的塑造,目前中国高校已发展出了如下的特色培养模式:

(1) 开展"政、产、学、研"四位一体的教学模式。通过教师的课堂授课、实践项目的合作、各类调研考察的开展等多种形式,培养具有文化创意特长的复合型人才。

(2) 开拓文化产业研究基地的实践平台。文化创意不仅在于思维的创意,更关乎其落地的实施。因此,搭建良好的校外实践平台,是帮助学生理论结合实际的重要举措,也丰富了原本单一化的教学形式。

(3) 形成国际化的产业合作。国内不少知名大学的文化创意学院与美国、英国、法国等国外知名大学建立了科研、教学及实践合作,通过国际化的信息流动和教学资源的共享,保障学生在国际视野下进行文化创意学术研究与产业实践。

---

[1]　邱丽娜,张明军.关于数字创意人才培养的若干思考[J].高等理科教育,2008(3):62-64.
[2]　戴卫明.论高等学校创意人才培养的问题及对策[J].当代教育论坛(下半月刊),2009(7):51-53.

(4) 实现基于实践需求的就业互动。国内知名高校的文化创意产业人才培养计划与业界联系紧密,旨在培养既有扎实理论基础又有丰富实践经验,具有国际化产业视野又充分了解国内产业运作的复合型文化创意人才。

2. 中国文化创意学未来发展方向

第一,进一步明确创意人才培养的定位和分工。[1]文化创意产业所需的人才多样,涉及不同领域多个行业,既涉及文化艺术类的原创型人才也需要技术型人才。因此对于人才需求的多样化,要求了政府协调国内的各高校根据市场的需求,在确定培养复合型人才的基础上,按不同的侧重设置文化创意学科的教学侧重,分别定为由研究生、本科、专科、职业技术大专、中专和社会培训等不同层次的教育进行分别培养。

第二,推广"订单式""嵌入式"培养方式。[2]通过加强文化企业与高校间的相互合作,鼓励高校根据文化创意产业的发展与文化企业的实际需求,调整实践性创意产业人才的培养计划,将学校学习与进入企业实践相结合,提高学生的理论应用能力。同时,推行双向"嵌入式"培养,向文化企业开放高校的优秀教学资源,定期邀请高校教师前往企业对文化创意产业从业者讲座授课,使理论的前沿研究能够切实运用于市场实践之中;反之文化创意产业的从业者也可以作为讲师进入高校课堂,为学生介绍业界实践的经验,帮助学生更好地理解理论知识。

第三,发挥好高校校园文化创意的辐射力。[3]高校校园是创意人才的摇篮,也是创意人才实践文化创意的首要地点,良好的校园文化环境和适合的创意氛围能进一步激发创意灵感,提高学生的创意能力。一方面,通过各类校园文化活动,培养学生的创意思维和人文艺术底蕴,鼓励学生将创意理论在校园中进行实践;另一方面,通过校园软环境的提升,校园文化辐射力的增强,带动高校周边居民感受文化创意,使文化创意真正融入学生生活、融入社会。

案例研读

北京 798 创意园区

一、北京 798 创意园区简介

北京"798 创意园区"位于北京朝阳区的大山子地区,总占地面积 138 公顷,总建筑面积 23 万平方米,整个创意园区由原国营 798 厂等电子工业制造厂房改造而来。作为 20 世纪 50 年代由苏联援建、民主德国负责设计建造的重点工业区,798 创意园区所在的旧工业遗址见证了新中国工业化的历程,亦是北京著名的红色景点。798 厂区在设计时采用了现浇混凝土拱形结构,具有典型的包豪斯风格,在整个亚洲地区这一建筑风格都非常罕见,也

---

[1] 戴卫明.论高等学校创意人才培养的问题及对策[J].当代教育论坛(下半月刊),2009(7):51-53.
[2] 胡慧源.文化产业人才培养:问题、经验与目标模式[J].学术论坛,2014(5):139-143.
[3] 王丽琦.谈文化创意产业发展与高校文化创意人才培养[J].艺术教育,2010(12):151-152.

为后续798工业遗址改造增添了一抹风采。随着中国经济的不断发展和北京城市化步伐的不断加快,798工业区所在的大山子地区已由原先的城郊成为城区的部分,其承担的工业任务也逐渐外迁,留下了这一片建筑风格独特又见证新中国发展历史的工业厂房。于是自2002年起,大量的艺术家、当代艺术机构开始进驻到这里,大量地租用和改造已经闲置的电子工业厂房,逐渐发展出了画廊、工作室、艺术中心、时尚设计公司、餐饮酒吧等多功能聚集区。由于艺术所具有的独特集聚作用,短短2年多的时间,798工业遗址便一跃成为当时具有国际影响力的艺术区。在对原有历史文化遗留进行保护的前提下,原有的工业厂房被统一地进行了整体重新设计和改造,使建筑艺术、当代艺术和艺术生活方式进行了更好的融合和全新的定义。798创意园区在后续的发展过程中逐渐形成了具有国际化色彩的"SOHO式艺术区"和"LOFT生活方式",当代艺术、建筑空间、文化产业、历史文化和城市生活环境在这里进行了有机的结合,引领了一种具有中国当代文化特色的崭新生活方式。多年来,798艺术区一直受到国内外文化创意产业的青睐,曾是意大利旅游推介会的活动场所,世界黄金协会举办"黄金畅想"设计大赛的举办地,电影首映展、中国设计花样时装秀、新车发布会、当代艺术展演、新闻发布会等众多大型活动亦将此地作为活动场所和时尚地标,成为年轻人的"打卡胜地"[1]。

二、北京798创意园区发展历程

(一)历史追溯

798创意园区所在地是前民主德国援助建设的"北京华北无线电联合器材厂",即718联合厂,自1952年开始筹建至1957年落成并开工生产。718联合厂在设计时为了满足其实用的要求,同时发挥新材料和新结构的技术性能和美学特征,最后造就了厂房建筑造型简洁、构造灵活多变的特征。因其设计建筑机构和当年的包豪斯学校在同一城市,两者在建筑精神方面又拥有共通之处,因而这一学派后来被称为包豪斯学派。1964年时任主管单位撤销了718联合厂的建制,并成立了706厂、798厂、751厂等6个独立厂区,至2002年原六家厂区单位重组合并为北京七星华电科技集团有限责任公司,统一进行管理运营。为了配合大山子地区的规划改造,七星集团将部分厂区承担的生产业务迁出,并对闲置部分的厂房进行了出租以有效利用产业迁出后的空余厂房。因为园区的有序规划、便利交通、低廉租金和独特的包豪斯建筑风格等诸多优势,吸引了众多艺术机构和艺术家前来租用闲置厂房并进行改造,也拉开了旧工业厂房转型发展的帷幕。

(二)培育孵化期

2002年,中国当代艺术的外国推手罗伯特·伯纳欧租用了798厂房120平方米的回民食堂并将其改建成艺术书店,标志着转型发展时期的第一个境外租户的落成。随后日本东京画廊等一批外资企业陆续进驻,使当时的北京艺术产业日渐繁荣。2003年起,受到罗

---

[1] 泉源阁.北京798艺术区简介[OL]. http://www.360doc.com/content/11/1024/10/3188771_158629257.shtml.
　　[访问时间:2020-03-23]

伯特·伯纳欧等人的助推和吸引，艺术家和艺术机构开始成规模地租用并改造闲置厂房，也由于艺术家们最早进驻的区域位于原798厂所在地，因而得名"798艺术区"。在这一阶段，艺术家们以合适的价格获得了创作和生活所需的场所，而七星集团则以不菲的租金作为收益，如此的良性互动也激活了厂的人气和活力。2003年，北京798艺术区被美国《时代》周刊评为"全球最有文化标志性"的城市中心之一，北京市也被《新闻周刊》评为年度12大世界城市之一[1]。这些傲人成绩的取得是在798创意园区的推动下，北京文化创意产业发展的缩影，也为园区的转型发展进入下一个阶段奠定了基础。

（三）争议发展期

"拆或不拆"成为这一时期的焦点，从798创意园区内部的争论逐渐升级到朝阳区、北京市，成为全民热议的文化现象。鉴于798创意园区在之前的发展中已经连续三年举办大山子国际艺术节，且其知名度亦在国内外不断巩固扩大。最终于2006年，《北京市"十一五"规划纲要》出台，将文化创意产业列为北京市重点发展产业，798创意园区则被北京市文化创意产业领导小组认定为北京市首批文化艺术创意产业园区之一，纳入统一规划并予以重点扶持。虽然处于争议时期，但798创意园区的发展脚步没有停止，其知名度随着艺术家的进驻和艺术展演活动的不断丰富而得到了进一步的提高，市政规划的保留意见更是使798艺术区升格为市级重点引导发展的创意园区。2007年，比利时尤伦斯当代艺术中心入驻北京798艺术区，同时也带动了园区相关服务业和文化娱乐产业的同步发展，完成了文化产业链的构建。当然随着文化创意产业的不断发展，各类艺术园、创意园区不断涌现，替代效应亦发生在了798创意园区中，如何进一步扩大集聚效应、发挥艺术辐射作用成为798创意园区需要思考的问题。

（四）规范引导期

随着798创意园区所举办的艺术节由民间性质转变为准官方性质，并在奥运因素的驱动下，798创意园区设施、文化环境等在市政府资金的支持下有了巨大的改观。紧邻798艺术区的北京时尚设计广场在2008年被认定为市级文化创意产业集聚区，798艺术区的示范引导作用开始逐渐显现，其辐射规模也得到了显著的提升，带动了整体区域的文化艺术氛围。不难看出，798创意园区的诞生和发展实则是由艺术家自然集聚的力量和政府推动力量的两者紧密互动所共同造就的。2003年尚处于诞生发展期的798创意园区还被大家认为是新奇的文化现象，至2004年后期开始陷入"拆与不拆"的两难境地，最后至2006年获得政府认可，逐步发展壮大形成集聚规模，如今成为全国乃至世界的著名艺术地标。

三、北京798创意园区发展特征

798创意园区融合工业与艺术、集生产与服务于一体。798创意园区的发展前身是电子工业工厂，在其发展初期，以生产为主的工业厂房仍在运转，只有其中一部分因淘汰或升

---

[1] 崇蓉蓉,魏星,何雅君.文化创意产业园发展现状研究——以北京798艺术区为例[J].赤峰学院学报(汉文哲学社会科学版),2019(4):66-68.

级从而成为"艺术家的天堂"。在发展之初,艺术生产占用的建筑面积与工业生产所占用的面积各占一半,工人、艺术家和游客都出入于厂区,形成了一道独特的人文景观。而随着工业生产部分的逐渐撤出,一些工厂车间被改造成艺术展示空间、酒吧、餐厅等多元功能场所,成为年轻人打卡的胜地。工业环境的厂区在城市中心变得"格格不入",刻意保留的建筑立面和工业机械部分,以及不同时期涂刷在厂房墙上的标语也成为可以触摸的工业发展史,成为城市中的一道独特的景观。新兴的艺术产业与衰退的第二产业工厂融合在一起,迸发出全新的文化创意。

798创意园区已成为全球知名艺术机构集聚地和前卫艺术活动举办地。作为成熟的商业艺术区,798创意园区目前已经成为包括尤伦斯艺术中心、林冠画廊、佩斯画廊、伊比利亚当代艺术中心等多个国内外知名艺术机构的办公和展示场所。大量前沿性的文化艺术活动的持续举办,也不断提升798艺术区的专业性和国际化水准。与此同时,现代绘画、艺术与旧工业厂房遗址的斑驳、陈旧又形成强烈的视觉冲击,吸引了大量慕名而来的游客。相比于国营的美术馆,798创意园区对于艺术家和艺术活动的门槛更低,也更容易吸引风格各异的小众艺术,成为中外艺术家和游客了解中国当代艺术的窗口。而各种风格的艺术也在此处交流、融合,不断碰撞出新的火花,为文化创意的发展提供源源不断的文化源泉。

四、北京798创意园区发展启示

目前中国文化创意产业园区的发展仍处于兴起发展之阶段,每一个文化创意产业园都有自身的独特性和规律性。798艺术区作为中国文化创意产业园区的开拓者和领军者,自步入21世纪至今,不断摸索不断改造,形成了一套独具特色的文化创意产业园区发展模式。回顾798艺术区的发展历程以及发展特征,可以总结出如下的经验与方法供中国其他文化创意产业园区借鉴。

(一)依托地域特色文化资源,打造主导文化创意产业

自古至今,不同地域的文化沉淀积累形成了彼此各异的独特文化源泉,而文化创意产业园区的发展首要依托便是本地的文化资源。只有对现有的文化资源进行系统性的梳理、整合,才能挖掘和发现文化资源中的精华并对其进行个性化和差异化的定位及打造,最终形成具有文化潜力的主导产业及其完整产业链。例如,位于河南开封的宋都古城文化产业园,在深入了解和挖掘宋朝文化内涵的基础上,形成了具有鲜明宋朝文化特色的建筑、书法、绘画等多种产业形态,逐步实现了以文化旅游为主,包含文艺演出、书画工艺、餐饮文化、休闲娱乐、会展收藏等多种产业形态在内的完整产业链,成为国家级文化产业示范园区。可见,文化资源是文化创意园区的发展之本,在没有文化积淀和主导产业的支持下任何创意园区只能徒有其表,而不能发挥其应有的文化创意辐射作用。

(二)进行精准产业功能定位,发挥文化创意集聚效应

在全国各地文化创意产业园区争相发展的当下,依托不同地域文化特色所建立的文化

创意产业园区应具有自己的产业功能定位。一方面,随着中国经济的不断发展,文化创意产业已经成为重要的经济发展推动力,而精准化、差异化发展规划则是保证文化创意产业园区可持续发展的核心竞争力。另一方面,具有明晰的发展战略也能帮助园区更好地招商引资,把符合园区自身定位的文化创意企业引进园区。由于文化创意企业多是由一些工作室、小团体作为创业项目展开,存在规模微小、资源薄弱、分布零散等特征,而文化创意产业园区作为文化创意企业的集聚平台,要充分发挥"孵化器"的作用,集中园区所拥有的文化资源、技术资源、资本资源等帮助中小型文化创意企业的发展。将目光集中于成长性高、具有发展潜力的文化创意企业并为它们搭建一个良好的成长平台亦能更好地发挥园区本身的集聚作用,推动文化创意产业的健康发展。

(三)完善园区文化产业链条,注重品牌宣传推广

与一般的工业园区、商务园区或高新技术园区相比,文化创意产业园区具有产业附加值高和产业关联度高的独特产业特征,而这一特征的凸显又离不开完整产业链的支持。文化产业链条一旦遭遇断裂,则园区的发展势必会因为上下产业链的不完整而受到影响,缺乏可持续的价值和增值发展的基础。这就充分要求文化创意产业园区以主导产业为引领,打造各种形态的产业链条,突出文化创意的高附加值,以此来增强文化创意产业园区的竞争优势。以中国(怀柔)影视基地为例,作为国家中影数字制作基地、北京市首批文化创意产业集聚区,其通过将制片、发行和投资三个电影影视产业的重要环节进行打通,形成了一条完整的产业链条,不仅推动了中国影视品牌集聚效应的发挥,更运用基地内的拍摄场景开发旅游景点,形成集衣、食、住、行、游、购于一体的完整旅游产业链,促进区域经济发展。同时,作为文化创意产业园区,亦要注重自身品牌的打造和宣传推广。只有提升园区自身的品牌形象和知名度,才能吸引和集聚更多影响力大、发展潜力强的文化创意企业入驻,更好地推动产业发展。北京798创意产业园便通过承办各类世界级文化展演活动,对园区自身品牌的打造和推广起到了极大的推动作用,也因此吸引了大量国内外知名文化机构和艺术中心入驻。

(四)开拓培养广阔的国际视野,注重文化创意人才发展

国外对于文化创意产业园区的发展和研究先于中国,因此借鉴国外园区发展的成功经验,汲取其成功的要素并结合园区自身文化特征和实际情况进行打造,能帮助文化创意产业园区在发展壮大的过程中少走弯路。北京798创意园区在发展过程中就借鉴了纽约苏荷区的成功经验,对颇具特色的旧工业建筑悉数予以保留,仅对内部进行有限制的开发和改造,最终形成了目前独具特色的798艺术区。加大园区与高校的合作,加强国际交流,亦能促进文化创意产业园区的进一步升级。文化创意人才的培养源于高校而延伸至文化创意行业的各个环节。文化创意产业园区作为大量中小型文化创意创业公司的集聚平台,亦承担了培养文化创意人才的重要使命。文化创意人才是文化创意产业发展的根基,亦是园区发展的根本,如何通过现有的园区资源,通过企校合作等方式培养和发展创新型的复合人才是每一个文化创意产业园区需要思考的问题,也是园区未来发展潜力的成败关键。

请思考以下问题：

1. 请简述文化创意符号的演绎轨迹。
2. 文化创意学科在二十世纪初是如何萌发的？哪些理论对文化创意的诞生起到了重要的推动作用？
3. 中国文化创意产业学科的发展及成形与国外相比有何优劣势，未来呈现出如何的发展趋势？
4. 请举例说明约翰·霍金斯的"创意经济理论"在产业中的应用。

思维导图

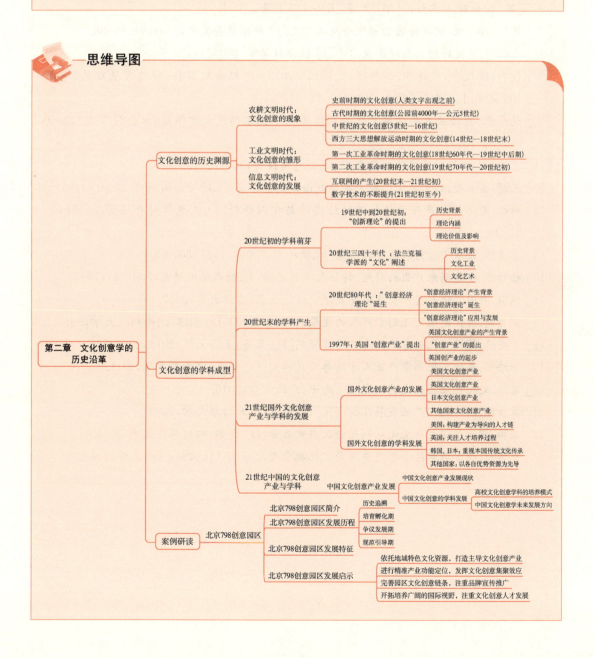

本章参考文献

[1] 孙宝传,朱友芹.中国新闻传媒科技发展史话[M].北京:电子工业出版社,2019.
[2] 王加丰.世界文化史导论[M].北京:高等教育出版社,2015.
[3] 陈力丹.世界新闻传播史[M].上海:上海交通大学出版社,2016.
[4] 宁骚.非洲黑人文化[M].杭州:浙江人民出版社,1993.
[5] [美]熊彼特.经济发展理论[M].北京:商务印书馆,1997.
[6] [英]霍金斯.创意经济[M].上海:上海三联书店,2001.
[7] 侯彬,邝小文.熊彼特的创新理论及其意义[J].科学社会主义,2005(2):86-88.
[8] 朱红恒.熊彼特的创新理论及启示[J].社会科学家,2005(1):59-61,70.
[9] 代明,殷仪金,戴谢尔.创新理论:1912—2012——纪念熊彼特《经济发展理论》首版100周年[J].经济学动态,2012(4):143-150.
[10] 范希春.论法兰克福学派文化批判理论[J].山东师范大学学报(社会科学版),2000(6):79-83.
[11] 王娜,刘瑜.简析英国的创意产业[J].创意与设计,2011(2):85-87.
[12] 王蔚,金旼旼.创意之父约翰·霍金斯诠释创意经济[J].瞭望新闻周刊,2006(9):85.
[13] 白远.文化创意产业价值核心的经济学与案例分析[J].黑龙江对外经贸,2009(1):97-99.
[14] 孔建华.北京798艺术区发展研究[J].新视野,2009(1):27-30,60.
[15] 褚劲风.世界创意产业的兴起、特征与发展趋势[J].世界地理研究,2005(4):16-21.
[16] 鲍枫.中国文化创意产业集群发展研究[D].长春:吉林大学,2013.
[17] 邹丹琦.当代英国文化创意产业的发展(1990—2013)[D].湘潭:湖南科技大学,2015.
[18] 李晓溪.高校文化创意产业人才培养研究[D].上海:上海大学,2014.
[19] 李培萌.高校文化创意产业人才培养模式研究[D].郑州:中原工学院,2011.
[20] 梁强.文化产业园区发展研究[D].南宁:广西大学,2015.
[21] 霍步刚.国外文化产业发展比较研究[D].大连:东北财经大学,2009.
[22] 左博.阿多尔诺大众文化批判理论及当代启示[D].成都:四川师范大学,2014.
[23] 陈国庆.西方消费经济思想与消费文化观念变迁研究[D].兰州:兰州大学,2011.

第三章

文化创意的元素：文化

学习目标

学习完本章,你应该能够
(1) 了解文化的分类；
(2) 了解文化元素在文化创意中的创新应用；
(3) 了解文化创意中的外国文化元素；
(4) 了解文化创意中的中国文化元素；
(5) 了解非物质文化遗产中的文化创意。

基本概念

文化类型　文化元素　外国文化元素　中国文化元素　非物质文化遗产

第一节 ｜ 文化与文化创意

文化是文化创意的源泉。随着全球化、数字化在各行各业的渗透,如今世界各国的文化以前所未有的多元形式展现在大家面前，为文化创意工作拓宽了思路、提供了更丰富的素材。我们在进行文化创意时，无论是国外文化元素，还是中国本土文化元素，都是激发灵感的源头，也是产生创造性想法的根源所在。但是，全球化在带来多元文化之间的碰撞与融合的同时，也使得全球文化趋于同质化、丧失独特性。而对拥有独特文化基因、蕴含民族精神的非物质文化遗产的创新开发，则可以成为当下全球化发展中文化创意的新思路。因此，如何发掘、调动、整合文化元素就成为文化创意的重要工作。本节将在第一章对文化释义的基础上，梳理文化的类型，把握挖掘文化元素的方向，同时总结文化元素与文化创意的互动形式，进而使我们在开展文化创意活动时更加游刃有余。

一、文化的分类

对于文化类型的讨论就如对文化定义的讨论一样活跃，各国学者对于如何对文化进行划分有着不同的观点，不一而足：

汉默里将文化划分为信息文化（人们掌握的关于历史、地理、社会的知识等）、行为文化（生活方式、价值观等）和成就文化（文学和艺术成就）；

斯特恩将文化分为"大写文化"，即人类所有的物质和精神成果，以及"小写文化"，即精神领域的文化；

奥格本在物质文化和非物质文化的分类基础之上，进一步将非物质文化划分为精神文化（文学、艺术等）和调试文化（社会道德观念）；

马林诺夫斯基把文化分为物质设备、精神文化、社会组织和语言；

霍尔在《无声的语言》一书中提出文化可分为显而易见的公开的文化以及受过专门训练的人都难以察觉的隐蔽的精神文化。

综合诸多学者著名论述，目前学界普遍认同的是将文化分为物质文化、制度文化、行为文化和精神文化，具体如下：

物质文化是人们进行物质生产的活动方式以及在此过程中生成的物质产品的总和，自然界天然存在的物质并不能归入物质文化的范畴中。物质文化既可以反映出人和自然之间物质变换的关系，也可以反映出社会的生产力水平。物质文化是最容易被感知到的文化形式，如与我们日常生活息息相关的"衣食住行"都属于物质文化。文化创意学中所指的物质文化具有地域性、民族性和时代性的特点。地域性是指同区域文化赋予物质实体的区域风格，如苏州刺绣就展现姑苏文化的特色；民族性是指物质实体中的民族特征与特色，如福建永定馥馨土楼就是客家人生活特色的物化展示；时代性是指物质实体中体现出文化的时代特色，如罗马斗兽场就是古罗马帝国文化的象征。物质文化容易被感知但并不容易被把握：当我们欣赏博物馆中的古代工艺品时，我们不一定知道它们背后的工艺原理和用途；当我们享用西餐美食时，我们不一定熟悉西餐的烹饪流程和就餐礼仪；当我们参观少数民族的居所时，我们不一定了解其中的民族心理和文化内涵。

制度文化指在人类社会中存在的物质生产关系，以及建立在生产关系之上的社会制度、社会规范,如政治制度、经济制度、法律制度、婚姻制度、家族制度等。制度文化反映了其对应的社会或组织内部的物质基础、心态、价值观,这些都有进一步被挖掘的价值,如一些景区展览、再现古时社会制度、法律法规,吸引人们了解过去历史;一些基于古代名门大户的住宅遗址的景区,则以"家风家规"主题,吸引了不少游客。

行为文化指人类在交往活动中长年累月形成的习惯,如民风、民俗、礼仪等。行为文化具有鲜明的地域性、民族性以及对人的行为的制约性。在文化创意活动中,可通过两条路径在行为文化的基础上发挥创意:其一是"创造需求",即通过对少数民族文化的考察,挖掘其中极具特色的少数民族民风民俗,并根据这些风俗开创旅游、体验项目,或将少数民族的风俗文化元素融入文化创意产品之中,将更多被忽略、遗忘的民族文化带到消费者身边,从而创造风俗文化消费的新需求、新方向。其二是"满足需求",即根据广大消费者认同的行为文化来开展文化创意活动、提供相应服务。在中国的文化中,婚礼、成人礼、生日、过新年等,都是常见的风俗习惯,可针对这些需求,进行创新,如新式婚礼、主题生日会、特色团年饭等创意。

精神文化指人类在长期的改造自然活动中、在意识和社会实践中、在塑造、调整自我的过程中产生的价值观念、心理心态、思维模式、宗教信仰、审美品位、民族性格以及各类艺术形式的精神表达等要素的结合。精神文化是各类文化体系中最为深层的部分、是文化创意活动自由发挥的广阔天地,一件普通的物质产品、一场普通的活动、一种寻常的行为,在赋予其一定的精神文化元素之后,可以迅速地实现文化价值、经济价值的增值。中国深厚的传统文化中蕴含着丰富的精神文化资源,可从中进行提取:在古诗词、书法、山水画中提取深远的文化意境;在波澜壮阔的英雄史诗中提取崇高的民族气节;从丰富多彩的民间活动、传统节日中提取普遍的民族形态;在一件件精美的传统工艺品、一幢幢造型独特的传统建筑中提取民族审美;在流传千古的名篇中提取高深的哲学思想等。在文化创意活动中,对于"意"的借鉴往往比"形"的借鉴更为重要。

此外,根据所要突出的文化具体特征的不同,文化还可以分为如下类型:

按照地理特征,分为依托农业、较为内向的大陆文化,依海扩张、性格外向的海洋文化以及蕴藏危机感、对内凝聚对外开放的岛国文化。

按照民族差异,分为汉族文化、蒙古文化、藏族文化、印度文化、希腊文化、阿拉伯文化、印第安文化等。不同的民族有着各自的文化特色,这是古代文明凝聚成的精华。

按照国家分类,分为中国文化、美国文化、俄罗斯文化、日本文化、埃及文化、墨西哥文化等。国家文化既包括民族文化的特性,又包括多民族间文化的共性,处于一个国家内不同民族的文化在互动交流中也逐渐形成新的特征。

按照宗教分类,分为佛教文化、道教文化、伊斯兰教文化、基督教文化、印度教文化等。宗教深深地影响人们的思想观念,而人们也常常将宗教思想蕴含在文学、艺术、风俗、建筑中,兼具艺术与思想美感。

按照人们的生活方式和社会实践,文化还可以划分为精英文化、大众文化、高雅文化、通俗文化、家庭文化、校园文化、企业文化、饮食文化、服饰文化、酒文化、茶文化等。

总之,文化的内涵丰富,包含人类社会的方方面面,因此可以根据不同需要、多种角度可以将文化分成不同类型。

二、文化创意中的文化元素与创新

文化创意学中文化元素是激发文化创意的来源,是历史的积淀,是人类文明史活化的展示,是文化民族性的显现。文化元素内容丰富、量大面广,如何进行取舍并用于文化创意是一项复杂而系统的工程。下面将从"古为今用""洋为中用""文化交融"及"旧义新解"四个角度,对文化元素进行梳理,并辅以文化元素创新应用的案例。

(一)古为今用

茅盾先生在《向鲁迅学习》一文中曾提出"古为今用"的概念,是指要有取舍地继承古代文化,应使其中优秀的文化遗产为当今所用。"古为今用"的思想同样适用于文化创意活动,选取古代保存下来、适应当今社会环境的优秀文化,以此开展文化创意活动,提升文化创意产品附加值。

1. 借古代文化符号为今所用

对古代文化最常见的一种借鉴,是对古代文化符号的使用:在工艺品上,常常可见祥云、象征福气的"五蝠"、素雅的荷花等纹路;在古宅子前,常会看见高挂的红色灯笼、镇守门前的石狮子、花色丰富的檐雕以及有年代感的红砖白瓦;再如主打传统文化牌的"谭木匠",将荷花、鸳鸯、喜鹊、蜻蜓、鲤鱼这些传统文化符号刻在梳子上,营造"私会后花园,青丝表心声"的浪漫氛围。这些文化符号是古代文化历经几千年累积下来的文化财富,人们也许无法准确识别符号对应的文化或习俗,但却能感受到其散发出的文化气息。文化符号为"素品"附加了一定的文化价值。

古代文化符号的简单使用虽提升了产品的文化性,但仍欠缺特色性。此时,文化创意则可以解决这一问题,倘若将古代文物、文艺作品与文化创意相结合,可以增强文化创意产品的独特性和辨识度。例如,《唐人宫乐图》同款颈椎枕的灵感就来自《唐人宫乐图》中宫女们形似倒U形的"坠马髻",让使用者在享受这款产品的实用功能的同时,又能感受唐代绘画的艺术魅力,可谓一举两得;北宋名家燕文贵创作的《群峰雪霁图》激发创意者的灵感,设计出雪山耸立的果盘,果叉摇身变为山间"枯树",不仅设计巧妙,而且创意十足。

同样作为古代文化符号,古代诗词不仅行文美、意境美,仍被世人传颂,并不断激励文化创意者们进行二次创作。电视剧《三生三世十里桃花》主题曲《凉凉》的歌词就大量借鉴了中国古代诗词,如"夭夭桃花凉"出自《诗经》的"桃之夭夭,灼灼其华","片片芳菲入水流"出自《一剪梅》的"花自飘零水自流","凉凉天意潋滟一身花色"出自《饮湖上初晴后雨》的"水光潋滟晴方好,山色空蒙雨亦奇"。古代诗词所展现的优美词句、高深意境通过恰当的引用,被巧妙地植入当代文化创意作品中,正是文化元素"古为今用"的体现。

2. 再现传统技艺和古代技术

在借用古代文化元素的文化创意活动中,人们常常会根据实际情况对文化元素进行调整、或提取部分元素使用,展现其中最精华、最具有代表性的部分。但是,古代文化中仍有很多优秀成果不需要任何修饰,在当下社会依然具有极佳的艺术效果。例如,作为中国四大发明之一的活字印刷术汇集了劳动人民的伟大智慧。虽然随着科技的进步,人们已不再使用这种印刷方式,但活字印刷术并未就此退出历史舞台。其模具和工具被人们制作成文化创意产品,既具有文明的厚重与古朴的美感,又真实再现了古老活字印刷,人们可以利用模具印刷出自己想要的内容,趣味性十足,受到人们的喜爱。因此,在当代文化创意活动中,对传统技艺、古代技术的再现,或对该项工艺成果的复制,都可以达到"穿越历史,呈现珍品"的效果。

此外,除借鉴古代文化的物质形式外,古代文化内在的宝贵精神也是文化创意活动的重要参考。例如,在2013年的开学季,六十余名幼童身着汉服、端正衣冠在孔庙中举行了"朱砂开智""拜先师"等开学仪式。这种形式不仅利于孩子们切身了解中国传统文化,还可以感受国学的学习氛围。同样,部分旅游景区基于古代传说或古代历史打造"发源地""遗迹"的旅游景点形象,并通过举办祭祀黄帝、炎帝等活动传递宗族、民族精神,激发游客的认同感。此外,许多文化创意产品具象化诗词的意境、精神,而不是对诗词的直接引用,如"逍遥自在削笔器"通过碎屑将削笔器内的小船撑起,犹如在江水漂泊一般,倒出碎屑则"风平浪静""逍遥自在",这就是参考苏轼"吾与子之所共适"的豁达心境而制作出来的文化创意产品。

中外古代文明中有着丰富的文化素材储备,不管是文化的物质成果还是深厚的精神遗产,都值得文化创意从业者们细细品味、推陈出新,让古代文化再次焕发生机。

(二) 洋为中用

毛泽东在《对中央音乐学院的意见的批示》中曾提出过"洋为中用"的思想。这是指要批判地吸收外国文化中一切有益的东西,借鉴国外的文化元素,促进中国文化创意事业的发展和传播。在文化创意活动与文化创意产品中,借鉴国外的文化元素也是中国重要的文化创意灵感来源之一。

1. 借国外文化技艺为中所用

国外在文化技艺方面的优秀成果可用于展现中国丰富的文化内容。如西方芭蕾舞与中国传统故事相结合,诞生了如《牡丹亭》《白毛女》《红色娘子军》《二泉映月》等经典的中式芭蕾舞剧目;西方乐器钢琴和小提琴演奏的协奏曲《梁祝》同样可以咏叹梁山伯与祝英台的凄美爱情;"民俗油画"正式通过西方油画展现中国的民俗文化等。西方技艺不仅扩展了中国传统文化的表现形式,更使传统文化形成一种独特的现代风格。同样,电视剧《爱情公寓》中有这样一幕:一位老人身着《加勒比海盗》中的杰克船长的服饰,迈着标准的京剧台步、用京剧唱腔唱道:"我是杰克·史帕罗,加勒比海盗就是我,黑珍珠号扬帆远航,听我把传奇的故事来演讲……"这一段幽默的剧情也为如何展现中国传统技艺在创意、革新方面提供了一个新思路。

2. 借国外文化元素为中所用

国外文化元素与中国传统技艺相结合,同样可以碰撞出诸多创意,获得良好的效果。例如科学京剧《三堂会审伽利略》,采用原汁原味的京剧表演形式、京剧扮相,讲述了西方的经典历史故事,展现了不同以往的全新风格,既丰富了京剧的表演剧目,又让世人感受到了京剧文化强大的承载力。国外的影视作品与中国太平歌词的结合也同样别出心裁,《变形金刚》《名侦探柯南》《复仇者联盟》版本的太平歌词曲目让传统曲艺不乏跌宕起伏的现代情节,这种突破常态的奇幻组合给观众带来了新奇的观看体验,也为传统艺术注入了生机。此外,印章雕刻艺术家们将西方字体与艺术化的龙形象巧妙结合为印章的印记,并通过中国传统技艺雕刻出印章,可谓西方文化元素与中国传统技艺结合的典范。

尽管国外文化元素和中国文化元素有着截然不同的风格,但文化之间又存在着互通的可能。在设计文化创意产品的时候,既可用国外技艺演绎中国文化,又可将国外文化用中国技艺呈现,中外文化间的差异和结合可赋予文化创意产品独特的风格。但在开展文化创意活动时,需要明确创意基础是"国外文化"还是"结合了国外文化的中国文化","洋为中用"并非"全盘西化",在引入国外文化的同时切忌反客为主,以免忽略中国文化本身的特色。

(三) 文化交融

"文化交融"指在文化创意活动中,将不同的文化进行组合、混搭,创造出集多种特色于一身的文化创意产品。文化交融的理念要求我们有丰富的想象力和大胆的创造力,既能发现不同文化间的共通点,又能以合理的形式将不同文化的结合体予以呈现。

1. 中外文化深度融合

与"洋为中用"不同,文化交融更多是中西文化在元素、载体、内容等方面的深度融合,互为创意基础,产生新的文化创意与文化创意产品。许多商家将中西方文化元素结合,碰撞出众多好的创意。例如,肯德基推出昆曲主题餐厅,让顾客体验一场别样的"文化大餐":在装修风格上,将西式快餐厅的简约风格变成古色古香的中式饭厅,白墙黑瓦,设立戏台,以团扇、兰花贴花及昆曲人物画为装饰,呈现"袅晴丝吹来闲庭院""如花美眷,似水流年"的意境;在人物形象上,"山德士上校"人形牌变为折柳的柳梦梅,立于戏台旁"迎来送往";在产品名称上,顾客既可以品尝到"得胜令"炸鸡腿堡和"忒忒令"可乐,又可购买"牡丹亭主题雕刻杯"。西式快餐看似与昆曲并无交集,但两者巧妙的结合却赋予了消费者别样的消费趣味。诸如此类中西文化融合的产物还很多,如瑞幸咖啡的《饮中八仙图》唐诗主题店,通过毛笔、竹简和仿古的"诗词古籍"等呈现不同于传统咖啡厅的中国山水画的诗意般氛围;北京云·酷酒吧推出"二十四节气"系列鸡尾酒,将中国传统节气文化与鸡尾酒文化巧妙融合;迪士尼根据上海博物馆的重要藏品——西周大克鼎,推出大克鼎耳环,既包括来自西方的动画趣味,也包含中国文物的古朴厚重。中外文化深度融合,意在传达异域文化间的"碰撞"而产生的新奇之感,意在告诉人们文化结合的无限可能。

2. 传统文化二次整合

将具有共同点的传统文化进行重新整合,以呈现更为完整、更为和谐的文化风格。例如基于"多变"的共同点,风格、字体、用笔、构图、线条多样的书法文化可以与形状、宽窄、花纹不一的瓷器文化完美地结合在一起:不同形状的瓷器选择不同风格、字体的书法进行修饰;运笔的长短、粗细、快慢、干湿都与瓷器的线条、外形息息相关。人们既可以欣赏线条均匀的器物美,也可以欣赏题于其上的笔墨之美与诗词意境,两种不同文化得到了恰当却不失特色的整合。此外,园林艺术与戏曲艺术同样也可以进行二次整合:北京园博园曾举行"戏曲文化周"活动,将23个戏曲剧种设置在相对应的地域文化园林中,如北京园变身京味茶馆,北京曲剧《茶馆》在此上演;江苏园和南京园中则演出昆曲剧目;晋中园则有原址原貌迁移而来的明朝古戏台,评剧和河北梆子剧团入驻;由于梅兰芳与粤剧名伶红线女为师徒关系,因此岭南园中上演了《霸王别姬》《游龙戏凤》等梅派经典剧目。游客行走于园中,数步便换一景,数步便换一重戏曲境界。

文化交融的理念将不同的文化结合在一起,使其相互赋能,诞生出新的风格和特色,丰富多彩的各类文化不知能产生多少新的文化创意。

(四)旧义新解

什么是"旧义新解"?在阅读下面的几首"诗词三句半"[1]后,大家会有所体会:

西塞山前白鹭飞,
桃花流水鳜鱼肥。
青箬笠,绿蓑衣,
——上菜。

碧玉妆成一树高,
万条垂下绿丝绦,
不知细叶谁裁出,
——"百度"。

大弦嘈嘈如急雨,
小弦切切如私语。
嘈嘈切切错杂弹,
——扰民。

这三首诗词皆为耳熟能详的名篇,其中的含义和意境也是家喻户晓,但被改编成"诗词三句半"之后,虽然文本内容没有太大改变,但意思则极具现代意味,还增添几分幽默感。

由此看出,"旧义新解"是指在已有传统文化及文化现象的基础上,作出新的、更符合当下社会潮流的新解释。"旧义新解"衍生出的解读常常与原意差别较大,甚至颠覆原有的意思,但是这样的改变往往能产生趣味性和幽默感,吸引人们进行文化消费。互联网是一台强大的"意义生产机器",人们在网络中进行意义的交换、沟通和改变,许多传统的、经典的文化都被赋予了新的含义并成为一种新的文化现象。

1. 时代语境变化,新解层出不穷

随着时代语境的改变,对同样内容的解读也会变得与众不同。一件在古时习以为常,甚至比较严肃、正式的事件、事物,可能在当今的人们看来,会产生不一样的理解。雍正皇帝的"朱批"体现了当时君臣关系以及雍正对臣子的勉励,可当这些批示被发现、流传到互联网之后,当今的网友们却给出了截然不同的解读——"朕实不知如何疼你"被解读为"顶级霸道总裁的自

---

[1] 唐瑭.好诗三句半[OL].https://mp.weixin.qq.com/s/vbp5J5mZDXpI44JeXK97yw.[访问时间:2020-12-25]

我表露";"朕就是这样的汉子!"被解读为"霸气、自信、小骄傲";"朕从来不会心口相异"则被理解成了一句"土味情话"。古代威武崇高的帝王形象,在当下的社会环境、文化心态中被重构,产生新的意义,成为一个可爱的、和蔼可亲的、"凡人化"的形象。借着"万物皆可可爱化"的风潮,由此衍生出众多周边文化创意产品,"朕知道了"也成为一句网络流行语。因为时代语境的不同,古时"高居庙堂之上"的人和物,终于在现代以一种幽默的形象"飞入寻常百姓家",成为普通人用来自我表达的特色符号。

同样,在朱自清著名的散文《背影》中,曾描绘了一幕父亲送站并买橘子的温情场景,体现了浓浓的父爱。但是在如今社交网络中,原文父亲的话语"我买几个橘子去。你就在此地,不要走动。"被网友们的重新释义,暗指自己是对方的父亲,有一种"占便宜"的意思,原有"父子情"的含义在网络广泛地传播中逐渐消解,并成为无伤大雅的玩笑和善意自嘲的象征,橘子的图案与这句话被印在服装、笔记本、手提包上,虽然尽显戏谑之感,但是人们看到仍会不禁一笑。

2. 网络文化助力,旧义换新装

如今的诸多文化创意采用了从网络段子、网络流行语、网络文化符号中寻找"旧义新解"的新思路。例如,2012年,网络上掀起了一场"杜甫很忙"的风潮,网友们将语文教材中原本身形消瘦、面目苍老并忧愁地眺望远方的诗人杜甫画像,进行充满想象力的改造:时而是身穿铠甲,手拿长剑,化身武士的杜甫;时而是戴着墨镜,骑着摩托车,成为"朋克族"的杜甫;时而穿着运动背心,手中运球,变身"灌篮大师"的杜甫等。这场运动不仅成为网友们自娱自乐的狂欢,也使"杜甫很忙"成为部分企业进行内容营销的新概念。"杜甫很忙"的形象也逐渐成为网络流行IP,被广泛应用到服装、桌游、童书、工艺品、流行歌曲等产品的创意中,甚至也成为部分杜甫传记或诗集封面的元素。杜甫自古建立起来的文人形象在网络文化推动下被赋予了新时代的含义,不仅是中国古代伟大的诗人,也是网友心中具有多重身份、兼容性极强的网络名人。

然而,随着"旧义新解"在文化创意活动中广泛使用,诸多问题也随之出现。其一,许多"旧义新解"的创意风潮会在网络流行,往往如"一阵风",来得快去得也快,因此这种创意通常具有时效性,针对某一传统文化现象的创意若没有把握时机就很容易过时、落伍。其二,"旧义新解"会涉及诸多法律和道德因素。比如,对于"杜甫很忙"事件,持正面态度的人认为这场网络创意潮流可以吸引更多的年轻人了解诗词文化,持反面态度的人就会认为这是对伟大诗人形象的扭曲、丑化。虽说"旧义新解"是文化创意的重要方式,但是应以规避潜在的风险为前提。

第二节 外国文化元素与文化创意

在明晰了文化的分类和应用方法之后,接下来就需要为开展文化创意活动、开发文化创意产品寻找"素材"。本节将从文学、艺术、地域文化与风土人情三个方面为大家介绍外国文化中的文化元素。

一、外国经典文学的文化创意

对于文化创意活动或产品来说，外国文学丰富的体裁、优美的语言、精彩的情节以及鲜明的人物形象皆可成为文化创意的素材。下面将对外国文学史上各时期著名的作家和作品进行简单介绍，不一而足，仅供大家参考。

（一）17世纪前西方文学

1. 古希腊文学

古希腊文学是欧洲文学的开端，脍炙人口的神话传说以及波澜壮阔的英雄史诗是这一时期文学作品的主要体裁。古希腊神话描述了天神宙斯、海神波塞冬、冥王哈迪斯、女神雅典娜等一众神灵的故事，从众神开天辟地到神灵之间的战争皆有描写。古希腊文学的最高成就《荷马史诗》描述了宏大的特洛伊战争以及英雄奥德修斯的史诗故事，生活气息浓厚，被后世称为"古希腊的百科全书"。诸如此类的古希腊神话充满神灵、传说的曲折情节和个性鲜明的英雄，可以成为许多电影、游戏、动画、漫画等文化创意的素材。

2. 中世纪西方文学

这一时期的文学可分为以下几类：其一是取材于《圣经》，歌颂上帝万能、基督伟大的教会文学，通过梦幻、象征、寓意等手法传达宗教美德，代表作有《农夫彼尔斯的幻象》《圣徒阿列克西斯行传》等；其二是脱胎于民间传说的英雄史诗文学，如《贝奥武夫》《尼伯龙根之歌》《罗兰之歌》等；其三是反映骑士阶层生活和理想、提倡忠诚、荣誉等精神的骑士文学，代表作有克雷蒂安·德·特洛亚（Kreddine de Troya）的《伊万或狮骑士》《培斯华勒或圣杯传奇》等；其四是反映世俗、市民生活的市民文学，如介绍马可·波罗东方之行的《马克·波罗游记》，讽刺上层阶级的《农民舌战天堂》《神父与母牛》等作品。

针对中世纪文学的文化创意可通过借鉴作品中的时代背景、人物设定进行二次创作，宗教文学中的"天使与恶魔"、骑士文学中的"骑士与公主"、英雄史诗文学中的"勇士与恶龙"为小说、漫画、游戏的创意提供了丰富的素材，市民文学中丰富的想象和讽刺情节为搞笑短剧、动画的创作提供了素材。

3. 文艺复兴时期文学

文艺复兴时期文学作品主要带有反封建、反教会色彩，主张个性解放、以人为本。意大利诗人但丁的《神曲》是一部鸿篇巨制，通过序歌、地狱、炼狱、天国四部分共100首诗歌描写了但丁在"人生的中途"所做的一个梦，借此批判了教会中的邪恶势力。薄伽丘的《十日谈》借十名青年讲述的故事展现当时意大利的社会生活，同时批判了教会的种种丑行，对伪君子进行了讽刺。拉伯创作的《巨人传》借巨人的故事歌颂了人类美好的天性以及批判教会对人们天性的压制。此外，莎士比亚的戏剧作品代表了人文主义文学的最高成就，其作品风格多样，既有浪漫气息，亦有悲剧色彩，还有寄托超自然力量的理想主义，如喜剧《仲夏夜之梦》《威尼斯商人》和四大悲剧——《罗密欧与朱丽叶》《哈姆雷特》《李尔王》《麦克白》等。文艺复兴时期的文学作品体现出的批判精神、人文主义精神以及相关的人物形象、故事情节可成为文化创意活动中用以赋予产品意义的价值符号。

（二）17 世纪后西方文学

17 世纪后，伴随思潮发展产生了诸多文学流派，各流派文学作品则体现了不同时期的社会背景与现象。

1. 17 世纪西方文学

17 世纪西方文学主要有三类：一是古典主义文学，主张王权至上、国家统一、讲求理性、批判骄奢淫逸，将文学和政治紧密结合，其中戏剧文学最具有代表性，有诸多著名剧作家，如古典主义戏剧三大代表——法国悲剧作家高乃依、拉辛和喜剧家莫里哀；二是以宗教狂热为主题的巴洛克文学，其形式夸张、堆砌辞藻、用语晦涩、内容夸张大胆、非理性，诸如马力诺的《七弦琴》《风笛》，贡戈拉的《孤独》，格里梅尔斯豪森的《痴儿西木传》等；三是传播清教思想、风格尖锐具有批判性的清教徒文学，如约翰·弥尔顿的作品：《失乐园》通过对亚当夏娃失去乐园的故事的描写来体现封建势力对革命者的迫害，体现出不惧封建王朝的勇气；以及《复乐园》通过耶稣恢复人们乐园的故事赞美了在革命低潮时期革命者的高贵品格。

2. 18 世纪西方文学

18 世纪启蒙运动在欧洲盛行，反封建、思想性强、贴近群众的启蒙主义文学成为文坛主流，人们耳熟能详的作品有丹尼尔·笛福（Daniel Defore）的《鲁滨孙漂流记》、乔纳森·斯威夫特（Jonathan Swift）的《格列弗游记》、孟德斯鸠的《波斯人的信札》、伏尔泰的《老实人》、卢梭的《忏悔录》、歌德的《浮士德》。这些作品大多充满哲理、针砭时弊、阐述了资产阶级的诉求和品格。

3. 19 世纪西方文学

19 世纪的文学思潮以浪漫主义文学和现实主义文学为主。浪漫主义文学多以波澜曲折的故事情节、鲜明的人物形象、夸张的想象力、强烈的情感表达及对大自然热爱的抒发为主，如拜伦的讽刺诗体小说《唐璜》，雨果的《巴黎圣母院》《悲惨世界》，雪莱的《解放了的普罗米修斯》等。而现实主义文学则注重通过对角色各种经历、社会现象的客观描绘和深刻剖析，不仅反映了当时各国社会方方面面，而且具有对社会黑暗的强烈批判性，代表作品有巴尔扎克的《人间喜剧》、福楼拜的《包法利夫人》、小仲马的《茶花女》、奥斯丁的《傲慢与偏见》、屠格涅夫的《猎人笔记》、斯托夫人的《汤姆叔叔的小屋》、莫泊桑的《羊脂球》、列夫·托尔斯泰的《安娜·卡列尼娜》、契诃夫的《变色龙》等。

20 世纪初至中期，西方文学流派大致可分为以下三种：一是现实主义文学，比 19 世纪现实主义文学表现手法更加多元，还带有一种悲观、厌世的色彩，对于战争和工业社会全景的展现更加全面，如萧伯纳的《巴巴拉少校》、马丁·杜伽尔的《蒂博一家》、厄普顿·辛克莱的《屠场》、赛珍珠的《大地》三部曲等。二是体现社会主义思想、反映社会主义国家、无产阶级革命斗争的社会主义现实主义文学，代表作品有高尔基的《母亲》和《敌人》、尼古拉·奥斯特洛夫斯基的《钢铁是怎样炼成的》、蒲宁的《乡村》、阿拉贡的《共产党人》、西格斯的《第七个十字架》等。三是反传统、荒诞、表现生活中人的压抑、扭曲的现代主义文学，其中包括使用象征来烘托、联想的象征主义文学，如波德莱尔的《恶之花》、瓦雷里的《海滨墓园》；描写人物复杂内心活动的表现主义文学,如卡夫卡的《变形记》;反对传统、规范,主张自由表达的未来主义文学,如马雅可夫斯基的《穿裤子的云》;展现人们的意识流动、潜意识活动的意识流文学,如弗吉尼亚·伍尔芙的《达洛维夫人》;展现迷茫、心理创伤,反对战争的"迷惘一代"文学,如海明威的《太阳照常升起》《永别了,武器》等。

4. 20世纪中期至21世纪初西方文学

20世纪中期至21世纪初,西方文学以现实主义和后现代主义为主。这一时期的现实主义文学将"意识流""蒙太奇"等手法引入创作中,表现手法更加丰富,更加关注对人的内心活动、心理描写,对真实感的要求更高,如"纪实文学""非虚构小说"。后现代主义文学流派众多:诸如加缪《局外人》展现人生痛苦、世界荒谬的存在主义文学;贝克特《等待戈多》一类的内容荒诞、支离破碎、抽象的荒诞派戏剧;像加西亚·马尔克斯《百年孤独》使用幻想、魔幻的视角描绘现实的魔幻现实主义;又有类似西蒙《弗兰德公路》的放弃情节和人物、纯粹写物的新小说派文学;更有用喜剧风格来表现悲剧的"黑色幽默"文学,如冯尼戈特的《第五号屠场》等。

纵观17世纪后的西方文学作品,可以用于我们文化创意创作的,更多的是对个别经典作品情节元素的挖掘,而对于宏观层面的文学风格和思潮的挖掘也将是我们文化创意的新方向。针对经典作品的挖掘固然重要,如可根据神话、小说中的情节进行二次改编,借用经典的人物形象创作出新的故事,"旧瓶装新酒"或依托与作品中知名角色相关的物件进行文化创意活动,比如生产以火枪手的武器、服饰等为主题的文化创意产品。但也可不拘泥于个别的作品,对某一时期文学作品体现出的时代思想、文学风格进行提取,形成一种总体的"文化风",为产品赋能,如浪漫主义文学可以联想到"丰富情感与浪漫情怀"、现实主义文学可以联想到"批判精神"、社会主义文学可以联想到"斗争精神与崇高理想"、现代主义和后现代主义文学可以联想到"反传统精神、荒诞精神",这些文学内涵都可以为产品赋能。

(三)亚非地区文学

除了产生广泛影响的西方文学之外,亚非地区也有许多著名文学作家和文学作品:

古代阿拉伯地区民间故事的合集《天方夜谭》(也被译为《一千零一夜》),既反映了阿拉伯地区的风土人情、歌颂朴素的劳动人民,又充满奇妙大胆的幻想,其中《阿里巴巴》《渔夫的故事》流传广泛、家喻户晓。《天方夜谭》中流传甚广的典故为文化创意提供了丰富素材,如许多动画、动漫作品和流行歌曲都使用了《天方夜谭》中奇思妙想的情节,一些典型角色还被植入电子游戏之中。

在日本,也有诸多优秀的文学作品,如清少纳言的描绘后宫生活和自然景观的古代随笔《枕草子》,紫式部的横跨七十余年、历经四朝、情节跌宕起伏的宫廷争斗作品《源氏物语》,夏目漱石的控诉明治维新后日本社会丑恶及知识分子窘困的作品《我是猫》,都成为如今日本影视、漫画等作品进行改编的原型。其中,夏目漱石对日本社会影响深远,在日本许多影视作品中会通过"喜欢夏目漱石"的标签来展现角色的性格特点,而夏目漱石的经典名言"今晚的月色真美"也成为众多爱情影视作品中的叙事线索。

印度诗人、哲学家泰戈尔的文风清新活泼、贴近人民生活,并通过诸多作品批判了印度社会中的不公现象,如《吉檀迦利》《飞鸟集》《眼中沙》《家庭与世界》等。泰戈尔创作的许多优美的诗句被引入文具、工艺品创作中,赋予其文化气息。

针对亚非地区文学作品的文化创意发展既是机遇也是挑战:一方面,许多作品仍未用于文化创意的创作中,因而开发空间很大;但另一方面,人们耳熟能详的亚非地区文学作品数量有限。因此,挖掘亚非地区文学中文化元素,开展文化创意工作在初期会相对困难,其文化特征难以被消费者识别。如何处理这个矛盾,则需要我们在具体实践中进一步思考。

二、外国经典艺术的文化创意

艺术包括的范畴非常广泛,其中美术、音乐与建筑在体现一个国家或区域文化上较为突出,因而在本节我们重点介绍外国美术、音乐与建筑中的文化创意。

(一)外国美术

美术作品与文化创意产品的结合正是艺术与文化创意的结合,美术作品中艺术元素会使文化创意产品更具吸引力。下面将通过介绍外国知名画家、流派和作品,让大家对可用于文化创意的美术内容有所了解。

1. 史前及古代美术

(1)原始美术。原始美术在形式上主要以岩画、洞窟壁画、雕塑为主,包含许多抽象符号,一方面反映了原始人类生活状况,另一方面则具有一定的仪式属性。例如,旧石器时代的雕刻《威伦道夫的维纳斯》通过对生殖器官的夸张化来显示对女性生殖能力的崇拜,新石器时代陶器的几何纹路体现了古人对日常事务的高度概括性描绘,青铜时代的壁画《斗牛》以流畅的线条对作为宗教仪式一部分的斗牛运动进行了写实描绘。原始美术中的抽象符号成为文化创意作品中的重点关注内容,符号与产品的结合体现出一种独特的原始风格。

(2)古埃及美术。古埃及的美术具有宗教功能,为神灵和死者服务,而雕像则是他们认为的灵魂新居所。因此,古埃及美术具有明显的写实风格,雕像和墓室中的壁画都尽可能还原死者生前环境,如《狮身人面像》《门考乌拉夫妇像》《书记官像》《三个女乐师》《扑禽图》等。此外,古埃及的雕像在形式上严肃规整、具有程式性:雕像的姿势固定、造型按照阶层区分;浮雕壁画对人物的描绘按照"正面律"的规则进行;严格遵循对称法则,以此体现出庄严神圣等。

(3)古希腊美术。西方经典绘画艺术起源于古希腊。古希腊的雕塑是古希腊美术成就的突出代表:注重写实、高雅优美,以神灵题材为主,并具有"神人同形"的特点;以优美、健壮的男女性裸体为主要表现形式,突出坦荡无邪的人体美。例如,"雅典娜神像""三女神""维纳斯""掷铁饼者"等,都突出了人体具有爆发力的美感以及具有艺术感的线条,具有动感、飘逸之美。

(4)古罗马美术。相比而言,古罗马美术侧重壮丽表现、注重实用,突出人物的个性特征,描绘人物本来的样子,如《奥古斯都立像》《携两位先人头像的贵族》《母狼像》《马可·奥里略骑马像》等。

由此可见,古代美术中不同的创作风格可以作为文化创意产品独具特色的设计元素,如古埃及的程式化美感、古希腊的典雅美和人体美、古罗马的人物个性生动表现等。一方面,可以将著名美术作品本身引入到文化创意产品中,如工艺品、服饰、装修设计等;另一方面可以根据古代美术的艺术风格进行原创设计,将人们熟悉的一些事物、形象通过这些风格进行改编,如一些受欢迎的手机壁纸便是将人们熟悉的动漫角色化为古埃及壁画的形式来展现。

2. 中世纪欧洲美术

中世纪的欧洲深受基督教的影响,因而各种风格的美术形式也成为一种宣扬宗教思想的语言。

(1) 拜占庭美术。5—6世纪,创作题材来源于《圣经》的君士坦丁堡拜占庭美术就是一种典型的宗教美术,主要以玻璃材质的镶嵌画为主要表现形式,通过发射出的五光十色,与画中神情肃穆的人物相互映衬,凸显神圣感,宣传基督教思想,也表达出王权的强大和神圣,如《荣耀基督》《查士丁尼皇帝和廷臣》《皇后提奥多拉及其随从》等。

(2) 罗马式美术。到了11—12世纪,美术成为一种通俗易懂的宗教传播方式,罗马式美术就成为这一时期西欧主要艺术风格,以雕刻和抄本绘画为主要表现形式。其中,较为突出的是罗马式雕刻,逐渐体现出人性,具有一定写实性,并与罗马式教堂的建筑结构和谐融合,具有强大的视觉冲击力。

(3) 哥特式美术。哥特式美术是12—15世纪的欧洲美术风格,一些学者用"蛮族"——哥特人一词来形容这一怪诞的美术风格,其主要形式有雕塑、玻璃窗、手抄本插图、湿壁画和板上画等。其中,哥特式雕塑采用半圆雕和高浮雕的方式与建筑融合,加强了人物神态的空间感,使人物开始具有世俗情感,如充满母性光辉的《镀金的玛丽亚》、神态生动的《四圣徒像》等。

中世纪欧洲的美术与宗教联系紧密,因此对其进行文化创意时也离不开对宗教元素的挖掘。目前常见的文化创意方法是将一些著名的教堂画、雕塑与服饰或者工艺品进行结合,建构一种风格较为独特的时尚潮流。但是,由于涉及宗教文化,在进行文化创意时更应当保持谨慎和尊重的态度,切忌恶搞、扭曲。

3. 文艺复兴时期美术

文艺复兴运动启发了人们的思想、开阔了人们的思维,在这一时期涌现了许多"反叛"的艺术家,他们将基督、圣母、神灵、天使等形象在艺术上世俗化了。佛罗伦萨画家波提切利创作的《维纳斯的诞生》(图3-1)展现了山林女神正准备用长衫盖住从贝壳中站起的裸体维纳斯,画中维纳斯的身体洋溢着青春之美,被人们称为"美术史上最优雅的肉体"。而这一时期最具有代表性的艺术家是"文艺复兴三杰"——达·芬奇、米开朗琪罗、拉斐尔。达·芬奇最为知名的作品是拥有世界上最神秘的微笑《蒙娜丽莎》和世界名画《最后的晚餐》。米开朗琪罗的作品风格雄奇,其代表作是呈现出男性的肉体之美的雕塑《大卫》和世界上最大的壁画——西斯廷教堂天顶壁画《创世纪》。拉斐尔作品中的角色具有雕刻感,但有一丝秀美和温柔,代表作是《西斯廷圣母》。

文艺复兴时期的许多作品为人所熟悉,因此其诸多文化艺术元素被广泛用于文化创意活动中,比如一些时尚品牌常常会将《最后的晚餐》《蒙娜丽莎》等作品直接印在产品上,与自己品牌logo联动;还有的创意则是颠覆原本的作品,产生"反差美",如"戴墨镜抽烟的蒙娜丽莎"形象被印在T恤、帽子上,成为年轻人追求的"潮品"。

图 3-1　波提切利的《维纳斯的诞生》[1]

4. 17—18 世纪美术

17—18 世纪的美术风格以巴洛克和洛可可为主。

（1）巴洛克风格。巴洛克在西班牙语里意为"不规则的珍珠"，有着古怪、独特、变形等含义，因此巴洛克艺术的特点就是追求激情，具有浪漫主义色彩，同时强调运动、变化以及作品的空间感。贝尼尼为巴洛克雕塑代表人物，其作品《阿波罗与达芙妮》（图 3-2）通过展现两人追跑的快速运动的动感画面，描绘了太阳神阿波罗搂抱住达芙妮求爱的场景，尽显巴洛克艺术的特点。

（2）洛可可风格。而洛可可则是法语中"贝壳与小石子混合而成的装饰物"的意思，后来被用来指代描写欧洲贵族奢侈生活，色彩华丽、修饰精巧的美术形式。例如，让·安东尼·华多的《舟发西苔岛》描绘了一群贵族男女出游的场景，画中景色绚烂、人物忘我享乐，描绘出"无忧虑的爱情乐园"。

图 3-2　贝尼尼的《阿波罗与达芙妮》[2]

这一时期作品中的激情澎湃或雍容华贵的美术风格常被用于文化创意的创作中，多用于吸引女性消费者，展现富丽、奢华，如"巴洛克"花纹装饰的镜子、口红，或是"洛可可"风的时尚

---

[1] Pixabay.维纳斯的诞生[OL]. https://pixabay.com/zh/photos/oil-painting-venus-sandro-botticelli-67664/.[访问时间：2020-05-26]．

[2] 像典.古典主义艺术表达｜来看一个，你得罪了你的一个姑奶奶，被你叔叔姑姑灭了全家的神奇故事！[OL]. https://www.sohu.com/a/215974699_534774.[访问时间：2020-05-26]．

服饰、妆容设计。

5. 19 世纪美术

19 世纪美术主要以新古典主义、浪漫主义、现实主义及印象派风格为主。

(1) 新古典主义。与奢靡的洛可可相反,新古典主义美术提倡典雅、理性,在题材上关注社会的重大事件,在构图上讲究完整性,在人物的描绘上突出了线条美、轮廓美,例如雅克·路易·大卫的《马拉之死》《拿破仑一世加冕大典》(图3-3),安东尼·让·格罗的《拿破仑在阿尔柯桥上》,安格尔的《泉》等。

图 3-3　雅克·路易·大卫的《拿破仑一世加冕大典》[1]

(2) 浪漫主义。而浪漫主义美术的题材来自文学作品和现实生活,以个性的线条、丰富的想象力、绚丽的色彩以及明暗之间的强烈对比,来抒发强烈的情感,凸显主观意识,例如欧仁·德拉克鲁瓦的《自由引导人民》、戈雅的《1808 年 5 月 3 日夜枪杀起义者》、泰奥多尔·籍里柯的《梅杜萨之筏》等。

(3) 现实主义。现实主义美术提倡客观观察社会现象、反映社会本质,反对脱离现实的艺术创作,揭发社会矛盾、批判社会黑暗,舍弃了浪漫的幻想和对美的一味追求。著名作品有米勒的《拾穗者》《晚钟》,柯罗的《头戴珍珠的女郎》,库尔贝的《采石工们》,罗丹的雕塑作品《思想者》《青铜时代》等。

(4) 印象派。印象派美术主张色彩来源于光,因此画家凭借暂时的印象在画布上快速作画,牺牲了细节,换取了整体的、瞬间的美感,例如莫奈的《日出·印象》《鲁昂大教堂》,马奈的

---

[1] Rosa 桑.永不褪色的美丽——古典主义(作品赏析篇)[OL]. https://www.bilibili.com/read/cv196179/.[访问时间:2020-05-26]

《草地上的午餐》《奥林匹亚》等作品。

19世纪涌现出了许多著名的画作,具有很高的认知度,因此基于这些作品的文化创意更容易被人们接受。目前针对19世纪美术作品的文化创意还是以简单的视觉元素移植为主,对于画作背后的故事、各流派的作画精神的挖掘还待进一步提升。

6. 现代美术和后现代美术

19世纪末之后,美术界出现了多种多样的现代美术和后现代美术的流派或风格,例如野兽派、立体主义、达达主义、超现实主义、波普艺术、观念主义等。

(1) 野兽派。野兽派美术起源于1905年的秋季沙龙展,由于作品线条粗犷、形象夸张、用色非常强烈,通过视觉刺激达到情感表达的效果,因而被批评家称为"野兽派"。其代表作品有亨利·马蒂斯的《戴帽子的女人》《奢华、宁静和愉快》,乔治·鲁奥的《老国王》,莫利斯·德·弗拉芒克的《塞纳河》等。

(2) 立体主义。立体主义出现于1907年的法国,由画家布布拉克和毕加索提出。立体主义美术通过对形体的分解与重组,以事物的组合或碎片形态来进行多视点的表达。代表作品有毕加索的《亚威农少女》《画商沃拉尔先生》,布拉克的《埃斯塔克的房子》《葡萄牙人》等作品。

(3) 达达主义。达达主义是一种无政府主义的艺术运动,它试图通过对传统的文化和美学形式的否定来发现真正的现实。在美术领域践行达达主义的先驱是画家马塞尔·杜尚,他创作的《下楼梯的裸女》呈现出夸张杂乱的形象,一度被人们认为是疯子的作品。杜尚认为现成品艺术的关键不在于创造,而在于选择,他选择在一些现有的物品上添加视觉元素,进行"现成品创作",如利用小便器完成的作品《泉》以及在印刷的《蒙娜丽莎》上添加胡须而完成的作品《乔孔达 L. H. O. O.R》。

(4) 超现实主义。超现实主义脱胎于达达主义,主张用非意识、非理性的态度去面对事物。超现实主义美术的主题关乎人的幻觉、本能、下意识等方面,具有怪诞、神秘、滑稽等特点。代表作品有萨尔瓦多·达利的《记忆的永恒》、勒内·马格里特的《看报纸的男子》、保罗·克利的《啾啾叫的机器》等作品。

(5) 波普艺术。后现代主义艺术主要受波普艺术和观念艺术的影响。波普艺术即为"流行艺术""通俗艺术",来源于通俗文化,其作品常常是将大众文化、商业消费中的符号进行放大、复制、拼贴、组合,既幽默、讽刺,又体现了商业社会中人们的空虚和迷茫。而这种波普艺术本身就可以视为一种后现代主义的文化创意行为和活动。例如理查德·汉密尔顿的《究竟是什么使今日家庭如此不同、如此吸引人呢?》安迪·沃霍尔的《可口可乐瓶子》《玛丽莲·梦露头像》等。

(6) 观念主义。同样,观念艺术也是一种极具文化创意的后现代主义艺术,即艺术品从根本上将是艺术家的观念,而不是有形的绘画、雕塑等物。例如,约瑟夫·科苏斯的作品《一把椅子和三把椅子》,通过展现一把真实椅子、一段对椅子的词典释义和一张等大的椅子图片,让观众在逐步观察过程中形成对"椅子"的观念和认识。

由此可以看出,与传统的画作相比,现代美术和后现代美术的风格更为奇特大胆,本身的创作行为就是一种创意行为,凸显创作者的个性和思想意识。因此,此类作品以及艺术思想都可以用于指导当代文化创意活动,并结合元素特点,以"突出个性"为方向,设计诸如工艺品、潮服、潮鞋、海报、贴纸、首饰、手机壳等文化创意产品,或策划座谈会、文化沙龙等文化创意活动,更可能会得到追求个性的年轻消费群体的青睐。

(二)外国音乐

与其他的艺术形式不同,识别和欣赏文化创意活动中使用的音乐元素是具有一定门槛的,对于多数没接触过乐理知识的消费者而言,识别出不同流派的音乐是困难的,因此针对音乐的文化创意,绝不是简单地移植听觉元素,而是要突出以下与音乐相关的诸要素:音乐家、音乐的风格、不同音乐流派的创作思想。在本部分,对外国音乐的主要流派进行介绍,希望大家能够对这些流派有一个全方位的了解,能够充分运用上述提到的这些文化创意元素。

1. 中世纪欧洲、文艺复兴时期音乐

(1) 中世纪欧洲音乐。中世纪欧洲艺术受宗教支配,音乐也成为宣传宗教思想的重要工具。因此,这时期的音乐以歌颂神话故事和《圣经》中的内容为主,其中有代表性的形式是罗马教皇格利高利一世改革、推广的格利高利圣咏,这种音乐旋律线单一、没有和声和对位,与拉丁文歌词的抑扬顿挫相配合,供天主教举行宗教仪式时使用。尽管这一时期宗教音乐占据主导,但来自社会底层的民间艺人、吟游歌手和骑士阶层的世俗音乐也产生了不小的影响:歌颂生活、赞美爱情、倾诉情感,供人们娱乐消遣。

(2) 文艺复兴时期音乐。到了文艺复兴,人文主义深刻影响了这一时期的音乐类型与音乐形式。宗教音乐在歌词、曲调、节奏上的固定形式开始变化:弥撒曲由单乐章变为五部分[1];宗教改革提倡者马丁·路德将民歌与圣诗搭配,编成供教众演唱的"新教"圣咏,如《上帝是我们坚固的堡垒》。人们通过舞蹈歌、猎歌、牧歌等更为多样的世俗音乐表达对生活的热爱、对自然的赞美。宫廷、民间的音乐表演以器乐和声乐混合的形式出现,合唱包含童声和男声声部。此外,表演音乐的方式也发生改变,如神迹剧演变为集重唱、独唱、合唱、乐队于一体、无戏服、无戏剧动作的清唱剧。总之,在文艺复兴时期,音乐逐渐从旧的形式向新的形式过渡,越来越能"打动人心"。

可以看出,随着思潮和社会环境的变化,这一时期的音乐从内容、形式、类型等方面也更加多元,更具创意。其中诸多音乐专业上的变化可以给予如今文化创意活动诸多启迪。

2. 17 世纪至 19 世纪中后期音乐

(1) 巴洛克音乐。受巴洛克艺术风格影响,17 至 18 世纪的音乐开始逐渐摆脱宗教的限制,采用多旋律的复调法,具有起伏感、跳跃感、节奏强烈,为表达人们的思想感情服务,歌剧、奏鸣曲、协奏曲等音乐形式出现。例如,乔治·弗里德里希·亨德尔壮丽、宏伟的歌剧《罗德琳达》《亚历山德罗》,清唱剧《弥赛亚》《底波拉》《德波拉》等。又如约翰·塞巴斯蒂安·巴赫的宗教套曲《勃兰登堡协奏曲》《约翰受难曲》《马太受难曲》《b 小调弥撒曲》,气势宏大的《C 小调帕

---

[1] 弥撒曲的五部分为慈悲经、荣耀经、信经、圣哉经、羔羊经。

萨卡利亚和赋格》《d小调托卡塔与赋格》，以及富有生活趣味的《农民康塔塔》《咖啡康塔塔》等，都是通过复调风格和刻画心理、体现哲理的手法体现了浓厚的巴洛克艺术。因此，巴洛克音乐可以与类似壮丽宏伟、跳跃强烈风格的文化创意作品相结合，以达到"神"与"形"的契合。

（2）古典音乐。古典音乐讲究乐曲的结构严谨、逻辑严密、旋律和谐，曲风严谨、朴素。最早确立交响曲、近代弦乐四重奏形式的海顿，使用复调音乐写作，如作品《时钟》《告别》、清唱剧《四季》《创世纪》等。奥地利"音乐神童"莫扎特，去除早期的宫廷音乐痕迹，后期创作了音乐与情节高度融合的《唐璜》《费加罗的婚礼》《魔笛》等歌剧，以及和谐流畅、热情奔放、自然豁达的《土耳其进行曲》《降E大调圆号协奏曲》《C大调钢琴协奏曲》等。贝多芬则使用主调音乐进行写作，注重激情的表达，代表作有《升c小调第十四钢琴奏鸣曲》《降E大调第三交响曲》《c小调第五交响曲》《d小调第九交响曲》等。诸多古典音乐及音乐家为世人所熟识，因而也成为如今与其他艺术门类或者跨界创意结合最为广泛的音乐类型之一。

（3）浪漫音乐。浪漫音乐在体裁上更为多样丰富、复杂细致，如夜曲、叙事曲、序曲、无言歌、交响诗、抒情歌曲等，诸如门德尔松、肖邦、舒曼、李斯特、勃拉姆斯等音乐家的作品。其中，肖邦的作品热情奔放、体裁多样，反映出其崇高的爱国热情以及对波兰人民的关切，他的《c小调革命练习曲》《降E大调辉煌大圆舞曲》《降E大调夜曲》等作品也经常出现在当代很多文化创意作品中。同样，被称为"钢琴之王"的李斯特，其交响曲《但丁》《浮士德》，钢琴曲《十九首匈牙利狂想曲》等作品，注重技巧、表现力强、热情奔放，也成为诸多文化创意的灵感来源。

3. 现代音乐

现代音乐指19世纪末、20世纪中基于非传统音乐理论、采用新的作曲手法进行创作的音乐形式。现代音乐并没有统一的音乐风格，其所指的流派众多，这里介绍几种具有代表性的音乐流派：

（1）印象主义音乐。与美术领域的印象主义风格一样，印象主义音乐注重表达一种对事物的瞬间印象，塑造飘忽朦胧的意境。例如，作曲家克洛德·德彪西强调个人的主观感受，其作品风格朦胧、空幻，多为描述风土人情和自然景观，如《大海》《牧神午后前奏曲》《月光》等作品。

（2）表现主义音乐。表现主义音乐同样秉承表现自己的主观情感，拒绝使用传统的美的标准，采用"十二音体系"，节拍不规律、旋律不连贯，表现出反传统和离奇怪诞，如韦伯恩的《五首小曲》、勋伯格的《一个华沙幸存者》等作品。

（3）新古典主义音乐。新古典主义的音乐主张恢复古典主义音乐和谐、清新规范的风格，认为情感的表达应当是克制的，理性应当至上，如布索尼的《钢琴小奏鸣曲》《喜剧序曲》，斯特拉文斯基的《缪斯的主宰阿波罗》《仙女之吻》等作品。

（4）民族音乐。19世纪中叶，民族音乐起源于东欧、北欧一些国家，以振兴民族音乐为理念，其音乐作品以本民族的人民生活、历史、传说作为主题并使用大量民间音乐元素，代表音乐家有格里芬、西贝纽斯、埃尔凯尔等。而后，在继承民族主义音乐的基础上，新民族主义运用现代录音技术等手段，记录边远地区未被开发的民间音乐素材，关注民族风情、情感与民间音乐之间的联系，将现代音乐技术、民间音乐素材与作曲家的个性创作结合起来，如巴托克的《蓝胡子公爵城堡》《第三钢琴协奏曲》，埃尔加的《谜语变奏曲》《杰龙修斯之梦》等作品。

总的来说，现代音乐从题材、形式、技术等方面都较之前的音乐有了创新，突破了传统音乐观念的局限，挖掘了更多文化元素与内涵，丰富了音乐的内容。一方面，其音乐本身可以成为如今文化创意很好的素材，拓展创意空间；另一方面，音乐创新上的手段与思路可以用于指导当代更多类型的文化创意活动。

4. 后现代音乐

后现代音乐可以视为当代人们利用更多的文化创意，创作出来的更为自由的音乐形式，其创作与以往相比，风格越来越多样，创作方式、演奏方式也非常新颖。对于后现代主义者而言，艺术并不存在高低，所有的艺术都具有同等的地位，就音乐而言，音乐创作不再需要沿着一个"特定的方向"前进，任何音乐都是具有欣赏价值的，并不存在优劣之分。因此，自20世纪中叶以来涌现了许多形式大胆独特、富有创造力的音乐作品：瓦雷兹使用电子音响合成器将警报声、人声、管风琴的声音进行扭曲，融入音乐创作之中，创作了合成音乐《电子音诗》；在凯奇的作品《音乐漫步》中，一位或多位演奏者以任何方式来连接点和线，以此构成演奏的曲谱，人们把这种随机的、即兴的、无目标的音乐称为偶然音乐；简约主义音乐主张不断重复很小的音乐单元来构成音乐作品，如亚当斯创作的《快车上的短途旅行》中，重复因素被不断加快，听起来就像快车被不断加速，产生独特的听觉效果。

5. 世界音乐

除了上述列举的音乐形式之外，在世界各地还有许多极具特色的音乐形式，在这里选取部分进行介绍：

日本的雅乐兴盛于平安时代，是一种大规模合奏的音乐，分为"序""破""急"三个乐章。由猿乐演变而来的能剧是一种歌舞剧，词曲典雅优美、表现形式丰富。

约德尔是一种交换使用胸腔和头腔发声的唱法。这种音乐和唱法起源于阿尔卑斯山区，人们最初使用这种发声方式来呼喊自己的牛群、羊群，逐渐发展为约德尔唱法。约德尔音乐节奏欢快明朗，使人放松。

弗拉门戈是西班牙的一种融合歌唱、舞蹈、器乐表演于一体的综合性艺术，最早流传于西班牙南部，后来逐渐成为西班牙的文化象征。弗拉门戈体现了吉卜赛文化的随性奔放，是一种高贵、热情的音乐表演形式。

"钢鼓乐队"起源于20世纪30年代拉丁美洲加勒比海的特立尼达岛，这种音乐由当地居民发明，使用钢鼓、钢盘、吉他、大提琴等乐器进行演奏并结合人声进行演出。正式的"钢鼓乐队"表演常常有上百人参加演出，气势恢宏、雷霆万钧。

世界的音乐形式多种多样、各具特色，限于篇幅不能一一介绍。传统文化创意的思路是音乐元素之间进行嫁接，如在一首曲子中使用多种曲风或唱法。如今，文化创意的平台不能仅局限于一个门类，因此不妨扩展思路，将音乐作为一种延伸文化主题或文化趣味的途径：如以骑士音乐、吟游诗人为主题，策划中世纪的音乐表演情景；以古典乐或者浪漫音乐为主题，策划音乐晚宴；以后现代音乐为主题，邀请消费者使用一些电子软件进行个性创作等。以音乐风格打造体验感、沉浸感的活动,或许将成为音乐文化创意的一个新思路。

(三) 外国建筑

一座知名建筑,既是所在地的地标,也是一个民族、一种文化的代表符号。不管是具体的建筑风格,还是建筑背后所承载的文化内涵,都可以成为文化创意的素材。接下来介绍几种具有代表性的建筑流派,为大家的文化创意提供参考。

1. 古代建筑

这一部分将主要介绍古埃及、古印度、古希腊、古罗马时期建筑与文化创意的融合。

(1) 古埃及建筑。古埃及建筑以神庙、陵墓为主,具有浓厚的宗教色彩。其中,金字塔是人们最为熟悉的古埃及形象符号,法老也被当作神的化身、国家统治者,目前以最大的胡夫金字塔名声最盛。金字塔采用巨大的石块叠加堆砌而成,石块之间没有任何的类似水泥的黏着物但却紧紧地贴在一起,塔身采用的稳定的三角结构,使其能够屹立千年而不倒。正因此,金字塔成为神秘的象征,人们围绕金字塔产生了许多想象:长生不死的法老、隐藏于金字塔中的宝藏、恐怖的诅咒等。所以诸多想象已被用于各种文化创意活动中,如以金字塔为背景的电影《木乃伊》系列。

(2) 古印度。各类宗教在古印度交织,产生了丰富的印度宗教建筑体系,按照宗教类别可分为以石窟、塔为主的佛教建筑、采用梁柱和叠式结构的婆罗门教庙宇、以柱子支撑八角形或圆形华丽藻井的耆那教建筑以及有着大穹顶、外形饱满、装饰华丽的伊斯兰教建筑。古印度建筑内含的多彩宗教文化,是文化创意可以采纳的元素,但需要考虑人们对于部分宗教文化的熟悉度。

(3) 古希腊。古希腊建筑的和谐、崇高充分体现在神庙的建筑结构中,其中古希腊的浮雕和四种柱式(粗壮的多立克柱式、修长的爱奥尼柱式、柱头如满盛卷草的花篮的科林斯柱式以及女神雕像柱式)最具有代表性。例如,知名的帕特农神庙是雅典作为希腊中心的标准,采用了希腊神庙中最高规格的形制——围廊式、使用了质地最好的白色大理石进行建造,其上还有许多精美的雕刻,极其恢宏壮美。在进行文化创意时,如果我们想表现出庄重美丽、典雅神圣的意味,不妨使用古希腊建筑的元素进行设计。

(4) 古罗马。古罗马时期的大型建筑风格雄浑凝重、构图和谐,建筑内部复杂精巧的设计以及对于功能性的考量也是其特色,主要类型有神庙、纪念柱、凯旋门以及一些公共建筑。其中最为著名的是意大利首都罗马的罗马斗兽场,外观为椭圆形,角斗士和野兽被安置在地下,上部的观众席一共有六十排,可同时容纳八万人观看表演,规模宏大、雄伟磅礴,其精妙合理的设计如今仍在体育馆建筑中被采用。同时,罗马斗兽场已经成为一种反抗精神、决死精神的象征符号、一种文化意象,成为许多影视作品中的"决战场地",如在李小龙的电影《猛龙过江》中,主人公与反派的最终对决就是在斗兽场中。

2. 欧洲中世纪、文艺复兴时期建筑

(1) 欧洲中世纪时期建筑。拜占庭建筑是在古罗马建筑文化基础上,吸收波斯、叙利亚等地东方文化而形成的独特的风格。例如,位于土耳其伊斯坦布尔的圣索菲亚大教堂,不仅是东

正教圣地，也是一座典型的拜占庭式建筑：教堂使用了巨型的圆顶，并使用拱门、小圆顶之类的设计来支撑建筑结构，将宗教的神圣感与建筑的美感结合。

9—12世纪，造型厚重、线条简洁的罗马式建筑在欧洲流行，用来显示教会的威严。例如，罗马式建筑的典型代表——比萨大教堂。值得一提的是，作为教堂的钟楼，比萨斜塔更是闻名世界。由于在建造过程中土层松软、地基不均匀的原因，造成了原本垂直的结构向东南方倾斜，几百年来屹立不倒，成为一道独特的景观。而物理学家伽利略的自由落体实验更让比萨斜塔声名鹊起。

而哥特式建筑于13—15世纪在欧洲流行，特点是高瘦、尖耸。其中，巴黎圣母院是最为著名的哥特式建筑之一，其尖塔、雕饰、玫瑰窗以及总体的垂直线条都极具美感。

这三类建筑是欧洲中世纪时期最为典型的建筑风格，因此结合建筑特色的文化创意可从三个方向出发：一是将建筑风格转用至文化创意产品上，既可以展现总体建筑形象，也可以通过局部的线条、轮廓、尖角产生美感；二是使用教堂建筑中所包含的宗教文化和社会文化；三则是挖掘建筑背后的故事，以建筑与故事作为文化创意元素，比如对伽利略的实验、小说《巴黎圣母院》(图3-4)的情节元素的使用。

（2）文艺复兴时期建筑。这一时期主要以文艺复兴建筑与巴洛克建筑风格为主流。

文艺复兴建筑受文艺复兴思潮的影响，在造型上转向古罗马时期的建筑风格，比如构造以穹隆为中心、使用古典柱式比例。例如，建于1506—1626年的圣彼得大教堂就是文艺复兴时期最宏伟的纪念碑，由米开朗琪罗、伯拉孟特、拉斐尔等多位名家

图3-4　巴黎圣母院[1]

设计，外部庄严肃穆，富有神性，内部包含了许多名家创作的壁画、雕塑，金碧辉煌，具有极高的艺术价值。它不仅是世界上最大的教堂，总面积达2.3万平方米，可容纳至少六万人，也因天主教宗徒之长圣彼得以及历任教宗安葬于此而被视为天主教会最为神圣的地方之一。在文艺复兴建筑的基础上，发展而来的巴洛克建筑善于使用华丽的装饰、雕刻及强烈的色彩，风格比较奔放、动态。例如，典型巴洛克建筑代表之一的德国维尔兹堡皇宫，使用大理石和黄金进行内部装饰，墙壁上还绘制有壮丽气派的壁画，还有不少精美的雕塑依附在宫殿中，极为豪华。之后，洛可可式建筑风格在内部的装饰上更注重精细复杂、强调美观，常采用幻想、神话、异国情

---

[1] 悦龄会.巴黎圣母院大火：世界那么大，别等失去了才惋惜[OL]. https://dy.163.com/article/ECT6FDKE0518SSM0.html；NTESwebSI = 2DF37188B9B83D468D82368A78AB4041.hz-subscribe-web-docker-cm-online-rpqqn-8gfzd-edgv5-7db67cmwtw4-8081.[访问时间：2020-05-26]

调作为建筑主题,呈现一种贵族的生活趣味。如,凡尔赛宫皇后居室、德国慕尼黑的阿桑教堂等。

同样,对于文艺复兴时期建筑的文化创意,不能脱离同时期的其他作品,如美术、音乐、文学作品等,它们共同受文艺复兴思潮的影响,因此彼此间一脉相承、相互交融、相辅相成。在融合多元类型基础上,可以塑造一种高贵的生活情趣、生活方式,而相应的文化创意产品或者活动可以被认为是实现这种华丽情趣的路径。

3. 18世纪中期以后的建筑

18世纪下半叶至20世纪初的建筑风格出现了"复古"的潮流:古典复兴主义建筑主张复兴古希腊、古罗马的建筑风格,如仿照巴黎万神庙的美国国会大厦;浪漫主义建筑主张复兴哥特式风格,如采用了垂直哥特风格的英国国会大厦;折中主义建筑则主张借鉴历史上的各种建筑风格或将这些风格混杂在一起,如使用了巴洛克风格的结构装饰和洛可可风格雕塑的巴黎歌剧院。这种对于建筑风格的借鉴或者风格的混杂也能给我们的文化创意活动以启发:不拘泥于某一种建筑风格,而是综合考量、借鉴多种风格来进行文化创意,正如前文提到的"古为今用""文化交融"。

现代主义也对20世纪中叶的建筑设计产生了影响,现代建筑的设计者们认为,建筑应该脱离传统形式的束缚,他们转而设计新的建筑风格,如"包豪斯"思潮影响下的重功能、少装饰的建筑风格,使用极致简化的形状和色彩的荷兰风格派、体现对异形建筑想象的表现主义建筑、结构粗大,使用钢筋混凝土风格的粗野主义等。到了20世纪60年代,出现了对现代主义建筑反思、修正的风潮,主张丰富视觉因素、满足人们心理需求的后现代主义建筑出现,代表性的流派有:对正常结构进行破坏的结构主义建筑、突出"科技风"和工业结构的高技派建筑等。现代主义和后现代主义的建筑与传统的建筑风格相比具有一定的现代感和新潮感,因此在进行文化创意时,如果想体现现代风格甚至是反传统的新潮风格,不妨借鉴这类建筑的设计元素。

建筑常常是以一种组合的形式出现,它不仅体现了一种建筑风格,亦承载了同时期的美术、文学、音乐等元素,因此我们在进行文化创意时,不仅应对建筑的结构元素进行挖掘,还应该看到其内涵的诸多文学情节元素、美术元素、音乐表演元素等。

三、外国地域文化的文化创意

外国地域文化与风土人情也是文化创意的重要素材库,不同地域的代表性文化元素或文化符号将成为文化创意具有独特性的标志。下面将对全球各区域文化、风土人情进行宏观的梳理,旨在帮助大家了解各国的不同文化。

西方文化主要指天主教以及其中分化出的各教派影响下的文化,从地理范围上看,包括美、欧、澳等白种人的居住区域,也就是西欧、北美文化。西方文化是一种对外扩张的外向型文化,在意识形态中包含着进取精神、开拓精神以及昂扬奔放的民族性格。西方文化影响下的各国,有着以下共同点:经济上实行资本主义市场机制、政治上采用议会制、重视物质消费和生活享受、基督教的价值观为主流文化。一些具有代表性的文化创意符号有：刀叉、西服、乳畜产品、古典音乐等。

东欧文化主要指俄罗斯、乌克兰、原南斯拉夫地区、保加利亚等地的文化。在这些区域，东正教思想影响较深，人民使用斯拉夫语言。在冷战时期，该地区在政治和经济上实行社会主义和计划经济制度，人们的心态倾向于集体主义。东欧剧变、苏联解体后，东欧文化区域的政治、经济、人的观念逐渐受西方文化的影响，但近年来，民间针对苏联的怀旧潮流开始兴起，对于苏联时期的文化风格进行再现可能是文化创意的一个较好的出发点。

东亚文化的区域主要以东亚为主，包含的国家除了中国外还有日本、韩国、越南等国。在文化的发展过程中，受到中国的影响，中华文化以中国为核心扩散、传入各国。因而东亚文化区域中的基本文化特色包括儒家文化、佛教文化、道教文化、汉字、农工技艺等。该地域具有代表性的文化创意符号有：筷子、稻种、汉服、和服、旗袍等。

伊斯兰文化覆盖的范围主要是信奉伊斯兰教的国家，包括沙特阿拉伯、埃及、巴基斯坦、伊朗等国。该地的穆斯林严格遵守《古兰经》的教义来生活，祈祷、禁食、严格的自我规范是该地域人民生活中的重要组成部分。伊斯兰文化具有代表性的文化创意符号有：清真寺、穆斯林生活方式、石油等。

印度文化覆盖的范围为印度、孟加拉国、泰国、缅甸、斯里兰卡、柬埔寨、尼泊尔、老挝等国家，该地域文化最鲜明的特色是对佛教、印度教虔诚的信仰以及对于梵文系语言的使用。该地域的宗教仪式多样、各具特色，基于宗教产生的艺术形式也值得细细品味，如印度文化中的恒河洗浴、对牛的尊敬、宗教音乐等。印度文化具有代表性的文化创意符号有：佛像、泰姬陵、纱丽、牛等。

非洲文化主要指撒哈拉沙漠以南非洲地区的文化。非洲文化的原始风格较为浓厚，对于传统文化的保留较为完整。该区域的人民朴质、热情，多信仰原始宗教和图腾崇拜。非洲文化具有代表性的文化创意符号有：图腾、鼓、部落服饰、部落建筑等。

在文化创意活动中使用外国文化符号需要注意两点：第一，借鉴文化特色而非刻板印象，比如将斯拉夫舞蹈形象与酒产品结合，本是对文化特色很好的使用，但如果是将刻板印象中俄罗斯人"战斗民族""酒鬼"的形象与产品结合，可能会遭到该地区人民的抵制；第二，对于宗教文化元素的使用要向专家学者咨询、经过充分的调查之后再进行使用，以免产生宗教分歧与纠纷。

第三节 | 中国文化元素与文化创意

在中国上下五千年的历史长河中，涌现出丰富多彩的珍贵文化，其中哪些文化可成为文化创意的素材？如何将这些文化元素融入文化创意活动之中？这将是本节将要为大家介绍的主要内容。

一、中国经典文学的文化创意

本部分将按照时间顺序,对文化创意中使用频率较高的中国经典文学进行介绍,包括上古神话、先秦诗歌散文、汉赋、唐诗宋词、元杂剧、明清小说、现当代文学,为大家梳理其中可用于文化创意活动的文化元素。

(一) 上古神话

在上古神话中,不乏波澜壮阔的英雄史诗:盘古持斧开天辟地,最后牺牲自我,将血肉化为世界万物;女娲断鳌足、立四极、炼五色石补天,拯救人类;后羿射下了"焦禾稼,杀草木"的九日;大禹三过家门而不入,治理凶猛的洪水;炎帝尝百草,肝肠寸断,寻得良药;燧人氏历经万苦寻得火种,结束了远古人类茹毛饮血的历史等。这些故事既展现了远古人民克服困难、改造自然的勇气和决心,也体现出对献身精神的崇高礼赞。

上古神话为文化创意活动提供了丰富的文化背景和内容基础。首先,上古神话中的许多人物既是司掌权能的神灵,亦是华夏人民的祖先,人们在被英雄史诗感动的同时,还会产生"追根溯源""祭祀先祖"的文化消费动机。目前不少景区就以神话源头、神话遗址作为园区主题,推出特色旅游产品,如被称为盘古诞生地的保定市顺平县"盘古村";被打造成为女娲炼石补天的陕西省平利县女娲山;邯郸方特乐园推出了上古神话主题游乐项目。其次,上古神话跌宕起伏、戏剧化的情节为文化的二次创作提供了思路和素材。许多玄幻小说、电视剧作品、电子游戏对上古神话中的故事背景、人物角色进行了借鉴。如动画电影《大鱼海棠》中的部分角色造型借鉴了《山海经》中对于异兽的描述、游戏《轩辕剑》将上古传说中的"四凶兽"引入,作为游戏角色。正如古希腊神话、北欧神话、凯尔特神话等传说体系被广泛应用于文化创意活动,衍生出了大量的文学、影视、游戏作品一样,中国的上古神话同样也有较大的开发空间,丰富的内容资源待进一步挖掘。

(二) 先秦诗歌散文

《诗经》是中国第一部诗歌总集,收录了西周初年到春秋中叶的诗歌作品,反映了当时社会生活的各个方面,被世人称为中国古典文学现实主义传统的源头。它运用赋、比、兴等修辞手法,文辞优美、感人深切,诸多诗句被奉为经典、广为传唱,其中包含的文化意象、诗意境界值得细细品味,如"窈窕淑女""在水一方""执子之手,与子偕老""高山仰止""琴瑟之好""灼灼其华"等词句形成的文化概念或意境,都可以与文化创意产品结合,增值文化内涵,赋予艺术美感。

楚辞是战国后期产生于楚国的诗歌体裁,其奔放的情感、绚烂华美的文笔和丰富大胆的想象都可以体现出强烈的浪漫主义气息。其中,爱国诗人屈原创作的一系列作品最具代表性:表达忧国忧民之情及高洁个人志向的《离骚》;抒发深切思念和伤感的人神恋歌《九歌》,创造了大量神灵形象;对天地宇宙、人类社会深切思考的《天问》等。如今,人们常借屈原的诗歌创作书画作品,或将诗句雕刻于工艺品之上,以抒发爱国之情和对屈原的敬意。屈原作品中的浪漫形象、情节也常被改编为舞蹈等文艺作品。

春秋战国时期,思想家们纷纷通过著书讲学表达自己的治国主张或实现政治理想,形成

"百家争鸣"并产生诸多作品,如《论语》《庄子》《孟子》《墨子》《荀子》《韩非子》等。孔子的仁义礼制,庄子的自然无为,墨子的兼爱非攻等思想也成为后世的宝贵精神财富。其中蕴含的人生哲学,在当今仍具有启迪意义,因此不论是以这些思想家的故居为主题的旅游景点,还是结合了先秦散文思想元素的文化创意产品,都具有相当高的热度,人们乐于消费这些哲学文化符号,以此自表。

(三)汉赋

汉赋是汉代出现的一种散文形式,有着"铺采摛文""体物写志"的特点。在两汉 400 年间,文人多采用这种文体写作,其中有代表性的"汉赋四大家"为司马相如、班固、扬雄和张衡。汉赋常常被用来"润色鸿业",通过华美的文辞和壮观的意象展示了汉代宏伟的江山、繁华的城市、丰饶的物产、辉煌的宫殿、奇异的鸟兽、奢侈的生活方式,描绘了一幅盛世图景。如司马相如的《子虚赋》和《上林赋》假托子虚、乌有等人的对话,排铺盛世之美、帝王游猎之乐;班固的《两都赋》叙述了长安的地势之险、宫殿之美、物产之丰以及洛阳的繁华盛况;张衡的《二京赋》则描绘了东西南北的图景和民情民俗。

(四)唐诗宋词

唐朝被称为诗歌的黄金时代:在不到 300 年唐朝历史中留下的诗歌有将近 5 万首,著名的唐朝诗人达 2 200 多人,而杰出诗人也有 60 多人,这大大超过了战国至南北朝时期杰出诗人的总和[1]。这也成为如今开展文化创意活动的重要素材之一,其中有代表性的、作品常被用作文化创意的有如下几人:浪漫主义诗歌的杰出代表诗人李白,通过激昂飘逸、豪放雄奇的诗句,洋溢着饱满的激情和丰富的想象力的字句,既热情地赞美生活中美好的事物,也对社会的黑暗和腐朽报以轻蔑和批判,如"黄河之水天上来,奔流到海不复回""白发三千丈,缘愁似个长""天生我材必有用,千金散尽还复来"等诗句,自信豪迈之情跃然纸上,酣畅淋漓;与李白并称"李杜"的现实主义诗歌代表杜甫,通过对仗工整、语言简练、气势恢宏的诗句,揭露尖锐的阶级冲突和社会矛盾,整体基调顿挫低郁。如"朱门酒肉臭,路有冻死骨"等诗句,及"三吏""三别"等作品。除此之外,唐代的著名诗人还有主张文学应"泄导人情""补察时政"的白居易,擅长清新民歌和苍凉深沉怀古的刘禹锡,陈厚奇变、雄姿英发的杜牧,文风典雅、辞藻华美、常用典于诗的李商隐等。

晚唐时期,文人依声填词已成风气,"曲子词"这一新的诗歌形式由此产生。词到了宋代进入繁荣时期,得到全国范围的普及,各种流派、曲调涌现,名家辈出,宋词可以说是宋代最具代表性的文学形式。例如,词句情景相融、感情细腻真切的宋代第一位专业词人柳永,词风豪迈雄壮、飘逸的苏轼,词句情绪激昂、笔力雄浑的辛弃疾,婉约派代表人物李清照等。

目前以唐诗宋词元素开展的文化创意活动大致可分为以下几类:其一是打造与著名诗人、词人相关的旅游景点,如成都的杜甫草堂、济南的李清照纪念堂、福建茶景村的柳永文旅开发等。这类景点将记载诗词的古书、石刻、字画收录于园中,并结合诗人的典故搭建亭台楼阁、绿

---

[1] 周道生等.中国文化概论[M].长沙:中南工业大学出版社,1999:209.

化和人文景观。其二是根据诗词名篇中提到的景观、故事、意象来打造景区,如因《念奴娇·赤壁怀古》闻名的"文赤壁"景区、扬州瘦西湖风景区打造的《春江花月夜·唯美扬州》实景演出、用《滕王阁序》诗词修饰景观的滕王阁景区。其三是结合诗人、诗词文化,提升产品文化附加值,如"诗仙太白酒""草堂诗圣酒""知否知否"化妆品、"东坡飘雪"茶等。其四是借助诗歌文化、典故进行文艺作品创作,如经过改编而成的《春江花月夜》《明月几时有》等歌曲;以李白、杜甫等著名诗人的经历改编而成的传记类电视剧;改编于《长恨歌》的大型历史舞剧等。

(五) 元杂剧

元代文学代表——元杂剧,是在历朝历代的歌舞、杂戏、说唱等艺术形式的基础上发展而成,以叙事为主,展现百姓的生活和社会现实,许多优秀的元杂剧剧本流传后世,也涌现了诸多杰出元杂剧作者,如"元曲四大家"的关汉卿、白朴、郑光祖、马致远。其中最为著名的作品有,表达了关汉卿对于穷苦民众的同情和对社会恶势力的控诉的《感天动地窦娥冤》、王实甫所著的文风清丽、体现强烈反封建礼教色彩的《西厢记》等。元杂剧的故事情节常被改编为戏曲或电视电影作品,而相关的一些文化因素,比如杂剧读本的插画、经典的人物形象、描写男女爱情的意象符号则常用在"古风"文化创意产品的设计中,以展现一种独特的文化韵味。

(六) 明清小说

明清时期,商品经济得到发展,市民阶层兴起。在这一时期,反映人情世故、社会生活、民间传说的小说开始兴盛,出现了一批构思巧妙、通俗易懂的经典作品。

1. 明代"三大奇书"

《三国演义》《水浒传》《西游记》被称为"明代三大奇书",它们曲折精彩的故事情节、个性鲜明的人物形象、丰富深刻的主题精神为文化创意活动提供了丰富的素材和思路。

中国历史上第一部长篇小说是罗贯中的《三国演义》,描述了东汉末年及三国时期各个政治集团之间的军事、政治、外交等领域的斗争,其中不乏如"桃园结义""煮酒论英雄""三顾茅庐""舌战群儒""草船借箭""空城计"等经典故事。全书刻画了四百多个人物,塑造了众多个性鲜明、家喻户晓的人物形象,如讲义气的关羽、"乱世奸雄"曹操、神机妙算的诸葛亮、可挡千军的赵子龙、潇洒多谋的周瑜等。

施耐庵的《水浒传》是中国第一部反映农民起义的长篇小说,讲述了108好汉齐聚梁山,打州劫府、济困扶贫的故事。《水浒传》注重对人物个性的描写,塑造了许多有血有肉的经典形象:沉稳隐忍、仗义疏财的"及时雨"宋江、鲁莽粗野的"黑旋风"李逵、足智多谋的"智多星"吴用、机智勇猛的"行者"武松、慷慨直爽的"花和尚"鲁智深等。《水浒传》不仅记录了一段英雄史诗,更挖掘、传承了以"忠""义"精神为代表的水浒文化。

吴承恩的《西游记》是中国最著名的一部神话小说,故事取材于唐代僧人玄奘西行取经的真实事件,作者通过大胆的想象,创造出一个关于唐僧、孙悟空、猪八戒、沙僧师徒四人的全新神话世界,具有强烈的浪漫主义色彩。其中"齐天大圣"孙悟空是最经典的形象,一身本领、法力高强、桀骜不驯,不仅是"中国的超级英雄",也成为世界上具有一定知名度的英雄形象。

以这三部"奇书"情节为蓝本的文艺作品不计其数,书中的情节、文化元素也促进了旅游产业的开发:86版电视剧《西游记》的取景地成为西游文化的物质支撑,并受到西游文化的赋能,如"水帘洞"的取景地黄果树瀑布、"五行山"的取景地云南石林、"高老庄"的取景地十笏园、"三打白骨精"的取景地张家界等都成为人气景区;《水浒传》的"忠义"文化、民俗文化、酒文化也在一些水浒主题公园、影视基地得到了具现化,还原了"聚义岛""山神庙""打虎处"等书中场景,还可以让游客骑马、射箭、"打擂",行走于水浒集市,"大口吃肉、大口喝酒",享用"水浒餐"、品尝"武大郎烧饼""王婆茶"等。

此外,由于"三大奇书"中有不少战斗、拼杀的情节,而不少人物又有着高强的武艺、独特的兵器,这也就为动漫和游戏产业提供了思路。《三国演义》《水浒传》《西游记》可以说是动漫游戏领域的"超级IP",不少动画片、动画电影、漫画、电子游戏都以此为蓝本。如上海美术电影制片厂制作的动画长片《大闹天宫》是许多人童年的回忆;2015年上映的3D动画电影《大圣归来》取得了九亿的票房,获得了多项奖项;日本光荣公司的《真·三国无双》游戏系列已经有几十部作品,历史上最高的销量曾达到两百多万套;中国的卡牌游戏《三国杀》在年轻人群体中有着相当高的热度,网络版的活跃用户达到七八百万。用户在电子游戏中或扮演手执金箍棒的齐天大圣,或扮演运筹帷幄的诸葛亮,抑或是指挥梁山好汉攻城略地等。"三大奇书"的奇思妙想催生了不少动漫、游戏大作,为用户带来了良好的体验。

2. 清代《红楼梦》

清代曹雪芹所著的《红楼梦》与《三国演义》《水浒传》《西游记》并称为"中国四大名著"。全书规模宏大、结构精巧、角色众多,通过一条林黛玉和贾宝玉的爱情故事主线和多条支线的多线叙事结构,描写了一个大家族的兴衰沉浮,绘制出一幅广泛的社会图景,集各种传统文化、各类文体于一身,是一部"百科全书"式的鸿篇巨制,也因此产生了一门专门研究《红楼梦》的学问——红学。

《红楼梦》对于文化创意来说,同样是一个值得挖掘的文化宝库,书中提到的饰品、景观、人物形象、食品以及琴、棋、书、画、诗、花、酒、香等传统文化皆可成为文化创意产品的主题,如在国家博物馆咖啡厅可以品尝到以宝钗、黛玉等八位书中女子为原型设计的点心果子。以书中贾宝玉喝的茶为原型的茶饮也被制造出来。此外,"红楼碧纱""十二金钗杯子""黛玉繁花蜡笔""红楼梦酒签""红楼日历""雪芹南酒"等在各大展会出现的产品也受到人们喜爱。

除了四大名著,明清时期还有许多优秀的小说,如《聊斋志异》《儒林外史》《隋唐演义》《醒世姻缘传》《三侠五义》《二十年目睹之怪现状》《官场现形记》《孽海花》《老残游记》等作品,它们或批判现实,或描叙传奇,或记录生活,在中国文学史上留下浓墨重彩的一笔。

(七)现当代文学

在中国的近代文学史中,巨星云集,名家辈出,他们的作品或针砭时弊、或富有哲理、或辛辣讽刺、或独具风情,给后人留下了丰富的思想财富。目前在文化创意领域,鲁迅作品中的元素被较多使用:鲁迅先生的许多作品都被翻拍为影视作品,在荧幕上留下了许多深入人心的角色,如孔乙己、阿Q、祥林嫂等。他的作品中出现的咸亨酒店、三味书屋、百草园、土谷祠等场景被打造成精品旅游景点,吸引不少游客前往"朝圣",当地还售卖印有鲁迅形象、书中名句的书签、戒尺、服饰、纪念杯等文化创意产品。

除了鲁迅先生外,还有一些著名作家作品也极具特色,有待进一步开发,如茅盾作品描述的受西方资本主义影响而走向现代化的都市生活;老舍作品中通过描写市民生活展现出的"京味";巴金作品中的年轻人的青春、反叛、苦闷与激情;钱锺书作品中的中上层知识分子的精神困境;沈从文笔下描绘的充满诗意的湘西世界等。现当代作家文学作品中出现的著名角色、场景、语句、思想精神等元素皆是文化创意活动的重要素材,可以与各类产品、各类活动进行嫁接,重现中国近现代社会风貌与风土人情,构建体现精神价值的、符号化的消费。

二、传统艺术的文化创意

中国具有特色的传统艺术主要集中在书法绘画、戏曲、雕塑及建筑四个方面,本部分为大家进行简要介绍,并列举其中可被文化创意所采用的文化元素。

（一）书法绘画

在原始社会新石器时代的陶器图案和岩画上,就可以看到中国绘画的雏形了,主要描绘动植物的形态。秦汉时期通过丝绸之路促进了中外艺术交流,绘画艺术得到了空前的发展和繁荣,如汉代的墓室壁画、砖雕画像、随葬帛画等,生动地塑造了各种人物形象,其绘画风格宏伟壮丽,笔触流畅,形式多样。佛教在魏晋南北朝时期广为传播,因此保留了大量的石窟佛教壁画,如敦煌莫高窟、新疆克孜尔石窟、甘肃麦积山石窟等石窟中的佛教壁画具有极高的艺术价值。隋唐时期,绘画因社会稳定繁荣也得到了很好的发展:吴道子、周昉等人的人物画作品有着鲜明的中原画风;展子虔、李思训、王维、张璪等人创作的花鸟、山水画富丽工整。宋朝时期流行"画中有诗,诗中有画"的文人画,画中既展现了笔法技巧,也展现了深远的意境和灵动的文思。五代两宋之后,朝廷设置画院,收编、招募绘画人才,因而这一时期宫廷画盛行,题材上主要是记录皇家的政治活动、军事活动和文化娱乐活动等,以写实风格为主,画风工整、精致、华丽。文人画在元明清时期得到了进一步的发展,通过"花鸟画""山水画"等形式与诗歌、书法融合为一体,以表达闲情逸致、个人性情。

中国书法以宣纸、毛笔、墨和石砚为写作工具,不但有承载信息的实用功能,如题字题匾、书写文字,还有表情达意的艺术功能,书写者的挥毫创作还能反映出其文学修养、性情品行、艺术底蕴,正所谓"字如其人"。中国书法自甲骨文与金文开始,经过不断发展,产生了多种字体形式:瘦劲挺拔的篆书,"蚕头燕尾""一波三磔"的隶书,横平竖直、端正规范的楷书,飘逸流畅的行书,豪放不羁的草书等。中国历史上出现了许多书法名家,如王羲之、王献之、欧阳询、颜真卿、柳公权、怀素、黄庭坚等人,他们风格各异、各领风骚,将中国书法发展成一种炉火纯青的艺术形式。

综上可知,针对中国书法绘画的文化创意应当做到"形"与"意"的双重创意,既要运用各流派、各时期的风格,还要将与其相关的意境、思想作为创意"卖点",因此书法绘画类的文化创意常常和文学作品、诗词歌赋的创意相辅相成、一同进行。

（二）传统戏曲的文化创意

中国古代戏剧以"戏"和"曲"为主要形式,故称之为戏曲,其包含的文化元素十分丰富,是由音乐、文学、舞蹈、武术、美术、杂技等多种艺术形式综合而成的。戏曲可谓源远流长,最早发源于原始社会的歌舞中,在漫长的发展过程中,经过800多年的不断丰富、创新和发展,逐渐形成了较为完整的体系,也是最具中国特色的艺术形态之一。依据表演时所用的声腔以及所体现的地域特色的不同,可分为京剧、昆曲、越剧、豫剧、湘剧、粤剧、秦腔、川剧、评剧、晋剧、汉剧、潮剧、闽剧、祁剧、河北梆子、安庆黄梅戏、湖南花鼓戏等百余个剧种。

京剧是"中国第一大剧种",又被称为京戏,是中国影响最大的戏曲曲种,有"国剧"之称。它在借鉴了秦腔、昆曲等戏曲的唱腔、曲调、表演方式和剧目基础上而形成。其剧本丰富,高达上千种,比较有特色的是取材于小说、演义的表现古时政治和军事斗争的情节。而被称为"中国第二大剧种"的越剧发源于绍兴嵊州,后经上海和杭州等地发展壮大,享誉全国、走向世界,在国外被称为"中国歌剧"。越剧多以"才子佳人"为主题,唱腔婉转清丽,表演唯美动人,具有显著的江南风格。因为受众较广,所以许多戏曲方面的文化创意也是围绕着这两个剧种展开的,如在流行音乐创作中融入京剧唱法、把越剧中的"才子佳人"故事移植到文化创意产品中。

对于传统戏曲的文化创意不能仅对脸谱、服饰等视觉元素进行移植,还可以加入其他不同剧种的特色,如昆曲表演中的舞蹈和武术动作,豫剧铿锵大气、吐字清晰的唱腔,黄梅戏抒情的民歌小调色彩,川剧的变脸、钻火圈、藏刀、托举等"绝活"等。此外,一些剧种中的名篇剧目也可成为文化创意的素材,如京剧《贵妃醉酒》可与酒类产品进行结合、黄梅戏《天仙配》可以为以爱情为主题的活动策划提供思路。

(三) 传统雕塑

早在原始时代,我们的祖先就有创作雕塑的意识了,他们取来沙石、泥块开始了最初的尝试,在辽宁的石器时代遗迹中就曾出土女性泥塑像。进入先秦时期,人们开始把广泛地创作浮雕作为装饰。在考古中发掘的玉器、陶器、金银器、木器、漆器上都可以看到作为装饰的圆雕、浮雕。这些雕塑的花纹主要以动物纹路和几何纹路为主,风格神秘庄重,具有威慑感。这一时期的立体雕塑则是以铜、铅、银、泥、玉、木等材料为主的兽形樽和人像,它们的线条鲜明且刚健有力。

例如,秦汉时代是以大型的雕塑群闻名。在陕西秦始皇陵中,出土了举世闻名的兵马俑,军士俑面目清晰、神态坚毅,战马俑栩栩如生、几欲腾飞,忠实再现了当年一统天下的秦国军阵,也被称为"世界第八大奇迹"。汉代将军霍去病墓前的"马踏匈奴"石雕,同样令人叹为观止,展现出"匈奴未灭,何以家为"的豪壮之情。魏晋南北朝至唐末宋初的佛教雕塑制作精美、规模宏大,其中敦煌莫高窟、天水麦积山石窟、大同云冈石窟、洛阳龙门石窟中的佛像雕塑最具代表性。唐代的陶俑造型精美、颜色鲜艳、表情逼真,包括天王俑、动物俑、军士俑、戏弄俑、乐俑等,反映出了高超的工艺水平。元明清时期,反映社会生活、风格清新、造型简约、活灵活现的泥塑和泥玩具开始盛行,且多数以民间传说、戏曲故事为主题。

文化创意活动对传统雕塑的借鉴主要体现在以下三点:一是雕塑的艺术元素为工艺品的设计提供思路,创意者们在一些经典雕塑的基础上进行"古为今用"或者"文化交融"式的创意,使其焕发生机;二是雕塑提供了具体的形象,这种形象为文化创意的表达进行了赋能,如将威严的天王俑、逗趣的戏弄俑"动漫化""Q版化"以产生独特趣味,为文化创意活动的宣传吸引注意;三就是传统雕塑隐含的时代意义、文化意义成为影视作品进行表达的符号,如许多武侠片都在乐山大佛下取景,大片《木乃伊》其中的一部直接以兵马俑作为主题。

(四) 传统建筑

中国各地域的特色建筑将在后面区域文化部分进行介绍,这里特别介绍中国传统建筑中的两个最有代表性的意象:宫殿和园林。

中国古代的宫殿建筑,代表着传统建筑中的极高水准。例如,《阿房宫赋》中对于秦代皇宫有如下描写:"五步一楼,十步一阁。廊腰缦回,檐牙高啄。各抱地势,钩心斗角","覆压三百余里,隔离天日"。目前保留最完好的宫殿为明清故宫,其采用大木结构,沿南北方向延展,宏伟壮丽,庭院明朗开阔;精心雕刻的楼檐、色彩鲜艳的斗拱和立柱、端坐房檐四角的瑞兽,无不显示着皇室的庄严和权威。

而园林艺术也是中国传统建筑中具有代表性的形式之一。与中国绘画、诗词一样,中国园林艺术同样讲究写意,通过山水之美表达清远怡然的意境。园林的设计者们通过多样的艺术手法塑造了许多天下闻名的园林景观:其一,营造园林时讲究假山与池水、建筑、草木的诗意结合,构造出"虽由人作,宛自天开"的山水美景。其二,在园林的入口处用假山、屏障、小院阻挡视线,游人需不断深入,才能一窥山水全貌,以达到"曲径通幽"的效果。其三,利用别致的设计将园林之外的景色"借"入园林之中,如颐和园的"湖山真意"远借西山之景,近借玉泉山之景;西湖的"三潭印月"借明月之景等。

对于传统建筑的文化创意分为"实"与"虚"两点,所谓"实"就是指将文化创意活动场地塑造为传统建筑的形式,比如"园林餐厅""故宫餐厅"等,给消费者提供沉浸体验。所谓"虚"就是将建筑的构造拆分成美术符号,结合在产品中,比如将宫殿建筑的房檐、红墙作为笔记本的封面,十分美观;抑或是将建筑浓缩为一个文化符号,打造整体的区域形象,该区域内所有的产品都可以用该建筑"冠名"、赋能。

中国传统艺术从"形"和"意"两个层面为文化创意活动提供了思路:一方面,可以推出原汁原味的传统艺术品,在物质文化的基础上开展创意,展现其中的工艺价值,如雕刻作品、陶艺作品、微缩传统建筑模型等;另一方面,可将传统艺术内含的文化意境及艺术风格融入其他类型的文化创意产品中,展现丰富多变的艺术之美,比如结合了刺绣风格的扇子、印有山水画的茶壶。

三、中国地域文化的文化创意

中国地大物博,少数民族众多,因此地域文化也丰富多彩,可以分为关东文化、燕赵文化、黄土高原文化、中原文化、齐鲁文化、淮河文化、吴越文化、鄱阳文化、两湖文化、巴蜀文化、岭南文化、台湾海峡两岸文化、西南少数民族文化、内蒙古草原文化、新疆多民族文化和藏族文化等。

(一) 关东文化

关东文化指明清之后在中国东北地区发展起来的一种文化,覆盖了黑、吉、辽、内蒙古东部等地区,多数居民为汉族,此外还分布着满族、达斡尔族、鄂伦春族、鄂温克族和朝鲜族等民族,体现少数民族生活方式的尚武文化、渔猎文化也成为关东文化的组成部分。随着河北、山东等地数百万农民迁入关东地区,汉族文化和农业文化也在这块土地上生根发芽,与少数民族文化融合。其中,有代表性的文化创意符号有喜庆的东北二人转艺术、冰雕艺术等文化形式。

(二)燕赵文化

燕赵文化的区域范围是东以海为界、南以黄河为界、西以太行山为界、北以燕山山脉为界的这样一个区域,也可以称作河北平原。文学家韩愈曾说过:"燕赵古称多慷慨悲歌之士。"因此慷慨、激昂、豪放可以视为燕赵文化特点。燕赵之地尚武,燕赵武术是中国传统武术的发源地之一,历史上武术名家辈出,直至今日,河北省仍在广泛开展武术活动、推广武术教育。此外,还有舞狮、杂技马戏、年画、皮影、雕塑、陶艺以及激越昂扬的燕赵戏剧等其他文化形式。

(三)黄土高原文化

黄土高原文化主要依托于现今的黄土高原,也就是太行山以西,日月山以东,秦岭以北,长城以南的这片区域,是中国古代文明的发祥地之一,是迄今为止在中国发现古人类文化遗址相对最多、最密集的地区。这里不仅孕育了周、秦、汉、唐文化,亦是连接西域的"丝绸之路"的起点。许多宗教文化胜地也在此处,如敦煌石窟、云冈石窟、五台山等。黄土高原的人民性格豪放、慷慨、激昂,从秦腔、腰鼓、"信天游"民歌等这些有代表性的艺术形式中就可以看出,这些也是针对黄土高原的文化创意中常出现的要素。

(四)中原文化

中原文化主要覆盖现在的河南省,并向黄河中下游地区辐射。中原地区在古代便是中国的政治经济中心、主流文化发源地,历史上先后有20多个朝代定都于中原地区,在一定程度上代表着中国传统文化。河南历来有习武之风,武术文化是中原文化的重要组成部分。作为少林武术的源头以及出现在众多武侠小说中的武侠符号,嵩山少林寺成为当地的热门旅游景点。此外,"陈氏太极拳"亦发源于河南省,以柔克刚,出招行云流水的太极拳吸引了不少中外武术爱好者前往拜师学艺。在艺术领域,豫剧、大鼓、曲调等艺术形式极具特色,有着广泛的受众群体。

(五)齐鲁文化

现在的山东省在春秋时代曾为齐国、鲁国的所在地,因而山东文化又被称为齐鲁文化。山东是孔子的故乡,因而儒家文化、"孔圣"文化是齐鲁文化的特色之一。位于曲阜的孔庙,既是孔子的故居,也是祭祀孔子的场所,如今更是闻名世界的古建筑群。五岳之尊泰山也位于山东,泰山不仅是一座令人叹为观止的高山,更是一座"文化山",不少帝王将相,文人墨客来到泰山,留下庙观楼阁、名篇名文、碑文石刻,泰山是一大批无形文化遗产的载体。除了名人名山,作为中国八大菜系之一的鲁菜,也独具特色,其菜品味鲜、品相美观,在清代曾被划入国宴菜系之中。因此,儒学、孔子、泰山及鲁菜都是认可度高、辨识度高的文化创意元素。

(六)淮河文化

淮河文化主要指安徽淮河两岸区域的文化。淮河流经之地,留下不少传奇:淮河的源头——桐柏山相传就是盘古开天辟地之处；伏羲是淮河流域民族的祖先；鲧和大禹父子所治之水，正是淮河之水等。同时，朱元璋有诗云，"年年杀气未曾收，淮南淮北草木秋"，淮河流域也是著名的古战场，长勺之战、涨水之战、垓下之战、淝水之战、靖难之战、淮海战役等历史上的重大战役皆发生于此，中国历史上发生的分裂，也常常是以淮河为界，两军对垒。如今，古战场遗迹已成为安徽省的特色旅游资源。除了丰富的历史遗迹资源，淮河流域的花鼓戏、柳琴戏、淮海戏、泗州戏、黄梅戏等曲艺也极具特色。

（七）吴越文化

吴越文化覆盖江苏省、浙江省和上海市。吴越之地，文化氛围浓厚，诞生了一大批文学、艺术大家，如"画绝、文绝、痴绝"顾恺之，"南宋四家"中的刘松年、马远、夏圭，"元朝四大家"的黄公望、王蒙、倪瓒、吴镇，"明朝四大家"的唐寅、文徵明、仇英、沈周，书法家王羲之、虞世南、张旭等人。吴越文化区域也有众多自然之景与人文景观：如"以景抒情、以情写景"的西湖；具有诗情画意自然意境的苏州园林；云海围绕、佛光显现的天台山；三峰相连如巨龙的紫金山；排山倒海、呼啸而至的钱塘潮等。此外，吴越文化区域的音乐艺术也有着典型的江南特色——细腻温婉、悠扬，其中的代表有曲词典雅、行腔婉转的昆曲，优美抒情的越剧，恬淡悠扬的江南丝竹，欢快活泼的扬州清音，典雅庄重的广陵古琴等。水乡文化、园林文化是吴越文化中最具有代表性的文化创意符号。

（八）鄱阳文化

鄱阳文化的覆盖区域以江西省为主，自然景观资源丰富，山水相映，既有如镜的鄱阳湖水、如练的长江水，还有高耸壮丽、云雾环绕的庐山。同时，"仙山仙水"孕育了丰富的宗教文化，道教的龙虎山派、净明道派、灵宝派、西山派，佛教的曹洞、杨歧、净土等宗皆源于这片区域。此地还有诸多书院，如庐山五老峰下的"海内第一书院"白鹿洞书院、铅山县的"鹅湖之会"发生地鹅湖书院等。江西省的景德镇是"世界瓷都"，其生产的瓷器造型精美、世界驰名，其中以淡雅朴素的青花瓷、剔透雅致的青花玲珑瓷、粉嫩温润的粉彩瓷、形如宝石的颜色釉瓷最为知名。对于鄱阳文化的文化创意可打"名家牌""思想牌"和"瓷都牌"。

（九）两湖文化

湖北和湖南是荆湘文化的发祥地，也是楚国诗人屈原的故乡。端午赛龙舟的习俗在千百年间一直延续，不仅是纪念屈原的一个重要仪式，也是一项中外游客共赏的盛大节目，亦是一个重要的文化创意落脚点。同时，楚地文化好祭鬼神，祭祀时常以乐和之，故而当地的音乐文化、歌舞文化也十分繁荣。例如，在湖北随县出土的曾侯乙编钟，是中国迄今发现音律最全、保存最好、气势最宏伟的一套编钟。[1] 此外，湖北、湖南两地的楚剧、汉剧、采茶戏、祁剧、花鼓戏、湘剧、巴陵戏等曲艺形式也具有极高的艺术价值。同样，中国四大名绣之一——湘绣也出自此地，主要指以湖南长沙为中心、具有湘楚文化特色的刺绣产品总称。其着色层次丰富，绣品细腻如画，更有异形、异色、异面的双面绣技艺，如今也享誉中外。

---

[1] 邹雅婷.走进国博"天地同和"展：古代乐器，拨动你的心弦[OL]. http://news.eastday.com/eastday/13news/auto/news/china/20200818/u7ai9450962.html.[访问时间：2021-2-19]

(十)巴蜀文化

巴蜀文化指四川省、重庆市的地域文化。巴蜀之地又被称为"天府之国",降水充足、土壤肥沃、物产丰饶。丰富的物质基础促进了文化的繁荣,该地的名士大家层出不穷,如扬雄、司马相如、李白、杜甫、苏轼、巴金、郭沫若等文学大家。昭烈帝刘备便成蜀国基业于此,如今蜀汉文化也是当地重要的文化资源,参观武侯祠的游客络绎不绝,人们至此凭吊刘备、诸葛亮等人。巴蜀的宗教文化资源也很丰富,佛教名山之一的峨眉山、雄伟的乐山大佛、道教名山青城山皆位于此。四川人擅长烹饪,以川菜、四川火锅为代表的美食文化吸引了大批游客来到巴蜀,美食可谓是一个极具吸引力的文化创意元素。

(十一)岭南文化

岭南文化主要覆盖当今的广东省、海南省和港澳台地区,由于特殊的地理位置,岭南文化既有当地的特色,亦受到外来文化的影响。除了本土岭南画业人才济济,这里也诞生了中国第一批油画家,独具西洋气息的油画和美观的通草纸水彩画远销国外,收藏于各大博物馆中。广东音乐结合了本地的民间音乐、粤剧曲调、中原音乐、江南音乐以及西方的音乐元素,形成了一种独特的音乐风格,享誉中外,有代表性的如《彩云追月》《二泉映月》《瑶族舞曲》《春江花月夜》等。岭南曲艺文化同样极有特色:兼具岭南特色和多个剧种之长的粤剧,以潮州文化和传奇故事为载体的唱腔动听的潮剧,流传于客家地区、将南派武术融入表演中的广东汉剧等。同时,岭南人民在饮食方面善于开拓创新,以"敢吃"闻名,鲜美可口、独具创意的粤菜常常让食客大饱口福。早茶文化、饮茶文化也是岭南的重要民俗文化,已从岭南普及全国,走出国门,是我们进行文化创意时要把握的重点。

(十二)台湾海峡两岸文化

台湾海峡两岸文化主要覆盖福建和台湾两省。分别在台湾海峡两岸的福建与台湾,尽管两地在文化上各有特色,但是两者在文化渊源上同脉共祖,如至今都有妈祖信仰等。两地也是多种文化相结合的复合体,福建兼具汉文化、闽南文化、客家文化、闽东文化等,而台湾省兼具闽南文化、客家文化、台湾少数民族文化、外省人口带来的文化以及欧美、日本文化。其中,台湾在一些民俗庆典中也体现出与大陆的密切联系,如每年妈祖节、在元宵节举办的苗栗火旁龙、盐水蜂炮、中元普渡时的头城抢孤、三峡祖师庙神猪比赛等,而祭典上常出现的传统武术、舞龙舞狮、布袋戏等技艺也已经享誉海内外。台湾当地的少数民族也将一些传统的祭祀活动和节日保留了下来,如邹人的收获祭、战祭,布农人的小米祭、射耳祭,赛夏人的矮灵祭,排湾人的五年祭,达悟人的飞鱼祭等。

(十三)西南少数民族文化

在中国的西南部,北接四川盆地,东接雪峰山—大瑶山—十万大山一线,依托云贵高原和横断山脉的区域居住着占全国总数一半的少数民族,创造了极具特色的农业文化。民歌文化是西南少数民族文化中最为灿烂的一部分,居住在这片土地上的二十多个民族中的人们,个个能歌善舞。山歌已经成为他们日常生活中使用的语言:男女表露爱意时唱情歌;大家忙农活时唱生产歌、时令歌、季节歌;处理红白事时有哭嫁歌、送嫁歌、丧歌。著名的电影《刘三姐》就记录了西南少数民族歌颂生活的美好情境,打造以民歌为主题的体验式文化创意活动是一个可以思考的方向。此外,受气候影响,少数民族的生活也独具热带风情,清凉适宜的民族服装、味道新奇的民族饮食、造型独特的干栏式建筑都是当地的特色旅游资源。

(十四) 内蒙古草原文化

广阔的内蒙古草原上生活着众多豪放勤劳的蒙古族儿女,他们在长期的生产劳动中创造了丰富多彩的草原文化、游牧文化,喜欢身着绣着多彩花纹和图案的颜色鲜艳服饰。每年七、八月牲畜肥壮的时候,"那达慕"大会就会如期举行,雄壮的蒙古族男儿们纷纷上场,较量"男儿三艺"——摔跤、骑马、射箭。如今,来自四面八方的游客,也可以参与这场盛会,共同体验蒙古文化。蒙古族又被称为"马背上的民族",马文化也深深地融入他们生活中:舞蹈中的抖肩、翻腕等动作来源于马背生活;内蒙古的乐曲、美术、雕刻常常以马为主题;马头琴也是蒙古族生活中必不可少的用具。草原美食、草原音乐、草原节日、民族服饰都是可以进行开发的文化创意元素。

(十五) 新疆多民族文化

新疆维吾尔自治区是多民族自治区,天山以北的北疆地区盛行哈萨克族的草原、游牧文化;天山以南的南疆地区盛行维吾尔族的绿洲文化。哈萨克族的艺术具有鲜明的游牧文化特色,民间歌手们收集流传于民间的寓言、格言、诗歌进行改编,歌颂生活的美好。南疆艰苦的自然环境造就了维吾尔族友爱互助的文化,而维吾尔族的艺术、文学极具西域特色:文学作品诙谐幽默、爱憎分明,如众所周知《阿凡提的故事》就以诙谐但又辛辣的语言批判了欺压人民的恶势力,赞美了广大劳动人民;维吾尔族舞蹈灵动轻盈,富有节奏感,人们一边迈着轻巧的舞步,一边快速旋转,如集体舞蹈"夏地亚纳"、热情刚劲的"多郎"舞、幽默诙谐的"纳孜尔库姆"等。此外,新疆的美食文化也独树一帜,烤全羊、羊肉串、手抓饭、烤馕饼等。这些食物让天南海北的游客们赞不绝口。如今如何结合这些新疆美食,在文化创意上进行进一步提升,是一个值得思考的问题。

(十六) 藏族文化

宗教文化已经融入了藏民的日常生活,塑造着当地的民俗文化。而供奉神佛的寺庙、塔林等地是西藏主要的建筑景观,神圣且造型富有美感,摆放其间的佛龛、法器、唐卡、壁画等物则体现出西藏地区极高的工艺、美术水平。其中,唐卡是用刺绣、彩缎、织锦、贴花制作成的神像画卷,美观之间尽显庄严肃穆;有着两千多年历史的西藏壁画色彩鲜艳、富丽堂皇、经久不褪,记载着历史传说和神灵的肃穆之相。除了叹为观止的美术成就,西藏的文学也取得了相当高的成就:《格萨尔王传》是世界最长的史诗作品,通过大气恢宏的描写、优美的用语、精彩的情节描写了以格萨尔王为首的诸多英雄形象,全景记录了藏族在古代的社会生活。艰苦的自然环境赋予了藏族人民坚毅的性格,深厚的宗教文化赋予了藏族人民虔诚的信仰:藏历新年盛装前往寺庙朝拜;正月十五点燃酥油灯祈福;秋收之后,许多藏民背着经卷和法器,走上朝圣之路。因此突出虔诚的信仰文化,是文化创意活动可以选择的一个方向。

四、中国传统民俗的文化创意

民俗也可以称之为民间文化,包括与人们生活、生产息息相关的风俗习惯。民俗按照民俗事象归属可以分为以生产民俗、工商业民俗、生活民俗为主的物质生活民俗,以社会组织民俗、岁时节日民俗、人生礼俗为主的社会生活民俗,以及以游艺民俗和民俗观念为主的精神生活民俗。由于与人们生活的关联性强、人们对传统民俗的熟悉程度又高,因此民俗是文化创意活动中较受欢迎的一个元素。创意者们基于传统的民俗习惯、仪式进一步提升,赋予新意。其中社会生活民俗与精神生活民俗与文化创意联系更为紧密,本节将选取对社会生活民俗中的岁时节日民俗和人生礼俗作简单介绍。

(一)岁时节日民俗

中国传统节日众多,下面将以目前与文化创意互动最为频繁的节日为例作简单介绍,包括春节、清明节、端午节、中秋节、重阳节。

春节即为农历新年,是中华民族最为重要、盛大的节日,也成为中国传统文化在海外的重要文化认知。春节由古时岁首祈年祭祀演变而来,经过几千年的传承,其文化内涵不断丰富,产生了丰富多样的习俗:大扫除、贴对联买年货、吃年夜饭、守岁、上门拜年、发红包、拜神祭祖、放爆竹、逛庙会、赏花灯、看舞狮等。如今,人们在传统习俗的基础上,对于春节用品有了更高的要求,一些电子对联和鞭炮、福娃雕塑、卡通红包、新春元素挂饰等文化创意产品受到人们的青睐。

清明为二十四节气之一,公历四月四日或五日为清明节,通常是外出踏青或祭奠先祖的日子。杜牧的诗句:"清明时节雨纷纷,路上行人欲断魂。借问酒家何处有?牧童遥指杏花村。"也塑造了清明素雅清淡的景色意象以及清明酒文化,因此许多文化创意活动都以此做文章:如每年清明时节,诸多公司会推出绘制有淡雅景色的应景海报进行宣传;许多主打清丽淡雅的化妆品、团扇、装饰以及主打"清明酿造""杏花村"主题的酒也会在清明期间发售;祭祀文化成为清明期间景区的一张文化牌,如明十三陵景区在清明节组织了宏大的祭祀祈福大典,展现了明代的祭祀场面。

农历五月五日为端午节,人们在这一天会吃粽子、赛龙舟,以此纪念伟大的爱国诗人屈原。在端午节期间,除了粽子是抢手货之外,图案精美的香包、利于健康的雄黄酒、香味独特的艾草,还有以屈原诗词为主题的酒、食品、工艺品等也受到人们欢迎。此外,围绕赛龙舟的文化创意民俗活动也越来越多。

农历八月十五是中秋佳节,赏月、吃月饼、全家团聚是中秋的重要习俗。如今,相比传统的月饼,一些口味独特的新式月饼和一些包装精美的月饼礼盒,更受到人们的青睐:如星巴克推出的巧克力月饼、冰激凌月饼成了"网红"月饼;故宫将帝王群像、后宫妃子的形象印在月饼盒子上,推出"朕的月饼"系列,受到一致好评;哔哩哔哩将动漫形象与月饼结合,还在礼盒中赠送动漫手办,吸引了众多动漫爱好者购买;小米推出了主打科技风的"重力流心"月饼,打造"年轻人的第一款月饼"概念。人们品尝月饼,不仅是品尝美味的饼馅,更是品味一种文化、一种消费体验。

九九重阳日是人们登高望远、赏菊饮酒、吃重阳糕、插茱萸、放风筝的重要日子。此外，拜神祭祖、祈福祈寿也是重阳节的重要活动，传承至今已演化为尊重老人的传统文化。人们在重阳节这天为老人、长辈送上祝福，祝愿平安喜乐，中华民族的敬老文化，在这一天体现得淋漓尽致。

（二）人生礼俗

人生礼俗主要包括诞生、生日、成年、婚姻、丧葬等人生历程方面的礼仪与习俗。

在中国，汉民族有着一套完整的"诞生礼"习俗，意在为新生儿祈福、送上美好祝愿。例如，红鸡蛋的报喜方式；祈福消灾的"洗三礼"；"送祝米"的庆贺方式；婴儿的"百日礼"；周岁时的"抓周礼"等。如今，家长们常常会购买一些蕴含美好祝福的文化创意产品在这些日子送给孩子，如各种造型别致的长命锁、小巧可爱的金银挂饰、祝福学业有成的玉蝉等。

成年礼由上古社会的成丁礼演变而来，男子"加冠"（束发加冠）、女子"加笄"（盘发插簪）。如今人们已经很少行这些古代礼节，但仍会在孩子成年这天举行庆祝，或去餐厅聚餐，或去影楼拍摄写真。

中国传统汉族婚礼有"六礼"："纳采""问名""纳吉""纳徵""请期""亲迎"。如今，婚礼习俗虽然在形式上也有了很大变化，如原汁原味的仿古婚礼、简约时尚的西式婚礼、具有文艺气息的民国婚礼等，但是作为中国传统的"六礼"婚俗也成为如今婚礼的创意之源。

庆祝生日也是中国的传统习俗，五十岁以下"做生"，五十岁以上"做寿"。在这一天，亲朋好友携带礼物，上门庆贺。常见的贺礼有长寿面、寿桃、寿联、财物等。根据神话的记载，西王母娘娘做寿时，在瑶池的蟠桃大会上以寿桃款待各路神仙，因此对于长寿的老人，送上面粉或鲜桃制成的寿桃，最为喜庆合宜。

总的来说，无论是岁时民俗还是人生礼俗，都体现了中国具有特色的传统文化。虽然，这些传统已经随着社会发展也发生一些变化、开始简化或者改良，但是依旧成为如今各种文化创意产品、活动可以深入挖掘的重要素材。也只有这样，才可以做到深植中国传统文化，进行创新性改造，坚定文化自信，进而弘扬中国传统文化。

第四节　非物质文化遗产与文化创意

非物质文化遗产作为当今最具特色的文化要素，受到越来越多国家的重视。它不仅是一个国家独特的文化财富，更是一个国家进行文化创意源源不断灵感的来源。与此同时，文化创意产业的发展，也为非物质文化遗产的发展带来前所未有的新机遇，不仅为其提供了新时代发展平台，也为其重新焕发生机提供了无限可能。

一、非物质文化遗产的界定

何为非物质文化遗产？这是一个相对于物质文化遗产而提出的概念。目前我们可以通过以下两个权威界定对它进行初步了解。

一是联合国教科文组织于2003年发布的《保护非物质文化遗产公约》文件给出的定义："'非物质文化遗产',指被各社区、群体,有时是个人,视为其文化遗产组成部分的各种社会实践、观念表述、表现形式、知识、技能以及相关的工具、实物、手工艺品和文化场所。这种非物质文化遗产世代相传,在各社区和群体适应周围环境以及与自然和历史的互动中,被不断地再创造,为这些社区和群体提供认同感和持续感,从而增强对文化多样性和人类创造力的尊重。"[1]

二是中国第十一届全国人民代表大会常务委员会通过的《中华人民共和国非物质文化遗产法》中对非物质文化遗产的界定："非物质文化遗产指各族人民世代相传并视为其文化遗产组成部分的各种传统文化表现形式,以及与传统文化表现形式相关的实物和场所。"[2]

综合以上两个定义,我们看出非物质文化遗产是文化的表现形式,同时也包括与其相关的一些实体物品和文化场所。在中国的界定中,更突出强调传统文化在非物质文化遗产中的地位。

二、非物质文化遗产的特点

非物质文化遗产具有传承性、稳定性、活态性、生活性与地域性五大特点。了解非物质文化遗产的特征特点,有助于我们在进行文化创意活动时更好地把握非物质文化遗产项目,提出更符合非物质文化遗产现实的创意。

(一) 传承性

与物质文化遗产不同,非物质文化遗产的核心价值,在于其开展文化活动时所必需的技艺技巧、行动经验,这些知识常常通过师傅的口传心授,或是徒弟在学艺时的耳濡目染流传下来,因此选择接班人是每一个非遗传人最为关注的事。倘若存于脑中的精神财富一旦失传,即使技艺产物、工具、器物得以流传后世,也只是物质载体被留下来,非物质文化遗产的"灵魂"却不复存在。因此,非物质文化遗产具有传承性。

(二) 稳定性

"非物质文化遗产是民众在长期的社会实践中创造、享用并不断传承的传统文化和与传统文化表现形式相关的文化空间。非物质文化遗产一旦产生,就会在人们长期的生产生活过程中相对固定下来,直至成为民众日常生活的一部分。"[3]只要人们的生活方式、经济基础没有发生巨变,非物质文化遗产的本质形态和内涵几乎不会发生改变,具有稳定性。许多有着上千年历史的非物质文化遗产,即使经历了政权更迭、朝代更替,依然保持其最本真的特色和形态。因此在进行文化创意活动时,应尽量维持作为创意基础的非物质文化遗产的本质要素,避免歪

---

[1] 中国非物质文化遗产网.中国非物质文化遗产数字博物馆.保护非物质文化遗产公约[OL].http://www.ihchina.cn/zhengce_details/11668.[访问时间:2020-5-2]
[2] 全国人大常委会法制工作委员会行政法室.中华人民共和国非物质文化遗产法释义及实用指南[M].北京:中国民主法制出版社,2011:1.
[3] 魏本权.中国文化概论[M].济南:山东人民出版社,2012:132.

曲或改写。人们对于一些非遗技艺有着长期、稳定的认知,失真化表达让文化创意产品不仅缺失非物质文化遗产原有的文化内涵,也是没有遵循文化尊重原则的表现。

(三) 活态性

"非物质文化作为民族(社群)民间文化,它的存在必须依靠传承主体(社群民众)的实际参与,体现为特定时空下一种立体复合的能动活动,如果离开这种活动,其生命便无法实现。"[1] 与物质文化遗产传承的静态过程不同,非物质文化遗产的传承是一个发挥人的创造性的动态过程。非物质文化遗产的外在形式并不是一成不变的,而是经过历代传人因时而变、不断发展创新。只有适应时代的社会环境、符合当下人们的需求,非物质文化遗产才能更好地生存下去。以非物质文化遗产为主题的文化创意活动可以在尊重该项非遗的本真与内涵的基础上,加入创新要素,更新表现形式,如北京皮影与游戏公司合作,将游戏角色搬上了戏台;民间文学《尼山萨满传》的故事情节被改编成了游戏等。虽然这些非物质文化遗产的外在表现形式发生变化,但这都是以尊重技巧记忆与文化内容为前提的。

(四) 生活性

一项非物质文化遗产不仅是一项技艺的精神财富的集合,其背后更反映了人民的文化性格和社会生活方式。比如一项民歌技艺,不仅反映了特定的发声技巧、曲风强调,其内容更广泛地反映了当地的民俗民风。因此,当文化创意活动在借鉴非物质文化遗产的内容时,除了采用其基本的文化元素外,还可以进一步挖掘其更广泛的文化内容。

(五) 地域性

不同的地域、民族、文化群体之间存在一定的差异,这也对该区域内文化的发展和传承产生影响。一项非物质文化遗产技艺传入不同地域、不同文化中,便会产生不同的形态,比如光木板年画这一非遗技艺,就因地域特色产生了诸多形式:朱仙镇木版年画、佛山木版年画、高密扑灰年画、桃花坞木版年画、杨柳青木版年画、武强木版年画等。因此,针对非物质文化遗产的文化创意不应仅着眼于"某一类技艺",而应强调文化的区域性、独特性,进而在同类文化创意产品中脱颖而出。

三、非物质文化遗产与文化创意

非物质文化遗产加上文化创意,可以产生怎样的"火花"? 非物质文化遗产如何为文化创意赋能? 而文化创意又如何使非遗焕发生机? 目前,文化创意从业者通常采用以下四种方式将非物质文化遗产与文化创意结合,为非物质文化遗产"插上翅膀"。

(一) 走非物质文遗产工艺品销售之路

技艺类非物质文化遗产的文化创意产品一般有两种形式:第一种是直接销售非物质文化遗产产品,如销售木版年画、刺绣等工艺品,但如果没有强大的 IP 作为依托,此类产品则很难在众多工艺品中脱颖而出;第二种是将非遗工艺的文化元素提取出来,融入其他类型的产品

---

[1] 覃业银,张红专.非物质文化遗产导论[M].沈阳:辽宁大学出版社,2008:15.

中,如采用剪纸造型的台灯、印有戏剧脸谱的服饰、结合桃花坞木版年画元素的手机壳等,这类产品不拘束于非遗技艺原本形式,因而可以满足受众的多种需求。

(二)走非物质文遗产精品IP打造之路

IP是推动非遗文化创意产品销售的重要力量,一个好的IP可以成为消费者购买产品的重要理由。一种方法是寻找专业策划团队,对品牌名、品牌理念、品牌口号、品牌故事进行建构,并通过营销活动增加品牌曝光率。对于非遗文化创意产品来说,一个好的品牌故事尤为重要,可从非遗传人的经历、流派、传承的非遗技艺的历史等要素出发,以此突出非遗文化创意产品的特色和内涵。此外,也可以基于已有著名IP进行宣传、联动,强强联合、达到"双赢",如南京夫子庙与热门网络游戏《诛仙》进行合作,将夫子庙搬入了游戏场景,让更多游戏玩家了解夫子庙非遗文化。

(三)走非物质文化遗产旅游景区建设之路

所谓打造非遗旅游景区是指依托非遗文化为景区赋能、打造景区特色。一方面,对本区域的民风、民俗、民间艺术进行挖掘,突出区域非遗文化;另一方面,根据商业需要,将非遗传人召集起来,打造特色非遗文化街。目前,在全国范围内已出现许多以非遗为主题的文化小镇,吸引了不少游客前往。

(四)走非物质文遗产数字化传播之路

非物质文化遗产数字传播是指,通过数字技术,如AR、VR、短视频等形式对非遗进行展示,以科技魅力和特色吸引受众。如百度将木板年画用AR技术再现,用户通过扫码就可以体验木板年画的整个工艺流程;北京京剧院录制VR版《春日宴》,观众可以通过VR显示设备观看全景的京剧演出,如同身临其境;油纸伞的传人采用短视频形式展示油纸伞技艺,在抖音平台收获了大批"粉丝",并促进了油纸伞工艺品的销售。

案例研读

《功夫熊猫》——中国文化的美国创意

《功夫熊猫》是一部以中国功夫文化为主题的3D动画电影,由美国梦工厂动画公司制作,由于该片情节风趣、使用了大量中国文化元素,曾一度在中国掀起热潮,而全世界的"功夫迷"们,也为片中这只憨态可掬的"功夫熊猫"所倾倒。《功夫熊猫》的第一部和第二部在全球皆取得了6亿美元以上的票房,第三部则取得了将近10亿美元的票房。《功夫熊猫》无疑是一个成功的文化创意产品,因此也引发了诸多思考:有人认为《功夫熊猫》是披着中国文化外衣的美国文化体现;有人深思为什么中国动画界没有如此成功的中国元素动画作品;还有人认为《功夫熊猫》完美展现了中国的文化内涵。虽然众说纷纭,但有一点可以确定,那就是《功夫熊猫》巧妙地使用了中国的文化元素,且将其有机地与美国文化、商业电影文化结合在一起,这是值得我们深入思考的问题。

图 3-5 《功夫熊猫》[1]

《功夫熊猫》(图 3-5)讲述了这样一个故事:平凡的熊猫阿宝由于一场阴差阳错的际遇,在武术大会上被指名为"龙武士",在经过一系列波折之后,阿宝凭借自己的天赋和后天的领悟,成为一代武术大师,先后打败了背叛师门的雪豹"太郎"、阴谋夺权的孔雀"沈王爷"以及为害四方的魔王"天煞",为世间带来和平。单从基本的故事线来看,《功夫熊猫》采用了"平凡人—奇遇—成为大侠"的老套路,这样的情节设计常见于传统的功夫片、武侠片中。那为何《功夫熊猫》又被人们称为"创意之作"呢?下面,将从影片是如何讲好这个故事及采用怎样的要素来填充整个框架的角度来为大家解答。

一、中国文化融入恰到好处

《功夫熊猫》极具创意地使用中国文化元素与符号构成了片中的"一草一木"。虽然影片内在价值观具有一定的西方特色,但《功夫熊猫》中构建的世界非常"中国化",这也与该片导演花费了数年时间研究中国文化并来到中国取材有紧密关系。片中出现的自然山水取材于桂林山水、侠客们居住在以青城山为原型的峭壁之上、宫殿楼阁则完全按照中国传统建筑的样式进行创造,飞檐斗拱都极具美感。片中的市井生活也与中国古代人们的生活一致:动物们舞狮、放鞭炮、打灯笼、打麻将、使用筷子吃面条、包子等中国传统食物等。《功夫熊猫》展现的是真实的中国,而不是《傅满洲》《图兰朵》等西方作品中的"西方世界想象中的中国"。

《功夫熊猫》没有堆砌中国符号,没有"为了中国化而中国化",每一处文化符号的使用都有其根据、都能够被置于影片中的恰当位置。一方面,片中的角色形象依据中国文化进行了合理的设计:许多外国人认知中的一个典型的中国符号就是熊猫,熊猫是中国的特有动物,每当熊猫到国外进行巡展时,总能够吸引大批外国游客前来,因此熊猫可以说是中国的一张国际名片,选择熊猫作为主角是明智之举,也在情理之中。亚瑟·科斯勒曾提出"二旧化一新"的概念,意思是将两个对立的构想或两个普通的概念放在一起,反而会产生新的构想[2]。熊猫憨态可掬、性情温和,人们很少将其与武术结合在一起,因此"功夫+熊猫"的组合创造出一个矛盾又富有新意的新形象,一下就可以吸引人们的关注。片中出现的武

---

[1] 沐光羽.还愁没片源?《功夫熊猫》《史莱克》等一大波"梦工厂"VR 电影即将来袭[OL]. http://www.leikeji.com/article/6756.[访问时间:2020-05-26]
[2] 魏炬.广告思谋与运作[M].长沙:中南大学出版社,2006:160-161.

术大师：老虎、螳螂、蛇、鹤、猴子，分别对应中国武术的虎拳、螳螂拳、蛇拳、鹤拳、猴拳，大师们的出招也忠实再现了这些拳种的特点。乌龟在中国文化中是长寿、睿智的象征，因此片中领悟最高、武力最为高强的"武术大师"，便是乌龟大师。另一方面，中国的各种传统、技艺被自然地在影片中展示，削减了"生搬硬套"之感：中国的山水画融于场景画面之中，每当一些远景或是全景的构图出现时，画面便转为了山水画风，"每一帧都可以当作电脑桌面"；店铺门前贴着以熊猫为原型的门神画、剪纸画，仅仅几秒的镜头也展现了中国的民俗文化；阿宝受伤治疗，采用的方式就是中医的针灸治疗；鹤大师在房间休憩时，脚上抓着一支毛笔来挥毫；蛇大师身上文着诗词："两个黄鹂鸣翠柳，一行白鹭上青天"……《功夫熊猫》的制作者们不刻意使用中国符号，却不放过在每一处细节上展现中国文化的机会：阿宝为了能够进入会场观看比武，把火箭、鞭炮绑在椅子上，试图飞向天空，这致敬了中国"万户飞天"的故事；影片中通过六幅国画来展示前情提要，每幅画上都有刻着武术大师们名字的印章；阿宝修炼的仙池，从高处俯瞰，呈现出太极的形状。《功夫熊猫》中几乎每一幅画面，都包含了好几种中国文化元素，既能让中国观众会心一笑，又没有刻意迎合之感。

二、忠实传递中国文化价值观

《功夫熊猫》的情节走向、设置体现了中国文化中的传统价值观，如影片在多处体现了道家"顺其自然""无为"的思想。熊猫阿宝一开始并没有很强的习武决心，这让浣熊大师大为光火。乌龟大师开导浣熊大师道："种下一颗种子，你可能期望着一棵苹果树，一棵橘树，但你最终会得到一棵桃树。"这句话的意思是让阿宝自由成长而不要干涉。后来浣熊大师利用阿宝贪吃的性格引导他习武，只有勤于练功，才可以吃到食物，阿宝最终通过这样的训练成为一代大师。老子认为："天下万物生于有，有生于无。""无"是一种值得追求的境界。在影片中，"龙武士"都有资格获得武功秘籍"龙卷轴"，这也引发了正邪两方的争斗，可到最后阿宝才发现，所谓的秘籍，不过是一张空白纸，但他却从纸上的"无"中领悟到了相信自己的真谛。无独有偶，当阿宝向养父询问自家面条的秘方时，养父回答道："真正的秘方就是没有秘方"。

儒家文化在《功夫熊猫》亦有所体现：阿宝和"中原五侠"的成长依赖于浣熊大师的指点，浣熊大师心中的疑惑则靠乌龟大师加以点拨。阿宝在成为武术大师之后，又教自己的族人习武。对于乐于传道授业的武术大师，影片中的角色常常双手作揖、鞠躬敬拜，称他们为"master"——"师父"，这些都体现了儒家尊师重道的理念。而浣熊大师由于教导出了逆徒太郎而深陷自责中，他反思后开始针对弟子们不同的性格展开不同的教育方式，即使是较为迟钝的阿宝也通过这样的方式成功"出师"，儒家文化的"因材施教""有教无类"的观点出现在了影片之中。阿宝的武功大有长进之时，浣熊大师表扬阿宝："干得不错。"而阿宝说："仅仅是不错？我干得好极了。"浣熊大师则说道："真正的英雄要懂得谦虚。""谦虚"也是儒家所推崇的美德[1]。

---

[1] 孙志逾.从《功夫熊猫》看中国传统文化元素的创意之旅[J].电影评介,2010(1):50-51.

除了道家、儒家的观念在《功夫熊猫》中有较多体现之外,还有许多中华民族传统文化的性格和心态得到演绎:阿宝的梦想是戴着斗笠、身披斗篷,四处行侠仗义。在梦境中,他大败四方,赶走恶棍却拒绝人们的回报,这体现了"侠之大者、为国为民"的侠义心态;魔王天煞大杀四方,阿宝的父亲将阿宝骗回家中,不希望他因此受害,而阿宝决心为民除害,毅然告别了才与自己重逢不久的父亲,这个情节体现了"忠孝难两全"的价值观;阿宝身受重伤,危在旦夕。他的族人们将力量聚集在一起,不仅使阿宝重获力量,还使其变身为"神龙大侠",可谓"团结就是力量";反派天煞醉心于他人的力量,他把每一个败于自己手下的武术大师的力量都加以吸收,不知满足,后来阿宝索性将自己的力量也传输给天煞,天煞最终承受不住,"爆体而亡",这体现了"盈满则亏"的传统观念。宿命论是《功夫熊猫》中的一个重要观点,即每个人都有自己的命运,而这个命运一定会实现。阿宝骗自己的养父,说自己梦见面条,这让养父坚信阿宝可以继承他的衣钵,把面店开下去;乌龟大师预言太郎将要越狱,尽管守卫森严,太郎果然还是成功越狱;虎大师在比武大会上胜出,乌龟大师正要指向虎妞,宣告其为"龙武士"时,阿宝从天而降,刚好落在了乌龟大师的手指面前,乌龟大师坚信这是阿宝的命运,而阿宝最终也成为"龙战士"。

在《功夫熊猫》第二部的结尾,反派沈王爷被阿宝击败,奄奄一息。沈王爷是使阿宝家破人亡的元凶,而阿宝此时却提出"不要被过去的仇恨所束缚",向沈王爷伸出手"相逢一笑泯恩仇",这正体现了中华民族以和为贵的民族性格。而沈王爷则决定拼死一搏,在阿宝伸手的时候挥刀偷袭,结果失手砍断了船上的索具,被船只的残骸砸中,这也颇有些因果循环的意味。

结合中国文化元素的国外影视作品并不在少数,然而并不是所有这样的作品都能被中国观众接受,如《傅满洲》《上气》这类充满对中国刻板印象的电影就受到了中国观众的抵制。《功夫熊猫》成功的秘诀在于,准确且不露痕迹地传达中国传统文化价值观,且故事的发展过程、逻辑符合东方文化思维,这使中国观众在观看时能够更好地进行心理调适,减少文化隔阂带来的影响。

三、积极借鉴全球成熟创意

《功夫熊猫》的创作参考了已有的成熟创意,而这种创意是世界通用的。由于《功夫熊猫》不仅面向中国市场,更要面向全球市场,因此片中所采用的文化元素既要符合中国观众口味,也要能被来自其他国家、不同文化背景的观众所理解。对于"功夫"文化、"武侠"文化的诠释,既可以按照中国的古籍、文学作品以及历史记载来解释,也可以通过"功夫片""武侠片"塑造的具体形象来说明,而《功夫熊猫》明显选择了后者。以李小龙、成龙、邵氏兄弟等为代表的功夫片在20世纪风靡全球,人们多是通过这些功夫片来了解功夫,而这些功夫片中的经典桥段也给人们留下了深刻印象。《功夫熊猫》便吸取这些已经成熟的"功夫创意":阿宝"以筷为剑",与浣熊大师比武,并用筷子争夺食物的桥段参考了《蛇形刁手》中成龙与袁小田抢碗的戏码;在《奇迹》中成龙饰演的主人公不小心顶死了黑社会老大,老大死前指着成龙，却被误认为指定成龙作为接班人，这一有趣场景在《功夫熊猫》中也得到了再现：阿宝阴差阳错被误指为"龙武士"；翡翠宫里的练功房布满危机：带刺的假人、喷火的机关、铁齿沙袋等。这样的布置常在一些香港功夫电影里出现，意在突出练武的艰辛，如果看过类似《少林三十六房》之类的电影，你一定会对这样的布置有印象；夜幕中"中原五侠"于楼宇间穿梭的画面设计参考《卧虎藏龙》；阿宝抱着敌人从长长的台阶上翻滚而下的招数借鉴了《破坏之王》里主角的绝招"无敌风火轮"；而影片的点睛之笔：无字的秘籍，则是参考了李小龙的《死亡游戏》。当李小龙击败层层对手，登上塔顶时，发现所谓的秘籍不过是白纸一张，从此领悟功夫的真谛，这些观众耳熟能详的经典创意，实际上已经成为能够代表功夫文化的符号，将这些成熟创意导入影片，就好似拿到了"通行证"，即使各国观众都能在影片中找到认可点。

四、美国好莱坞化的中国故事

《功夫熊猫》以中国文化为钥，叙述了一段美式传奇。一些批评《功夫熊猫》的声音并非毫无根据，虽然《功夫熊猫》合理使用了大量中国符号，也融入了不少中国传统价值观，但它有时却还是有点"不太中国"：阿宝仍然是美式个人英雄主义的一个缩影。作为一个对武术一窍不通，甚至还有些怠惰的普通人，阿宝凭借运气和超绝的天赋一举超越苦心修习武术多年的"中原五侠"，成为他们的领导和师父，这多少让推崇勤奋精神的中国文化背景的观众有些难以接受。面对反派苦心设计的圈套，阿宝的伙伴们一个接一个倒下，对此无能为力，而阿宝却能在"嬉笑怒骂"间予以化解。在《功夫熊猫》中，个人的作用被无限放大了，在中国，即使如孙悟空这样的"超级英雄"，也需师徒四人相伴，历经九九八十一难方能修成正果。

《功夫熊猫》是一部成功的商业片，为了老少皆宜、人人都可接受，采用了喜剧片的模式。由于是喜剧片，悲伤、痛苦的剧情内容被尽可能地缩减了，而这些内容有时则是武侠片的精华：阿宝练功的过程并不艰辛，更不会遍体鳞伤之后才会有所领悟；阿宝的伙伴可以被击倒，但不可以死亡，生离死别的场景并不会发生；反派角色固然可怕，但其威胁性被大大削弱。在影片中，虎大师被沈王爷发射的炮弹正面击中，也仅仅是昏迷。阿宝则直接用手抓住发射而来的炮弹，直接扔了回去；影片的结局是"大团圆"式的，片中的矛盾是一定可以解开的，并不会出现江湖中的爱恨情仇、血雨腥风，作为一部主打"功夫"元素的影片，《功夫熊猫》选择了一种最为平和的方式进行叙事，但这也是一条应对"众口难调"问题的最佳路径。

如果单从文化批判的角度来看，我们有理由警惕好莱坞对中国文化的"收编"和改造，但从文化创意的角度来看，《功夫熊猫》无疑是一次成功的文化创意尝试：通过对中国文化总体较为准确的诠释来打开市场，中国文化自身的独特性也为美式英雄文化赋予了生命力。中国武侠文化中的"慷慨悲壮"元素被适宜地取消，取而代之的是更容易被各国观众理解的文化艺术元素、传统价值观（如第一部的"无为"精神、第二部的"心如止水"、第三部的"认识自我"）。对于面向全球市场的商业影片来说，百分百契合中国文化几乎是不可能做到的事情，但只要"功夫熊猫"这一形象能够深入人心，这一IP能够凝聚价值、进行变现，这项创意就已经成功了。中国有功夫,中国也有熊猫,希望《功夫熊猫》的美国创意能够给我们启发,制作出一部属于国人的、能够充分彰显中华文化的影视作品。

请回答以下问题:

1. 请举例说明,如何运用非物质文化遗产进行文化创意?
2. 如何运用"旧义新解"进行文化创意?
3. 请运用少数民族文化,进行一项文化创意。
4. 你觉得《功夫熊猫》文化创意中有哪些可以改进的地方?

思维导图

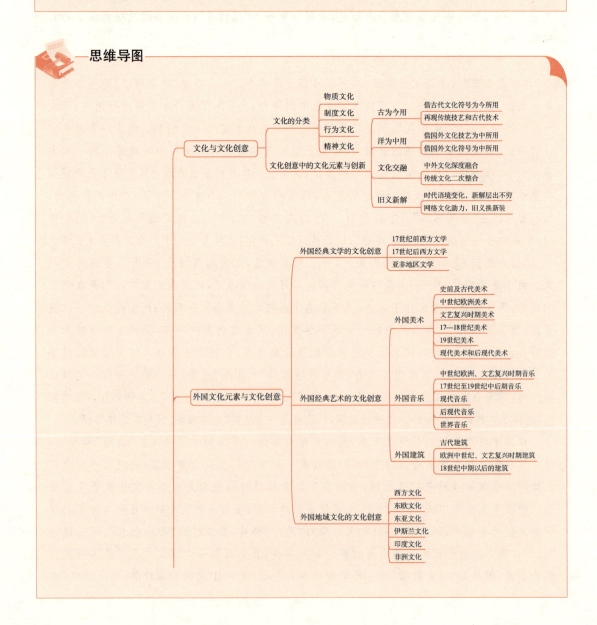

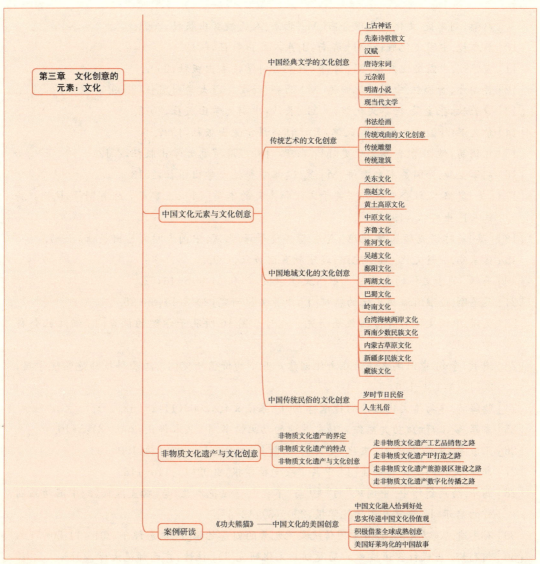

 本章参考文献

[1] 何晓明,曹流.中国文化概论[M].北京:首都经济贸易大学出版社,2007.

[2] 余水清,梅汉超.中国文化概论[M].武汉:湖北科学技术出版社,2008.

[3] 冯辉.文化概论[M].北京:中国言实出版社,2014.

[4] 周道生等.中国文化概论[M].长沙:中南工业大学出版社,1999.

[5] 王会昌.中国文化地理[M].武汉:华中师范大学出版社,1992.

[6] 罗文筠.中国文化概论[M].成都:四川大学出版社,2006.

[7] 胡兆量等.中国文化地理纲要[M].北京:人民教育出版社,2005.

[8] 覃业银,张红专.非物质文化遗产导论[M].沈阳:辽宁大学出版社,2008.

[9] 赵荣,刘军民.文化的地理分布[M].北京:人民教育出版社,2001.
[10] 魏本权.中国文化概论[M].济南:山东人民出版社,2012.
[11] 霍雅娟.中国文化概论[M].赤峰:内蒙古科学技术出版社,2007.
[12] 黄高才,黄沛钰.中国文化概论[M].西安:西安交通大学出版社,2009.
[13] 曾长秋,张金荣.世界文化概论[M].长沙:中南大学出版社,2012.
[14] 俞久洪.外国文化史[M].天津:天津社会科学院出版社,1997.
[15] 庄锡昌,鲍怀棠.世界文化史[M].北京:对外经济贸易大学出版社,2012.
[16] 胡军主编.外国美术史十讲[M].武汉:华中科技大学出版社,2013.
[17] [美]奥格本.社会变迁——关于文化和先天的本质[M].王晓毅,陈育国译.杭州:浙江人民出版社,1989.
[18] [英]马林诺夫斯基.文化论[M].费孝通等译.北京:中国民间文艺出版社,1987.
[19] 张京华.燕赵文化[M].沈阳:辽宁教育出版社,1995.
[20] 冯辉.关于文化的分类[J].中州大学学报,2005(4):45-46,52.
[21] 吴圣刚.论淮河流域文化的特征[J].中原文化研究,2013(1):89-95.
[22] 吴瑛.中国文化对外传播效果研究——对5国16所孔子学院的调查[J].浙江社会科学,2012(4):144-151,160.
[23] 谢敏,李娟.中国洪水神话在文化创意产业中的价值研究[J].江西科技师范学院学报,2011(1):124-126.
[24] 滕海涛.非物质文化遗产的传承特点[J].东南文化,2009(1):28-32.
[25] 娄军.梦工厂的《功夫熊猫》:功夫片迷的动画情书[J].艺术评论,2008(8):5-10.
[26] 王威孚,朱磊.关于对"文化"定义的综述[J].江淮论坛,2006(2):190-192.
[27] 郭莲.文化的定义与综述[J].中共中央党校学报,2002(1):115-118.
[28] 马华.动画创作中"中国风"的"变"与"不变"——《花木兰》与《功夫熊猫》给中国动画创作的启示[J].北京电影学院学报,2009(3):42-47.
[29] 孙志逾.从《功夫熊猫》看中国传统文化元素的创意之旅[J].电影评介,2010(1):50-51.
[30] 何利娜.当代社会语境中的动漫创意文化研究[D].桂林:广西师范大学,2013.
[31] 黄怀军,詹志和.外国文学史[M].长沙:湖南师范大学出版社,2015.
[32] 何华,任留柱.中外建筑史[M].郑州:大象出版社,2015.
[33] 赵恕.外国音乐史[M].长春:东北师范大学出版社,1990.
[34] 杨贤宗,覃莉,占跃海.外国美术史教程[M].武汉:华中师范大学出版社,2014.
[35] 黄晓和.外国音乐简史[M].北京:中央广播电视大学出版社,2003.
[36] 高志民.外国音乐简史[M].长春:吉林音像出版社,2003.
[37] 万木.外国音乐简史(上)[M].长春:时代文艺出版社,1989.
[38] 莫维.世界音乐经典快读[M].北京:中国国际广播出版社,2003.
[39] [美]莱特.聆听音乐(第5版)[M].余志刚,李秀军译.北京:生活·读书·新知三联书店,2012.

[40] 赵玉忠.文化市场学[M].北京:中国时代经济出版社,2010.
[41] 王耀华,王州.世界民族音乐[M].北京:人民教育出版社,2004.
[42] 贾成祥.中国传统文化概论[M].北京:人民军医出版社,2005.
[43] 李亚.影视文化视阈中的中原城市软实力建设[J].戏剧之家,2015(15):229-230.
[44] 范可.高山族祭仪析议[J].厦门大学学报(哲学社会科学版),1988(1):117-123.
[45] 王宗良,万伟民.黎雄才肇庆地区山水写生探析[J].肇庆学院学报,2018(1):50-53.
[46] 丁勤.谁遣图画留人间——林良及其绘画研究[J].艺术百家,2005(1):156-159.
[47] 文杰林.两淮之风:两淮文化特色与形态[M].北京:现代出版社,2015.
[48] 杜云生,王军利.中国民间美术[M].石家庄:河北人民出版社,2013.
[49] 陈鸣.实用旅游美学[M].广州:华南理工大学出版社,2004.
[50] 黄保强.艺术欣赏纲要[M].上海:复旦大学出版社,2004.
[51] 刘玉立.建筑速写与设计表现[M].上海:同济大学出版社,2010.
[52] 孟馨.百科知识词典14[M].北京:学苑音像出版社,2004.
[53] 何华.外国艺术设计史[M].郑州:大象出版社,2013.
[54] 陆人豪,李辰民,李明敏.外国文化与文学[M].苏州:苏州大学出版社,1996.
[55] 王储.世界文化史教程[M].成都:西南交通大学出版社,2016.
[56] 陈佛松.世界文化史概要[M].武汉:华中科技大学出版社,2001.
[57] 韩渊丰.中国区域地理[M].广州:广东高等教育出版社,2000.
[58] 刘利生.绘画[M].西安:陕西科学技术出版社,2008.
[59] 陈怡君.旅游美学[M].重庆:重庆大学出版社,2009.
[60] 顾丽霞.世界古代前期艺术史[M].北京:中国国际广播出版社,1996.
[61] 赵麟斌.五缘文化与榕台民俗[M].上海:同济大学出版社,2012.
[62] 李民,王星光,杨静琦等.黄河文化百科全书[M].成都:四川辞书出版社,2000.
[63] 梁昭.历史建筑与文化创意产业[M].北京:中国统计出版社,2010.
[64] 王文章.非物质文化遗产概论[M].北京:文化艺术出版社,2006.
[65] 陈建宪.民俗文化与创意产业[M].武汉:华中师范大学出版社,2012.
[66] 马丽明.中国旅游地理[M].北京:机械工业出版社,2005.
[67] 母润生.外国文学[M].重庆:重庆大学出版社,2014.
[68] 刘亚丁,邱晓林.外国文学[M].重庆:重庆大学出版社,2010.
[69] 赵永贻.外国文学[M].沈阳:辽宁大学出版社,1988.
[70] 杨剑飞.世界文化创意产业案例选析[M].北京:中国国际广播出版社,2017.
[71] 晓然.中国非物质文化遗产之湘绣[J].中国工会财会,2016(7):58.
[72] 王雪华.秦汉时期的燕赵文化探微[J].西安社会科学,2010(5):82-83.
[73] 王旭丽.浅谈民族声乐与戏曲艺术之异同[J].黄梅戏艺术,2006(4):41-43.
[74] 江国良.吴文化与水[J].太湖,2006(4):57-61.

[75] 贺锡德.中国"国粹"——京剧知识介绍(上):京剧的历史与板腔[J].音响技术,2007(12):76-77.
[76] 吴多克.浅谈中国戏曲的发展[J].魅力中国,2018(16):210-211.
[77] 吴桐.豫剧的演唱特征[J].戏剧之家(上半月),2014(1):19,32.
[78] 陈琳,陈丽丽.淮河文化的成因与特色[J].江苏地方志,2007(1):43-46.
[79] 刘金英.宋徽宗对宫廷绘画的影响[D].保定:河北大学,2007.
[80] 温远辉.广州市城中村文化保护和改造研究——以广州市黄埔村为例[D].广州:中山大学,2009.
[81] 肖惠卿.潮剧明本戏文的整理及溯源研究综述[J].星海音乐学院学报,2018(4):149-159.
[82] 赵章伟.浅谈黄梅戏表演中的发声技巧和情感表现方法[J].大众文艺,2015(5):169.
[83] 李慧.非物质文化遗产的保护及合理利用分析[J].文化创新比较研究,2018(33):57-58.
[84] 仇方赫,杨琼博.浅析园林中常用的造景方式及手法[J].现代园艺,2012(4):59-59.
[85] 姜伟强.戏曲元素对笛曲创作、演奏之影响[J].戏剧丛刊,2012(1):110-112.
[86] 丁蓝君.虎丘塔:中国的比萨斜塔——基于技术比较的考量[J].山西科技,2015(1):48-51.
[87] 于富业,张喜中.文化产业背景下满族剪纸的保护与传承研究[J].四川戏剧,2018(5):141-144.
[88] 张立波,张奎."文创兴镇"视野下非遗小镇发展路径探究[J].北京联合大学学报(人文社会科学版),2017(1):82-87.
[89] 李秋.书法形态灵感在现代产品造型设计中的应用研究[D].沈阳:沈阳理工大学,2014.
[90] 关尊仑.关东文化对辽中南城市群旅游消费者行为影响研究[D].昆明:云南财经大学,2019.
[91] 吕飞.基于巴蜀文化整合的区域文化旅游圈形成研究[D].上海:上海师范大学,2006.
[92] 刘超.中国古典园林元素符号在现代居住区的继承和创新实践[D].天津:天津大学,2015.
[93] 吴跃军.新时期以来中国现代文学作品的川剧改编研究[D].成都:四川师范大学,2013.
[94] 胡杰.大学生休闲参与问卷修订及休闲参与与社会适应性的关系探究[D].济南:山东师范大学,2016.
[95] 贾怡然.国际文化贸易中的传播壁垒研究[D].长沙:中南大学,2009.
[96] 王晶怡.论《功夫熊猫》中中国元素的运用[D].南京:南京师范大学,2012.
[97] 刘曼.西方非主流文化的特征与成因[J].鄂州大学学报,2015(2):66-67.
[98] 赵薇.哈尔滨巴洛克建筑风格之美[J].建筑工程技术与设计,2014(14):106-106.
[99] 韩玉娜.中美高校校园文化比较研究[D].保定:河北大学,2008.
[100] 中国工艺美术家协会.中国油画[OL].http://www.chinaact.net/Html/News/News_Detail-437.html.[访问时间:2020-12-25]

［101］浙里有故事.它地位仅次于京剧,发源于浙江,但最喜欢听的却是上海人［OL］. https://www.sohu.com/na/428438568_120911514.［访问时间:2020-12-25］

［102］Walsh, Niall.浅谈12个现代主义建筑风格［OL］. https://www.archdaily.cn/cn/931419/qian-tan-12ge-xian-dai-zhu-yi-jian-zhu-feng-ge?ad_medium＝widget&ad_name＝navigation-next.［访问时间:2020-12-25］

［103］文创前沿.北京园博园:让戏曲回归天然舞台［OL］. https://www.sohu.com/a/345164346_488939.［访问时间:2020-12-25］

［104］隐形设计事务所.太有才了！台北故宫博物院的酷炫文创［OL］. https://www.sohu.com/a/282180865_120066677.［访问时间:2020-12-25］

［105］花花的博客.西方建筑流派［OL］. http://blog.sina.com.cn/s/blog_4b0fd0c301009a88.html.［访问时间:2020-12-25］

［106］王春妮,甘草谊.文化的维度［OL］. https://wenku.baidu.com/view/80e4e7ea9b6648d7c1c746c7.html?from＝search.［访问时间:2020-12-25］

［107］地理沙龙.全球七大文化区域的划分和特征分析［OL］. http://www.360doc.com/content/18/0721/20/46982778_772209165.shtml.［访问时间:2020-12-25］

［108］知乎.如何评价电影《功夫熊猫3》？［OL］. https://www.zhihu.com/question/39521207/answer/84073266.［访问时间:2020-12-25］

［109］豆瓣电影.功夫熊猫2短评［OL］. https://movie.douban.com/subject/3233635/comments?status＝P.［访问时间:2020-12-25］

［110］老王abcd.何为文化？文化圈？世界九大文化圈你了解多少［OL］. http://www.360doc.com/content/19/0618/21/61492514_843389091.shtml.［访问时间:2020-12-25］

［111］侯继伟等.外国建筑艺术［OL］. https://wenku.baidu.com/view/061b477d17fc700abb68a98271fe910ef12daef0.html?fr＝search.［访问时间:2020-12-25］

［112］百度文库.地理文化圈整理［OL］. https://wenku.baidu.com/view/e362fe18b9f67c1cfad6195f312b3169a551ea2b.html?from＝search.［访问时间:2020-12-25］

［113］百度文库.世界九大文化圈及其主要特征［OL］. https://wenku.baidu.com/view/57d654f083c4b b4cf6ecd139.html.［访问时间:2020-12-25］

［114］百度文库.中世纪美术特点［OL］. https://wenku.baidu.com/view/6a6182b55e0e7cd184254b3 5eefdc8d377ee1442.html.［访问时间:2020-12-25］

［115］百度文库.凉凉中的古诗词［OL］. https://wenku.baidu.com/view/5430661af342336c1eb91a37f111f18583d00cd0.html?from＝search.［访问时间:2020-12-25］

［116］全球文化云.全球文化云——文创跨界餐饮业,融媒体时代新玩法［OL］. https://baijiahao.baidu.com/s?id＝1653779714845567407&wfr＝spider&for＝pc.［访问时间:2020-12-25］

［117］善学书童."二十四节气"主题文创惊艳呈现 传统文化创新融合魅力［OL］. https://www.sohu.com/a/293166687_100244268.［访问时间:2020-12-25］

[118] 瓷博会书法在陶瓷艺术中的应用[OL]. http://www.taocihui.com/baike/show-3811.html.[访问时间：2020-12-25]

[119] 唐瑭好诗三句半[OL]. https://mp.weixin.qq.com/s/vbp5J5mZDXpI44JeXK97yw[访问时间：2020-12-25]

[120] 百度文库. 外国民族音乐[OL]. https://wenku.baidu.com/view/2c7a024dcc175527072208c8.html.[访问时间：2020-12-25]

[121] 金羊网—新快报. 通草纸上画着老广州 再现广州百姓的市井生活[EB/OL]. http://news.sina.com.cn/s/2001-09-30/369307.html.[访问时间：2020-12-25]

[122] 空山灵雨的博客. 现代主义文学流派.[OL]. http://blog.sina.com.cn/s/blog_4b3147df010008vz.html.[访问时间：2021-2-19]

[123] 十叶的博客. 荒诞戏剧派与后现代主义文学.[OL]. http://blog.sina.com.cn/s/blog_e95422100101h07u.html.[访问时间：2021-2-19]

[124] 黑龙江波涛. 外国音乐的主要流派、变奏曲和协奏曲.[OL]. http://www.360doc.cn/mip/883050748.html.[访问时间：2021-2-19]

[125] 汉辞网. 洋为中用.[OL]. http://www.hydcd.com/cy/htm5/yw0481.htm.[访问时间：2021-2-19]

[126] 汉辞网. 古为今用[OL]. http://www.hydcd.com/cy/htm2/gw2020.htm.[访问时间：2021-2-19]

[127] 清雨菲的博客. 20世纪西方音乐的发展.[OL]. http://blog.sina.com.cn/s/blog_4d14bfdf0102uxng.html.[访问时间：2021-2-19]

第四章

文化创意的核心:创意

学习目标

学习完本章,你应该能够:
(1) 了解创意的源泉与工具;
(2) 了解创意、创造与文明的关系;
(3) 了解常见的创意思维;
(4) 掌握基本的创意手段。

基本概念

创意的源泉　创意的工具　常规思维　创意思维　创意手段

第一节 创意的产生与价值

细数人类文明的丰硕成果,不难发现,人类文明史俨然就是一部人类实现创意的发明创造史。通过第一章的学习，我们了解到创意与创造之间存在一种线性关系，创意是在文化启迪和思维突破下产生的，进而推动人类进行创造，而创造又是创意的具象产出与最终成果。两者相互作用、相互促进，在人类社会发展中发挥着不可替代的作用，推动人类文明不断演进。

一、创意的产生：文化依恋与思维突破

在第一章中，我们明白了创意既可以看作一个创新的点子、想法，也可以视为一个创造性的思维过程。那么创意如何产生？其一，文化为创意提供了灵感，是创意的来源；其二，跳出原有思维壁垒，才能产生非凡的创意。

(一) 文化：创意的源泉

著名话剧导演赖声川曾说，"文化创意产业"愈发流行，逐渐成为炙手可热的行业，但有一点必须明确："创意产业"必须依赖"创意"才能成立；"创意"又必须依赖"文化"才能茁壮。这是一个前后连锁的关系，没有文化就没有创意，没有创意就没有创意产业可言。[1] 创意内容来源于几千年来人类的文化结晶，是以文化为基础产生的。同时在某种程度上，创意也可以说是对已有文化的创新。其中，文化元素为文化创意的开展提供支点，而文化内涵则是文化创意的"魂"。

任何文化创意活动，都是对精心挑选的文化元素的积累、生产、交换和消费，它同传统的以自然资源为基础的物质生产活动相区别。纵观古今中外，各种优秀的历史文化资源为我们开展文化创意活动提供了诸多文化元素。例如，被誉为集中国传统文化之大成的 2008 年北京奥运会，将中国传统文化元素使用得淋漓尽致："鸟巢"似江南园林"冰裂纹花窗"的镂空外壁；奥运火炬上的祥云图案；开幕式上展现中华文明五千年历史的国画画卷等。[2] 在第三章，我们已经对中外文化元素进行梳理，并列举了部分具有特色的文化元素，为大家进行文化创意提供参考。

此外，文化内涵是优质创意的保障，是其精神情感境界的体现。很多优秀的文化创意产品扎根于经过时间考验的文化精华，是优秀文化的具体展现。取材于民族舞蹈的《云南映象》，用新锐艺术构思整合了原生的云南乡土歌舞精髓和民族舞蹈经典，创造出一部既有传统之美，又有现代之新的舞台经典。对优秀文化的合理发掘和利用，结合时代特色推陈出新，是好创意的重要支撑。

(二) 创造性思维：创意的工具

文化创意的核心是创意，而创意离不开创造性思维。为更准确和更深刻地从思维角度理解创意，首先要明白常规思维（conventional thinking）和创造性思维（creative thinking）的特点与两者之间的关系。

1. 常规思维

常规思维[3]是指人们根据已有知识经验，按现成的方案和程序直接进行的、不能获得创

---

[1] 赖声川.赖声川的创意学[M].北京：中信出版社，2006：311.
[2] 高瑶.21世纪奥运会开幕式文化创意的分析研究[D].长沙：湖南师范大学，2018.
[3] 百度百科.常规思维[OL]. https://baike.baidu.com/item/常规思维.[访问时间：2020-03-13]

造成果的通常性的思维活动方式，也就是通常所说的逻辑思维。常规思维可以按照长期形成的既定方向和程序进行，如猫抓老鼠，也可以是因为个人主观能动性等意识方面形成的思维习惯，如某人没有根据但却认为这个问题是正确的。常见的常规思维有判断、推理、比较、分类、分析、综合、抽象、概括、归纳、演绎等思维方式。常规思维主要有四大特点：常规性，即习惯性、规范性、通常性，与新型性、突破性、独创性相对立；单向性，即只往一个方向，长期形成固定方向的思考；单一性，即只考虑一种方案和思路；逻辑性，即在逻辑思维范畴内思考。

由此可见，常规思维的基础是"常规"，利用常规思维思考问题多要求人们根据已有的知识经验，按现成的方案和程序直接解决问题，换句话说，就是按从事相关的活动而产生的主观能动性，影响甚至决定之后从事的其他相关活动。

2. 创造性思维

创造性思维[1]是开拓人类认知新领域、开创人类认知新成果的一种具有开创意义的思维活动，以感知、记忆、思考、联想、理解等能力为基础，需要人们付出艰苦的脑力劳动。创造性思维本质是发散性思维，这种思维方式要求人们在遇到问题时，不受现有知识的限制，也不受传统方法的束缚，从多角度、多侧面、多层次、多结构去思考。其思维路线是开放性、扩散性的，解决问题的方法不是单一的，而是在多种方案、多种途径中去探索和选择。创造性思维的主要特点有：独特性，与众不同，前所未有；多向发散性，即非单向也非单一的思维方式；非逻辑性，即不是按传统逻辑分析思路而进行；联动性，即由此及彼性，通常是在看似毫不相干的事物的启发之下，思路豁然开朗而获得的；综合性，创造是多种思维方式的综合，在综合中创新。

总而言之，创造性思维离不开推理、想象、联想、直觉等思维活动，需要人们付出艰苦的脑力劳动。因此，一项创造性思维成果的取得，往往需要经过长期的探索、刻苦的钻研，甚至多次的挫折之后才能取得，而创造性思维能力也要经过长期的知识积累、智能训练、素质磨砺才能具备。

3. 常规思维与创造性思维的关系

创造性思维以非常规、非习惯的方式思考问题，是对常规思维的突破。拥有创造性思维的人可以在看到与别人所见相同的东西后，却想出与别人所思不同的东西。创造性思维与常规性思维最本质的差异在于，常规思维即逻辑思维，而创造性思维则除了逻辑思维外，还包含了各种形式的非逻辑思维。可以说，创造性思维很大程度上是逻辑思维与非逻辑思维的紧密结合。

人们在分析和研究问题时，一般习惯使用常规思维方式，因为其有逻辑思维的周密、严谨等优势，并且是我们生活工作中正确、重要且有用的思维方式。但是，单靠常规思维却很难产生创意、实现创造。常规思维运用概念、判断、推理等思维类型，遵循普遍的、公认的思维规则，对事实进行有步骤的分析，或依据已有的知识来推理，从而得到新的认识。而其中的逻辑思维严谨而周密，不能出格，而创造成果的未知性与不确定性所决定创造可以出格，甚至必须出格。因此，要想进行创造、发掘创意，就必须有机结合逻辑思维与非逻辑思维，跳脱常规思维，突破

---

[1] 百度百科.创造性思维[OL]. https://baike.baidu.com/item/创造性思维/10947151.[访问时间：2020-03-13]

思维定式。

运用创造性思维进行文化创意产业的开发,可突破传统的产业运作方式。例如,世界上最成功的文学 IP 之一的《哈利·波特》,突破了传统文学开发模式单一、缺乏商业化运作的困境,从一部小说成为一个涉及图书、电影、游戏等众多产品的价值产业链,其关键业务是产品延伸与品牌延伸,即不仅将现有产品品种延长,同时在原品牌的基础上,将其运用于新产品或服务以减少新产品进入市场的风险。[1]

二、实现创意,创造文明

距今数十万年前的旧石器时代,随着天雷劈下点燃一堆干枯的木柴,古代猿人第一次发现这一燥热的能量。他们创造性地使用火把侵占野兽的山洞,并将火堆置于洞口,防止夜间野兽侵扰;他们用火取暖,照亮无边的黑夜,用火烤熟食物,结束了人类长期茹毛饮血的生活。如同混沌里的一束光,人类的文明在亿万年地球的嚷声中撕开了口子,智慧从此开启。正是由于创意的产生激发人们进行创造性的活动,文明才进而出现。

(一)文明源于创意、始于创造

何谓文明?"文明"这一表述最早来自法语中"civilisé"一词,意为建立好的政府,但由此演变的"civilisation"一词却不仅仅表达和政府相关的含义,还指把人从古老的习惯、规范及物质生活方式中解放出来,转向一种更为复杂的、或称为"文明的"生活方式。[2]在早期,马克思和恩格斯将文明理解作一种文化形式。不论是古希腊的雕塑、古罗马的法律、文艺复兴的建筑、理性时代的哲学,还是先秦的神话、汉代的科学、唐代的诗词、明清的绘画,文明表现在习俗、文学、哲学、道德、科学、建筑、绘画、雕塑等方方面面,它们来自创意,在创造中生存,既提高了人的审美情趣、丰富了人的精神生活,也为后世留下了极为宝贵的精神遗产,熠熠光辉至今闪耀。

文明又在发展中被看作"实践的事情,是社会的素质"。[3]人类在创造性思维的指导下不断产生创意,进行发明与创造:相传黄帝的妻子嫘祖发明养蚕,教民纺织,人始弃兽皮,以衣物蔽体;仓颉造字、蔡伦造纸,智慧凝结成文字记录文明,进行传播与传承;雕版印刷术、活字印刷术使书本批量复刻成为可能,航海家使用指南针发现了新大陆、拓展了世界版图,拓宽了人类文明的视野。同时,文明也是社会生产力的反映与体现,文明的果实是既得的生产力。[4]旧石器时代的石刀、古铲使采集狩猎时代进入农业的"前夜",刀耕火种、栽培植物、驯化动物等原始农业行为在石斧、木棒等工具的帮助下成型;翻土类工具、纺织类工具、灌溉类工具以及各种种植类技术让中国古代小农经济逐渐发展到顶峰,人类人口增长迅速,生产力创造了新的文明成果。

习近平同志在欧美同学会成立 100 周年庆祝大会上的讲话强调:"创新是一个民族进步的灵魂,是一个国家兴旺发达的不竭动力,也是中华民族最深沉的民族禀赋。在激烈的国际竞争

---

[1] 郑同波.文化产业商业模式研究[D].太原:太原科技大学,2013.
[2] 孟宪芝.浅谈西方文明衰落论——西方文化悲观主义的形成和演变[J].中山大学研究生学刊(社会科学版),2008(4):141-149.
[3] 马克思恩格斯选集(第1卷)[M].北京:人民出版社,1995:27.
[4] 戴圣鹏.马克思主义文明观研究[D].武汉:华中师范大学,2012.

中,惟创新者进,惟创新者强,惟创新者胜。……"唯有实现创意、不断创造,才能使文明继续延续,积淀物质和精神的累累硕果。

(二)创意丰富文化内容,创造改变生活品质

将创意变为现实的创造性行为使人类从蒙昧走向文明,也改变了人们的衣、食、住、行。

无论是以无花果树叶为衣的亚当和夏娃,还是屈原《九歌·山鬼》中的"若有人兮山之阿,被薜荔兮带女萝",以草叶蔽体是人类早期的穿衣行为。但随着社会的发展和生产技术的进步,丝、纱、绢、罗、绮等新的衣物材料也相继出现:"鱼笋朝餐饱,蕉纱暑服轻"反映了纱的质地轻薄;"采桑不装钩,牵坏紫罗裙"表现了罗的轻巧;汉乐府《陌上桑》中的"湘绮为下裙,紫绮为上襦"词句描写的是质地柔软的绮;"美人赠我锦绣缎,何以报之青玉案"提到的是用彩线织就的有花纹丰富的锦。除此以外,棉麻、裘皮、铁甲、毛毡等均为人类历史上重要的衣物原料。随着人们对面料的创新,衣物早已不再只是满足保暖蔽体的需求,而是根据功能衍生出多个门类,根据服装的功能,可分为运动类、休闲类、聚会类、仪式类等;根据产品的档次,可分为高级女装、高级成衣、成衣;根据风格又可分为传统类、现代类、民族类等。人们不断对服装进行创意改良,赋予了更多的时尚美观元素,不仅将服装创造成为人类日常生活中的必需品,而且让其承担了越来越多其他功能和角色,进而丰富了服饰文化的内容。

图 4-1　五谷杂粮
(图源:摄图网)

饮食文化自古就是人类文明的重要组成部分。世界各地粮食种植、饲养之物多种多样,中国有五谷(稻、黍、稷、麦、菽)、六畜(马、牛、羊、鸡、犬、豕),古埃及有大麦、小麦,苏美尔人有洋葱、枣椰(图4-1)。随着社会进步和生活水平的不断提高,人们在美食上的创意愈发多样。欧洲的法式菜肴、英式菜肴、美式菜肴、德式菜肴各具特色,还有埃塞俄比亚的宫廷菜、日本料理等也享有盛誉。在中国,美食更是丰富多彩:周王室发明了最古老的菜谱——"八珍"[1];宋

---

[1] "八珍"分别为淳熬(肉酱油浇饭)、淳母(肉酱油浇黄米饭)、炮豚(煨烤炸炖乳猪)、炮牂(煨烤炸炖羔羊)、捣珍(烧牛、羊、鹿里脊)、渍珍(酒糖牛羊肉)、熬珍(类似五香牛肉干)和肝膋(网油烤狗肝)。

代初步建立中国菜系,并形成南甜北咸的格局;清初,鲁菜、川菜、粤菜、苏菜成为当时最有影响的"四大菜系";清末,浙菜、闽菜、湘菜、徽菜与"四大菜系"共同构成中国传统饮食的"八大菜系"。[1] 各地在美食上的创意改造超越了人类对食物的基本要求,组成了极具地域特色的世界饮食文化。

漫长的历史长河中,住宅房屋在人类无限的创意与创造行为的帮助下几经变革。最初人类以自然条件为基本的生存环境,在山洞、土穴中群居生活。在劳动工具的发展成熟后,人们的创意开始发挥作用,创造出单独的住宅,主要有土坯住宅、木结构干栏式住宅、庭院式(含四合院)住宅、宫殿庭堡式住宅、砖石住宅、砖石商人住宅、贵族别墅住宅、早期城市平民住宅等。随着建筑材料、工程结构、施工技术和设备条件的不断发展,人们在各种技术与材料的基础上开展创意活动,将单间发展成组合间、套间式、走道式住宅,随后又创造出住宅门道和楼梯,房屋也逐渐发展成为单元式住宅。待采光、保温、通风、下水设备等条件完善,水暖电卫齐全的城市单元或独户式住宅就成为当代人较为理想的居住区域。[2] 人们的居住条件在创意与创造中不断改善、提高,建筑行业也随着各种房屋建设逐渐形成,成为如今展现文化创意的重要阵地之一。

人类的出行方式由徒步,发展到借助人或牲畜外力驱动的早期出行工具,如马车、牛车、人推车、舟、船等。进入 19 世纪后,人类的各种创意在科技革命的推动下相继实现、被创造出来,汽车、火车相继出现并逐渐普及,人类揭开了"动力交通时代"的序幕。之后,轮船、飞机以及火箭等动力交通工具的发明,将人类在出行方面的创意和创造推到一个更高的水平。

由此可见,人类文明史俨然就是创造文明的过程。没有人类各种奇思妙想的创意和世世代代的辛勤创造,就没有现如今辉煌灿烂的世界文明。

第二节 创意思维

创意思维是进行文化创意的重要工具,熟练运用创意思维可为解决文化创意中遇到的问题提供思路和启示。本节将从理性思维、感性思维和向度思维三个方面,具体探讨创意思维所包含的 15 种样式。

一、理性思维

人们左右脑发展的不均衡导致思维风格有着显著的倾向性。理性思维是一种有明确的思维方向,有充分的思维依据,能对事物或问题进行观察、比较、分析、综合、抽象与概括的一种思维。换句话说,理性思维就是一种建立在证据和逻辑推理基础上的思维方式。理性思维属于

---

[1] 百度百科.八大菜系[OL].https://baike.baidu.com/item/八大菜系.[访问时间:2020-03-28]
[2] 顾孟潮,米祥友.人类住宅的历史演变[J].住宅科技,1988(8):37-40.

代理思维。它是以微观物质思维代理宏观物质思维的。理性思维的产生,为物质主体时代的到来,为主体能够快速适应环境,为物质世界的快速发展找到了一条出路。[1] 理性思维强调严谨、缜密、推导的特点,包括逻辑思维、发散思维与聚合思维三种形态。

(一)逻辑思维

1. 概念阐释

在汉语中"逻辑"是一个外来词,在拉丁文、英文和德文中它分别是"logica""logic"和"logik",来源于古希腊文的"λσγοζ"一词,有语言、说明、比例、尺度等多种含义。逻辑思维是人类运用概念、判断和推理等思维形式对客观世界的能动的理性的认识,是间接、概括、抽象地揭示事物的本质属性及其与其他事物之间关系的思维,通过"人的实践经过千百万次的重复,在人的意识中以逻辑的格固定下来"。[2]

逻辑思维具有抽象性与严密性、规范性与确定性、批判性与开放性、形式化与系统化的特征。在具体思维实践中表现为概念的明确性、判断的准确性、推理的有效性及论证的可靠性。[3] 人们在逻辑思维过程中还会运用定义、划分、限制、概括、假说及探求因果联系的穆勒五法等逻辑思维方法。[4] 逻辑思维帮助我们揭露逻辑错误、发现和纠正谬误,因而有助于我们正确认识客观事物,更好地去学习知识,更准确地表达思想。

2. 文化创意中的逻辑思维

文化创意中的逻辑思维是以文化与创意为基础的思维方法,是利用文化创意的多种知识元素、文化元素和相关的学科知识,并借助于概念、判断、推理的逻辑方法反映客观现实和创造出新的文化现象的思维过程和方法。[5] 在平面构成中所用到的黄金分割、等(差)比数列等数理知识,已被广泛应用到产品、建筑及平面等创意设计中。例如,苹果手机遵循一定的科学规律,将其尺寸比例由原来的3∶2调整到现在的16∶9,适合了现代用户的使用要求。[6]

需要注意的是,将逻辑思维引入文化创意工作中有以下几点要求。首先,要具备丰富的文化知识。文化创意产业打的是文化牌,文化是该产业存在和发展的基础,丰富的文化知识对于文化创意主体的思维方式有巨大影响。其次,要有创新的思维意识。文化创意产品具有与时代紧密联系的特征,所以文化创意逻辑思维主体要有创新的思维意识。最后,融合协作的意识也至关重要。逻辑思维过程是复杂的思维对象,需要信息技术、传播知识、自动化技术、文化知识等相互碰撞才能生产高知识性和智能化的文化创意产品。[7] 只有结合时代特征和融合各种技术的信息,才能创造出具有影响力和实用性的文化创意产品。

---

[1] 百度百科.理性思维[OL]. https://baike.baidu.com/item/理性思维.[访问时间:2020-05-05]
[2] [苏]列宁.哲学笔记[M].北京:人民出版社,1974:233.
[3] 王保国.关于创新思维与逻辑思维关系的哲学思考[J].延边大学学报(社会科学版),2015(2):102-108.
[4] 张萍.论逻辑思维在创新过程中的作用[J].学术交流,2016(3):136-140.
[5] 张浩,张志宇.文化创意方法与技巧[M].北京:中国经济出版社,2010:16.
[6] 王伟玲,郑刚强,白铭玉.产品创新设计中的逻辑思维与形象思维[J].设计艺术研究,2018(3):100-105.
[7] 张浩,张志宇.文化创意方法与技巧[M].北京:中国经济出版社,2010:20.

(二) 发散思维

1. 概念阐释

发散思维又被称作多向思维或辐射思维,顾名思义,就是依据某个出发点,沿着不同的方向和角度来思考问题,与聚合思维相对,是一种综合的、全方位、高层次、非线性和立体的思维方式。很多科学家认为,发散思维是创造性思维最主要的特点,是测定创造力的主要标志之一(图4-2)。[1]

图 4-2 发散思维
(图源:摄图网)

发散思维具有流畅性、变通性、独特性和多感官性的特点。首先,流畅性就是自由发挥观念,反映的是发散思维的速度和数量特征。在尽可能短的时间内生成并表达出尽可能多的思维观念以及较快地适应、消化新的思想观念。其次,变通性就是克服人们头脑中某种自己设置的僵化的思维框架,按照某一新的方向来思索问题的过程。变通性需要借助横向类比、跨域转化、触类旁通,使发散思维沿着不同的方面和方向扩散,表现出极其丰富的多样性和多面性。再次,独特性指人们在发散思维中做出不同寻常的异于他人的新奇反应的能力。独特性是发散思维的最高目标。最后,多感官性指发散性思维不仅运用视觉思维和听觉思维,而且也充分利用其他感官接收信息并进行加工。此外,发散思维还与情感有密切关系。如果思维者能够想办法激发兴趣,产生激情,把信息情绪化,赋予信息以感情色彩,会提高发散思维的速度与效果。[2]

发散思维与其他思维方式也有着紧密联系。在创新思维的技巧性方法中,有许多都是与发散思维有密切关系的。同时,发散思维的主要功能就是为之后将提及的聚合思维提供尽可能多的解题方案。[3]

---

[1] 维基百科.发散思维[OL]. https://wiki.mbalib.com/wiki/发散思维.[访问时间:2020-05-06]
[2] 同上。
[3] 同上。

2. 文化创意中的发散思维

在进行文化创意时,发散思维的使用主要体现在对同一对象的多维发散状思考,向"一物多用""一题多解"等方向发展,从而提升创造力。例如,在潜力巨大的动漫产业中,发散性思维的作用十分明显。在对动漫周边产品开发的过程中,首先立足于动漫中的形象或场景,然后再利用发散思维对周边产品的设计进行思考,研究周边产品的新形式,生产具有创意的动漫衍生品。此外,随着智能化在各行各业的渗透,智能手机和其他智能设备推动了虚拟衍生品市场的发展,如开发以动漫IP为核心的电子游戏、网络游戏、手机程序、桌面壁纸等线上产品,不仅可以利用IP进行二次售卖,更重要的是提升了动漫IP曝光度和扩大了传播影响,促进了动漫产品自身的发展。

在使用发散性思维的过程中,一定要注意不要被旧观念束缚,旧观念既是构想产生的基石,也是阻碍新构想产生的绊脚石。要学会从多角度和多维度观察、思考事物,将各种思路交叉,寻求对事物的多种看法。同时要与时俱进,结合新的技术来创作出富有新意和实用性的文化产品。

(三)聚合思维

1. 概念阐释

聚合思维又称收敛思维、求同思维、集中思维,指结合已有的知识经验,将发散的不同方面、角度、部分、来源的信息引导到同一个方向,进行有方向、有条理、有范围地思考,从而得到一个好的解决方案的思维方式。聚合思维需要从众多可能性中做出快速判断,得出正确结果是最重要的。因为在进行聚合式思维时,人们需要聚焦于某个问题,进行层层分析,环节缜密,因此聚合思维具有封闭性、连续性、聚焦性的特点。在运用聚合思维时,要求我们将问题明确化,然后围绕这个目标进行一系列的努力。

收敛思维与发散思维是一种辩证关系,既有区别,又有联系,既对立又统一。收敛思维是一种求同思维,要集中各种想法的精华,由四面八方指向问题的中心,达到对问题的系统全面的考察,为寻求一种最有实际应用价值的结果而把多种想法理顺、筛选、综合、统一。而发散思维是一种求异思维,为在广泛的范围内搜索,要尽可能地放开,由问题的中心指向四面八方,把各种不同的可能性都设想到。没有发散思维的广泛收集,多方搜索,收敛思维就没有了加工对象,就无从进行;反过来,没有收敛思维的认真整理,精心加工,发散思维的结果再多,也不能形成有意义的创新结果,也就成了废料。只有两者协同动作,交替运用,一个创新过程才能圆满完成。[1]

2. 文化创意中的聚合思维

文化创意中的聚合思维,是在创意主体不断积累各种信息和经验的基础上,以若干不同事物的组合为主导的创意方法。[2] 文化创意中的聚合思维具有同一性、程序性和比较性三个特点。首先,所谓同一性是指它的求同性。创新思维的发展不再是任意的组合,而是把发散后得到的信息再组合起来,选择最佳组合,从而揭示出问题的实质,即找到解决问题的办法或答案。其次,程序性是指在解决问题的过程中操作的程序,先做什么、后做什么,按照严格的程序,使

---

[1] 维基百科.聚合思维[OL].[2020-05-07].https://wiki.mbalib.com/wiki/聚合思维.
[2] 张浩,张志宇.文化创意方法与技巧[M].北京:中国经济出版社,2010:33,34.

问题的解决有章可循。最后,比较性是指对寻求到的几种解题途径、方案、措施或答案,通过比较,找出较佳的途径方案、措施或答案。寻求实现目标的正确途径、最佳行动方案是非常重要的,否则就难以达到目标,生产出符合时代气息的创意产品。[1] 在博物馆文化创意方面,已有运用聚合思维服务文化创意产品开发的成功案例。例如,故宫博物院采用的就是聚合思维文化创意发展模式:先是收集已有的创意、方法和路径,就这一方案为何成功进行分析与思考,从而凝练出解决方案。从台北故宫博物院文化创意产业的发展来看,充分利用数字化技术,与时俱进,并进行强强联合,提升品牌影响力,均能达到挖掘文化创意产品潜力的作用。

文化创意主体在运用聚合思维的同时需要做到如下要求。第一,收集、掌握各种有关信息。文化创意产业是一种新兴的产业,有效采取各种方法和途径,收集和掌握与思维目标有关的信息,而资料信息越多越好,这是选用聚合思维的前提,有了这个前提,才有可能得出正确结论,创造出适合整个市场大环境需要的新的文化创意产品,赢得更多的企业利润。第二,要对掌摄的各种信息进行分析整理和筛选。文化创意主体在大量收集信息的同时,也要发挥聚合思维的分析方法,通过对所收集到的各种资料进行分析,区分出它们与思维目标的相关程度,以便把重要的信息保留下来,把无关的或关系不大的信息淘汰。经过清理和选择后,还要对各种相关信息进行抽象、概括、比较、归纳,从而找出它们的共同的特性和本质的方面。这是聚合思维的关键步骤,也是创意主体在文化创意过程中适当运用这种思维来达到最终目的,生产出创意产品的关键。第三,基于前期的工作,最终可以得出客观的、实事求是的科学结论。

二、感性思维

感性是作为理性的对立面而被理解的,在康德《纯粹理性批判》中的感性是指通过我们被对象所刺激的方式来获得表象的这种能力(接受能力)。从它的产生来源来讲,我们的感性并不是完全脱离了客体的,它首先是建立于对象(主)刺激(谓语)我们主体的感官(宾语)之上的。从它的过程来讲,它给主体提供了一个刺激(在你的意识之中产生了投射),而这个刺激以及刺激产生的过程,和我们之后以这个刺激为目的而进行的对这个客体的一系列(感受、观察、思考、想象)研究,都是一种直观的知识。从它引发的结果来看,它给我们提供了直观,借助于感性,对象被给予我们,且只有感性才给我们提供出直观;但这些直观通过知性而被思维,而从知性产生出概念。[2]

与严密的理性思维相比,感性思维更关注跳跃突破与张力,这种貌似随意、不羁的思维方式,其背后却有深层的脉络与支撑,产生"意料之外,情理之中"的创意效果。感性思维包括灵感思维、直觉思维、联想思维、想象思维与仿生思维五种形态。

(一) 灵感思维

1. 概念阐释

灵感思维又称顿悟,即经过长期思考却无所得,受到某些启发后,疑惑突然得到解决的心

---

[1] 张浩,张志宇.文化创意方法与技巧[M].北京:中国经济出版社,2010:36.
[2] 百度百科.感性思维[OL]. https://baike.baidu.com/item/感性.[访问时间:2020-05-07]

理过程。灵感是人脑的机能,是人对客观现实的反映。灵感思维活动本质上就是一种潜意识与显意识之间相互作用、相互贯通的理性思维认识的整体性创造过程。在人类历史上,许多重大的科学发现和杰出的文艺创作,往往是灵感这种智慧之花闪现的结果。[1]

灵感直觉思维作为高级复杂的创造性思维理性活动形式,它不是一种简单逻辑或非逻辑的单向思维运动,而是逻辑性与非逻辑性相统一的理性思维整体过程。灵感与创新可以说是休戚相关的。灵感不是神秘莫测的,也不是心血来潮,而是人在思维过程中带有突发性的思维形式长期积累、艰苦探索的一种必然性和偶然性的统一。[2] 在人类历史上,很多文艺创作、科学发现都是灵感的产物。灵感思维具有突发性、非自觉性的特点,很多时候难以名状,因此也具有模糊性的特点。

2. 文化创意中的灵感思维

不论是久思而至还是灵机一动,突发奇想的创意往往具有创新性和独特性,因此在文化创意产品的开发过程中,灵感思维至关重要。世界著名哲学家黑格尔在《美学》中指出:"最伟大的艺术作品也往往是外在的机缘而创造出来的。"要开发艺术设计中的灵感思维,首先要认识其产生和诱发的因素,然后要认识其规律,最后要促其进发,科学利用。引发灵感思维的基本方法是激情引发、联想引发和实践触发。[3] 简单而言,就是在创作中投入激情,在创作过程中积极联想,频繁实践。

便利贴这一全球畅销的文具以及文化创意产品载体的发明便是发明家的灵感思维产物。发明家艾伦·阿莫伦发明便利贴的灵感来自口香糖,当时,他正寻找在冰箱门上贴便条给妻子留言的方法。当用口香糖把便条粘在冰箱上时,灵感闪现,如果用纸条上附有胶水,可以把写有提醒的纸条粘到显眼的地方,是否就可以提供很多留言、提醒的便利?[4] 这就是便利贴的诞生过程。

值得注意的是,尽管灵感无从寻觅,但不意味着人可以坐等灵感到来。人的灵感思维受到环境的影响,与人的个人爱好、文化修养、宗教信仰和时代背景密不可分。[5] 因此进行灵感思维依旧需要广博的知识底蕴、勤奋的思考习惯作支撑,只有常学习、常积累、常思索,才能使量变达到质变的水平。

(二)直觉思维

1. 概念阐释

直觉思维是指不受某种逻辑规则的限制而迅速对事物作出判断的一种思维形式,对直觉的理解有广义和狭义之分:广义上的直觉是指包括直接的认知、情感和意志活动在内的一种心理现象,也就是说,它不仅是一个认知过程、认知方式,还是一种情感和意志的活动;而狭义上的直觉是指人类的一种基本的思维方式,当把直觉作为一种认知过程和思维方式时,便称之为

---

[1] 维基百科.灵感思维[OL]. https://wiki.mbalib.com/wiki/灵感思维.[访问时间:2020-05-07]
[2] 同上。
[3] 李翠玉.浅议艺术设计的灵感思维[J].湖北工业大学学报,2009(3):72-73+80.
[4] 惠晓霜.便利贴发明之争再起:便利贴到底是谁发明的?[OL].http://www.xinhuanet.com/world/2016-03/14/c_128796213.htm.[访问时间:2020-03-13]
[5] 李翠玉.浅议艺术设计的灵感思维[J].湖北工业大学学报,2009(3):72-73,80.

直觉思维。狭义上的直觉或直觉思维,就是人脑对于突然出现在面前的事物、新现象、新问题及其关系的一种迅速识别、敏锐而深入洞察,直接的本质理解和综合的整体判断。简言之,直觉就是直接的觉察。[1]

直觉思维具有直接性、突发性、非逻辑性、或然性和整体性等特点。直觉思维的基本内容包括:直觉的判断、直觉的想象和直觉的启发。[2]直觉的生成有其不同的境界:一是灵感,即主体在瞬间突然捕捉到解决问题的思路,然而还不够清晰;二是顿悟,亦称恍然大悟,即主体突然间达到了对事物本质的了解,或者对问题的关键的把握;三是直观,即主体在瞬间突然对要解决的问题及其发展达到了整体性的了悟。[3]

2. 文化创意中的直觉思维

文化创意中的直觉思维,是创新主体运用有限的经验知识,直达问题结论的思维方法。[4]在文化创意产业异军突起的今天,直觉思维更是发挥着不容忽视的作用。尽管直觉思维具有突发性、非逻辑性等特点,但并不意味着直觉思维可以凭空得来,产生直觉的前提是丰富的知识和经验。比如在出版行业,一个慧眼识珠、充满创意的出版人虽未必学富五车,但也是饱读诗书、经验丰富,更需要依靠自己敏锐的直觉思维选择作者与作品。如毕业于中国社会科学院研究生院哲学系的策划编辑郭红,是商务印书馆引进的第一位博士生,凭借自身过硬的专业知识与独特的市场敏感度出版了杨绛著作《走到人生边上》。同样,力捧多位新人作家并策划监制数十部脍炙人口畅销书的出版人耿帅自己也著有多部畅销书籍。除此以外,在运用直觉思维进行创造时还可采用张弛法、互补法和随记法。张弛法是指在进行长时间紧张的思维工作后适当放松,互补法指学习了解其他领域的知识,如从事社会科学创造的补充一些自然科学知识,反之亦然,此举有利于跳脱熟悉的思维领域,激发创造力。随记法指随时捕捉自己突然出现的想法和念头,不论想法好坏。知识与方法紧密结合才能创造出新的文化创意产品。

在文化创意过程中,直觉思维也会受到一定的阻碍,有时会引向错误和歧途。要克服直觉的这些不足,除了进行必要的逻辑论证,把握多种创造性思维形式,提高直觉思维的正确率外,最根本的就是要接受时间的检验,直觉思维的成果经实践检验如果与原来的意图相一致,就证明它是正确的,反之,就是错误的或是不完善的。[5]

(三) 联想思维

1. 概念阐释

联想思维简称联想,是人们经常用到的思维方法,是一种由一事物的表象、语词、动作或特征联想到其他事物的表象、语词、动作或特征的思维活动。通俗地讲,联想一般是由于某人或者某事而引起的相关思考,人们常说的"由此及彼""由表及里""举一反三"等就是联想思维的体现。[6]

---

[1] 维基百科.直觉思维[OL].https://wiki.mbalib.com/wiki/直觉思维.[访问时间:2020-05-07]
[2] 黄德源.直觉思维与创新[J].探索与争鸣,2008(4):74-76.
[3] 陈爱华.论直觉思维的生成及其作用[J].徐州师范大学学报(哲学社会科学版),2009,35(3):87-91.
[4] 张浩,张志宇.文化创意方法与技巧[M].北京:中国经济出版社,2010:43.
[5] 张浩,张志宇.文化创意方法与技巧[M].北京:中国经济出版社,2010:43,44.
[6] 董仁威.新世纪青年百科全书[M].成都:四川辞书出版社,2007:79-80.

联想思维有三种形式。一是接近联想。甲、乙两事物在空间或时间上接近,在审美主体的日常生活经验中又经常联系在一起,已形成巩固的条件反射,于是由甲联想到乙。例如,听到蝉声联想到盛暑,看到大雁南去联想到秋天到来等。二是类比联想。即对某一事物的感受引起对与其在性质上或形态上相似的事物的联想。例如,文艺作品中用暴风雨比喻革命,用雄鹰比喻战士。三是对比联想,即由某一事物的感受引起对和它有相反特点的事物的联想。例如,形象的反衬就是这种联想思维形式的运用。[1]

2. 文化创意中的联想思维

文化创意中的联想思维法,是根据事物之间都是具有相近、相似或相对的特点,进行由此及彼、由近及远、由表及里的一种思考问题的方法。它是通过对两种以上事物之间存在的关联性与可比性,去扩展人脑中固有的思维,使其由旧见新、由已知推未知,从而获得更多的设想、预见和推测。文化创意主体就是通过思路的连接把看似"毫不相干"的事件(或事项)联系起来,从而达到新的成果的思维过程。一般而言,联想思维被看成是创造性思维的重要组成部分,联想思维的成果就是创造性的发现或发明。[2]

在众多文化创意产业中,表演艺术文化创意是最需要联想思维的门类之一。表演艺术是通过演员的演唱、演奏或人体动作、表情等来塑造形象、传达情绪和情感,从而表现生活的艺术,常见的种类有戏剧、音乐、舞蹈等。[3]以舞蹈创作为例,舞蹈动作、造型以及舞台布景不但要具有美感,还需要充分表现表演的主题,因此"物拟人""人拟物"的造型和动作经常运用到舞蹈创作中去,让观众从甲联想到乙,从而深化人物形象、揭示舞蹈中心思想。[4]中国著名舞蹈家杨丽萍自编自演的女子独舞《雀之灵》,不仅在服装上采用绣有孔雀羽翎形状的雪白长裙模拟孔雀形象,在舞蹈动作上也从孔雀的姿态中汲取灵感,一举一动都似优雅而骄傲的孔雀,而这种"人拟物"的手法便是联想思维的产物。

在运用联想思维进行文化创作时,要注意在看似没有联系的事物中寻找共性,但也要注意不能生拉硬拽。巧妙的联想在一定程度上也是合理的联想,勇敢无畏的战士可联想到雄鹰,但将勇猛的战士和胆小的老鼠联系在一起,便没有道理可言了。

(四)想象思维

1. 概念阐释

想象思维是人脑通过形象化的概括作用对脑内已有的记忆表象进行加工、改造或重组的思维活动。它是形象思维的具体化,是人脑借助表象进行加工操作的最主要形式。[5]

想象思维具有形象性、概括性和超越性的特点,有再造想象思维和创造想象思维之分。再造想象思维是指主体在经验记忆的基础上,在头脑中再现客观事物的表象;创造想象思维则不仅再现现成事物,而且创造出全新的形象。文学创作中的艺术想象属于创造性想象,是形象思

---

[1] 阎景翰.写作艺术大辞典[M].西安:陕西人民出版社,1990:173-174.
[2] 张浩,张志宇.文化创意方法与技巧[M].北京:中国经济出版社,2010:49.
[3] 吴存东.文化创意学[M].北京:中国经济出版社,2010:01.
[4] 李明达.比拟与联想在舞蹈创作中的运用研究[D].长春:东北师范大学,2016.
[5] 维基百科.想象思维[OL].https://wiki.mbalib.com/wiki/想象思维.[访问时间:2020-03-17]

维的主要形式，存在于整个过程之中。即作家根据一定的指导思想，调动自己积累的生活经验，进行创造性的加工，进而形成新的完整的艺术形象。[1]

想象思维在人的精神文化生活中扮演着灵魂的角色。就如法国大作家雨果所说："莎士比亚的剧作首先是一种想象，然后那正是我们已经指出的，并为思想家所共知的一种真实，想象就是深度。没有一种心理机能比想象更能深入对象，它是伟大的潜水者。"[2]想象思维是人类进行创新及其活动的重要的思维形式。

2. 文化创意中的想象思维

文化创意中的想象思维是指主体在感知的事物和材料的基础上进行新的构建，创造出新形象的思维过程。在文化创意的过程中，想象思维不仅是在已有的知识、经验、形象的基础上，对已经认识的事物进行"超越""突破"，还要学会为了解决某种疑难问题而在原型启发物的诱导下，抽取它们的一些组成部分，根据需要，将它们组合成另一种有其自身结构、性质、功能与特性，而又与原型启发物不同的新的事物形象，这个新的事物形象就是创意思维的结果。[3]

动漫创作中的故事创作、角色造型制作和场景创作，都需要设计者充分发挥想象思维。许多中国动漫作品都是从经典的传统文化中汲取养分，将想象思维在创作中发挥得淋漓尽致，从而创造了相对合理的想象虚幻世界。如吴承恩的《西游记》在故事发生与发展中运用了大量的想象思维因素，向人们展示了一个虚幻的神魔世界；蒲松龄的《聊斋志异》以神、鬼、仙、妖、精等为想象思维的灵感来源，进行艺术的再创作，虚构出许多荒诞的故事；《九色鹿》的创作灵感即是根据莫高窟的北朝壁画鹿王本生图改编而来。文化创意者们在创作中冲破现实世界的种种束缚，展现了从想象思维出发的创新式创作理念。[4]

文化创意中的想象思维虽然形式上是超现实的，但它的内容必须以事实为依据，反映事实的本质。要想使想象成为现实，必须付诸艰辛的实践，还要受一定的社会价值观和科学发展水平的制约。因此，文化创意的主体在运用想象思维时不但要立足于现实，还要以促进社会利益和发展为根本出发点。创造性是想象的本质特征，社会价值是它的生命所在，只有具备了创造性，文化创意中的想象才有了价值前提。[5]还要注意的是，一方面，想象以感性思维为基础，另一方面，想象又与理性思维联系在一起。只有将感性与理性结合，同时立足于现实，才能创造出好的文化创意。

（五）仿生思维

1. 概念阐释

人的创造源于模仿，如果一个人对任何事物一无所知，他是不可能进行创造活动的，而人类最原始的模仿对象无疑就是自然界存在的客观事物。因此，仿生是人类发明创造活动的第一步。生物界有许多物种具有特殊能力，如狗的嗅觉、猫头鹰的夜视力、鸽子传递书信的能力、

---

[1] 百度百科.想象思维[OL]. https://baike.baidu.com/item/想象思维/2544778. [访问时间：2020-05-07].
[2] 张浩，张志宇.文化创意方法与技巧[M].北京：中国经济出版社，2010：53.
[3] 同上.
[4] 李歆.动漫创作中的想象思维因素[D].福州：福建师范大学，2008.
[5] 张浩，张志宇.文化创意方法与技巧[M].北京：中国经济出版社，2010：54.

鱼的潜水能力、青蛙的动态捕食能力等,这些生物的奇特构造、机能和奇妙的本领,给了人类极大的启示,人类开始对这些生物的奇特能力进行研究,并加以完善,在长期的研究中,逐渐形成了一种思维方式,这种思维方式就是仿生思维法。[1]

仿生思维法[2]是创造性思维的一种基本方式,它以生物体作为认识对象,通过人的创造活动物化一种前所未有的新的形态、结构,出现一种新的功能,满足人类新的需要。这是一个"具体—抽象—具体"的转化过程,即从对生物体的具体认识到运用仿生创造性思维,再到创造新事物的过程。

2. 文化创意中的仿生思维

文化创意中的仿生思维是仿生思维在文化与创意的基础上的思维方法,是仿生思维借助文化创意的多种知识元素、文化元素和相关的学科知识,以自然物为仿生思维对象和灵感来源来创造新事物的思维过程和方法。在文化创意的过程中,运用仿生思维的方法,借助仿生学和设计学的各种知识和科技手段创造出具有实用意义的产品,人类运用其仿生思维、观察能力和设计能力,对生物进行模仿,并通过创造性的劳动,研制并开发出新的创意产品。[3]

由于仿生思维已证明其科学价值,因此为旅游创意的生成提供了一种范式。运用仿生思维为旅游策划提供指导,需要在坚持自然法则、生物多样性原则和系统性原则的基础上,进行如下仿生策划[4]:第一种是形态仿生,是模仿自然界生物、客观事物或现象的基本形态。第二种是结构仿生,借鉴力学原理,致力于解析各类生物的结构特性,同时应用科技进行模拟或改造,设计出现实的仿生结构物体,自然界常见的"薄壳结构"在建筑设计、旅游创意中被广泛使用。第三种是功能仿生,主要是通过对生物特殊功能进行模仿。第四种是系统仿生,是建立在上述三种仿生思维有机融合的基础上,通过精神层面的塑造,使这类策划成果在整体空间环境内得以动态平衡地运行,如安徽"牛"形宏村的形成过程就是动态系统仿生的典型代表。

文化创意中利用仿生思维进行创意可以通过以下这些思路。首先是仿生类比,如雷达。即寻找和思考生物的特性,看是否能将其运用到创造中。其次是实用仿生,如人造心脏技术,其出发点是产品必须有实用性。最后是创造仿生,如 DNA 计算机,这种思路强调文化创意中的仿生思维不单是模仿,还要有创新。仿生思维在艺术设计、工业设计等领域也发挥着重要作用,在进行文化创意时应收集相关案例,拓展思维,结合想象力、创造力和观察力,将自然与社会相统一,在未来的文化创意中发挥仿生思维的效用。

三、向度思维

向度又称维度,是一种空间概念,是判断、评价和确定一个事物的多方位、多角度、多层次的角度。[5] 单向度指单一层面,而全向度指超越不同向度的边界的各个角度和层面。如果说

---

[1] 张浩,张志宇.文化创意方法与技巧[M].北京:中国经济出版社,2010:84.
[2] 张浩,张志宇.文化创意方法与技巧[M].北京:中国经济出版社,2010:85.
[3] 同上.
[4] 郑耀星,凌坤育.仿生思维在旅游创意策划中的应用[J].资源开发与市场,2016(10):1269-1272,1282.
[5] 百度百科.向度[OL]. https://baike.baidu.com/item/向度.[访问时间:2020-05-07]

理性思维与感性思维更多强调的是"思维流",那么向度思维更多强调"思维向",这种向度包括求同思维、求异思维七个向度,也称为七种形态。

(一)求同思维

1. 概念阐释

求同思维又称辐合思维,与发散思维相对,是指聚合与问题有关的信息,运用抽象、概括等逻辑方法,使信息朝着一个方向收敛,形成唯一的答案。但求同思维与思维定式不同。思维定式是将习惯性思路引向僵化、重复、片面的歧途,是一种惰性思维;求同思维则是既求变、求新,又不以求异为目的,把"异"当作唯一的标准。

求同思维具有三大特点:一是归一性,即通过求同找到唯一最优解决问题的方法;二是程序性,指在解决问题的过程中,按照一定的顺序解决问题,使解决问题有章法可循;三是求实性,指信息搜集、分析、论证必须是根据客观真理进行,不可随意想象、捏造。因此,求同思维要求我们避免用不真实的信息进行推演,避免求证过程不严谨,敷衍。也不可不尊重逻辑规律,随意妄为。[1]

2. 文化创意中的求同思维

文化创意中的求同思维法是指在文化创意的过程中抓住事物的这些共同点,通过吸收新的知识元素和科学技术,从而发现新的创意的过程。在文化创意产业不断发展变化的今天,我们务必不要被事物的外在差异所迷惑,应努力从不同事物的差异中寻求其共同的本质。一旦找到了各种不同事物的共同本质,就是思想的一种突破和深化,这是十分有利于创意主体寻求创意之路的。所以,在创新的过程中要通过不断的探索、求同,从而创造出具有新颖性的创意产品。[2]

以求同思维在影视行业文化创意中的作用为例,这一思维可帮助企业把握行业风向。影视产业中,收视率这一概念在电视的节目制作编排、节目评价及广告投放决策中占有关键作用,因为行业认可其作为"科学"的观众测量数据,能够"客观"地反映观众的收视行为和意愿,体现大众文化。某一类影视作品收视率高低可反映这一时期观众的观看喜好,寻找这一类作品的特点可帮助影视企业推出大众喜闻乐见的文化创意产品。但同时也要注意一些问题,如当下收视率造假极大地干扰投资人和创作者的判断,极易带偏行业发展方向。因此在运用求同思维进行影视文化创意时,一定要注意数据的真实可靠,切勿盲目跟风。[3]

求同思维对文化创意的主体提出了如下要求。首先,要根据具体情况相应地增加比较的场合。文化创意产业在中国仍属于新兴产业,因此在尽可能多地进行文化创意探索和研究的同时,尽量增加被比较场合数量,提高结论的可靠性。其次,对共同情况加以认真分析,对唯一共同情况是否和被研究现象确有联系做出准确的判断。文化创意产业,是在与世界经济接轨的过程中逐渐浮出水面的。相对于其他发达国家,我们的经验还很不足,所以认清国内经济发

---

[1] 陈秋月.辐合思维与发散[OL]. https://www.xinli001.com/info/100016549.[访问时间:2020-03-11].
[2] 张浩,张志宇.文化创意方法与技巧[M].北京:中国经济出版社,2010:58-59.
[3] 张韵,吴畅畅,赵月枝.人民的选择?——收视率背后的阶级与代表性政治[J].开放时代,2015(3):158-173,9.

展状况的同时,也要积极地与国际接轨,吸收新的经验教训,取其精华,去其糟粕,从而创造出具有自己特色的文化创意产品。[1]

(二)求异思维

1. 概念阐释

求异思维是在思维中自觉打破已有思维定式、思维习惯,抛开以往的思维成果,突破经验思维束缚的思维方法。一种物质可能有多种表现形态,一个问题可能有多种解决的办法。求异思维的关键在于"独创性",这与一般思维方式是不相同的。它需要更精细地观察、准确地记忆以及创造性地联想和探索。在整个过程中,更需要的是对已掌握的旧知识进行合理、灵活、巧妙的迁移和组合。

求异思维作为一种逆向性的创造性思维,其特征是用不同于常规的角度和方法去观察分析客观事物而得出全新形式的思维成果。求异思维的内涵具有广博的开拓创新性和迁延性,求异思维能够克服凝固化和一统化弊病,冲破陈旧的思维模式把思维从狭窄封闭、陈旧的体系中解放出来,在一个新的领域中进行思维的创造性、开拓性的辐射与复合。总而言之,求异思维是一种高水准的思维,是人的智力水平高度发展的表现。[2]

文化创意要求不谋而合,文化创意的灵魂在于创新,善于"标新立异"是文化创意主体的共同之处。进行文化创意需要从新的角度、用新的思路、新的方法认识事物,来创造新的产品。[3]

2. 文化创意中的求异思维

文化创意的求异思维要求主体从多方向、多角度捕捉创作灵感的触角。人们每接触一件事、看到一个物体,都会产生印象和记忆,接触的事物越多,想象力越丰富,分析和解决问题的能力也就越强。这种思维形式不受常规思维定式的局限,综合创作的主题、内容、对象等多方面的因素,吸收诸如艺术风格、民族习俗、社会潮流等一切可能借鉴吸收的要素,将其综合在自己的创作思维之中。[4]

求异思维运用得当,可创造巨大的价值。纸质书籍经历了上千年的发展,除了纸张的质量不断完善外,基本没有质的变化。2007年11月19日,美国最大的网络电子商务公司亚马逊(Amazon.com)推出其电子阅读器Kindle,对读者而言,只要打开Kindle的电源和无线网络,就能浏览和购买亚马逊提供的所有电子书,它们永远也不会断货。[5] Kindle的轻巧机身和大容量存储也使得将大量图书随身携带成为可能,减少了人们的出行负担。从实体书籍到电子书籍,书籍的发展经历了革命性的变化。

运用求异思维进行文化创意,需要培养怀疑习惯,既要敢于质疑权威,也要改变人云亦云的态度,不轻易追随大流。作为对中世纪宗教神权的反抗,文艺复兴时期的艺术家们以人文主

---

[1] 张浩,张志宇.文化创意方法与技巧[M].北京:中国经济出版社,2010:61-62.
[2] 张浩,张志宇.文化创意方法与技巧[M].北京:中国经济出版社,2010:63.
[3] 张浩,张志宇.文化创意方法与技巧[M].北京:中国经济出版社,2010:63-64.
[4] 张浩,张志宇.文化创意方法与技巧[M].北京:中国经济出版社,2010:63.
[5] 匡文波,龚捍真,蒲俊.电子书阅读器Amazon Kindle的发展及其影响[J].图书馆理论与实践,2011(2):90-92.

义为核心,呼吁重视人的价值,批判中世纪神权将艺术降格为宗教附庸的做法。而19世纪的印象派画家又认为文艺复兴的绘画大师过于执着于内容而忽视了绘画作为造型艺术的技巧性,[1]也反对逐渐落入俗套的古典学院派,将绘画追求拉向技巧的精进和向生活的靠拢。不论是文艺复兴时期的画家还是印象画派都通过求异思维引领了时代潮流。但是求异并不意味着全盘否定传统和前人的成果。事物的发展必然经历否定之否定、螺旋式上升、曲折式前进的过程,在否定中存在着肯定。只有充分认识先前成果的优势,吸收成功项目与产品的精华,才能在过去的基础之上创新,突破已有的定势。

(三) 纵向思维

1. 概念阐释

纵向思维是研究分析对同一事物过去、现在和将来后,寻找和联系同一事物在不同时期的特点,来把握事物及其本质的思维类型。纵向思维按照时间顺序认识事物,思维过程中的客体统一,不横向扩展思维领域,而通过纵向挖深不断加深对事物的认识。纵向思维遵循由低到高、由浅到深、由始到终等顺序,因此合乎逻辑。

纵向思维有五大特点。第一,由轴线贯穿的思维进程。当人们在对事物进行纵向思维时,会抓住事物的不同发展阶段所具有的特征进行考量、比照、分析。事物体现出发生发展等连续的动态演变特性,而所有片段都由其本质轴线贯穿始终。如人类历史由人类的不同发展历史串联而成。这里的时间轴是最常见的一种。第二,清晰的等级、层次、阶段性。纵向思维考察事物背景参数量变到质变的特征,能够准确把握临界值,清晰界定事物的各个发展阶段。第三,良好的稳定性。运用纵向思维,人们会在设定条件下进行一种沉浸式的思考,思路清晰连续单纯,不易受干扰。第四,目标性方向性明确。纵向思维有着明确的目标,执行时就如同导弹根据设定的参数锁定目标一样,直到运行条件溢出才会终止。第五,强烈的风格化特点。纵向思维本身的种种专精特质,决定其具有极高的严密性,独立性,个性突出,难于被复制而广泛流传。[2]

2. 文化创意中的纵向思维

文化创意中的纵向思维要求文化创意主体纵深前进,按照原定的方向一步接一步地设想、推理,思考每一个环节,最终有序地完成创新。文化创意产业的纵深挖掘,可以是对创意对象不断挖掘、全方位研究后在形式上的创新。例如,2012年12月21日《罗辑思维》节目的第一期视频上线,此后每周更新一期,在互联网经济、创业创新、社会历史等领域制造了大量现象级话题。随后,自2017年3月开始,《罗辑思维》节目全面转移至"得到"App。[3]从依托平台的知识共享到自立门户的知识付费,罗振宇充分利用可用的资源和现有的技术,把握时机,不停留于已有的形式和规模,将知识的加工产业做大做强,正是纵向思维的推动结果。

---

[1] 李伟琴.论油画创作中的求异思维[J].艺术百家,2019(3):148-152.
[2] 百度百科.纵向思维[OL] https://baike.baidu.com/item/纵向思维.[访问时间:2020-05-07]
[3] 李意安.罗辑思维拟2018申请A股IPO知识付费上市路将开启?[OL] http://www.eeo.com.cn/2018/0122/321252.shtml.[访问时间:2020-03-14]

文化创意主体在运用纵向思维时，要注意以下几点。首先，纵向思考事物的发展方向。任何事物的发展都是有一定规律可遵循的。在文化创意主体运用纵向思维法进行创新时，首先要抓住事物的发展规律，只有看清事物的历史发展过程，深入了解事物的结构状态，才能在原有的基础上，通过重新加工整合使旧事物改变原貌注入新鲜的知识技术元素，从而符合人们的需求，在竞争中取得有利地位。其次，通过事物的现象看本质。文化创意的过程是充满艰辛的过程，因此，独到的眼光和孜孜不倦的探索是文化创意主体所应该具有的。不要被事物的外在表象所蒙蔽，以为看到的就是事物的所有特质，从而忽略了重大的发现。文化创意主体要有深入探索的精神，抓住事物的本质，而不是简单的概括，要抓住精髓所在，才能取得新的创新，生产出具有新颖性、独特性的文化创意产品。[1] 因此，文化创意主体在平时需养成深思的习惯，思维的突破绝不会建立在对事物浅显的理解之上，只有深入事物的本质，抓住精髓，才能实现后期的突破。

（四）横向思维

1. 概念阐释

横向思维是在规定的时间区域内研究分析某一事物和周围事物的相互关系，发现事物在不同环境中的运动特点和规则的思维活动类型。

横向思维的特点是[2]：第一，在限定的时间域研究同时存在的事物的相互关系。第二，思维对象在空间和时间上都处于同一横断面的事物。第三，与多种事物交流、交换信息，不囿于某一领域内。文化创意中的横向思维法则具有跳跃性、反常性、丰富性等特点，追求新颖出奇，与众不同。

2. 文化创意中的横向思维

文化创意中的横向思维法是要求尽量摆脱固有模式的束缚，是从不同的角度去发现和思考问题，全方位地进行构想，不断寻求全新的创意。创造性、丰富性、跳跃性和反常性是横向思维的主要特征，那么，文化创意过程中的横向思维也必然带着这些特性。这些特性使得文化层面的创意更加丰富多彩起来，也会新颖出奇，不同于一般，与众不同。[3]

在文化创意领域，横向思维常常能发挥出其不意的作用。如巧克力品牌士力架在2011年发布了这样一则广告片：守门员饿成林黛玉，站都站不稳，吃了一口士力架后，立刻变回原本的精力充沛的守门员形象。广告片中的林黛玉是一个家喻户晓的如弱柳扶风的虚弱女子，广告创意片使用这一形象和吃完产品后虎虎生威的守门员形成鲜明对比，使得产品补充体力的功能得到极佳的展示。广告需要表现产品的特点、功能，但如果仅仅局限于单一的对产品的宣传，往往会沦为平庸。与不同行业、领域，甚至次元空间进行大胆的联系，往往能碰撞出不一样的火花。

在运用横向思维进行文化创意时，可尝试对同一问题提出不同方案，并扩大信息面，多与

---

[1] 张浩,张志宇.文化创意方法与技巧[M].北京:中国经济出版社,2010:71.
[2] 杨惇节,杨吉福.纵向思维和横向思维的统一及其能力的培养[J].甘肃农业大学学报,1989(3):128-133.
[3] 张浩,张志宇.文化创意方法与技巧[M].北京:中国经济出版社,2010:73.

人沟通交流,以获得有益的刺激。需要强调的是,横向思维和纵向思维并不是彼此隔离、相互排斥的,而是相互作用、相辅相成的。二者具有互补性。[1]在进行文化创意时,灵活运用两种思维可起到事半功倍的效果。

(五) 正向思维

1. 概念阐释

正向思维[2]就是人们在创造性思维活动中,沿袭某些常规去分析问题,按事物发展的进程进行思考、推测,是一种从已知进到未知,通过已知来揭示未知本质的思维方法。这种方法一般只限于对一种事物的符合自然发展规律的思考。坚持正向思维,就应充分估计自己现有的工作、生活条件及自身所具备的能力,就应了解事物发展的内在逻辑、环境条件、性能等。这是自己获得预见能力和保证预测正确的条件,也是正向思维法的基本要求。

正向思维使我们的大脑处于开放、激活、积极的状态,让我们感到"兴奋""激情"。这样的状态能帮助我们调动身体各个系统和器官朝一定方向运动,挖掘我们的能力、创造力以及潜力。

2. 文化创意中的正向思维

文化创意中的正向思维方法要求文化创意者要拥有正向思维,即积极的、开放的、建设性的、导向成功的思维方式,这样的文化创意产品才具有良好的社会价值。[3]还要求文化创意者保持对未知的开放态度,接受不断变化的万物,相信事物发展的过程是曲折的,但前途是光明的。

很多文化创意产品的构思,尤其是文学艺术作品,需要经历很长的周期,创作主体需要耐得住寂寞,不断打磨作品。例如,2019年大热的电影《哪吒之魔童降世》的剧本写了66稿,历经两年剧本打磨、三年制作,由60多家制作团队、1 600多位制作人员参与。全片特效镜头占了近80%,由全国20多家特效团队制作完成。[4]在创作和创意的过程中会产生很多变数,也会遇到意想不到的挑战,但要坚持正向思维的引导,既怀揣正面积极的态度,也要充分估计现有的条件,按照事物发展的进程一步步思考。

运用正向思维进行文化创意还应注意以下几点。要保持积极向上的态度。正向思维的人总处在激情、激活的状态,灵感、思想火花、绝妙的观点和宏伟的策略,都会迸发而出,自觉地、一次又一次地反复调整和控制自己,长此以往,一种良好思维方式就会变成自己的意识活动。要有足够的评价和评估能力。文化创意中的正向思维方式是这样的一个过程:正向思维—导向成功—强化正向思维—进一步成功。这个过程是复杂的,因此评价创意主体是否具备成功的条件、如何才能实现文化创意产品的转化的能力十分重要。

---

[1] 季冠芳,晁连成.简论横向思维[J].黑龙江社会科学,1997(5):14-16.
[2] 张浩,张志宇.文化创意方法与技巧[M].北京:中国经济出版社,2010:76.
[3] 张浩,张志宇.文化创意方法与技巧[M].北京:中国经济出版社,2010:77.
[4] 人民网.哪吒第二部外还有续集第三部,导演饺子为电影写了66稿[OL]. http://hb.people.com.cn/GB/n2/2019/1214/c370738-33632022.html.[访问时间:2020-03-30]

(六) 逆向思维

1. 概念阐释

逆向思维指在分析和解决问题的过程中,自觉地从事物的常规形态和人们的常规思路的相反方面去思考问题的思维方式。[1]拥有逆向思维的人敢于让思维向对立面的方向发展,从问题的反面深入地进行探索,从而获得独创性的成果。逆向思维具有普遍性、批判性、新颖性的特点。

逆向思维方法的熟练运用需要了解逆向思维的角度。常见的逆向思维角度有以下几种。第一,优缺点的角度。在一定的条件下优缺点可以相互转化,如何缺点优用,变废为宝是需要思考的问题;第二,结构颠倒的角度。结构决定功能,结构的改变会导致功能改变。第三,物态变化的角度,即当看到一种状态变为另一种状态时,思考其逆变化过程。第四,思路颠倒的角度,即从已有的思路方向相反的角度去思考问题。

2. 文化创意中的逆向思维

文化创意中的逆向思维也是从相反的角度来思考问题。如不是从"我要怎么做",而是"别人要我怎么做"来想。并敢于逆流而上,从之前人们从未考虑的方面着手。

文化创意中逆向思维法的思维方法主要有下面三种类型[2]。一是反转型逆向思维法。这种方法是指从事物的功能、结构、因果关系三个方面作反向思维。比如,市场上出售的无烟煎鱼锅就是把原有煎鱼锅的热源由锅的下面安装到锅的上面。这是利用逆向思维,对结构进行反转型思考的产物。二是转换型逆向思维法。这是指在研究问题时,由于解决该问题的手段受阻,而转换成另一种手段,或转换角度思考,以使问题顺利解决的思维方法。如历史上被传为佳话的司马光砸缸救落水儿童的故事,实质上就是一个用转换型逆向思维法的例子。三是缺点逆用思维法。这是一种利用事物的缺点,将缺点变为可利用的东西,化被动为主动、化不利为有利的思维发明方法。

逆向思维方式在文化创意产品的发明中常常发挥着重要作用。最初的活塞式圆珠笔问世后,因为笔珠在写到2万字以后便磨损掉出,造成整支笔不能使用,很多发明家为解决这个问题,纷纷想办法提高笔珠的耐磨性,但均失败。日本的田中藤三郎却反向而行,他不管笔珠是否耐磨,而是发明了只能写1.5万字的圆珠笔芯,这样在笔珠磨坏之前,笔芯就用完,圆珠笔也报废。

与常规思维不同,逆向思维是反过来思考问题,是用绝大多数人没有想到的思维方式去思考问题。运用逆向思维去思考和处理问题,实际上就是以"出奇"去达到"制胜"。因此在文化创意中,逆向思维的主体需要克服思维定式,破除固有的以经验和习惯主导的认识方式。

(七) 立体思维

1. 概念阐释

立体思维[3]也称"多元思维""空间思维",要求主体跳出点、线、面的限制,从上下左右、四

---

[1] 于占元.发明创造学原理与方法[M].沈阳:沈阳出版社,1992:123.
[2] 张浩,张志宇.文化创意方法与技巧[M].北京:中国经济出版社,2010:82.
[3] 维基百科.立体思维[OL]. https://wiki.mbalib.com/wiki/立体思维.[访问时间:2020-05-07]

面八方去思考问题,即排除固定观念、突破固有框架,把常规的平面型思维模式扩展到空间,把二维思考扩展到三维甚至是多维思考。[1] 具有多维性、整体性、系统性的特点。掌握现时代的立体思维,实现对空间的动态的充分利用是人类生存发展和提高生活质量的唯一出路。许多难题在平面思维中得不出答案,但在立体思维过程中,却可以获得圆满的解决。

立体思维思考问题时常有三个角度[2]。一是有一定的空间。世界上的万物都在一定的空间存在。立体思维就充分考虑了事物存在的空间,就能跳出事物的本身,用更高的角度去观察、思考问题。二是有一定的时间空间。世界上的事物都是在一定的时间中存在,从时间的角度去思考,往往可以使我们作今昔的对比,从而瞻望未来,具有超前意识。三是万物联系的网络。世界上的事物都不是孤立存在的,它们相互组成一定的联系。我们在事物的千丝万缕联系的网络中去思考问题,就容易找出事物的本质,从而拓宽创新之路。

2. 文化创意中的立体思维

文化创意中的立体思维要求文化创意工作者摆脱熟悉的平面思维方式,从立体几何的角度来进行思考。运用立体思维可以反映认识对象在一定时空内的外在或内在结构、位置、网络,以及这种结构、位置、网络运动变化的立体形态或全息轨迹,从这一角度出发来思考文化创意产品的设计将会有意想不到的发现。

利用VR技术建立虚拟展馆便利用了这一思维方式。随着大数据时代的到来,科技日新月异,在互联网技术、多媒体技术以及虚拟现实技术等的支持下,展馆可运用互联网来进行陈列阐释,由静态转向动态,构建虚拟展馆,社会群体可通过网络对虚拟展馆进行虚拟参观,浏览展项,或开展交互体验。[3]

在运用立体思维时需要注意,点、线、面的角度不是完全不对,立体的角度也不是万能,要从解决问题的出发点考虑,判断何种为最合适的方式,再进行文化创意工作方向的选择。

第三节 创意手段

创意手段是发现、收集、采用创意的方法和途径。根据相应文化创意产业的特点有选择地使用这些手段可帮助主体提高创意的效率和质量。本节将主要对特性列举法、头脑风暴法、设问法、组合法、比较发现法、移植法和实验法这七种方法进行阐述。

一、特性列举法

特性列举法又称AL法,1954年由美国内布拉斯加大学克劳福德首次提出,发表在《创造

---

[1] 周耀烈.创造理论与应用[M].杭州:浙江大学出版社,2000:64.
[2] 维基百科.立体思维[OL]. https://wiki.mbalib.com/wiki/立体思维.[访问时间:2020-05-07]
[3] 杨蓓.基于VR技术的虚拟展馆实现探讨[J].科技创新导报,2019(27):78-79.

思维的技术》上。该技法指使用者在创造的过程中罗列、观察和分析事物或问题的特性,针对每项特性提出优化、改变的方法,尤其适用于老产品的升级换代,常用于简单设想的形成与发明目标的确定。特性列举法的使用要点是先分解、后分析,无限联想,打破心理定式和思维定式以及交叉运用发散性思维和集中性思维。

(一)特性列举法的步骤

特性列举法的实施分为三个步骤[1]:首先,将目标改良物品分为名词、形容词和动词三种属性。产品的名词属性一般包括整体、部分、材料、制法这4个部分,形容词属性一般包括产品形态、颜色、大小、轻重、厚薄、质感、商务的、休闲的和自然的等,动词属性分析:主要是指对产品的功能,分为使用功能和使用动作两个部分。然后,变换相应特征。在进行详细的特性罗列、分析后,通过联想与想象,找出可以加以改良的特性。如产品的材料是否可以改良为质地更轻、更环保的,产品的颜色能否增加,产品是否可以增加附加使用功能等。最后,提出新的构想,即将改良的特性重新整合,提出新的方案或构想。

(二)特性列举法的变式

特性列举法还有许多变式,如缺点列举法和希望点列举法。

1. 缺点列举法

缺点列举法[2]是把对事物认识的焦点集中在发现它们的缺陷上,通过对它们缺点的一一列举,提出具有针对性的改革方案或者创造出新的事物来实现现有事物的功能。它的原理是事物总是有其客观存在的缺点,这与人们追求完美的天性是相冲突的,而这个矛盾正是缺点列举法创新的动力。它一般是从比较实际的功能、审美、经济等角度出发来研究对象的缺点进而提出切实有效的改进方案,简便易行且见效快,因而也是最容易出成果的。

缺点的提出可从以下四个方面来考虑[3]。第一,从功能上找缺点。产品功能可分为总功能和分功能,产品的创新可在明确总功能并分解分功能后逐一寻找产品目前在功能实现中存在的开发点。第二,从用户意见中找缺点。可采用用户调查法或产品进入市场前给部分人的试用反馈来了解产品缺点。第三,从感觉因素上找缺点,即产品的外观。第四,从与周围环境的关系中找缺点。产品的适合与否与其周围环境是否搭配也有很大的关系,如古镇风景区的文化创意店一般不适合采用过于现代、科技的装潢设计。

2. 希望点列举法

希望点列举法[4]是创新者从社会需求或个人愿望出发,通过列举希望点来形成创新目标或课题,进而探求解决新的设计问题和改善设计对策的分析方法。其原理是人的需求是无法满足的,当一种需求得到满足之后,将会出现更高的需求。需求的背后往往隐藏着事物的新问题与新矛盾,而这个矛盾正是希望点列举法存在的动力。它往往从实际的意愿出发提出各种

---

[1] 樊静.特性列举法对个体创造性思维产出影响的研究[D].苏州:苏州大学,2012.
[2] 王星河.缺点列举法与希望点列举法在产品设计中的组合应用[J].艺术生活,2010(3):62-63.
[3] 何文波,刘丽萍.基于缺点列举法的产品设计[J].河南科技大学学报(社会科学版),2006(2):70-72.
[4] 王星河.缺点列举法与希望点列举法在产品设计中的组合应用[J].艺术生活,2010(3):62-63.

假设,是一种主动式的思维方式,它可能会完全改变产品的现状而产生创造性的突破,也就是破坏性的创新。

理想型希望、超前型希望、幻想型希望都有产生灵感和创意的可能,但获得的结果各有不同。列举理想型希望点,一般形成现实性课题,即对已有事物的改进、完善和优化,实施起来目标明确,借用的信息、资料较多,容易达到预期的目的。列举超前型希望点,实际上是瞄准潜在的需要下功夫,它可能是一种客观存在的但人们尚未提到议事日程的潜欲望,也可能是人们已经意识到但可望而不可即的企盼。在一定条件和时机下,潜在需要会凸显为现实需要。幻想型希望的实施难度最大,因为缺少实现的现实条件,常常是超前的、天马行空的。幻想能帮助人们解放思想,但也常常让人种下只开花不结果的智慧之树。[1]

二、头脑风暴法

头脑风暴法出自"头脑风暴"一词。所谓头脑风暴(brain-storming)最早是精神病理学上的用语,指精神病患者的精神错乱状态而言的,如今转变含义为无限制的自由联想和讨论,其目的在于产生新观念或激发创新设想。而头脑风暴法由美国创造学家奥斯本(A. F. Osbom)于1939年首创,是一种激发创造性思维的技法。该方法主要由小组人员在正常融洽和不受任何限制的气氛中以会议形式进行讨论、座谈,打破常规,积极思考,畅所欲言,充分发表看法(图4-3)。

在群体决策中,由于群体成员心理相互作用影响,易屈从于权威或大多数人意见,形成所谓的"群体思维"。群体思维削弱了群体的批判精神和创造力,损害了决策的质量。为了保证群体决策的创造性,提高决策质量,管理上发展了一系列改善群体决策的方法,头脑风暴法是较为典型的一个。[2]

图 4-3 头脑风暴
(图源:摄图网)

---

[1] 信建英.希望点列举法在产品创新设计中的应用探讨[J].科技与创新,2017(10):59.
[2] 百度百科.头脑风暴法[OL]. https://baike.baidu.com/item/头脑风暴法.[访问时间:2020-05-07]

（一）头脑风暴法的操作

每一个头脑风暴小组的成员分为领导者、记录者和小组成员三种角色。领导者必须是一位善于聆听的人。在头脑风暴前，他需要精练地陈述进行头脑风暴的原因，并准备热身活动。在头脑风暴过程中，他要提醒成员注意基本规则，烘托气氛。记录者应清楚地记下每一个想法，并保证每个人都能清楚地看到。记录者与领导者可以是同一个人。头脑风暴小组成员人数应在5—10人。理想的人数通常是6人或7人。参加者中如果包括一位曾经参与过要讨论的课题的人，效果会更好。[1]

（二）头脑风暴法的原则

头脑风暴法主要遵循以下四条原则：

第一，排除评论性的判断。任何人在与会期间不允许对别人提出来的设想作出评论、批评、讽刺、挖苦，禁止任何否定、反感等含义的非语言行为，以此来解开大脑的限制，发掘潜在的创造性思维。

第二，鼓励"自由想象"。让与会者自由思考，允许任何异想天开、天马行空的观点。

第三，对设想有数量上的要求。要求提出设想、方案、观点、意见达到足够的数量。设想越多，越可能解决问题。

第四，探索研究组合与改进设想。要求与会者除本人提出设想外，还需提出帮助他人改进设想的建议；或者要求与会者将其他人的设想综合后提出新设想。

（三）头脑风暴法的派生类型

头脑风暴法也有几种派生类型，如默写式、卡片式和反头脑风暴式。[2]

1. 默写式头脑风暴法

默写式头脑风暴法采用书面提出创新设想的形式来开展。每次会议由6个人参加，针对会议议题，要求每人在5分钟内提出3个创新设想并写在各自的纸上，故又称六五三法。使用默写式头脑风暴法，巡回作业，半小时可传递6次，共产生108个设想。

2. 卡片式头脑风暴法

卡片式头脑风暴法是指针对一定的会议议题，与会者先以书面的形式在规定时间内写下规定数量的设想（如五条以上），一张卡片只写一条设想。然后，在与会者依次宣读设想时，如果自己发生了"思维共振"而产生了新的设想，则应立即填写在备用卡片上，待大家发言完毕，将所有的卡片集中，并按内容进行分类，便于开展集中思维阶段的讨论，最后挑选出最佳方案。卡片式头脑风暴法把书面发言与口头发言的优点结合起来，有利于分类整理。

3. 反头脑风暴法

反头脑风暴法是背向头脑风暴法的基本原则，要求与会者对别人提出的构想百般挑剔，而构想者也据理力争，从而使构想更加成熟与完善。反头脑风暴法一般不是用在最初的发散思维阶段，而通常在第一轮的集中思维之后，对初选的构想作进一步的讨论时用，而且应宣布故

---

[1] 水志国.头脑风暴法简介[J].学位与研究生教育，2003(1)：44.
[2] 周耀烈.创造理论与应用[M].杭州：浙江大学出版社，2000：95.

意挑剔的原则,强调对事不对人,最后的成果仍归集体所有。

(四)头脑风暴法的影响因素

研究证明以下因素影响头脑风暴法的有效性[1]:

1. 产生式阻碍

互动群体在用头脑风暴产生观点的过程中,在某个成员阐述自己观点时,其他成员通常会出现两种情况,一是要避免遗忘自己还未表述的观点,二是要被迫听别人的观点,结果导致注意力分散或阻碍产生新的想法,继而影响整个群体观点产出的效果。随着互动群体规模的增大,产生式阻碍越严重。

2. 评价焦虑

在采用头脑风暴法的小组里,小组成员可能会担心小组内其他成员的评价,如自己设想的价值、设想的新颖性,从而可能不会把自己的有些设想表达出来。

3. 社会惰化

社会惰化,即个体倾向于在进行群体共同工作时,比自己单独工作时投入努力减少的现象。社会惰化有责任分散的原因,当小组成员意识到他们的观点将被汇集作为一个整体来看待、分析时,他们可能会减少自己的努力程度。小组成员也有可能感觉到自己的观点并不一定就是小组所需要的,这种对自身观点价值的不肯定也造成了一定的社会惰化。还有学者认为不同特征的任务导致社会惰化的可能性也不同。如果任务的特征是以最佳的观点来处理的则更易导致社会惰化,而如果任务的特征只是把所有的观点汇集在一起则不易引起社会惰化。在运用头脑风暴法时如果更多地强调观点的质量而非数量更易导致社会惰化。

三、设问法

设问法是通过提问的方式,对要改进的事物进行分析、展开、综合,以明确问题的性质、程度、范围、目的、理由、场所、责任等,从而由问题的明确化来缩小需要探索和创新的范围的方法。简单地说,它是围绕已有事物提出各种问题,发现事物存在的问题,从而找出需要革新创造的技法。设疑提问对于发现问题和解决问题是极其重要的。提出了一个好的问题,就意味着问题解决了一半。提问题的技巧高可以发挥人的想象力。所以善于提问题是创造型人才重要特点之一。这类技法简单易学,应用范围广,因而具有普遍性意义。尤其是检核表技法几乎适用于任何类型和任何场合的创新活动。因此,有人给予其"创造技法之母"的美誉[2]。下面主要介绍两种常用的设问法:5W1H法和奥斯本检核表法。

(一)5W1H法

5W1H法又叫六合法,首创于第二次世界大战时期,此法要求人们从 When(何时)、Where(何地)、Who(何人)、What(做什么)、Why(为什么)、How(怎么做)六个方面对事物进行思考,便于有目的地解决问题。

---

[1] 王国平.不同变式的头脑风暴法对大学生创造性思维结果影响的实验研究[D].苏州:苏州大学,2006.
[2] 曾垂荣.创造学理论与实务[M].成都:西南交通大学出版社,2003:173.

若用5W1H法进行产品设计研究,可从以下思路进行思考[1]:

第一,What(做什么)。在进行产品设计的时候,首先要清晰地知道产品的属性功能与影响。这一问主要是对产品提出类似以下问题:这个产品是什么东西?为什么要设计这个产品?这个产品投入市场后能够带来什么经济、社会、文化效应?

第二,Where(何地)。是指这个产品在哪里销售,这个产品的使用环境如何。通过对销售市场的分析,可以预想到产品的未来。如果是东南亚市场,则要注意东南亚对产品的价格要求,定价不可过高。如果是欧美市场,那么要了解到欧美是一个高福利的发达区域,他们对产品的品质十分注重,且对生态环境的要求十分苛刻,设计的产品要注意环保性、垃圾的可回收率、是否方便垃圾的分类处理等等。

第三,When(何时)。这一项要思考的问题有:这个产品在什么时间工作?这个产品的工作时间是否是连续性工作?冬季使用还是夏季使用?这样的分析会使我们在设计产品时更加具有针对性。如果是工具类产品,需要一天8小时的操作需要,那么耐磨性等质量方面的设计要纳入考量范围;如果是冬季使用的产品,可以思考能否使产品带给人们温暖。而如果是夜间使用,比如手电筒,如何能使人在黑暗中快速找到它。

第四,Who(何人)。这一类问题主要是:产品给什么人用?购买者又是谁?男性还是女性使用?受众人群的职业、喜好分析?婴儿使用的产品,不仅要考虑婴儿的使用舒适度和安全性,还要考虑这个产品的购买者——妈妈们的购买倾向和操作便利性。学生使用,价位上会是一个重要标准,所以在设计之初便要考虑生产成本的因素。全方位地分析人群的特征,会让这个产品在市场上更容易被接受,从而达到预期的成功。

第五,Why(为什么)。是要思考:为什么要推出这个产品?为什么我们需要这个产品?这一类问题的思考目的在于明确产品功能、挖掘潜在的消费需求、找到目前类似产品的市场缺口。与此同时,追问事物的本质有助于创新灵感的发现。

第六,How(怎么做)。主要是追问:如何实现产品的功能?有没有更好的方法实现?用什么工艺、材质、颜色实现?在有了大概的轮廓之后,我们会对目标的实现进行方式上的思考,比如需要怎么样设计才能解决这些问题、需要用什么材质才能保证特殊环境下产品的安全性、换个方式实现这个功能行不行?从而寻求最优解。

近年来对原始的5W1H进行了改进,发展为5W2H法,即增加了"How much"(做到怎样程度)。这种方法主要是通过提问克服原有产品或做法的缺点,完善其功能,扩大其效用。如果现行的做法或产品经过7个问题的审核已无懈可击,便可认为这一做法或产品可取。如果7个问题中有一个答复不能令人满意,则表示这方面有改进余地。如果哪方面的答复有独创的优点,则可以扩大产品这方面的效用。[2]

(二)奥斯本检核表法

该方法是美国亚历克斯·奥斯本博士提出的一种检核表。所谓"检核表"是人们在考虑某

---

[1] 工业设计俱乐部."5W1H"——做设计研究的一个好方法[J].工业设计,2015(10):34-36.
[2] 席升阳,韩德超,韩信传.国内外主要创新方法研究及应用评述[J].创新科技,2010(8):14-16.

一问题时,为了避免疏漏,把想到的重要内容扼要地记录下来制成的表格,以便于以后对每项内容逐个进行检查。检核表根据需要解决的问题或者需要创造的对象列出。[1]奥斯本检核表引导主体在创造过程中对9个方面进行思考,以开拓思维、促进新方案的提出。

该表包含的九个方面如下[2]:第一,能否改变。即能否在现有事物的基础上做些改变?如:颜色、音质、味道、式样、形花色、品种、意义、制造方法等。第二,能否增加。即能否扩大现有事物的适用范围?比如现有事物的适用范围、使用功能、使用数量、零部件、使用寿命等。第三,能否减少。即能否缩小现有事物的体积?或使其长度变短、厚度变薄、质量减轻,使其结构简单化等。第四,能否替代。即现有事物能否使用其他材料、能源、工艺?第五,有无其他用途?即思考现有的事物能否扩大用途?做出一些改变后能否发现其他用途?第六,能否引入?即思考能否从其他的创造性设想中引入技术、原理?能否模仿?能否从其他领域、产品、方案中学习借鉴新的材料、造型、工艺、思路?第七,能否换个方向思考?现有的事物的里外、上下、左右、前后、主次、因果等顺序能否颠倒?第八,能否组合?即能否将其与其他事物相组合?能否与别的产品在原理、材料、部件、形状、功能、目的等方面进行组合?第九,能否变换顺序?即思考现有事物能否变换排列、位置等顺序?

奥斯本检核表法的核心是改进,其实施步骤如下[3]:首先,根据创新对象明确需要解决的问题;然后,根据需要解决的问题,参照表中列出的问题,运用丰富想象力,强制性地一个个核对讨论,写出新设想;最后,对新设想进行筛选,将最有价值和创新性的设想筛选出来。

奥斯本检核表被公认为效果显著,有利于帮助创造主体进行多角度思考、有目的提问,使其思路更加开阔。

四、组合法

组合法[4]就是充分利用已有的技术、功能、形式等按照一定的方法和原则,将两个或两个以上的分立要素通过巧妙地组合、排列,获得具有统一整体新功能的事物,从而达到解决问题的目的。在这个过程中,我们可以充分地借鉴已经出现的成果进行创新。组合法需遵循整体性原则、目的性原则和最优化原则。

(一)组合创新的特点

组合创新具有如下四个特点[5]:第一,产品的组合过程中一定有创新设计。在进行产品组合设计时,并不是几种构成要素的简单拼接,而是要再加入新的设计和想法。第二,组合创新设计就是除旧布新。组合创新的实质是在采用目前技术和设备的基础上加入一些创新想法后形成一种新产品的设计。第三,组合创新在功能上是$1+1\geq2$,在结构上是$1+1\leq2$。经组合创新而形成的新产品在功能上要优于组合前产品个体的功能之和,但在产品结构上应该小

---

[1] 席升阳,韩德超,韩信传.国内外主要创新方法研究及应用评述[J].创新科技,2010(8):14-16.
[2] 田青.奥斯本检核表法对创造性思维产出影响的实验研究[D].苏州:苏州大学,2012.
[3] 同上.
[4] 黄血成,张根保.基于组合方法的创新实例[J].机电产品开发与创新,2002(5):23-25.
[5] 徐乐,邢邦圣,郎超男.基于组合创新法的健身型洗衣机的设计[J].科技视界,2013(5):15-16.

于个体结构之和。第四,组合创新设计具有相互推动的作用。一种技术的广泛应用将会渗透到设计的各个领域,形成各种组合创新设计,推动组合创新设计的进步和发展。

(二)实现组合的基本方法

实现组合的方法很多,下面是一些常用的基本方法[1]。

1. 功能组合

功能组合主要有附加功能组合、相似功能组合和不同功能组合三种方式。

(1)附加功能组合。大部分的商品都拥有其基本功能,但通过组合可以为其增加一些新的附加功能,使商品的功能更加完善,适应更多用户的需求。格雷夫斯设计的快乐鸟水壶,在壶嘴处增设一个会发出鸟鸣声的哨子,水烧开后便能发出类似鸟鸣的声音,既满足了提醒需求,又给生活增添了趣味。

(2)相似功能组合。将一些相似的功能组合在一起,可以一物多用。这也是绿色设计思想之一。它可以节约材料,方便用户使用、储存,对于生产者和消费者来说,具有双赢的效果。如瑞士军刀,将许多日常生活中常用的工具集聚在一个刀身上,一把军刀相当于圆珠笔、牙签、剪刀、平口刀、开罐器、螺丝刀、镊子等的组合,大大节约了空间。

(3)不同功能组合。将不同的功能巧妙组合在一起后,有时会产生新的功能,这要求创意主体善于发现事物之间存在的联系,一般从形态、声音、色彩、气味、原理、方法等各个方面进行联想,找到它们的共同点。如斯沃琪(Swatch)开发的花系列腕表,找到了花和腕表在色彩、形态方面的共同点,进行有机组合。另一方面要善于发现人们潜在的某种需求,如水杯和榨汁机的功能组合在一起便成了便携式榨汁杯,让消费者随时随地喝鲜榨果汁。

2. 形态组合

形态组合主要有不同形态组合、相同形态组合、重新组合和形态与功能的组合四种方式。

(1)不同形态组合。组成现代工业产品总体形态和单元形态的大都为抽象的几何形体,如圆柱、球、立方体等加上一些曲面形成的,并在这些基础上进行变形、增减等变化。正是由于这些几何形体的规整性和条理性,才为形态单元的分解与组合提供了更广阔的空间。形态单元的合理组合,使造型生动、活泼、富于变化,增强了艺术感染力,同时也为生产加工、装配调试带来了方便;有目的的组合也会使造型简洁、统一、整体感强。现在花瓶的很多造型设计都是由不同几何形体构造而成,不同的形态组合带来的艺术效果不一。

(2)相同形态组合。造型单元的组合也可以是同类形态的组合。在组合时要注意各形态的体量关系、位置关系。可以高低组合、前后、左右组合、曲直组合、整体的组合和部分形态的组合等。如在两轮自行车的基础上增加一个轮子,既可以增加在后面成三点式排布即三轮车,也可与原有轮子在一条直线上就成为双人骑行的自行车,还可以增加在后轮的两侧,起稳定作用,可供儿童骑行,增强安全性。

(3)重新组合。当事物产生之后,它的结构、功能就会对人们的思维产生限制的作用,在进

---

[1] 何文波,魏风军.组合法在产品创新设计上的应用[J].包装工程,2009(5):100-101.

行产品的改进设计时,若跳不出老圈子,设计会缺乏新意。重新组合方法是在不同层次上分解产品原来的组成,用新的意图通过重新组合以增加产品功能或提高其使用性能,改善造型形态。如对遥控器的按钮进行设计时,排除原有布局的干扰,按照功能、使用频率、重要性等原则进行重新组合、布置,可以使其使用更方便、人性化。

(4) 形态与功能的组合。形态是产品的表现形式,而功能是产品存在的必要条件,在设计时不能盲目追求形状而牺牲功能,所以功能与形状的良好组合一直是设计师追求的目标之一。传统的家用书架大多是墙壁式,需占据一定空间。有设计师设计旋转式书架,因其体积较小、可移动而对摆放位置的要求较低,旋转式设计也使得书架的容量得到保证,这样既能保证产品的形态,也顾及了功能。

在运用组合法时,要注意留意日常生活中的物品,勤思考,从形态和功能的角度发掘可以进行创意组合的物体。

五、比较发现法

比较发现法是发现问题的思维工具。比较是指确定对象之间差异点和共同点的逻辑认识方法。看到文化事物中的"异中之同"和"同中之异"正是文化创意中比较的根本。[1] 所谓同中求异,指的是在相同或相似的两个或两个以上事物中寻找它们的相异之处。这是一种求异的方法。它要求人们对于熟悉的事物,有意识地把它看成"陌生的",然后按照新的理论来加以研究。所谓异中求同,指的是在两个或两个以上不同事物之间,找到它们的相同、相似之处。这是一种求同的方法。它要求人们对陌生的事物持"熟悉它"的态度,然后采用对熟悉事物的态度来衡量比较进行处理。[2]

例如,金六福掌门人吴向东在推出新的白酒品牌时,首先将各方面的条件与其他酒厂进行比较,发现在生产方面难以与其他酒厂相抗衡,于是另辟蹊径,在文化上发力。金六福选择"福"这一中国传统文化内涵的字眼,并将"六福"的定义细分为:长寿福、富裕福、康宁福、美德福、和合福和子孝福,在春节和中秋两大最具中国传统民俗文化特色的节日推出品牌活动,成功使金六福酒在其他酒中脱颖而出。

应用比较发现法进行文化创意,应注意以下基本要求[3]:

第一,文化创意中比较的对象必须在某一方面具有联系或有共同之处,即在同一维度上进行比较。如果用毫不相干的事物进行比较则没有意义。如将日本的动漫和中国的电视剧进行比较,无法得出有意义的分析结果。

第二,文化创意中的比较发现法必须按同一标准来进行,比较的标准不同,就会得出错误的结论。比如比较一种两种文化创意产品可以带来的社会效应,必须在同一时代背景、同一国家内进行考察,否则会忽略某些客观因素的干扰,很容易得出错误结论。

---

[1] 张浩,张志宇.文化创意方法与技巧[M].北京:中国经济出版社,2010:105.
[2] 周耀烈.创造理论与应用[M].杭州:浙江大学出版社,2000:108.
[3] 张浩,张志宇.文化创意方法与技巧[M].北京:中国经济出版社,2010:107-108.

第三,文化创意中的比较发现法有现象上的,也有本质上的,要更注重比较本质上的同异点。现象上的异同点多流于表面,容易观察和分辨,如 A 产品与 B 产品在包装、外观设计上的异同。但难度更大且更有价值的,是两个品牌内涵、定位、风格与策略的比较,为何 A 品牌可以成功打入另一个市场,B 品牌却难以被其他市场接受,要得出答案必须比较两个品牌的本土化策略。

历史上无数科学发现、技术发明、文艺创作方面的事实都表明任何创造成果的获得,要么是同中求异的结果,要么是异中求同的结果,或者是两者兼具的产物,若准确使用该方法,有助于进行文化创意,发掘新点子,创造令人眼前一亮的新产品。

六、移植法

移植法又称渗透法,指将某一领域中的技术原理或方法应用到另一领域中去的创新技法。随着现代科学技术的发展,技术学科交叉,学科之间的相互渗透和交叉已成为现代科学技术发展的趋势或基本特征,这使得移植法的运用更为重要。[1]在运用移植创新技法时,一般有以下两种思路[2]:成果推广型移植,就是把现有科技成果向其他领域铺展延伸的移植,其关键是在搞清现有成果的原理、功能及使用范围的基础上,利用发散思维方法寻找新载体;解决问题型移植,就是从研究的问题出发,通过发散思维,找到现有成果,通过移植使问题得到解决。具体而言,移植法可以分为技术移植、原理移植、功能移植、结构移植、材料移植和方法移植,进行文化创意时可依照这几个方面进行思考。

技术移植指把某一领域中的技术运用在其他领域以解决问题,在文化创意领域应用广泛。就产品设计而言,文化创意产品与新兴科技结合可以令人眼前一亮。在生产方面,应用高科技也可改变生产模式、让顾客获得全新的使用体验。若利用 3D 打印技术进行文化创意产品的生产,让顾客可全程参与产品的设计和制造,承担"设计者""制造者"甚至"版权所有者"的角色,除了可以更好地满足顾客的个性化定制需求外,更以丰富的角色和行为激发了顾客的参与性及创造性,从而可以改善顾客体验,提升顾客价值。[3]某科技公司推出 AstroReality'爱宇奇'产品,将 AR(虚拟现实技术)与笔记本、明信片、星球模型结合,只要用手机扫描产品,便可出现精心设计的 AR 图像。

功能移植同样常见,指通过设法使某一事物的某种功能也为另一事物所具有而解决某个问题。当我们把纸抽的功能移植到垃圾桶后,塑料袋变成了一个连续性的滚筒状的结构,每次装满垃圾往外提取垃圾袋时都会把下一个相邻的垃圾袋提取出来,从而方便使用。[4]

原理移植指把某一学科中的原理应用于其他学科以解决问题。原理移植在文化创意中相对少见,但若应用得巧妙,同样可以为产品带来额外的创新价值。将不倒翁的原理移植到其他

---

[1] 曾垂荣.创造学理论与实务[M].成都:西南交通大学出版社,2003:169.
[2] 维基百科.移植法[OL].https://wiki.mbalib.com/wiki/移植法.[访问时间:2020-5-7]
[3] 苏秦,杨阳.3D打印颠覆性创新应用及商业模式研究[J].科技进步与对策,2016(1):9-15.
[4] 吴婕.移植法在产品创新设计中的运用[J].艺海,2016(11):95-96.

产品中,如不倒翁剃须刀、不倒翁牙刷等,可以帮消费者省去很多收纳的烦恼。

结构移植,即将某种事物的结构形式或结构特征,部分地或整体地运用于另外的某种产品的设计与制造;材料移植,就是将材料转用到新的载体上,以产生新的成果;方法移植,即把某一学科、领域中的方法应用于解决其他学科、领域中的问题。[1]这些方法同样可应用于文化创意领域。

由此可见,移植技法在新产品的创制、原产品的改良使用上都具有巨大的价值。合理利用移植法,在以创意为核心的文化创意产品竞争中具有重要意义。

七、实验法

实验法[2]是根据一定的研究目的选择一组研究对象,人为地改变与控制某些因素,然后观察其后果的一种方法。在文化创意产品的研究上,使用实验发现法即借助实验控制变量从而发现文化创意因素产生的效应。实验法的目的,是通过科学的手段证明创意的可行性,为最终文化创意产品能成功在市场上发行、推广提供可信的依据,因此实验法在文化创意产品的生命周期中具有重要且现实的意义。

文化创意中的实验法的基本步骤如下:第一,进行实验构思,确定研究课题,提出一个文化创意假设;第二,进行实验设计,即根据所提出的文化创意假设,对实验做出程序性的科学安排;再次,实施实验,同时对实验过程和实验数据进行完整而精确的记录;再者,数据处理,利用统计学的学科知识处理实验结果中的数据;最后,进行实验结构的分析评价。例如,某文化创意研究者想要了解逗号给人带来的感受,因此设计了多种实验,采用访问、感觉实验、心理测试、广告传播等多种手段,进行了大量实验调查后,终于得出逗号在大多数人眼中代表"永无止境,锐意进取"等印象的结论。在此基础上,上海通用企业拍摄了一部企业形象广告宣传片。

在进行文化创意中的实验时要特别注意以下几个问题。首先,实验法的每一个步骤都应该科学而可靠,需经过专业人士的认定,不可随意设置。其次,整个实验过程必须准确,工作人员需秉持实事求是的态度,严格遵守实验步骤与要求,精准记录实验过程与结果。实验容不得半点虚假,否则会给文化创意企业主体带来不可估量的损失。最后,实验的设计要考虑当时的市场背景和当地的社会文化,要将实验背景与大环境紧密结合,不可闭门造车。最后,对于实验结果,要进行全面而客观的分析,而不是片面解释。如通过实验发现乌龟在大众的眼中具有"长寿"的含义,因此设计出许多祝寿的乌龟形象产品。这个观点尽管具有一定的真实性,但乌龟作为祝寿产品能否受到市场的欢迎还需进一步调查和证明,不可草率行动。

---

[1] 维基百科.移植法[OL].https://wiki.mbalib.com/wiki/移植法.[访问时间:2020-5-7].
[2] 张浩,张志宇.文化创意方法与技巧[M].北京:中国经济出版社,2010:100.

 案例研读

迪士尼,让创意重塑世界

华特迪士尼公司(The Walt Disney Company,简称 Disney)成立于1923年,是一家拥有国际业务以及多家子公司的全球大型传媒和娱乐集团。截至2018年12月,它的市值为1 680亿美元。旗下的电影发行品牌有:华特迪士尼影片(Walt Disney Pictures)、试金石影片(Touchstone Pictures)、好莱坞影片(Hollywood Pictures)、米拉麦克斯影片(Miramax Films)、二十世纪福克斯电影公司(Twenty-First Century Fox, Inc.)、帝门影片(Dimension Films)、皮克斯动画工作室(Pixar Animation Studios)、漫威影业(Marvel Studios,LLC),拥有迪士尼乐园度假区、华特迪士尼世界,授权经营巴黎迪士尼度假区、东京迪士尼度假区、中国香港迪士尼度假区和中国上海迪士尼乐园度假区。2019年10月,2019福布斯全球数字经济100强榜第9位。2020年1月22日,名列2020年《财富》全球最受赞赏公司榜单第4位。[1]

现如今,迪士尼已成为业务横跨娱乐节目制作、主题公园、玩具、图书、电子游戏和传媒网络的世界传媒巨头之一。作为顶级电影公司,其制作的经典动画成为迪士尼最主要的象征,领导着世界动画电影的潮流,为一代又一代的影迷创造了引人入胜的奇幻仙境。这一切,都与迪士尼近百年来鼓励创意、践行创意的文化有关。

一、迪士尼全方位的文化创意

迪士尼的文化创意是全方位的,不仅仅体现在动画作品上,而且在主题乐园、衍生品开发及营销策略上都充满了创意。

(一)动画创意:构建天马行空的奇幻世界

从创立之初至今,迪士尼不断开发出经典的IP卡通形象,从最初阶段米老鼠、唐老鸭到如今的艾尔莎、安娜都已成为熟知的经典IP。可以说,动画创意是迪士尼旗下所有产业的最核心部分。

1. 汲取多样文化元素,采用多元化题材

美国作为世界上最大的移民国家,被称为"民族大熔炉"。迪士尼一直致力于从各种不同的背景和文化中汲取灵感,创作新颖的、富有民族特色的动画角色。纵观迪士尼动画,其主人公既有北欧的小美人鱼、非洲的狮子王,也有中国的花木兰、印度的森林王子,还有中东的阿拉丁、美洲的风中奇缘。全球化的选材既使动画内容形式更加丰富,又能满足全世界各种人群的需求,从而推动了迪士尼全球化的进程。[2]

---

[1] 百度百科.华特迪士尼公司[OL]. https://baike.baidu.com/item/华特迪士尼公司/1451772?fromtitle=迪士尼&fromid=1573169#4.[访问时间:2020-03-25]
[2] 阮方.创意,动画的灵魂——迪士尼动画创意分析[J].电影评介,2013(1):5-7.

此外，全球化迪士尼公司坚持在全世界寻找经典故事作为动画或短片的基础题材，再加以改编形成自己的作品。例如，《小美人鱼》改编于安徒生童话《海的女儿》；《爱丽丝梦游仙境》改编自刘易斯·卡罗尔同名儿童文学；《钟楼怪人》改编于世界名著《巴黎圣母院》；《狮子王》灵感源于英国著名戏剧家莎士比亚的名作《哈姆雷特》等。选择这些经历了时间考验的经典故事不仅可以降低制作风险，还能使观众充满亲切感，更利于观众接受和喜爱。[1] 在借用这些经典故事时，迪士尼并不是简单复制，而是努力地进行本土化加工。如动画片《花木兰》取材于的中国传统民间故事"木兰替父从军"，在创作技法中借鉴了中国水墨动画中的虚实结合、工笔画和水墨画相结合的特点，具有浓浓的中国味。但同时主人公木兰的思想上却有浓重的美国精神，是一个具有独立意识、独立个性的现代女性。[2] 可见迪士尼的创意绝不仅仅是简单地挪用，而是将本土文化深深地铭刻在作品中。

2. 灵活运用古典音乐，重视动画原创音乐

音乐是迪士尼动画在表达内心情感方面的独特优势。历数迪士尼奥斯卡获奖情况，仅在电影音乐方面的提名就达69项之多。从某种意义上说，音乐元素是迪士尼动画电影的制胜法宝。[3] 在1937年，华特迪士尼与著名的音乐指挥家列奥波德·斯特克夫斯基合作的《幻想曲》由7部著名古典音乐组成，巴赫的《G小调托卡塔和腹格曲》、柴可夫斯基的《胡桃夹子组曲》、斯特拉尔斯基的《春之祭》、贝多芬的《田园交响曲》、阿米尔卡里庞契埃利的《时间之舞》、穆索尔斯基的《荒山之夜》和舒伯特的《圣母颂》。[4] 迪士尼的动画大师们在音乐中展开天马行空的想象，让动画融入音乐当中，使得这部影片获得了奥斯卡最佳音乐和杰出贡献奖。

迪士尼的原创音乐同样是制胜法宝。从它的第一部长篇动画《白雪公主与七个小矮人》开始，华特就不愿拼接现有的音乐，而是自己创作。影片《花木兰》主角的独唱、《狮子王》中辛巴与伙伴们的合唱都起到表达人物情感、烘托氛围的作用。《冰雪奇缘》中的9首演唱唱段中，*Let It Go* 这一歌曲获得了第86届奥斯卡最佳原创歌曲奖，被多次翻唱，拥有25个国家不同语言的版本，一时间风靡全球。*Do You Want to Build a Snowman* 这首歌由安娜对着房门里的艾莎演唱，同一个旋律，三段不同的歌词反映的是安娜幼年、儿时和少女时期的内心独白，三种不同时期的声音跟影片中人物不同时期变换的画面配合得十分贴切。作曲家用这一首歌曲串联起姐妹俩从幼年到成年的故事，将画面诠释得非常完整，使故事情节连贯紧凑，也给观众留下很深的印象[5]。

3. 突破原有思维壁垒，践行反常规创意理念

反常规的创意理念创意就是打破人们的思维定式，在不可能的情况下发展故事情节。

---

[1] 阮方.创意,动画的灵魂——迪士尼动画创意分析[J].电影评介,2013(1):5-7.
[2] 张静.迪士尼动画《花木兰》创意手法研究[J].青年文学家,2010:26.
[3] 阮方.创意,动画的灵魂——迪士尼动画创意分析[J].电影评介,2013(1):5-7.
[4] 王美璇.迪士尼动画成功因素的分析[D].哈尔滨:哈尔滨师范大学,2014.
[5] 刘傅理孜.迪士尼动画电影《冰雪奇缘》音乐分析[J].音乐时空,2016(8):77,76.

影片《料理鼠王》将主角定为一只梦想当顶级厨师的老鼠,这一定位颠覆了大家对于常规老鼠形象的理解。影片《怪物电力公司》的故事构思来源于美国儿童的"房间独处恐惧症",但影片并没有以父母的角度教育孩子走出恐惧,而是以幽默诙谐又具诡秘的视角,向观众展示了另外一个有趣的怪物世界。[1] 迪士尼也没把受众群局限在儿童世界里,其内容对成人也有深刻的意义。《疯狂动物城》的英文原名是"Zootopia",这个词是"Utopia"的变体,即中文里的"乌托邦"。这个故事为我们构造了一个宏大的动物乌托邦世界。表面上看,该影片只是讲述了一只兔子的奋斗历程。然而,通过进一步分析,我们发现在这座规模宏大、繁华美丽的乌托邦动物城中,到处都是人类社会的缩影。比如数量最多的食草动物无法走到权力的巅峰。[2] 除此以外还有对美国消费文化、价值观的隐喻,对这部动画的深度解析可帮助成人更好地理解、反思现代社会。

(二)乐园创意:创造身临其境的现实体验

迪士尼乐园于1955年7月开园,现已成为世界上最具知名度和人气的主题公园,至2016年底共在全世界开设6个度假区,每天都有成千上万的游客前去游玩,在内部管理机制与主题乐园设计方面具有重要贡献。

1. 创意团队与管理机制

迪士尼乐园的创意离不开其独特的管理机制。华特·迪士尼先生在1952年创立的幻想工程部,据了解迪士尼公司拥有包括建筑、艺术、文学、摄影、管理等组成的超千余人的创意团队,即幻想工程公司(Walter Disney Imagineering, WDI)团队,专门负责迪士尼IP的创新开发、工程转化、营运统筹等工作。通过不断完善游客体验、传承优势项目、增强科技投入、提升商业运营水准等,持续保持创新力和吸引力。[3] 一名合格的幻想工程师需要符合"幻想十诫"[4]:1)参加由迪士尼举办的"幻想国"大赛;2)保持好奇心;3)敢于冒险;4)探索未知的领域;5)探索、尝试新的东西,发现自己挚爱的工作,找到自己的激情;6)与游客打交道、观察他们的反应;7)发掘好故事、主题;8)找到一位,甚至是几位他们的创意、经验和建议能给予你指导和启发的导师;9)要有团队精神;10)努力成为团队中最优秀中的那个人。

如今,迪士尼每周举行一次内部活动"铜锣秀"(GongShow)。在这个固定时间里,员工们聚集到会议室,无论所在部门和级别,每个人都要就集团的工作提供一条建议。建议的价值在其次,关键是激励员工的责任心,鼓励创意思维。此外,东京迪士尼乐园的SCS工作准则中专门设有一条"表演"(Show),要求所有员工每天的日常工作都需要具备表演性,鼓励工作人员在遵循安全礼仪和效率的基础上添加个性化表演,丰富服务内涵。[5] 这一活动为迪士尼带来了源源不断的创意。

---

[1] 阮方.创意,动画的灵魂——迪士尼动画创意分析[J].电影评介,2013(1):5-7.
[2] 陈莉.电影《疯狂动物城》中的美国文化隐喻解析[J].才智,2016(24):206.
[3] 李瑞杰.浅谈上海迪士尼乐园的创意设计与建造管理[J].建设监理,2019(5):50-51.
[4] 张思循,李庆雷,娄阳.旅游企业创意管理方法研究——以迪士尼为例[J].黔南民族师范学院学报,2018(4):75-80.
[5] 胡晓梅,徐静.欧美发达国家创意产业发展模式研究——以迪斯尼集团为例[J].知识经济,2008(4):10-11,9.

企业的创意不仅仅依赖于创意部门,还要有全体员工的参与。迪士尼所有员工都可以自由表达见解,任何匪夷所思的想法都不会受到嘲笑。在迪士尼乐园竣工后,迪士尼要求从普通电工到高级行政人员全部参与对乐园的测试工作,发现问题并及时整改。例如在加勒比海盗园区,乐园的一位建筑工发现可能存在问题,但他还不能确定问题到底出在哪里,迪士尼毫不犹豫地让他继续测试。最终建筑工发现了问题所在,迪士尼也采纳了他的意见。[1]迪士尼乐园里扮演各种角色的演员也极富创意,他们不仅将角色活灵活现地呈现在游客面前,还常常有着出色的个人发挥。迪士尼乐园的"恶毒皇后"在遇见一患病小孩后与其亲切互动,在尊重动画人物个性的基础上表达对小朋友的关爱,既暖心又让人眼前一亮。

2. 主题化乐园设计

迪士尼乐园内的每一个活动和细节都尽可能地进行了主题化设置:第一,游乐园内贩卖的食物、气球、娱乐设施的设计都是根据主题进行;第二,主题乐园内的不同区域都有各自的主题,各区域围绕主题设置不同的项目,被赋予鲜明的个性和丰富文化内涵的游玩项目,使游客从一般的生理刺激体验上升到对迪士尼文化的情感共鸣;第三,主题公园中售卖的专利纪念品、衍生品都进行了主题化,通过增加商品的附加值来获得更多的利润;第四,迪士尼度假区的各种酒店、度假村、俱乐部、餐厅、购物城也都有自己的主题,例如上海迪士尼度假区的"玩具总动员"主题酒店,极具个性,吸引着众多粉丝前来。[2]除此以外,乐园的项目设置也随着新电影的上映而变化,每当有新的成功电影出现,迪士尼会立刻在园中建立相关的项目,以跟上游客的需求,创造源源不断的新鲜感。因此迪士尼有一句著名的口号——"永远建不完的迪士尼"(图4-4)。

图4-4　上海迪士尼乐园
(图片来源:摄图网)

---

[1] 张思循,李庆雷,娄阳.旅游企业创意管理方法研究——以迪士尼为例[J].黔南民族师范学院学报,2018(4):75-80.
[2] 戴宇菲.迪士尼主题乐园的创意机制[J].今传媒·学术版,2016(8):89-90.

(三)衍生创意:制造延续想象的周边产品

迪士尼 IP 授权的消费品销售是迪士尼另一重要的收入来源。截至 2017 年,迪士尼全球有 3 000 多家授权商,在中国也已拥有 100 多家授权经营商,销售超过 10 万种与迪士尼卡通形象有关的产品,如优衣库的迪士尼合作款 T 恤、康师傅在迪士尼地铁线上的广告植入、五芳斋的美国队长盾牌造型粽子、工商银行发行的迪士尼纪念邮票纪念钞等。[1] 这些产品主要有服饰类、家具类、电子类、玩具类、美容食品类、出版类等,几乎涵盖人们日常生活的方方面面,因此迪士尼也被称作"超级大 IP"。

迪士尼集团除了拥有大量电影电视制作发行公司如华特迪士尼国际电视集团、迪士尼 ABC 电视集团、ESPN 和华特迪士尼互动媒体集团以外,还拥有迪士尼音乐集团、迪士尼舞台剧集团这些影片周边的内容运营公司,涉及的业务包括制作并发行真人和动画电影、音乐唱片、现场舞台剧和家庭娱乐业务(DVD 等周边发行)。迪士尼音乐集团为电影和电视节目制作新的音乐,并直接开发、制作、销售和向全球发行音乐唱片。[2] 一些迪士尼原创音乐如《小美人鱼》中的 *Under The See*、海洋奇缘中的 *How Far I'll Go*、《冰雪奇缘》中的 *Let It Go*,都是风靡全球的歌曲。迪士尼戏剧集团(DTG)是全世界最为成功的商业戏剧企业之一,在全球制作和授权百老汇音乐剧,包括《美女与野兽》《狮子王》等。上海迪士尼版的《狮子王》于 2016 年在上海迪士尼度假区的华特迪士尼大剧院上演,吸引了众多观众。

为促进迪士尼消费产品的销售,迪士尼从线上和线下双向入手,拥有购物网站 shopDisney.com 以及多家实体零售店。截至 2016 年,迪士尼在全球共拥有 340 家实体店。迪士尼实体零售店一般位于高级购物中心和其他零售商场。2015 年 5 月 20 日,迪士尼全球最大零售旗舰店落户上海浦东陆家嘴,该店商品种类达 2 000 多种,其中有 99% 的商品仅在全球迪士尼商店独家发售。在学习用品、书籍等针对学龄儿童和青少年的商品也在迪士尼创造、发行、许可和出版的商品中占有重要位置,主要有儿童读物、漫画书、连环画、学习用品和故事类 APP。在中国,华特迪士尼公司通过迪士尼全球出版部门在中国开展了一项新业务——迪士尼英语,旨在为 2—12 岁的儿童提供全新的英语学习体验。华东理工大学出版社挑选迪士尼最知名、最热和最新的电影开发了 3 套电影阅读产品线。其一,针对少年、青年的《迪士尼大电影双语阅读》系列,《迪士尼英文原版》系列以及针对中小学生群体的图文英语电影故事。所选电影均为迪士尼最热最新的电影,如《疯狂动物城》《海底总动员 2:多莉去哪儿》,出版时间与电影上映同步,电影的口碑也极大带动了图书的销售。[3]

---

[1] 程维嘉.迪士尼公司基于 IP 产业链的营销战略[J].传播与版权,2017(12):131-132.
[2] 本刊编辑部.迪士尼超级 IP 的多元开发[J].声屏世界·广告人,2019(4):73-75.
[3] 戎炜.传统学习类图书出版如何玩转国际顶级 IP 资源——以华理社迪士尼出版为例[J].科技与出版,2016(9):66-69.

（四）营销创意：打造别具一格的消费场景

迪士尼的营销创意首先体现在其恰到好处的本土化策略。上海迪士尼乐园于2011年动工时，董事长兼首席执行官罗伯特·艾格就宣布"原汁原味迪士尼，别具一格中国风"的理念。从园区景观设计、施工到故事策划、主题表演、餐饮服务等环节植入中国元素，在展现迪士尼一贯的梦幻、传奇、快乐风格的同时，人们还能体验到浓厚的中国韵味。[1] 在中国的传统新春佳节之时，上海迪士尼乐园中的人物会换上中国传统的服饰，以中国红为配色，极具中国特色。迪士尼小镇的设计融入了中国设计风格和海派文化的元素，体现浓厚的地域风格。在宣传时，上海迪士尼乐园也特别重视中国传统观念中的"家"文化。上海迪士尼开业的首支电视广告"奇梦邀请篇"中出现爷孙、父母孩子的形象，"无论你是谁，无论你的年龄""请接受我们的邀请，带上家人好友"一起点亮心中奇梦。[2] 这些广告词和广告场景温馨自然，契合"家人""团圆"的主题，是一个出色的本土化创意。

随着体验经济时代的来临，迪士尼采取体验式营销的手段。迪士尼乐园的体验式营销随处可见。进入迪士尼之后，游客们能在游玩的过程中学习到各个领域的知识，参与各种精心设计的文教活动。在巴黎迪士尼乐园，游客可与由演员扮成的米老鼠、唐老鸭、白雪公主等童话人物一齐巡游，也有机会成为超级巨星并到电影制作馆中参与电影的拍摄工作。美国的洛杉矶迪士尼乐园和奥兰多迪士尼世界在20世纪90年代开发了一项新业务，就是为游客安排童话式的婚礼，让新人们尤其是女孩们有机会实现"灰姑娘"式婚礼的梦想。[3] 融入了迪士尼理念的形形色色的体验活动让游客在感官上和互动中感受迪士尼创造的童话世界，使得迪士尼的服务更加多元化，给游客留下来的回忆也是全面具体的。在动画电影的营销上，迪士尼创造性地使用了场景体验式广告，摆脱了传统广告从传者到受者的传播路径，让受者主动体验和感受传者想要推荐的产品或功能。2011年，迪士尼在美国纽约的"世界十字路口"设置了可以与路人互动的AR广告；在动画电影《冰雪奇缘》上映时，迪士尼在广州地铁公园前站的换乘位打造了巨幅冰雪3D艺术墙，吸引了大量行人聚集。[4] 这些互动广告均取得了极高的曝光率和关注度。

二、迪士尼对中国文化创意产业发展的启示

当前，文化创意产业已经成为中国重要的产业类别，但中国文化创意产业发展仍不成熟，属于较新领域，因此需要借鉴已有的产业发展经验。迪士尼无疑是文化创意产业领域的标杆与典范，那么它对于中国的文化产业发展有哪些启示呢？下文将从普遍价值的认

---

[1] 杨金宏.上海迪士尼本土化营销策略研究[J].中国商论,2018(2):54-56.
[2] 殷占录,孙文选,屈子琦.迪士尼乐园"本土化"发展策略分析——以上海迪士尼乐园为例[J].旅游纵览(下半月),2018(11):65-66, 68.
[3] 邓燕琴.跨文化传播下迪士尼乐园本土化运营策略的研究[D].广州:暨南大学,2017.
[4] 宋宇.互联网时代迪士尼动画电影营销传播研究[D].济南:山东大学,2018.

同、国际风格的彰显、产业意识的引领、技术美学的支持四个方面[1]来进行梳理和分析。

  首先,"迪士尼"已成为一个符号,指代对快乐与梦的想象。它以造梦为手段,以童话为载体,意图唤醒人们心中的童真。在迪士尼的动画中,正义终将战胜邪恶、坚持、梦想、成长是经久不衰的主题,它是与现实世界不同的理想主义文化,唤醒了人们心目中对于真善美的渴望,并带给观众富有想象力的沉浸体验,以此形成稳定的卖方市场。如今,这种文化不仅在美国本土形成了自己的根基,同时不断发展壮大,走向世界。当今世界,不知迪士尼品牌的人寥寥无几,其卡通影视作品也鲜少以失败收场。这种成功经历一代代的认可与传承,形成根深蒂固的品牌文化,影响着人们的意识形态。可以说,迪士尼的文化产品之所以受到欢迎与其在动画中对社会普遍价值观的融合息息相关。而在追求与塑造普遍价值观方面,中国的文化产业还需加强。以近年来国内"网红"景点、"网红"产品、"网红"店面为例,赚取流量、博取眼球成为一个产品热销的重要因素,于消费者而言,对参与感和分享感的追逐大过对优质的体验感的追求,"打卡""晒""拔草"成为体验国产的关键词。对商家而言,制造噱头、跟风赶潮以求得迅速获利是流行的商业套路。在这些现象的背后,是产业甚至社会的浮躁。其庞大经济产业链中展现的价值观逐渐渗透到社会的各个层面,尽管社会舆论贬大于褒,但对这种风气的扼杀却很难起作用。这种在追求与塑造普遍价值观方面的相形见绌不仅不能在中国社会长期存在,也很难让其他社会产生共鸣。当前中国社会存在的娱乐活动造就了巨大的产业链,但如果能重视主流价值观的融合,因此为灵魂引导市场的正确走向,一定能够使中国文化产业焕然一新。

  其次,要彰显国际风格,需要以其他民族可以理解和接受的方式阐释文化产品。正如前文所提,尽管迪士尼动画的题材多样,且常常从其他民族文化中获取灵感和创意,但在引入后会进行本土化修改,使其符合大多数观众的审美观和理解力。与以"迪士尼"为代表的许多国外文化产业相比,中国的许多文化产品过于注重形式上的民族化、传统化和国粹化,既没有迎合现代人的口味,也不符合国际消费者的眼光,容易引发"文化误读"和"文化折扣"。比如,中国音乐产业界时下大火的古风歌曲,虽力求彰显中华古典文化之美,然其往往由于词曲古典元素过多,导致现代人解读时存在一定困难,大部分外国人则更是听不懂,因而造成国际传播能力弱。

  再次,产业意识的引领,中国的文化产业首先缺乏品牌意识。不论是过去上海电影制片厂制作的经典动画,还是近年来涌现的优秀动画作品,都在品牌打造、IP授权等方面做得过少。其次是产品的宣传渠道和方式过于单一。迪士尼虽然在其相关宣传运作中重视强大的明星阵容,如《疯狂动物城》邀请拉丁天后夏奇拉为其中一个角色配音,为影片前期

---

[1] 徐望.中国文化创意的国际化路线实践探索——谈"迪士尼"的经验借鉴[J].文化创新比较研究,2019(25):190-191,194.

的宣传造势和后期票房的粉丝保证提供了很大的便利。虽然现今很多文化产业品牌已经意识到这一点,但想要做到成熟化、专业化运营,还需多加实践。最后是完整产业链条的形成。迪士尼以影视作品为核心,衍生出日常消费品、主题乐园及度假区、媒体平台等一系列产业,延长了产业价值链,创造了更多的经济价值。

最后,是对技术创新的追求。迪士尼众多创意的背后是科学的管理机制。迪士尼幻想工程公司是一家专门负责乐园内容创意的公司,由创意开发、产品设计、建筑设计和项目管理以及技术研发等部门组成。至今,该公司已经有超过100项的专利技术,这些技术涵盖了各种迪士尼专有的乘骑系统、特技效果、光纤技术、交互技术、音效系统等各方面。[1]在具体的技术成果方面,它主要体现在以下三个方面[2]:第一,卫星网络的全面覆盖。迪士尼拥有美国无线广播公司(ABC Radio)和娱乐与体育电视网(ESPN),在美国仅次于全国广播公司(NBC)。正是如此广大的网络覆盖面使其拥有了亿万受众;第二,数字技术的日新月异。迪士尼善于探索、引进、采用最新的制片技术,用技术来提升经济效益,同时给予观众最新的技术美感;第三,随着移动互联网的不断发展和智能终端的普及,"迪士尼"不断搭载新的传播平台。2019年11月12日,迪士尼流媒体平台"迪士尼+"在美国、加拿大和荷兰上线,截至2020年2月4日,订阅用户达2 800万人。在电视用户逐渐转向互联网平台的当下,迪士尼毅然投入激烈的"流媒体之战"显然顺应了时代的潮流。

迪士尼乐园将已有文化资源引入以体验式消费为主的主题公园,同时通过IP授权进行资源的再利用,形成产业链的闭环。这一成熟的模式值得中国文化创意产业学习借鉴。但最根本的,是迪士尼科学的管理机制和发展模式带来的源源不断的创意,为这家拥有近百年历史的企业注入顽强的生命力。创意是文化创意产业立命的灵魂,文化是文化创意产业的生命,如何把握文化的民族性和世界性,并让创意之花常开不败,是需要企业和个人在实践中不断思考的。

请思考以下问题:
1. 试用奥斯本检核表法进行文化创意。
2. 如何理解发散思维文化创意的作用。
3. 请用头脑风暴法进行产品营销文化创意。
4. 举例说明迪士尼文化创意是如何进行IP化的?

---

[1] 戴宇菲.迪士尼主题乐园的创意机制[J].今传媒:学术版,2016(8):89-90.
[2] 徐望.中国文化创意的国际化路线实践探索——谈"迪士尼"的经验借鉴[J].文化创新比较研究,2019(25):190-191,194.

思维导图

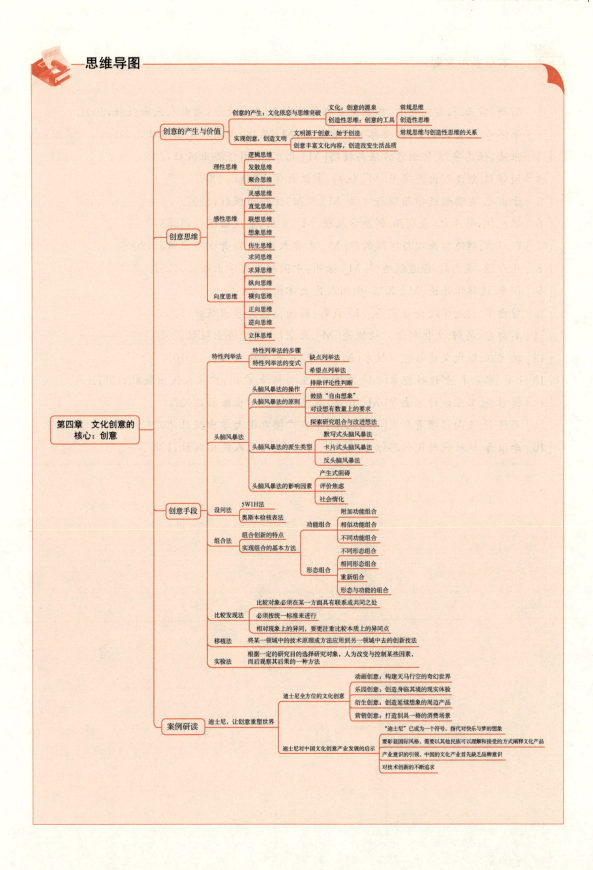

本章参考文献

［1］蒲凝,雷云.人类文明史:华衣美食服饰饮食卷[M].长沙:湖南人民出版社,2001.
［2］朱怀奇.人类文明史:农业卷·衣食之源[M].长沙:湖南人民出版社,2001.
［3］张浩,张志宇.文化创意方法与技巧[M].北京:中国经济出版社,2010.
［4］周耀烈.创造理论与应用[M].杭州:浙江大学出版社,2000.
［5］于占元.发明创造学原理与方法[M].沈阳:沈阳出版社,1992.
［6］温元凯,舒泽之,余明阳.创造学原理[M].重庆:重庆出版社,1988.
［7］张新吉.创造学原理与实践教程[M].乌鲁木齐:新疆青少年出版社,2005.
［8］庄寿强,戎志毅.普通创造学[M].徐州:中国矿业大学出版社,1997.
［9］何平.逻辑学导论[M].北京:中国人民大学出版社,2006.
［10］曾垂荣.创造学理论与实务[M].成都:西南交通大学出版社,2003.
［11］吴存东,吴琼.文化创意产业概论[M].北京:中国经济出版社,2010.
［12］靖宝庆.现代交通与能源技术[M].南宁:广西人民出版社,2010.
［13］[美]奥斯本.创造性想象[M].盖莲香,王明利译.广州:广东人民出版社,1987.
［14］简召全.工业设计方法学[M].北京:北京理工大学出版社,2002.
［15］马传新.正向思维看人生[M].北京:中央广播电视大学出版社,2004.
［16］李准春.现时代与现代思维方式[M].石家庄:河北人民出版社,1987.

第五章

文化创意的导向：市场

学习目标

学习完本章，你应该能够：
(1) 了解市场变化如何引领文化创意产业的发展；
(2) 了解中国消费升级的趋势文化需求的变化；
(3) 了解Z世代人群的文化消费与文化创新；
(4) 了解全球化下中外文化融合的发展；
(5) 了解科技创新如何为文化创意提供技术支持。

基本概念

消费升级　人群迭代　全球化发展　科技创新

第一节 消费升级与文化需求

文化创意与一般的文学创作和艺术创作不同，它具有商品属性，需要得到市场的检验与认同。市场发展推动文化创意的产生与发展,市场变化引领文化创意的发展方向。尤其是当今的文化创意发展,与消费升级、人群迭代、全球化与科技创新四方面的市场导向紧密相关。

文化创意产业的产生与发展并不是偶然,随着经济社会的繁荣发展,中国消费者的人均可支配收入大幅增加,中产阶层也日益扩大。人民消费水平的提升促进消费升级,消费者不仅仅满足于产品的使用价值,更注重精神价值,愿意为获取产品更多的附加价值而买单。政策法规则为消费升级保驾护航,经济发展是消费升级的重要前提,而目标人群与市场的变化、文化需求多元化则是消费升级的直接推动力。

一、政策法规驱动消费升级

国家在"十三五"期间出台多项政策、法规,在制度方面助力消费升级,促进文化创意产业蓬勃发展。

(一)"十三五"规划鼓励新型消费

为了满足人民消费升级的需求,在促进消费升级方面,《中华人民共和国国民经济和社会发展第十三个五年(2016—2020年)规划纲要》(简称《"十三五"规划纲要》)具体提出:适应消费升级,改善消费环境,释放消费潜力,提高消费供给,满足消费需求,不断增强消费拉动经济的基础作用。以扩大服务消费为重点带动消费结构升级,支持信息、绿色、时尚、品质等新型消费。推动线上线下融合等消费新模式发展。实施消费品质量提升工程,强化消费者权益保护,营造放心便利的消费环境。积极引导海外消费回流。以重要旅游目的地城市为依托,优化免税店布局,培育发展国际消费中心。《"十三五"规划纲要》从多个方面对新型消费的鼓励为文化创意产业发展提供了保障。

(二)供给侧结构性改革指引升级方向

2015年11月,国务院印发《关于积极发挥新消费引领作用加快培育形成新供给新动力的指导意见》(简称《意见》)[1],提出了消费升级的六大方向,主要包括:服务消费、信息消费、绿色消费、时尚消费、品质消费和农村消费,通过发挥新消费的引领作用,培育形成新供给的力量。以供给侧结构性改革促进消费升级主要包含五个方面的内容:一是通过改革增加劳动力、资金、土地、资源等生产要素的高效投入;二是通过改革促进技术进步、人力资本提升、知识增长等要素升级;三是通过改革培育企业、创业者、创新型地区或园区、科研院所和高等院校、创新型政府等主体;四是通过改革激发各主体的积极性和创造性;五是通过改革淘汰落后产业、培育有市场竞争力的新产业和新产品。该《意见》为消费升级指明发展方向,为文化创意产业快速发展铺平道路。

(三)文化产业促进法维护市场秩序

2019年12月13日,司法部就《中华人民共和国文化产业促进法(草案送审稿)》[简称《文化促进法(草案送审稿)》]公开征求社会意见。起草说明指出文化产业作为新兴产业,在当前发

---

[1] 中央政府门户网站.国务院发文鼓励消费升级 供给侧改革大幕拉开[OL]. http://www.gov.cn/zhengce/2015-11/24/content_5016013.htm.[访问日期:2020-03-04]

过程中还面临许多困难,一是有效供给不足。文化产品和服务的供需缺口较大、结构不平衡,高质量产品和服务不足。二是结构亟待调整优化。中国文化产业发展不充分、不平衡,随着文化和科技的深度融合,文化传统业态等面临严峻挑战。三是文化企业发展面临困难。中国文化企业数量一直呈现较快增长,但盈利模式不稳定、生命周期短、可持续发展难度大,迫切需要加大扶持力度。[1] 对此,《文化促进法(草案送审稿)》指出应从创作生产、文化企业、文化市场等三个关键环节发力,在人才、科技、金融财税等方面予以扶持保障。在创作生产方面,国家重点鼓励传承中国传统文化,弘扬社会主义核心价值观等 7 类优秀作品。支持多种文化题材、形式、风格的探索和创新。在企业保障方面,国家将建立多层次的文化产业金融服务体系,推动金融资本与文化资源有效对接。在文化市场方面,国家将建立文化市场诚信体系,构建守信激励和失信惩戒机制。《文化产业促进法(草案送审稿)》的发布有利于文化创意市场的良性竞争和有序发展。

二、社会经济繁荣发展

随着国家经济结构的不断优化与升级,社会经济稳定而繁荣发展,人民的收入水平也随之提高,进而推动消费市场持续活跃,消费结构在不断升级过程中日趋完善,国家整体经济水平不断提高。

(一) 经济结构优化:第三产业成为经济支柱

经济高速发展助推消费升级,同时催生了大量文化需求。根据国家统计局公布的数据,2019 年中国国内生产总值为 99.0865 万亿元,比上年增长 6.1%;按年均汇率折算,人均 GDP 突破 1 万美元大关[2]。从世界范围来看,2019 年中国 GDP 占世界的比重超过 16%,中国经济增长对世界经济增长的贡献率达到 30%,中国是世界经济增长的火车头。

随着经济体量的增大,中国的经济结构也在不断优化,第三产业占国内生产总值的比重为 53.6%,成为国民经济的"助推器"(图 5-1)。服务业占国内生产总值的比重是衡量综合国力的重要标准。改革开放以来,中国服务业迅猛发展,在 2013 年首次超过工业成为国民经济第一增长力。城市化进程加快、现代服务业大发展为消费升级提供了可能,人民不再局限于解决温饱,转而追求更高品质的物质生活和文化生活。

(二) 人民收入增加,消费信心上升

如上文所述,2019 年中国人均 GDP 接近 1 万美元。国际普遍共识,当一个国家人均 GDP 突破 3 000 美元时,文化消费需求便会大幅增长。事实上,早在 2010 年中国的人均 GDP 就突破 4 000 美元,步入中等偏上国家行列。10 年来,中国的文化消费需求已呈现井喷式增长。

居民人均可支配收入是居民可以用来自由支配的收入,标志着居民的购买力,是反映居民收入水平的核心指标。改革开放以来,中国城镇与农村居民人均可支配收入持续增加。根据

---

[1] 中国人大网.文化产业促进法(草案送审稿)公开征求意见的通知[OL]. http://www.npc.gov.cn/npc/c30834/201912/33b50d654fb2425cbfc23cbe966c33d2.shtml.[访问日期:2020-03-04]
[2] 国家统计局门户网站.2019 年全年国内生产总值(GDP)初步核算结果[OL]. http://www.stats.gov.cn/.[访问日期:2020-03-05]

图 5-1　国家统计局：2015—2019 年三次产业增加值占国内生产总值比重

国家统计局公布的数据，2019 年全国居民人均可支配收入为 30 733 元，比上一年增长 8.9%。其中全国居民人均可支配收入为 42 359 元，增长 7.9%，值得注意的是，近五年来农村居民人均可支配收入和人均消费支出增速均高于城镇居民。

伴随着城乡居民收入的跨越式增长，人民的收入来源也从单一变为多元。城镇居民工资性收入不再占绝对主体，经营、财产收入比重显著增加。与此同时，中国消费者的信心依然坚挺。国家统计局公布 2019 年 12 月中国消费信心指数为 126.6，创下十年来新高。因此城乡消费者依然在大幅增加支出，为优质的商品、服务以及文化创意买单。2019 年"双十一"交易额再次刷新纪录，所有平台的交易总额较 2018 年增长 31%，达到 4 100 亿元人民币。[1] 这一数据已经远超美国"黑色星期五"（Black Friday）和"网络星期一"（Cyber Monday）的线上销售总和，中国稳居全球电商市场第一的位置。

（三）消费结构优化：恩格尔系数走低

恩格尔系数是指食品支出占个人消费总额的比重。随着家庭收入增加，家庭中用来购买食物的支出比例会下降，而用来满足精神文化需求的支出比例会上升。恩格尔系数是衡量国家富裕程度的重要指标之一，根据联合国粮农组织的标准，恩格尔系数低于 30% 为最富裕。国家统计局公布的数据显示，2019 年，中国的恩格尔系数是 28.2%，较上一年下降 0.2 个百分点。此外，中国城乡居民服务业（文教医疗）消费支出比重达到 45.9%，比上一年提高 1.7 个百分点。城乡居民在教育文化娱乐方面的消费支出比重达到 7.9%，同比增长近 12%。[2] 中国城乡居民食品消费总体下降和服务性、文化性消费的上升综合反映了消费结构的变化，并出现优化升级的发展趋势。

三、消费市场日新月异

随着社会经济的不断发展，消费市场也随之发生改变。在中国，中产阶层的规模不断扩

---

[1] 麦肯锡.2020 年中国消费者调查报告[R].2019.
[2] 国家统计局门户网站.2019 年经济数据.[OL]. http://www.stats.gov.cn/.[访问日期：2020-03-05]

大,逐渐成为消费升级后的主力军。同时,一、二线城市在领跑经济发展的同时,消费市场呈现下沉趋势,向三、四线城市拓展,不断挖掘下沉市场的消费潜能。

(一) 中产阶层规模日益扩大

随着中国中等收入人群的不断扩大,中产阶层也发展成为中国文化类消费的中坚力量。这部分人群也在消费升级过程中,逐渐出现细分化与地域性特征。

1. 中产阶层的界定

目前,有关中产阶层的概念和界定标准仍存在争议。国际上引用较多的是世界银行的测算标准,即中产阶层主要指每日可供消费的资金在 10—100 美元之间的群体,[1]世界银行在 2017 年发布的研究报告中将中国中产阶层定义为家庭年收入在 10 万—96 万元的群体。[2] 麦肯锡全球研究院将中产阶层定义为家庭年收入在 14 万—30 万元,且在生活必需品上的花费小于 50% 的群体。[3] 中国国家统计局将中产阶层称为中等收入群体,定义为家庭年收在 10 万—50 万元的人群。中国大陆学术界普遍认可社科院学者李春玲的界定,她是以戈德索普的新韦伯主义阶级分类框架为基础,制定的中国阶层划分标准,即中产阶层需要以收入、职业、消费以及自我认定等多方面标准综合界定。[4] 由此可以看出,诸多界定都是以家庭年收入水平为基本界定标准,此外还有其他方面考量作为定义中产阶层的参考。

2. 中产阶层细分

中产阶层内部也存在不同的细分人群,其经济条件、社会地位和社会政治影响方面呈现出不同的特征。中国社科院研究员李春玲将中国中产阶层分为企业主阶层(即雇佣 20 人以上的私人企业主)、新中产阶层(即专业技术人员和管理人员)、老中产阶层(即雇佣 20 人以下的小雇主或城市老中产)和边缘中产阶层(即大城市从事基础脑力工作的白领)。

麦肯锡咨询根据家庭年收入进一步将中国中产阶层分为上层中产和大众中产。其中上层中产为年家庭收入在 16 万—30 万元的人群,这一群体在 2012 年时仅占城市家庭数的 14%,但是预计到 2022 年,上层中产家庭将占到城市家庭总数的 54% 和城市消费总额的 56%,[5]超过大众中产成为中国中产阶层的中流砥柱。麦肯锡咨询还从代际角度将中国中产阶层分为初代中产和二代中产(generation 2),其中二代中产大多生于 1980 年后,这一群体接近 2 亿,占消费者总数的 15%。[6]

3. 中产阶层整体规模扩大

在过去十年中,中国中产阶层规模日新月异。麦肯锡全球研究院的研究表明,2010 年,超过 90% 的中国城市居民家庭年均可支配收入少于 14 万元,多数家庭还仅仅追求衣、食、住、行等基本需求。到 2019 年,已有一半的中国家庭年均可支配收入达到 14 万—30 万元,跻身中产

---

[1] 李成.大陆中产崛起 对中国乃至世界意义重大[N].凤凰周刊,2015-11.
[2] 胡润百富.2018 中国新中产圈层白皮书[R]. 2019.
[3] 麦肯锡.2020 年中国消费者调查报告[R]. 2019.
[4] 李春玲.中国中产阶级的发展状况[J].黑龙江社会科学,2011(1):50-65.
[5] 麦肯锡.中产阶层重塑中国消费市场[R]. 2019.
[6] 同上。

家庭之列。国家统计局局长宁吉喆曾在2018年表示,中国拥有全球规模最大、最具成长性的中等收入群体,目前已接近4亿人。

表5-1 麦肯锡全球研究院:中国中产阶层占比

类型	家庭年可支配收入(万元)	2010年(百万人)	2018年(百万人)
全球富裕	>39	6	16
富裕	29.7—39	3	10
大众富裕	19.7—29.7	10	63
宽裕小康	13.8—19.7	34	311
小康	7.9—13.8	403	257
新晋小康	4.9—7.9	134	89
温饱	<4.9	79	72
宽裕小康以上人口占总数百分比		8%	49%

4. 中产阶层地域分布特征

根据胡润百富的研究,截至2018年,中国大陆(内地)地区中产阶层家庭数量超过3 000万户,其中北京市拥有数量最多的中产家庭(17.54%),其次是广东(17.35%),再次是上海(15.19%),这三个省市的中产家庭数量之和占全国(除港澳台地区)的50.08%。[1] 从区域来看,华东地区中产家庭数量最多(44.82%),其次是华北地区(22.8%)。由此看出,中国中产阶层主要分布在长三角、珠三角及京津冀地区。

(二)下沉市场逐渐崛起

下沉市场的崛起展现了中国三、四线城市居民巨大的消费潜力。在消费升级的发展过程中,下沉市场在文化创意领域表现十分亮眼,成为商家和平台竞相追捧的新消费势力。目前业界普遍将下沉市场定义为三线及以下城市以及非线级乡镇生活居民,也包括小部分生活在一二线城市中的低收入群体。[2] 而对一、二、三线城市的划分是参考2019年《第一财经周刊》对中国337个地级及以上城市的分级标准。

1. 下沉市场崛起的原因

下沉市场逐渐崛起的原因可以总结如下:

第一,下沉市场人口众多。根据易观数据统计,中国三线以下城市人口约有9亿,占总人口比例高达68.4%,庞大的人口基数孕育着巨大的消费市场。由于一线城市生活成本日渐上升,"逃离北上广"成为一部分年轻人的选择,进而出现了从一线城市向南部和中西部核心二线和三线城市人口回流的现象。随着人口流动和城市化进程加快,下沉市场消费升级已成为势不可挡的发展趋势。

---

[1] 胡润百富.2018中国新中产圈层白皮书[R]. 2019.
[2] 易观数据.2019下沉市场消费者网购趋势洞察[R]. 2020.

第二，智能手机渗透率高。截至 2018 年，中国下沉城市的智能手机普及率达到 93.1 部/百人，下沉城市智能手机用户规模约为 4 亿，占全国总用户的 54.1%。移动互联网已经成为下沉消费者尤其是年轻消费者生活的标配，这为娱乐消费和电商市场的增长提供了新的可能。

第三，闲暇时间多压力小。下沉市场上班族通勤时间短，相比于一线城市白领动辄数小时的通勤时间，下沉市场用户轻松很多，80% 的人上班所花时间不超过半小时，一半人群不超过 15 分钟。[1] 闲暇时间长，下沉用户午休时间是一线城市的两倍左右，约为两小时，下班时间也较一线城市更早更固定。而在闲暇时间，上网刷手机是主要消磨时间的方式。因而相比非下沉用户，下沉用户活跃度和活跃时长均较高。

第四，住房支出低，消费欲望强。下沉市场消费者中无住房支出的用户比例为 43%，远高于一线城市的 21%，因而下沉消费者虽然总收入不及一线城市用户，但是却有更多可随意支配的收入。在理财和消费观方面，一、二线与三线以下消费者所呈现的整体情况较为一致，都有约 25% 的人为"月光族"，[2] 并且女性和 29 岁以下年轻群体占比高。而在文化娱乐消费方面，一线城市仅比三线城市用户高三个百分点，下沉市场消费者在网上娱乐的消费欲望和能力不因为总体收入低于一线城市居民而缩减。

2. 下沉市场崛起的特征

随着下沉市场消费的崛起，呈现出如下两大特征：

第一，新兴行业增长明显。主要体现在新媒体使用率提升和电商领跑购物消费上。首先，在互联网细分行业，文化创意领域的短视频成为下沉用户规模、时长增长最突出的行业。根据 QuestMobile 的数据，2019 年 3 月，短视频下沉用户 MAU（月活跃用户数）同比增量为超过 1.2 亿，同比增长率为 38.9%。[3] 其中抖音、快手以极高的活跃渗透率（TGI）和月人均使用时长，成为下沉用户最喜欢的 APP。与此同时，在线音乐、在线阅读等也吸引了大量下沉用户。其次，在下沉市场，网购变得很流行。数据显示，主要在网上购物的下沉市场消费者占比达 41.8%，[4] 与一线城市的 51.0% 十分接近。而其中年龄在 20—29 岁的女性是主力消费群体。这表明下沉市场年轻女性网购热情高。网购频率方面，下沉市场为 6 次/月（一、二线为 6.3 次/月）；平均消费方面，下沉市场平均花费为 826 元/月（一、二线为 1 093 元/月）。下沉网民网络购物能力与一、二线网民差距逐渐缩小，为电商增长带来新动力。

第二，文化旅游需求旺盛。2019 年，超过七成的下沉市场居民在过去一年中出门旅行过，一年个人平均用于旅游的支出约为 3 790 元。[5] 从目的地来看，目的地以省内游为主，省外和出境游比例相比一、二线居民较低。但是未来五年，下沉市场居民的文旅需求仍然旺盛。在目的地方面，超过一半的下沉市场居民计划在未来一年到省外旅游，同时出境游的意愿也有明显提升，表明文旅行业在下沉市场将迎来十分可观的增长。

---

[1] 企鹅智酷.最后的红利：三四五线网民时间 & 金钱消费报告[R]. 2019.
[2] 同上.
[3] QuestMobile.下沉市场报告[R]. 2020.
[4] 企鹅智酷.最后的红利：三四五线网民时间 & 金钱消费报告[R]. 2019.
[5] 企鹅智酷.2019—2020 下沉市场网民消费 & 娱乐白皮书[R]. 2020.

四、文化需求更加多元

伴随经济收入的增长,居民的消费结构也随之发生改变。他们对精神消费的需求逐渐增加,对文化的需求更加多元化。

(一) 从使用价值到符号价值

消费者的文化需求逐渐从商品本身的使用价值发展成符号价值。并将伴随经济的发展,在消费升级过程中越来越重视对符号价值的追求。

1. 文化产品的使用价值

使用价值是一切商品的共同属性之一。只有能够满足人类的某种需求,商品才会被生产和交换。马克思主义政治经济学观点认为,商品具有二重性,即使用价值和交换价值。其中使用价值是商品的自然属性,由人类的具体劳动所创造,不同商品的使用价值只有量的区别,没有质的不同。而商品的交换价值由人类的抽象劳动所创造,体现着生产者相互交换劳动的社会关系,是商品的社会属性。使用价值与交换价值是辩证统一关系,使用价值是交换价值的物质承担者,而交换价值寓于使用价值之中。

文化商品包括文化产品和文化服务,是经济发展到一定阶段文化的商品属性被发掘出来的产物。文化商品也具有价值二重性,但是与普通商品不同,文化商品不仅满足消费者的物质需求,更重要的是满足消费者的精神需求。如上文所述,中国人均 GDP 已经突破 1 万美元大关,消费者已经不仅仅满足于商品的使用价值,他们对有着高附加值文化产品的需求日益增长。

本书将文化商品分为文化实体产品、内容产品和文化服务。文化实体产品和服务与普通实体产品和服务的使用价值特征相似,文化内容产品则呈现出新的特征。

非排他性:文化商品中的文化内容产品具有消费的非排他性特征,即内容产品使用者在自身使用的过程中不能排斥其他消费者使用文化内容产品。以网络文学为例,网文发布在公共网络上,阅读者不能在自己阅读的同时屏蔽他人阅读渠道。

非竞争性:文化产品的非竞争性是指当某种产品数量给定的条件下,增加消费者的边际成本为零。以电影为例,增加一位观影人并不会增加电影的制作和发行成本。

效用不可分割特性:文化内容产品的效用不可分割特性指消费者使用该产品时并不会妨碍和减损其他消费者体验的完整度和质量。

效用不减损特性:文化内容数字化之后,文化内容产品不会随着时间的流逝发生减损。消费者获得文化产品的使用权后,可以永久保有享受同样内容质量的权利。

2. 文化产品的符号价值

法国社会学家鲍德里亚(J. Baudrillard)认为,物必须成为符号,才能成为被消费的物。他所强调的是商品的符号价值,符号价值主要是由商品的品牌、设计、包装、广告、营销以及企业形象等多种维度共同塑造的价值。在生产力和市场经济高度发达的今天,商品数量和种类极大丰富。由于标准化的生产流程和程式化的设计模式,货架上琳琅满目的商品在使用价值上并无显著差异,因而消费者在选择时更看重"意义"。在现代消费语境中,诉诸"感性"的符号,比诉诸"理性"的参数有时更能打动消费者。以故宫彩妆为例,2018年12月,故宫文创推出6款国宝色口红彩妆,颜色命名颇具中国古典文化气质,这场"历史与颜色的告白"一经推出便受到热捧,上线仅三小时就销量过万,这得益于口红背后的故宫文化。

符号消费的兴起有如下原因:第一,符号消费的兴起,是生产力发达和文化商品种类与数量极大丰富的产物。鲍德里亚这样写道:"今天,在我们的周围存在着一种由不断增长的物、服务和物质财富所构成的惊人的消费和丰盛现象。消费者与物的关系因而出现了变化:他不会再从特别用途上去看这个物,而是从它的全部意义上去看全套的物。"第二,从根本上看,人们消费的不是物质产品,而是符号。他认为,"消费系统并非建立在对需求和享受的迫切要求之上,而是建立在某种符号(物品/符号)和区分的编码之上"。消费者试图借助文化创意商品符号展示自己的身份、地位和审美。第三,创意和生产端更注重商品的文化创意符号价值。为迎合消费者的需求,设计者从商品的创意阶段便将重点放在突出商品的符号价值方面。因为消费不再是劳动的理解和超越过程,而成为符号的解读与吸收过程。第四,大众媒体和社交媒体渲染了符号消费的诱惑力。现如今,生活方式类直播、短视频在年轻消费者群体中十分流行,这类内容制造了商品符号的幻境,正如鲍德里亚所言"激起每个人对物化世界的神话产生欲望"。

(二) 从低端产品到高端产品

消费升级要求消费市场的各个环节也随之升级发展,只有这样才能与社会经济同步发展。然而,消费者对文化的需求不断增加,对文化产品的要求也越来越高,逐渐从对低端文化产品的需求升级为对高端文化产品的需求。因此,这就会导致目前文化市场出现低端文化产品过剩的现象出现,高端文化产品供应不足,并不能满足消费升级在文化市场的发展要求。

1. 低端文化产品过剩与高端文化产品稀缺

文化产品过剩是指当前所生产的文化产品超出文化市场现有需求规模,无效供给库存严重的问题。例如,在出版领域,2004—2014年,中国图书库存数量增长近25亿册。2014年,全国图书市场纯销售额为777.99亿元,而库存则为1 010亿元。库存的增长反映了供给与需求的矛盾,即低端产品过剩,不能满足消费者日益增长的文化需求。同样,在电视剧领域,2015年全国拍摄完成并且获得上映许可的电视剧共计394部,16 540集,但是各平台和电视台播出量仅为8 000集左右,其他内容产品因为质量等多种原因无缘与观众见面。[1] 低端文化产品在内容、质量等方面已经无法满足如今消费者对文化消费的需求,但是高端文化产品又因为不足也不能满足供给,使文化市场出现青黄不接的局面。

2. 低端文化产品过剩的弊端

首先,无端占用公共资源。低端文化产品的过度供应占据了本应用来生产更能满足消费者需求产品的资本、人力、管理、创意等各方面资源,从而加剧了供需不均衡问题。在电影行业,许多年轻的行业从业者拥有好的创意和过硬的专业能力,但苦于没有投资人的青睐,低端文化产品正是挤占了真正创意者的生存空间。其次,扰乱正常市场秩序。"劣币驱逐良币"是

---

[1] 齐骥.文化产业供给侧改革研究:理论与案例[M].北京:中国传媒大学出版社,2017:25.

经济学中的一个著名定律,指在铸币时代,那些低于法定质量或者成色的铸币,即"劣币"进入流通领域之后,人们就倾向于将那些足值货币,即"良币"收集起来,最后,良币被驱逐,市场上流通的就只剩下劣币了。在文化创意产业领域,虽然消费者会根据口碑辨别内容产品的好坏,但是"劣币驱逐良币"现象同样存在。比如在网络大电影刚兴起时,山寨现象成风。2015年,网络大电影《道士出山》比陈凯歌的正版《道士下山》还要早上映3个月,尽管影片粗制滥造,仅拍摄一个月就上线,但还是凭借以假乱真的片名仅用2天就收回了28万成本。此后,各类山寨IP竞相出炉,仅是"傍上"周星驰《美人鱼》的网络大电影就有5部之多。这些山寨电影无疑影响了正版电影的正常发行和盈利,对电影市场造成了极大的负面影响。而依靠相似片名就能轻松盈利也对正直的创作者造成伤害,不少优秀导演"退出"网络大电影舞台。

(三) 从大众化到个性化

文化消费升级不仅体现在人们对文化产品符号价值的关注上,对高端文化产品的需求上,也体现在对文化产品创意性与个性化的追求上。随着文化消费的增长,人们对越来越多的大众化文化产品出现审美疲劳,进而钟爱具有创意性、个性化的文化产品。

1. 文化产品同质化与个性化需求

文化消费的激增,虽然使文化市场出现快速发展的局面,但是同时也导致文化产品同质化现象严重。文化产品同质化是指一定区域范围内,同一类文化产品的不同品牌的商品在性能、外观、营销手段等方面上互相模仿,以至逐渐趋同的现象。[1] 文化创意产品的同质化体现在如下方面:实体产品同质化,主要是出现在外观设计、产品功能(性能)、营销手段、品牌内涵等维度的相似;内容产品同质化,主要表现在故事架构、人物设定、情节设置、影视语言、台词念白、服装道具、音调节拍等;文化服务同质化,主要表现在平台架构、服务手段、运营模式、商业模式、营销手段等维度。由此看出,在日趋同质化的文化产品市场亟须进行创新、创意升级,满足人们日益增长的个性化需求。

2. 文化产品同质化的原因

首先,文化工业,灵韵丧失。"文化工业"的终极追求是盈利,生产的手段在于技术操作,创作在受到利润动机和商品拜物教趋势的影响下不免会陷入"工业化"和"产品化"的困境,不再追求审美价值,如法兰克福学派认为的大众文化一样,最终在工业化制作下沦为大众产品。而这种标准化的文化艺术制品注定是丧失灵韵、泯灭个性和同质化的。

其次,市场成熟,竞争加剧。市场是否成熟和竞争是否激烈会影响产品的同质化程度。根据卡曼(A. K. Karman)关于生命周期理论的研究,标准的生命周期分析认为市场和产品会经历幼稚期、成长期、成熟期和衰退期四个主要阶段。而在成熟期,市场增长放缓,需求增长不高,产品品种极大丰富,买方市场形成,很容易出现同质化现象,行业进入壁垒很高,由此导致市场竞争激烈。

再次,创新出现乏力。马尔库塞在其著作《单向度的人》中提出"单向度"概念,批判工业化

---

[1] 陈柳钦.产业集群与产业竞争力[J].产业经济评论,2005(1):157-169.

高度发达的国家和社会压制人们的批判性、否定性和超越性思维。而在文化市场上,内涵"单向度"优质的创意总是相对"稀缺"的,优质的创意人才也是相对"稀缺"的。创作者放弃对社会和文化的批判性思考,不再将启迪民智作为创作的出发点,不再将"真""善""美"作为创作的价值追求,转而迎合受众的猎奇需求,追求"爆款"和刺激,以流量论英雄。而受众、消费者则放弃了对文化价值和文化内涵的追求,满足于肤浅的表层消费与狂欢。在"传""受"双方的"合谋"中,创新力流于平庸,文化创意产品呈现出横向的线性化和纵向的扁平化,毫无深度可言。

最后,版权意识薄弱,保护亟待升级。虽然在版权法律制度方面,已有相关法律法规对文化创意进行保护,但是现有的法律体系由于制定时间早,修订速度慢,已经不能适应数字时代产业发展新需求,比如在"洗稿"、人工智能作品版权归属等问题的判定上引起广泛争议。司法解释不足和维权难度大导致投机者在"灰色"地带横行,一定程度上造成了市场上"同质化"产品大量存在。

第二节 | 人群迭代与文化创新

热情、潮流、充满好奇心,这是当代社会对年轻人的认知,而他们正在成为中国消费的主力军。消费人群的迭代带来了消费市场的巨变,探寻年轻一代消费者的消费偏好与消费习惯,对品牌、社会都具有重要意义。

一、Z世代消费力量崛起

欧美社会学家将新生代称为 Z 世代(Generation Z),特指 1995—2005 年出生的人群(15—25 岁)。而这一代人群正在消费市场逐渐崛起,成为新生的消费力量,并将引领当代消费市场的发展方向。

(一)Z世代基本特征

由于 Z 世代出生在千禧年前后,那时世界正处于全球化、信息化的起步时期,新生事物层出不穷,社会正在经历日新月异的变革,因此他们在如此的时代发展背景下,呈现出与以往年代人群不同的特征。

1. 数字原住民

Z 世代是人类历史上第一个自小就生活在互联网以及数字化环境中的一代人,可以说是互联网首批"原住民"。根据国家统计局公布的数据,中国 Z 世代总人数约为 2.6 亿,约占 2018 年总人口数的 19%。其中 95 后约为 9 945 万,00 后约为 8 312 万,05 后约为 7 995 万。[1] 作为互联网原住民,Z 世代获取信息能力极强,乐于拥抱新科技和新文化创意,知识产权意识和

---

[1] 企鹅智酷.Z世代消费力白皮书 2019[R]. 2020.

隐私保护意识强。

2. 独生不孤独

在中国,Z世代大多为独生子女,其家庭结构为典型的"4-2-1"结构。但是在优渥环境下成长起来的Z世代却并非大众眼中"圈地自闭"的一代。他们活跃在虚拟空间,与志同道合的人组成了兴趣联盟和文化圈层。他们自成体系,并且有着强烈的归属感和认同感。因而在"宅"的外表下,隐藏着的是他们在虚拟和现实小众圈层的社交狂欢。

3. 高社会价值

Z世代更具创新力。美国广告公司JWT Intelligence发布的新报告指出,一半的Z世代认为他们比前几代人更有创造力。中国的Z世代在微博、微信、优酷、腾讯、B站和抖音的陪伴下成长,他们娴熟地掌握社交媒体的使用技巧,并且正在利用社交媒体进行个性化表达,建立影响力,发掘商业机会和让创意变成现实。CBNData报告显示,Z世代占抖音意见领袖的58%。[1] 他们千人千面,表达自我。在创业领域,Z世代也表现出极大热情,他们将目光锁定在"互联网+"、海淘、O2O、自媒体等新兴领域,成为资本世界新的弄潮儿。

Z世代更具"情怀",关注国家、社会、家庭。习近平总书记评价中国95后年轻人为"可爱、可信、可为"的一代人。[2] 他们关心国家,无论是"帝吧出征FB"还是"国家面前无偶像,国家才是'大本命'",抑或是在新冠疫情中奋战在防疫一线的95后医生、护士都折射出Z世代对国家和民族命运的关注。Z世代注重环保,普华永道报告显示,在服装和配饰消费方面,有21%的受访者愿意多花5%的费用购买可持续性服饰,这些年轻消费者乐于为那些"环境友好型"和具有社会责任感的产品买单[3]。

(二) Z世代新消费特点

由于成长环境的不同,Z世代的消费观念与其他年代人群也有所不同,可以总结为如下消费特点:

1. 圈层化消费

如前所述,Z世代以兴趣结盟,拥有自己独特的社交圈,这也深刻地影响了他们的消费心理。Z世代典型圈层有电竞、二次元、国风、模拟手办和硬核科技。出于身份认同和在圈层中拥有更多话语权的需求,Z世代将大量花费用于圈层文化创意产品。以洛丽塔(Lolita,简称Lo)服饰消费群体为例,洛丽塔服装是融合了洛可可时期女性服饰元素的少女风格裙装及配饰,其造型华美繁复,全套价格昂贵(大多逾2 000元)。国内洛丽塔消费者大多为Z世代,但是表现出相当强的消费能力和消费黏性。超过50%的消费者在Lo裙上月消费超过500元,有40%的消费者在一半以上时间穿着Lo裙。[4]

---

[1] CBNData.2019美妆短视频KOL营销报告[R]. 2019.
[2] 人民网.习近平首次点评"95后"大学生[OL]. http://politics.people.com.cn/n1/2017/0103/c1001-28993211.html.[访问日期:2020-03-11]
[3] 普华永道.千禧一代与Z世代对比观察报告[R]. 2019.
[4] 王一越.为何昂贵的洛丽塔服装会让人买得停不下来?[OL]. https://www.cbnweek.com/articles/normal/23538.[访问日期:2020-03-11]

2. 原创性消费

Z世代尊重原创,具有知识产权意识,他们更愿意为"有趣的灵魂"和"精妙的创意"埋单。CBNData大数据[1]显示,2018中国线上原创产品销量接近较上一年增长33%,其中90后贡献达40%,消费金额同比增速接近50%。原创服饰方面,2018年90后对国潮服饰的消费金额贡献达65%,比上一年激增450%。原创文化创意产品正在成为Z世代新宠。原创内容产品对Z世代同样具有超强吸引力。音视频内容付费订阅群体中,有67%为Z世代。

3. 惊喜性消费

电影《阿甘正传》中有一句话广为流传:"人生就像一盒巧克力,你永远不知道下一块将会是什么味道。"除了人生,盲盒也是如此。Z世代对惊喜和刺激的渴望使得盲盒成为市场新宠。盲盒诞生于日本,是一套十二个不同样式的玩偶手办,产品设计出众,但比普通影视周边产品价格更低(通常价格在39—69元)。[2]而让消费者"深陷"其中的是每个系列中的隐藏款,因为抽中的概率非常低,所以吊足了消费者的胃口。盲盒的最大消费群体为Z世代,产品的"收集属性""游戏玩法"和"高惊喜值"让年轻群体爱不释手。

4. 参与式消费

参与式消费指Z世代已经不满足于做品牌的消费者,他们更要参与到产品或内容的前期筹备、中期设计以及后期推广过程中。文化创意领域新近涌现的一批优秀的动漫电影正是得益于Z世代的参与式消费。2015年,国内首部以众筹形态出现的电影《十万个冷笑话》正式上映;同年,众筹动画《西游记之大圣归来》引爆网络;2016年,蛰伏12年,历经4 000人众筹的《大鱼海棠》正式上映。Z世代的参与式消费心理降低了内容生产的不确定性,让爆款成为可能。Z世代不仅投入财力,还会投入创意。暴走漫画是一种流行于网络的开放式漫画,只有固定的人物设定,漫画爱好者和普通网民均可制作发布。自2011年引入中国以来,暴走漫画网站日访问量很快突破千万。随后,以暴走漫画为基础的"暴走大事件"等系列网络视频走红,成为中国互联网内容的一朵奇葩。

5. 种草式消费

Z世代了解新产品的过程显著不同于其他世代。相比于传统广告的"曝光—吸引—搜索—消费"过程,Z世代采用的则是"观看测评—种草—测评再观看—种草/拔草—消费"过程。在这个迭代过程中,他们能够获取更多产品功能信息同时加深对产品特性与自身匹配度的理解。Z世代通常会在社交平台和购物社区平台关注不同类别的测评博主或者明星,定期观看他们对美妆、服饰、3C数码、文化创意周边等产品的测评视频并且对自己喜欢的产品"种草",但是他们不会因为单一推荐而冲动消费,而是选择持续关注,让心中的"幼芽"继续生长,如果众多意见领袖对同一产品的评价褒贬不一,Z世代也会根据自己的需求适时"拔草"。

---

[1] CBNData.2018中国互联网消费生态大数据报告[R]. 2019.
[2] 盒饭财经.企鹅号.谷歌、乐高都在做的"盲盒",是如何让消费者被套路的?[OL]. https://new.qq.com/omn/20181005/20181005A0OMHI.html.[访问日期:2020-03-11].

二、Z世代文化创意消费景观

由于独特人群特征与消费特点,Z世代在对文化创意消费上也展现出与众不同的景象,也因此诞生了如二次元、偶像文化、网红文化等潮流文化。

(一)传统文化解构与创新

随着全球化与互联网的深入发展,Z世代人群对诸多传统文化进行解构,突破创新真正做到了旧义新解。

1. 解构主义

解构主义兴起于20世纪60年代的法国,雅克·德里达(J. Derrida)是解构主义的代表人物。解构主义的思想渊源主要是尼采的思想。尼采在19世纪末宣称"上帝死了",并要求"重估一切价值",他颠覆传统的思想深刻地影响了西方世界。在后现代语境中,解构即是把事物固有的规则和人们对事物的固有认知打破之后重建的行为和方法论。德里达认为,解构主义并非一种在场,而是一种无法被定义的踪迹。因为解构主义无论被确定为什么,它本身都会被解构,因而解构的两大基本特征是开放性和无终止性。

2. 基于解构主义的文化创新

在当代新语境下,Z世代重新解构性别文化、语言文化及影视文化,并对其进行了重新诠释。

(1)性别文化解构。LGBT群体非匿名化。LGBT指包括女同性恋者(lesbian)、男同性恋者(gay)、双性恋者(bisexual)和跨性别者(transgender)在内的性少数群体。以彩虹旗为群体的主要标志。LGBT文化对传统二元性别文化产生了冲击。北京大学社会学系团队的研究表明,公众对LGBT文化的观点存在明显的年龄差异,年轻人对性多元明显更为开放,接受程度更高。受访者越年轻,其中反对将同性恋视为病态、反对性别角色的刻板二分观念的比例越高[1]。Z世代中有超过80%的受访者反对LGBT病理化认知。随着LGBT群体在现实生活和社交平台的非匿名化,"粉红经济"(pink money)也开始受到企业关注。淡蓝网Blued数据显示,其苹果系统装机率为40%,远高于陌陌(30%)等面向大众的社交媒体产品。除了线上社交产品之外,网络文学和漫画也更多关注LGBT群体,形成耽美[2]等众多网络文学流派。

(2)语言文化解构。网络用语和饭圈黑话。在《文化盗猎者》一书中,"迷"是指狂热地介入球类、商业或者娱乐活动,迷恋、仰慕或者崇拜影视歌星或运动明星的人。在中国,粉丝所形成的圈层被称为"饭圈"。语言学者巴赫金认为,随着时代的发展,"群体会产生跟群体相关的意义,最终会出现该社群独有的新的语言形式或类别。"饭圈亦是如此。为了提高饭圈内部交流效率和增强归属感,粉丝们自创了自己的话语体系,俗称饭圈黑话。这些精简、隐喻的饭圈用语可能来自明星的作品、行为和言语,日韩英文用语翻译,中文常用语拼音简写和谐音,也可能来自粉丝社群本身。比如"打投""空瓶(控评)"是指粉丝帮助艺人打榜投票、控制评论内

---

[1] 中国性少数群体生存状况:基于性倾向,性别认同和性别表达的社会态度调查报告[R].北京大学及联合国开发计划署"亚洲同志"项目,2019.
[2] 耽美出自日语,原义指唯美主义,在中国意指描写男性和男性的爱情。

容走向;"墙头"指除了自己最喜欢的偶像外,喜欢的其他偶像;"XYXF""ZSQG"是中文拼音缩写,指血雨腥风和真情实感。宗锦莲在《浅析网络用语与青年文化建构》中提到,网络语言在青年中泛滥,同时也成为青年身份识别的符号资本。从表面来看,小众圈层用语是Z世代追求乐趣的产物,但是从深层次意义来看,是年轻群体保有自身话语权和追求自尊和权利的手段。

(3) 影视文化解构。无厘头和UGC。周星驰在其无厘头电影中解构了传统电影的二元叙事解构,即黑白分明、好坏对立的世界观,同时,他消解了结构的等级属性,对精英文化戏谑不止。比如在《大话西游》中,一反《西游记》经典中忠心、禁欲的孙悟空形象,至尊宝(孙悟空)被塑造为放荡不羁、情史丰富的人间浪荡子,是英雄和平民的混合体,身兼双重责任,也面对重重矛盾。周星驰的解构主义深刻影响了初代和后代互联网UGC(用户自制内容)创作者,他们将解构权威、拼贴恶搞、戏谑夸张、反讽挪揄作为自己的创作手法,比如《一个馒头引发的血案》将陈凯歌导演的史诗片《无极》打破重塑为一个剧情简单、让人捧腹的故事;又如赵本山和宋丹丹在春晚表演的小品节目《昨天、今天、明天》被网友重新进行音视频剪辑,呈现为带有鬼畜[1]特质的"念诗之王"视频。Z世代通过对原版影视剧内容的解构、拼贴和戏仿,完成了自我意识的植入和传播。

(二) ACG 文化与社群消费

所谓 ACG 文化,即 anime(动画)、comic(漫画)和 game(游戏)的缩写形式,也可加入 novel(轻小说),并称为 ACGN。ACG 内容的共同点为非现实,如果说现实世界是三维结构,那么相对应地 ACG 世界为二维平面结构,亦称为二次元世界。在日本,二次元文化被总结为御宅文化(otaku),中国从 2016 年开始,"二次元"逐渐完成了对"御宅"概念的替代。

1. 二次元产业爆发

首先,二次元群体基数大、用户年轻化、付费意愿较高。极光大数据统计显示,2017 年中国二次元用户规模达到 2.5 亿人,其中核心二次元用户超过 8 000 万人。截至 2018 年,年龄在 25 岁以下的 Z 世代二次元人群占二次元总数的 64.3%[2],Z 世代是二次元核心用户群。在付费意愿方面,二次元用户付费购买正版游戏的比例达到 35%,购买 ACGN 周边产品的比例为 56.2%[3]。

其次,二次元市场潜力大。艾瑞数据显示,2017 年,中国动漫行业总产值为 1 536 亿元,同比增长 17.3%。2018 年中国二次元手游市场规模为 190 亿元,同比增长 19.5%。根据中金公司的预测,中国动漫二次元产业消费市场规模将在 2025 年达到 4 519 亿元,较 2015 年增长 177%[4]。

再次,二次元产业拥有相对完善的产业链。二次元产业上游为 IP 内容创造者,包括漫画

---

[1] "鬼畜"指中国视频网站上一种较为常见的原创视频类型,该类视频以高度同步、快速重复的素材配合背景音乐的节奏呈现出鬼一样的抽搐来达到洗脑或喜感效果。
[2] 前瞻产业研究院.2019 年二次元产业全景图谱[R]. 2019.
[3] Bilibili.二次元行业研究报告[R]. 2017.
[4] 海通证券.全产业链布局趋于完善,领先 IP 衍生品变现平台呼之欲出[R]. 2017.

工作室、小说网站和动画制作公司、原创游戏制作公司;产业中游有 IP 授权代理公司和内容发布平台(如 B 站、腾讯和爱奇艺等视频网站以及社交媒体平台);产业下游有内容衍生品公司、漫展和非独立 IP 的游戏制公司(图 5-2)。

图 5-2 二次元产业链

2. Z 世代 ACG 的消费习惯

Z 世代对于 ACG 的消费主要体现在内容、衍生品与泛娱乐消费三个方面。

(1) 内容消费。动漫是 Z 世代二次元消费中最主要的类型。其中,日本动漫一直拥有最广泛的二次元受众,中国动漫由于《西游记之大圣归来》《大鱼海棠》等国产动漫作品横空出世也在二次元群体中口碑日盛,美国动漫也在二次元内容消费领域占有一席之地。其次,游戏是 Z 世代内容消费的又一重镇,并逐渐向市场展现二次元品类手游的巨大吸粉和变现能力。此外,起源于二次元文化圈的弹幕因其高度的互动性和抖机灵的内容,成为二次元内容消费目的之一,也是目前在各大视频网站和直播网站中广泛流行的虚拟实施互动功能。

(2) 衍生品消费。IP 衍生品行业毛利率高达 42.3%,[1]且还在稳步上升。根据艾瑞数据,2015 年中国二次元用户购买周边[2]的比例高达 93%。其中 37% 的消费者会购买手办[3]或模型,56% 的消费者会购买文具、钥匙扣、手机壳等软性周边,还有 17% 的消费者会购买动漫人物的服饰、道具等。

(3) 泛娱乐消费。二次元内容派生出了音乐现场、漫展、舞台剧、主题公园等超越二维形式的泛娱乐形态,也称为 2.5 次元。音乐现场方面,二次元偶像初音未来和洛天依是利用语音合成技术创造的虚拟歌手,她们在 ACG 文化圈中拥有数量众多的粉丝,2019 年,知名钢琴家郎朗与洛天依的全息演唱会在上海举行,给观众带来全新的视听盛宴。ACG 聚集区 Bilibili 网站自 2013 年起在上海举办线下演出 BML(Bilibili Macro Link),每年都受到 Z 世代的热烈追捧,2019 年,三天线下活动的参与人数达到了 17 万。

(三) 偶像文化与粉丝经济

伴随娱乐产业的发展,在媒体与经济驱动下,偶像文化便成为当下社会一种普遍现象,进而粉丝经济应运而生。

---

[1] 海通证券.全产业链布局趋于完善,领先 IP 衍生品变现平台呼之欲出[R]. 2017.
[2] 周边产品指动漫衍生产品,有硬周边和软周边之分。其中如扭蛋、模型、手办等偏重收藏观赏价值的产品被称为硬周边,价格相对高昂;而具有实用性的文具、服饰、钥匙扣等周边产品被称为软周边,价格相对便宜。
[3] 手办(figure)指收藏性动漫人物模型,具有较好的质量和较高的艺术性。

1. 从日韩偶像文化到本土偶像崇拜

偶像文化在日韩发展已经成熟,市场规模巨大,拥有完善的偶像产业链,也有诸多知名偶像娱乐公司,如日本的杰尼斯、韩国的 SM、YG 等娱乐公司。随着日韩影视、综艺、音乐等娱乐活动在全球范围的影响扩大,中国在 21 世纪初也逐渐探索偶像产业之路。中国本土流量偶像文化肇始于 2012 年 EXO-M 中国出道,成为最早一批的流量偶像,自此开启了流量时代,本土偶像崇拜也因此出现。

自 20 世纪末,日本、韩国开始发展偶像产业以来,偶像养成、练习生制度、应援文化等偶像文化也随之诞生。偶像养成的模式是由日本杰尼斯演艺经纪公司首创,是指粉丝见证和参与偶像成长和出道的全过程,注重培养粉丝基础,以相对少的资源培养尽可能多的潜在偶像,让市场和粉丝决定最终出道人选,大大提高成功偶像的"命中率"。此后,韩国 SM 娱乐公司开创了练习生制度,让年轻素人通过长达五年的残酷训练和定期选秀过程出道,自输出韩流鼻祖 H. O. T 后,这一系统仍在稳定输出高质量偶像。同时,应援文化也在这样的情况下被催生,以有组织的粉丝行为或者活动表达对偶像的支持。之后,在中国也借鉴日韩偶像产业的模式,出现养成系组合 TFBoys,推出现象级网络综艺《偶像练习生》《创造 101》等,掀起了粉丝造星狂潮。

2. 偶像文化催生粉丝经济

所谓粉丝经济,是指架构在粉丝和被关注者关系之上的经营性创收行为,是一种通过提升用户黏性并以口碑营销形式获取经济利益与社会效益的商业运作模式,[1]具有经济属性和文化属性。据 2018 新浪微博粉丝白皮书显示,截至 2018 年,娱乐明星粉丝累计超过 167 亿,全年娱乐活跃粉丝近 7 500 万。其中,Z 世代占比超过 71.2%。2018 年偶像推动的粉丝消费规模超过 400 亿元,同比增长 114%。[2] Z 世代已经成为推动粉丝经济快速增长的主力军。

(1) 粉丝群体构成与需求层次。粉丝群体按照功能分类,有大大(舆论引导者)、产出 er(混剪[3]偶像作品的粉丝创作者)、小透明(普通粉丝)等;按照属性分有团饭(喜欢整个偶像团体)、唯饭(只喜欢团体中一名偶像)、多担(喜欢多于一名偶像)等;按照类型分有女友粉("花痴")、亲妈粉("护犊")、颜值粉(只喜欢偶像外表)、路人粉(对明星无感)、黑粉(爱恨交织或单纯厌恶明星的人)、私生粉(行为极端、对偶像正常生活造成困扰的狂热粉丝)等。粉丝群体的多样性决定了他们需求的多样性,根据马斯洛的需求理论,爱与归属、尊重和自我实现都是他们的主需求。他们将自己对美好的外表、阳光的性格、向上的精神和卓越的艺能的渴望投射到偶像身上,并且渗透到自己作为偶像粉丝的网络社交和线下应援行动中。

(2) 粉丝组织机制。粉丝自行组建的明星偶像后援会一般被称为"站子"。其基本功能是发布偶像行程、拍摄修图、组织粉丝线上打榜和线下应援。一个明星可有多个站子,他们遵循

---

[1] 百度百科.粉丝经济[OL]. https://baike.baidu.com/item/%E7%B2%89%E4%B8%9D%E7%BB%8F%E6%B5%8E.[访问日期:2020-03-21]

[2] 致趣百川.二次元风起:新生代的审美与消费变迁[R]. 2019.

[3] 混剪即混合剪辑,是实现蒙太奇手法的剪辑方式,把不同镜头剪辑在一起构成新的意义。

共同的饭圈"章程",形成多中心决策,散点化运营,重大活动紧密联合的模式,建立起一套粉丝组织机制。近年来,粉丝逐渐从幕后走到台前,主动策划活动拓展偶像的社会影响力,形成"粉丝-偶像-品牌"三元模式。如王源粉丝站与国务院扶贫办联手推进公益项目,并受邀参加中国减贫与发展高层论坛。

(3) 粉丝经济与偶像流量变现。如今,规模巨大的粉丝经济拥有多元化的变现渠道。第一种是偶像作品变现,即粉丝购买或者观看偶像本人创作、表演的音乐作品、影视作品、演唱会、竞技比赛、发布会等。粉丝对偶像作品销量的贡献惊人,如在饭圈推动下,张艺兴2018年新专辑《梦不落雨林》(NAMANANA)网络销量突破75万张,打破多项纪录,成为QQ音乐史上销量最高的专辑。第二种是商业代言变现,包括偶像的品牌代言和直播带货。艾瑞咨询数据显示,有50.3%的粉丝愿意购买偶像代言的产品。《偶像练习生》的打榜投票需求让农夫山泉电商销量激增500倍。第三种是周边产品变现,包括印有偶像相关图文的文具、服饰、日常用品、应援物品等。直播打赏,偶像与粉丝日常直播互动时的虚拟打赏。第四种是平台会员变现,明星与平台合作向粉丝发"福利"。如范丞丞与微博合作,粉丝开通"明星V+会员"可获得观看明星私照等诸多特权。第五种是粉丝自组织,粉丝通过自我组织越过明星本人及其经纪公司为明星拓展影响力。如2015年,王源粉丝在美国纽约时代广场买下大楼广告为其15岁生日祝福,同一时段,由重庆江北机场出发的国航全部航班都改用印有王源头像的生日定制登机牌。粉丝经济的变现方式越来越多,也推动其快速发展。

(四) 自媒体与"网红"经济

随着社交平台和直播平台的兴起,越来越多的人能够分享自己的所见所闻,所思所感。这些私人化、平民化、普泛化和自主化的传播者将自媒体发展到前所未有的高度。在浩如烟海的自媒体中,有一些频道因为内容的优质性和新奇性受到集聚性的关注,进而成为有影响力的"网红"。根据新榜[1]的定义,"网红"是以网生内容塑造,具有较强传播力和影响力的调性网络形象。通俗来讲是指通过网络社交平台走红并聚集大量粉丝的互联网IP,其属性可以是人、动物、组织机构、虚拟物品等。据研究,中国"网红"群体中,80后占比54%,90后占比31.8%,Z世代正在成为"网红"时代的主要参与者。

目前"网红"聚集的主要平台有:大众社交媒体平台,如国内微博、微信、国外Instagram、Twitter、Facebook等;垂直社交平台,如知乎、小红书等;视频流媒体平台,如国内B站、爱奇艺、腾讯视频、优酷视频等,国外YouTube等;短视频平台,如抖音、快手等;直播平台,如斗鱼、映客等;音频平台,如蜻蜓、喜马拉雅等;电商平台,如天猫、京东等。

1. "网红"的分类

根据"网红"的历史,可分为文字时代的"网红",如痞子蔡、安妮宝贝等网生作家;图文时代的"网红",如芙蓉姐姐、凤姐等话题人物;宽屏互动时代的"网红",如Papi酱、同道大叔、知乎网红等;竖屏时代的"网红",如抖音、快手短视频红人。

---

[1] 上海看榜信息科技有限公司旗下"新榜",即新媒体排行榜是移动端全平台数据机构,专注新媒体数据采集监测,综合评估微信、微博以及其他移动互联网渠道的新媒体运营情况。

根据"网红"的功能,可分为作家"网红",如南派三叔;电商"网红",如李佳琦;知识"网红",指专业内容优秀回答者;电竞网红,如 PDD[1]、iG[2]等;美妆"网红",如张凯毅(Kevin);观点/吐槽类"网红",如奇葩说选手、Papi 酱等;唱跳"网红",如冯提莫等;生活方式类"网红",如办公室小野等;动物"网红",如尿尿是只猫等;美食类"网红",如李子柒、日食记等;和情感类"网红",如一禅小和尚等。

2. 自媒体时代的"网红"经济

网红经济指依托互联网传播及其社交平台推广,通过大量集聚社会关注度,形成庞大的粉丝群体和定向营销市场,并围绕网红 IP 衍生出各种消费市场,最终形成完整的网红产业链条的一种新经济模式。[3] 艾瑞数据显示,2018 年,粉丝规模在 10 万以上的网红数量持续增长,同比增加 51%,其中粉丝规模超过 100 万的头部网红数量增长达到 23%。网红粉丝数量也保持了强劲的增长势头,总人数达到 5.88 亿,[4]其中超过半数的粉丝为 Z 世代。截至 2018 年,国内泛娱乐直播市场规模达到 450 亿,同比增长 63.6%。

(1)"网红"经济产业链。产业链核心为网红 MCN(Multi-Channel Network)(网红孵化、中介公司)和网红综合体,电商型和泛内容型 MCN 为网红提供技能培训、流量引导、曝光机会和内容开发等服务。产业链中游为平台方。平台方签约成熟网红,为之提供品牌合作机会,而网红将自己的内容和流量带到平台。产业链下游为粉丝,粉丝观看网红的内容产品,并以广告、购买产品、直播打赏形式与之互动(图 5-3)。

(2)"网红"流量变现模式。"网红"流量变现的主要方式为签约费、广告、平台创作收入分成、平台用户打赏分成、版权收入、电商带货、演艺代言、网红名人化后的职场化等。其中,广告、电商、直播分成是最重要的收入来源,分别占比 19.6%、19.3% 和 17.2%[5]。"网红"日益受到广告主青睐,2018 年,有 57.53% 的网红与广告主签约,其中不乏知名汽车企业和美妆企业。"网红"电商是指网红本人自创品牌或者与品牌合作售卖产品,

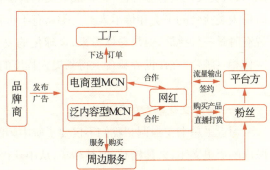

图 5-3 艾瑞咨询:2018 年中国网红经济商业图谱分析

2018 年,"网红"电商成交总额增长 62%,其中服装品类增长规模超过 70%。

(3)"网红"经济的发展趋势。"网红"经济成为自媒体时代异军突起的新兴经济模式,并呈现出如下发展趋势:第一,多元化网红兴起。网红概念最初在微博流行时,大众视野中的网红

---

[1] PDD,本名刘谋,英雄联盟项目电竞选手,游戏 ID 为 PDD。
[2] iG,中国首个夺得英雄联盟世界赛冠军的队伍。
[3] MBA 智库百科.网红经济[OL]. https://wiki.mbalib.com/wiki/%E7%BD%91%E7%BA%A2%E7%BB%8F%E6%B5%8E.[访问日期:2020-03-21]
[4] 艾瑞咨询.中国网红经济发展洞察报告[R]. 2019.
[5] 同上。

大多是大眼睛、尖下巴、高鼻梁的整容过度的女性形象,以至于"网红脸"也由此发展成刻板认知标签。但是随着网红市场的不断发展,网红越来越细分,针对小众市场的网红逐渐兴起,比如专注中美生活差异讨论的美国籍网红郭杰瑞,还有情感话题二次元网红"一禅小和尚"。第二,网红职业化趋势加大。网红签约 MCN 机构比例增加,专职网红成为职业选项。2018年,头部网红签约 MCN 机构占比高达 93%[1]。网红从原生化向职业化发展有利于增强其竞争能力。第三,多平台发展已成主流。因为全平台分发能够让传播效果最大化,所以网红大多选择入驻多个平台。微博是所有平台中接入 MCN 数量最多的,已经超过了 1 900 家,覆盖超过 4 万个账号,不过抖音和快手的流行使得众多原生网红如雨后春笋般显露出来。总而言之,对网红来说,多平台发展已经成为主流趋势。

第三节 全球化与文化融合

在全球化的影响下,人类生产生活息息相关,全球意识和人类命运共同体意识崛起。随着全球化在世界范围的深入,人类在政治、经济、社会和文化等各个领域都相互沟通,彼此渗透。同时,人类文化具有多样性,并构成人类的各群体和各社会的独特性,是交流和创新的源泉,对维持人类社会的平衡和传承人类文明具有不可替代的作用。尽管全球化进程对文化多样性来说有时是一种挑战,但是总体看来,全球化的发展并不能消除各国的民族性和独特性,让各种文化相互融合,并在世界舞台上得到更大程度的伸张和展示。

一、海外文化创意的引进

习近平总书记强调:"我们不仅要了解中国的历史文化,还要睁眼看世界,了解世界上不同民族的历史文化,去其糟粕,取其精华,从中获得启发,为我所用"。文化产品"引进来"和"走出去"一直是中国提升文化软实力的重要举措。根据商务部的数据,2018 年,中国进口文化产品和服务 371.9 亿元,同比增长 15%[2]。为坚定支持贸易自由化和经济全球化、主动向世界开放市场,2018 年起,中国国际进口博览会开始在上海会展中心举行。首届进博会吸引了全球 170 多个国家的 3 000 多个参展商参加,其中文化和旅游展区成为亮点。韩国文化产业振兴院携 Baruck 等 12 家动漫、游戏企业参展,伊朗旅游节带来非物质文化遗产展演,谷歌公司运用科技将典藏"活化",精彩的展示活动和贸易合作为中国同世界各国的文化交流注入新活力。

(一)流行文化的引进

中国关于流行文化的引进主要是在影视、动漫、游戏和文化旅游几个方面。

---

[1] 艾瑞咨询.中国网红经济发展洞察报告[R]. 2019.
[2] 商务部.2018 年成绩单亮眼 我国文化贸易结构持续优化[OL]. http://coi. mofcom. gov. cn/article/y/gnxw/201903/20190302846260.shtml.[访问时间:2020-03-25]

1. 影视引进

2001年中国加入世界贸易组织后,采用配额制度引进海外电影,其中普通分账片每年20部,特种分账片每年14部,买断片每年30部。[1] 随着中国电影市场日趋开放,进口电影数量持续增加,2019年上映的进口电影(含合拍片)数量达到133部,累计票房达到约238亿元,占总票房的37.5%,[2] 票房超过10亿的进口片有5部。海外影视内容的引进不仅满足了人民日益增长的物质文化需求,也促进了中国电影市场的繁荣发展。

2. 动漫引进

日本是动漫强国,全球60%的动漫作品都来自日本。[3] 中国进口的动漫产品也主要来自日本。1980年,动画片《铁臂阿童木》开启了中国引进日漫的时代。90年代,日本动漫席卷中国,《美少女战士》《奥特曼》《灌篮高手》《名侦探柯南》等成为一代中国人的记忆。2000年后,由于审核严格和电视渠道收紧,许多日本动漫开始密集地出现在中国网络视频平台上,催生了AcFun、Bilibili这样的二次元视频网站,也加快了综合性视频网站切入动漫垂直领域的步伐。2016年开始,在中国上映的日本动画电影呈现了大幅增长态势,其中不乏《你的名字》这样的口碑与票房俱佳的作品。2018年开始,中国视频网站也凭借引进日本新番动画开启了动漫内容付费时代。

3. 游戏引进

中国游戏出版业始于20世纪90年代中期,起初主要以单机游戏为主。新千年伊始,随着盛大游戏正式引进韩国网络游戏《传奇》,创下同时在线玩家超过50万,[4] 占据国内网游市场68%市场份额的纪录,网络游戏成为主流。根据2003年文化部发布的管理条例[5],网络游戏属于互联网文化产品,需要受到内容审查,并且外商不可直接在中国发行游戏。因此中国游戏厂商大规模投向代理网络游戏。网易代理了暴雪娱乐开发的《炉石传说》《魔兽世界》等游戏,腾讯代理了《DNF(地下城与勇士)》《英雄联盟》等游戏,完美世界代理了《Dota2》《CS:GO》等游戏产品,这些来自欧美和日韩的客户端游戏都风靡中国,成为80后、90后的青春回忆。

4. 文化旅游项目引进

文化旅游是指通过旅游实现感知、了解人类文化具体内容的行为。文旅融合是当下的发展趋势,"旅游是载体,文化是灵魂"。进入21世纪之后,中国积极引进国外成熟文旅项目,助力本土文旅行业的蓬勃发展和更新换代。2016年,"原汁原味迪士尼,别具一格中国风"的上海迪士尼乐园落成并开业,第一年总共接待超过1100万游客,年收入达96亿元[6]。在迪士尼

---

[1] 普通分账片按照国际通行的制片方35%、发行方17%、放映方48%的比例进行分配;特种分账片指使用了IMAX或3D等技术的影片,票房收入的分配方式与普通分账片相同;买断片又称批片,指发行权由中国大陆的发行公司一次性买断并在大陆上映,票房盈亏自负。

[2] 猫眼数据.2019中国进口片数据洞察[R]. 2020.

[3] 水清木华研究中心.2017—2021年全球及中国动漫行业研究报告[R]. 2019.

[4] 新周刊.中国游戏30年进化史:没有人知道潮水的方向[OL]. https://ent.163.com/game/18/1105/12/DVRMVBQL003198EF.html.[访问时间:2020-03-25].

[5] 中央政府门户网站.互联网文化管理暂行规定[OL]. http://www.gov.cn/bumenfuwu/2006-11/24/content_2600289.htm.[访问时间:2020-03-25].

[6] 信达证券.旅游行业专题报告:上海迪士尼游客过1100万,年收入超100亿元[R]. 2017.

的带动下,中国亲子主题乐园投资成为行业热点,各类在建主题乐园超过 5 家,投资额近千亿元。

二、中国文化创意的出海

中华文化与世界其他国家或者民族的文化是相通的。只有"走出去",才能与其他各种的文化相碰撞。整体来看,中国已经成为文化服务贸易大国。总体贸易额位居世界第七,[1]但是与经济地位还有较大差距,"文化赤字"明显。中国文化产品[2]出口的第一大类别是工艺品和装饰物,占比达 50.6%。随着"一带一路"倡议的不断深入推进,中国的海外文化贸易伙伴更加多元,2018 年中国对"一带一路"沿线国家文化产品出口总额达 162.9 亿美元,占当年中国文化出口总额的 18.4%。目前,中国文化出海主要以传统文化和流行文化为主。

(一)中国传统文化出海

习近平总书记指出:"中华传统文化源远流长、博大精深,中华民族形成和发展过程中产生的各种思想文化,记载了中华民族在长期奋斗中开展的精神活动、进行的理性思维、创造的文化成果,反映了中华民族的精神追求,其中最核心的内容已经成为中华民族最基本的文化基因。"坚定文化自信,更要弘扬中华传统文化。

昆曲就是中华传统文化"走出去"的典范。著名作家白先勇制作的青春版昆曲《牡丹亭》,根据现代人的审美观和欣赏习惯,在保持完整情节和昆曲唯美写意特色的基础上,利用现代剧的理念,将内容、音乐和人物都重新铺陈,使之达到"乐而不淫、哀而不伤"的境界,以更加贴近年轻人的形式呈现在人们眼前。该剧在英美巡演获得空前成功,《纽约时报》《洛杉矶时报》《泰晤士报》等主流媒体也对该剧给予高度评价。加州大学伯克利校区音乐系和东方文学系合作开设了昆曲课程,将昆曲作为世界性的歌剧来研究。作为人类口头非物质文化遗产的代表,昆曲在走向世界的过程中再一次印证了"只有民族的才是世界的"。

(二)中国流行文化出海

中国文化"走出去"不仅要推广中国传统文化,更要传播中国当代流行文化。

1. 中国网络文学

自 2014 年美籍华人赖静平创办第一家中国网络文学英译网站 Wuxiaworld 以来,中国网络文学在海外大热,甚至与好莱坞大片、日本动漫和韩国偶像剧并称为"世界四大文化奇观"。相比已经具象化的影视内容,网络文本一方面具备更少的传播阻力和更大的想象空间,能让国外读者对书中描写的世界产生认同感,另一方面,网络文学的连载型创作模式颇具互动性,能够增加用户黏性,扩大粉丝群体。2017 年 5 月,腾讯旗下的阅文集团推出海外业务"起点国际",与来自北美、东南亚等世界各地的 200 余位译者进行合作,上线了 300[3] 余部中国网络

---

[1] 腾讯研究院.2019 中华数字文化出海年度观察报告[R]. 2019.
[2] 根据联合国教科文组织的定义,文化产品和服务被细分为六大类,分别是文化和自然遗产、表演和庆祝活动、视觉艺术和工艺品、书籍和新闻产品、视听和互动媒体产品、设计和创意产业产品。
[3] 丁甜.从还珠格格到狐妖小红娘:中国 IP 出海简史[OL]. https://www.36kr.com/p/1723778343721.[访问时间: 202-03-27]

文学作品的英文译作，内容涵盖武侠、玄幻、奇幻、言情等多元题材，蕴含着尊师重道、奋发向上等众多中国文化元素。

2. 中国影视剧

中国影视文化出海早已有之，从《还珠格格》横扫东南亚到《英雄》被西方主流市场认可，中国影视一直在探索"走出去"的路径。然而，彼时的文化出海大多集中于东南亚地区、内容以古装和武侠为主，仍存在辐射范围窄、形式单一等问题。随着中国影视制作水准提升，越来越多的优质影视剧正在走向国际市场。2017 年开始，美国流媒体巨头 Netflix 先后与优酷、爱奇艺、腾讯视频等达成版权交易，向全球 190 个国家和地区提供中国影视文化作品。此后，国产犯罪悬疑推理剧《白夜追凶》、科幻巨制《流浪地球》、古装剧《延禧攻略》等在海外大规模发行，赢得良好口碑。

3. 中国手机游戏

中国网络游戏出海以手机游戏为主力。2018 年，中国自主研发的网络游戏在海外获得22% 左右的市场份额，中国游戏成为世界移动游戏时代的重要玩家。在地区方面，中国手游活跃在东南亚、日韩、南美、中东和印度等手游畅销榜头部，展现出与欧美、日韩等全球知名游戏厂商比肩的开发和运营实力。如腾讯 2019 年推出的游戏《和平精英》，这是第一款将国产战术竞技类游戏成功推向全球市场的手游大作，该游戏位列海外手游畅销榜前 5 名，全年收入超过 7 亿美金，其中美国、日本和沙特分别贡献了海外总收入的 33.5%，11.7%和 7.7%[1]。

4. 中国本土动漫

在本土动漫出海方面，作为腾讯动漫旗下的超人气 IP《狐妖小红娘》于 2017 年 7 月登陆日本 TOKYO MX 电视台，播放期间，其推特、5CH 等热门社交区上的话题讨论热度居高不下。[2] 除此之外，描写中国道家文化和武术少年的国产动漫《一人之下》也在日本播放，广受好评，成为中国传统文化年轻化出海的典范。

5. 互联网产品

中国互联网服务正在迈向全球，在短视频和在线直播等社交 APP 方面表现突出。截至 2019 年，在全球互联网市值最高的 20 家公司中，来自中国的企业占据 5 席[3]。短视频方面，在字节跳动推出抖音海外版 Tik Tok 一年后，2018 年 Tik Tok 在日本、泰国、越南、印度尼西亚等国家已经先后称为当地最受欢迎的短视频 APP，全球下载量超过 4 500 万次，超越 Facebook、YouTube 等国际主流社交视频平台，成为全球下载量最高的 IOS 应用。此外，在直播领域，随着美国千万粉丝量级的网红入驻平台，中国公司猎豹推出的直播应用 Live.me 不仅在美国市场成功试水后，还在日本、印度尼西亚等东南亚国家上线，在 21 个国家的社交类 APP 下载量排行榜中名列第一。

---

[1] SensorTower.2019 全年中国手游出海收入榜：腾讯吸金力十足[OL]. https://finance.sina.com.cn.[访问时间：2020-03-27]

[2] 5CH，指 5channel，第五频道，是日本大型网络论坛，拥有超过 1 170 万用户，是二次元等多种次文化群体的聚集社区。

[3] Wikipedia. List of Largest Internet Companies[OL]. https://en.wikipedia.org/wiki/List_of_largest_Internet_companies.[访问时间：2020-03-21]

6. 文化"网红"出海

因为以 YouTube、Instagram 为代表的海外社交网络平台面向全球超过 10 亿的用户群体，拥有更大的潜在粉丝群体，所以中国网络红人在国内发展成熟之后，会"出海"占领国外市场，实现国际化转型，可以成为中国文化"走出去"的新窗口。如"办公室小野"在开通 YouTube 频道当年就获得 100 万订阅数，刷新了 YouTube 创作者的成长纪录。[1]"办公室小野"的成功得益于其用轻松幽默、脑洞十足的内容给成年人紧张的办公室生活增添了一丝慰藉，也将中国的美食文化和中国青年的创意和幽默以另类的方式传播给世界。此外，YouTube 中国"网红"李子柒 Liziqi，将真实的中国田园生活拍成视频，向世人展示中国田园生活和古风美食。截至 2019 年 12 月，李子柒在 YouTube 平台的粉丝量已超过 700 万，传播度最广的视频收获 3 000 万点击量。[2]在李子柒的视频下，不少海外网友感谢她带来的清新的田园牧歌式生活，也通过她的视频重新认识中国，"她在重新向全世界介绍那些被我们忘却的中国文化、艺术和智慧。"

综上可以看出，中国文化创意在出海过程中呈现出如下特征：一是文化创意产品出口结构趋于优化，2017 年拥有高附加值的广播电影电视设备出口同比增长 19.4%，占比提升 2 个百分点；二是国际市场更加多元，不仅与"一带一路"沿线国家的文化贸易更加频繁，与"金砖国家"的文化产品进出口贸易额升至 43 亿美元，增长 48%；三是出海省(区、市)更加多元，中国文化产品出口地虽然仍旧集中在东部地区，但是中西部地区出口增长势头迅猛，增速达到 43.5%，占比提高 1.3 个百分点至 6.1 个百分点。[3]

三、中外文化创意融合

习近平总书记指出："人类生活在同一个地球村里，生活在历史和现实交汇的同一个时空里，越来越成为你中有我、我中有你的命运共同体。"因此，尊重全球文化的多样性，加强各国文化交流，促进中外文化创意的融合，才能推动不同文明和谐共生，激发新时代的文化创意。目前，中外文化创意融合的方式多种多样，可以总结为如下四类：

(一) 资本联姻

在东西方文化创意交流的过程中，文化产品制作及其全球化发行是最重要的环节之一，成立合资公司是中美在文化创意融合领域作出的重要尝试。例如，成立于 2012 年的东方梦工厂最初由美国梦工厂动画公司和上海东方传媒集团及其他两家中资投资公司组建而成。2016 年，梦工厂动画和东方梦工厂联合制作的《功夫熊猫 3》全球上映，获得超过 5 亿美元的票房。这是美国第一次同中国公司联合制作动画电影，并在全球获得巨大成功。

(二) 平台合作

西方文化 IP 也在积极寻求与中国互联网服务提供商强强联合，以扩展其在全球范围内的

---

[1] 百度百科.办公室小野[OL]. https://baike.baidu.com/item/办公室小野/22285468?fr=aladdin.[访问时间：2020-03-25]

[2] 百度百科.李子柒[OL]. https://baike.baidu.com/item/李子柒/22373329.[访问时间：2020-03-25]

[3] 商务部.2017 我国文化产品和服务进出口总额同比增长 11.1%[OL]. http://www.xinhuanet.com/culture/2018-02/09/c_1122390889.htm.[访问时间：2020-03-25]

影响力,尤其是在年轻群体中的影响力。纽约大都会博物馆与字节跳动 Tik Tok 短视频平台合作,以宣传文化界的盛事——慈善晚会 Met Gala 为目的,邀请来自 36 个国家的超过 50 位网红参与"坎普风[1]着装"视频挑战,在上线不到 48 小时就获得超过 1.7 亿次的播放量。

(三) 人才流通

正是因为人才的流通,才促进中外文化创意理念的交流、碰撞与融合。如,位于上海 M50 艺术街区原本只是一家废弃的纺织工厂,现在却是全球艺术工作者的聚集地,其中"其他画廊"致力于把欧洲、东亚最先锋的青年艺术家介绍到中国,是促进中外人才流通的典范。除此之外,高校也是促进文化创意领域人才交流的重要阵地。自 2018 年以来,上海交大-南加州大学文化创意产业学院通过"艺术创意谷"(ICCI ART VALLEY)项目,已邀请世界各国几十位有影响力的艺术家进驻上海,开展驻地创作,联合中方艺术家打造"平行·多元"世界。

(四) 创意融合

文化创意的融合在设计界尤为突出,成为时代新风尚。2020 年元旦,国外运动品牌阿迪达斯携手中国明星推出新年广告和新年限定产品,并将中国传统戏曲、舞蹈、功夫、服饰与西方的街舞、设计理念等完美融合在广告宣传片中,以时尚潮酷的风格受到网友的如潮好评。此外,中华风洛丽塔(Lolita)在洛丽塔服饰圈也是重要的分支。在洛可可风格的洋装之上,融入中国风的刺绣纹样、盘扣、拖尾等设计后,既有西方底蕴,又有中华韵味。

第四节 科技创新与文化寻根

纵观人类历史发展,每一次科技的进步都对文化带来改革性的巨变。在 21 世纪的今天,文化与科技的交融更为深刻,科技成为文化传播的重要技术手段,而文化也为未来科技发展提供源源不断的创意动力。

一、科技变革文化创意

科技的进步与变革为文化创意的实现提供了更多可能,下面将从智能化创作、智能化交互、智能化宣发、沉浸式体验与内容保护进行说明。

(一) 智能化创作

人工智能(artificial intelligence,AI)与大数据技术可以成为指导文化创意工作的重要而有效的手段。在过去,传统创作前期通常缺乏对目标受众的充分调研和理解,容易导致内容不符合观众的口味。如今,AI 内容生产平台能够基于市场动态分析用户画像,预测内容流量,帮助内容生产者了解用户需求,快速匹配吸引用户眼球的要素。如国际流媒体巨头奈飞(Netflix)

---

[1] 2019 年的 Met Gala 主题为"浮夸:时尚笔记",以苏珊·桑塔格于 1964 年撰写的论文《坎普札记》为设计灵感,呈现这一独特美学风格与当下文化的结合点。"坎普风"代表一种夸张、戏剧化、追求趣味和视觉愉悦的美学风格。

是运用大数据指导创作的行业先驱,通过大数据指导电视剧《纸牌屋》的剧本创作、演员与导演选择、播出时段选择等重要维度,《纸牌屋》也因此大获成功。又如,国内爱奇艺则基于人脸识别技术,建成全网最大的智能明星库,推出"艺汇"智能选角系统,帮助制片方与海量的艺人数据进行高效匹配,提高选角效率。

同时,AI 还具备强大的视频理解和分析能力,也可以在文化创意后期制作环节完成快速合版、过滤废材、有效索引、标签推荐等繁复的工作,极大提升创作和生产效率。以综艺节目为例,视频素材庞大、后期工序繁复、制作周期短一直是其痛点,AI 此时就可以基于音频相似性的智能合板技术,将后期制作中的合板时间从"天"级降至"分钟"级。

此外,对于动漫和特效制作来说,画面渲染需要极高的运算量,因而十分耗时,一般来说时长 2 小时的电影需要半年时间才能完成渲染。而国内瑞云科技旗下和腾讯科技研发的批量计算服务 RenderBus 和 BatchCompute,能够快速调度渲染所需要的大量计算资源,解决了传统渲染高投入、高闲置率、低灵活度、长制作周期的缺陷,将算力利用率从 30%—40%[1]提升至 90%以上,节省三分之一的渲染时间。随着 5G 的发展,大带宽、低延迟的 5G 网络将云渲染变成可能,凭借着云端服务器的强大算力,用户可以在任何设备上获得高质量的渲染画面。

(二)智能化交互

智能化交互成为文化创意领域一个重要的发展方向。例如,各国影视行业开始试水互动影视,制作创新型的影视作品。所谓互动影视是指用户能够自主选择情节发展方向、介入到影视环境并持续产生交互作用的影视内容。如美国奈飞公司在 2018 年推出《黑镜·潘达斯奈基》互动电影,用户在观看剧集时,可以决定接下来的剧情发展。其中,共设置 5 种大结局,包含 12 种有细微差异的剧情,这部电影一经发布就让互动影视成为业内讨论的焦点。此后,国内诸多影视公司也纷纷尝试互动影视,如爱奇艺上线《他的微笑》《隐形守护者》《记忆重构》等互动作品,《中国新说唱》中植入海飞丝洗发水互动视频广告,芒果 TV 推出互动综艺《明星大侦探之头号嫌疑人》[2]等。值得一提的是,爱奇艺在探索互动影视的同时,还发布了互动视频标准,其中包括分支剧情、视角切换、画面信息探索和 X 因子构成的互动视频"3+1"思路,此标准排除了更加游戏化的表现手法,强调了互动影视的内容属性。

(三)智能化宣传与发行

文化创意产品的宣传与发行各个环节也逐渐呈现智能化发展趋势。

首先,物料准备智能化。传统影视剧宣传与发行需要包括海报、预告片、剧照在内的大量物料,即便投入高昂的费用,也不能做到不同渠道,多元方式宣发。然而,AI 技术能对内容进行智能识别和特征提取,对同一内容生成不同的封面、预告片和关键内容集锦,大幅度降低视频、图片编辑的工作量,也能够最大限度地满足多渠道、多细分受众的物料需求。根据爱奇艺的数据,AI 个性化海报通过算法分发到相应的受众群体后,海报的点击率比之前的单一默认

---

[1] 杨昊睿.5G 娱乐生态|后期渲染走上云端,视觉云计算掀起影视行业新变革[OL]. https://www.iyiou.com/p/115163.html.[访问时间:2020-03-25]

[2] 《明星大侦探》是芒果 TV 于 2016 年推出的明星推理综艺节目,以"剧情烧脑"和"悬疑推理"为主打特点。

海报高一倍,内容的点击率平均提高 25%—80%左右。[1]

其次,搜索智能化。传统搜索只支持特定关键词如剧名或者主演名字进行搜索,不能满足用户的多元搜索需求。但是,AI 可以帮助用户通过剧照、截屏、语音等方式进行搜索,极大地完善了互动体验。

最后,分发智能化。大众媒体时代的内容分发具有中心性和普遍性特点,即分发的内容由一个中心或者一个编辑部决定,并且对大众进行无差别分发。而运用人工智能算法进行个性化分发,可以加强受众注意力,避免信息过载。所谓智能分发,是指去中心化的,以兴趣标签驱动、推荐算法分发流量等途径,快速帮助用户找到自己喜爱的文化创意内容,文字或视频内容的相关性特征、热度特征、环境特征和协同特征将会决定视频将如何被推荐,而点赞、关注、评论、转发等数据会决定视频是否会被推送入下一个更大的流量池。

(四) 沉浸式体验

沉浸式体验不断被引入文化创意中,成为展现文化创意的重要方式。目前,给受众营造沉浸式体验主要依托三种技术:虚拟现实技术(VR),利用电脑模拟产生三维空间的虚拟世界,为使用者提供视觉、听觉、触觉等感官的模拟,让使用者有身临其境之感;增强现实技术(AR),指通过利用电脑技术将虚拟的信息叠加到真实的环境中,实现混合体验;全息投影技术,也称虚拟成像技术,是利用干涉和衍射原理记录并再现物体真实的三维图像的技术。

2014 年,随着 Facebook 收购初创企业 OculusVR,虚拟现实技术成为人们关注的热点。经过随后几年的发展,AR、VR 头显设备在全球的出货量激增,并随着中国 5G 商用化推进,新一代头显设备体验感显著提升。虚拟现实概念和产品普及率不断提高的同时,虚拟现实技术在文化创意产业的应用也在不断丰富。央视新闻、腾讯视频、爱奇艺视频等媒体平台纷纷上线 VR 视频栏目或 APP,为受众提供 PGC(professional generated content,专业机构生产的内容)原创 VR 作品。目前消费级的 VR 产品主要包括游戏、影视、直播、文博和旅游,其中 VR 游戏和 VR 影视最为突出,两者占比达 60%以上。[2] 此外,因为全息投影技术可以在空气中产生逼真的立体形象,实现跨越时空的同台"合唱"效果,目前已经广泛应用在舞台表演中,如虚拟偶像"初音未来"和"洛天依"便采用了这种技术。

(五) 内容保护

随着信息技术与网络技术的发展,保护文化创意内容的技术也在不断升级,云服务可以为文化创意内容的数据提供全生命周期保护,而区块链技术则可以加强对文化创意内容的版权保护。

云服务[3]是指采用云计算技术的大规模服务器集群(云端)为用户提供的不必下载、不必安装、上网即用的互联网服务,简单来说,云服务可以将用户所需的软件、数据都放在网络上,

---

[1] 陈思."AI+ 视频"落地实践探索,爱奇艺的经验有何值得借鉴之处?[OL]. https://www.infoq.cn/article/poCpjbH4SxPKd23p3AbP.[访问时间:2020-03-27]

[2] 艾瑞咨询.中国虚拟现实行业研究报告[R]. 2017.

[3] MBA 智库百科.云服务[OL]. https://wiki.mbalib.com/wiki/%E4%BA%91%E6%9C%8D%E5%8A%A1.[访问时间:2020-03-27]

用户可以在任何时间、地点,通过使用不同的硬件设备操控软件和数据。云服务在文化创意的内容生产、存储、传输、访问及使用等多方面,为用户提供多方位的安全保护,以确保文化创意内容的安全。例如,在电影制作中,国内的云服务商可以为电影素材提供了整套生命周期保护方案,从生产、传输,到访问、使用,再到归档、销毁,都对内容和数据安全提供全方位的持续保护。

区域链技术[1]是一种无须中介参与,依托于加密算法、时间戳、智能合约、共识机制等现有技术的创新应用方式。其最大的特点之一是去中心化,在分布式的网络中,所有节点都会参与数据的记录、管理与备份,任何决策都由所有节点通过共识机制共同完成,不存在控制整个系统的中心节点,从而有效防止了中心节点受到攻击而导致信息被篡改的概率。区域链技术的出现给原创版权保护带来了新希望,可以存储版权所有者关于图片、音乐、影像等其他数据资料及内容,为其提供数据完整性的时间记录,还可以追踪相关非法交易的全过程,帮助版权所有者维权取证。如,伯克利音乐学院和麻省理工学院联合创办的非营利性区块链团队 Open Music Initiative,为音乐人提供开源协议,建立音乐数据库,管理音乐数字版权。

二、文化创意引领科技

在科技为文化创意的实现提供技术支持的同时,文化创意也成为科技进步的风向标,为科技发展提供内容支撑。

(一)内容为王

泛娱乐时代,尽管有关内容、渠道、流量价值所在的讨论持续不断,但是"内容为王"仍是当今时代发展的主流。所谓"内容为王",就是更注重用优质的内容产品与服务获得用户的青睐,而不仅是依靠耸人听闻的标题、有噱头的技术或是平台、IP 以及明星本身赚取流量与关注。在新媒体发展初期,各种自媒体如雨后春笋般涌现,但是如"咪蒙"为代表的以标题党、震惊体以及扭曲的价值观博出位的自媒体,在经历了短暂的野蛮生长后,催生了众多社会问题,甚至阻碍了文化产业的良性竞争和有序发展。于是,文化部于 2019 年重拳出击,一批争议性的自媒体被规制或是取缔,自此行业也开始反思,内容本身的价值被重新认识。如影视行业中,滥用"绿幕抠像"技术的现象激起了观众对于演员素养等诸多问题的讨论。随着消费升级日益深化,观众对内容产品的需求不仅仅是感官上的刺激和表面的狂欢,他们更注重内容产品的制作水准、价值内涵等深层内容。

由此看出,文化依旧是文化创意内容的根基所在,只有内容"过硬",才能受到大众的喜爱。如"网红"博主李子柒,借助中国传统文化的元素,展示如诗如画的自然风光、恬静悠闲的农家生活,纯朴简单的美食文化而受到中外粉丝的欢迎。又如以文化为核心的故宫文创,无论是用 AR 技术重新演绎古代名画,还是用 VR 技术创造"人在画中走,一梦回北宋"的超强代入感,或是用 H5 技术让国宝"动起来",故宫文创都力图向受众讲述中华民族波澜壮阔的历史,展现中

---

[1] 高诗晗.区块链在文化产业的应用及发展建议[J].中国市场,2018(14):80-81.

国民族文化与艺术的灵韵。

（二）用户为本

企业应该以用户价值为圭臬，科技的发展与应用应着眼于对人的关怀。如何让用户成为更好的自己，如何为用户提供更高的价值是所有文化产业从业人员应该思考的问题。

随着AI技术算法推荐、图像识别等新技术的崛起，在丰富了人们物质文化生活的同时，也引发大众对用户隐私、技术伦理等方面的思考。例如，2019年，一款名为"ZAO-逢脸造戏"的应用软件风靡全国，用户只需要一张正脸照片，就能替换影视作品中人物的脸部信息。但是在用户协议中"完全免费、不可撤销、永久的可转授权和可再许可的权利"的条款内容，不仅赋予平台可以对用户上传的内容进行修改和传播的权利，也被指责过度收集用户信息和攫取用户授权。此外，AI换脸技术曾在2017年就出现将明星替换色情电影角色脸部的事件，随后由于违背平台价值，推特、Reddit、微信等中外主流社交媒体都禁止了AI换脸色情视频。

同样，算法推荐也加剧了"信息茧房"的风险。"信息茧房"（information cocoons）是由哈佛大学教授凯斯·桑斯坦在《信息乌托邦》中首次提出，他用"个人日报"来形容互联网用户在海量信息中以个人喜好选择接触有兴趣的信息，对其他内容排斥或无视，长此以往形成"信息茧房"。[1]国内传播学学者喻国明认为，人类的信息分发主要经历了三种类型：第一是倚重人工编辑的媒体型分发；二是依托社交链传播的关系型分发；三是基于智能算法对于信息和人匹配的算法型分发。而在这种算法推荐下，用户缺乏主动的调整权，丧失了内容消费的主体性，甚至在不同群体、代与代之间竖起沟通的高墙。因此技术的发展固然值得欣喜，但是企业乃至用户都应该持续思考技术带来的好处与弊端，让技术向善，更好地服务用户。

案例研读

江小白：用文化创新挑战红海市场

"江小白"是重庆江小白酒业有限公司旗下江记酒庄酿造生产的一种自然发酵并蒸馏的高粱酒品牌。该品牌于2012年正式创立，因为清新的产品风格和独特的市场定位在短短5年内便在竞争激烈的中国白酒市场中崭露头角，获得数亿市场份额，成为中国白酒品牌时尚化和国际化新势力。

一、中国白酒市场概况

中国酒文化源远流长，酒中有"对酒当歌，人生几何"的壮志，有"天子呼来不上船，自称臣是酒中仙"的洒脱；有"晚来天欲雪，能饮一杯无"的闲适；有"醉里挑灯看剑，梦回吹角连营"的雄壮。无论是老骥伏枥的曹孟德，怀才不遇的李太白，还是感怀天下的白居易，壮怀激烈的辛弃疾，都曾将人生际遇融入杯酒，寄于天地。在中国，也有"无酒不成席"的说法，

---

[1] 喻国明.信息茧房的锅，算法推荐不能全背[OL]. https://www.amz520.com/articles/25147.html.[访问时间：2020-03-27]

无论是商务宴请、公司团建、家庭聚会还是朋友面基都少不了白酒,三杯两盏小酒已成为人们敞开心胸、沟通情谊的催化剂。因而在漫长的历史演变过程中,白酒和与之相关的工艺、习俗都成为中国文化的重要组成部分,同时白酒也成为当今全球化发展中国际文化交流的重要一环。

白酒是由高粱、麦黍、玉米等粮食发酵、蒸馏而成的一种饮料。适量饮酒可舒筋通络、活血化瘀、开胃消食、消除疲劳和紧张。根据香型划分,中国白酒主要分为浓香型、酱香型和清香型白酒。目前国内白酒消费以浓香型为主,2018年市场占有率为51.01%。根据等级划分,中国白酒分为高端(700元以上)、次高端(300—700元)、中端(150—300元)和低端(150元以下)四类。其中高端白酒和次高端白酒的市场占有率为25%,中端白酒为38%,低端白酒为37%,次高端白酒市场表现最为突出,连续两年都实现了20%以上的增长。[1]从地域分布来看,中国白酒产业高度集中,行业内有"西不入蜀,东不入皖"之说,其中四川省无论在知名白酒企业数量还是白酒产量上,都远高于其他省(区、市)。

目前,中国白酒市场的规模依然在逐步扩大,竞争也变得异常激烈。公开数据显示,自2016年白酒行业复苏以来,2018年中国白酒总产量约871万吨,[2]白酒行业规模以上企业累计完成销售收入8 122亿元,实现利润总额1 476.45亿元,同比分别增长10.2%和23.92%。[3]截至2018年,中国有规模以上白酒企业1 445家。[4]新常态下的白酒市场呈现出高端寡头垄断、中端竞争激烈、低端发展空间有限的格局。中国三大白酒龙头企业分别为贵州茅台、五粮液和洋河股份。从盈利能力来看,2019年贵州茅台作为行业老大,其市场营收和净利润分别为635.09亿元和304.55亿元,[5]是第二名五粮液的两倍以上。除"茅五洋"三强之外,泸州老窖、古井贡酒、山西汾酒等全国品牌属于百亿级酒企第二梯队。而百亿以下企业如老白干酒、舍得酒业等为第三梯队。

二、江小白的市场营销策略

在竞争日益激烈的中国白酒市场中,江小白能够与诸多老字号白酒品牌同台竞争,成为白酒市场的后起之秀,主要得益于其创新的市场营销策略。

(一)差异化竞争的市场策略

下面将从市场细分、目标市场和市场定位三个方面对江小白的市场竞争战略进行分析:

1. 进行市场细分

除了上文提到的按照香型和价格细分市场之外,主要决定江小白市场策略的还有年龄、性别和消费行为等因素。

---

[1] 前瞻产业研究院.2019中国白酒产业全景图谱[R].2019.
[2] 前瞻产业研究院.2019年中国高端白酒行业市场竞争格局及发展前景分析[R].2019.
[3] 张建锋.消费中国:白酒激荡七十载[OL]. https://news.caijingmobile.com/article/detail/404835?source_id=40&share_from=weixin.[访问时间:2020-03-27]
[4] 中国食品安全工程白酒大数据研究院.白酒行业蓝皮书:中国白酒企业竞争力指数报告2019[R].2019.
[5] 艾瑞网.2020中国白酒行业龙头企业产品力、经营情况、营销模式对比分析[R].2020.

首先，按照年龄细分市场，对于白酒消费而言，不同年龄段人群的消费行为存在显著差异。中国白酒消费者的平均年龄为37岁，行业通常以30岁和40岁为界线将白酒消费者分为青年消费者、中年消费者和老年消费者。其中，30岁以上白酒消费者市场成熟度高，竞争激烈，而30岁以下消费市场成熟度较低。中老年消费者偏好度数较高的烈性酒，出于个人饮用和赠送礼品的需求，他们有固定的购酒频率，如按月、按季度购买，但他们对新品牌的接受度较低。而根据益普索的调查，近一半的受访青年群体对中低度白酒偏好度高，对新品牌、新包装和新喝法的接受度也较高（表5-2）。[1]

表5-2　不同年龄段白酒消费偏好

年龄段（岁）	市场成熟度	白酒偏好	对新品牌的接受度
20—30	低	低度	高
30—50	高	中高度	中低
50以上	高	高度	低

其次，按照性别细分市场，中国白酒消费者男女比例为3∶1，即市场有75%的男性消费者和25%的女性消费者。虽然男性消费者仍占主体，但是女性消费者呈现年均20%的增长态势。其中女性的购买目的多为宴请和送礼，自用消费比例较低。说明女性更多充当家庭白酒购买者角色，在购买白酒决策中拥有重要话语权。

2. 选择目标市场

江小白选择了具有低渗透率和高成长性的青年光瓶小酒消费市场，主要原因有三：

第一，光瓶小酒市场蕴藏机遇。江小白于2012年进入市场，当时正值中国白酒行业遭受"限制三公消费"重创，而包装简单、价格亲民的光瓶小酒成为消费者新宠。当时市场上主要的光瓶小酒是红星二锅头、郎酒歪嘴（后更名为小郎酒），已有品牌虽然相当成熟，但是都没有针对年轻人群体，因而对江小白来说存在巨大的市场机会。

第二，青年人的酒类消费处于起步阶段。90后群体的白酒消费还处于起步和体验阶段，没有形成固定的消费习惯和对品牌的忠诚感。其中每月1单及以下消费者的占比超过半数。300元以下的中低端酒类产品仍是30岁以下消费者的主要消费对象。90后消费者对白酒认知有限，品鉴能力有限。对浓香型白酒的口感接受度较低，对低度酒接受度较高，其中希望白酒入口绵柔的有80%。[2] 认为白酒缺乏时尚感。年轻消费者普遍认为白酒品牌老化、包装样式陈旧，没有吸引力。

第三，"青春"小酒市场发展前景良好。苏宁易购酒类消费数据显示，线上购酒消费者中有25%是30岁以下的消费者，并且销售额逐年攀升，青年白酒消费市场有潜力。另据预

---

[1] 益普索.2019中国白酒市场白皮书[R]. 2020.
[2] 青山资本.年轻人不懂白酒？[OL]. https://m.huxiu.com/article/255478.html.[访问时间:2020-03-27]

测,未来5年中国光瓶酒的市场规模可达1300亿,而占据光瓶酒市场四分之一的"青春"小酒市场,[1]能达到300亿。[2]

3. 市场定位

江小白采用年轻化品牌战略,以"我是江小白,生活很简单"为品牌内涵,定位为年轻化的青春小酒品牌,面向90后新青年,主张简单纯粹的生活态度。与传统白酒企业强调品牌历史厚重,源于名门不同,江小白大胆地表明自己尚"年轻"、是"小白",但却有着年轻人的勇敢和创新精神,这样的品牌内涵深度契合目标消费群体心理,因而能快速产生共鸣。

图5-4 "江小白"品牌形象

此外,在品牌形象方面,江小白将品牌人格化,赋予其年轻的90后文艺男青年卡通形象,使其成为品牌内涵的视觉化载体,也成为备受追捧的江小白IP。江小白所有产品都采用江小白品牌和形象,具有高度的可识别性(图5-4)。

(二) 品类创新的产品策略

如上文所述,中国白酒香型主要分为以五粮液为代表的浓香型、以茅台为代表的酱香型和以汾酒为代表的清香型。因为年轻人崇尚健康饮酒,希望产品好入喉、不上头,所以江小白主打单纯柔和的低度数清香型高粱白酒。江小白将高粱酒的利口化总结为产品的"SLP"法则:smooth 顺滑、light 清爽、pure 纯净。此外,江小白扎根纯饮、玩转混饮,对产品品类进行创新。

针对不同的消费场景,江小白有不同的系列和产品。江小白将消费场景概括为四小,即"小聚、小饮、小时刻、小心情"。"小"字当先,体现了江小白对年轻人健康饮酒、适度饮酒文化的认同,因此推出江小白的主打纯饮系列,能满足从一人到多人的多种消费场景需求。针对潮流文化和极限运动,江小白于2018年推出黑标精酿系列,旨在鼓励年轻人突破自我,追求梦想。2019年,针对年轻女性群体,江小白推出了白酒度数偏低、口味清甜的果味白酒和气泡白酒。黑标精酿和果酒都成为江小白发展DIY混饮文化的主打产品。此后,江小白还推出了中高端精品白酒礼盒,为年轻白领过节送礼、商务宴会提供解决方案。

如表5-3所示,江小白根据不同品类产品采用渗透定价策略。其主打产品100—200 ml的青春小酒都大多在百元以内,甚至20元左右就能买到经典表达瓶,对于消费能力有限的年轻人来说,日常消费江小白完全在其承受范围内。即使是其新近研发的精品和商务用酒系列,价格也较为亲民,适合职场新人购买(表5-3)。

---

[1] 小酒是光瓶酒的细分市场,是小包装白酒的简称。小酒的容量大多在100 ml—125 ml。
[2] 酒业家.2017光瓶酒调研白皮书[R]. 2017.

表 5-3　江小白产品分类

消费场景	场景需求	产品系列	产品名称	产品参数	价格
独自/密友饮酒	情绪表达	纯饮系列	表达瓶	100 ml 40度	18元/瓶
	养生小酌	淡饮系列	淡饮江小白	168 ml 25度	25元/瓶
朋友小聚	挚友交心	纯饮系列	三五挚友	150 ml 40度	98元/瓶
姐妹小酌	密友八卦	果酒系列	果味酒	168 ml 23度	20元/瓶
户外潮饮	清凉放松	气泡酒系列	柠檬气泡	300 ml 10度	17元/瓶
青春燥场	劲爽愉悦	混饮系列	江小白YOLO黑标精酿	750 ml 40度	228元/瓶
同学聚会	青春欢饮	纯饮系列	青春瓶	500 ml 40度	75元/瓶
公司团建	大口畅饮	纯饮系列	拾人饮	2 L 25度	368元/瓶
送礼收藏	宴会礼品	限量系列	精品500	500 ml 40度	149元/瓶
			壹号酒	700 ml 52度	680元/瓶
商务洽谈	精致正式	金标系列	金标酒	400 ml 52度	288元/瓶

(三) 深度分销渠道销售策略

与传统白酒企业层层经销模式不同,江小白在线上与线下均采用扁平化深度分销模式。

线下渠道方面,江小白在各省设立一级办事处,仅发展一级经销商。中间商的减少使得商品价格得以降低15%以上。通过深度分析模式把省会市场打造为样板市场,再通过边际效应渗透到该省(区、市)其他二、三线城市,最终完成整体布局。江小白以餐饮业为突破口,由总经销商直接铺货给餐饮终端,将餐饮渠道作为突破口,完成大面积的渠道覆盖,同时辅以严格的渠道政策,进而实现销量的大幅提升。江小白通过小批量、高频次的货物流转改善了传统白酒企业的货物积压和资金占用积弊,提高了资金利用率和货物流转效率。

同样,江小白采用与线下有相同的逻辑布局线上渠道。它分别有如天猫、京东旗舰店等的直营渠道、经销渠道、分销渠道和产品买断运营渠道。线上渠道的多元化与极强的社交媒体运营能力让江小白的线上销售成绩喜人。《2017线上酒业消费报告》显示,江小白在2016年线上销售规模同比增长超过十倍,2016年618当天,江小白在白酒品牌排名第三,仅次于高端白酒品牌五粮液和洋河白酒。

(四) 极致创意的推广策略

江小白在推广方面也极具创意,主要是通过广告宣传与公关活动进行推广。

1. 多元化的广告宣传

江小白在广告宣传上的创意工作主要体现在包装设计、社交媒体宣传、影视广告植入以及动漫IP联动。

(1) 使用设计简约的"表达瓶"。江小白采用磨砂玻璃材质的125 mL的瓶身，配合复古的铝制瓶盖，印有青春语录的包装，初代爆款的"表达瓶"无处不透露着江小白的"简单纯粹"。经典的年轻语录有——"跟重要的人才谈人生""低质量的社交不如高质量的独处""我把所有人都喝趴下，就是为了和你说句悄悄话"等。

江小白的瓶身文案开启了白酒企业用产品和文化创意与消费者交流的时代。那些或是扎心或是暖心，但字字走心的文案，大多来源于消费者自己的创作。江小白用H5互动广告发起征集话语获得定制酒瓶活动，引起人们的创作热潮。与消费者的深度联结增加了产品文化厚度也增强了消费者黏性。除了用户生产内容，江小白还借势文化热点推出了新的语录系列，如"同道大叔[1]系列""《见字如面》[2]系列"和"问道系列"。

(2) 打造自带流量的社交媒体。"产品是企业经营战略的原点，互联网是链接用户的支点"。品牌社交媒体营销是互联网时代众多品牌的撒手锏，粉丝经济线上线下变现和裂变式的口碑传播几乎都依赖于此。江小白善用社交媒体已成为业界不争的事实，目前江小白的微博粉丝数量超过54万。江小白以"深夜酒话"为话题标签，推送各地美食，与粉丝"云聚餐"，在互动的同时强化消费场景。以"小瓶子涂鸦大赛"为标签，鼓励消费者在江小白瓶身彩绘动漫人物和各种图案，进一步将产品的互动属性增强。江小白以"单纯一点，敢一点"为标签，宣传品牌创造者大会，以期与更多粉丝共创品牌。以"奇葩说"为标签，抛出"灵魂拷问"，与粉丝共话人生。2020年初，受到新型冠状病毒疫情的冲击，江小白销售额创下历史新低，江小白勇敢发布"江小白寻找酒庄支持者"信件，向所有支持和喜爱江小白的消费者寻求帮助，共克时艰。

(3) 植入调性合拍的产品广告。江小白植入广告并非不加挑选，豪掷千金。相反，江小白善于发现年轻人喜欢的优质内容，并且将广告精细化植入影视剧及综艺节目中，不露痕迹，润物无声。

江小白在多部优质现代都市剧与电影中植入广告，选择与品牌目标消费群体高度重合的影视剧，比如《火锅英雄》《港囧》《匆匆那年》等电影，《北上广依然相信爱情》《好先生》《小别离》等电视剧。江小白不仅做到因剧制宜，将广告深度融入主人公的消费场景、情感叙事中，将自身的重庆基因和年轻味道与影视剧的叙事深度融合，还频频产生广告金句，比如在《好先生》中"饺子就酒，越喝越有"的台词，不仅让观众瞬间记住江小白，"润物细无声"地完成品牌宣传，还帮助情节上更具完整性和说服力，真正实现品牌与电影的双赢。

---

[1] 同道大叔，知名星座命理博主，2014年因发布星座吐槽漫画而走红网络。
[2] 《见字如面》是于2016年起在腾讯视频独播的一档文化节目，该节目以明星读信为主要形式，带领观众走进历史。

此外，江小白在选择综艺节目广告投放上，也紧紧把握年轻人的潮流、品位和思考。如，赞助《中国新说唱 2019》让年轻群体更深入地感受到江小白的"单纯热爱"；在"下饭"综艺《拜托了冰箱》中，江小白成为诸位明星调和混饮的主要酒类，为年轻人示范白酒新时尚；"酒单纯顺口，人单纯敢说"的广告语深度契合了《奇葩说》的青年发声节目定位，与节目联名推出的"BB 瓶"更是将瓶身文案从年轻人的小情绪延伸到年轻人对自我、周遭和世界的思考。

（4）制作 IP 联动的动漫作品。2018 年，江小白与两点十分动漫共同推出原创青春爱情动漫《我是江小白》，该作品在爱奇艺、腾讯视频、B 站等多个平台播出，江小白正式进军"二次元"世界。动画取材于重庆真实场景，音乐选用小清新和民谣风格，内容制作上乘，获得豆瓣 7.4 的评分。动画讲述了文艺男青年江小白在少年时期和成年之后的工作和爱情生活，作品打破了以往国产动画中缺少"烟火气"的桎梏，真实、接地气，以邻家男孩的故事唤醒了观众的青春回忆。通过动漫作品的充实，江小白品牌人物升级为动漫 IP，真正为品牌的可持续发展和与粉丝的深度互动提供了前提。

2. 富有创意的公关活动

在公关活动方面，在江小白 IP 推动下，将品牌文化与各种创新形式完美结合，开展多样的品牌活动。

（1）如约举办"约酒"大会。自成立以来，江小白每年 12 月 21 日都会举行线下"约酒"大会，为粉丝提供线下交流和欢乐畅饮的机会，消除都市青年内心的孤独感和生活的压迫感。第一届主题为"醉后真言"，第二届为"遇见江小白"，第三届为"约酒不孤单"。无论主题如何，都透露着江小白对当代都市青年生活状态和心理状态的关注。江小白约酒大会主要通过微博、微信和社区发起活动，两个月的时间里，有超过万人通过网络提交报名资料，而活动当天，江小白在社交媒体的相关发布通常被转发近万次，评论多达十几万条。"约酒"大会将社交网络的狂欢延续到线下，不仅极大增强了粉丝黏性，其创造的传播奇观也如涟漪一般影响着其他受众。

（2）举办 YOLO 文化盛宴。YOLO 是 You only live once 的缩写，意为别害怕冒险，你就活这一次。2017 年，随着《中国有嘻哈》引爆全网，hip hop 这一青年潮流文化走入大众的视野。江小白不仅抓住热潮冠名了新一季的《中国新说唱 2019》(《中国有嘻哈》第二季），更笃定将潮流融入品牌血液。早在 2016 年 10 月，首届江小白 YOLO 音乐节就在中国西南说唱文化浓厚的重庆、成都、武汉和长沙举行，演出人员包括国内知名说唱选手 Gai, C-block 等，一经推出，就受到中国年轻人的热烈追捧。江小白作为专注年轻人市场的重庆白酒品牌与来自地下说唱重镇的 rapper 们激烈碰撞，为中国年轻人带来视觉、听觉和味觉的多重盛宴。前两届 YOLO 音乐现场大获成功后，江小白将音乐现场品牌加以延伸，除了说唱以外，还增加了街头篮球、滑板、涂鸦等元素，让江小白 YOLO 变成综合性青年文化节。江小白"黑标精酿"系列产品也是因此而推出的。

（3）开设线下移动小酒馆。2017年，江小白移动小酒馆诞生，在重庆、苏州、广州等12座城市开展"混饮DIY"和"用故事换酒"活动，带动了白酒混饮新热潮。2018年，江小白的线下小酒馆走进全国26座城市，以"Say No"为主题，鼓励年轻人活出自我，勇敢说不。"移动小酒馆"形似奶茶店，清新的风格和简约的设计受到年轻人的欢迎，活动期间，江小白送出25万杯混饮，也收获了25万个故事，进一步充实了表达瓶和营销活动的内容素材和灵感来源。

三、江小白市场营销策略的启示

江小白通过其独特的市场营销策略已经在中国白酒市场站稳脚跟，并且建立起良好的品牌形象，其IP也成为一种潮流文化的代表，同样也给诸多品牌未来发展以启迪。

第一，开发差异化产品，占领细分市场。尽管年轻人不喝白酒是当时很多业内人士的共识，江小白仍将目标消费群体定位于年轻人，主推清香型高粱小酒，由此在中国白酒这样一个红海市场中找到小而美的长尾市场。不同于名酒云集的酱香型和浓香型白酒，清香型白酒市场集中度较低，光瓶小酒也鲜少名酒品牌涉足，对于新进入的品牌来说，这样的市场无疑具有更多的可能性。其定位于年轻人的差异化产品也为社交化营销提供基础。

第二，培养粉丝化用户，提升品牌忠诚度。江小白的创始人陶石泉强调以消费者为核心，称将40%的精力放在研究消费者需求上。江小白运用社交媒体和产品本身与消费者建立沟通渠道和强有力的连接，通过各种新颖的线上、线下活动吸引粉丝，建立粉丝社群。通过用户粉丝化运营，江小白将以往中国白酒企业的单向的品牌-用户关系转换为双向的品牌-粉丝关系。江小白还充分调动90后消费者参与式消费热情，让粉丝和品牌共创共赢。

第三，采用创意化营销，发展品牌文化。江小白如今已经成为一种文化符号、一个独具特色的IP，如江小白虚拟人物角色、个性表达瓶子和符合年轻人小聚、小饮、小时刻的场景。江小白的初代产品"表达瓶"开启了白酒瓶身文化创意新玩法，其在微博等社交媒体上发布的贴近当代年轻人生活、情感状态的文案也引起了消费者的情感共鸣。此外，江小白品牌形象已经与动漫、青年潮酷文化等文化创意元素完美结合，让品牌更加深入人心。

请思考以下问题：
1. 为什么说消费升级呼唤文化创意产业？
2. Z世代对文化创意有什么新的需求？
3. 试举例说明"文化创意出海"是如何成功的？
4. 分析江小白营销文化创意的局限及其提升方法。

思维导图

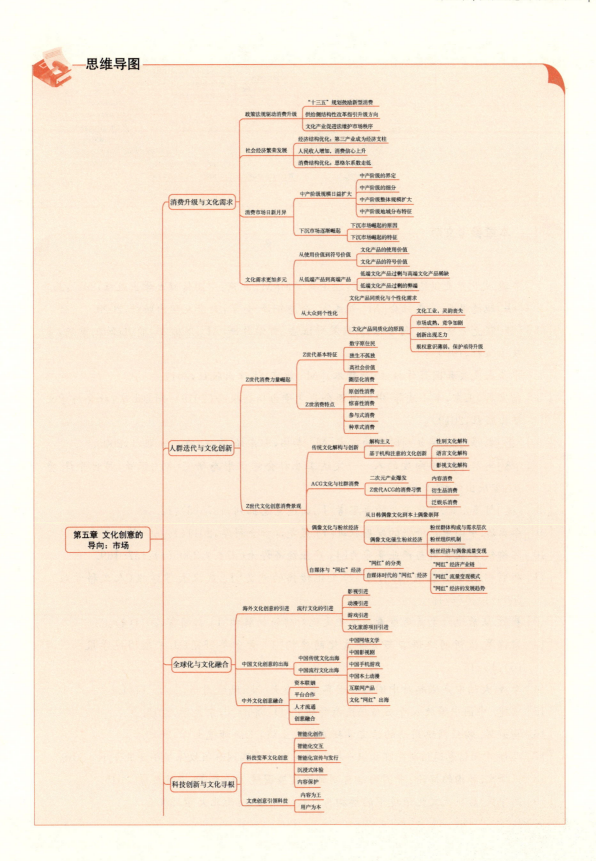

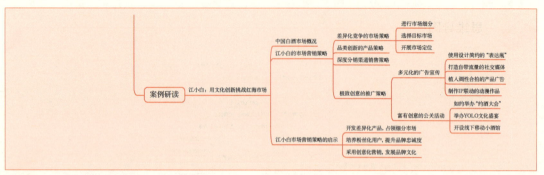

 本章参考文献

［1］齐骥.文化产业供给侧改革研究：理论与案例［M］.北京：中国传媒大学出版社，2017：25.

［2］［法］鲍德里亚.消费社会［M］.刘成富，全志钢译.南京：南京大学出版社，2000.

［3］［德］霍克海默，［德］阿多尔诺.启蒙辩证法：哲学片断［M］.洪佩郁，蔺月峰译.重庆：重庆出版社，1990.

［4］中华人民共和国著作权法（注释本）［M］.北京：法律出版社，2017.

［5］杨宏恩，王东，辛士波等.中国白酒企业竞争力指数报告（2019）［M］.北京：社会科学文献出版社，2019.

［6］［德］本雅明.机械复制时代的艺术［M］.李伟，郭东译.重庆：重庆出版社，2006.

［7］［德］马尔库塞.单向度的人——发达工业社会意识形态研究［M］.张峰，吕世平译.重庆：重庆出版社，1988.

［8］［德］阿多尔诺.文化工业的再思考［J］.新德意志批判，1975（6）：12.

［9］李春玲.中国中产阶级的发展状况［J］.黑龙江社会科学，2011（1）：50-65.

［10］陈柳钦.产业集群与产业竞争力［J］.产业经济评论（山东），2005（1）：157-169.

［11］胡丽娜.昆曲青春版《牡丹亭》跨文化传播的意义［J］.武汉大学学报（人文科学版），2009（1）：67-71.

［12］崔敏.从后现代主义角度看网络亚文化对传统的解构［J］.新闻窗，2011（4）：83.

［13］宗锦莲.浅析网络语言与青年文化的建构［J］.青少年研究（山东省团校学报），2007（6）：15-18.

［14］李成.大陆中产崛起对中国乃至世界意义重大［N］.凤凰周刊，2015-11：1.

［15］宋建.中国中等收入阶层与居民消费研究［D］.济南：山东大学，2015.

［16］马若男.粉丝网络用语的语言学研究［D］.上海：上海师范大学，2019.

［17］冯哲.中国信息通信研究院知识产权中心.2018年中国网络版权保护年度报告［R］.2019.

［18］张译文.解构的悖论：中国网络自制剧的发展困境［D］.长春：吉林大学，2015.

［19］高字民.后现代文化语境下的解构与狂欢［D］.西安：西北大学，2003.

[20] 中国人大网.文化产业促进法(草案送审稿)公开征求意见的通知[OL]. http://www.npc.gov.cn/npc/c30834/201912/33b50d654fb2425cbfc23cbe966c33d2.shtml.[访问时间：2020-03-05]

[21] 胡润百富.2018中国新中产圈层白皮书[R].2019.

[22] 麦肯锡.2020年中国消费者调查报告[R].2019.

[23] 麦肯锡.中产阶层重塑中国消费市场[R].2019.

[24] QuestMobile.下沉市场报告[R].2020.

[25] 易观数据.2019下沉市场消费者网购趋势洞察[R].2020.

[26] 企鹅智酷.2019—2020下沉市场网民消费&娱乐白皮书[R].2020.

[27] 企鹅智酷.最后的红利：三四五线网民时间&金钱消费报告[R].2019.

[28] 中航证券.2019年电影市场系列报告[R].2019.

[29] 普华永道.千禧一代与Z世代对比观察报告[R].2019.

[30] CBNData.2019美妆短视频KOL营销报告[R].2019.

[31] 企鹅智酷.Z世代消费力白皮书2019[R].2020.

[32] CBNData.2018中国互联网消费生态大数据报告[R].2019.

[33] 中金研究所.2019粉丝经济洞察报告[R].2019.

[34] 致趣百川.二次元风起：新生代的审美与消费变迁[R].2019.

[35] 中金研究所.全产业链布局趋于完善，领先IP衍生品变现平台呼之欲出[R].2019.

[36] 水清木华研究中心.2017—2021年全球及中国动漫行业研究报告[R].2019.

[37] 艾瑞咨询.中国网红经济发展洞察报告[R].2019.

[38] 猫眼数据.2019中国进口片数据洞察[R].2020.

[39] 酒业家.2017光瓶酒调研白皮书[R].2017.

[40] 青山资本.年轻人不懂白酒？[OL]. https://m.huxiu.com/article/255478.html.[访问时间：2020-03-05]

[41] 益普索.2019中国白酒市场白皮书[R].2020.

[42] 艾媒网.2020中国白酒行业龙头企业产品力、经营情况、营销模式对比分析[R].2020.

[43] 中国食品安全工程白酒大数据研究院.白酒行业蓝皮书：中国白酒企业竞争力指数报告2019[R].2019.

[44] 前瞻产业研究院.2019年中国高端白酒行业市场竞争格局及发展前景分析[R].2019.

[45] 前瞻产业研究院.2019中国白酒产业全景图谱[R].2019.

[46] 张建锋.消费中国：白酒激荡七十载[OL]. https://news.caijingmobile.com/article/detail/404835?source_id=40&share_from=weixin.[访问时间：2020-05-05]

[47] 喻国明.信息茧房的锅，算法推荐不能全背[OL]. https://www.amz520.com/articles/25147.html.[访问时间：2020-03-05]

[48] 谢欣,彭丽霞.区块链与数字版权保护反思:技术困境与关系重构[OL]. http://media.people.com.cn/n1/2019/0112/c424560-30524153.html.[访问时间:2020-03-08]

[49] 京东智联云.2019年中国高端白酒行业市场竞争格局及发展前景分析[R].2019.

[50] MBA智库百科.云服务[OL]. https://wiki.mbalib.com/wiki/%E4%BA%91%E6%9C%8D%E5%8A%A1,2020-03-12.

[51] 艾瑞咨询.中国虚拟现实行业研究报告[R].2017.

[52] 陈思."AI+视频"落地实践探索,爱奇艺的经验有何值得借鉴之处?[OL]. https://www.infoq.cn/article/poCpjbH4SxPKd23p3AbP.[访问时间:2020-03-08]

[53] 杨昊睿.5G娱乐生态|后期渲染走上云端,视觉云计算掀起影视行业新变革[OL]. https://www.iyiou.com/p/115163.html.[访问时间:2020-03-10]

[54] 升维资本.大数据如何捧红《纸牌屋》[OL]. https://www.36kr.com/p/5073252.[访问时间:2020-03-10]

[55] SensorTower.2019全年中国手游出海收入榜:腾讯吸金力十足[OL]. https://finance.sina.com.cn/stock/relnews/us/2020-01-21/doc-iihnzhha3863445.shtml?source=cj&dv=2.[访问时间:2020-03-08]

[56] 于甜.从还珠格格到狐妖小红娘:中国IP出海简史[OL]. https://kuaibao.qq.com/s/20190531A072WY00.[访问时间:2020-03-11]

[57] 商务部.2017年我国文化产品和服务进出口总额同比增长11.1%[OL]. http://www.xinhuanet.com/culture/2018-02/09/c_1122390889.htm.[访问时间:2020-03-10]

[58] 腾讯研究院.2019中华数字文化出海年度观察报告[R].2019.

[59] 新周刊.中国游戏30年进化史:没有人知道潮水的方向[OL]. https://ent.163.com/game/18/1105/12/DVRMVBQL003198EF.html.[访问时间:2020-03-15]

[60] 中央政府门户网站.互联网文化管理暂行规定[OL]. http://www.gov.cn/flfg/2011-03/21/content_1828568.htm.[访问时间:2020-03-11]

[61] 商务部.2018年成绩单亮眼 我国文化贸易结构持续优化[OL]. http://coi.mofcom.gov.cn/article/y/gnxw/201903/20190302846260.shtml.[访问时间:2020-03-10]

[62] MBA智库百科.网红经济[OL]. https://wiki.mbalib.com/wiki/%E7%BD%91%E7%BA%A2%E7%BB%8F%E6%B5%8E.[访问时间:2020-03-21]

[63] 海通证券.全产业链布局趋于完善,领先IP衍生品变现平台呼之欲出[R].2017.

[64] 百度百科.粉丝经济[OL]. https://baike.baidu.com/item/%E7%B2%89%E4%B8%9D%E7%BB%8F%E6%B5%8E.[访问时间:2020-03-21]

[65] Bilibili.二次元行业研究报告[R].2017.

[66] 前瞻产业研究院.2019年二次元产业全景图谱[R].2019.

[67] 联合国发展计划署.中国性少数群体生存状况:基于性倾向,性别认同和性别表达的社会态度调查报告[R].2016.

[68] 盒饭财经 企鹅号.谷歌、乐高都在做的"盲盒",是如何让消费者被套路的?[OL]. https://new.qq.com/omn/20181005/20181005A0OMHI.html.[访问时间:2020-03-11]

[69] 王一越.为何昂贵的洛丽塔装会让人买得停不下来?[OL]. https://www.cbnweek.com/articles/normal/23538.[访问时间:2020-03-11]

[70] 人民网.习近平首次点评"95后"大学生[OL]. http://politics.people.com.cn/n1/2017/0103/c1001-28993211.html.[访问时间:2020-03-11]

[71] 国家版权局.2018年中国网络版权保护年度报告[R].2018.

[72] 中航证券.2019年电影市场系列报告[R].2019.

第六章 文化创意的产业载体之一：产品创意

学习目标

学习完本章，你应该能够：
(1) 了解产品的概念、类别和产品文化创意的发展趋势；
(2) 了解产品设计的文化创意；
(3) 了解产品营销的文化创意；
(4) 了解产品传播的文化创意。

基本概念

产品创意 产品设计 产品营销 产品传播 联名跨界

第一节 产品创意概述

文化创意是一种创意样式，也是一种文化加持，它是依附于某种产业业态而存在的。因此严格意义上说，任何业态都可以加上文化创意元素，使之成为文化创意产业。本章将围绕文化创意产业的载体之一——产品，对文化创意进行深入分析。

一、产品概述

在市场营销学中，产品是营销组合中最重要和最基本的要素。下面我们从对产品、文化创意产品的概念及分类进行介绍，并对产品创意与文化创意产品进行深入剖析。

（一）产品的界定与分类

市场营销学大师菲利普·科特勒（P. Kotler）认为：" 产品是指能够提供给市场从而引起人们的注意，供人取得使用或消费，并能够满足某种欲望或需要的任何东西"。产品的概念有广义和狭义之分：狭义产品是指一种具有特定的物质形状和用途而被生产出的物体；而广义的产品则指一种能满足人类某种需求和利益的物质实体或非物质形态的服务。为了能够更深刻、更准确地对产品整体的概念进行阐述，菲利普·科特勒等学者从五个层次对产品概念进行解释：第一，核心产品，是指向顾客提供的产品的基本效用或利益；第二，形式产品，是指核心产品借以实现的形式包括品质、式样、特征、商标及包装；第三，期望产品，是指购买者在购买产品时期望得到的与产品密切相关的一整套属性和条件；第四，延伸产品，是指顾客购买形式产品和期望产品时附带获得的各种利益的总和，包括产品说明书、保证、安装、维修、送货、技术培训等；第五，潜在产品，是指现有产品包括所有附加产品在内的，可能发展成为未来最终产品的潜在状态的产品。

关于产品的分类多种多样，根据不同分类需求、不同特征，产品分类的标准也各不相同。按产品基本形态，可以分为包括硬件和流程性材料的有形产品，以及包括服务和软件的无形产品；按产品的耐用性，可以分为耐用品，如汽车、房屋等，以及非耐用品，如食品、服装等；按产品用途可以分为消费品和工业品，消费品包括便利品、选购品、特殊品和非渴求物品，工业品包括材料和部件、资本项目以及供应品和服务；按照消费者需求可以将产品分为衣、食、住、用、行五类；按商超经营管理，可以分为主营商品、一般商品类和辅助商品。此外，还有关于产品的诸多分类方法。

（二）文化创意产品的界定与分类

文化创意产品是指文化创意产业中产出的任何制品或制品的组合。从产品最终形态来看，文化创意产品包含两个相互依存的部分：文化创意内容与硬件载体。文化创意产品区别于一般产品的特殊性主要在于它的核心价值——文化创意内容。但文化创意内容无法独立存在，必然要依靠具体的硬件载体而存在。因此，文化创意产品由两部分价值组成：一是易于量化的硬件载体价值，二是难以量化的精神与情感价值。文化创意产品具有三大属性：商品性、文化性及创意性。首先，文化创意产品作为用于价值交换的物品，是面向市场消费并以获得经济效益为目标的商品，具有商品性；其次，文化创意产品具有文化性，是人类长期精神劳动的宝贵成果的抽象、无形表达，具备文化内涵和文化功能；最后，文化创意产品具有创意性，其本质是"破旧立新"，强调创意、重视创新，是其最核心的属性。

关于文化创意产品的分类问题，出发点不同，分类方式也会有所不同。从文化创意产品开发的角度，以"产品内容""产品载体""结合方式"作为分类参考标准，可以将其分为"一体型"文化创意产品和"IP衍生型"文化创意产品。所谓"一体型"文化创意产品，指某种文化创意内容与其对应的产品载体及结合方式，以特定的关系结合为一体，如工艺品和艺术创作，其中文化创意内容需要根据载体特性以特有的方式融入载体。而"IP衍生型"文化创意产品，即从"文化创意IP"创作内容特色出发，衍生应用于市场上现有的产品载体中，结合方式基本以在产品载体原有形态上进行表面结合，如通过印刷、雕刻等工艺等，应用方式不改变产品载体原有的特定结构。从产业链的上下游关系和产品的创新程度，可以把文化创意产品分为如下类型：第一，核心类文化创意产品，以思想性、创新性为共同特点，具体包括新闻、出版、报业、电影、广播、文艺演出等；第二，外围类文化创意产品，主要特征是创意的转移，具体包括音像、计算机软件、互联网、电信、工业和建筑设计、广告、旅游、服装设计、体育娱乐等；第三，延伸类文化创意产品，主要特征是创意的非兼容性和非排他性，主要包括园林绿化、会展、工艺品、商务服务、文化设备等。

（三）产品创意与文化创意产品

产品创意与文化创意产品是两个不同的概念。首先，两者是不同层面的概念，产品创意是精神层面的，侧重创新的点子、想法，而文化创意产品是物质层面的，侧重产品本身；其次，两者的落脚点不同，产品创意是从指产品出发而开展的创意工作与活动，落脚到创意上，而文化创意产品则是从文化创意出发研发出的商品，落脚到产品上；最后，两者的涉及范围不同，产品包含文化创意产品，所以文化创意产品设计、生产、推广等内容都可以被认为是产品在创意方面的延伸，所以产品创意的范畴更为广阔，涵盖更多类别产品在创意方面的创新内容。

早在1986年，著名经济学家罗默就曾撰文指出：新创意会衍生出无穷的新产品、新市场和财富创造的新机会，所以新创意才是推动一个国家经济成长的原动力。[1] 随着社会的发展和进步，人们已不仅仅满足于产品的实用功能，而更注重精神功能，无论是普通产品进行的文化创意改造或活动，还是文化创意产品本身，其核心都是文化与创意的融合。因此，现代的产品开发更加强调人文要素，如本土化、个性化等，并通过富有创意的语义表达传递出产品背后的故事和文化内涵，使之能符合现代生活形态的形式，为消费者带来全新的体验，并创造消费者精神层面的满足。

综上所述，本章将以产品为切入点，尽可能地将不同产品在设计、营销、传播等方面的文化创意展示给大家。

二、产品创意的发展趋势

随着文化创意产业的不断发展，产品在设计、营销与传播方面的文化创意也随之出现以下三大趋势：

---

[1] Romer P M. Increasing Returns and Long-run Growth[J]. Journal of Political Economy, 1999(5):1002-1037.

（一）重视实用功能与审美功能

产品的实用性是其最基本的特性。马克思曾在《资本论》中提到，商品生产的目的不仅是要满足社会交换，商品更需要从质和量两方面满足社会需要。而使用价值是具有社会属性的，要生产商品，他不仅要生产使用价值，而且要为别人生产使用价值，即生产社会的使用价值。[1]因此，作为商品的产品首先要具有使用价值。此外，马克思在《(1861—1863年)经济学手稿》第一章，提出了较高级的使用价值和较低级使用价值这一相对应的概念。[2]较低级的使用价值就是形成新的使用价值的要素，而较高级的使用价值就是由劳动过程的物的要素所组成的新的使用价值，是经过较多劳动过程媒介的使用价值。例如，准备酿酒的谷物与酒相比，谷物具有一种较低的使用价值，而酒则具有较高级的使用价值。综上所述，产品的价值是寓于使用功能之中的，使用价值是交换价值的物质承担者，要想拥有较高的使用价值，产品需在实用性上不断创新。产品的实用性是产品最为基本的竞争力，其与文化 IP 进行有创意的结合，能够迸发出独特的使用体验。

此外，产品的审美作为其附加价值的影响日益显著。现代产品美学从现代设计开始以来，一直是学界和企业所关注的话题。随着科技水平和社会经济的不断发展，社会物质产品变得越来越丰富，产品设计生产的理念也已经由"以制造为导向，以产品为核心"转变为"以市场为导向，以用户为中心"。[3]消费者的消费观念由注重基本性能转向为偏重风格款式等审美特征和使用体验。现如今，费德斯提出的"日常生活的审美化"成为社会的一大发展趋势，并带动了越来越多的普通民众参与到文化建设的创作中来，这种审美泛化又逐渐发展为现代的生活美学。国家也在积极倡导设计创新与美学的结合，让工业设计美学成为文化创意产业发展的重要引领元素。

随着文化消费日益增加，以及社会审美品位和审美力的不断提高，人们对产品的要求也越来越高，不仅要求其具有基本的实用功能，更要求其具有符合时代潮流的审美价值。例如，2019年初故宫开了一家火锅店——故宫角楼餐厅。餐厅通过宫廷式装潢、皇家礼乐表演、宴会活动、家具器皿、游戏等还原了宫廷御食的场景，营造出浓浓的宫廷文化氛围，让人们在品尝火锅美食的同时，还能感受故宫文化。其中，具有创意的慈禧同款锅底、圣旨菜单等物件也引发了诸多网友的关注和热议。故宫的这一尝试是对自身文化内涵的进一步挖掘，试图在确保实用性的基础上提升产品的美感。由此看出，通过文化创意与审美的结合可以深化产品内涵，同时为产品的实用功能的延伸、扩展赋予更多的可能性。

（二）走品牌化营销道路

文化创意市场的竞争因文化创意产业的发展也愈发激烈。打造强大 IP，塑造品牌形象，走品牌化营销道路也是诸多产品在文化创意方面的发展趋势。品牌是一个综合、复杂的概念，包括商标、名称、包装、价格、历史、声誉、符号、广告风格等，是一种重要的无形资产。美国市场营

---

[1] [德]马克思.资本论(第1卷)[M].北京:人民出版社,2004:54.
[2] [德]马克思.1861—1863年经济学手稿[M].北京:中央编译出版社,2013:12.
[3] 范圣玺.行为与认知的设计:设计的人性化[M].北京:中国电力出版社,2009:61.

销协会曾经为品牌做出这样的定义：品牌是一个名称、名词、标志、符号、设计或是它们的组合，其目的是识别某个销售者或某个群体销售者的产品或劳务，并使之同竞争对手的产品和劳务区别开来。产品作为文化创意的展示载体，品牌化发展则成为其未来发展的重要方向，以此来赢得日益激烈的文化创意市场中的竞争优势。因此，品牌营销也成为产品在文化创意上的重要方式。品牌营销是通过市场营销使客户形成对企业品牌和产品的认知过程，是企业要想不断获得和保持竞争优势，必须构建高品位的营销理念。品牌营销的意义体现在通过品牌营销推广的产品不仅在知名度有所提升，连影响力也会随之扩大，企业经营中分有形资产和无形资产，而品牌营销恰好提升的是无形资产，即企业品牌价值的提升。一个有足够品牌影响力的企业不仅能够获得消费者的青睐，并能够得到消费者的信任与满意度，甚至赢得消费者的赞誉，反过来消费者还会主动为企业进行品牌口碑宣传。而品牌营销的最终目的也是企业进行频繁的品牌传播把企业的品牌核心价值、利益诉求点等信息反馈给消费者。从而逐步加深和强化消费者对该品牌的记忆。这才是企业进行品牌营销的价值所在。由此可以看出，产品开展文化创意的品牌营销，不仅可以运用广告、公关、组合、跨界合作等途径提升产品的价值，直接促进产品销售，而且获得的品牌价值可以反哺产品，进而提升其附加值。

（三）深度融合文化与科技

文化与科技是推动人类社会发展的两大关键动力。如今科技与文化的鲜明分野已经被打破，融合的变革正在来临。科技与文化走向融合，不仅是大势所趋，更具有紧迫性。近年来，党和国家高度重视文化和科技的融合发展，并将其列为国家战略，做出了一系列重要部署。党的十八大报告中指出："促进文化和科技融合，发展新型文化业态，提高文化产业规模化、集约化、专业化水平。"2017年文化部印发的《"十三五"时期文化科技创新规划》提出，到2020年，要基本形成以市场为导向，以需求为牵引，以应用为驱动，以文化科技企业为技术创新主体的文化科技创新体系。现今，计算机技术与通信带来的全面革新的信息时代，彻底让文化走向全球化和多元化，也让科技与文化的边界变得更为模糊。一个曾在斯诺设想中的全新的"第三种文化"——即科技与文化高度融合的时代，正在到来。科技与文化融合的背景下，数字技术对文化创意产品的传播影响较大。如今，新的技术手段已经深刻影响了文化生产方式、传播方式、消费方式，催生文化生产新业态、新生态。例如，腾讯在2019年曾经尝试将游戏IP与故宫、敦煌、长城等物质文化机构合作，运用诸如AR、VR、动作捕捉等现代技术，给用户带来更有趣的互动体验。探索数字与传统文化的融合，在年轻群体中输出文化自信，积极拓展全新的数字化生态。

如今，创意经济是当前世界文化经济发展的最新趋势之一，创新、创意已经成为推进全球经济与文化实践的核心动力。发展创意经济是发达国家可持续发展的重要国策，也是发展中国家和欠发达国家、地区全面发展的重要选项。文化助力、科技赋能，两者在产品上的深度融合，能够使文化以全新的方式呈现，也促使产品迸发出更多的活力。在5G、AI、云技术引领下的全新信息革命，必将影响各类产品的发展轨迹，并为文化创意业产业带来深刻的巨变。

第二节 产品设计与文化创意

一、产品设计概述

从狭义角度看,产品设计[1]就是一个具有创造性的综合信息处理过程,通过组合各种元素,如线条、符号、色彩等,把产品的形状以平面或立体的形式展现出来,并突出产品自身的使用功能。如今的产品设计更为广泛,不仅包括实体的产品设计,还包括服务、软件等非实体的产品设计。随着文化创意产业的发展,产品的更新换代十分迅速,在保证产品最基本的使用功能基础上,外观设计对于产品的脱颖而出至关重要。

所谓外观设计,既包括产品本身的审美设计,又包括产品的包装设计。营销界有个"7 秒定律"的理论:消费者在 7 秒内就可以确定是否有购买商品的意愿,其中色彩成为第一视觉影响要素。此外,日本包装设计大师笹田史仁在《0.2 秒的设计力》一书中提到:购物的客人在经过货架前,让商品映入眼帘的时间只有 0.2 秒。想要顾客在这个瞬间惊叹一声并且愿意驻足停留,那就必须靠抢眼的包装。在颜值为王的时代,颜值背后蕴藏着巨大流量,消费者愿意为高颜值买单。产品包装所体现的审美价值对于产品内容、定位以及风格的展示,具有不可替代的传播作用。由此可知,引人注目的外观设计,特别是吸引人眼球的包装设计,可以提升产品在消费者心中的地位,从而增加消费者的购买意愿。

产品设计也是人类文化活动的重要组成部分,体现了人类心智的积极、创造性行为。任何一件产品外观设计及包装设计都会带有历史色彩和人文气息,从不同的角度反映出社会的政治、经济、科技、艺术、宗教、观念等社会状况,具有强烈的时代性。产品在外观及包装上的文化创意发展具有不可估量的价值,它可以通过不同的创意设计将异彩纷呈的文化展现出来,也是人与人沟通的媒体和中介,成为人们认识、观念乃至价值取向的外在表达。其中,产品包装是一种商业文化,包装不仅仅是为了储存、保护产品,从现代营销的角度来看,产品的最终目的就是让消费者购买,所以包装设计是为了满足消费者的心理需求。对于企业来说,包装设计可以看作品牌塑造和传播的第一步,是产品与品牌宣传的直接载体,展现外在形象的重要环节。由此看出,创意、创新永远是产品设计的核心。只有分析竞争对手、区别对手,形成自己的风格和特性,才能在终端视觉上与众不同。

二、产品设计的文化创意

随着经济的发展,人们生活水平的日益提升,需求也呈现出多样化的趋势。广大消费者在选购产品时,对产品外观与包装设计的重视程度不断增加。美学是探索哲学的分支,社会心理

---

[1] 集贤网. 工业设计和产品设计的定义和区别[OL]. https://www.xianjichina.com/news/details_156837.html. [访问时间:2020-05-11]

学家称之为"光环效应"现象,这意味着产品的外观审美可以提升产品的价值感与品质感。产品设计与文化创意的合理结合正是扩大了这种"光环效应",既可以凸显产品的使用价值,又创造出更高的审美价值。同时,产品外观与包装设计的水平提高得益于文化创意产业的发展,在产品设计中渗透丰富的文化创意元素,有利于提升产品整体的美感与吸引力。下面,我们将从侘寂美学和国潮美学两个角度,为大家介绍产品设计中的文化创意。

(一)侘寂美学下的产品设计

东方岛国日本,在东西方文化共同影响下形成了别具特色的文化体系,有一项发展几乎贯穿了整个历史,经过时间的洗涤,潜移默化地渗透于日本人生活的方方面面,成为日本独有生活观的美学和哲学——"侘寂"。侘寂有着简约、质朴、禅意和自成一派的日式特点,不仅是一种世界观、人生哲理、美学类型,而且是一种设计法则。"侘"指的是借由时间微妙的不完美所达到的超凡之美,如保留了手作痕迹的陶器,安于简朴、无需修饰、直指本源;"寂"指的是时间酝酿的美,如古铜器上遗留下来的铜绿,即使外在如何斑驳,抑或已经褪色暗淡,都是一种岁月雕琢之美。侘寂美学不仅影响了日本现代产品设计风格,对东亚乃至世界范围内现代产品的设计也产生了较大影响,也被认为是苹果、宜家等产品哲学的创意之源。例如,包豪斯体系就很大程度上受到了日本侘寂美学的影响,"形式追随功能""少即是多"的设计理念体现了功能主义、极简主义和理性主义,产品风格温文优雅,强调对内心的关注。

其中,三得利是奠定了日本现代侘寂美学的品牌之一,在产品包装设计方面做足了创意功课,如三得利的威士忌"响"和伊右卫门绿茶。三得利威士忌"响"的产品创意体现在包装图案上:将酒瓶切割成24格,代表着自然界的二十四节气,将二十四节气文化巧妙融合在外包装上。而伊右卫门绿茶的创意是在包装形状上:产品瓶身是一节竹子的造型,底部模仿了竹节的断面,颜色上只选取了渐变的绿色和白色,没有多余的图案,看起来干净质朴,不仅让人感到纯净安心,还有一种手工质感。这一设计灵感来自江户时代的日本人用竹筒代替外出使用的水壶,体现了浓浓的京都韵味。三得利在产品包装上的创意,将侘寂美学与产品本身内涵进行了恰当结合,也将传统文化与现代美学合二为一,用质朴、自然的审美体验给消费者带来最直击人心的力量,增加了产品的吸引力,也提升了品牌的文化气质。

(二)国潮美学下的产品设计

2018年是"国潮元年",一些含有中国元素的品牌开始成为有个性、有品位、有情怀的象征。国潮是以中国文化和传统为基础,集腔调、时尚与格调于一身,是传统与现代的碰撞,也体现了东方美学。中国传统文化越来越受到关注,无论是诗词歌赋、故宫国宝还是京剧戏曲,都成为时下的消费趋势。

随着中国文化创意产业的发展,故宫文创品牌在文化创意方面的成功,国潮逐渐成为当下社会主流审美趋势,"文化自信"也成为大众的消费刚需。在众多中国历史文化的IP开发中,博物馆文化衍生产品无疑是最受关注的。清华大学文化经济研究院和天猫联合发布的《2019天猫新文创消费趋势报告》显示,近几年博物馆文化创意产品成交规模高速增长,2019年上半年整体规模比2017年同期翻了三倍。这一趋势下越来越多的国潮类文化创意产品走进公众视野,与各大博物馆、美术馆联名的产品也越来越多,这都彰显出中国传统文化中蕴涵着巨大的文化创意潜力。

党的十八大以来,习近平总书记反复强调"文化自信",这是继道路自信、理论自信、制度自信之后,中国极为重视的第四个自信。"传统文化＋金融产品"的跨界合作,深刻展现了文化自信的内涵,提升了产品包装的审美价值,弘扬了中国的传统文化。随着消费者审美品位的提升,大多数银行品牌都开始在卡类产品的外观设计上下足功夫,不断探索着与国内外传统文化IP合作的契机,进行更具内涵、更深层次的文化合作,让古典文化的光芒在现代产品中闪现。2017年底,民生银行联合故宫推出了民生故宫文创系列主题信用卡,将极具故宫特色的藏品文化元素融入卡面设计中,旨在打造"故宫消费美学"和"民生消费美学",提升了信用卡本身的美感,也刺激了信用卡客户刷卡消费的欲望。此后,诸多银行也纷纷与博物馆、美术馆联合推出主题信用卡,帮助金融卡类产品绽放出多彩的文化光芒:中国银行与万事达卡携手推出长城万事达莫奈世界卡;浦发银行与敦煌研究院合作发布了"敦煌文化"主题信用卡等。

此外,在国潮的推动下,更多中国传统文化元素被创新地运用到更多产品设计中,如脸谱、祥云、剪纸、皮影、龙凤纹样、刺绣等,不仅为产品本身添色不少,也增加了产品的附加价值,提升产品的竞争力。

第三节 产品营销与文化创意

一、产品营销概述

产品营销的实质就是以顾客为导向,将企业的核心价值观和运营管理总体内涵通过宣传推广的手段以产品形象展现给消费者,获得消费者的认可和信赖,并不断维护客户关系,最终达到企业与消费者关系高度整合的过程。

自20世纪50年代以来,营销领域产生了很多经典的理论:1953年,哈佛大学教授尼尔·博登提出了营销组合的概念及12个营销要素,营销人第一次意识到市场需求受到"营销变量"和"营销要素"的影响;同时期,达彼思广告公司董事长罗塞·瑞夫斯提出了USP独特销售主张理论,认为产品中必须有一个独特的销售主张,给消费者传递一个独特且强有力的利益承诺;20世纪70年代,艾·里斯与杰克·特劳特提出了著名的定位理论,让营销科学家对于"产品本身"的关注,转移到对消费者服务和消费者心理上。在美国激烈的市场竞争环境下,定位理论的核心不是围绕产品做营销,而是先找到产品的差异化,然后再将其定位在潜在顾客的心智中,是一种以"消费者为中心"的营销思路;20世纪末,美国西北大学教授唐·舒尔茨提出了整合传播IMC的理念,认为产品的营销应该达到"品效合一"的整体效果。进入2000年以后,整合营销的观念越来越流行,在互联网技术、资本全球化的影响下,营销的理论环境也变得越来越复杂,产品营销更多应该与时代背景结合、考虑自身特质、运用创新的理念去推广。一般产品营销方式有很多种,如产品组合促销、广告宣传、公关活动、跨界联名、打折促销、附带赠品等,下面将重点对产品在组合、广告、公关及跨界联名方面的文化创意进行阐述。

二、产品营销的文化创意

目前,随着各行各业越来越重视文化创意的发展,文化创意可以为传统产品营销注入了新的血液。下面将从产品组合、广告、公关和跨界联名四个方面阐述产品营销中的文化创意。

(一)产品组合的文化创意

产品组合是营销策略中的一种促销手段,是指将原本功能不同的产品混搭在一起,便可以使产品的原有价值得到延展与提升,产生新的产品功能。以书店为例,咖啡与书本、民宿与书本、服装与书本等创意搭配,创造出诸多异于传统书店的新型书店。例如,20世纪末,以"德不孤,必有邻"为名的日本邻堂是第一家尝试将咖啡与书本结合的书店。首家邻堂就已经设有咖啡厅、小舞台,会用来举办各式活动。又如日本茑屋书店新设"公寓书店"分店,可以让人们住在书店,远离一天的奔波劳累,沉浸在书香天堂。再如,国内书店方所,将服装、生活用品等产品引入书店,将其打造成为一种现代生活馆。

除此之外,美食与音乐的创意组合也碰撞出诸多优秀产品。例如,以"CD封面＋音乐链接＋餐盘"为产品外观的"Creative Chef Records"项目,是将美食、音乐和平面设计三者结合在一起的创意:消费者挑选到自己喜欢的封面,背面则是音乐软件Spotify的链接,点开链接听音乐,然后让厨师按照封底的烹饪步骤,就能做出一道配合音乐的料理。这样的创意组合,既满足消费者的味蕾及听觉享受,更像是为顾客量身定制的一份独家美食。这样的创意与中国古代的"钟鸣鼎食"有异曲同工之妙。随着现代生活水平的提高,消费者也不仅仅满足于产品带来的单一感官体验,而更注重内心审美世界的升华。当产品日益丰富时,满足的单一使用功能的产品已是竞争的红海,通过混搭、组合和文化延展等手段,使产品的功能被激活和拓展,既可以大大提升产品的竞争力,也为文化创意的发展提供了广阔的舞台。

(二)产品广告的文化创意

从本质上看,产品广告创意是一种具有创造性的思维活动,是以满足消费者心理为出发点进行的相关广告创作活动。创意作为广告的灵魂,决定着产品广告是否能够被受众接受。广告创意可以表现在广告语、广告文案、广告视听、表现形式等方面。

在进行广告语与广告文案创意时,需要对公司品牌与产品的卖点进行高度总结与提炼,通过形象生动的语言与广泛反复的传播深入人心,在进行创意时需要遵循目标性、针对性、整体性、层次性与动态性的原则。丁俊杰等学者指出,在各种传播形式中,广告的视觉表现符号最为多样,因此也是最易表达广告创意的环节。目前,产品广告有多种表现形式。以目的为标准可以划分为:告知广告、促销广告、公益广告、推广广告等;以传播媒介为标准可以划分为报纸广告、杂志广告、电视广告、电影广告、网络广告、楼宇广告等。但在新媒体环境下,媒体传受格局发生了革命性的变化,消费者的消费行为模式经历了从AIDMA[1]到

---

[1] AIDMA,是指attention(注意)、interest(兴趣)、desire(欲望)、memory(记忆)、action(行动)。这是消费者行为学领域成熟的理论模型之一,由美国广告学家刘易斯(E. S. Lewis)在1898年提出。

AISAS[1]的转变,消费者在广告信息传播中的主观能动性扩大,不仅不再被动地接收信息,反而主动地发布信息。在这种局面下,广告活动的运作机制改变,作为其中一个环节的广告创意,其评价标准自然也随之改变。因此,新媒体时代的广告创意应该更多地向可参与性、融合性方向发展。

将文化融入产品的广告创意中可以产生更多的可能。例如,中国五千年的历史文化中孕育了图形、文字、音乐、诗词歌赋等多种元素,且有着地域性、民族性的特点,内涵丰富,形式多样,这对广告创意设计来说无疑是良好的创新动力。以中国传统文化独有的元素,构想与广告内容相符合的创意,能够起到良好的广告宣传效果。比如,体育频道的宣传活动曾经以龙和熊猫等经典元素作为广告创意,不仅体现了中国传统文化元素的本土特点,同时体现了现代广告创意在文化价值观上的沉淀。在文化自信视角下,广告创意的深度和广度必将朝着多元化方向发展,在突出文化风采的同时,发展具有文化内涵的广告创意,必然有助于提高广告创意设计的创新能力。

广告与文化创意的深度融合,既为广告注入了新的动能,又为文化创意事业吸纳了大量的专业人才,助推了文化创意产业的高速发展。未来,这种融合将进一步深化,从而使产品推广方式更丰富多彩,这对于市场、消费者和企业都是十分有利的。

1. 广告片的文化创意

广告片,是一种为了特定商业需要,通过传播媒介,公开而广泛地向公众传递商业信息的影片。其兼具视听效果,并运用人物、语言、声音、文字、形象、动作、表演、物品等综合手段将广告内容呈现出来。中国是一个广告片制作大国,广告片在社会中扮演着越来越重要的角色。一个好的产品广告片就像一张自我介绍的名片,它不仅可以提高产品的整体形象,而且可以达到良好的营销目的。广告片可以通过多种形式的创意传达产品内容,达到广告宣传效果,如讲故事、专家解读、产品对比、结合话题热点、设置悬念、采用夸张手法、运用幽默诙谐风格等,在加强音响、画面等方面冲击的同时,旨在给受众视觉及听觉等感官上的刺激,帮助其加深对产品的印象,进而提升品牌认知度或促成购买行为等。

2020年新年,阿迪达斯推出了一部将东方气质和潮流前卫造型结合的广告片,包括酌酒杯、开纸扇、擂台比舞等内容,并在色彩、布景、服饰等方面很好地传递了"中国味道",给观众以视觉上的冲击,用创造力去迎新接福"造万象"。这则广告设计灵感取自中国灵兽、中国花卉、中国十二章纹和中国传统图腾四大元素,将年轻、热血和潮流、国风融合在一起,用现代风格诠释中国传统文化,让中国的传统文化摇身一变,成为一种很酷、极具吸引力的东西,唤醒消费者记忆中深深的共鸣。这一广告片案例完美诠释了产品广告与传统文化进行创意结合的可能性,在弘扬传统文化的同时,也为产品注入了更多的新鲜感与活力,帮助产品完成文化上的升华。

2. 植入广告的文化创意

植入广告,也可称为置入式广告或隐性广告。喻国明等学者认为,广义植入广告就是产品

---

[1] AISAS,是指 attention(注意)、interest(兴趣)、search(搜索)、action(行动)、share(分享)。这是由电通公司针对互联网与无线应用时代消费者生活形态的变化,提出的一种全新的消费者行为分析模型。

或者品牌信息嵌入媒介内容中的活动,而狭义植入广告指受商业利益的驱使而将产品或者品牌信息等有目的地隐藏在媒介内容中,一起影响消费者的活动。[1]在消费社会当中,影视艺术品成为社会大众精神消费的主要内容,而广告商也需要借艺术之名为自己的产品冠以更美好的意义,最终帮助产品符号完成自身的意义构建,让观众在不知不觉间转变为消费者。另一方面,植入广告的兴起与市场竞争激烈有关,在电视上投放正常广告的费用越来越高,广告制作成本的提高使得广告商们不得不寻找另一条适合自身产品的道路,植入广告则成为电视电影媒体的重要广告形式之一,也带来了巨大的经济效益。自2016年以来,电视广告创收主要来源于大综艺中的广告植入,从节目创意、节目生产到节目售卖,广告植入成为电视台的主牌。在文化创意产业兴起的今天,产品在影视节目中的广告植入也需要结合文化创意,提升产品文化内涵的同时,让受众以更容易接受的方式记住产品。

2018年,一家专营燕窝的企业——燕之屋,在综艺节目《创意中国》第二季进行了品牌植入,不论是口播还是创意内容,均以助力创客梦想的身份出现,并且始终围绕着品牌"滋养幸福,为爱保鲜"的主题。除了内容方面的软性植入,燕之屋为获胜队伍赞助的奖品是由国宝级大师余希平特别设计的瓷碗,创意取材司马相如与卓文君的爱情故事,为青年创客助力,传递"辛苦创业的同时,不要忘了为爱投资"的概念,反映品牌的初心。正如燕之屋执行董事兼CEO李友全先生所说:"不可否认,文化创意已走进我们生活的方方面面,消费者选择一款品牌,已经不仅仅只关注产品的功能和使用价值,而更看重品牌所传递的价值理念、情感理念和背后的文化品位。"贴合产品调性的植入广告,可以在不破坏原有内容的前提下帮助产品获得良好的宣传效果,也有助于品牌自身美好理念的传递,同时结合文化创意内涵的传达,更是为产品本身的宣传起到如虎添翼的作用。

(三)产品公关的文化创意

如今,公关关系成为强有力的市场营销工具。公共关系营销学派强调公关关系服务于营销,把传统的营销视角从消费者转向视野更广阔的社会,企业才能最终得到消费者的肯定,得到市场的肯定。市场上每天都会涌现出各种各样的新产品,对于企业来说,自身的产品能否胜出,不仅取决于产品本身的功能与定位,也取决于其市场传播策略和执行的效果。下面将从产品公关形象、公关活动及危机公关三个角度进行说明。

1. 产品公关形象的文化创意

公关形象,是指品牌通过公关活动在公众心目中树立的形象,是品牌的总体特征和实际表现在社会公众中获得的认知和评价,是品牌的公共关系状态和社会舆论状态的总和。公关形象的文化创意体现在对品牌理念与品牌形象设计上的创意与创新。

对品牌理念的创意将以奔驰与宝马两大高端汽车品牌为例。在市场竞争十分激烈的汽车行业,品牌只有不断优化自身公关形象,找准产品定位,才能抓住消费者的心智。他们所打造出的汽车具有完全不同的风格,带给消费者完全不同的驾驶体验:宝马一直被中国人看作金

---

[1] 喻国明,丁汉青,王菲等.植入式广告:研究框架、规制构建与效果评测[J].国际新闻界,2011(4):6-23.

钱、地位的象征,代表着奢侈和浪漫的生活;而更为稳重的奔驰,则代表着权力。我们可以从中看出两个品牌不同的企业公关形象定位,也看出他们在中国"本土化"过程中的差异化竞争。为了适应不断变化的新环境,消费者与品牌之间的关系往往是动态发展的,其中促使思维和行动变革的推力往往在于文化。基于中国本土文化,宝马重新检视自己在消费者中的社会作用、品牌建设的理念和策略以及沟通传播和品牌创新的方式,进而在2010年调整了公关形象定位:从单方面的追求"纯粹驾驶乐趣"到推出全方位体验的"BMW之悦",开始用一种更具亲和力的方式与中国本土消费者沟通。在公关形象的定位中,结合文化创意,能够从品牌的角度激发文化,借此与消费者建立更深、更有意义的关系。

在品牌形象设计方面,国际性的体育赛事、文化活动的吉祥物就是公关形象上的文化创意的典范。吉祥物作为一种视觉形象,是在活动中传递文化魅力的一种方式,其在现代社会的象征意义和使用价值已经得到极大的延伸和发展,用于更为广泛的人际交流与活动宣传上。以2008年北京奥运会为例,吉祥物福娃的色彩与灵感来源于奥林匹克五环、来源于中国辽阔的山川大地、江河湖海和人们喜爱的动物形象,具有浓郁的中国特色,肩负着传播东方文化的使命,表现了中国多民族大家庭的文化特点。吉祥物可以使活动的文化内涵和艺术品位越来越得到加强,已经成为一种全球化的新文化新景观,对国家形象和文化的传播起到重要作用。此外,美国的"驴象之争"也是运用文化创意建立公关形象,以此开展政党间的博弈的典型案例。"美国政治漫画之父"托马斯·纳斯特(T. Nast)是坚定且狂热的共和党支持者,因此在漫画中使用身披狮皮的"驴子"影射民主党人的虚张声势、愚蠢可笑,使用稳重、老实且纯净的大象作为共和党符号,也正符合他心目中对共和党的定义和期许。"驴"和"象"的形象随着政党选举日益深入人心,之后也分别用于民主党与共和党进行宣传的政党标志。通过这种政党形象的塑造,对美国政治文化的对外传播起到了良好的作用,助力美国国际公关的发展。

2. 产品公关活动的文化创意

公关活动,是指具有公共关系性质的活动,通过运用传播沟通的方法去协调组织和社会之间的关系,影响组织的公众舆论,建立良好的形象和声誉,优化组织的工作环境等一系列工作。产品公关活动的文化创意方式有很多种:制造产品的热点事件、借助话题推广产品、开展具有创意的产品推介活动等。

在2008年3月,知乎在推广"亚朵知乎酒店"的时候,通过制造热点事件、借话题热度延伸产品宣传等创意活动,完成了一次成功的公关宣传。知乎吉祥物北极狐"刘看山"的"饲养员"在微博上发起#寻找刘看山#话题,称刘看山在上海出差途中走失,号召热心民众帮忙寻找并积极提供线索。最后消失了48小时的"刘看山",被顾客举报其实是来到了"亚朵知乎酒店",于是知乎顺势宣布与亚朵合作开了一家"有问题酒店",完成了一次效果良好的品牌公关宣传。同样,巴黎迪士尼也通过制造一起"寻鸭"社会热点事件,来宣传迪士尼乐园的卡通文化:2019年12月底,巴黎迪士尼乐园在推特上发布了一则寻鸭启事,寻找一只在园区内丢失的蓝眼睛、白羽毛的小鸭子。几天后,巴黎迪士尼发布一部宣传片,公布了走失小鸭子的故事:在各种寒冷、雷雨交加的恶劣天气中前行,小鸭子终于来到迪士尼乐园,见到了梦想中的唐老鸭。这一创意公关事件,不仅引起了社会的广泛关注,起到了对巴黎迪士尼的推广宣传作用,同时也加深了大众对迪士尼的卡通形象的认知与卡通文化的理解。

3. 产品危机公关的创意智慧

危机公关,是指产品或品牌在面临危机时所采取的公关策略。新媒体环境下,媒体平台门槛低,信息发布主体众多,传播速度加快,传播范围更广,一些备受网民关注的热点问题,一旦在网络上形成聚合,很快便会引起大的讨论和更多的关注,进而形成舆论趋势。因此,新媒体环境呈现出的新特征,重构了企业危机公关的过程,会使企业发生危机的可能性增大,波及范围更广,爆发速度更快。与此同时,危机给予企业反应时间缩短,影响企业决策效果,无形中会增强企业危机的破坏性。"三鹿奶粉事件""冠生园陈馅月饼""双汇瘦肉精"等事件的发生,揭示了新媒体环境下危机公关对于企业的生死存亡来说举足轻重,一旦处理不当,对企业发展带来的损害难以预估。从另外的角度来看,公关关系专家奥古斯丁曾这样说过:"每一次危机的本身既包含导致失败的根源,也孕育着成功的种子。发现培育以便收获这个潜在的成功机会就是危机公关的精髓。"[1]也就是说,新媒体环境不仅给企业危机公关带来了挑战,也迎来了机遇。传播形式的多样化,为企业第一时间回应危机信息、引导舆论提供很好的平台。文化创意产业发展的大背景下,文化创意产品也可能会面临一些危机,而如何去利用策略去化解危机,也是文化创意产品需要考虑的问题。

故宫文创曾推出具有中国传统文化特色的古装娃娃——"俏格格",本着尽可能尊重历史的原则,力求还原最真实的清朝格格形象。然而,产品刚刚上架电商平台,就被网友指出"俏格格"的身体部分与国外某品牌娃娃的身体相似,存在抄袭之嫌。热议之下,故宫迅速且诚恳地作出回应,表示"即刻停售此款娃娃",并对已经售卖的娃娃一律退款召回。在处理这次公关危机时,故宫文创以不回避、不逃避的公关态度快速解决问题,获得了广大民众的信赖,赢得一片好评。故宫文创此次产品"危机"也是中国文化创意产品发展过程中的一个"转机"——公众对故宫文创的关注与质疑,其实是对故宫文创发展的一种期待,是对中国传统文化创意产品能够更加锐意进取、推陈出新的一种期待,蕴含着对未来文化传承的关注与自信。虽然由于人才、技术和资金的限制,中国博物馆的文化创意产品发展之路还将面临许多挑战,但我们相信,搭载互联网技术发展的便车,借助传统文化要素中的精华,中国文化创意产品行业将迎来发展良机。故宫以其自身为例做表率,既让文物"活"在当下,传承中华民族文化,又以身作则,面对危机处理迅速、态度诚恳,树立了公

图 6-1　故宫俏格格
（图片来源于网络）

---

[1] 王凌.论我国政府危机公关的途径与方法[D].西安:西北大学,2006.

关典范。

党的十七届三中全会提出了深化文化体制改革、大力发展文化产业的思路,这为公关行业提供了更加广阔的发展空间。产品的传播需要更多的公关化思维,相比于广告,公关能够帮助产品与消费者建立良好的互动关系,同时从多方面树立产品的良好形象。文化创意产业快速发展的背景下,文化创意产品的公关也需跟上时代的潮流,科学运用新媒体技术、用公正诚信的态度为产品发声。

(四)联名跨界的文化创意

在产品市场中,不同品类、不同品牌的产品之间展开联名跨界,本身就属于文化创意的一种表现。所谓联名跨界可以理解为,合作品牌二者的核心定位与精神内核都不改变,随着市场目标与受众的变化,结合自身特性,打破与其他品牌间物理属性的边界,将二者资源进行搭配应用的品牌活动,已经成为如今各个品牌采用的较为普遍的营销方式。西方经济学对于商品"互补性"的界定,通常是指在功能上互为补充关系的,比如相机和胶卷,计算机硬件与软件等。而品牌间联名跨界的行为所需要界定的互补关系,不再是基于产品功能上的互补关系,而是基于用户体验的互补关系,在营销思维模式上实现了由产品中心向用户中心的转移,真正确保了以用户为中心的营销理念。品牌联名跨界效果的形成来源于消费者对合作品牌原有的认知和情感的共同影响,其核心在于通过创新解决新的营销环境中存在的问题,实现合作双方的共赢和价值链的延伸。联名跨界营销和品牌传播结合,可以实现创意性的资源整合,激发消费者品牌热爱,助推活动影响,提升客户体验感知,从而取得更好的传播效果。

具体而言,联名也称作联名设计、联名合作,是指个人与个人、个人与品牌、品牌与品牌共同完成产品设计、产品推出等工作,突出强调共同设计的概念。如优衣库与村上隆、富图拉(Futura)、法瑞尔·威廉姆斯(Pharrell Williams)、考斯(Kaws)等艺术家共同推出联名设计款T恤,将艺术基因与日常T恤相结合,将名人效应与时装文化相结合,将T恤文化发扬到最大,实现强强联合,强化优衣库与时尚文化关键词的关联度,也将优衣库品牌的时尚文化潜移默化地辐射到社会的各个群体。

而跨界(crossover)一词最先来自篮球领域,本意指"胯下交叉运球",后被品牌营销传播领域借用并盛行。与联名设计的不同在于,跨界合作是指两个看似完全不相干的业态进行合作运营的手段,并为两个原来的业态提供新的内涵与价值,更为强调业态的不同性。其跨界的合作方式也与联名类似,主要有如下方式:第一,品牌与品牌之间的跨界合作。其一是产品功能层面的跨界,在产品的使用功能、气味、色彩、包装等元素中进行渗透与融合,突破产品原有物理属性,形成新的单品;其二是营销传播层面的跨界,打通不同产品之间的推广传播渠道,包括线上线下资源,进行流量互通。第二,品牌与个人之间的跨界合作。这也是较为常用的营销策略,选取有一定粉丝基础和知名度、话题度、与品牌本身形象契合的名人与品牌进行合作,发挥名人效应,撬动强大粉丝基础的巨大购买力。第三,品牌与热门IP之间的跨界合作,比如与热门动漫、小说、音乐等文化资源进行IP授权和内容共建,寻找二者之间的价值契合点,打破圈层,形成粉丝的互相转化。例如,2018年底文具品牌晨光与《时尚芭莎》合作拍摄了一组主视觉海报,让当今京剧舞台最时尚的女老生——王珮瑜与现代文具碰撞出创意的火花,将文具、京剧文化与时尚文化三者融合在一起,这种跨界合作的尝试不仅提升了晨光作为国民文具品牌的价值,也借此试水升级为精致文化创意产品的道路,更是传递出满满的传统文化与民族自信。

由此可见,无论是优衣库的联名设计,还是晨光的跨界合作,都是两个不同品牌通过具有创意性的联合的经营方式,向我们展示了产品与艺术文化联名跨界所创造出的无限魅力,并产生催化效果、达到双赢或多赢,形成叠加效应,形成更加丰富的品牌联想,为品牌延伸提供可能,因此联名跨界也经常并用。总的来说,联名跨界可以视为一种创意性的"大众消费品+文化符号"组合,从而产生个性化、有内涵的创意,制造产品的新鲜感,成为更有效吸引消费者的方法之一。

第四节 产品传播与文化创意

要树立一个良好的文化创意品牌,离不开媒体的传播,文化创意产品需要精心策划、理解媒体传播规律,以科学的方式不断引领大众的消费升级,产生良好的传播效果。

一、产品传播概述

在产品的传播过程中,传播内容、传播媒介、传播形式及受众的反馈都是重要的影响因素,其中传播媒介与传播形式的作用尤为重要。一般而言,根据媒介出现的时间顺序,可分为符号媒介、语言媒介、文字媒介、印刷媒介、电子媒介和网络媒介;从传播对象来看,可以分为一般媒介与大众媒介。目前统称报纸、杂志、广播、电视为传统媒体,而基于数字技术和网络技术、以电脑、手机、数字电视机等为终端传播信息的媒体为新媒体,如"两微一端一抖"[1]都是当前最受欢迎的媒体形式。麦克卢汉"媒介即讯息"的经典论断更被日益强大的新媒体发展所证实,也充分说明媒介在传播中的核心位置。而传播形式也随着数字技术、信息技术的发展,也越来越多样,如文字、图片、声音、视频、动画等。由此可见,好的产品传播就是要将产品的传播内容与传播形式进行整合,达到"形"与"神"的统一,并通过恰当的媒介将产品信息传达到受众,从而获得良好的传播效果。

二、产品传播的文化创意

随着科技的进步、互联网技术发展和5G技术落地应用,产品在传播上呈现数字化、信息化与新媒体化的发展趋势,出现诸多新型传播形式,如以虚拟现实为主的数字技术传播模式、以"两微一端一抖"的新媒体传播矩阵、情景式消费体验以及在线直播等形式也成为了产品传播使用较为普遍的方式。

---

[1] "两微一端一抖"指微博、微信、新闻客户端和抖音。

（一）数字技术与新媒体矩阵

数字技术的升级与新媒体的崛起为传媒发展带来了机遇，同时也对产品传播的理念、范式形成巨大的挑战。

1. 产品数字传播的文化创意

数字技术是一项与电子计算机相伴相生的科学技术，它是指借助一定的设备将各种信息，包括：图、文、声、像等，转化为电子计算机能识别的二进制数字"0"和"1"后进行运算、加工、存储、传送、传播、还原的技术。

（1）数字技术之于传播形式的变革。随着网络信息化的快速发展，数字技术除了影响着我们的日常生活与工作之外，对于新闻传播也有着非常积极的影响，数字技术的发展，使得新闻传播媒介更加平民化与自主化，并在一定程度上推动了新闻的传播。主要体现在以下几个方面：首先，数字技术丰富了传统的新闻传播理论，扩大了新闻传播的概念，随着数字技术的发展，任何人都可以利用数字媒体平台，成为新闻的主要传播人，进而使得新闻信息被更多的人所了解，有效地达到了新闻传播的本质。其次，传统的议程设置理论随着数字技术的发展被改变。在传统的议程设置理论中，大众传播媒介是主体，而公众是客体，而在数字技术发展下的新闻传播，把议程的主体由原来的大众传播媒介转为了公众；另外，判断新闻价值的依据也发生了很大的变化。在传统新闻传播过程中，接近性、趣味性与新鲜性、显著性、重要性等都是构成新闻价值的要素，而在数字技术发展的背景下，新闻价值中的显著性与重要性、接近性、趣味性等都弱化了，由于数字技术发展下的新闻传播者变为了任意的公众，因而对新闻采集的意向、价值观的影响面比较广阔，在进行新闻的编辑时，针对的范围更加小众化，所做出的相关评价更多的是从公众自我的感受出发。由此可见，随着数字技术的发展，对于判断新闻传播内容价值的依据也发生了诸多的变化。总结而言，数字化技术的发展推动了新闻传播事业的转型与进步，为产品的传播提供了更多有效的途径。

目前现有的数字技术包括，VR（virtual reality，虚拟现实）、AR（augmented reality，增强现实）、MR（mediated reality，介导现实）以及360°全景图片、3D打印技术、全息投影技术等，都很好地帮助了产品的传播。其中，VR技术是20世纪发展起来的一项全新的实用技术，这项技术应用于产品传播领域，主要就是为消费者打造沉浸式体验。AR技术是在VR技术的基础上进一步发展而来的，随着科技的不断成熟，如今的AR技术也已经走出实验室，进入受众的日常生活中。AR技术可以通过一定的标识手段，将虚拟对象置于真实的环境当中，为消费者提供一种虚实结合的使用体验。而MR技术是在AR技术与VR技术的快速发展之后出现的又一种新的技术形式，消费者在体验MR技术时，虚拟空间与现实空间的地位是等同的，MR技术的实时反馈性实现了现实空间与真实空间更加深度的结合。在这种环境中受众所面对的，既可能是真实存在的对象，也可能只是一个虚拟对象，在这时，虚拟与现实产生着互动[1]。360°全景技术，就是通过设备模拟出一个可交互的、虚幻的三维空间场景。在我们需要真实、全面、

---

[1] [德]格劳.虚拟艺术[M].陈玲译.北京:清华大学出版社,2007:181.

直观地表现某一场景时，可以运用这一技术。3D打印技术属于快速成型技术的一种，它是一种数字模型文件为基础，运用粉末状金属或塑料等可黏合材料，通过逐层堆叠累积的方式来构造物体的技术（即"积层造型法"）。过去其常在模具制造、工业设计等领域被用于制造模型，现正逐渐用于一些产品的直接制造。以上罗列了目前较为常见的数字技术的本质与应用领域，总之，数字技术的发展为产品的传播形式提供了更多的形式，搭建起产品与消费者之间更深层次的互动。对于文化创意产品来说，利用数字技术进行产品传播，有助于让消费者直观地体会到产品的文化内涵与创意，建立起良好的产品印象。

（2）产品数字传播的创意应用。数字技术在产品传播中的创意应用，主要是依托数字技术进行创作、生产、传播和服务，整体呈现技术更迭快、生产数字化、传播网络化、消费个性化等特点，有利于培育新供给、促进新消费。如今，"数字文创"这个新概念已经逐步在社会的方方面面开始渗透。2016年，《我在故宫修文物》的纪录片在央视播出，并在网络视频上获得超高点击率，使大众更深入地了解了"工匠精神"，产品数字化加速了优秀文化的传播速度，也促进了"文化＋数字"产业的融合。

VR技术是目前在产品传播中运用较为广泛的技术。例如，中国园林博物馆推出空间布景与虚拟现实结合的"看见"圆明园数字体验展；秦始皇帝陵博物院与易游无限公司合作完成的VR互动游戏产品《复活的军团》，真实再现了兵马俑遗存实地、历史背景、文化延伸等内容，让玩家梦回秦朝；在潍坊国际风筝节，航拍机记录了开幕当日风筝放飞场的盛景，并做成了VR全景图，参与活动的粉丝可以在图中找到自己，并能和其他粉丝互动，提供了良好的用户体验等。这些厚重的文化内容，在经过新媒体传播、新技术改造后，变得轻松活泼、真实可感，吸引了不少粉丝。

3D全息投影技术也开始在产品传播方面试水：2019年新年，肯德基与杜甫草堂博物馆品牌合作，在西南地区开设了第一家肯德基天府锦绣主题餐厅。店面门头上是简洁大气的祥云图案，桌面和墙壁上贴着杜甫的经典诗歌及其相关的书画作品，被套上印着乾隆皇帝手书的《春夜喜雨》，再利用3D全息投影技术，让用餐者可以在取餐台旁立体观看到杜甫故居的春夏秋冬。

2. 产品新媒体传播的文化创意

产品在新媒体平台上的传播逐渐形成矩阵发展形势，主要是品牌、商家利用多平台、多渠道进行宣传推广的新媒体集群，这种集群往往是围绕其中一个为核心，同时着重把握"两微一端一抖"——即微信、微博、新闻客户端及抖音这四个渠道，辅以其他大小平台各自之长，完美实现营销方式转型。

（1）新媒体矩阵传播之优势。运用新媒体矩阵进行产品的创意传播优势主要在如下几个方面：第一，打造多元化内容。微博、知乎、微信、小红书、抖音等目前现有的新媒体平台，都有其独特的平台特征和用户圈层，可以从不同侧重点展示产品。第二，分散风险。纳西姆·塔勒布(N. N. Taleb)在《反脆弱：从不确定性中获益》一书中提到：品牌在遇到波动与不确定性的情况下，一种可靠的解决办法则是建立矩阵。产品在某一平台上的运营可能会遭遇瓶颈和危机事件,那么新媒体矩阵则可以有效地完成平台间的粉丝转化,使负面影响降低。第三,协同增强传播效果。产品可以在多个平台建立账号,扩充推广内容形式,吸引不同的受众群体。由于企业的业务是不尽相同的,目标人群也会有所不同,而在不同人群中总会有一部分人的兴趣、职业、认知是重叠的,搭建新媒体矩阵的目的就是为了这部分人能够找到相同的归属。产品在建立新媒体矩阵之后,可以在不同平台进行事件营销,例如先在微博上造势,再通过抖音视频进行转化,产生消费冲动。多个自媒体相互联动,利用自身知名度为企业品牌、活动及产品推广等造势,扩大影响力,进行二次传播,就可以实现"1＋1＞2"的价值。

(2) 新媒体矩阵传播的创意应用。新媒体矩阵可以划分为横向矩阵和纵向矩阵两种类型。

其中,横向矩阵指企业在全媒体平台的布局,包括自有 APP、网站和各类新媒体平台如微信、微博、今日头条、一点资讯、企鹅号等,也可以称为外矩阵。以文博行业为例,在互联网时代,新媒体也成为文博行业社会教育、公共服务的重要渠道,并参与到博物馆、文保单位的各项职能工作之中,其中主要有利用微博开启热点话题、打造如《我在故宫修文物》高质量纪录片、制作如《国家宝藏》文博探索节目、举办文博新媒体发展论坛、发布《2017年文博新媒体发展报告》等,让新媒体成为文博机构与社会资源跨界合作、无缝链接、融合发展的崭新平台。此外,新媒体在文博行业的广泛应用为博物馆积累了大量后台数据,博物馆也开始利用数据分析技术,深入了解观众的兴趣和诉求,使博物馆更有针对性地零售和提供更细致精准的服务,进而满足观众多样化的文化消费需求。

纵向矩阵主要指企业在某个媒体平台的生态布局,是其各个产品线的纵深布局,也可以称为内矩阵。这些平台一般都是大平台,比如微信:在微信平台可以布局订阅号、服务号、社群、个人号及小程序等。以阿迪达斯在微博的纵向传播矩阵为例。首先,采用多账号并驱的策略。通过@阿迪达斯篮球、@阿迪达斯户外、@阿迪达斯官方旗舰店等不同的官方微博账号,把阿迪达斯的不同信息进行输出,这样既不会造成刷屏,从而影响到用户体验,将业务分拆,会让每个微博的发展方向更加细化和精准,以此来吸引相关用户关注。其次,发布差异化信息、聚合同类粉丝。阿迪达斯在明确自身定位的基础上,将微博的信息输出细化,吸引不同喜好的粉丝。比如喜爱NBA篮球的会关注@阿迪达斯篮球,喜好户外运动的会关注@阿迪达斯户外,后期可以进行有针对性的营销工作。最后,采用后发先至、矩阵互推的策略。在运行一段时间后,微博矩阵运营将会变得比较成熟。如果想要知道一条资讯或者活动是否真的会受到粉丝的欢迎,可以先发布在事先的子账号上,如果这条微博的转发量等维度较高则说明信息是受欢迎的,就可以于上网高峰期在主账号再进行推送,就是所谓精选信息推送,有助于品牌在微博平台的引流。

综上所述,新媒体矩阵为发展文化创意产业拓宽了传播范围,优化了传播方式,让产品的传播效果更为明显,已成为文化创意产业的重要推广渠道。

数字技术的发展和新媒体矩阵的出现让产品的传播形式更加丰富,用数字技术和新媒体去融合现代之美,让文化IP以全新的方式呈现,可以促进产品和文化IP在不同语境中被接纳。文化产品与数字技术相遇,会给消费者带来别样的体验,新技术手段已经深刻地影响了文化产品的生产方式、传播方式、消费方式,催生了文化产品生产的新业态和新生态。

(二)情境终端与消费体验

打造具有创意的情境终端,才能让消费者提升产品的体验感,进而促进产品的传播与销售。

1. 情境终端与消费体验的概述

伴随着体验经济时代的到来,情境终端的构建变得至关重要。因此,下面我们将分别对情境终端和消费体验进行阐述。

(1) 产品传播的情境终端。社会学认为情境是主体已赋予意义的环境或主体经过把握、确定和解释的环境。而只要能够直接与消费者面对面的,都可以称为终端。情境终端是一种品牌综合打造法,用真实存在的情境让消费者身处生活状态与情境中去,从而激活消费行为。情境终端在于打造一个基于用户与产品互动的场景,为用户创造出独特的互动体验。

随着市场竞争的加强,产品与消费者的沟通渠道和方式已经从以往的理性沟通转向感性沟通,感性的物化沟通模式所承载的诉求重点已经发生了很大的变化,其具体体现在:品牌、产品在同质化的形式下,所具备的条件已经无法进一步增强消费者的购买信心;现代通路(如大卖场)模式下,企业方始终处于弱势状态,而消费者被动地接受和购买所呈现出的主动态势也有了个体化的特征,消费者并不缺少购买物品的金钱,而是需要一个购买的理由和心情;消费者的消费趋向于群体效应、体验、感受和个性化为主。所以,建立一个有吸引力的情境终端是产品实现销售的有效途径。

不可否认,今天的企业比以往更加重视自身的品牌形象、营销管理、渠道建设以及终端陈列的生动化。然而,品牌或产品与消费者的沟通已越来越直接,所有传播与宣传的终结点就是为了长效地与消费者进行沟通。与消费者进行长效沟通的延伸从品牌形象、产品形象最终落在了终端形象上。终端形象是品牌形象、产品形象、终端展示、情境空间创设、消费者体验式消费的聚合点。打造情境终端属于心理营销的范畴,即通过陈列设计、气氛营造等方式在终端塑造一种与文化创意产品风格、品牌定位相符合的气氛。新媒体环境中,AR、VR和MR技术的发展使得情境的可塑性大大增强。产品所塑造的情境终端是否成功的决定性因素是消费者在终端接触点上形成的感受之和。正如《藏龙卧虎》中李慕白对俞秀莲所说的人心就是江湖一样,在产品营销过程中,人心就是终端。人际互动构成了终端,决定了销售的成败,所以,在终端对消费者的心理需求给予满足,将是实现成功销售的关键。

(2) 体验经济时代的消费体验。用户体验的概念来源于体验经济理论,体验经济最早是由美国著名未来学家阿尔文·托夫勒(A. Toffler)1970年在其《未来的冲击》一书中提出的概念。体验经济是以商品为道具,以服务为舞台,以提供体验作为主要经济提供品的经济形态。第一次作为学术概念出现,是由美国经济学家约瑟夫·派恩在《体验经济》一书中指出:在激烈的市场竞争压力下,经营者为了不断追求独特的卖点,一种新的经济形态——体验经济正从服务经济中分离出来,它是产品经济、商品经济、服务经济后的第四个经济阶段。而在营销专家贝恩特·施密特的《体验营销》一书中,将体验分为:感官体验、情感体验、思考体验、行为体验和关联体验五大体系。体验经济的产品与过去不同,过去的产品是外在服务的,是个人主体在形象、情绪、知识上参与的所得,每个人的体验也是不同的。阿尔文·托夫勒在其书中提出服务经济将向体验经济发展,这是建立在经验和心理上的经济,在体验经济时代,人们消费产品,是为了得到某种经历,感受某种氛围,以满足心理上的需求;而传统产品只是为了满足人们对物质的消费。在体验经济时代产品已发生了极大的改变,它不再是单一的物质产品或服务,而是给消费者提供更高层次、更深的体验,从而增加了最初产品简单实用功能之外的文化附加值。好的消费者体验会正向影响购买行为。数字技术的发展延伸了传播创意的空间,打造出产品与受众互动的虚拟空间,而在虚拟空间中产生的虚拟体验可以有效地拉近产品与受众的距离,直观展现产品性能,赢得受众好感。比如汽车行业开始应用全息技术模拟赛车游戏,让受众成为虚拟游戏中的主角,体验驾驶乐趣,感受品牌风采。在体验经济时代发展之下,产品已不再是单一的形态,所有的发展围绕着文化及创意的发展更新,文化创意产业的发展已经成为现代经济发展的新的增长点,因此,文化创意及产品设计必须围绕人的内在需求及文化的外在呈现;也必须在展现传统文化的同时,更好地在现代科技发展中更新。

2. 情境终端与消费体验的创意应用

下面将从主题文化展和线下体验店来介绍文化创意在情境终端与消费体验上的应用。

(1) 主题文化展。主题文化展是打造情境终端、提升消费体验的重要手段,对于品牌建立与营销业绩提升都具有重要的意义,而这其中将大量运用文化创意手段。

首先,充分利用空间优势,构建互动情境。空间不仅具有物理属性更具有社会属性。20世纪法国马克思主义批判哲学家列斐伏尔曾强调,空间问题是当代人文社会科学必须认真对待的重大问题,空间性与历史性、社会性的思考应该同时成为人文社会科学的内在理论视角。文化产品与空间也有着千丝万缕的联系,产品打造的主题文化展演空间扮演着文化传播和社会交往载体的重要角色,也引导着消费者跨越历史与当下,塑造记忆深刻的产品体验。例如,2019年7月,青岛博物馆和青岛摄影家协会主办了一场名为"城市味道"的啤酒节文化主题展,用光影的形式去展示城市的独特魅力,带领用户沉浸式地体验青岛的人文生活,感受青岛的历史文化底蕴。在体验经济时代,产品打造一个与消费进行互动的空间尤其重要,主题文化展的形式有助于将产品、文化IP与消费者进行巧妙的融合,利用空间打造良好的互动关系。

其次,打通线上与线下情境,营造统一消费体验氛围。文化复兴正在成为当下消费形态的重要现象,越来越多的消费者愿意为文化溢价买单。2019年,国货美妆品牌颐莲与天猫新文化创意进行了一次以颐和园文化为主题的联合营销活动,在线上构建了一座宛若中式园林般的天猫旗舰店,美妆产品与颐和园园中场景巧妙结合,营造线上游园场景。此外,同年在法国罗斯柴尔德公馆打造"江山如此多娇"三山五园主题文化展,以中国皇家园林景观和故事为核心,以光影为颜料,通过多媒体手段,沉浸式展现三山五园的东方之美,反映东方的生活美学、处世之道和天人合一的哲学思想。基于对目前年轻人这一诉求的真实洞察,颐莲不只是简单地借助于一些文化元素的授权去打造联名产品,而是通过布局的线上线下的场景搭配着不同的园林场景,真正地去探索品牌、文化与年轻受众之间的内在联系,不仅与产品密切贴合,突出了产品优势,也契合了年轻消费者的体验消费趋势,让消费者可以在真实的互动中感受产品的文化光芒,让国货美妆品牌真正走向世界。

(2) 线下体验店。线下体验店是最为直接且重要的情境终端,是根植消费者进行体验消费的重要场所,如何把一个平常的线下体验店变得充满魅力、成为品牌体验平台更是文化创意业界同仁必须认真思考的问题。

图 6-2 线下体验店:超级物种×我和我的祖国
(图片来源于网络)

以"我和我的中国胃"主题活动为例。此次活动,是超级物种深圳宝安国际机场店联合热门电影IP《我和我的祖国》打造的主题活动。在店内,消费者可以通过电影海报一起回溯祖国70年里让人难以忘怀的七个历史瞬间,包括中华人民共和国成立、中国第一颗原子弹爆炸成功等。同时,品牌与《我和我的祖国》联合宣发了10万张深圳航空和10万张南方航空"我和我的中国胃"活动机票,国庆期间乘坐深圳航空和南方航空航班的乘客,可凭活动机票到超级物种深圳宝安国际机场店内换购当日"隐藏菜单"菜品。此次超级物种与《我和我的祖国》共同打造的"电影IP+产品"线下体验店的尝试,在为产品注入电影文化的同时也契合了年轻消费者的体验消费趋势,不仅能够有效地链接粉丝情感,丰富产品内容,形成长尾效应;也能在拉动销量的同时,进一步扩大产品影响力。此外,肯德基在2018年携手国家博物馆推出"国宝耀中华"系列活动,在18个城市推出文化感十足的国宝主题餐厅,也同样是营造同样文化情境的线下体验店的典范。在快节奏互联网营销时代,如何让用户在认知、了解、信任、主动传播四个维度上与品牌建立共识,是每一个品牌不断努力的方向,文化创意产品也不例外。打造线下体验的方式有助于产品与消费者更深层次的互动,建立消费者认知、了解与信任,从而引发后续的主动传播。

主题文化展与线下体验店都是建立消费者与产品良好互动的有效途径。不同于线上的传播渠道,在线下的终端环境中,消费者可以亲自体验文化产品,同时环境的装修风格、服务质量和员工素质等都会使得消费者对文化创意产品的认知出现改观。相较于线上平台,终端环境给予消费者的是更加深刻和真实的感受。生活节奏的加快让"快"成为了生活的日常,对于消费者来说,去线下体验产品的经历也能够给予消费更多的仪式感,这也是快消时代线上消费无法给予的。互联网经济的发展为打造线下情境终端带来了一定的冲击,尤其在电商平台蓬勃发展之时,线下体验店所面临的压力也是空前的。未来文化创意产品的情境终端应不断创新自己的发展模式,将销售职能弱化,更强调体验价值,为用户打造享受感十足的立体生态。

案例研读

小罐茶,大制作

小罐茶是中国茶的现代派,通过现代高端消费的理念,将茶文化与当代艺术、设计、餐饮等领域相结合,共同营造现代的茶文化。小罐茶凭借其独具创意的产品策划与营销手段,不断创新,在茶行业中逐渐崛起,尽显品牌活力和创造力(图6-3)。

一、小罐茶概述

小罐茶创立于2014年,是互联网思维、体验经济下应运而生的一家现代茶商。其创始人杜国楹在第十二届创业家年会暨产业加速大会上获评2019年度创业家,从2014年开始,他用工业化、标准化的方法改造传统茶产业,让茶成为快消品,突破增长的边界,做成高端茶第一品牌。其根据用户群体和使用场景将整个茶领域划分为三类:一个是原叶茶,以中高端人群为主,主打送礼、自饮场景;一个是方便茶,包括罐装饮料、茶包等快消茶饮,以年轻人为主,主打办公室和移动场景;一个是新茶饮,同样以年轻人为主,主打移动场景和社交场景。目前小罐茶就处在第一类场景中,但创始人杜国楹也随着市场的发展开始思考小罐茶如何走年轻化时尚化的道路。

图6-3 小罐茶
(图片来源于网络)

相比较其他老牌的茶店茶馆,小罐茶品牌很年轻,小罐茶的出现是茶文化传承中新的突破和改变。用创新理念,以极具创造性的手法整合中国茶行业优势资源,联合六大茶类的八位制茶大师，坚持原产地原料、坚持大师工艺、大师监制，独创小罐保鲜技术，共同打造大师级的中国茶。在新的时代背景下以崭新的方式向大众宣传茶文化，茶从原料、采摘到加工、包装等完整的流程都有非常严苛的标准控制。小罐茶以"做中国茶的现代派"和"世界的中国茶"为品牌定位，这样清晰的定位设计，不仅能符合现代社会发展的需求，还能传承、弘扬中国传统茶文化。

二、小罐茶的文化创意运用

下面将从小罐茶的包装美学、广告创意、品牌打造、跨界合作、体验营销与智能化升级六个方面介绍小罐茶的文化创意。

（一）设计兼具科学与审美的包装

随着社会的发展与科学技术的不断发展，茶的种类逐渐繁多且以不同形式的商品出现在市场中，主要体现在茶类产品的包装设计上，是否能够让人们从视觉上感受到传统文化的传承，茶产品的包装设计需以继承与推崇中国传统文化为设计前提。茶产品的包装设计亦是现代茶文化中的重要组成部分，对于茶文化的输出具有重要的意义。茶产品的包装设计不仅要重视市场更要重视茶文化所蕴含的中华民族传统的精神，更要着重于具有民族化的情感包装，从不同的形式造型、色彩、历史故事以及丰富多彩的情感色彩的运用中，体现中国茶产品包装的独特文化风格。

视觉形象上的创意可以直观地带动消费者的体验。小罐茶的异军突起很大程度上源于其包装的与众不同——采取"小罐"式包装，秉承为"中国的茶叶做减法、把复杂的中国茶变简单"的理念。首先，其包装既不是像传统茶叶包装瓶瓶罐罐的形式，也不是现代茶叶包装的小袋装，而是运用独立的铝罐进行包装，不同颜色代表不同款式的茶。一共有八种颜色代表着八种茶类，全部采用优质原料，所有茶的类别都是统一价格，迎合多种人群的需求与审美，方便携带，符合现代生活的实用要求；其次，它从功能上解决了茶叶的保鲜问题，采用真空充氮确保好茶不氧化、不吸味、不受潮、不破碎，保证茶叶色、香、形的稳定性；最后，就是小罐的环保性，食用级铝罐能回收再处理。研发团队中的"首席撕膜官"冯海涛以年轻、时尚、富有活力的形象出现在广告中，用自己的实践经历告诉观众，"小罐茶"封口覆膜看似小巧单薄，实则是运用了现代科技，在锲而不舍地探索与实验之下才得以成功。小罐封口膜以颜色来区别罐内的茶叶种类，与定制的精致小罐搭配，符合现代人对简洁清新的风格追求。

（二）打造有深度、有内涵的广告片

小罐茶在广告方面的投入主要是在央视进行电视广告投放。例如，2017年其在央视投放的"小罐茶寻茶之旅"广告讲述了寻访生态茶叶产区和制茶大师的过程，画面唯美，体现了"小罐茶"商业模式中的两大要点。首先，从寻访优质的茶产区衍生出"小罐茶"来源的生态环境。在人类无尽欲望的索求之下大自然在不断地改变，茶叶产区的生态环境也受到影响，好茶叶的产地和产量日渐稀少，而"小罐茶"的原产地则始终保持着与众不同的优秀品质。其次，制茶大师为"小罐茶"真诚代言，通过传统的制茶技艺来阐释"好茶"的概念。

制茶大师朴实、值得信赖的普通人形象被展现在观众面前,他们娓娓地讲述着自己与茶的过往经历,采茶、制茶的经验和耗费的工夫,等等,其间传递出"小罐茶"保护传统制茶工艺和制茶技艺传承人的理念。"小罐茶"广告的开篇巧妙地运用了重视生态农产品和传统文化的时代感受,将传承传统茶文化的观念贯穿于广告之中。

(三)明确制茶大师的品牌定位

小罐茶在进入市场伊始,就将自身定位为高端茶产品,并说明产品是由8位大师制成,强调了产品的稀缺性和珍贵。麦肯锡全球研究院2016年中国消费者调查报告《中国消费者的现代化之路》显示,随着消费者越来越成熟和挑剔,普遍性的市场增长时代逐渐走向尽头。消费形态正从购买产品到购买服务、从大众产品到高端商品转变。[1]2017年春节期间,小罐茶在央视投放的"寻茶之旅篇"广告,讲述了小罐茶花了三年半的时间,行程40万公里,走遍中国茶叶的核心产区,找齐八位大师做成小罐茶的故事。通过广告的两大主题"小罐茶大师作"及"八位大师敬你一杯中国好茶",明确品牌核心价值,即结合地域和名人因素统一品牌,塑造品牌核心价值和定位。目前,国内制茶行业大部分企业小而分散,缺少消费者信赖的品牌。小罐茶对自身产品的认知清晰,并结合标杆制茶大师的资源整合,成功打造了品牌的高端市场定位。

(四)开展国潮品牌之间跨界合作

小罐茶在跨界合作上也颇为用心。2019年1月,小罐茶和恭王府博物馆达成战略合作,共同推出"天下第一福"新年礼茶,礼茶中包含了由小罐茶精心挑选的铁观音、大红袍、白毫银针和滇红茶等多款茶,并为每款小罐茶都赋予了人丁兴旺多子福、福禄盈门多财福、如意延年长寿福、才貌双全得意福、红运当头好运福等美好的寓意,将康熙御笔的福字中包含的美好寓意,用心融入了这一款"天下第一福"新年礼。恭王府博物馆副馆长陈晓文谈到与小罐茶的合作时表示:"小罐茶作为知名品牌,一直以来也同恭王府一样,致力于非遗项目的传承和保护,他们携手非物质文化遗产项目传承人、制茶大师打造的产品,将非遗与当代人的生活相融合,让更多的人了解和喜欢上中国茶文化。我们觉得,这也是保护和传承非遗项目的最佳方式。"同年9月,小罐茶作为国潮品牌代表,亮相三里屯的"有间国潮馆",与中国李宁、百雀羚、张裕解百纳等国潮大咖们共同演绎"国潮魅力"。此外,它也与故宫联名推出定制茶产品,成为"国盛茶兴,国兴茶潮"的一道新风景。

(五)开设沉浸式线下体验馆

黑格尔认为"美是理念的感性显现"。[2]他认为真正的美是艺术美,在艺术美中所谓"理念的感性显现",就是指作品的"意蕴"的显现。一切塑造、色彩、线条、音调的运用,都是为了显示一种内在精神,也就是"意蕴"。2016年10月,小罐茶设在济南恒隆广场三层的

---

[1] Mckinsey & Company. 中国消费者的现代化之路[R].2016.
[2] [德]黑格尔.美学(第1卷)[M].朱光潜译.北京:北京大学出版社,2017.

全球首家 Tea Store 正式开业，这家线下体验店由苹果 Apple Store 御用设计师——蒂姆·科比(T. Kobe)亲自设计。巨幅落地玻璃、巨幅 LED 显示屏、不锈钢货柜等视听展陈媒介，在简约时尚的体验中将大师和制茶的故事娓娓道来。其灵感来源于雪茄文化和酒窖设计，可以形象地理解为一座现代"茶库"，人们可以进行"沉浸式体验"。入口处透明巨幅玻璃旋转门营造了通天通地的建筑感，奢侈品标配的陈列展柜与 LED 显示屏升华了感官体验，多维度地颠覆了传统茶叶店在消费者心中的刻板印象。其中，茶吧区域的设计既有西方酒吧吧台的年轻自在，也有日本板前料理的严谨细致，采用高脚椅和木质案几让时尚与仪式感完美融合。视、听、触、嗅、尝，小罐茶体验店通过空间层次和感官体验让购买变得愉悦和享受。2018 年，小罐茶又在西安开设了全国首家现代茶生活体验馆，和 Tea Store 相较而言，它并非纯然现代，而是恰到好处地杂糅了西安的气质、传统的韵味，打造一间西安的城市会客厅，借由实体的空间，落实城市社交，让文化交融，塑造出切实可感的生活。从济南恒隆的 Tea Store，到西安现代茶生活体验馆，小罐茶对体验的理解渐趋深化，也希望由此将触角真正探入生活。

小罐茶的体验店设计正是为了凸显品牌的内在精神，展示品牌的个性化、时尚化，让消费者在进入体验店、拿到产品的时候，感受品牌意蕴，产生精神上的愉悦感。小罐茶根据品牌特色，为消费者打造别致的购物场景，提供场景化的消费体验，开创中国茶的新体验。

（六）加速制茶工艺智能化

随着"中国智造 2025"概念的提出，中国茶产业发展面临着全面升级，科技的驱动作用正日益凸显，茶产业的"智能化、数字化"变革也在加速推进。在 2019 年 8 月的世界人工智能大会上，小罐茶联手世界智能制造企业 IBM 共同打造了一款"AI 挑茶机器人"，让参观者去感受农业"智造"的魅力。这款机器人的工作原理是通过认知视觉检测（cognitive of visual inspection analytics）技术智能化地识别茶叶中的各类杂质，并自动完成包括上茶、输送、拍照、分析、挑拣、复检、收集等在内的全程序。这一套程序也反映了品牌对产品质量的要求：小罐茶对茶叶品质有着严格标准，除了在原料上精挑细选之外，在加工环节也有着苛刻的要求。在小罐茶黄山工厂，常年有 60 名以上的茶叶挑拣员工负责对茶叶进行手工拣选。一般来说绿茶需要人工挑 2—3 遍，普洱这种颜色偏深的茶叶甚至需要挑 5—7 遍，不仅耗时耗力，且成本巨大。小罐茶与科技、智能领域的先进企业进行跨界合作，有助于助力茶产业的工业化、标准化、科技化和智能化发展，为传统行业智能化发展探索一条可行的新路径。

三、小罐茶文化创意的启示

小罐茶产品成功的背后，体现了中国茶文化的现代诠释。中国茶文化有悠久的历史、完美的形式、丰富的内涵，融入了中国诸多优秀传统文化思想，其蕴含的崇尚自然、天人合一的精神品质成为中国文化的象征。中国是茶的故乡，也是茶文化的发源地。中国茶的发现和利用已有四千七百多年的历史，且常盛不衰，传遍全球。茶是中华民族的举国之饮，发于神农，闻于鲁周公，兴于唐朝，盛于宋代，普及于明清之时。到了隋唐五代时期，特别中国茶文化糅合佛、儒、道诸派思想，独成一体，是中国文化中的一朵奇葩。关于茶的记载最早开始于战国时期的中医四大经典著作之一的《神农本草经》,书中就有"神农尝百草,日遇七十二毒,得荼(茶)而解之"的记录。茶作为野生植物从被发现到利用,经历了从药用、食用到饮用的三个过程,迄今已有四五千年的历史。中国传统文化中有句话:"琴、棋、书、画、诗、酒、茶",这是古时文人墨士的七种修养境界,茶也是文人模式修养境界之一;以及古时被人们称为开门七件事之一:柴、米、油、盐、酱、醋、茶,无论古今开门七件事都是人们生活必备的七项。1949年后,特别是改革开放40多年来,传统茶文化与当代茶文化不断碰撞融合,为中国茶文化注入了新时代的理念,使中国茶文化从复兴走向振兴。

现代社会物质文明和精神文明建设的发展,给茶文化注入了新的内涵和活力,在这一新时期,茶文化内涵及表现形式正在不断扩大、延伸、创新和发展。英国科技史专家李约瑟曾说:"茶是中国继火药、造纸、印刷、指南针四大发明之后,对人类的第五个贡献"[1],可见中国茶文化对世界影响之大。新时期茶文化融入现代科学技术、现代新闻媒体和市场经济精髓,使茶文化价值功能更加显著、对现代化社会的作用进一步增强。随着国内消费水平提高,消费者对茶叶的品质、安全日益重视,已经由购买非品牌茶叶逐步转向购买品牌茶叶。另一方面,茶叶产品的品牌内涵变得更加重要,符合消费者感知且独具特色的品牌将崭露头角。在对消费者的调研中,"品牌"成为消费者选购茶叶时的首要关注因素,消费者对于知名茶企的品牌溢价接受度远远超过想象。另一方面,新的业务模式以及跨界融合,将为茶企带来更多的机会。"互联网""旅游""众商模式""私人订制"等新的业务模式和跨界融合不断出现。在这种消费趋势下,也涌现出一些较为成功的茶企品牌,小罐茶则是将茶文化与茶产品相结合的范例。

国盛茶兴,提升全民饮茶幸福指数、振兴新时代的中国茶文化也是时代赋予小罐茶的社会责任。小罐茶的意义,也已经不是现象级的爆款,而是引领行业的品牌,变革产业链与相关生态的先锋,从"茶传统展现与销售方式"到"茶现代生活与普及方式"。发展至今,小罐茶也承受了来自舆论界的诸多杂音,品牌自身也面临着不断创新的问题。下一步如何进行产品的创新规划发展,是品牌需要认真思考的问题。也希望在市场的洪流之中,小罐茶可以保持初心,不断为消费者带来更高品质的产品。

请思考以下问题:
1. 文化创意产品的概念、发展趋势是什么?
2. 如何理解文化创意产品包装的重要性?
3. 如何理解新媒体矩阵、情境终端和消费体验?
4. 产品与文化IP之间的联名与合作的优势是什么?
5. 新媒体时代下,你认为文化创意产品的发展战略和方向是什么?

---

[1] 徐庆生,徐希西.铜钹山河红[M].北京:国家行政学院出版社,2015:63.

思维导图

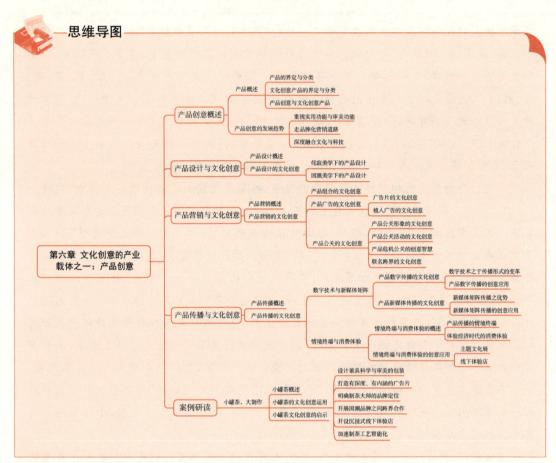

本章参考文献

[1] Romer P M. Increasing Returns and Long-Run Growth[J]. Journal of Political Economy,1986(5):1002-1037.

[2] Karlinsky M. Changing Asymmetry in Marketing[A]. Firat A F, Dholakia N, Bagozzi R P. Philosophical and Radical Thought in Marketing[C]. Lexington:Lexington Books,1987.

[3] [英]霍金斯.创意生态:思考在这里是真正的职业[M].林海译.北京:北京联合出版公司.2011.

[4] 范圣玺.行为与认知的设计:设计的人性化[M].北京:中国电力出版社,2009.

[5] 袁作兴.审美价值论[J].长沙电力学院学报(社会科学版),1998(4):79-84.

[6] 丁俊杰.广告学概论[M].北京:高等教育出版社,2018.

[7] 喻国明,丁汉青,王菲等.植入式广告:研究框架、规制构建与效果评测[J].国际新闻界,2011(4):6-23.

[8] [法]鲍德里亚.消费社会[M].刘成富,全志钢译.南京:南京大学出版社.2000.
[9] 王凌.论我国政府危机公关的途径与方法[D].西安:西北大学,2006.
[10] [法]鲍德里亚.物体系[M].林志明译.上海:上海人民出版社,2019.
[11] [德]格劳.虚拟艺术[M].陈玲译.北京:清华大学出版社,2007.
[12] [美]塔勒布.反脆弱:从不确定性中获益[M].雨珂译.北京:中信出版社,2014.
[13] [美]托夫勒.未来的冲击[M].黄明坚译.北京:中信出版社,2018.
[14] [美]索杰.第三空间:去往洛杉矶和其他真实和想象地方的旅程[M].陆扬等译.上海:上海教育出版社,2005.
[15] 徐庆生,徐希西.铜钹山河红[M].北京:国家行政学院出版社,2015.
[16] 吴健安.市场营销学(第6版)[M].北京:高等教育出版社,2017.

第七章

文化创意的产业载体之二：文娱创意

> **学习目标**
>
> 学习完本章,你应该能够：
> (1) 了解动漫产业概况及动漫产业中文化创意的应用；
> (2) 了解游戏产业概况及游戏产业中文化创意的应用；
> (3) 了解影视综艺产业概况及影视综艺产业中文化创意的应用；
> (4) 了解文学产业概况及文学产业中文化创意的应用。

> **基本概念**
>
> 文娱产业　动漫产业　游戏产业　影视综艺产业　文学产业

第一节　文娱创意概述

如果说,产品创意中文化创意只是起锦上添花的辅助作用的话,那么文化娱乐这种载体形态中,文化创意的作用可以是支持性的主导作用。其中,动漫、游戏、影视综艺与文学产业便是其中较为突出的领域。

一、文娱产业界定与发展现状

文娱产业即文化娱乐产业,隶属于文化产业。学者江凌认为,文化娱乐产业是"有文化意义的供人消遣或使人有趣的精神产品生产和服务行业"。[1] 从内容上看,文娱产业包括影视、游戏、动漫、体育、图书等。从美国、日本、韩国等发达国家文娱产业进程来看,当国家人均GDP首次达到5 000或8 000美元时,国家将有意识地重视文娱产业发展,出台相关鼓励政策,推动产业快速发展。[2] 例如,20世纪70年代美国电影开始打破程式化的片场流程,以《星球大战》为代表,科幻电影开启新时代,经济效益和文化影响力达到空前高度;1970年日本颁布《著作权法》,为文化发展提供良好的创作环境,日本动漫从题材到技法都逐步成型和成熟;20世纪90年代韩国将文化产业定位为国家战略产业,开始扶持和资助文化产业的发展,韩剧韩流开始风靡亚洲;2015年中国提出中华民族伟大复兴需要中华文化繁荣兴盛,提倡坚定文化自信,用文艺振奋民族精神。

伴随20世纪90年代互联网在全球的普及,文娱产业在世界范围内也发生了巨大变化,传统文娱产业逐渐失去优势,为了适应外部环境的变化,它们也纷纷触网,各类文娱企业开始遍地开花,互联网资本也随之进入,并围绕自身生态及资本优势形成文娱产业闭环,以大资本、新生态的方式构建文娱产业竞争新格局。

二、文娱产业文化创意发展趋势

随着中国居民人均收入的不断上升,对于消费升级的需求也进一步提升,根据马斯洛的需求层次理论[3],人们相对过去更加愿意追求精神层面的享受。同时,在互联网与数字技术的推动下,文娱产业在文化创意方面也出现了新趋势。

1. IP成为文娱产业发展关键

自2012年中国企业腾讯在行业内率先提出了"泛娱乐"的概念,并逐步布局包括游戏、动漫、网文、电竞与影业在内的腾讯泛娱乐矩阵开始,"泛娱乐"逐渐被业界接受,并成为文娱产业新的文化创意发展趋势。所谓泛娱乐,是指基于互联网与移动互联网的多领域共生,打造超级IP(知识产权)的粉丝经济,其核心是IP,可以是一个故事、一个角色或者其他任何大量用户喜爱的事物。[4] 如今,IP打造成为文娱产业进行创新性发展的关键,并成为一个极具辨识度的

---

[1] 谢伦灿.文化娱乐产业的评价与发展[M].北京:中国经济出版社,2009:36.
[2] 百度文库.中国影视与影视投资[OL]. https://wenku.baidu.com/view/34e352d8f02d2af90242a8956bec0975f465a4a5.html.[访问时间:2020-12-27]
[3] 马斯洛于1943年在《人类激励理论》中提出:需求像阶梯一样从低到高按层次分为五种,分别是:生理需求、安全需求、社交需求、尊重需求和自我实现需求.
[4] 百度百科.泛娱乐[OL]. https://baike.baidu.com/item/泛娱乐/8162329?fr=aladdin.[访问时间:2020-05-18]

商业符号，[1]成为挖掘客户价值的突破口，同时优质、原创的 IP 内容是实现提升用户黏度、文娱产品附加值的核心。从产业链的运作来看，超级 IP 更是打通上下游的关键要素，对影视、动漫、游戏、文学等细分行业影响巨大，其中由超级 IP 衍生出的文化创意产品更是成为文娱产业的新经济增长点。此外，IP 也成为产业融合发展的切入点，进而催生出更多文娱产品样态，引起社会公众的广泛关注，激发出更多的消费意愿，进而实现文娱产业的创新性发展。因此，挖掘 IP 的价值成为各文娱企业的重要目标，进而展开全方位的文娱布局。

2. 以文化切入原创内容的精耕细作

随着人们的文化娱乐消费逐渐升级，内容生产者们也逐渐意识到文化赋能原创内容的重要性，也更加注重文化价值、创意价值和产业价值在原创内容生产中的核心意义。例如，从文化入手，以历史故事和运用耳熟能详的人物情景作为创作源泉的动画电影创作，不仅可以提升动画电影在受众中的文化认同感，更能给电影在文化创意上发展提供灵感与动力。同时，随着消费层级的扩大与升级，产业融合步伐加快，融合模式也更加多元化，深植文化内涵的优质文化娱乐内容才有更具联动内容消费与实体消费的能力，升级原创文化娱乐内容，通过联动销售、衍生品开发等方式带动实体消费，真正实现内容与形式、文化与产业的统一。

此外，随着 IP 在文娱产业发展中重要性的凸显，对原创内容的规范和对知识产权的保护也深入人心，知识付费也被广泛认同和接受。这不仅为生产具有创新性的原创内容保驾护航，更为独具特色的文化娱乐产品走向国际市场打开通路。

3. 科学技术革新激发文化娱乐产能

随着信息技术的发展、5G 技术的落地应用，科学技术手段的进步为文娱产业提供了更加清晰的策略支持和呈现方式，加速大众对移动端文化娱乐内容的消费，并可以借助全新沉浸式和交互式新技术优化用户体验，推动文化创意与新媒体、AR、VR 等技术的融合，为文化创意内容创作者提供了更为高效、智能化的创作环境，同时移动支付与知识付费也将进一步激活文化需求，进而激发文娱产业更大的产能。[2]

例如，在游戏产业中，5G 网络、游戏引擎、云计算等技术为游戏产业的创新发展提供诸多支持：高速、大容量、低延时 5G 网络可以提升竞技游戏的体验感，渲染引擎、物理引擎、光照引擎等引擎技术可以提升网络游戏在画面上的表现力，云计算可以为游戏公司提供面向全球市场的快速搭建运行环境方案等。又如，在文学 IP 开发过程中，可以借助大数据、人工智能等信息技术精准剖析用户画像，制定针对性变现方案，从而提升文学 IP 价值；依托智能呈现运用 VR、AR、MR 等技术，催生多元化文学 IP 开发表现模式和发展机遇，带来沉浸式用户体验；通过区块链、公钥加密和可信时间戳等技术手段，为文学作品 IP 提供原创认证、版权保护，规范市场发展环境。

4. 文娱产业创新催生新文化现象

在打造超级文娱 IP、增强文娱内容原创力、提升文娱表现技术的过程中，互联网的深度介

---

[1] 张晨燕,陈安琪,周佳荣.文娱产业与金融产业协同发展研究[J].现代商贸工业,2019(22):15-16.
[2] 时代周报.文娱产业大生意：百花齐放 百舸争流[OL]. https://www.sohu.com/a/344425011_237556.[访问时间：2020-05-18]

入也催生文娱产业更多的新文化现象、产生了诸多新名词,如饭圈文化、二次元文化、流量明星、网络主播、游戏解说、剧本杀、"站姐"、网剧超前点播、在线院线等。自由开放的网络平台为用户提供了更为宽松的文化创意环境,也使得文娱产业在文化创意上有更为广阔的发展空间。

例如,中国动漫产业的创新发展就催生了诸多新业态、新文化。动漫产业的消费人群集中在"Z世代"[1]群体,而中国拥有世界上最庞大的Z世代人群,人数已近1.5亿,他们具有非常强的消费能力。随着青年群体传播能力的加强以及海内外文化交流的开放包容,动漫文化作为一种典型的青年亚文化[2]在当前的社会环境中蓬勃发展。而动漫可以满足Z世代"为社交"和"为悦己"[3]的消费动机,在圈层中得到广泛传播和追捧。因此,基于如此庞大的青年消费群体,动漫产业迅速发展,不仅产生了电竞、游戏解说等新兴行业,动漫文化元素也在社会生活中被广泛使用,如"卖萌"、Cosplay[4]、表情包斗图、弹幕交流[5]等,进而产生了二次元文化、弹幕文化、Cosplay文化等新兴文化。

第二节 动漫产业与文化创意

一、动漫产业概况

作为文化产业中的重要分支,动漫产业不仅成为诸多国家重要的经济支柱产业,也与文化创意相辅相成、共同繁荣,在文化创意发展上有更广阔的前景。

(一)动漫与动漫产业

动漫是动画和漫画的合称,通过制作使一些有或无生命的东西拟人化、夸张化,赋予其人类的一切感情、动作或将架空的场景加以绘制,使其真实化。具体而言,漫画是一种艺术形式,是用简单而夸张的手法来描绘生活或时事的图画,一般运用变形、比拟、象征、暗示、影射的方法来表达作者讽刺或娱乐的目的;而动画是一种综合艺术,集合了绘画、电影、数字媒体、音乐、文学等众多艺术门类于一身,是采用逐帧拍摄对象并连续播放而形成运动的影像。简言之,动漫可以理解为动起来的漫画。

动漫产业是21世纪新兴的文化产业,也被誉为21世纪最具创意的朝阳产业。依据国务院《关于推动中国动漫产业发展的若干意见》对动漫产业的界定:"动漫产业是指以'创意'为核心,以动画、漫画为表现形式,包含动漫图书、报刊、电影、电视、音像制品、舞台剧和基于现代信

---

[1] Z世代意指在1995—2009年出生的人。
[2] 青年亚文化所代表的是处于边缘地位的青少年群体的利益,对传统文化具有一定的颠覆性和批判性,强调自我彰显和多元观点的表达,追求新奇、轻松和简单。
[3] 凯度.Z世代消费力白皮书[R]. 2018.
[4] Cosplay(Costume Play)指利用服装、饰品、道具以及化妆来扮演动漫作品中的角色。
[5] 弹幕(barrage)是指在网络上观看视频时弹出的评论性字幕,源自日本的弹幕视频分享网站(Niconico动画),国内首先引进为AcFun(内容大众多元)以及后来的Bilibili(新生的二次元向弹幕网),但目前弹幕不仅仅局限于动漫视频,已被广泛用于各类视频网站。

息传播技术手段的动漫新品种等动漫垂直产品的开发、生产、出版、播出、演出和销售,以及与动漫形象有关的服装、玩具、电子游戏等衍生产品的生产和经营的产业"。一般而言,动漫产业有狭义和广义之分。狭义的动漫产业,也可以称之为动漫产业的内容模块、直接动漫产品,指动漫内容产品的设计、制作、发行和销售,如各种漫画、卡通动画、真人动画等构成了狭义动漫产业主体。而广义的动漫产业在内容模块的基础上,还包括由动漫版权的二次利用所形成的衍生品模块,主要包含玩具、游戏、服装、文具、主题公园等间接来源于动漫创意的动漫衍生品,属于间接动漫产品。

目前动漫产业的产业链构成主要可分为上、中、下游三个环节。产业链的上游是内容生产方,主要包括动漫作家、原创动画公司、漫画公司等动漫IP(intellectual property)[1]的提供方,负责直接动漫产品的开发。产业链的中游是渠道发行方,以版权代理公司、动漫发行公司为主,负责直接动漫产品的版权运作、发行传播和销售。其中,动画的发行方包括网络视频播放平台,电视台以及电影院线等;漫画的发行方则主要是各类漫画杂志和网络漫画平台。产业链的下游是基于IP的衍生品开发公司,包括IP授权代理公司和衍生品开发公司等。

(二) 动漫产业发展现状

国际动漫产业,尤其是动画产业经历近100年的发展,如今已成为一个成熟的产业。目前,美国仍是全球最大的动画生产与动漫产品输出国,紧随其后的是日本与韩国。在资本、新媒体和消费人群的多重驱动下,文化产业逐渐成为越来越多国家的支柱产业之一,作为文化产业的重要组成部分,动漫产业蓬勃发展,产值实现持续快速增长。在世界各国全力推进动漫产业发展的同时,也采取了不同的发展模式。[2] 美国依靠好莱坞完善的产业链和产业结构,采用先进的数字和电影制作技术,强化特效与视觉呈现,将动画与电影紧密结合,不断扩大其在世界范围的影响力。日本动漫产业重视动漫内容生产,并从漫画创作到电视动画,再到电影动画(剧场版),最后通过衍生品销售来反哺漫画创作,形成了一个完善的动漫产业链条,其内容发行总收益自2013年以来不断上升。韩国动漫作为世界动漫产业的黑马,通过短短十年左右时间在数码动画上的发展,跃居世界第三大动漫产品输出国。此外,中国、印度、泰国、阿联酋等国家也成为世界动漫产业的后起之秀。

中国动漫产业起步于20世纪20年代,前后大致经历起起伏伏的四个发展阶段。进入21世纪,国家开始从政策层面扶持动漫产业,各地动漫基地开始建立。自2012年文化部发布了《"十二五"时期国家动漫产业发展规划》,中国从国家层面公布了一系列促进动漫产业发展的规划与政策,在税收、资本投入等方面鼓励动漫产业发展,同时得益于互联网的发展普及和互联网巨头们在文娱领域的资本布局,在线动漫市场的规模也在快速提升,中国动漫产业逐步进入快速发展期。2019年动漫产业总产值达到1 941亿元,同比增长13.41%,其中下游衍生市场是动漫产业产值的主要来源。此外,国内各大城市的动漫产业园、动漫展的活跃,也使得中

---

[1] 动漫IP,即动漫产品的知识产权。
[2] 综艺报.国际动漫产业:日美称霸 韩国发展迅速[OL]. http://www.yi2.net/dianying/201901/20700.html.[访问时间:2020-05-19]

国动漫产业更注重内容和创意的深度和广度,同时涌现了一批优秀国产动画电影、漫画作品,2019年国产动画电影占动画电影票房达到62.25%。

其中值得一提的是,动漫衍生品如今成为全球动漫市场的主要收益来源。在全球比较成熟的日本动漫市场中,动漫衍生品的产值大约相当于内容市场的8—10倍,中国动漫衍生品的市场规模也约是动漫内容市场的2倍,如中国阿里影视旗下的衍生品授权与开发平台阿里鱼,2019财年旅行青蛙IP衍生的商品销售总额(gross merchandise volume, GMV)达到2亿元,动漫IP皮卡丘的衍生品销售总额也近5亿元。

随着全球文化产业内容消费市场迅速发展,受文化创意产业的积极影响,动漫产业在各国文化产业中占比也在稳步上升。如今,动漫产业依旧作为集文化产业和创意产业于一身的朝阳产业,在未来仍有巨大的发展空间。

二、动漫产业的文化创意

作为文化创意产业的重要组成部分,动漫产业的文化创意体现在整个动漫生产全过程中。下面将从直接动漫产品和间接动漫产品两个方面具体来谈。

(一) 直接动漫产品文化创意

如上文所提,直接动漫产品是指动漫作品本身,包括动漫内容产品的设计、制作、发行和销售等环节。直接动漫产品的文化创意主要依靠内容与技术上的创意取胜,实现创新突破。

如今依旧是"内容为王"的时代,只有依靠过硬的原创内容才能制作出优秀的动漫作品。20世纪80年代,日本正是通过动漫原创作品逐渐成为世界动漫大国、强国。如今,美国动画作品的取材来自全球,如以非洲为背景的《马达加斯加》、具有中国特色的《花木兰》《功夫熊猫》等,也为其进行全球推广和争取更多受众提供了有利条件。同样,逐渐崛起的新秀动漫国家也同样深植本土文化,创作独具特色的动漫作品,如具有浓浓中国元素的《哪吒》《王牌御史》等;以现代迪拜为故事背景的阿联酋动画 *Freej* ;取材于印度文化和神话传说的印度动漫,如《神猴回归》《哈奴曼》等。根据中国动漫产业网的统计,目前腾讯动漫是国内最大的原创动漫发行平台,拥有6 000多部自有IP国漫作品,其中有43部点击破千万,原创国漫成为动漫产业的重要推力。深入挖掘本土文化,融入传统文化元素成为当今各国制作原创动漫内容的重要方式。

此外,在动漫制作、传播等方面的技术创意也是直接动漫产品的重要创意。如今各种电脑动画技术的不断更新、升级,加速了动漫产业的产业化运作。对于动画而言,主要受益于三维动画制作、动作捕捉、VR等技术,在前期人物和场景建模后通过程序化渲染生成大量内容,长篇动画的后续制作边际成本降低,使得一些对表现力要求不高的动画,尤其是低幼动画,得以快速、低成本制作,极大提升了动画制作效率和视觉呈现效果。而漫画方面则主要体现为漫画传播平台的革新。随着信息化技术的发展,网络漫画平台迅速成为主流的漫画传播渠道,并且带来了新型的展现形式,更新速度快、可以容纳和推荐数量和类型更多的作品。例如,中国网络漫画平台均推出了相应的漫画APP,来迎合目前消费者的使用习惯。此外,长内容标签和智能推荐技术提升推送精准度,提升用户体验,也为提升用户黏性奠定了基础。

(二) 间接动漫产品文化创意

间接动漫产品即动漫IP的衍生产品,指将动漫IP经过一定创意设计,而生产出的一系列动漫相关产品或服务,它不仅是如今动漫产业的主要收益来源,在动漫市场的发展潜力巨大,更是文化创意在动漫上不断拓展的巨大平台。根据国际动漫产业发展的一般规律,动漫产业利润的70%来自衍生产品,包括图书、玩具、文具、音像制品、服装等。漫画是动漫产业链条的上游,中游是影视产品,下游就是衍生产品开发。[1] 随着资本的跟进和商业场景的扩展,动漫IP文化创意产品形式不再停留在传统玩具行业,呈现出泛娱乐的发展趋势,逐步向新领域进发,涵盖演出、游戏、主题公园、主题商店等文化产品,围绕动漫IP构成了一个完整的产业链,优质的动漫IP也成为整个动漫IP文化创意产业链促进用户黏性的纽带。充分挖掘动漫IP的内在价值,是开发动漫相关衍生品、提升文化创意附加价值的重要途径。

1. 动漫IP之"形"在文化创意中的应用

动漫IP给受众带来最直观的感受就是它的"形",即IP形象的具体外观表现。在对动漫IP进行衍生文化创意设计中,首先关注的就是IP形象的外观与对应产品的契合性,主要有以下两种应用:

(1) 直接使用动漫IP形象。复制动漫作品中的人物、动物等形象到文化创意产品中。此类应用方式简单,通常用于一些文具、包装等表现方式单一、不需过多设计元素的产品,主要作用是为了利用动漫IP的高传播度,促进相关文化创意产品的销售。如华强方特旗下知名度最高的文化产品《熊出没》(图7-1),在动画片获得成功之后,将动漫IP延伸至其线下主题乐园、玩具、文具、家居、食品、饮料、童装、童鞋等,上市产品类别达2 000多种,品牌认购力超过20亿元[2]。

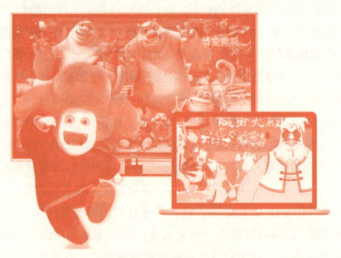

图7-1 熊出没
(图片来源:华强方特官方网站)

---

[1] 动漫界.国际动漫产业发展规律:利润70%来自衍生产品[OL]. https://www.sohu.com/a/123739472_115832. [访问时间:2020-05-19]

[2] 方特动漫官方网站.熊出没品牌介绍[OL].http://www.hqftdm.com/index.shtml.[访问日期:2020-03-28]

(2) 部分产品会对 IP 形象进行"二次创作"。在基本保留原有 IP 形象的基础上进行一定程度的简化造型或者增加细节等。主要用于游戏、衍生影视作品等文化创意产品,主要作用是为了对原有动漫 IP 的形象进行补充,强调动漫形象与文化创意产品的协调性,从而赋予文化创意产品更多情感、时尚等方面的代表意义。例如华强方特在《熊出没》之后推出了《熊出没》系列电影、游戏等,也借势创作了《熊熊乐园》《熊熊欢乐 SONG》等衍生 IP,来完善动漫 IP 矩阵,进一步扩大 IP 的影响力,也为衍生文化创意产品提供了创作源泉。

目前以动漫 IP 为基础,运用动漫形象外形开发动漫 IP 文化创意产品已成为动漫公司采用的常规做法,相关产品覆盖人们生活的各个领域。以美国迪士尼的动漫 IP 文化创意产品为例,迪士尼是全球最大的特许经营授权商,通过将其所拥有的标志性 IP"二次开发",提供不断创新的相关文化创意产品,类型涵盖授权商品、游戏、互动媒体、影视娱乐、主题公园、ABC 电视台和体育领域的霸主 ESPN 等,产品数量超过 10 万种。

2. 动漫 IP 之"神"在文化创意中的应用

动漫作品中的形象都有各自独特的精神内涵和风格,经过受众的传播和时间的积累,大众会对不同动漫 IP 形成特定的感受和印象,所以在动漫 IP 的基础上创作文化创意产品,不仅需要应用动漫 IP 原有的美学符号,更需要挖掘内在的精神含义,在原基础上进行解读和延伸,对于相关动漫文化创意衍生品的推广也会更容易让受众接受。

动漫 IP 的"神",也可以解释为是动漫形象的定位。任何品牌或者产品都需要定位,动漫也是如此,通过对原有 IP 定位的理解,选择匹配的产品材料、契合的故事情节,可以更加凸显动漫 IP 的精神内涵,从而带给受众更加深刻的印象。比如 IP"张小盒"与腾讯合作开发了一系列具有"天然呆"特征的表情产品,表情包在保留"张小盒"原有呆萌风格的基础上,对于相对单调的表现进行了更加生动的演绎,在腾讯上线获得 2 000 万次的使用与下载,微信中的下载数量也达 500 万以上,深受目标群体的喜爱;而"张小盒"衍生毛绒玩偶和抱枕公仔,结合形象定位,使用较为柔软的毛绒而不是坚硬、冷峻的钢铁或石材,通过匹配的材质体现出了"张小盒"内心的柔软,更能够引起消费者的共鸣。

同时结合动漫 IP 外在形象和内在性格的文化创意产品,才能形成能够满足消费者物质和精神层面双重需求的产品,起到扩大动漫、文化创意产品知名度的效果,而优秀的动漫 IP 就是动漫文化创意产品的"源头活水"。通过优质原创动漫 IP 带动相关衍生品的发展,不仅形成了良性循环的动漫产业链,也提升了动漫 IP 附加价值,促进动漫产业及文化创意产业的进一步发展。

文化的传承与继承必须依赖新一代年轻人,枯燥乏味的信息和僵化保守的手段无法赢得他们的关注和参与,而动漫产业的受众基本为年轻人,动漫和动漫文化创意的打造,可以成为文化输出的重要窗口。动漫产业对内容及衍生品的设计与开发,需要向广度和深度不断延伸,设计更有文化内涵的动漫内容,通过打造优质动漫 IP 开展文化创意,形成完善的产业链布局,实现动漫产业自我赋能,不断挖掘动漫文化创意的潜力。

第三节 游戏产业

一、游戏产业的概况

游戏产业中对于传统文化元素和科技手段的应用,为相关文化创意提供了源源不断的创作灵感和与时俱进的呈现方式。文化创意内容在提升用户游戏体验的同时,也为游戏开发商带来丰厚的利润和更多的消费者。

(一)游戏与游戏产业

何为游戏?广义的游戏,是指在一定规则内,有一部分人或一个团队参与的体育类竞争或智力挑战;狭义的游戏,就是一种虚拟的斗争,通过规则限定玩家的行为和定义游戏,而游戏的结果是可以计量的、有目标的。游戏的分类也多种多样:从游戏载体来分,可以分为街机游戏、视频游戏、计算机游戏、掌机游戏和手机游戏;根据游戏种类来分,可以分为角色扮演类、模拟类、动作过关类、设计类、冒险类、格斗类、赛车类、体育类、桌面类、益智类、战争类等。[1]

伴随计算机的发展,现代游戏产业逐渐发展起来,其中电子游戏产业占据整个游戏产业的主导地位,主要涵盖网页游戏、移动游戏、客户端游戏、家庭游戏主机游戏和单机游戏,其巨大的经济潜力与产业前景引起越来越多国家的重视。目前游戏产业的产业链构成主要可分为上中下游三个环节。首先,产业链的上游是游戏开发方,包括大型游戏开发公司及其投资或收购的中小型游戏开发公司和游戏独立开发工作室,以及其他国内游戏开发公司,负责进行游戏创意、测试及发布,部分还需要提前获得动漫、影视剧或小说等 IP 授权。其次,产业链的中游是游戏运营方,包括独立运营、联合运营、第三方运营托管、版权授权运营、电子竞技及游戏主播等衍生活动,主要业务负责产品筹划、运营维护、品牌拓展和销售,连接起了厂商、玩家、社会等多个环节。最后,产业链的下游是会展及衍生品,通过媒体、展会论坛、周边文化创意产品等形式对游戏 IP 价值进行进一步提升。

(二)游戏产业发展现状

自 20 世纪 70 年代,游戏产业及相关产业在欧美、日韩等国家迅速发展,逐渐成为文化产业的中坚力量,甚至成为各国的支柱性产业之一,其巨大的经济潜力与产业前景引起越来越多国家的重视。到 2000 年,全球电子游戏产业的总产值首次超越影视业,成为文娱产业的领头羊。如今,从全球游戏市场来看,2019 年全球游戏行业收入 1 488 亿美元,比上年增长了 7.2%,其中移动游戏(包括智能手机和平板游戏)收入占比最高,总收入预计达到了 682 亿美元。[2]

目前,全球知名游戏公司主要分布在亚太、北美和欧洲地区,如日本的索尼、任天堂,韩国的蓝

---

[1] 西门孟.游戏产业概论[M].上海:学林出版社,2008:3-30.
[2] 走路带风啊.一图回顾 2019 年全球游戏行业,你可能想知道这些数据[OL]. https://www.sohu.com/a/361253001_120099883.[访问时间:2020-05-19]

洞,中国的腾讯、网易,美国的暴雪、艺电、微软、苹果,法国的育碧等。

中国游戏产业的发展势头受全球瞩目。根据中国音数协游戏工委公布的数据显示,2019年中国游戏产业实际销售收入达 2 308.8 亿元人民币,较 2018 年增长了 164.4 亿元人民币,游戏产业持续保持增长。中国游戏用户规模达到 6.4 亿人,较 2018 年提高了 2.5%,在固定人口空间下,增速有所放缓,中国移动游戏市场已正式从增量时代转为存量时代。此外,中国游戏产业链涵盖了游戏相关的所有业务单元,游戏直播、电子竞技、云游戏等信息技术和新业态催生了更多细分板块。其中,电子竞技游戏市场表现突出。2019 年中国电子竞技游戏市场收入为 947.3 亿元,电子竞技超越电影成为中国娱乐产业的主要支柱。随着国际电子竞技市场的逐渐发展,中国的电子竞技产业也越来越受到重视,中国已成为世界上最具影响力和最具潜力的电子竞技市场,受到国家相关部门的规范引导,电子竞技产业实现了快速发展。

游戏产业是文化产业中的重要组成部分,也是全球最容易共通的文化服务产品,具有很强的海外拓展能力,游戏企业可以凭借精品原创游戏,在海外塑造了一批优秀中国游戏品牌,为之后中国游戏走向世界奠定了良好的基础,也为中国文化走向世界增添了有效的渠道。

二、游戏产业中的文化创意

有专业人士认为,游戏的表现力已经不亚于电影,游戏中有美轮美奂的画面、悦耳动听的音乐、天方夜谭的传说和情满人间的故事,这些都离不开文化创意的参与,也为衍生文化创意的发展提供了源泉。

(一) 文化元素赋能游戏文化创意

在人类社会的发展历程中,已积累了无数独具魅力的文化瑰宝,而各种文化元素对于游戏文化创意产业来说,则是用之不尽的"素材库"。传播学者威廉·斯蒂芬森在《大众传播的游戏理论》一书中提出"大众传播之最妙者,当是允许读者沉浸于主观性游戏之中者"。将文化元素融入游戏设计中,既提升了用户的游戏沉浸体验感,又让文化重新焕发当代活力。如《刺客信条:启示录》在游戏的场景、建模等方面都参考了大量的实景设计,几乎完美地还原了历史上的君士坦丁堡,在平民的服装及建筑风格上都非常具有文化气息。[1]

此外,游戏产业具有受众广、黏性强的特点,是宣传传统文化的新兴载体,承担着文化输出的功能。在中国,随着古风、故宫文化创意等广受欢迎,带有传统文化的产品均受到关注,将各种传统文化和民族元素融入游戏和游戏文化创意产品中,在丰富了产品文化内涵的同时,也让更多人了解到传统文化的魅力。例如,游戏《尼山萨满》以中国北方少数民族传承千年的古老传说《尼山萨满传》为故事灵感,游戏画面以剪纸和动画的结合达到一种皮影的效果,体现满族传统艺术,同时又提炼了中国传统优秀文化的元素,穿插壁画、图腾等形式,塑造人物和场景。此外,以原创少数民族萨满音乐为游戏配乐,通过将人声吟唱和乐器演奏结合,让游戏在音效

---

[1] 3DM游戏网.应该如何看待文化元素改编成为游戏[OL]. https://www.sohu.com/a/116161777_492181.[访问时间:2020-05-19]

图 7-2 游戏《尼山萨满》
（图片来源于网络）

上表现出非同一般的震撼力。《尼山萨满》（图 7-2）不仅在游戏市场上获得了可观的商业价值，而且在一定程度上传承和保护了少数民族文化，促进文化与游戏的结合，扩大少数民族独特文化的影响力。

（二）现代技术增色游戏文化创意

随着 5G、大数据、AI 等技术应用和硬件技能的增强，赋予了游戏开发者和厂商更多的想象空间，使得游戏文化创意产品未来的态势呈现出多元化、数字化趋势。在文化创意体验优化维度，许多游戏厂商正在尝试以技术推动内容体验，诸如 AR、VR、动捕、RTG 真实地形生成等现代技术，为用户带来更加有趣的互动和沉浸式的感知体验。

腾讯游戏旗下最具影响力 IP 之一《地下城与勇士》（图 7-3）中，以当代的数字技术，成功还原了一千多年前既古老又开放的唐长安西市，在游戏中重现了当时异域驼队、胡姬酒肆的繁华景象；由网易游戏与故宫博物院合作联合打造的游戏《绘真妙笔千山》，将平面化的画卷演变化为 3D 的世界，使用分层手绘、3D 建模和特有的渲染技术，在移动平台上完美地还原了青山绿水的唯美意境和绚丽的色彩，带领玩家置身一幅幅青山绿水画卷中，以情入景，佛系品味名家画作。

在数字文化创意时代，需要在表达形式上扩展维度，积极拓展全新的数字文化生态。科技手段除了在游戏设计中的应用以外，对于相关产品的宣传也起到了非常重要的作用。计算机技术与通信带来的全面革

图 7-3 游戏《地下城与勇士》
（图片来源于网络）

新的信息时代，彻底让文化走向全球化和多元化，也让科技与文化的边界变得更为模糊。通过企业的科技能力、社交平台、场景应用，充分发挥游戏 IP 的优势，助力游戏文化创意与产业互联网的进一步融合，通过搭建数字文化创意与大众生活连接的桥梁，增强大众的文化获得感、幸福感，真正推动文化价值与产业价值的良性循环。

所以说科技与文化，始终在相互融合促进中，推动着人类的进步与文明的演进，甚至从根本上，重新塑造着我们所生活的世界。以技术拥抱游戏文化创意，将成为一场流动的盛宴，渗透我们生活的方方面面。

（三）跨界合作丰富游戏文化创意

游戏跨界主要是指将电子游戏的元素、设计、技术和架构创新应用于医疗、教育、军事、企业培训、社会管理等领域，使用户在使用中达到学习知识、训练技能、培养情智等非娱乐目的，

是电子游戏与行业场景跨界融合的一种创新应用。[1]这种跨界可以是游戏IP在其他领域中的使用,也可以是其他领域的IP被应用于游戏设计中。如腾讯游戏跨界诸多领域,设计出多款功能游戏,有传统文化领域的《子曰诗云》、科普领域的《电是怎么形成的》、医疗健康领域的《肿瘤医师》以及数学教育相关的《微积历险记》等游戏。

此外,游戏与如艺术馆、图书馆、博物馆等文化机构的跨界合作,旨在通过对传统文化的深度挖掘,深化游戏的文化创意内容,让年轻人在玩游戏的同时,感受深厚的历史文化,可以达到更加高效的文化传播效果。例如,2019年盛趣游戏与南海博物馆合作开发的艺术游戏《南海更路簿》(图7-4),是国内首次将非物质文化遗产《更路簿》(图7-5)完美融入游戏中,并通过海外推广打造中国走向世界的文化符号。同时,盛大游戏基于文物加APP还推出寓学于乐的功能游戏,发掘文物价值,将艺术、传统文化、教育和游戏性相结合,让中华文明真正"活"起来。又如,腾讯与敦煌研究院合作开启"中国传统游戏探索之旅",汲取敦煌游戏文化的有益营养和元素,予以创造性地转化、升华,让更多年轻人能够通过中国传统游戏和创新演绎的文化创意,感受中华民族传统文化,并实现对外输出。

图 7-4 南海更路簿
（图片来源于网络）

图 7-5 更路簿
（图片来源于网络）

除此之外,游戏还在诸多领域中开展不同的创意跨界合作。以游戏《神武4》为例,先是与诸葛后裔最大聚集地、浙江兰溪八卦村合作落成浙江省首个"游戏＋景区"的文化创意合作;《神武》游戏衍生的《神武花灯奇缘》动漫MV、广播剧和寻宝互动H5陆续上线各大视频、音乐和社交平台,让玩家全方位地感受独特的元宵节传统文化;还与广州美术学院团队合作打造"无忧饼坊"系列漫画,将相关内容延伸至游戏外,用新文化创意的方式提升元宵节传统文化的魅力。

对于文化娱乐消费需求的极速剧增,游戏产业逐渐从"泛娱乐"向"新文化创意"方向转变,产品生产开发商需要延长文化商业链条,增加文化商业价值,打造文化商业帝国,不断满足人们的精神需求。作为文化创意产业的重要组成部分的游戏产业,逐步突破狭隘的娱乐属性,探索游戏的更大边界,打造具有文化特色的游戏。在文化娱乐消费日益高涨的时代潮流中,发展游戏产业逐渐成为推动一国文化发展的原动力,更是提高国家文化软实力的重要途径。

---

[1] 中国日报网.游戏跨界 前景可期[OL]. https://baijiahao.baidu.com/s?id=16210631257682308676&wfr=spider&for=pc.[访问时间:2020-05-19]

第四节 影视综产业与文化创意

一、影视综产业概况

电影、电视、综艺节目作为表现形式丰富、受众广泛的文化产业之一，其中包含大量文化创意可创作的元素，而文化创意的运用也将电影、电视、综艺节目的价值带到了屏幕外，对其进行补充和延伸。

（一）影视综产业

影视综产业即电影、电视剧和电视综艺产业的合称，是文化娱乐内容产业中的重要细分领域，这三者属于一脉相承，在产业发展上相通又相连。其中电视剧和综艺的主要载体为台网，电影的主要载体为院线、网络平台。

影视综产业的产业链主要由上、中、下游三个环节构成。产业链的上游是资金提供方和内容提供方，其中资金提供方包括广告主、大型制作公司、渠道方、产业基金投资公司和头部主创控股企业等；内容提供方包括IP文学、海外版权引进、原创内容等。产业链的中游为内容制作方，包括电影、电视剧、综艺节目、网剧的制作团队。产业链的下游为内容传播方，包括发行、宣传营销、播映渠道（院线、电视台、视频平台）等机构。同时内容服务方也会为影视综产业提供大数据监测、版权运营和其他资源服务。

（二）影视综产业发展现状

伴随着人均可支配收入和对文化娱乐需求的提升，人均文娱消费金额不断上涨，从而为影视综艺内容的良好商业模式带来良好作用。

虽然美国电影在全球的优势地位依然明显，但是许多国家本土电影产业的发展显示出强大活力，诸如中国、印度、日本、韩国等亚洲国家的电影市场增长领跑全球。电视产业方面，全球电视业规模虽然达到4 500亿美元，但其中只有40%用于生产内容，剩下的60%都花在了有线和卫星电视发行费用上，在全球范围的付费电视总量也都在不断增加。此外，全球不同播放平台之间也存在着激烈的竞争。综艺节目从全球范围来看，欧美仍然是全球市场最大的制作地区与出口地区，其次是亚太地区。目前流行的综艺类型有音乐竞技、恋爱约会、科学娱乐、社会实验、情感沟通等，而跨类型的综艺研发成为综艺节目市场一大趋势。此外，国际综艺节目市场中的版权交易也令人瞩目，诸多国家通过打造的原创节目版权交易，打开了全球综艺节目市场，如韩国的 *Running Man*、荷兰的真人秀节目 *The Voice*、美国的 *The X Factor*、英国的 *Pop Idol* 等。

中国电影在进入21世纪后飞速发展，已经成为世界第二大电影市场，2019年电影业总收入达984.1亿元，同比增长了13.28%，其中电影国内总票房收入为642.66亿元，成为主要收入来源，除此之外，其他收入包括海外票房销售、电影广告、版权、衍生品等相关业务保持高于国内票房水平的高速增长趋势。电影逐渐与其他文娱产业保持联动，IP 联合效应提升，预计对衍生品售卖带来较好影响。中国电视剧市场规模也在不断扩大，其中头部版权剧仍是汇集流量的重要领域，精品网剧的市场规模也在逐渐扩大。同时，视频平台竞争激烈，对头部资源争夺严重，大幅提高了电视剧集的网络版权售价；在布局版权内容的同时，视频平台加大自制剧布局，未来结合网络渠道的 C 端变现方式[1]，影视综将会重点向生产符合 C 端审美的高质量内容发展，进而通过 IP 效应探索多维变现方式。中国通过多部优质国产影视剧，实现了中华优秀传统文化在电影上的创造性转化和创新性发展。相较于电影与电视剧的发展，中国综艺节目起步较晚，从 20 世纪末开始大致经历了不同类型综艺节目的四个发展阶段，如今逐步从版权购买向原创综艺转型。中国影视综行业受国家政策影响比较大，在制作方面整体呈现投入成本高、项目周期长、专业化程度高等特点，在播出平台方面网综与网剧发展势头突出。此外，影视综相较于其他内容产业领域，可依托强大的渠道优势：电影屏幕数量激增，快速向三四线城市下沉；全国有线电视网络用户中高清、超高清和智能终端用户规模持续扩大；视频网站进一步丰富了用户触达率。

二、影视综产业中的文化创意

影视综与文化创意产品、服务相辅相成，文化创意为影视综的发展提供创新思路，而影视综 IP 也成为衍生的文化创意产品、服务重要支撑。同时，文化创意也扩展了影视综的变现渠道，为制作公司带来了可观的利润。由于电影与其他文娱产业的联动，电影、电视剧与综艺节目的衍生内容也是文化创意的重要表现形式，随着其相关收入的不断提高，影视综在整体产业规模中的占比也相应提升。

从业务布局方面来看，布局衍生环节相关上市企业占优。利用文化创意对影视综进行延伸，不仅可以提高非票房收入和非版权收入，在线下消费和线下流量价值或迎来新一轮周期的背景下，业务布局涉及文旅、衍生品产业链、影游联动等的企业还可以进一步提升 C 端变现能力，增强风险抵御能力。影视综产业的文化创意主要体现在影视综内容题材原创化创生、重资产产业化衍生和轻资产商品化衍生三方面。

（一）影视综内容题材原创化创生

IP 之所以成为文娱产业发展的关键，是因为原创内容在文娱产业中占据主导地位，也是各个细分产业真正实现快速发展的重要途径。在 20 世纪末、21 世纪初，电影和电视剧翻拍、综艺节目版权交易成为文娱产业发展中一大趋势，也成为各国影视综产业的重要业务。随着人们对文化消费的需求更加多元化，对影视综的内容和题材提出更高的要求，原创影视、综艺也成为产业发展的新突破口。

---

[1] MCN(Multi-Channel Network)，是一种多频道网络的产品形态。其变现模式包括 B 端和 C 端两个渠道：B 端变现方式主要通过商业合作、流量分成以及 IP 授权等，这也是影视公司旗下明星常见的变现方式；C 端主要依靠网红电商、直播打赏以及知识付费等，在此基础上，由明星开展 MCN 业务，有助于影视公司打开 C 端变现空间。（来自：流量红利消退，影视公司布局 MCN 打开 C 端变现空间[OL] https://baijiahao.baidu.com/s?id=16662078492853747338&wfr=spider&for=pc.[访问时间：2020-05-19]）

例如《我不是药神》《无名之辈》《大江大河》等作品,依靠原创故事内容及过硬的影视制作在市场与口碑上获得了双赢,原创成为影视剧立身之本,更是制作环节中各种创意的来源与创作之根。实现原创的重要方法就是立足现实,如国内学者陈吉德所言,回到现实不仅意味着回归现实题材,更意味着回归现实精神和现实情怀。[1] 以现实内容为创作基础,通过影视剧的影像化、艺术化手段,与文化创意充分融合,才能展现现实风貌、现实精神,实现影视剧创生。

在综艺节目方面,韩国以及欧美一些国家在原创的道路上已走在前头,通过版权交易活跃在全球综艺节目市场。随后,各国也都开始在综艺节目内容、题材、环节、制作等方面积极开展文化创意工作,积极开发基于本土文化的原创节目。例如,中国制作出反映中国传统文化的《国家宝藏》《朗读者》《经典咏流传》等节目。另外,综艺节目也以围绕 IP 开发,制作原创系列节目,旨在打造强势 IP,实现节目之间的共赢。例如,中国优酷平台打造的"这!就是"系列综艺,包括舞蹈竞技节目《这!就是街舞》、机器人竞技类节目《这!就是铁甲》、篮球竞技节目《这!就是灌篮》、音乐竞技节目《这!就是原创》等。这一系列综艺节目围绕"这!就是"IP,以其顶级阵容、王牌制作、定位年轻态、头部资源等打破了内容的圈层壁垒,以小博大,形成了"这!就是"综艺节目矩阵,不断打造一种全新的技术娱乐形态和青年文化。[2]

此外,以 IP 打通影视综等文娱产业细分产业,产生联动效应也是影视综产业文化创意的重要方式。例如,作为国内知名的文化影视传媒公司,爱尚传媒专注于音乐综艺、影视、营销、明星电商等领域投资及综合运营。爱尚传媒拥有丰富的影视 IP 内容和储备项目,在综艺方面,爱尚传媒发起了"音乐+文化"的音乐综艺节目《中国好诗歌》,而周杰伦和方文山也将重磅加盟该节目;在电影方面,除了周杰伦、方文山的音乐 IP 电影之外,还与周杰伦共同开发一部好莱坞电影作品。之前成立的爱尚文旅和爱尚文创,孵化打造了一大批自有 IP 的文旅、文化创意项目,包括但不限于爱尚明星音乐小镇、爱尚明星文创商场、爱尚明星音乐文创产业园等一系列具有全国性、稀缺性、头部标杆属性、多业态复合、竞争优势的文旅、文化创意产业 IP 及项目。

(二)影视综重资产产业化衍生

影视综产业向重资产方向衍生主要通过产业化衍生的方式,如开发主题公园、文旅小镇、主题酒店、快闪店、主题展览、主题邮局等,围绕影视综 IP 进行相关重资产布局。影视综实景产业的收入构成主要为 B 端和 C 端收入,且重资产影视综实景业态投入巨大,基本在收入量级的十倍甚至百倍,投资回报期长。

以影视综实景业态中的主题公园、主题小镇为例,主要成本项包括:公园建设、公寓及酒店建设、运营费用、土地费用等,而收入主要由 B 端收入(授权收入)、C 端收入(门票收入、二次消费收入、酒店住宿收入等)、G 端收入(专项扶持及补助)构成。在主题公园或小镇的建设中,重

---

[1] 李博.原创剧本始终是影视发展的第一原动力[OL]. http://www.cssn.cn/wenlian/201812/t20181203_4787238.shtml?COLLCC=4240698943&.[访问时间:2020-05-20].

[2] 王长胜."这!就是"系列为何频出爆款?[OL]. https://baijiahao.baidu.com/s?id=16034219464406200056&wfr=spider&for=pc.[访问时间:2020-05-20].

点在于内容搭建、扩大 IP 群像的用户影响力。以影视内容为主题的乐园,尚存在"多部单片爆款却未形成内容宇宙"的局面,单片 IP 生命力及影响力较弱,对受众吸引力不足。幸运的是,随着工业化电影体系不断健全,越来越多头部国产影视 IP 走向系列化,将对群像式 IP 的建立起到促进作用。同时,主题乐园的科技含量程度、全配套服务带来的 IP 整体协调性也是影响客流量的重要因素。

早在 2012 年,华谊就开始试水电影衍生模式,并将其看作是有力的业绩增长点。随即,华谊兄弟通过"内容+渠道+衍生品"战略稳步推进产业布局,陆续介入电影院、音乐、游戏、主题公园、演艺活动等多个领域。华谊兄弟集团于 2018 年斥巨资重点打造、以自持电影知识产权为主题的世界级电影文化体验项目——苏州电影世界,集穿越式游览、沉浸式体验、明星化服务、互联网消费于一身,包括游乐项目、演艺、餐厅、商店等内容,打造颠覆传统娱乐体验、传递感动和展示中国文化精髓的电影梦世界。该乐园取材 7 部华谊兄弟电影中的元素,电影世界打造了 5 个主题区域,包括"星光大道区""非诚勿扰区""集结号区""太极区"和"通天帝国区"。其中,星光大道区有强烈的华谊基因,包括随处可见复原的电影拍摄现场,并且将电影的台前幕后拆解成 30 多个行业,分别开设课堂,让小朋友亲身体验。集结号区中的汶河窑厂保卫战项目结合电影《集结号》营救专家的吉普车和 VR 技术,将电影场景延伸至银幕外,让游客最大化投入到体验项目中,感受电影的魅力。园区还规划建设了 7 个餐厅、10 多个餐饮点和 40 多家电影主题商店,为游客提供全面的衍生服务,同时也获得了巨大的收益。

(三) 影视综轻资产商品化衍生

影视综产业向轻资产方向衍生主要通过商品化衍生的方式,如 IP 形象周边产品、相关文化创意产品的设计、生产和销售,依靠电影、电视剧、综艺节目内容制作相关商品营利,也延长了影视综收入时间。

从品牌角度来说,电影、电视剧、综艺 IP 增加了常规产品的人气;从粉丝角度来看,知名品牌推出影视综限量版产品,无疑比毫无附加值的产品更有吸引力。如《流浪地球》曾创下国产电影衍生品众筹最高纪录,其预售总额达到了 1 452 万元,正是有了《流浪地球》IP 的赋值,才使得其衍生品更加具有价值,还聚集了一批相对固定的消费群体。

又如,电视剧《延禧攻略》创下了整体播放量突破 130 亿的 2018 年全网电视剧与网剧收视第一的纪录,该剧的独播平台爱奇艺发布了《延禧攻略》一系列"IP 衍生型"产品,比如在抱枕、手机壳以及帆布袋等上面印刷了戏服上活灵活现的刺绣图案。此外,富察皇后的同款挂件手链、后宫妃子同款唇彩等商品也颇受欢迎。其中抱枕、定制 T 恤、手机壳和帆布袋这四件产品的销售额就高达 200 万。随着影视行业的快速发展,国内电视剧市场产业链不断拓展,基于热门剧集推出的衍生品逐步得到市场认可。无论是 2017 年的古装 IP 剧《九州·海上牧云记》《楚乔传》,还是仙侠题材作品《三生三世十里桃花》,其相关衍生品基本与剧集同步上市。《九州·海上牧云记》甚至打出了"系列 IP"衍生品的概念,并对标美剧《权力的游戏》。

在全球电影、电视、综艺节目蓬勃发展的背景下,影视综 IP 为文化创意提供了丰富的创作素材,而文化创意产品和服务的出现,也拓宽了传统影视综的收入渠道,将 IP 价值"最大化",

也鼓励更多制作企业创作更加优质、精品化的内容。在"全民娱乐"的时代,影视综产业融合文化创意的推广、运营方式,也将成为主流。

第五节 网络文学产业

一、网络文学产业概况

文学产业一直是文娱产业重要的内容源头,属于文娱产业中较为成熟的行业。其中网络文学是文学产业中的新分支,也是如今最具文化创意的新型产业,为文化创意市场提供创新性作品的开发版权,带动文化创意市场蓬勃发展。

(一)文学产业与文学 IP 开发

文学产业主要包含传统文学和网络文学两部分。一般来说,传统文学是常用于区别网络文学而言的文字体裁与样式,二者在展示媒介上存在显著差异。传统文学指发表在书本、杂志、报纸等"硬载体"上的文学作品;而网络文学指以互联网为展示平台和传播媒介,采用纯文字为表现手段,在网络上创作发表供网民付费或免费阅读的文学作品。文学 IP 的实质指以文字内容为基础,拥有一定价值基础并且有能力超越媒体平台进行多种形式开发的优质内容版权,其中开发形式包含影视、游戏、动漫、周边衍生品等。

整个文学产业链中主要围绕文学 IP 进行延伸,大致可分为上中下游三个环节:作品创作、IP 开发、品牌建设。作品创作主要涉及制作团队,包括作家、编辑、商务、运营等,全程定制跟进优质 IP;IP 开发环节通过对于优质 IP 的衍生开发,打造影视、动漫、游戏、音乐、周边产品;品牌建设则主要涉及发行渠道和推广渠道,最终将产品推向市场,通过粉丝消费实现变现。

文学 IP 的开发历程以讲好故事为前奏、产业联动为基调、宏大 IP 开发为趋势,主要经历了四个发展阶段,由 IP 1.0 发展至 IP 4.0。文学 IP 1.0 时代主要针对故事内容大力开发,文学作品题材类型逐渐扩充,构思能力日益巧妙,整个行业集中发力于内容量的储备,但缺乏资产运作而没有超越现有承载媒介;文学 IP 2.0 时代内容产业链开始延伸,产品表现形式日益丰富,从最初的小说到跃然屏幕的电视剧,再到身临其境的手游,文学 IP 通过影游联动实现了内容二级跳模式;文学 IP 3.0 时代 IP 打通纵向产业链,展开电影、音乐、动漫等多领域、扩平台的商业扩展,内容平台开始寻求文学 IP 的全版权运营,主导开发节点,实现各产业链的高效联动;文学 IP 4.0 时代基于同一世界的多个内容 IP 进行深入挖掘和多角度的纵横开发,文学 IP 开发转变为挖掘内容丰富的宏大 IP,实现由平台方主导推动多媒介的良性互动。

如今,文学产业关于文学 IP 的开发主要以网络文学为主。随着信息技术的发展,科学技术手段的进步为文学产业提供了更加清晰的策略支持和呈现方式,在优化了用户体验的同时,也为文学制作团队提供了良好的创作环境。网络文学 IP 开发相关的技术手段主要有三种:大数据分析、智能呈现和 IP 确权。大数据分析通过借助大数据、人工智能等信息技术精准剖析用户画像,制定针对性变现方案,从而提升文学 IP 价值;智能呈现运用 VR、AR、MR 等技术,催生多元化文学 IP 开发表现模式和发展机遇,带来沉浸式用户体验;IP 确权通过区块链、公钥加密和可信时间戳等技术手段,为文学作品提供原创认证、版权保护,规范市场发展环境。

(二) 网络文学产业发展现状

目前,中国是全球网络文学最为活跃的国家,也成为"世界四大文化现象"之一。[1] 在中国泛娱乐产业主要细分领域用户规模统计中,2018 年文学产业的用户规模已达到 4.3 亿人,庞大的用户群体是支撑其发展的主要动力。在 2018 年中国网络文学行业收入中版权运营收入[2]占比达到了 11.1%,同比增长了 70.8%,版权运营业务取得长足发展。随着整个文化创意市场的火热带动 IP 改编蓬勃发展,多部文学作品被成功改编为电影、电视剧、动漫、游戏等,并取得相当不错的市场反馈,成功拓宽 IP 衍生价值。截至 2017 年,中国网络文学作品累计改编电影数量为 1 195 部、改编电视剧数量为 1 232 部、改编动漫数量为 712 部、改编游戏数量为 605 部。同时,中国的网络文学也逐渐流入欧美市场,在海外拥有众多粉丝,也逐渐成为中国文化全球传播的重要的输出口。

文学产业凭借其丰富的内容储备资源,无时不在为整个文化创意市场输送内容和故事,文学 IP 在文化创意领域中的开发也是提升作品影响力、辐射力的重要途径。

二、文学产业中的文化创意

文学产业的文化创意主要是依托文学作品 IP 的长链开发,不仅可以提升文学作品本身的价值,还促进了影视、动漫、游戏等相关产业的相互融合,进而推动着版权相关业务的深入发展。文学 IP 内容的丰富性,同时本身具有一定的粉丝基础,使得其在经过改编、衍生之后更容易获得成功。

传统文学叙事宏大,改编难度高、创作周期长,且经典作品数量有限;而网络文学作品数量庞大,短平快的模式降低改编难度,但过长的篇幅和粗制滥造的问题也严重影响网络文学 IP 的改编成效。目前文学产业中文化创意的运用主要体现在与电影、电视剧、动漫、游戏产业的融合发展上。

(一) 文学作品影视化

文学 IP 丰富的作品数量和多元化的题材能够充分满足影视公司内容开发的需求。据艾瑞咨询统计,2018 年视频网站自制剧创意来源中文学改编为 98 部,占比高达 58.3%。文学 IP 现已成为影视剧本的主要创意来源。优质的内容自身已经积淀了深厚的读者基础,也产生一定的社会影响力,当被开发制作成内容产品搬上银幕的时候,自然会吸引众多粉丝用户释放自

---

[1] 中青在线.唐家三少:中国网络文学成世界四大文化现象之一[OL]. http://news.sina.com.cn/c/nd/2018-03-04/doc-ifxipenm8345678.shtml.[访问时间:2020-05-20]

[2] 版权运营收入,是指企业向阅读服务提供商、影视制作公司、游戏研发公司以买断或分成方式提供文学作品的版权或改编权等从而获取的收入。

身的热情,贡献众多票房,从而能够一定程度上节约影视自身的营销成本,提升回报率。

如由刘慈欣文学作品《流浪地球》改编的同名电影,收获了 46.55 亿元的票房;改编自严歌苓《芳华》的同名电影取得了 14.23 亿元的票房;改编自南派三叔《盗墓笔记》的同名电影收获了 10.04 亿元的票房。又如,在电视剧网络覆盖人数榜单中,5 成的影视热播剧均改编自在数字阅读平台上广受欢迎的作品,如《如懿传》《香蜜沉沉烬如霜》《扶摇》《温暖的弦》《烈火如歌》等均属于文学 IP 改编,说明由文学 IP 改编的电视剧受到了观众的认可。

自文学 IP 改编的影视除收获不菲的票房收入以外,衍生的相关文化创意产品也体现了文学产业通过影视剧实现与文化创意的结合。如改编自天下霸唱的小说《鬼吹灯》系列电影,推出的衍生文化创意产品有"摸金符"。"摸金符"原是古时的避邪之物,是摸金派摸金校尉的身份证。"摸金符"不仅造型精美奇巧,更有浓郁的神秘气息、西域特色,还暗含"辟邪"寓意,对于收藏爱好者也颇有收藏的价值。作为高票房电影《寻龙诀》里最重要的电影衍生品,摸金符由万达影业授权,北京文交联合挂牌发售,大连顶石珠宝艺术品有限公司制作,一经面世便受到了观众的追捧,单日成交额突破 1 600 万元。

(二) 文学作品动漫化

文学 IP 改编动画风生水起,多部动画产品在收获高播放量的同时也收获了好口碑。拥有 IP 的内容平台与顶尖制作公司合作开发,通过一系列先进制作技术打造精益求精的场景人物,力求深度还原小说画面。从播放榜单来看,热门 IP 还是备受市场青睐,拥有高人气的同时也被持续开发。

由文学 IP 改编的动漫中,主要涉及武侠仙侠、玄幻奇幻、魔幻科幻、灵异悬疑、历史军事等题材。2018 年 mVideoTracker 文学 IP 改编动画 TOP10 中,排名第一的改编自唐家三少作品《斗罗大陆》的同名动画属于武侠仙侠类型,播放量突破 50 亿元;排名第四的改编自发飙的蜗牛《妖神记》的动画《妖神记之影妖篇》属于玄幻奇幻类型,也得到了小说粉丝和动画粉丝的高度赞赏。

(三) 文学作品游戏化

文学 IP 尤其是网络文学 IP 能够以曲折生动的故事情节为整个游戏开发提供创意支撑,带来不错的流水反馈。此外,游戏、影视、小说实现同一 IP 入口,能够实现多产业渠道互利共赢。如改编自文学作品《斗罗大陆》的同名游戏上榜 APP store 免费卡牌游戏前 10,先后取得多项荣誉;改编自文学作品《楚留香》的同名游戏上线稳居畅销榜 TOP4,IOS 2018 年 2 月流水 1.9 亿,全球排名第 7。但在 2018 年新发行手游中,文学 IP 占比仅为 11.1%,对于 IP 与整个游戏市场的有效利用和深度融合未来还存在广阔的发展空间。

一部文学作品的成功,可以延伸至影视、动漫、游戏、虚拟偶像等文化创意方面的成功,在如今文化娱乐需求旺盛的时代,文学产业与文化创意已密不可分。文学 IP 开发从上游的内容层到中游的变现,目前已经逐步在深入发展后续衍生层面的开发,整体发展方向更加多元化。以往多是以影视、游戏、动画等为主的开发方式,现在的主题公园、线下密室逃脱、旅游、虚拟人物等开发方式也在逐步兴起,通过更加契合的方式进行产业联动,试图撬动更多文化创意板块,充分挖掘文学 IP 价值。

案例研读

王者荣耀成功的背后

《王者荣耀》是由腾讯游戏天美工作室群开发并运行的一款运营在Android、IOS、NS平台上的MOBA(Multiplayer Online Battle Arena,多人在线战术竞技游戏)类手机游戏,于2015年11月26日正式公测,在积累了大量用户的同时,还保持了较长线的生命力。目前用户数量已突破2亿,日活跃用户超过六千万,在2019年手机游戏渗透率排行榜中以17%的渗透率占领第一位[1],头部效应明显,属于大众尤其是青年一代几乎无人不知的国民网络游戏。除了游戏本身所属MOBA类型受大众欢迎以外,其文化创意相关的内容也为游戏的成功增色不少。

一、文化创意奠定游戏设计基调

输入的外国精品游戏大多是以外国神话、传奇、历史为背景,对中国玩家来说,存在着天然的文化障碍,直接购买外国精品游戏在本地化运营中也会遇到困难,"拿来主义"固然是种办法,输出创新才是最终的目标。而面向中国玩家的游戏以中国传统文化、神话传说、民族元素进行设计、润色,有利于提升玩家的体验,对于中国文化的传播也做出了重要贡献,强化了游戏产业和文化产业的相互赋能。

(一)英雄角色的文化创意

王者荣耀团队在开发之时便决定要做一款有中国传统文化元素的MOBA类手游,在最初设计的69个英雄中,就有56个英雄以中国历史或神话人物为原型设定。

英雄兰陵王的原型为高长恭,南北朝时北齐宗室名将,封为兰陵王(图7-6)。《资治通鉴》上说他美姿仪但勇武过人。北齐高家,本是鲜卑化的汉人,有好武之风。《北齐书》记载,邙山大战,高长恭率五百骑突入敌阵,直抵被困的金墉城下。因为此战告捷,兰陵王立头功。人们编了歌谣传唱,于是有了著名的《兰陵王入阵曲》。但是,不幸的是,由于他文武兼备,勇武善战,受到奸人嫉妒,最后被后主高纬赐死。

英雄东皇太一(图7-7)虽然并非历史人物,但是名字出于战国末期伟大诗人屈原的不朽之作《九歌·东皇太一》,是根据楚地流传的祭乐所改编的祭神之歌。楚人于东方立祠祭祀天神,故称东皇,太一则有多种说法,一指星名,又有称是形容神力无边广大。王者荣耀中英雄东皇太一推出之后,引发了对其原型的讨论,也让不少玩家对于《九歌》有了更加真实的感触。

英雄哪吒(图7-8)原型为神话人物,《太平广记》中说他是"毗沙门天王子那咤太子"。哪吒的神话很早就在民间流传,明代的《三教源流搜神大全》中,就已有了哪吒闹海、重塑莲花身等经典故事。后来创作的《封神演义》《西游记》等小说话本则继承这些描述,进行了更加生动的文学塑造,使哪吒形象更加鲜明,直至家喻户晓。

---

[1] 极光.2019年手机游戏行业研究报告[R].2019.

图 7-6　王者荣耀英雄兰陵王[1]　　图 7-7　王者荣耀英雄东皇太一　　图 7-8　王者荣耀英雄哪吒

王者荣耀制作人李旻表示:"王者荣耀从三个层面着手助力传统文化的传承:民族精神的弘扬,传统艺术的承载和区域性文化的索引。"前两个方面主要体现在游戏中对于优秀民间神话、传统艺术等的结合;王者荣耀的设计方腾讯天美工作室群地处成都,工作室群将许多蜀文化元素加入游戏的设计细节,对于区域文化的传播也贡献了一分力量。王者荣耀希望带给玩家的不仅是游戏对战的愉悦,更希望成为互联网时代连接传统文化的重要触点。

(二) 角色皮肤的文化创意

王者荣耀会不定期地为游戏中的英雄推出专属皮肤,游戏中的皮肤除了可以在对战中增加英雄技能的伤害,帮助玩家提高游戏胜率,皮肤的高颜值及其背后动人的故事也是众多玩家"剁手"的重要原因。在 2020 年 1 月 24 日(除夕)当天,王者荣耀的流水更是高达约20 亿元,打破单日流水纪录。[2] 王者荣耀皮肤的设计也延续了英雄设计时结合传统文化元素的理念,让玩家在游戏过程中感受中国文化的魅力。

王者荣耀联手敦煌研究院推出具有敦煌元素的英雄皮肤"杨玉环-遇见飞天"(图7-9),在结合王者峡谷的游戏背景下,重现敦煌壁画的美感,也让玩家感知敦煌、了解敦煌;还联手《国家宝藏》开启"荣耀计划",根据李白唯一传世书法真迹《上阳台帖》推出英雄皮肤"李白-上阳台帖"(图7-10),以英雄皮肤传承国宝内核,让传统书法文化"活"起来。

图 7-9　王者荣耀皮肤"杨玉环-遇见飞天"　　图 7-10　王者荣耀皮肤"李白-上阳台帖"

---

[1] 《王者荣耀》图片均来源于网络。
[2] 七刀流·G.《王者荣耀》20 亿日流水,史上最强游戏春节档[OL]. https://finance.sina.com.cn/stock/hkstock/ggscyd/2020-02-02/doc-iimxxste8282453.shtml. [访问时间:2020-12-27]

皮肤"上官婉儿-梁祝"（图7-11）结合了越剧的元素进行设计，风格让人眼前一亮。全中国348个戏曲剧种，越剧以"全女班"演员阵容独树一帜，其中最有特色的是以女性演员来扮演青年男性角色的"女小生"，所以这款皮肤是以上官婉儿穿越次元拜师越剧名家，成为越剧团女小生演员为灵感。服装在传统戏曲皮肤基础上进行了二次设计，把传统的水袖改为非常有梁祝特色的蝶翼；将梁山伯与祝英台的定情玉佩融入服装设计中，将其挂在胸口位

图7-11　王者荣耀皮肤"上官婉儿-梁祝"

置，不仅突出了"情"的重要性，也为全身淡雅的素衣来了一个点睛之笔；扇子的正面是非常淡雅的书画，而背面引用了诗经里面的句子"死生契阔，与子成说。执子之手，与子偕老"，这也是梁祝中非常经典的台词，充分地表达了梁山伯和祝英台之间感人的爱情。在特效设计上，抓住梁祝化蝶故事情节"楼台一别恨如海，泪染双翅身化彩蝶"作为表现重点，并将诗词歌赋作为元素贯穿局内特效的设计，呈现出风格化的文化特色。

图7-12　王者荣耀皮肤"如梦令"

2020年王者荣耀为英雄后羿和嫦娥设计的情人节限定皮肤名为"如梦令"（图7-12），也就是"如梦令-后羿"和"如梦令-嫦娥"。"如梦令"取自中国古代的词牌名，皮肤设计灵感来源于《鹊桥仙·纤云弄巧》中的"金风玉露一相逢，便胜却人间无数"，希望还原有情人，命中注定终将相逢，共执手的美好。另外还融合了神话传说"鹊桥相会"的场景，选择了鹊鸟的元素进行设计，"在梦中看到鹊桥上命定之人后，云上的神女就邂逅了人间的神射手，而他们之间，却早注定了不知来自哪个前生的羁绊……"在鹊桥相逢的大基调下，用银河、星空、鹊鸟的元素进行3D视觉包装，也让英雄皮肤呈现出科技感下的东方风格。

（三）角色台词的文化创意

王者荣耀角色的台词主要在英雄出场、战胜敌人或阵亡时出现，也有部分隐藏台词需要相关英雄同时出战才可触发，为游戏对战增添乐趣。除了在英雄和皮肤创作中结合中华传统文化和设计元素，创作团队对于游戏中的台词的设计，也希望可以体现、传承文学艺术。

王者荣耀皮肤"王昭君-凤凰于飞"的台词"凤凰鸣矣，于彼高岗；梧桐生矣，于彼朝阳"，取自于《诗经·大雅》；另一句台词"身无彩凤双飞翼，心有灵犀一点通"，取自于唐代诗人李商隐的诗《无题》（图7-13）。对应CP皮肤"李白-凤求凰"的台词"有一美人兮，见之不忘；一日不见兮，思之如狂"，这是司马相如的诗《凤求凰》当中的诗句，用在这里使得李白的形象少了一分快意情仇，多了一分浪漫色彩（图7-14）。

图 7-13　王者荣耀皮肤"王昭君-凤凰于飞"

图 7-14　王者荣耀皮肤"李白-凤求凰"

图 7-15　王者荣耀 CP 皮肤"霸王别姬"

项羽和虞姬的 CP（情侣）皮肤"霸王别姬"（图 7-15），台词语音用京剧唱腔表现"力拔山兮气盖世，四面楚歌起，英雄战末路""汉兵已略地，四面楚歌声""来来，妾当与大王对饮"等台词，历史典故里霸王别姬的故事在王者峡谷续写，在凄美中更带有对英雄的惋惜和可叹的情感。

除了对于文学、戏曲等作品中语句的直接运用以外，还有部分台词对于历史典故、文学作品等做了借鉴。比如英雄庄周的台词"蝴蝶是我，我就是蝴蝶"，源于《庄子·齐物论》中庄周梦蝶："不知周之梦为蝴蝶与，蝴蝶之梦为庄周与？"英雄韩信的台词"龙有逆鳞，触之必死"，源自《史记·老子韩非列传》："夫龙之为虫也，可扰狎而骑也。然其喉下有逆鳞径尺，人有婴之，则必杀人。人主亦有逆鳞，说之者能无婴人主之逆鳞，则几矣。"

王者荣耀将皮肤台词的设计与传统诗词、戏曲、历史典故等相结合，具有艺术观赏性的同时具备文学可读性，而语音的配合使得玩家更能身临其境，感受中国传统文学、戏曲的魅力。在游戏润物细无声的影响下，多学会一句诗词、可讲出一段典故、能哼唱出一句戏曲，传统文化也就自然而然地深入了年轻人的心里。

二、衍生文化创意增色游戏发展

在王者荣耀游戏中融入的文化创意元素获得了大众认可的基础上，王者荣耀官方围绕游戏 IP 衍生出了音乐、游戏、电竞等多种形式的文化创意活动，进一步提高游戏影响力和文化内容传播度。

（一）音乐作品的文化创意

王者荣耀衍生的音乐作品目前主要有两个部分：英雄主打歌和游戏原声带，之后还会推出第三个板块:赛事主题曲。

王者荣耀英雄主打歌是由王者荣耀官方与优秀歌手合作,针对游戏中的英雄创作出的音乐。目前推出的英雄主打歌已有十余首,基于游戏本身庞大的用户群体和歌手流量的加持,使得歌曲一经推出,便受到了广泛的关注。

鲁班七号英雄主打歌《智商二五零》是由90后先锋音乐人、创作鬼才华晨宇创作并演唱的歌曲。鲁班七号作为王者荣耀中俏皮鬼马的代表,只对科学发明、游戏胜负和新鲜的世界感兴趣,华晨宇采用独立摇滚(Indie Rock)[1]加说唱雷鬼[2]的创作风格、俏皮痞坏的基调,与鲁班七号的个性、气质完美契合,让玩家可以在歌曲中找到共鸣。

项羽和虞姬英雄主打歌《项羽虞姬》由"吟游诗人"毛不易创作并演唱,从局外人的角度,唱出了项羽虞姬的悲壮爱情,搭配MV中穿越时空对于历史场景的还原,让人感受到项羽虞姬之间的无奈与情深,谱写了一曲荡气回肠的爱情故事。而灵感来源"霸王别姬"皮肤中台词的京剧唱词也被融入了编曲之中,游戏代入感十足。

花木兰英雄主打歌《木兰》由李宇春演唱,在她独特的声线下,勾勒出花木兰的豪迈形象,鲜明国风元素与潮流电子音乐相结合,将花木兰身上刚强和柔美两种特质描绘得淋漓尽致。歌词"素颜戎装,天幕战场一束光;木秀兰香,千古流芳谁能忘。硝烟之上,长城相望思故乡;剑指苍穹,不可退让",不仅刻画出王者荣耀英雄花木兰长相可爱但可丝血反杀的锐气,也赞美了历史人物花木兰"巾帼不让须眉"的豪迈气概。

王者荣耀敦煌飞天主打歌《遇见飞天》是由韩红作曲并演唱、方文山作词的作品,在歌曲创作过程中还邀请了敦煌研究院朱晓峰博士全程参与并进行文化指导。其中描绘出的敦煌意境,非常的悠远和令人感动,也希望能够通过歌曲再现敦煌千年执着之美,将敦煌精神和莫高精神传递给用户,号召玩家认知、了解、传承和保护敦煌文化。

而游戏原声带部分则是与众多世界顶级作曲家进行合作,创作的游戏中界面音乐、皮肤音乐、节日登录音乐、排位对局音乐、周年生日会音乐等,为玩家的游戏体验增添了趣味性,希望通过游戏音乐诠释对抗、荣耀、团战等,传递声音体现的质感、品牌文化,让玩家产生强烈共鸣。

(二) 线下活动的文化创意

王者荣耀游戏文化创意内容设计的成功也为其线下的文化创意活动积累了粉丝人气、奠定了IP基础。

2017年12月31日,王者荣耀与哈尔滨冰雪大世界文化创意项目正式揭幕,占地15 000平方米的王者荣耀冰雪展区,在以冰雪雕艺术详尽还原王者峡谷全貌的同时,还对十位人气英雄、长城守卫军、红蓝Buff进行了完美复刻。事实上,"冰雪世界"并非王者荣耀

---

[1] 独立摇滚,脱胎于20世纪80年代的地下摇滚和另类音乐,强调乐队需要不受干扰地按照自己的思想制作音乐。
[2] 雷鬼一般指雷鬼音乐(Reggae),是一种由斯卡(Ska)和洛克斯代迪(Rock Steady)音乐演变而来的牙买加流行音乐。

的首个跨界项目。2017年7月,王者荣耀参与"长城你造不造"公益计划,并认捐了1 000米长城修护费用。

王者荣耀还亮相了腾讯TGC2019活动,TGC是由腾讯官方面向腾讯游戏玩家、腾讯游戏开发商、腾讯游戏合作伙伴举办的以线上互动体验和线下娱乐展会为核心内容的年度游戏盛典,经过十年的发展,已经开始由一年一度的单一线下游戏体验运营活动升级为腾讯整合文化创意品牌,承担腾讯文化产业内容聚合、体验平台及长线文化创意品牌的重要载体。王者荣耀在腾讯TGC2019中,围绕自身IP的扩展,打造包含音乐、文化、影视等全方位的线下沉浸式体验,在TGC2019现场展露游戏另一面的精彩,共同助力数字文化创意发展。

(三) 线上课堂

王者荣耀线上有关文化创意的内容主要有四个板块,分别是《王者历史课》《荣耀诗会》《王者音乐听》和《历史上的TA》,通过线上视频的方式,为玩家进行王者荣耀文化内容的讲解。

《王者历史课》是王者荣耀发布的首档历史文化普及类视频节目,主持人张绍刚的开场白"读历史,知古鉴今;听故事,以点说新"也点明了节目的意义。节目没有采取教科书式的说教,而是用脱口秀这种轻松的形式来吸引不同年龄、不同圈层人群的关注,兼具真实性和趣味性。每期主题结合当下热点,在历史中寻找痕迹,让观者记忆更加深刻。其中一期节目邀请曾担任《百家讲坛》主讲人、著名历史学者纪连海讲解《诸葛亮:酒香也要巷子浅》,主持人通过目前男生越来越精致、注重外在"包装"的热点引出主题"历史上的包装",由嘉宾讲述诸葛亮"包装"自己的故事。

《荣耀诗会》为一档诗歌朗诵类视频栏目,王者荣耀邀请游戏配音老师朗读与角色原型有关的诗词歌赋,搭配古典优美的背景音乐和相关英雄角色的动画,意境十足。比如其中一期节目题为《诗瓣一捧,暗香盈袖》,由王者荣耀声优(Character Voice,CV)严丽祯(伽罗的配音者)朗诵了李清照的代表作之一《醉花阴·薄雾浓云愁永昼》,让玩家在游戏角色的声音中感受古典诗词之美。

《王者音乐听》讲述游戏音乐的创作背景及过程;《历史上的TA》介绍王者荣耀中英雄角色的历史原型及其故事。

王者荣耀开设的线上文化站通过年轻人更喜欢的方式,对文化传承做了新的诠释,已成为"以新时代的语言传承历史文化"的重要途径。

(四) 电竞比赛

2016年,王者荣耀职业联赛(King Pro League,KPL)正式开启,游戏在线上、赛事在线下的共同发展模式,让更多人参与进来。之后由KPL赛场衍生出的移动电竞文化、地域文化、俱乐部文化,让赛事从小小的演播厅起步,到拥有东西部联盟主场,再到新赛季即将迎来的六大俱乐部地域化主场。越来越专业的体育化运营,吸引、覆盖了更多电竞体系外的玩家,让大家通过王者荣耀认识了电竞,为这一新兴产业注入了更多新鲜血液和生命力。2018年雅加达亚运会上王者荣耀国际版成为首款受邀加入亚运会的中国自研游戏产品,这是中国电子竞技以游戏为载体实现文化输出的一个起点。在比赛中由KPL职业选手组成的队伍,克服重重困难,一举夺得亚运会史上第一块属于电竞的金牌。这不仅仅代表中国自研游戏的实力被肯定,更是电竞行业的一大里程碑。

王者荣耀已经成为电子竞技中广受认可的项目,拥有国内目前最全面的赛事体系,并通过不断完善发展这一体系,逐步成为全球移动电竞领先者。2019年,赛事内容年度总观看量达到了440亿,同比增长了41%,[1]也充分证明了王者荣耀电竞赛事体系的成功,王者荣耀也从一款国产手游,逐步走向了国际舞台,融合了传统文化的游戏设计也让更多国内外的游戏爱好者了解到中华文化的博大精深。

三、专家顾问指导文化创意内容

在王者荣耀团队本身对于传统文化进行研究、融合的同时,还邀请到了外部专家对于文化创意内容进行指导。

2017年8月18日,腾讯在王者荣耀文化创意共生行业发布会上宣布成立专家顾问团,希望联合专业的力量,对王者荣耀的文化表达进行专业指导,激发更多的文化能量。

首批专家顾问团的成员包括:中国社会科学院民族文学研究所所长、著名民族文学研究学者朝戈金,北京大学中文系教授廖可斌,北京大学历史学系教授赵世瑜,四川文艺音像出版社音乐总监、北京大学艺术学院教授、北京大学文化产业研究院副院长向勇和著名民族音乐研究者汪静泉五位专家,将分别从民俗、文学、音乐、历史、文化创意产业等维度,对王者荣耀进行专业维度指导,并展开一系列文化领域合作。

中国社会科学院民族文学研究所所长朝戈金作为王者荣耀专家顾问团代表曾说道:"面对传统文化和新技术的触点,我们不仅不应该惧怕,应该满怀欣喜地拥抱它,因为我们看到了新的可能性,看到了一种用新的技术手段,重新完整地、精巧地、充满震撼力地梳理传统文化的可能性。"

王者荣耀游戏的成功离不开文化创意内容的加持,而游戏的成功也助力了衍生文化创意的发展,形成了良性循环。希望未来有更多游戏可以加入文化元素,让大众了解和传承中华优秀传统文化,也为中国文化创意产业的发展提供源源不断的优质IP。

请思考以下问题:
1. 请谈谈动漫IP在动漫产业文化创意中的重要性。
2. 试举例说明传统文化和科学技术在游戏产业的文化创意应用。
3. 文化创意如何提升影视综产业的附加价值?
4. 试举例说明文学产业中有哪些成功的文化创意跨界合作?
5. 结合案例分析王者荣耀中文化创意的成功之处。

---

[1] 大电竞APP.王者荣耀:2019年赛事总观看量已达440亿新赛季KRKPL全面升级[OL].https://www.sohu.com/a/364879564_537985.[访问时间:2020-12-27]

思维导图

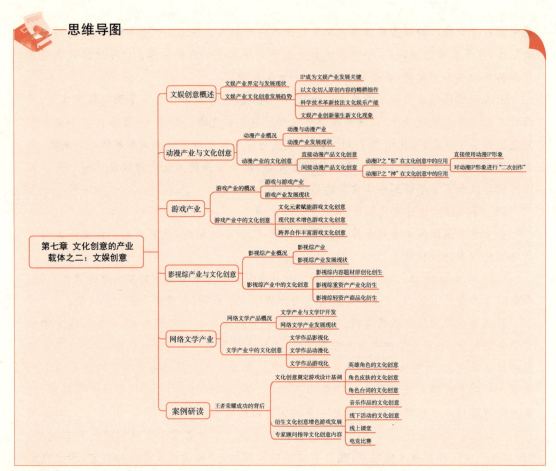

本章参考文献

[1] 唐启国.我国休闲产业发展与战略对策研究[J].青岛科技大学学报(社会科学版),2009(4):1-6.

[2] 王志勇.动漫形象在文化创意产品开发中的应用价值研究[J].电影评介,2017(23):5-7.

[3] 赵旎娜.全域旅游视野下民宿与旅游文化创意IP的重塑、孵化[J].哈尔滨学院学报,2019(10):71-74.

[4] 郑胜华,宋国琴.休闲产业链整合及其策略体系研究[J].商业经济与管理,2009(9):81-87.

[5] 王大中,杜志红,陈鹏.体育传播——运动、媒介与社会[M].北京:中国传媒大学出版社,2005.

[6] 俞昌斌.体验设计唤醒乡土中国——莫干山乡村民宿实践范本[M].北京:机械工业出版社,2017.

［7］马勇,周青.休闲学概论［M］.重庆:重庆大学出版社,2008.

［8］［美］麦戈尼格尔.游戏改变世界:游戏化如何让现实变得更美好［M］.闾佳译.杭州:浙江人民出版社,2012.

［9］［美］凯瑞.作为文化的传播:"媒介与社会"论文集［M］.丁未译.北京:华夏出版社,2005.

［10］李丽梅.中国休闲产业发展评价、结构与效率研究［D］.上海:华东师范大学,2018.

［11］杨鸣唤.中国动漫产业存在的主要问题及对策研究［D］.上海:华东师范大学,2007.

［12］宗益祥.作为游戏的传播——威廉·斯蒂芬森的传播游戏理论研究［D］.重庆:西南政法大学,2014.

［13］童薇菁."沉浸体验"成为文娱经济新一轮爆发点［N］.文汇报,2019-12-24(010).

［14］Fastdata极数.2019年中国在线民宿预订行业发展分析报告［R］.2019.

［15］Mob研究院.2019年动漫行业研究［R］.2019.

［16］艾瑞咨询.2019中国文学IP泛娱乐开发报告［R］.2019.

［17］艾瑞咨询.2019年中国移动游戏行业研究报告［R］.2019.

［18］艾瑞咨询.2019年中国影视综内容投资价值研究报告［R］.2019.

［19］华强方特官方网站［OL］.https://www.fantawild.com/overview.shtml.［访问时间:2020-03-08］

［20］王者荣耀官方网站［OL］.https://pvp.qq.com/.［访问时间:2020-03-08］

［21］百度文库.中国影视与影视投资［OL］.https://wenku.baidu.com/view/34e352d8f02d2af90242a8956bec097f465a4a5.html.［访问时间:2020-12-27］

第八章

文化创意的产业载体之三：旅游创意

学习目标

学习完本章，你应该能够：
(1) 了解旅游、旅游产业与文化创意的关系；
(2) 了解休闲旅游与其中的文化创意；
(3) 了解文化旅游与其中的文化创意；
(4) 了解旅游产品中的文化创意。

基本概念

旅游产业　休闲旅游　文化旅游　旅游产品

第一节 旅游创意概述

随着社会的进步，人们对于精神生活的不断追求，国民用于娱乐、休闲、旅游等方面的消费支出也越来越大,这给文化创意产业的发展提供了前所未有的机遇。如今,如何在大众旅游消费时代中脱颖而出,在日益激烈的旅游市场上获得一席之地,成为旅游发展中的重要思考。

一、旅游与旅游产业

旅游是随着人类社会的发展、不断演变的一种人类实践活动。而我们现在所说的现代旅游,产生于19世纪,发展于20世纪。进入21世纪后,随着经济的快速发展,旅游的内涵不断深刻、外延也随之不断扩大,旅游学科、旅游产业及旅游实践都发生了巨大变化。国际普遍采用对"旅游"的界定是瑞士学者亨齐克(W. Hunziker)和克拉普夫(K. Krapf)于1942提出的:"旅游是非定居的旅行和短暂停留而引起的一切现象和关系的总和。这种旅行和逗留不会导致长期居住或从事任何赚钱活动。"[1]这一定义恰好包含了旅游的三要素:旅游目的、旅行距离和逗留时间。因此,根据三要素的不同,可以将旅游进行不同类型划分[2]。按照旅游目的的不同可以分为,休闲、娱乐、度假旅游,探亲访友旅游,商务旅游,专业访问旅游,健康医疗旅游,宗教、朝拜旅游和其他旅游六类;按照旅行距离远近可以分为长途旅行与短途旅行;按照逗留时间长短可以分为长期旅游与短期旅游。此外还有按照地理范围划分的国际旅游与国内旅游;按照组织形式划分的团队旅游、散客旅游、自助旅游等。

旅游产业是随着旅游消费的增长逐渐发展起来的一个体系化产业。与传统产业从生产角度出发的定义方法不同,旅游产业从消费角度进行定义,是一个分散在社会经济各个层面又高度关联的特殊行业,是联系各个相关行业的纽带。[3] 1971年联合国旅游大会最早定义:"旅游业是指为满足国际国内旅游者消费,提供各种产品和服务的工商企业的总和。"随后诸多学者也从不同角度对旅游进行定义,这里我们采用学者张辉对旅游产业的界定:旅游产业是以旅游活动为中心而形成的配置行业,凡是为旅游活动提供直接或者间接服务的行业和企业,都成为这个配置产业的组成部分。[4]这一定义强调了旅游从产业角度的跨地区、跨行业性与现代旅游产品及相关配套体系,其中旅游产品不仅仅是指旅行、游览,也包括与旅游相关的住宿、饮食、购物和娱乐等内容,这也是旅游产业中文化创意所关注的重要内容。

自二战后,随着大众旅游、大众休闲在西方国家的兴起,包括观光旅游、度假旅游、专题专项旅游等在内的旅游休闲活动,成为人们生活日益不可或缺的部分。如今,旅游产业已经发展成全球经济发展的重要支柱产业,并在全球形成了欧洲、北美及亚太三大旅游市场格局。[5]与此同时,文化创意产业在全球的崛起,为旅游业的产业结构调整、升级方面提供了新的发展思路,也在旅游产品宣传推广上提供了更多具有创新性的方案。

二、旅游创意的发展趋势

随着经济快速增长,人们日益增长的消费需求更加多元化,传统的旅游模式逐渐无法满足人们

---

[1] 张凌云.国际上流行的旅游定义和概念综述——兼对旅游本质的再认识[J].旅游学刊,2008(1):88-93.
[2] 百度百科.旅游[OL].https://baike.baidu.com/item/旅游/237078?fr=aladdin#4.[访问时间:2020-05-15]
[3] 曹国新.旅游产业的内涵与机制[J].旅游学刊,2007(10):6-7.
[4] 张辉等.转型时期中国旅游产业环境、制度与模式研究[M].北京:旅游教育出版社,2005.
[5] 席婷婷.国内外旅游业发展现状和前景分析[J].市场论坛,2017(10):69-72.

的旅游需求。因此创意与旅游的结合让传统旅游焕发活力,推动现代旅游呈现如下三种发展趋势:

(一)从眼睛到心灵:审美经济赋能旅游发展

随着文旅融合的深入发展,审美经济也为文化旅游的文化创意提供了新思路。2001年,德国学者泊美在《审美经济批判》中阐明,审美经济已经作为一种特别的"新经济"形态走入人们的视野。审美经济的价值在于,它超越了人类的基本生理功能需求,成为一种增加人类社会生活丰富度、精神愉悦度的情感价值体验。对于中国文化旅游发展而言,其价值获得的过程主要是通过参与旅游服务体验、消费旅游产品,然后进行美的创造与美的欣赏,并从中获得具有生命力的审美乐趣。具体而言,审美经济以下三个方面为文化旅游业注入了新鲜活力。

第一,更新观念,推动文化旅游的多元文化个性化发展。旅游本身就是一个不断寻求差异化的人类活动,创新的理念将创建一个差异多元化的旅游体验。

第二,拓展内涵,引发文化旅游业环境管理的再造与提升。如顺德的"伦教678文化街区"、成都的"宽窄巷子"、云南的"丽江古城",都是以古建筑为基础,保留了原有的建筑风格和文化魅力,将民俗、餐饮、展览、休闲、情景教学再现等多种不同业态汇集于此,重新打造新型文化消费环境,形成"城市怀旧人文社会体验服务中心"。

第三,融入情感和审美,提升文旅质量。文化旅游产品是文化旅游产业的核心要素。所谓文化旅游产品是指一种具有较高文化内涵,并能满足人类文化精神需求的一种产品或服务。当下,文化旅游产品和服务在数量、质量上都越来越多、越来越好,而影响当下中国消费者进行消费决策的因素也越来越繁杂,消费者对于产品也越来越挑剔。因此,经验和对产品的认知逐渐成为消费者进行文化旅游产品消费的基础。

在视觉化时代,视觉影响因素将率先发展成为消费者感知的重要维度,消费者逐渐从注重实用性转向注重美感、从注重实用价值转向注重生活体验和社会价值、从注重自己购买实物转向购买想象。因此,对于文旅产品而言,除了提升质量,更需要进一步挖掘文化产品的意义,提高产品的形象设计。

(二)创意开发促进产业旅游

进入21世纪后,基于"特色产业+旅游"的"产业旅游"作为一种专题专项旅游产品,也越来越受人们青睐,基于观光-休闲-创意农业的休闲农业旅游、基于传统文化与现代文化的文化旅游、基于观光工厂的工业旅游以及基于休闲商业商圈的商贸旅游等迅速兴起。

从实践上看,"产业旅游"在国外早已成熟,逐渐呈现农旅、文旅、工旅、商旅等发展态势。也因此从传统产业衍生出新兴产业,如由商业衍生出休闲商业,进而出现休闲商贸旅游业等。各国也都在各自产业基础上大力发展产业旅游:如法国波尔多"葡萄酒之旅"、德国斯图加特"汽车之旅"、澳大利亚巴拉腊特"淘金之旅"、美国休斯敦"宇航中心之旅"、日本北海道"玻璃之旅"等。可见,产业资源早已被赋予休闲旅游意义,与自然、人文旅游资源并列成为三大基础旅游资源。[1] 而中国"产业旅游"主要是从领导考察、同行学习、学生教育、社会参观等形式演化

---

[1] 谢迎乐,刘少和."特色产业+旅游"助推区域经济产业体验化升级路径模式研究——以我国观光-休闲-创意农业、观光工厂、休闲商业商圈为例[J].江苏商论,2019(3):58-62.

而来。比如,早期的农业观光游、农业生态游等可以归为农业产业旅游;又如"温州股份合作制游"等项目也属于工业产业旅游的早期形态。实际上,国内一些知名企业早已把生产、产业与旅游融为一体,如北京"景泰蓝之旅"、长春"电影之旅"、贵州"国酒之旅"、上海"科普教育之旅"、四川"长虹之旅"、沈阳"航天之旅"、烟台"葡萄酒之旅"、青岛"啤酒之旅"、海南"热带农业之旅"等,使纯粹的生产企业演变为兼具旅游休闲性质的企业,成为当地重要的旅游资源。

由此可见,产业旅游逐渐成为全球旅游市场的新风向以及未来旅游经济新的增长点,也将是本书重点讨论的旅游创意内容。

(三)新媒体崛起助力旅游宣传

随着中国现代信息技术的不断创新发展,新型的传播手段和形式日新月异,新媒体日益强大,并逐渐成为人们获取信息、发布信息、传播信息的重要渠道,也成为旅游宣传推广重要平台。

新媒体以其传播更新快、成本低、内容丰富的优势推动现代旅游业快速发展。全球各地的自然风光、风土人情、饮食文化等信息,都可以在新媒体平台上进行展示,人们也可以更加自主地选择自己感兴趣的目的地,并且能够从容地安排自己的行程和把握体验。目前,用于旅游宣传的新媒体渠道主要是官方新媒体渠道与自媒体渠道。其中官方新媒体渠道主要包括旅游局官方网站、风景名胜区和旅游综合门户网站、专业旅游网站、旅行社网站、官方微博、官方微信公众号等平台,由于其自身的权威性,成为宣传推广旅游的主要新媒体途径;而自媒体渠道主要是依托"两微一抖"等社交媒体上的自媒体账号进行旅游宣传。由于不受时间与空间限制、突出表达自我、张扬个性等特征,自媒体渠道逐渐成为旅游宣传推广的新风向,更是大众获取旅游咨询的主要途径。游客可以通过自媒体积极分享旅游经验,并可以利用技术与艺术的结合,通过文字、图片、视频博客(vlog)等多种形式讲述旅游经历,吸引眼球,唤起人们的意愿。

(四)文化创意产品打造旅游品牌

文化创意产品的记忆功能、实用功能和美观功能,在文化、习俗等内容的传播中具有特殊意义。文化创意产品体现了人们智慧、技能、文化等积淀,并通过创造性的产品创新、循环利用价值,满足人们多样化的文化需求,激发人们体验丰富文化的兴趣,产生超越观众期待的效果。因此通过文化创意产品打造旅游品牌,能够深度发掘、创造、提升旅游产品所蕴含的内在价值。文化创意产品在塑造旅游产品品牌形象、突出特色传统文化、扩大旅游目的地知名度和影响力等方面起着非常重要的作用。如今,开发文化创意产品被越来越广泛地应用于打造旅游品牌上,成为旅游城市构建城市符号、塑造城市品牌形象的有效载体。

第二节 休闲旅游创意

一、休闲旅游概述

在讨论休闲旅游之前,首先要对休闲产业有所了解。休闲产业起源于欧美,是工业社会发展到一定程度的产物,也是与人类休闲密切相关的物质和精神的生产集合体。笼统说,休闲产业是指与人的休闲生活、休闲行为、休闲需求(物质的与精神的)密切相关的产业领域,它不仅包括物质产品的生产,而且也为人的文化精神生活追求提供保障。[1] 休闲产业逐渐形成了以旅游、娱乐、服务、体育和文化为主要经济动力的产业体系,其中旅游是其最重要的组成部分,也是带动其他相关产业发展的龙头力量。休闲产业的发展既丰富了旅游业的经营内容,又拓展了旅游业的发展范围。

随着人们对文化精神生活的需求日益多元化,传统"动""行""累"的旅游模式逐渐向"静""居""闲"的休闲旅游方式过渡,因此应运而生的休闲旅游业势必成为休闲产业、旅游市场的主流发展方向,将影响休闲产业的发展结构,也将占据更大的旅游市场份额。[2] 休闲旅游业的快速发展,不仅带动了交通、住宿、餐饮等相关服务行业的发展,而且与其他产业的融合也越来越广泛、深入,同时也为开展文化创意提供了无限的空间。由于休闲产业的细分产业众多,文化创意对于休闲产业的赋能也以不同形式体现在不同方面,对休闲农业、酒店民宿、餐饮业附加价值的提升作用更为显著。因此,下面将对休闲农业、酒店民宿、餐饮业的文化创意进行深入分析。

二、休闲农业的文化创意

休闲产业在第一产业中的体现即为休闲农业,休闲农业是指利用农业景观资源和农业生产条件,发展观光、休闲、旅游的一种新型农业生产经营形态,即以农业为依托,以农村为空间,以农民为主体,以城市居民为客源,实现"大农业"和"大旅游"的有机结合,常见形式有农家乐、蔬菜果园采摘、务农体验、农业观光、农业科普等。休闲农业开发了农业资源的潜力,增加了农民的收入,在综合性的休闲农业区,消费者不仅可以感受农村风光,了解农民生活,亲自体验耕作、采摘的乐趣,还可以品尝农家菜,在休闲农业区住宿和度假,集农业生产和农业观光于一体。

休闲农业中的文化创意强调产业文化创意化和文化创意产业化的完美融合,提倡以创意为核心,在休闲农业区品牌的打造和运营中对文化创意元素尊重、传承和创新,传统农业在文化创意的加持下变得更加时尚,被更多人喜爱并进行广泛传播,文化创意为休闲农业注入了灵魂,让中国的农耕文化焕发生机。文化创意在休闲农业中的运用主要体现在以下三个方面。

(一)恰当融入传统文化

中国传统文化是很多产业在进行文化创意设计时选择的元素,在休闲农业中也不例外。农耕文化本身作为中国传统文化的重要组成部分,见证了中国人民千百年来勤劳、朴实的美好品质,是很好的文化创意素材,许多休闲农业区以文化演出的形式再现农耕场景,让更多人了解中国农耕文明,也为发展农业旅游增添了趣味性和吸引力。太行民俗风情文化园策划原生

---

[1] 马惠娣.21 世纪与休闲经济、休闲产业、休闲文化[J].自然辩证法研究,2001(1):48-52.
[2] 房磊,马海.我国休闲旅游产业的发展与问题——以信阳出山店水库风景区为例[J].旅游纵览(行业版),2011(6):37-39.

态实景演艺《山里红了》，展现了豫北农民的生活状态，充满了浓郁的乡土风味；福建三明市尤溪县的农耕实景演艺《梦萦古溪》，以山谷梯田、低山清溪、田园绿野、龙凤戏竹为背景，挖掘了传统农耕文化与传统民俗，融合了祈福、犁田、插秧等元素，向游客展示田间劳作、大地耕耘、春耕冬藏的乡村生活场景。

此外，文化创意将当地传统手工艺与休闲农业结合，也是对于传统文化的传承和创新。例如，湖南省通道侗族自治县的侗族人民在长期的生产生活实践中，创造了一系列个性鲜明、民族差异感强的文化，但同时侗族众多手工品因需手工制作、时间长、劳动艰苦、成本高昂而收入不丰等因素的影响，正处于后继无人的状态。设计师杜鹃选取当地竹编、草编手工艺和侗族蓝染元素设计而成的"通道农产品包装设计"作品，凭借传统手工艺与通道当地农特产品相结合的优势，吸引了大众的注意，在"颜值经济"时代，使得传统手工艺在文化创意的助力下成功转型。此举不仅保护和开发了侗族的非物质文化遗产，成功地改善了当地经济条件和人文环境，也吸引劳动力回流，守护住自己的家园。[1]

(二) 设立鲜明独特主题

文化创意的运用可以突出休闲农业庄园的独特性，以鲜明的主题特色取得差异化的竞争优势，从而收获更高的附加价值。主题农庄通常以农产品要素为核心，通过文化创意对农产品本身进行包装，为消费者提供更加丰富、紧跟时代潮流的产品，搭配相关休闲观光、文化创意区域，为游客提供该主题下的一条龙服务。主题农庄融入文化创意元素之后，便从传统的农场转化为一个充满趣味、内涵的休闲生活社区。

以有"青梅之乡"美誉的台湾南投县信义乡为例，当地的梅子梦工厂以梅子作为核心，树立文化创意理念、构架文化创意体系，形成了独具特色的梅子庄园，由起初单纯的梅子种植，发展为包括梅子种植、梅子产品加工、梅子休闲观光和梅子文化创意在内的新兴产业链，不仅为信义乡带来了巨大经济收益，也形成了独具特色的信义乡梅子产业文化。"梅子梦工厂"除了生产梅子系列产品，如脆梅、Q梅、梅酵素、纯果梅汁等，还设置了迷宫酒窖、观景餐厅等娱乐活动场所等配套服务。此外，梅子梦工厂还承办了2014年"南投梅子节"，进一步扩大庄园的知名度，逐步成为台湾地区的休闲农业典范品牌。同样，台湾著名主题文化生活农场"桃米村"在震后重建中，以生态环境为社区营建切入点，结合文化创意产业、青蛙生态保育产业等多元产业，重塑了过去仅以农业为主的单一产业发展模式，转型成为一个融有机农业、生态保育、文化创意等于一体的乡土生态建设典范，更是融生态农业、教育、体验和休闲于一体的"青蛙共和国"和村落共同体。[2]

(三) 结合多种科技元素

农业科技园模式是休闲农业的重要发展模式之一。该模式利用农业科普基地、农业科技

---

[1] 睿途旅创.颜值时代，如何借助文化创意实现传统农业转型?[OL].https://www.sohu.com/a/239054119_100145253.[访问时间:2020-04-28].
[2] 设计群.台湾桃米村废墟上的创意原乡.[OL].https://mp.weixin.qq.com/s/D2d0B_CSud9id0F8QkaMvA.[访问时间:2020-03-20].

生态园、农业产品展览馆或博物馆,为游客提供农业历史、农业技术等方面的科普教育,让游客在休闲以外增长相关农业知识。科技的进步不仅使农业的生产效率大大提高,也助推了休闲产业文化创意内容的不断向前发展。在科普过程中,以科技方式呈现的文化创意内容更容易激发游客的兴趣,达到更好的科普效果。在科技园的展示区域,借助高科技打造农耕类景观的体验项目可以让游客更加深入、沉浸地感受农业的多元魅力,如VR麦田、3D麦田漂流记、机器人麦田守望者、体感植物等项目。同时,打造如无服务员智能餐厅、食品加工流程重现等具有体验感的旅游项目,也会为农业科技园带来更多的流量。

三、酒店民宿的文化创意

伴随着消费结构的升级,游客在旅游中的住宿体验已经不仅局限于传统的"过夜"这一单一功能,便捷舒适的住宿环境是基础,但精神和体验层次的需要更不能忽略,因此住宿方面能够通过具有创意性的方式更多、更深地融入本土生活方式、生活场景和文化特色。总体上而言,特色主题酒店与民宿是旅游住宿中最具文化创意的两种形式。

(一)主题酒店的文化创意

消费升级时代的来临,消费者期待更有品质更有个性化的住宿服务,文化艺术与酒店的结合成为时下最受欢迎的住宿模式之一。同质化的竞争看不到黎明的曙光,转型升级成为必然选择,主题酒店兼具内涵文化与个性设计特色,自然成为市场关注度较高的选择之一。文化创意助力主题酒店的方式主要有以下三种:

1. 以融合文化内涵为主题

要打造一家以文化为主题的特色酒店,并不是将文化元素简单地复制、叠加,而是在尊重历史文化的基础上,根据酒店定位,精选核心文化,放大文化元素,将其融入酒店的产品设计、空间场景营造、服务运营中,让宾客能在服务和产品中体会到酒店文化主题的韵味。诸如君亭酒店集团的"夜泊秦淮的六部曲"文化主题酒店、弘扬中华优质传统文化的缘·文化朝代酒店、亚朵与沉浸式戏剧 Sleep No More 联合打造的 The Drama 亚朵 IP 酒店等,都是基于文化内涵获得成功发展的主题特色酒店的典范。

2. 以传达生活理念为特色

具有创意的特色主题酒店不仅注重外观设计美学,更重要的是对融入文化内涵后的深入探索,呈现出一种高于顾客预期、又贴近本质的生活方式,以此来表达当代人的生活理念。主题特色酒店尤其注重文化创意场景的再现,让旅客在不同场景中都感受文化艺术的魅力、感受酒店秉承的生活理念,营造一种文化场景的穿越感。如无印良品酒店保持了日本无印良品一贯的简约风,通过营造物化简朴的住宿环境,目的让旅客"重新审视酒店空间、旅居时间",以此来传达无印良品简单而纯粹的生活哲学。因此,以传递生活理念为特色的主题酒店,既可以被视为一种当代文化艺术的集合,又可以被认为是一种将文化艺术融入生活旅居空间的生活方式展现。

3. 以发挥本土优势为创意

如今,特色主题酒店不仅仅是具有住宿功能的场所,更多具有创意的主题酒店已经成为游客的旅行目的地之一。借助本土文化、自然资源优势发展而来的特色主题酒店,受到越来越多的关注与游客的喜爱,更是表现了极高的文化创意水平。例如,土耳其卡帕多西亚的 Yunak Evleri 洞穴酒店,就是将当地诸多古老洞穴(约5—6世纪)改造成客房,进而发展成为一家五星级酒店,吸引了世界各国许多游客前来住宿(图8-1)。

图 8-1　土耳其洞穴酒店
(图片来自网络)

(二)民宿的文化创意

关于民宿的起源说法不一,有认为是来自日语的民宿(Minshuku),但社会普遍认同民宿是起源于英国的 B&B(Bed and Breakfast),是由提供住宿和早餐的家庭旅馆演变而来。[1] 根据中国国家旅游局于2017年发布的《旅游民宿基本要求与评价》[2]规定,旅游民宿是利用当地闲置资源,民宿主人参与接待,为游客提供体验当地自然、文化与生产生活方式的小型住宿设施。在最近十年间,民宿产业随着旅游业的繁荣在中国逐渐兴起。在大众旅游消费时代,休闲旅游的发展也使旅游住宿更加多样化,民宿逐渐成为越来越多人的旅行住宿重要选择,根据中国在线民宿预订平台数据显示,2019年9月平台活用户可达近700万。相关行业的政策、规范不断出台,民宿行业也逐步由野蛮生长向规范化、专业化、特色化方向改进,并将促进民宿产业的繁荣发展。民宿产业的消费分层趋势明显,精品特色民宿与经济型民宿的需求增长均大幅高于行业平均值,更受到消费者的认可。其中,相比经济型民宿主要起到平价酒店的替代作用,精品特色民宿中的文化创意基因更为显著,因此也是其价格远远高于经济型民宿的原因之一。文化创意对于民宿产业附加价值的提升主要通过以下两种方式:

1. 增强人文体验,凸显文化特色

民宿的快速发展导致数量众多的同质化产品出现,造成资源浪费,也会出现价格下降、服务质量下降的现象,这对于民宿主人和整个民宿行业的发展都是极其不利的,而文化创意元素的引入正是破解民宿行业同质化竞争的有效手段之一,通过将民宿进行文化创意方向的设计和改造,与本地文化民俗的结合、对于传统文化的重新演绎、对于传统建筑的翻新,都使得相关民宿主题突出,区别于其他地区。

例如,位于浙江省湖州市德清县境内的莫干山,不仅是国家4A级旅游景区,更享有"江南第一山"之美誉,借助得天独厚的地理环境优势和日益增长的休闲旅游需求,民宿行业在莫干山也得到了迅速发展。目前,莫干山镇已有民宿600余家,诞生了诸多优秀民宿品牌,如裸心谷、西坡、原舍、大乐之野等,莫干山也成为中国民宿胜地,代表了中国最高品质和最新趋

---

[1] 中国台州网.民宿,会讲故事的房子[OL]. https://www.sohu.com/a/101383171_119827.[访问时间:2020-05-16]
[2] 魏欣宁.图解:旅游民宿有了首个国家级标准[OL]. http://travel.people.com.cn/n1/2017/0824/c41570-29492143.html.[访问时间:2020-05-16]

势的民宿水平。[1] 在已有民宿行业基础上,当地民宿主人希望通过传统文化的融入唤醒人们的乡村记忆、增强民宿的竞争力。比如每到节日,仙潭村的民宿主人们会制作地道的美食,邀请房客参与到打年糕、蒸方糕、做青团等特色活动中来,感受现代民宿和传统民俗融合的独特体验。

2. 激发情感消费,拓展盈利渠道

美国零售业大师托马斯(P. G. Thomas)将现代人类的消费行为划分为两个大类:一类是理性消费,另一类是情感消费。追求理性消费的人群关注性价比、便捷性;而追求情感消费的人群需要产品或服务有打动内心的特点。而民宿中文化创意的设计就有着"细节打动人心"的效果,在对民宿本身的价值增进以外,还可以带动民宿的"非客房收入"。

例如,浙南一隅的泰顺县"库村人家"民宿,因传递给客人一种温馨的"女主人文化"而独树一帜。女主人蔡春衣本是一位手艺精湛的老裁缝,在经营自家民宿的同时,还手工制作"库村人家"牌子的文旅产品,包括薰衣草香囊、小茶枕、手工包、靠枕等,通过营造温馨的家庭感让游客感受到温暖,"走心"的细节也让游客希望将这一份温暖从相关文化创意产品中带回家。

三、餐饮行业的文化创意

中国自古便有"民以食为天"的说法,足以见得餐饮在中国人心目中的地位,而餐饮业作为休闲旅游的重要组成部分,也为文化创意提供了诸多可发挥的空间。当下,餐饮业与文化创意的融合,不仅加深了餐饮业的文化内涵,也成为餐饮品牌提升知名度和盈利能力的重要方式。餐饮业与文化创意结合最为普遍的方式有两种:一是文化创意+餐厅;二是文化创意+食品,下面将对这两种方式进行较为详细的讲解。

(一)特色主题餐厅

新型消费群体的崛起让单一产品或单一功能无法满足消费者多样化的需求,餐饮行业就十分明显。除了产品功能性卖点之外,消费者更追求场景、情感、社交、价值认同等方面的满足,于是特色主题餐厅的出现就成为餐饮行业文化创意的集中代表。所谓主题餐厅是指以某一特色的主题提升餐厅吸引力,进而深度开发主题文化,围绕既定主题来营造餐厅的整体氛围,带动开展餐厅的经营与管理业务。[2] 综合而言,特色主题餐厅的文化创意开发可以大致分为以下几类:

1. 以人物 IP 为餐厅亮点

这类餐厅是以特定的人物、动物等平面形象为主题开发而来的特色餐厅。例如,位于上海的 Hello Kitty 主题餐厅,以日本知名动漫形象 Hello Kitty 为餐厅主体视觉、餐饮口味、环境氛围的设计元素,在餐点融入了日式、法式、意式制作手法,加入可爱时尚元素,创造出 Kitty 专

---

[1] 人民日报.莫干山民宿,不止小而美[OL]. https://baijiahao.baidu.com/s?id=16083978585739701508&wfr=spider&for=pc.[访问时间:2020-05-16]

[2] 境鉴.文旅产业先锋读物.当文化创意 IP 遇上主题餐厅[OL]. https://mp.weixin.qq.com/s/ayngClMxUYUGc9IAYbg3Ow.[访问时间:2020-03-12]

的口味,穿过布满蕾丝与蝴蝶结的梦幻阶梯,薄纱缎带与 Hello Kitty 图形的墙面仿佛梦幻天堂,华丽的水晶吊灯、餐巾纸、桌布等所有小细节上,处处可见 Kitty 的身影。

除了在已有 IP 上推出餐饮以外,为餐饮企业设计 IP 形象,也是餐饮文化创意的一种思路,也使得原本传统的餐饮有了更多的可能性。又如,火锅品牌大龙燚率先成为成都餐饮圈打造虚拟 IP 形象的企业。大龙燚的"龙妹"诞生于 2013 年末,展现了中华饮食与中华文化同源同体,很好地迎合了年轻人群体的消费理念和偏好。"龙妹"形象在产品包装、表情包中的应用也让消费者感觉品牌更加有亲和力,从而提高在大龙燚的消费频率(图 8-2、图 8-3)。

图 8-2　大龙燚产品包装中"龙妹"形象

图 8-3　"龙妹"表情包

2. 以营造氛围为餐厅卖点

对于餐饮品牌而言,营造具有创意的场景环境可以聚集大量年轻粉丝,实则是在探索不同的场景和触点,以此与消费者建立更紧密的联结,提升餐厅的文化创意感与吸引力,也成为吸引年轻消费者的重要手段。例如,新媒体 TeamLab 团队在深圳开设全球第二家"TeamLab 艺术感官餐厅",让每道"可以入口的艺术品"似的菜肴在新媒体视觉设计下完美呈现。餐厅的墙壁和餐桌全部沿用了 TeamLab 引以为傲的投影幕布数字艺术,当料理与器皿被放置在桌上,周围会自动切换场景,如"湍急的河流"的桌面配合"金目鲷刺身配鱼子酱",每摆下一盘菜,河里都会多一条"鱼",让人如梦如幻(图 8-4)。

图 8-4　TeamLab 主题餐厅
(图片来源于网络)

又如，挪威的世界最大海底餐厅 Under 也在营造用餐氛围上独树一帜。由挪威著名的建筑设计事务所 Snøhetta 设计的 Under 餐厅，共有三层，面积 485 m²，包括了门厅、衣帽间、香槟吧和底层的主餐厅，并在建筑底部设计了一整面巨大的观景窗，像一个沉在水底的潜望镜，可以看到海底的景象(图 8-5)。Under 运用这种创新的餐饮方式来重新诠释人类与自然环境的关系：在地表之上、水面之下的海洋生活。通过这种全新的餐饮场景打造，可以为前来用餐的顾客提供前所未有的消费体验，给他们带来视觉观感与心灵触动的双重震撼。

图 8-5　Under 餐厅

（图片来源于网络）

3. 以 IP＋主题为餐厅特色

文化创意 IP 与特定主题在餐饮行业的结合可以使消费者形成社群化，有效地引流相关粉丝群体。快餐品牌肯德基和麦当劳曾尝试过单一主题的餐厅运营方式，但是仅能维持短期的消费热度，并不足以成为长久运营模式，于是，越来越多的"IP＋主题"复合型特色餐厅不断涌现。例如，演员周星驰在上海开设了一家个人电影主题餐厅——粥星星(图 8-6、图 8-7)。

图 8-6　粥星星餐厅宣传品图

图 8-7　粥星星主题餐厅

餐厅的装修、菜谱、餐具满是周星驰电影的各种元素,并在大屏幕上循环播放周星驰的经典电影。随着市场精细化分类,对这类主题餐厅的需求也会越来越多,对主题餐厅的专业化运营要求也会越来越高,所以,为了区别受粉丝基数影响比较大的单一主题餐厅,复合型特色餐厅在创意与市场上都可大有作为。

(二) 美食产品

在餐饮行业,除了餐厅可以作为文化创意的载体外,美食产品也成为融合文化创意的重要依托。美食产品作为一种食物商品,其文化创意的表现除了本身的色香味外,也在商品设计与营销方式上有所体现。

1. 味道与颜值齐飞

将食品与文化元素结合,会产生奇妙的反应,因此不少旅游景区和博物馆纷纷推出"美食文化创意",比如带有文化标志性的糕点或者咖啡,在赋予美食以文化内涵的同时,拉近了大众与文化创意的距离。例如,中国国家博物馆曾推出一款名为"怡红群芳"的创意糕点,以唐代传统"茶果子"为载体,依托画卷《怡红夜宴图》中"寿怡红群芳开夜宴"的情景,不仅复原唐朝糕点技法,在设计上也颇具唐朝色彩,亦有当代时尚元素(图8-8)。

又如,颐和园推出的文化创意美食"颐和八景",将颐和长廊、佛香阁、铜牛、十七孔桥、玉带桥、颐和石舫、文昌阁、贵寿无极八处标志性景观,用不同馅料制成八种口味的糕点,仿佛身在皇家园林中一步一景。在文化创意与美食的融合上,"颐和八景"力求把每一块糕点不仅当成食物来研制,而是将其作为艺术品来开发(图8-9)。

图 8-8 "怡红群芳"糕点

图 8-9 "颐和八景"糕点

2. 流量与盈利共生

文化创意美食的推出在吸引了大量关注的同时,也提升了餐饮业的附加价值,为原创者带来了丰厚的利润。如,英国知名IP《不眠之夜》沉浸式戏剧,在餐饮上的业绩表现同样抢眼。其中,一款名为"曼陀罗之根"的鸡尾酒饮料在"麦金侬酒店"(该剧表演地点)大堂酒吧一晚就能卖出200多杯。在品牌效应与文化创意的影响下，这家酒吧及其衍生品年销售总额超过500万元(人民币)。[1]

餐饮行业在加入文化创意之后，又焕发了新的生机活力。文化创意以不同方式为餐饮业的发展赋能，在把握食品安全的前提下，将历史文化、创意思维融入餐厅、美食产品中，会碰撞出不一样的火花。未来餐饮业与文化创意的结合会更加国际化、多元化，让世界各国人们在创意中品尝美食，在饮食中感受文化的魅力。

第三节 文化旅游创意

一、文化旅游概述

自2018年文化和旅游部成立后，文化旅游成为旅游业的新风向，更是国内经济发展的重要推动力。文化旅游并不是"文化＋旅游"的合并，更是"1＋1＞2"的有机结合。从旅游者角度看，文化旅游指以鉴赏异国异地传统文化、追寻文化名人遗踪或参加当地举办的各种文化活动为目的而进行的旅游活动；而从产业发展的角度看，文化旅游则是指为了满足旅游者的文化需求而提供的具有针对性的、侧重于文化要素的旅游产品及服务。[2] 文化是灵魂，丰富了旅游的内涵和内容，而旅游是载体，为文化的传播提供手段，为文化的产业化发展提供渠道。如今，如何结合国家自身文化，打造具有鲜明特色的文化旅游产业成为重要议题。

随着国家政策的推动，旅游业的经济增长，文化旅游业在不断进行产业创新与服务升级，文化与旅游也在文化创意产业发展的推动下更加融合。总体而言，文化创意产业与旅游业的融合发展有如下三种模式：

(一)延伸型发展模式

延伸型发展模式，是指在不同文化产业之间进行产业合作而形成新的模式，其特点在于不同产业在结构特点和功能上可以形成互补，打破同类行业、企业之间壁垒，赋予新行业新特点，最终形成一种全新的产业合作和学习模式。具体而言，延伸型发展模式可分为两类：

一种是旅游业向文化创意产业进行延伸，文化创意产业园就是这种模式的成功实践之一。文化创意产业园可以通过集纳各种艺术创意活动、展览、影视基地、动漫基地等多种不同功能，实现文化创意产品、技术及其衍生品的生产与开发、艺术传统传承、文化理论知识科普、艺术专业人才培养等多种研究目的，满足消费者旅游观光、休闲娱乐等各种需求，实现旅游功能性补足。

另一种是文化创意产业向旅游业延伸。由于旅游开发的传统模式已经相对成熟，将文化创意产业中的文化要素、创意资源与管理经验纳入旅游业中相对容易，因此目前文旅融合的模

---

[1] 文化产业评论.餐厅也逃不过文化创意的真香定律！[OL]. https://www.sohu.com/a/363409109_152615.[访问时间：2020-04-05].

[2] 肖宏,杨春宇,宋富娟.文化旅游概念与模式研究现状分析[J].旅游纵览(下半月),2013(9):60-61.

式大多属于这种类型。对于中国传统的旅游业发展而言,通过文化、创意、科技和旅游产业等元素的融合,景区、旅游景点可以改变其收入结构简单、客单价较低、重复消费频率低、消费形式单一等局面,丰富景区、旅游景点的旅游产品与服务内容,也为消费者提供了更高的服务价值与消费体验,例如策划旅游演艺活动、发展创意住宿餐饮等。

(二)重组型融合模式

重组型融合发展模式是指旅游业和文化创意产业跨界重组,其中一个主要的融合方式就是基于两者价值链的分解再造。在保留传统旅游业和文化创意产业基本要素的基础上,对文化创意产业与旅游业价值链中的核心部分进行重新整合,加入对融合产业有利的价值链要素,从而形成有别于传统旅游业的新文化旅游融合形式,创造新的文旅产品。比如,民俗节日展演就是文旅融合的典型产物之一,借助当地的文化和旅游资源,创造出科技创意旅游、艺术展览、节日展演等特色旅游产品和服务。

(三)渗透型融合模式

渗透型融合模式主要从技术改造层面对文化创意产业与旅游业进行渗透和融合。在这种交叉互动之中,不同文化产业之间可以通过信息技术、形式等要素融合在一起,从而在各自的价值链中得到有效提升。渗透型融合模式也有两种方式:

其一,从文化创意产业向旅游业进行技术型渗透,其典型产品是主题乐园。在保留原始游乐园的功能基础上,通过艺术舞台、艺术造型、动画和渲染上的进一步创新,对主题公园与传统旅游项目重新整合、改造,一方面可以让游客体验放松的旅游服务,另一方面可以不断促进再消费,丰富消费结构,为旅游业和文化创意产业深度融合提供经济基础。

其二,从传统旅游业向文化创意产业渗透,主要是以旅游业自身为基础来改造或创作文化创意产品。例如,动画虚拟角色的场景化,网络动漫企业以实景旅游区域或景点为原型,对动漫场景进行改造和现场化,或者采用 VR、AR、全息投影等技术对旅游原景再现,最终形成可触、可观、可感的动漫产品。这种方式的意义在于,通过多种感官刺激,消费者可以获得耳目一新的消费体验,还可以提高旅游景点的知名度,进一步促进文旅渗透型融合模式的发展。

随着各地的文化建设与旅游融合发展的推进,"文旅融合"已经成为旅游业发展的重要方向,无论采用何种融合方式,都力求"宜融则融,能融尽融,以文促旅,以旅彰文",巩固旅游业支柱产业的地位,提升旅游竞争力。

二、历史街区的文化创意

"历史街区"的概念最早在 1933 年国际现代建筑学会上首次提出。之后,在 1987 年国际古迹遗址理事会上通过的《华盛顿宪章》中又提出"历史城区"的概念并定义为:"不论大小包括城市、镇、历史中心区和居住区,也包括其自然和人造的环境……它们不仅可以作为历史的见证,而且体现了城镇传统文化的价值"。[1] 中国关于"历史街区"的概念是在 1986 年正式提出

---

[1] 马晓龙,吴必虎.历史街区持续发展的旅游业协同——以北京大栅栏为例[J].城市规划,2005(9):49-54.

的:"作为历史文化名城,不仅要看城市的历史及其保存的文物古迹,还要看其现状格局和风貌是否保留着历史特色,并具有一定代表城市传统风貌的街区"。综合而言,无论是使用"历史街区"还是"历史城区"的称谓,可以看出它都是指在历史发展进程中,展现城市风貌与地方特色的街区。如意大利佛罗伦萨的城市街区,不仅保留了诸多巴洛克风格的建筑,更能体现文艺复兴时期的艺术气息以及美第奇家族的历史印记;曾经作为茶马古道重镇的丽江古城,也是在原古城基础上重新改造的新文化旅游历史街区,体现了浓浓的东巴文化与云南少数民族特色;上海外滩历史文化街区,依稀可以看出曾经"中国华尔街"的繁荣风貌,也是上海海派文化的集中体现。

历史街区是集文化传承与商业发展于一体的旅游资源。在诸多历史街区中,只有充满文化创意的历史街区才具有持久的审美价值、文化魅力和丰厚的商业回报。在审美经济的推动下,历史街区的文化创意改造与发展成为文化旅游的一大特色,主要体现在如下几个方面:

(一)深耕地域文化,挖掘独特内涵

不同的地域特色孕育着不同的文化因子,不同的文化现象又体现着不同的地域特征。文化,作为一个地区的精髓和灵魂,活力的源泉,是最有代表性的和可行的地域特色。而历史街区不仅可以传承发扬其历史文化精神和民族风情特色,展现丰富多彩、博大精深的文化,更是一座城市发展的见证。例如,成都的宽窄巷子,作为最成都、最市井的民间传统文化的代表街区,在进行新文化创意的改造后,依旧保留了诸多成都文化符号:原住民、龙堂客栈、精美的门头、梧桐树、街檐下的老茶馆……如今,宽窄巷子成为成都的著名城市名片,也呈现了现代人对于一个城市的重要记忆。

(二)把握市场需求,实现"内容"与"形式"统一

任何一个受到市场青睐和游客称道的文化旅游产品,都是在准确把握市场需求与发展趋势基础上,做到文化旅游产品"内容"与"形式"的统一。所谓"内容"即产品的"魂",指文化旅游产品的主题,富含耐人寻味的"意";而"形式"是产品"体",则是指产品的外在表现形式,是浅显易懂且喜闻乐见的"象",它是深刻隽永的"意"的呈现手段和传达方式。[1]伴随体验经济、审美经济发展,二者相辅相成,缺一不可,也对旅游产品进行创设的具体工作要求,是旅游市场的新召唤。例如,西安"大唐不夜城"就是"内容"与"形式"统一的历史文旅街区的成功典范。"大唐不夜城"准确把握了旅客来西安旅游的需求——"品美食,赏古迹,观美景,听历史",以盛唐文化为背景,通过四大广场将五大文化雕塑串联起来,街区两侧建有四大文化场馆,并设有美食街、文创体验店等商业服务,做到唐文化与旅游产品的有机统一,成为西安唐文化展示和体验的首选之地,也是推动西安夜经济的一大文旅"网红街"。[2]

---

[1] 余琪.国内大型主题性旅游演艺产品开发初探[D].上海:华东师范大学,2009.
[2] 西安晚报.大唐不夜城步行街上榜全国首批高品位步行街[OL]. http://www.cnr.cn/sxpd/sx/20190502/t20190502_524599355.shtml.[访问时间:2020-05-18].

(三) 多元创新活动,激活历史文化

体验经济下的文化旅游更强调供需矛盾双方的互动,特别是旅游者的主动积极参与。与功能性消费相比较,消费者需要更高层次的体验型消费,而主动参与即是体验型消费的一个突出特点和重要标志。例如,广州市北京路,曾是广州城市历史上最繁华的商业中心,其中北段是一条千年古道,汇集了18家老字号商铺,如今北京路成为一条以文化消费、文化体验为主的步行街。[1] 为了激活北京路的文化消费,提升市民的文化消费体验,北京路还定期举办丰富多彩的路面文化活动,如每年一度的广府庙会、北京路美食节、中国凉茶节等,深植岭南文化,旨在打造品牌化历史街区。

三、地标建筑的文化创意

地标是地理学中的名词,是为探险者指引航向的标志,之后可以引申为易于辨识的陆标、地标。[2] 地标建筑则是指可以被人们所认知的具有独特之处,且具有定位和指向作用的建筑,如北京的故宫、纽约的自由女神像、埃及的金字塔、巴黎的埃菲尔铁塔等。这些地标建筑都可以视为一个城市或一个国家的名片和象征,同时也是重要的文化旅游资源。开发地标建筑相关文化旅游资源,既是塑造城市、国家形象的重要途径,又是拓展旅游相关资源的重要手段。地标建筑作为旅游资源的文化创意开发,主要体现在如下几个方面:

(一) 融入地域民族文化

将地域文化融入地标建筑中,就是将具有地域特色、民族传统的文化元素恰当、合理地与地标建筑进行融合。纵观世界各国知名地标建筑,大多都是带有鲜明的地域、民族特色,如印度穆斯林文化的艺术瑰宝——泰姬陵,俄罗斯的象征——克里姆林宫,古罗马文明的代表——罗马斗兽场等,这一类根植于地域或民族文化的地标建筑不仅拥有丰富的旅游资源,更是在历史发展过程中一直保持活力。因此,以地标建筑为主题的旅游资源在进行文化创意开发与延伸过程中,也应巧妙地融入地域、民族文化元素与特色,形成与之调性相同的文化旅游业态。例如,重庆洪崖洞景观就以巴渝文化中的吊脚楼以主体建筑,依山而筑、沿江而建,保留了重庆的山城特色,如今成为重庆的新城市景观与地标建筑。

(二) 纳入城市规划系统范畴

地标建筑作为城市旅游的重要景观,它还承载着传达城市旅游理念,宣传城市形象的重任。在作为旅游资源进行文化创意开发时,地标建筑实现其与城市的自然环境、可持续发展规划创造性的融合,不仅可以强化城市结构的功能性,也可以突出城市在旅游发展上的空间特色,也充分凸显了其作为城市文化旅游景观的优势。例如,被国际建筑界公认的将古代文明和现代文明结合得最完美的城市——巴塞罗那,将建筑的功能性与艺术性纳入了城市整体规划中。其中贴有浓浓高迪风格标签的圣家族大教堂,作为巴塞罗那的标志性建筑,与城中的街

---

[1] 金羊网.广州北京路步行街2019年路面"活动月历"正式发布[OL].https://m.sohu.com/a/317080945_119778. [访问时间:2020-05-18].
[2] 纪花,吴相利.城市旅游地标理论与实践意义[J].黑龙江对外经贸,2009(4):103-104.

道、边界、区域等形成对景关系,成为强化城市视觉的重要符号,也因此成为巴塞罗那重要的文化旅游地标。

(三)充分发挥地标的关联效应

地标建筑不仅是城市旅游资源的重要组成,也是开发与其相关的文化创意资源的灵感之源。首先,作为城市文化旅游景观,地标建筑可以展现出其强大的旅游吸引力,更重要的是它增强了城市作为旅游载体的重要作用,带动城市旅游及相关产业的发展。例如,于2009年建成的广州塔,如今已经成为广州的新地标建筑。这一被称为"小蛮腰"的城市景观,不仅集观光、发射、商业、娱乐、展示等功能于一体,而且带动了珠江沿岸的商业发展,如休闲广场、城市公园等,同时也承办了如广州国际灯光节等诸多城市文化活动,充分发挥了其作为广州地标建筑的文旅资源联动作用。

在21世纪的今天,无论是历史街区,还是地标建筑,都不仅仅是旅游景观、旅游景点,已经成为一个城市、一个国家的形象标签,更是开发文化旅游资源过程中的重要依托。围绕文化旅游开展的创意工作可以为传统旅游业的发展注入活力,提升旅游整体服务质量,激活旅游相关产业发展潜力,催生新型旅游业态,推动旅游经济持续的增长。

第四节 旅游产品与文化创意

一、旅游产品概述

旅游产品是旅游开发活动的核心内容。所谓旅游产品[1],指旅游服务诸行业为旅游者满足游程中生活和旅游目的需要所提供各类服务的总称,具体包括实体产品和服务产品。根据国家旅游局1999年的分类标准,旅游产品分为以下五类:第一,观光旅游产品,包括自然风光、名胜古迹、城市风光等;第二,度假旅游产品,包括海滨、山地、温泉、乡村、野营等;第三,专项旅游产品,包括文化、商务、体育健身等;第四,生态旅游产品;第五,旅游安全产品,包括旅游保护用品、旅游意外保险产品、旅游防护用品等工具产品。由此可以看出,旅游产品具有无形性、不可转移性、综合性、不可分割性、不可贮藏性等特性。旅游产品对于提升旅游品质、增强旅游品牌竞争力起到重要推动作用,它不仅是拉动地方经济增长的新引擎,同时也是传播当地风土人情和地方特色、吸引更多游客前来旅游观光的核心所在。因此,对旅游产品的文化创意开发与升级是推动新时代旅游发展的重要方式。

二、旅游产品的文化创意

关于旅游产品的文化创意可以从旅游产品自身的开发、设计和旅游产品的宣传推广两个

---

[1] 徐飞雄,谭伟明.国内度假旅游产品开发研究综述[J].绵阳师范学院学报,2010(10):10-13,17.

方面进行阐述。

(一) 旅游产品开发与设计的文化创意

对旅游产品的开发与设计就是对旅游线路进行规划,对旅游景观、景点、景区进行优化,对旅游服务进行升级、对衍生产品进行设计。从文化创意角度对旅游产品的开发设计,应当在"回归真实"和以人为本的基础上,兼具审美性与文化性,充分展示自然之美、历史文化、民俗风情等内容,让游客在旅游过程中获得优质的体验感。

1. 旅游产品内容的文化创意

在内容上,旅游产品的文化创意应以自然和文化资源为核心,设计出具有创意性的旅游路线,基于景观、景点、景区的自然风貌、文化特色和文化价值对其进行优化改造,引入信息化、智能化的服务体系,开发出兼具商品性、文化性与创意性的旅游衍生产品,通过以上产品的文化创意为游客提供优质的旅游享受和旅游体验。因此,随着旅游业的快速发展,新的旅游业态也不断涌现,同时也出现了诸多具有创意的主题之旅,如旨在保护生态环境的自然保护之旅、以探索式教育和素质教育为目的的研学旅行、以传承与保护中国传统文化的非物质文化遗产之旅、以探索城市历史文化的城市徒步等。

此外,旅游衍生产品也成为旅游产品中的重要组成部分,是刺激旅游消费的重要途径,并成为旅游文化创意发展的重要推力。因此,在旅游衍生品的文化创意上,要增加产品附加值,如文化价值、功能价值等,融入当地的文化特色与社会内涵,形成区别于其他旅游地的特征与魅力,如意大利威尼斯独具特色的面具产品、北京故宫的宫廷文化衍生品等。

2. 旅游产品形象设计的文化创意

旅游产品的形象设计既包括实体旅游产品的外观设计,又包括旅游产品的形象视觉设计。旅游产品属于产品的一种,在本书第六章第二节已对产品外观设计作了详细阐述,故这里就不再赘述。此外,通过具有创意性的旅游产品形象设计,品牌外在视觉形象将会变得更加清晰,逐渐加强品牌识别度,提升旅游产品的品牌价值。同样,在旅游产品形象视觉设计上,通常借助创意符号内容创造性地表现旅游产品的内涵,创新性地传递出当地经济文化的特色,让创意、美感与文化恰当地融入旅游产品的形象设计中。例如,山东省泰安市旅游标志(图8-10),蕴含泰山文化内涵,以大汶口文化标志的"日、火、山"三元素为主题,以"红、黄、蓝"三原色为主调,以中国笔墨画的艺术形式,配合泰山石刻字体,展现了泰安旅游的文化底蕴和活力形象,形成了强烈的视觉冲击,既宣传了城市形象,又寄托着泰安人民对"国泰民安"的美好祝愿。[1]

图 8-10 泰安市旅游标志
(图片来自网络)

随着中国旅游业和科学技术产业的蓬勃发展,旅游宣传品的表现形式日益呈现出多元文

---

[1] 李小琪.旅游宣传品审美特性研究[D].济南:山东大学,2019.

化融合发展的新趋势。它在继承一部分传统艺术表现形式的同时又大胆进行创新,融入诸多时代元素。它是将丰富且个性化的自然环境资源与多元且深邃的文化资源管理相结合,借助符号化的形式进行表达,使其不仅具有一定形式上的审美性,而且也具有更加深刻的文化内涵,更具技术创新意味,它被赋予了更多的趣味性,甚至人景之间的互动性。

(二)旅游产品宣传推广的文化创意

旅游产品宣传,作为中国旅游服务产品的组成部分,是目前向旅游者展示旅游目的地形象和旅游产品魅力的重要手段,在旅游业发展中拥有不可替代的地位和作用,它既要真实反映旅游目的地的整体形象,又要传达目的地所蕴藏的深刻历史文化和精神内涵,进而可以引起消费者的情感共鸣和旅游欲望。对旅游产品的宣传,是旅游领域中为推介和宣传旅游产品而进行的具有一定审美特性、文化品位的各类视、听、读宣传工作活动的统称。因此,旅游产品宣传也是展现文化创意的重要途径。

对旅游产品的宣传是推广旅游服务的一张名片,这一过程既传达了旅游产品的核心发展理念,又体现了旅游地的风土人情等文化内涵,使之成为人们了解旅游产品的窗口和渠道,成为连接旅游目的地与游客的一座桥梁。因此,只有充分发掘旅游产品所蕴含的自然风光与文化积淀,灵活运用传统媒体、新媒体以及新的科学技术,开展有创意、规范化、大力度的宣传与推介工作,才能满足不同受众的审美心理健康需求,刺激受众产生旅游的兴趣与冲动。此外,还可以邀请游客参与社会互动体验,借助新媒体技术平台在自己的朋友圈子里创作、分享、转发旅游体验与经验,形成多方、多媒体宣传网络,获得最佳的旅游产品宣传推广效果。

以西安通过抖音短视频推广城市旅游为例。西安借助抖音短视频平台,宣传推广当地的历史传统文化、特色美食以及城市社会风貌,充分展现了"城市,让生活更美好"的城市形象,成为中国第一个"网红城市",吸引了众多游客前来旅游。在抖音平台上,西安的旅游宣传通过城市背景音乐、本地饮食、景观景色和科技感设施作为西安城市特色,建立起一个更具中国特色和辨识度的立体西安城市形象[1];用带有很强地域特色的《西安人的歌》做旅游宣传的背景音乐,展现本地"日常化"的特色美食和钟楼、西安城墙、大雁塔广场等城市文化景观,用现代照明技术重塑旧时长安的夜景,这种将特色美食、历史传统文化、环境景观结合达到音画一体的方式,使西安的城市形象可以更加立体、鲜活和饱满,实现了最优的旅游宣传效果。

案例研读

"印象·刘三姐":传统景点的文化创意加持

桂林阳朔"印象·刘三姐"文化景区是第一个全新概念的山水实景剧场,也是一个全新概念的两栖景区——白天是民俗传统文化实景主题园,晚上则是以实景演出为主

---

[1] 张静.抖音短视频对西安城市形象建构与传播策略探析[D].保定:河北大学,2019.

的民俗文化演出剧场,是一个全新概念的民俗文化产品和创意旅游资源开发模式,并且它也是中国目前民俗文化创意旅游具有代表性的成功案例。

一、"印象·刘三姐"的创新之路

"印象·刘三姐"的成功得益于其大胆的创新改革。具体而言,其改革措施主要是从以下四个方面进行的:加强学术理论研究,构建"官、产、学、民"一体化开发模式,创新旅游产品主题和采取多元化竞争策略。

(一)加强学术理论研究

"旅游理论研究的基本内容是旅游实践中所遇到的各种矛盾和问题的深层次原因以及提出各种应对方法和操作方案的理论依据。"[1]由于历史背景、知识结构、文化教育背景等差异,游客的旅游消费模式、动机和行为也有所不同,因此如果要开发旅游产品来满足国内外游客的需求,就必须加强旅游理论研究。同时,旅游市场正在发生变化,游客的需求也是不断变化的,所以旅游理论研究的内容要不断更新和深化。

中国民俗传统文化进行旅游资源开发,涉及的面远远要比其他国家旅游产品开发的面广。因为中国民俗传统文化涉及的相关问题众多,如宗教信仰、民俗文化的地域性和民族性、旅游对民俗文化环境影响、非物质文化遗产开发难度、民族教育问题等。所以,除了可以借鉴和运用现有的民俗文化与乡村旅游相关理论外,在理论方面还需要以创新的思维加强对这些问题的理论分析研究。为了将广西的刘三姐文化品牌做大、做强,广西壮族自治区党委宣传部于2001年组织了民族学、人类学、文化学、经济学、旅游学、市场学、文学等方面的专家对刘三姐品牌进行了一个历时三年的全面调查分析研究,多次组织召开学术交流研讨会和论证会,为"印象·刘三姐"的成功运作模式奠定了良好的理论基础。

(二)构建"官、产、学、民"一体化开发模式

提升创新能力,要切实推进"官(政府)、产(企业)、学(专家)、民(社区居民)"一体化完整的创新链,包括进行研究、开发和产业化三大环节,加强"官、产、学、民"合作是提高民俗传统文化建设、旅游产品创新思维能力和实现农业产业化的重要技术手段,也是健全产业化经营模式的有效解决途径之一。特别是在创新市场,我们必须坚持以产业为核心,组织"官、产、学、民"联合创新。要通过制定相关政策法律法规和充分利用中国政府信息资源促进产、学、研的合作,同时吸引社会参与,发挥各自的优势,完善民俗文化发展、旅游产品创新产业化链条,以最快的速度形成产业突破和实现产业化。

在"印象·刘三姐"项目的实施过程中,当地政府不仅多次赴实地考察,还对每个阶段给予指示。单是自治区和桂林市以及阳朔县的文化、旅游、环保、建设、交通、银行等部门为该项目下发的文件就有近百个。桂林市旅游局也将这个项目列入广西的一个重要组成部

---

[1] 张凌云.也论旅游理论研究的几个问题——与余书炜同志商榷[J].旅游学刊,1997(6):47-49.

分。由于扶持政策力度大、措施得力,尽管该项目在运作中几次遇到挫折,但总体进展没有受到过多影响。在整个项目的运作中,自治区政府投资20万元只能作为前期费用,其余全部投资需要采取市场化的方式,如争取到了广西维尼纶集团公司等财团的投资运作;桂林广维文华旅游文化产业有限公司还聘请了67位中外著名艺术家历经三年的集体创造;聘请清华大学、上海大学等旅游、文化、市场营销等方面的著名专家担任发展顾问,为"印象·刘三姐"的运作提供智力支持。[1] 同时,为了减少企业由于旅游资源开发而引起的社会矛盾,公司还将景区内5个村的600多渔民全部聘请为公司内部员工,每个月发固定工资,不仅为社区教育脱贫致富作了重要贡献,而且能够使得"印象·刘三姐"的表演再现了漓江两岸人民百姓拉网捕鱼、日出而作、沐浴婚嫁、繁衍生息的真实民生民俗,增加了民俗传统文化特色旅游的真实性,探索了一条新的社区居民参与的旅游管理模式。

(三)创新旅游产品主题

民俗文化旅游产品是旅游业发展的核心,是吸引游客的重要手段,它必须根据市场的需求来开发、设计产品,同时也是当地旅游发展的重点。同时,民俗文化旅游产品有明显的生命周期问题,在动态中把握并引导旅游服务需求,充分依托市场,引领消费时尚,根据产品的生命周期作相应的战略和计划。[2] 创新追求的是一种创意,创意需要追求差异,差异产生特色,特色产生吸引力,吸引力提升竞争力。创新性旅游产品要具有市场前瞻性、引导市场潮流的特性,只有不断为产品注入新的文化内涵才能保持其竞争优势。一般来说,一个旅游产品可以划分为核心产品、基础产品、期望产品、附加产品和潜在产品。[3]

传统旅游产品一般包括前三个层次的产品:最基层的是核心产品,如山水实景"印象·刘三姐"演出,即基础服务在整个旅游区的核心产品水平;第二个层次是基础产品,即产品的基本形式,如在漓江山水演出的水域、12个山峰舞台背景、梯田式的观众席、渔船、筏、渔民戴帽子、抛绣球的年轻女孩等核心产品的基本要素;第三个层次是期望产品,在购买所需产品之外获得的感受或体验,如灯光的视觉效果、宏伟的场面、悠扬的民歌、变幻莫测的"印象"等。在传统旅游产品基础上,创新性旅游产品更注重后两个不同层次的内容,更加需要注重考虑产品有无个性化、主题丰富化以及工作满意度、民族感的设计。第四个是附加产品,即增加社会服务。"印象·刘三姐"景区内新建的世界上最大的鼓楼群、鼓楼大乐及"壮族的迪士尼乐园——阳朔东街",景区开发的房地产、旅游商品、酒店等就是属于"印象·刘三姐"核心产品的附加与延续;第五个是潜在影响产品,即核心产品最终可能会

---

[1] 陆军,王林.创新:民俗文化旅游整合开发的原动力——以桂林阳朔"印象·刘三姐"为例[J].桂林师范高等专科学校学报(综合版),2006(4):140-143.
[2] 王大悟.创新与联合——论21世纪中国旅游业发展的两大主题[J].旅游科学.2000(3):1-4.
[3] 吴玉霞.基于核心竞争力理论的旅游营销分析[J].集团经济研究,2005(18):75.

部分转换成新的部分。比如推出"印象·刘三姐"核心产品之后,相继编导了"漓江女儿""鼓楼大乐""锦绣漓江"等,这些都属于核心产品的潜在产品部分转换为现实部分。正是有了不断的自我发掘、不断创新,"印象"景区已经在短短的两年内不断升级。

(四)采取多元化竞争策略

面对日益激烈的旅游业竞争,"印象·刘三姐"采取了多元化的竞争策略,主要有错位竞争策略、动态创新策略和创意核心竞争策略。

1. 错位竞争策略

旅游上的雷同以及恶性市场竞争环境造成的恶果已屡见不鲜。因此,我们必须坚持旅游业错位竞争的原则。"印象·刘三姐"正是利用了错位竞争才在短期内迅速占领市场的。基于刘三姐文化品牌效应,仅在广西境内开发的以刘三姐文化资源为特色的景区景点就有很多,如桂林刘三姐景观园、阳朔刘三姐水上公园、阳朔大榕树、柳州的鱼峰山公园、贺州的刘三姐故乡、下视河景区等不少于20多个,客源市场相差不远。[1] 因此,"印象·刘三姐"景区在分析竞争者的基础上,避免与同一类型的景点市场重叠,大主题发展方面,通过大胆的创新设计手法,把桂林、阳朔举世闻名的两大部分资源——桂林山水和刘三姐留给人们的印象,进行巧妙的嫁接和有机的融合,让自然环境风光与人文景观交相辉映,而在小题材背景是基于桂林的自然风光、民俗风情和桂林音乐资源完美结合,真正做到了"人无我有、人有我精",并因此取得了成功。

2. 动态创新策略

旅游业是一个动态发展的产业,市场环境变化影响很大,根据旅游者的消费社会心理,并正确预测旅游发展趋势,以市场为导向,把握时代脉搏,紧跟时代潮流而设计开发旅游服务产品,以确保市场占有率,并刺激产品竞争的"张力"。民俗文化旅游应发展自己的特长,有针对性地推出自己的旅游促销主题,将创新驱动与需求结合起来,引导消费潮流。"印象·刘三姐"景区不断依据中国市场的发展而努力追求创新。除了已开发的晚间新概念艺术视觉"大餐"——"印象·刘三姐"外,又推出了一个全新的音乐"盛宴"——"鼓楼大乐"。在"鼓楼大乐"中,运用壮族、侗族、苗族、瑶族等200余件广西少数民族乐器,以原生态音乐和表演形式,描绘漓江优美的自然风光和丰富多彩的民族生活。中国最大鼓楼、美妙的音乐和盛大的展会现场的独特的混合完成了中国民间音乐的史诗篇章。"鼓楼大乐"作为一个白天的参观项目,拥有耗资1000万元人民币进行建造的世界最大鼓楼群,它强调强烈的听觉冲击力,成为"印象·刘三姐"之后推出的又一全世界目前独一无二的音乐文化旅游精品。

3. 创意竞争策略

创意竞争是运用新思维、新思路和新途径挖掘民俗文化旅游具有核心竞争力,并将其

---

[1] 陆军,王林.创新:民俗文化旅游整合开发的原动力——以桂林阳朔"印象·刘三姐"为例[J].桂林师范高等专科学校学报(综合版),2006(4):140-143.

转化为创作主题的过程。民俗传统文化资源的独特性(文脉)是主题创意的物质和精神载体。挖掘历史文脉、寻找文脉、提炼和升华文脉的主要目的就是为主题注入鲜活的灵魂和持久的生命力。作为桂林举世闻名的两大旅游资源之一,"印象·刘三姐"在旅游发展上没有落入俗套,而是选择了一条较高雅的、印象派的路线。在中国文化的大背景和广西民俗文化背景下,印象系列采用生活化的场景——捕鱼、拉网、荡舟、渔歌,写意地将刘三姐的经典山歌、少数民族特色风情及漓江渔火等元素进行创新产品组合,将其不着痕迹地融入中国桂林山水环境之中。通过鼓楼群、灯光系统工程、烟雾信息工程、音乐软件工程、舞美技术设计、漓江渔火、归家的耕牛等传统的桂北地区乡村生活景象,开发利用晴、烟、雨、雾、春、夏、秋、冬不同的自然生态气候来营造活动主题,使"印象·刘三姐"的演出每场都是新的。人性之美、人民之美、服饰之美,与灯火、山川、漓江全面接轨,成为视觉艺术的革命。

二、"印象·刘三姐"发展民俗文化创意旅游的成效

在发展民俗文化创意旅游、进行了创新性改革后,"印象·刘三姐"在经济增长与旅游业发展上获得显著成效。

(一)增强地方经济活力和实力,带动相关产业发展

民俗文化创意旅游主要集中在民俗文化深厚或少数民族聚居的地区。由于各种原因,这些地区社会经济活力和实力都不够强,因此实行改革创新,应从实际情况出发,因地制宜,协调各个生产技术要素,使之适合当地文化发展之需要,使其具有强大的生命力和增长活力,再通过旅游强大的带动功能,带动农业、服务业等相关产业的发展。

创新性的优化措施为"印象·刘三姐"带来了显著效益。据官方统计,"印象·刘三姐"的推出,已将游客在桂林停留时间延长了0.34天。截至2019年7月,共演出7000多场,接待国内外观众1800万人次,营业收入超20亿元,开启了山水、文化、旅游融合发展的模式。[1] 这组统计数字说明,阳朔的旅游经济有了新的增长。同时,凭借"印象·刘三姐"景区强大的人气,阳朔县的房地产、酒店业、度假、农业、渔业等相关产业可以得到迅速发展,阳朔旅游业也有了质的飞跃。

(二)丰富了旅游产品,改变了旅游消费模式

创新将大大丰富以民俗传统文化为主题的旅游企业产品,使一些原本缺少旅游资源或资源品位不高的地方,可以创造性地建成高品质的旅游城市景观,增加旅游者的选择,如深圳中华民族民俗文化村。民俗文化作为旅游的载体,很多民俗文化旅游的开发是不受季节和时间限制的,日夜全年开放,并能够充分利用,因此可以开发出更多的满足游客的旅游产品。旅游消费模式已经发生变化,正逐渐淡化旅游淡旺季的区分。

"印象·刘三姐"景区集漓江山水风情、广西少数民族民俗特色及中国艺术创作之大成,

---

[1] 文化和旅游部.文化和旅游部举行第十届全国杂技展演新闻发布会[OL]. http://www.scio.gov.cn/xwfbh/gbwxwfbh/xwfbh/whb/Document/1659169/1659169.htm.[访问时间:2020-05-18].

将刘三姐的经典山歌、民族历史风情、漓江渔火、广西壮族民俗等元素创新组合,成功诠释了人与自然的和谐劳动关系,让观众在白天观看刘三姐山水实景,晚上观赏场面恢宏、气势磅礴的"印象·刘三姐"实景演出,体验不同的民俗文化、艺术韵味,改变了中国传统的白天看景、晚上睡觉的旅游管理方式。同时,传统的季节性观光旅游产品劣势是非常明显的,但民俗文化旅游产品一年四季都可以开发利用。比如,现在的"印象·刘三姐"拥有春夏秋冬四季以及雨天、晴天等方式不同的版本,而针对漓江水流、水位的变化,也采用了一些相应的调整管理措施,使得"印象·刘三姐"除了恶劣天气外都能够进行全天候的演出,淡化了中国旅游的淡旺季概念。

(三) 提高传统旅游资源的科技含量,增强旅游吸引力和核心竞争实力

创新的重点内容就是科技创新,利用新技术将非物质文化(如神话传说、戏剧等)广泛地转化为旅游产品,同时,利用科技的创新将在旅游环境保护、文化继承与保护、旅游设施等方面全面提高传统旅游资源和旅游产品的科技含量,从而增强旅游目的地的吸引力和核心竞争力。[1]

"印象·刘三姐"就是通过采用大量的科技元素,利用信息科技的力量将刘三姐这一民间传说人物转化为文化旅游精品,成为世界上最成功的、规模最大的非物质文化旅游精品。景区内采用了大量的灯光控制系统、音响系统、烟雾造景系统等高科技旅游电子设备,将漓江及方圆2千米内的12座山体全部产品设计成为山水实景剧场,成为中国目前最大规模的环境艺术灯光工程及独特的烟雾效果工程。有了这些设备,刘三姐的经典山歌、民族风情元素、漓江渔火都可以不着痕迹地融入自然景观,营造出视觉上如诗如梦的变化。

创新可以增强一个行业的核心竞争力,要创造具有中国文化特色的理论知识体系和实践体系离不开创新,中国传统旅游产品创新的研究和实践仍然欠缺,导致了中国旅游在世界旅游市场中具有世界推广意义的旅游产品或旅游品牌不多。因此,加强旅游业创新不仅应研究旅游科技创新的应用,而且需要深入探索和研究各个相关领域,从而提高中国文化旅游产业的竞争力。

请思考以下问题:

1. 为什么文化旅游产业需要文化创意?
2. 举例说明,旅游宣传中的文化创意。
3. "印象·刘三姐"案例中,谈一谈文旅融合的成功之处与改进建议。
4. 结合案例,谈谈文化创意产业与地方民俗旅游业协同发展的必要性及路径。

---

[1] 陈佳洱. 加大基础研究投入　夯实自主创新根基[J]. 世界科学, 2006(1):4.

思维导图

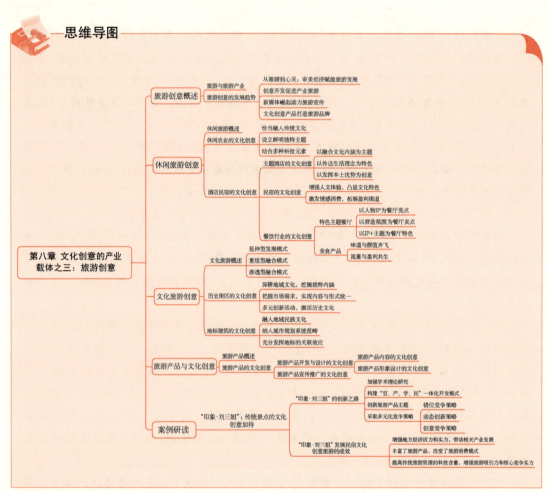

本章参考文献

[1] 王伟.审美经济视域下文化创意与旅游产业融合发展研究[J].四川旅游学院学报,2020(2):30-33.

[2] 郑正真.产业融合视角下文商旅体融合发展策略研究——以成都市为例[J].四川旅游学院学报,2020(2):34-39.

[3] 高小茹.乡村旅游与文化创意产业融合发展的思考[J].旅游纵览(下半月),2020(1):165-166.

[4] 臧彤,王海坤.体育、文化、旅游产业融合发展的困境与思考[J].长春大学学报,2019(12):82-85.

[5] 杨卓玮.试析文化创意产业的集聚效应及影响因素[J].公关世界,2019(24):99-101.

[6] 李梦子,隋鑫.文化产业与旅游产业融合发展研究综述[J].旅游纵览(下半月),2019(11):46-47.

[7] 李金容.乡村振兴视域下贫困山区体育旅游扶贫的路径研究——以鄂西山区为例[A].第十一届全国体育科学大会论文摘要汇编[C].中国体育科学学会,2019:6939-6941.

[8] 宋艺竹.抖音短视频中城市形象建构的传播策略——以"抖音之城"西安为例[J].新媒体研究,2019(13):44-45.

[9] 李晶晶,卢一.历史街区文化创意产业发展要素浅析——以文殊坊为例[J].四川建筑,2019(3):30-32.

[10] 冯玉新,刘雪."抖音短视频"与陇南旅游营销的融合研究[J].河北旅游职业学院学报,2019(2):39-43.

[11] 李小琪.旅游宣传品审美特性研究[D].济南:山东大学,2019.

[12] 田起帅.短视频社交对城市传播影响研究[D].西安:西北大学,2019.

[13] 孙智君,张高琼.文化创意产业集聚区发展研究:回顾与展望[J].长江大学学报(社会科学版),2019(3):73-79.

[14] 张静.抖音短视频对西安城市形象建构与传播策略探析[D].保定:河北大学,2019.

[15] 刘桃.大众文化"仪式化"的初探——以《印象·刘三姐》造就本土文化产业为例[J].今传媒,2017(11):100-101.

[16] 张燕琦.成都市历史文化街区的空间形态分析——以文殊坊为例[J].美与时代(城市版),2017(6):11-12.

[17] 曹韩,李莉.云南文化创意城镇发展研究——以丽江古城为例[J].时代农机,2016(2):82-84,89.

[18] 林希茜.体验视角下我国主题公园的模式设计——以杭州宋城为例[J].江苏商论,2015(6):48-52.

[19] 霍珺,朱喆,陈嘉晔,韩荣.文化创意产业集聚城市历史街区因素分析[J].美术大观,2013(7):68-69.

[20] 李运.基于文化意象的历史街区旅游开发研究[D].重庆:重庆师范大学,2012.

[21] 余琪.国内大型主题性旅游演艺产品开发初探[D].上海:华东师范大学,2009.

[22] 戴湘毅.历史街区的文化意象及其旅游发展研究[D].福州:福建师范大学,2008.

[23] 陆军,王林.创新:民俗文化旅游整合开发的原动力——以桂林阳朔"印象·刘三姐"为例[J].桂林师范高等专科学校学报(综合版),2006(4):140-143.

[24] 宁泽群.旅游经济、产业与政策[M].北京:中国旅游出版社,2005.

[25] 张辉等.转型时期中国旅游产业环境、制度与模式研究[M].北京:旅游教育出版社,2005.

[26] 林拓,李惠斌,薛晓源.世界文化产业发展前沿报告(2003—2004)[M].北京:社会科学文献出版社,2004.

[27] [德]霍克海默,[德]阿多尔诺.启蒙辩证法——哲学断片[M].渠敬东,曹卫东译.上海:上海人民出版社,2003.

[28] 魏小安,韩健民.旅游强国之路:中国旅游产业政策体系研究[M].北京:中国旅游出版社,2003.

[29] 谢斌,吕静怡.七大因素推动动漫产业发展[J].电影评介,2008(1):74,99.

[30] 李美云.论旅游景点业和动漫业的产业融合与互动发展[J].旅游学刊.2008(1):56-62.

[31] 曹国新.旅游产业的内涵与机制[J].旅游学刊,2007(10):6-7.

[32] 郭长江,崔晓奇,宋绿叶等.国内外旅游系统模型研究综述[J].中国人口·资源与环境.2007(4):101-106.

[33] 王慧敏.旅游产业的新发展观:5C模式[J].中国工业经济,2007(6):13-20.

[34] 任瀚.论中国旅游经济战略定位理论与驱动力的演变[J].河南财政税务高等专科学校学报,2007(3):56-57.

[35] 厉无畏,王慧敏.创意产业促进经济增长方式转变——机理·模式·路径[J].中国工业经济,2006(11):5-13.

[36] 郑少林.我国旅游产业经济研究综述[J].经济研究导刊,2006(5):152-154.

[37] 潘瑾,陈晓春.基于价值链分析的创意产业知识产权保护方法与途径探讨[J].知识产权,2006(2):30-33.

[38] 于雪梅.在传统与时尚的交融中打造文化创意园区——以前民主德国援华项目北京798厂为例[J].德国研究,2006(1):55-59,80.

[39] Duijn M, Rouwendal J, Boersema R. Redevelopment of Industrial Heritage: Insights into External Effects on House Prices[J]. Regional Science and Urban Economics. 2016(57): 91-109.

[40] Bradecki T, Uherek-Bradecka B. Preservation, Reconstruction or Conversion — Contemporary Challenge for Historic Urban Areas and Historic Buildings [J]. Advanced Engineering Forum, 2014 (12):115-121.

第九章

文化创意的产业载体之四：活动创意

学习目标

学习完本章，你应该能够：
(1) 了解活动创意的界定与分类；
(2) 了解展会活动的文化创意；
(3) 了解主题活动的文化创意；
(4) 了解路演活动的文化创意。

基本概念

活动创意　展会活动　主题活动　路演活动

第一节　活动创意概述

活动是一个非常广泛的领域，也是一个非常普遍的运作。文化创意的产业载体离不开活动,而好的活动也离不开文化创意。文化创意是活动的灵魂,赋予活动独一无二的价值和魅力,要把平常且普遍的活动做得非常有魅力、有价值,就需要有大量文化创意元素的介入。随着文化创意产业的蓬勃发展,文化创意活动开始朝着强互动、重体验、重创新、多元化、品牌化、年轻化的方向发展,并逐渐以创意赋能,摆脱千篇一律,形成独特的品牌活动,产生良好的活动效果。

一、活动的界定与分类

"活动"一词在新华字典中有多种解释,其中将它作为名词,意为"为某种目的而行动",即由某一目的将人、事、物联合起来而作出一系列行为的总和,这也是本章所采用的"活动"概念。活动的分类多种多样且无统一标准,根据分类目的与需要的不同,活动可以进行多元化的划分。如按内容不同可以分为政治活动、经济活动、文化活动等,其中每个大类活动还可以细分,如政治活动包括选举活动、外交活动、社会保障活动、公共活动等,经济活动包括生产活动、交换活动、分配活动、消费活动等,文化活动包括校园文化活动、群众文化活动、企业文化活动等;按涉及范围大小可以分为世界级活动、国家级活动、省市级活动等;按时间划分可以分为单次活动、短期活动、长期活动、定期活动等。除此之外,关于活动的分类还有很多,不胜枚举。

二、活动创意的发展趋势

从世界范围来讲,国内外活动的文化创意丰富多彩,各具特色。与文化创意最为密切的活动形式可以总结为三大类,一是展会活动,如世界博览会、中国进出口商品交易会(简称"广交会")、日本东京动漫展、威尼斯艺术双年展等展览;二是主题活动,如四大时装周、法国戛纳电影节、巴西里约(热内卢)狂欢节、各体育赛事等;三是路演活动,如快闪、商演、红毯秀等。

目前,各种活动的文化创意呈现如下发展趋势:

第一,借活动影响力,打造城市形象。如今,世界各国大小城市希望通过举办各类型活动,展现城市魅力,塑造城市新形象,因此纷纷注入文化创意因素,以此扩大活动影响。如北京电影节,作为北京市建设世界城市、打造东方影视之都的重点文化活动,开始朝着国际性、专业性、创新性、开放性和高端化的方向发展。又如上海时装周活动,以文化创意作为重要驱动力,旨在推动上海市时尚创意产业发展,打造国际时尚之都。

第二,整合媒体力量,呈现多元活动。融媒体时代到来,单一媒体的传播效果远不如多种媒体联合传播的效果。因此,越来越多的活动采用线上线下结合、传统媒体与新媒体结合等方式,让活动更加多元、更具创意,进而辐射更广泛的受众群体,获得良好的传播效果。如快闪在线下的路演虽然可以聚集周围人群驻足,但更大意义在于快闪视频在新闻媒体、社交网络的二次传播,这种传播影响可以由短时延长为长期、由现场扩展到全网络。

第三,科技创新活动,文化赋能创意。随着对文化创意的重视,各种新技术如VR、AR等也逐渐被应用于活动展示、活动体验中,无论是活动场景设计、活动开展形式、活动创意环节、活动推广宣传等中,无处不在的科技融入也逐渐成为活动创意的惯用方式。如博物馆如今引入更多的技术支持,通过数字呈现、VR体验、全息互动等方式,让陈列在展厅的文物"活"起来,提升互动性与体验感,也因此吸引了越来越多的民众光临博物馆。

基于以上活动创意的发展趋势,接下来将分别从展会活动、主题活动与路演活动三个方面对活动中的文化创意展开深入分析。

第二节 | 会展活动创意

一、会展活动概述

关于会展的界定十分复杂,其含义的外延也十分广阔。一般认为,会展是在特定的时间段和场所内,以一定主题、内容、形式和目的,通过传播、展示和交流方式,实现人流、物流、资金流、信息流和能源流集聚的活动。狭义而言就是会议和展览,广义会展则包括会议、奖励旅游、大型会议、活动展览和节事活动等。因此,会展活动的类型也多种多样:按举办形式可分为会议、展览会、交易会等;按内容类型可分为商贸类、体育赛事类、社会文化类等;按照参与范围可以分为国际级、国家级、省市级、某一行业内等;按照展览规模可以分为综合型、中小型、小型、微型等;按照举办场地可以分为室内、户外、室内露天混合型等。作为现代高端服务业的重要一环,会展活动已逐渐成为一个产业,日益摆脱露天集会和千篇一律,开始走进会展中心、文化中心,呈现出高端性和创意性的特点,成为文化创意产业载体之活动的重要形式。

二、展会活动的文化创意

相对于普通展览而言,展会则以展览的形式促成直接的商业交易,例如展览会、博览会、交易会、展销会、展示会等,英文可以用 fair、exhibition、exposition、show 等词来表示。据中国商务部最新数据,2019年中国在专业展览馆举办的展会约6 000场,展览总面积超过1.3亿平方米,在举办规模和可供展览面积方面均居世界首位。[1] 在展会快速发展的同时,仍存在同质化、重复办展、缺乏创意等问题。尤其对于连续多年举办的展会来说,创意无疑是最大的挑战。因此,为了吸引更多的观展人群,展会也逐渐走上文化创意之路,从基本的展示设计到设置多种活动环节,再到文化与科技的融入,无不体现展会活动的文化创意匠心。

(一)吸睛的展示设计

展位、展台是一个产品、一个品牌乃至一个企业对外展示的重要窗口,因此展示设计成为展会活动中重要环节,有发挥文化创意的巨大空间。展会中的展示设计包括展台设计、空间布局设计、道具设计、照明设计、平面设计以及与展馆环境相匹配的设计等内容。由此可见,展会中的展示设计需要综合考虑视觉、听觉、触觉、嗅觉等感官感受,是以不同手段开展的一项创造

---

[1] 中国新闻网.2019年中国展会举办规模和可供展览面积均居世界首位[OL]. https://baijiahao.baidu.com/s?id=1655259649547098015&wfr=spider&for=pc.[访问时间:2020-05-04]

性设计活动。回顾历年的中国国际数码互动娱乐展览会(ChinaJoy),就涌现出不少极具创意性的展台(图9-1)。如2016年ChinaJoy,Bilibili展台在众多展台中脱颖而出,通过大屏幕实时直播和弹幕与路过观众进行互动,成为当年与观众互动性最强展台;同年,晨之科咕噜游戏将当时世界上最大的扭蛋机带入展区,并且融入咕噜游戏中,吸引了众多观众驻足;2017年ChinaJoy,蜗牛游戏将游戏特色场景与展台相结合,将主舞台设计为游戏中的阿勒沙竞技场。

图 9-1 ChinaJoy 现场
（图片来源于网络）

（二）多元化的活动环节

展会是连接消费者和行业内部的重要桥梁,行业通过举办展会来加强与市场的沟通与交流,因此展会中的多样化的活动环节是帮助展商之间、展商与买方、展商与观众开展信息交换的重要渠道。随着展会行业的发展,除了基本的展览环节,现代展会还可设计展中会、会中展、展中展、会中会等更多环节内容。

同样以ChinaJoy为例,截至2018年,它已经成为世界第二大规模游戏展,形成以游戏为主导,覆盖动漫、二次元、Cosplay、电竞、网络文学、互联网影视与音乐、直播与短视频、潮玩、VR、AR、智能娱乐硬件与软件等数字娱乐全领域的综合性文化类展会。[1] 目前,ChinaJoy已经形成了三大体系的娱乐互动活动:展览体系、会议体系及各类赛事活动。在此基础上,每年仍会推出一些具有创新性的活动:如自2017年起,ChinaJoy遵循用户至上、互动第一的原则打造专属的互联网实况直播频道;2017年ChinaJoy举办了十五周年官方庆典ChinaJoy音乐嘉年华;2019年全面助推上海打造"全球电竞之都"的战略,举办了"上海电竞周"活动等。

（三）"文化＋科技"双重体验

自2018年以来,文化与科技一直是文化产业内的一大发展趋势。科技创新、文化赋能成为当今文化创意的发展主题,也是展会活动中产生创意的重要推动力。在展会活动中,将"文化＋科技"运用最好的当属红遍全球的日本TeamLab展。自2001年起TeamLab通过400多

---

[1] 刘明广,罗魏.国际会展业经典案例[M].北京:清华大学出版社,2019:170.

人的团队创作,融合艺术、科学、技术、设计和自然界,旨在"让艺术作品摆脱展厅空间的限制,与其他作品交流、相互影响,打破作品与作品之间的边界并相互融合",传递"感到幸福、快乐"的理念(图 9-2)。从其文化创新性角度来说,其火爆的原因是:通过科技和艺术的引入,创造超越常识的、让人幸福的体验;通过大型装置、夺人眼球的奇景、霸屏社交媒体、以拍照分享作为观众体验的核心等形式,强调展览的体验性;在普通观众承受范围内且符合他们心理预期的门票价格。可见,艺术展要策划得有创意,不仅要顺应市场潮流的风向,以科技为支撑,增加展览的互动参与性、沉浸体验感、社交分享性,同时还应进行人文理念、价值观、幸福感的传递,这样的艺术创新才是具有温度的。[1] 没有最新,只有更新,创意永远都是展会的灵魂,只有具有文化创意的展会才能有持久生命力,形成无价的品牌效应,助推会展更好地发展。

图 9-2　东京 TeamLab

(图片来源于网络)

三、博物馆活动的文化创意

通过前文,我们了解到展览属于展会中的一种常见形式。广义的展览则指由单位和组织指导主办,另一些单位和组织承担整个展览期间的运行,通过宣传或广告的形式邀请或提供给特定人群和广大市民来参观欣赏交流的各类商务或非商务活动。而狭义的展览指公开陈列美术作品、摄影作品的原件或者复制件。从展览的性质来看,由于具有社会教化和文化教育的非营利性功能,博物馆展陈属于展览中一种特殊存在,也成为发展文化创意事业的重要阵地。

根据 2007 年第 21 届国际博协大会《章程》:"博物馆是一个为社会及其发展服务的、非营利的永久性机构,并向大众开放。它为教育、研究、欣赏之目的征集、保护、研究、传播并展出人类及人类环境的物证。"[2] 由此可见,博物馆兼具展示陈列、教育科普、保护研究等功能于一身。关于博物馆的分类,不同国家、不同组织的分类标准有些许不同:西方国家一般将博物馆

---

[1] 澎湃新闻.对话|TeamLab 创始人猪子寿之:在美术馆体验自然万象[OL]. https://www.thepaper.cn/newsDetail_forward_4432199.[访问时间:2020-05-04]

[2] 李耀申,耿坤,李晨.博物馆定义的国际化表达与中国式思考[J].博物院,2019(4):54-58.

分为艺术博物馆、历史博物馆、科学博物馆和特殊博物馆;中国一般将博物馆分为艺术博物馆、历史博物馆、科学与技术博物馆和综合类博物馆。此外,国际博物馆协会还将动物园、植物园、水族馆、自然保护区、科学中心和天文馆以及图书馆、档案馆内长期设置的保管机构和展览厅都划入博物馆的范畴。[1]现代博物馆主要包括搜集、保存、修护、研究、展览、教育、娱乐这七项功能,其展览活动也都是围绕这七项功能所展开的。因此,博物馆展览与商业性展览有着本质不同,其展览活动中的文化创意同样值得研究。

(一)博物馆文化创意概述

博物馆文化创意包括有形的创意产品和无形的创意服务:有形产品包括各种基于博物馆藏品、特色文化或者博物馆建筑而设计的产品;无形的创意服务包括博物馆联合举办的展览服务、教育活动、讲座等。本节将对博物馆的无形产品进行重点讲解。博物馆举办的陈列展览和定期活动是文化创意的产业载体之活动的一种表现形式,可以体现一个博物馆的文化精神,是对文化的再创造和传播。博物馆展览及文创活动的创新不仅是发展文创事业、推进文化创意工作的重要组成部分,同时也是对优秀传统文化的创造性传承、转化和创新性发展的重要举措。因此,对博物馆展览及日常活动形式的创新研究,是一个重要的课题。

(二)博物馆文化创意活动

举办各种展览是博物馆主要的工作内容之一。随着时代的变迁与社会文化的快速进步,静态展示、无互动、无创新的传统模式已不再符合民众的需要,人们的参观意愿较低。在文化创意产业与技术发展的影响下,博物馆展览逐渐从"呈现文化"向"模仿文化"、从"静态展台"到"交互观展"、从"人在馆中"到"人馆分离"的传播场域转变,实现形式创新与文化创意相结合,并成为当下博物馆文化创意活动的重要策略。具体来说,目前创新的活动形式有以下几种。

1. 展示陈列数字化

正如贝拉·迪克斯所说:"尽管博物馆声称它们是启蒙大众的工具,但大多数博物馆仅仅满足于提供最基本的标签和公共信息,而且也并未积极地努力面向更多观众……文化并未通过博物馆向广大公众开放并得到理解,它仅仅是作为国家遗产的一部分被高高举起、让众人仰慕。"[2]博物馆展览是一种空间的讲述,展览形式的一切手段都应该以信息的有效传达为重要参考,因此所有的创意要围绕着让人们读到、读懂、读通而开展。

如今随着数字化在文创产业中的深入发展,博物馆展览的形式已从最初单一的图文展板到多元化互动的展示手法,从冰冷的展示模型到人工智能大数据的动态呈现,从枯燥的单方面观展到身临其境的真实可感,展陈数字化已成为博物馆创新发展的首要任务与重要工作之一。比如旧金山现代艺术博物馆尝试运用AR技术展现艺术作品,以一种全新方式使观众感受到艺术的魅力(图9-3);以中国首都博物馆《王后·母亲·女将——纪念殷墟妇好墓考古发掘四十周年特展》的VR展示为例,采用虚拟现实技术还原妇好墓穴上下六层、深达7.5米的挖掘现

---

[1] 百度百科.博物馆[OL]. https://baike.baidu.com/item/%E5%8D%9A%E7%89%A9%E9%A6%86/22128#5.[访问时间:2020-05-14]

[2] [英]迪克斯.被展示的文化:当代"可参观性"的生产[M].冯悦译.北京:北京大学出版社,2012:7.

场,将单一文字叙述无法呈现的场景,完整、立体地展现在观众面前,11台VR眼镜每天可以帮助近千位观众"一眼看穿";[1]故宫也于2018年推出主题性综合文创研发项目"清明上河图3.0"高科技互动艺术展,在保留作品原本美学价值的基础上,充分挖掘了文物藏品的内涵,向人们展示科举文化、大婚礼仪、年节文化,连接了历史与现实,通过高清动态的长卷及4D动感影像让文化可触可感,带给观众真人与虚拟交织、人在画中游的感受。

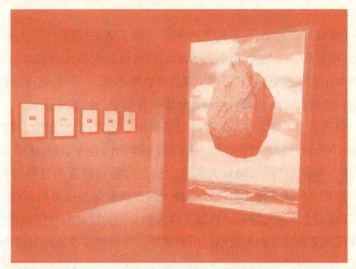

图 9-3　旧金山博物馆艺术作品 AR 展示
（图片来源于网络）

由此可见,博物馆展陈的数字化发展,不只是新技术的堆砌,而将博物馆视为一个有故事的媒体空间,以带给观众更好的呈现效果为初衷,从而提升其参观意愿,以更好地发挥博物馆的社会功能和教育功能。

2. 智慧型互动体验

党中央、国务院已将文化事业提升到增进人民文化获得感与幸福感的全新高度,2016年,国家文物局等五部委联合发布的《"互联网+中华文明"三年行动计划》[2],为文博行业融合互联网技术创新发展开辟了新的思路。随着大数据、人工智能、云计算、区块链、5G技术的深度融合以及产业互联网与消费互联网的融通融合,社会各界对文化产业的重视程度与投入力度增大,全新模式中的文化创意不断发展。各种"黑科技"的植入让博物馆"能说话、会说话",文化的导入更让博物馆能说"文化话、旅游话",以通俗易懂的语言让古老文物焕发新生命,使静态的博物馆"活起来",利用虚拟现实技术的沉浸感以及增强现实的交互感大大提升了参观者参观博物馆的交流互动体验。例如,德国开姆尼茨国家考古博物馆将有关萨克森州文化历史

---

[1] 今日幸福科技.国内外是如何将VR融入到博物馆的?[OL]. https://www.sohu.com/a/248994799_100112503. [访问时间:2020-05-04]

[2] 国务院网户网站.五部门关于印发《"互联网+中华文明"三年行动计划》的通知[OL]. http://www.gov.cn/xinwen/2016-12/06/content_5143875.htm.[访问时间:2020-05-04]

的信息等数据,以时间和空间为线索进行整理和编辑,观众通过触摸屏可以实现互动搜索,体验动感的撒克逊雕塑的表演模式;法国尼斯希米耶考古博物馆设置室内互动展区,观众跟随语音提醒,可以将陈列的部分模型和道具层层摆开,还原当时的战争场面,让观众自己去触碰、去感受;秦始皇帝陵博物院通过《你好,兵马俑》人脸识别系统提高游客与兵马俑的互动,通过数字化技术,游客在手机上就可以实现街景式体验。

3. 精彩纷呈跨界活动

博物馆不囿于常规展演活动,与不同艺术形式开展了诸多"跨界"活动,如室内、户外设置演出活动、与游戏、电影和其他品牌开展联合活动,将其他艺术形式的表演与博物馆场景结合在一起,扩大了博物馆文创的空间,其最终呈现效果也都不错。[1] 如此,有创意地选择跨界合作的形式和话题点,是博物馆作为新兴传播载体尚有挖掘潜力的部分。

目前,国内外也有不同艺术形式,在博物馆场景中设置秀场、音乐会、戏剧等文化创意活动。如米兰歌剧院演出团队曾在博物馆以卡拉瓦乔画作的内容为原型,还原了画作场景,并对画家的创作情景进行解读与展示;南京大报恩寺遗址博物馆打造的世界首台博物馆实景演出——《报恩盛典》,用一种新的模式传承和弘扬中国传统文化与报恩精神(图 9-4);2019 年,四川现代舞蹈团在成都金沙遗址博物馆表演了以古蜀文明为题材的现代舞剧《根》。但目前来说,博物馆戏剧作品的来源还是根据展品的历史或特点而创作或引入比较成型的戏剧居多,且

图 9-4 南京大报恩寺遗址博物馆的《报恩盛典》实景演出
(图片来源于网络)

---

[1] China Joy.四大博物馆跨界合作,网易 520 与传统文化擦出了哪些火花?[OL]. https://www.sohu.com/a/316009263_733605.[访问时间:2020-05-04]

以观演为主，因此为了避免同质化发展，博物馆更在此基础上做到进一步创新。博物馆应充分发掘各自馆藏的文物内涵，打造基于史实、适当想象的专属戏剧，同时不同于传统相框式剧场的观演关系，应强调"参与"这种戏剧的过程，创造带有后戏剧剧场色彩的参与式"应用戏剧"，这才是与多元互动的"新博物馆"理念相匹配的。

因此可以看出，气质相仿的对话者才会达到相得益彰的视觉效果和传播成绩，同样跨界活动也成为博物馆作为独立IP得以更好自我传播的上升通道之一。这样双赢的局面，一方面为长期保持静态的博物馆提供了可观可感的现场体验，真正让"文物活了起来"；一方面又为其他艺术形式拓宽了题材与市场，尽可能地延伸、利用现场体验场所积聚的人流与眼球效应，进行文化传播乃至收获经济效益。

4. "夜生活"点燃博物馆

1999年，英国的博物馆开创了博物馆夜场的先河，并成为英国夜间文化的一个重要组成部分。"博物馆夜场"也是博物馆活动的一种文化创意形式，被越来越多的博物馆所采用。对于大型成熟的博物馆而言，无论是引爆夜间人气、激活夜间旅游，还是拉动夜间消费、填补夜游空白，灯光秀都是优质的选择。如2019年新春故宫"上元之夜"夜场"灯会"，紫禁城古建筑群首次在晚间被大规模点亮，不仅让游客追溯当年的历史人文风貌，还可以通过沉浸式的体验感受到昔日皇家夜场的气派(图9-5)；卢浮宫联合爱彼迎(Airbnb)推出"夜游卢浮宫"的活动，以"胜利女神陪你说话""蒙娜丽莎伴你入眠"为超级卖点，面向全球招募幸运儿在卢浮宫免费过夜，获得全球数百万用户疯狂参与转发；[1]湖南省博物馆也曾成功举办"博物馆之夜"，并首创全国文物全媒体传播，成为夜游博物馆和体验科技化的最佳选择。此类博物馆活动，难以避免存

图9-5 故宫"紫禁城上元之夜"
（图片来源于网络）

---

[1] 国际美术馆.博物馆馆长联盟.博物馆开夜场,有哪些玩法？需要平衡"高大上"和"接地气"[OL]. https://view.inews.qq.com/a/20190625A0OHAS00.[访问时间：2020-05-04]

在争议,反对者认为这有损博物馆的标准和博物馆浓郁的文化氛围。但不可否认的是这拉近了博物馆与观众的距离,获得更为深刻的文化体验和审美享受,由此也能吸引更多参观者。

随着世界各国开始尝试博物馆夜场活动,经过精心策划和多次迭代,夜场活动已经成为博物馆的副品牌,为博物馆连接不同的受众群体起到关键作用。在美国,博物馆作为青少年的重要教育资源,夜场活动也在其中发挥了重要作用:芝加哥菲尔德博物馆为家长及6至12岁的孩子提供了"博物馆奇妙夜"游览项目,包括自主游览、动手活动、奇幻的睡前故事等,成为博物馆的一种创新教育形式。

博物馆不仅是一个文物展陈的地方,更是发挥社会功能和教育功能、为公众创造精神福祉的场所。其作为一种记载历史、有文化教育意义的存在,无论其属性为国有还是私有,都需要依靠营销来获取公知和大众注意力,而营销固然重要,更加重要的是博物馆运营和设计中的创意力,只有后者才会决定一个博物馆或一场展览作为品牌留给观者的印象是否足够深刻,并决定了该"品牌"得以再传播的深度和广度。

文化创意已成为博物馆行业发展的重要组成部分,为国内国际社会所共识共赏。充分保护与合理利用好文物资源,让文物活起来,发挥好文物的文化引领作用,是文化创意领域发展的方向。博物馆文化创意产业作为博物馆文化产业中的一个范畴,是文化产业中对创意最为重视的一部分。博物馆活动的理念转型应积极参与到文化创意产业发展之中,枯燥乏味、毫无创意、脱离观众、脱离市场的活动只能是闭门造车,必将因门可罗雀而导致其无法发挥功能,成为不必要的摆设般的存在。利用文化创意理念组织博物馆经营活动,将博物馆特有的文化资源按创意产业规律进行创造性加工和整合,或是形成全新的博物馆文化创意产品推向市场,或是利用技术赋能创新展陈方式和体验方式,或是利用文化赋能举办与各种不同类型艺术形式相结合的活动,都是创意与成效兼具的做法。只有以观众为本,以市场为导向,以创新驱动,以文化与技术赋能,不断创新展陈和活动形式,才是市场经济条件下博物馆积极适应社会发展的必然选择。

第三节 主题活动创意

一、主题活动概述

不同于展会活动,主题活动指以特定主题为内容,以弘扬传统风俗文化、推动艺术发展或推广某项产品为目的的宣传活动。相比于展览,主题活动与策划事件更相似,往往具有鲜明特定的宣传事件或主题,围绕事件或主题而开展。主题活动具有三大特性:一是系统性,围绕统一主题开展的活动策划,具有独立的活动系统;二是灵活性,主题活动不受其他内容影响,可以在主题内容范畴内进行灵活调整;三是贴近性,这类活动可以根据日常生活、新闻热点等内容选择主题,可以引起更广泛的人群的关注或吸引更多人参与。

根据学者 Getz 的分类[1]，经过策划的事件通常可以被分为八种类型：文化节庆，包括节日、狂欢节、宗教事件、历史纪念活动；文艺娱乐事件，音乐会、文艺展览、授奖仪式；商贸及会展，展览会、博览会、会议、广告促销；体育赛事，职业比赛、业余比赛；教育科学事件，研讨班、专题学术会、学术讨论会、课程发布会；休闲事件，游戏和趣味体育、娱乐事件；政治、政府事件，就职典礼、授职仪式、群众集会；私人事件，周年纪念、家庭事件、社交事件。按照与文化创意的关联性，本节将主题活动总结划分成节事活动和商务活动，将分别对这两类活动作更为详细的讲解。

二、节事活动文化创意

节事顾名思义是节庆活动和特殊事件活动的总称，包括了各种传统节日和新时期的创新节日以及具有纪念性的事件。节事活动，既可以是在不同国家、不同民族、不同区域的长期生产、生产活动实践中产生的一种特定的社会现象，也可以是在固定或不固定的日期内，以特定主题活动方式，约定俗成、世代相传的具有鲜明地方特色和群众基础的大型文化活动。节事活动种类很多，传统的节事活动有祭祀活动、纪念节庆、庆贺节庆、社交游乐节庆、商贸节庆，如元宵灯会、海南椰子节、吐鲁番葡萄节、潍坊风筝节等；现代的节事活动有体育赛事活动、电影节、音乐节等。

世界范围内，大大小小的节事活动成千上万个，但在长期举办过程中依然热度不减的较少，大多数由于缺乏文化创意的融入而渐渐淡出视野，只有少数因为不断创新而依然广受好评。如今，节事活动的文化创意方式可以体现在如下几方面：

（一）推陈出新的活动内容

如今仍处于"内容为王"的时代，因此活动内容创新是节事活动文创的重要方面。

以电影节为例，电影行业是文化创意产业的重要组成部分，而电影节也是节事活动的重要形式之一。随着全球化时代的到来，当今世界各国已设置各类电影节近 1 000 个，作为"世界电影之窗"的国际电影节的影响日益广泛。但随着众多电影节的出现，活动同质化现象越来越严重，毫无创意的活动容易让观众产生审美疲劳，导致电影节的关注度和收视率都大不如前，连"世界三大国际电影节"之一的戛纳国际电影节也毫无例外。法国《费加罗报》苛刻地将 2018 年第 71 届戛纳电影节称为"令人大失所望"的一届电影节，认为其入围的影片色彩暗淡、好莱坞影片令人难以置信的缺席。[2] 2019 年的戛纳也是如此，只得到舆论"挺不错"的评价，"挺不错""都不错"的评价背后是某种程度上对于突破的失望。如今的世界电影形态多样、竞争激烈，在这个没有恒定标准的电影节上，如何形成独特的审美体系和活动特色是值得思考的问题。只有创新定位，创意审美，创造惊喜，才能在同质化中脱颖而出。

学者尹鸿认为，办好一个国际化电影节必须具备两个要素：参与度和权威性。其中，"一个

---

[1] Getz D. Festivals, Special Events, and Tourism.[J]. Western Folklore, 1991(3):253.
[2] 光明日报.戛纳电影节的场内与场外[OL]. https://baijiahao.baidu.com/s? id=16011281386116114708&wfr=spider&for=pc.[访问时间：2020-05-04]

成功的电影节应该具备与已有国际电影节的差异和识别度,建立自身的权威性"。[1]一流的电影节总能够有明确的定位和鲜明的特征,而这一前提就是要有源源不断的推陈出新的创意内容。因此,有生命力的文化一定是不拘泥于传统和过去,重新赋予其新时代的理念和创意。尤其对于长期举办的节事活动而言,唯有融入创意性的内容,摆脱同质化,才可取得非凡的传播效果。

(二)打造独特的活动品牌

具有创意性的节事活动一定是能够产生独特魅力的。要使一个活动产生独一无二的魅力,就要打造属于自己的品牌。就节事活动品牌化而言,不得不提世界节庆之都爱丁堡的品牌之路。爱丁堡是苏格兰的首府,也是英国重要的政治中心、教育中心和金融中心,凭借创办于1947年的爱丁堡国际艺术节,成功打造了爱丁堡艺术文化之都的城市品牌形象。其成功离不开政府的品牌化运作:为营销推广艺术节上的戏剧作品和古典音乐表演等,市政成立了专门的城市联盟组织,采用差异化战略,最终以其独有的专业性、前瞻性、影响力和国际公认性,使爱丁堡国际艺术节成为世界著名的品牌文化活动。

举办了多年的传统节事活动依靠时间的沉淀和悠久的历史积累形成了品牌,但对于创立时间不长的节事活动,如何进行品牌化打造,是提升节事活动影响力的重要突破口。国内目前也有不少节事活动开始品牌化,打造差异形成自己的特色。例如,与北京地坛庙会并称中国两大庙会的广府庙会,通过"政府搭台,民间唱戏"的方式,旨在弘扬广府传统民俗文化,成为广东春节重要的节事活动。除了庙会重头戏之一的"民俗文化大巡演"之外,为了吸引更多年轻人的关注,广府庙会还借机举办青年喜剧节,以类似于"快闪"的手段进行展演,牢牢抓住年轻群体喜欢新鲜、刺激的神经,配以轻松诙谐的内容、"接地气"的广州老字号和名胜古迹等,通过情景剧、"栋笃笑"和说唱形式,来让青少年群体在传播欢笑间达到弘扬广府文化的效果。由此可见,广府庙会的影响力虽未及世界性艺术节、电影节之大,但也逐渐发展成为民俗文化的品牌活动。

(三)融入互联网思维

2015年第十四届全国人民代表大会第一次会议,李克强总理在政府工作报告中首次提出"互联网+"行动计划,"互联网+"不仅是将互联网与各类传统行业简单结合,更是强调一种互联网思维,具有文化创意的活动亦是如此。

作为追求精神愉悦和经济效益的大型节事活动,户外音乐节开创了以音乐为介质的文化交流,为人们创造出了一种新兴的文化节日,逐渐发展成为年轻人的一种生活方式。作为舶来品的户外音乐节,已作为新的产业发展模式逐渐在音乐产业中占有了一席之地,年度户外音乐节的数量高达百余场。纵观国内音乐节,无论是成熟的市场条件,还是其他的各类因素如本土艺人影响力的提高、爱好者人群更加广泛、政府支持政策保障等都使得国内音乐节具有发展潜

---

[1] 中国电影网.缺乏明确宗旨,上海电影节晋级一流需调整定位[OL]. http://ent.sina.com.cn/c/2008-05-09/10242019905.shtml.[访问时间:2020-05-04]

力,"互联网+"思维融入的创意更是促使了新音乐节的诞生。越来越多的音乐节开始将线下与线上相结合,以概念贯穿线上线下,通过斗鱼等直播平台、微博、微信等新媒体平台,不仅真正做到与音乐爱好者的充分互动,同时还可以引流线,让音乐和周边的价值翻倍。如国内最大的音乐节之一——草莓音乐节早在2018年就开始意识到,要尊重个体音乐喜好的重要性,并尝试进行私人化的音乐定制,而这恰巧与互联网的兴趣推荐和定向分发,不谋而合。这种全新的运营方式带来了音乐节的新鲜的有创意的体验,真正做到互联网让音乐无边界。

三、商务活动文化创意

与节事活动不同,商务活动侧重于活动的商务性,其主要特点在于企业主导举办的、且以商业推广、商品交易、形象宣传为主要目的,如各类产品发布会、产品推介会及产品展销活动等。其中产品发布会是如今商务活动中以文化创意制胜的重要阵地,因此下面将以产品发布会为例,对商务活动的文化创意进行深入分析。

产品发布会又简称发布会,指企业借助特定平台或活动来完成的一次产品发布,常规形式是由某一企业或商业单位,将有关的客户或者潜在客户邀请到一起,在特定的时间里和特定的地点内举行一场活动,宣布一新产品。就目前的企业新品发布会形式来看,一般有三种:一是演讲型发布会,如苹果手机的发布会;二是表演型或走秀型发布会,如维密秀、时装秀等;三是创意型发布会。在不同形式的发布会中,演讲型发布会较为枯燥,互动性弱,创新空间小,而表演型或走秀型和创意型发布会,从场景选择、会场设计、发布形式到各个细节都可以做到不同程度的创新,更能凸显文化创意内涵。举办企业产品发布会一方面是为了制造话题引发关注,另一方面制造话题噱头促进圈层传播让新品发布更有效果。随着品牌与消费者沟通方式的多元化,企业新品发布会的形式也越来越丰富。作为新品发布的关键一步,好的发布会对品牌的新品发售和品牌影响力来说无疑是成功的推动。因此,基于诸多成功产品发布会案例,总结出如下商务活动的文化创意特点:

(一)选择巧妙的发布场景

参与感本质是创造体验,但不仅仅是简单的体验,体验的形式与过程要具有创意,体验的结果还要能在目标群体中产生共鸣,让品牌与产品毫无违和感地融入体验活动之中。传统的发布会往往都由舞台的设置将品牌与观众区隔,无论是苹果这类科技企业的演讲型发布会,还是维密天使秀,这些新品往往都呈现在舞台之上,很难与观众近距离接触。因此,巧妙地选择发布会的场景,可以拉近与目标受众的距离,获得事半功倍的传播效果。

得到APP曾在北京三源里菜市场举办了一场《薛兆丰经济学讲义》的新书发布会,其表达的"菜市场遇见经济学"主题引发了人们的关注。在三源里菜市场的展览空间内,各种展品和互动装置齐齐上阵:比如设置以微缩景观来展示食物生产流程的两米高汉堡模型,意在告诉大家一个普通的汉堡是全球化分工协作的结果;悬置体积为一立方米的巨型茶包,反映现代快节奏消费的产物和缩影等。不同的装置和艺术品连接普通食材和经济学原理,同时也增加这堂"经济课"的趣味性(图9-6)。相比于其他品牌的传播内容,得到APP这次的主题展览既不贩

图 9-6　得到 APP 举办《薛兆丰经济学讲义》新书发布会
（图片来源于网络）

卖情绪，也不讨好大众，更没有反转的套路，而是以更加接地气的方式告诉大家经济学无处不在，把一些相关的经济学知识简简单单、清清楚楚地传递给消费者。正是通过"寻找那些千百年传承下来、大家都熟悉、每个人都有共同想象的符号"——菜市场，让消费者在第一时间感受到产品特殊的价值，给消费者留下了深刻的品牌印记，不得不说是一个既直白又精妙的创意。[1]

（二）设计契合产品的舞台

具有创意的舞台设计必须契合产品的风格和定位，才能从视听觉上就能让观众获得沉浸式的体验。自苹果开创简约的发布会风格开始，雷同的新品发布会越来越多，观众也逐渐产生审美疲劳。因此，各类企业也在寻求自己的风格做出一些改变。例如，2016 年华为在伦敦举办的 P9 全球发布会，舞台布置极具创意，融合了经典、科技等元素与华为 P9 主打双摄像头技术有极高的匹配度，同时设置了彩色和黑白背景的两个不同入口以及双舞台，意在呼应 P9 的双镜头设计，寓意透过镜头，传达"Change The Way You See The World"的主题，提升了发布会的时尚、艺术和人文气息。[2] 又如，三星 Galaxy Note 8 在意大利米兰举办了一场犹如音乐户外派对的发布会：在 120 米宽的主舞台上设置了一个 30 米高的全息屏幕，形成了一个与周围空间融合的大门，看台、树木和天际线已成为活动现场的组成部分。又如 2020 年 1 月招商银行举办的以"总有人正年轻"为主题的信用卡发布会也同样在舞台设计方面独具匠心。发布会选址在上海中心 52 层的朵云书院，在现场设有由上万只纸鹤组成的巨型飞鸟艺术装置——"自由人生"，近万只纸鹤象征着无数细小的灵感与热爱，构建出专属于年轻人的自由人生，巧妙蕴含了自由人生白金信用卡的精神寓意，与发布会的产品、内容、主题、目标受众都完美契合，取得了很好的传播效果。

舞台的创意设计回归了"创意"本身的概念，强调了"创造"和"新意"。由此看出，与产品的

---

[1] 北国网.得到 APP 市场公关负责人曝光薛兆丰菜市场经济学展操作方法[OL]. http://news.163.com/19/0531/18/EGH9NTBG000189DG.html.[访问时间：2020-05-04]
[2] Angle.发布会独具一格 华为 P9 玩出新花样[OL]. http://www.pcpop.com/article/2621315.shtml.[访问时间：2020-05-04]

契合度高的舞台设计,既能给人眼前一亮的惊喜,又成功做到了"合适且有新意",这恰是活动取得良好传播效果的关键。

(三)策划创新的发布形式

创新驱动的核心包括科技创新和文化创新。艺术作为文化的一种形式,如果能将科技与艺术相结合,打造一种更具高级感、观赏感的体验形式,也是一个不错的创意点,尤其对于科技类企业而言。如华为 Nova4 发布会:采用 200 架无人机点亮长沙橘子洲头,上演了一场光影交织的无人机灯光秀,让观众感受到科技的魅力,是一场艺术与科技的完美碰撞。

此外,作为品牌活动线下落地的承载形式,"走秀型发布会"也可以理解为变体的"快闪式发布会",但它有着时间更短暂、输出更集中的特性,品牌需在有限的走秀时间里去展示产品及其理念并制造一次"大事件"。这种创意型发布会新范式已经不再只是时尚品牌的专属,也被越来越多的非时尚品牌采用。如 2018 年 12 月,品牌 OPPO 以奇幻新年大秀晚会作为新品 R17 的发布会举办了一场别开生面的服装秀,完美融合了东西方元素,给观众带来了不一样的视觉沉浸式体验(图 9-7);[1]2019 年,百草味"零食秀"通过服装设计、配饰等方式将零食和包装异形化,用时尚单品展现产品利益点,赋予走秀传统文化与现代时尚相结合的魅力;此外,还有芝华仕"时髦瘫大秀"、美的空调"冷库走秀"等。这种形式对于消费者而言,是一种更具高级感、观赏感的体验形式,品牌再搭配以即看即买、热点传播等新鲜有趣的内容,自然吸引更多年轻人,实现了秀场向营销主场的转变。

图 9-7　OPPO 奇幻新年大秀

(图片来源于网络)

(四)无处不在的巧思细节

除了在场地选择、舞台设计、发布形式上的创新,无处不在的细节创意更能给发布会的观众带来源源不断的惊喜,起到加强的品牌记忆作用。例如,2018 年有道翻译王 2.0 Pro 新产品的发布,为了凸显离线翻译功能和优秀的拾音能力,呈现高空无网、彻底离线的状态,网易有道包了一架私人飞机在空中召开新品发布会,给参与者创造沉浸式体验,还原最真实的使用感受。除此之外,在飞机的飞行路线选择上也有一些巧思:发布会当天,飞机从老牌的长三角金

---

[1] 泡泡网.OPPO 奇幻新年大秀 见证科技与艺术的完美邂逅[OL]. https://baijiahao.baidu.com/s?id=16204298068154858568&wfr=spider&for=pc.[访问时间:2020-05-04]

融城市上海出发,飞往珠三角金融发展势头迅猛的城市深圳,以此表达无论成熟经典还是新秀势力,有道翻译王 2.0 Pro 都能驾驭、都能满足的产品理念。[1] 网易有道发布会的成功,在于对翻译机市场的敏锐洞察,对商务出国、跨境旅行的场景和群体不断多元化和复杂化的深入分析。[2] 由此可见,好的创意更是来源于对目标市场和发展趋势的深刻而细微的洞察。

(五)出其不意的突围创意

如何能从上千上百企业的商务活动中脱颖而出,唯有靠出奇制胜的创意突围。中国茅台酒在 1915 年巴拿马博览会上的新品展示就是出其不意创意的经典案例。质量上乘的茅台酒,装在一种深褐色的陶罐中,不仅包装本身就较为简陋土气,在众多农业新品中并不起眼。为了改变局面,中方一位代表急中生智,摔碎了一瓶茅台酒,瞬间酒香四溢,众多观众纷纷寻香而来,更有好奇者争相倒酒品尝,成为一大新闻并产生了轰动效应。自此,茅台酒成为享誉世界的名酒,人们逐渐认为中国酒比起"白兰地""香槟"来更具特色,大大增强了人们对中国产品的认识和了解。此举虽小,但妙在创意不仅自身为公众所认识,赢得了金奖。如今,新包装的茅台酒在包装盒里增加了两个酒杯的创意,更含有纪念巴拿马世博会的文化意义。

企业新品发布会或产品推介会,已成为企业品牌传播和产品推广的常态活动。一场成功的企业发布会,必然是创意十足的,好的创意也必然是符合市场规律的。在信息越来越碎片化的今天,注意力成为稀缺资源,想成功吸引受众的长时间关注越来越难,因此创意变得尤为重要。具有创意的发布会能给观众带来层层递进的惊喜,让人产生品牌记忆,增进品牌好感度。如果说"文化是识别一个民族的基因,创意是一个国家发展的动力"[3],那么于企业而言,活动是了解一个企业的窗口,创意则是一个活动成功与否的灵魂。但创意只是手段而非目的,不应为了创意而创新,还必须兼顾发布会与产品的契合度。选择恰当的场景、契合的会场设计,创新的发布会形式,在此基础上结合科技手段,增加细节上的巧思,突出与众不同的亮点,营造"大事件"或巧妙借势宣传,才能取得事半功倍的传播效果,打造一场具有传播力和影响力的文化盛宴。即使活动形式有限,但是文化创意无限。借平台流量,以创新驱动,以巧思赋能,用创意突围,是在消费者注意力稀缺时代进行品牌推广的有效途径。

第四节　路演活动创意

一、路演活动概述

路演本是指国际上广泛采用的证券发行推广方式,是在投融资双方充分交流的条件下促

---

[1] 丸子笛.到底是什么新产品,让这家公司在私人飞机上开了个新品发布会?[OL].https://socialbeta.com/t/case-youdao-translation-product-launch.[访问时间:2020-05-04]
[2] 中国新闻网.报告称上半年中国出境游破 7 000 万人次 去泰日越最多[OL]. https://baijiahao.baidu.com/s?id=1611300055809593153&wfr=spider&for=pc.[访问时间:2020-05-04]
[3] 范周,吕学武.文化创意产业前沿——路径:建构与超越[M].北京:中国传媒大学出版社,2008:1.

进股票成功发行的重要推介、宣传手段,后来就逐步演变成了一种新型宣传推广模式。[1]如今,路演定义更多指的是品牌推广标准化方式,针对消费者或受众,在公共、公开场所进行演说、演示产品、推介理念,以及向他人推广自己的公司、团体、产品、想法的一种方式。

路演是品牌内涵与销售现场直接对接的最佳选择,可以看成话语权打造、品牌促销、产品展示、销售推广、中间商订货、广告传播、市场督导、消费者互动、公关等诸模块的集成平台。通过现场演示的方法,引起目标人群的关注,使他们产生兴趣,最终达成销售。路演有两种功能,一是宣传,提高企业或产品的知名度;二是可以现场销售,增加目标人群的试用机会。路演按主体来分,可分为企业性质路演、政府主办的路演、其他团体机构主办的路演等;按目的和功能来分可分为招商路演、宣传品牌或活动路演、推广或销售产品路演等。

作为文化创意产业活动的载体形式之一,路演的根本作用在于能在有限的时间里和特定空间里传递最有效的信息和最核心的内容,因此对创意要求很高,有卖点的路演一定是具有创意性的。下面将以当前比较流行的快闪演出和红毯路演两种路演形式为例,对路演活动的文化创意进行剖析。

二、"快闪"活动文化创意

快闪活动是当下最热门的一种路演形式,指的是许多人在一个指定的地点聚集在一起,出人意料地做一系列指定的歌舞或其他行为。企业的快闪活动的场所以快闪店为主,也可以是街头巷尾、商场等其他公共场所。快闪店是通过限时的创意店铺或者展览,来达到短时间爆发式的互动体验。2003年全球第一家快闪店诞生于纽约,2012年快闪店在英国、美国等地已形成较为成熟的商业模式,是品牌测试市场、推出新品、强化影响力的一种新的形式。快闪活动是应当下网红经济而生的产物,相较于传统的企业进行产品推广或品牌宣传的路演活动,其创新性基因更强,可发挥的创新性空间更大。创意化策划路演主题、创意化设计路演形式、创意化互动体验方式、创意化表达核心信息等缺一不可。

(一)设计创意的活动主题

路演活动是以某一特定主题为前提举行的。主题是否做到创新,决定了内容是否能创新。以互联网问答社区知乎的快闪为例,其快闪活动的主题做到了创新且有内涵。例如,2017年,知乎在北京搞了一场"不知道诊所"的快闪活动,就像去医院看病"入院——就诊——出结果"一样,知乎的"不知道诊所"快闪活动专门为有疑问"入院"的人解答不知道、治愈好奇心。作为年轻人的知识社区、潮流 IP,知乎巧妙地借用了"诊所"的概念,通过与主题相吻合的文案设计和场景布置,以全新的方式进行"诊所"的解构重组。并通过多种互动方式重新解释用户已知的概念,形成新的认知刺激,巧妙玩转"诊所"的主题概念,从美颜、吃货到工作、学习,成为朋友圈的刷屏利器,实现7天3万人排队的流量现象(图9-8)。[2]主题上的创新即内容的创新,

---

[1] 廖明辉.产品的路演推广[J].企业改革与管理,2008(12):72-73.
[2] Frida.如何做好快闪店的体验式营销?[OL]. https://www.yunyingdog.cn/21788.html.[访问时间:2020-05-04]

要吸引当代年轻人的注意,就必须要有与他们共通的话题,能直击内心,引起共鸣。

图 9-8　知乎"不知道诊所"
(图片来源于网络)

　　时效短、限时限地、速战速决是快闪店的核心特征。短期销售,消费者不容易产生视觉疲劳,而人都有猎奇心理,新鲜的、有时效的东西会更容易促使人去尝试。尤其对于年轻人而言,不同于父辈,这些乐于尝鲜、追求个性化表达的新生代人群,愿意为情感和内容买单,在使用产品之外也希望了解文化内涵以及品牌代表的态度。例如,2017 年 5 月 20 日全民表白日,一家名为"分手花店"的 24 小时快闪花店却突然爆红魔都,准确抓住了受众的痛点,帮助失恋人群排遣失恋后抑郁的心情,这种反其道而行的逆向营销在短时间内获得了意想不到的成功。[1]

　　由此可见,内容就是品牌表达的最佳载体,它不仅能够让用户了解你是一个怎样的品牌,从而赢得他们的认同和喜爱。同时,内容本身也成为企业洞察用户需求、构筑直面用户能力的起点。内容要创新,需要有好的主题来引领。因此,只有好的活动主题,才能具有吸引力,让用户产生品牌记忆点。

　　(二) 采用创新的活动形式

　　"快闪"可以被戏称为"撩完就走"的活动,因此能够让消费者产生记忆点颇为重要。传统的以品牌宣传或产品推广为目的的路演活动形式单一,往往是以产品展示、舞台表演、促销活动的形式为主。在路演或快闪活动日益同质化的今天,这些形式在某种程度上虽可以吸引到部分人流量,但已经很难让消费者或目标受众产生品牌记忆。品牌记忆产生的方式可以有视觉感官、氛围营造或是情感共鸣等方面,从视觉感官角度来看,路演形式或设计上的创意是一个突破口。

　　由于快闪的临时性和短时间性,快闪店的设计往往比传统实体店更大胆夸张,而且互动形式可以更为多样灵活。例如,2018 年双十一期间,京东 JOY SPACE 无界零售快闪店在北京、

---

[1] Chili."生活不止眼前的苟且,还有前任的请帖!"520 分手花店,火了![OL]. https://www.digitaling.com/articles/37302.html.[访问时间:2020-05-04]

上海、成都、广州四个不同城市采用了不同快闪形式:在北京与上海店内特设抖音直播间,提供 VR 游戏体验,让未能现场光临的用户在线实时体验精彩瞬间;在广州便与 Blibili 合作呈现二次元场景,采用 B 站 UP 主直播、动漫 Coser 表演、互动小剧场、设置弹幕吐槽墙等方式,成功地打破次元壁,取得了超出预期的活动效果。

天津社科院社会学研究所所长张宝义认为,"大家现在看惯了大众化的东西,希望追求有新意、有特点、有文化品位的新形式,快闪的出现通过提升内在品质,打开了市场、吸引了消费者"。因此,传统文化与现代时尚相结合的路演形式已屡见不鲜。如 2018 年,故宫在北京三里屯太古里开设了一家"朕偷溜出宫"主题的"朕的心意"快闪店,用轻松有趣的方式将宫廷文化"带出宫门",让故宫在人们心目中不再是严肃的人文景点和历史掌故,而成了"有点酷"的传统文化代名词。在这场快闪中不设实体收银台,只支持支付宝和微信支付、专供拍照打卡的布景和道具、滚动播放的动画视频,都充分展示了其活动用意——抓住年轻消费群体。正是因为快闪具有"小快灵"的特点,文化元素的加入才使其更具有特色和吸引力。

(三) 强调多感的互动体验

路演是一种品牌沟通活动形式,既是"沟通",则强调的是双方参与。在体验经济盛行的当下,年轻消费者更接受"可见即可买",因此路演活动必须保持与年轻消费者的贴近度,避免同质化审美疲劳,强化受众参与,使人们的消费体验不断刷新升级。

以当下流行的快闪店模式来说,它之所以能成为一种潮流和趋势,就在于能让人产生一种畅快淋漓的体验感。快闪店一般设立在市区中大型综合商业体、热闹商业街区中的公共露天区位,供品牌商在较短的时间来推销品牌,其主要目的在于通过前期缜密的营销策划和高水平的艺术设计,在快闪期间营造一种"不可错过"的参与感。

路演活动中,受众参与感的创造,可以是多重玩法的互动组合,如亲身体验、拍照分享等,丰富的玩法不仅可以调动用户的视觉听觉等多重感官产生记忆点,还可以刺激传播和购买欲望。例如英雄联盟路演活动专门设置了与明星同台竞技的专享体验区,让粉丝能够与"明星召唤师"同台竞技;摩拜单车快闪店在 YOHOOD 全球潮流新品嘉年华上,打造成酷感十足的"摩拜酒吧",用户可以摇骰子、可以骑车+唱歌的组合玩法,给用户不一样的感官刺激;用户可以进入 JOY SPACE 京东无界零售快闪店站在镜子前试妆,一键上妆的黑科技让用户过了一把快速试妆的瘾。

(四) 传递核心价值观

如果说主题是内容,形式是颜值,参与是体验,那么对于公益路演活动来说,实现价值观和情感的传递是重要目标之一。除了创意化策划路演主题、创意化设计路演形式、创意化互动体验、创意化表达核心价值观也是十分重要的。它能让观众在沉浸式的体验中获得情感共鸣,从而实现该次路演想要表达、传递的价值观或情感等信息。例如,2019 年春节期间的首都国际机场"我和我的祖国"快闪活动就是一个成功的案例:在央视新闻频道多位主播及中国爱乐乐团的带领和感染下,北京首都国际机场数百人从惊喜到感动,一同唱响《我和我的祖国》,真正意义上实现了这次快闪活动的目的和价值,也实现了受众的自愿参与和自发传播。这次活动重新定义了"快闪",真正实现了以情动人,将"情"融于快闪之中,希望通过快闪鼓舞人心,让每个归家的游子带上祖国温暖的祝福踏上回家的路。在如此场景中与春节这个时间点上,这样的快闪活动十分容易让观众产生情感共鸣,并将核心价值观传递给沉浸在氛围体验中的观众。

三、红毯路演文化创意

从广义的路演界定来说,红毯盛典属于路演的一种,是一种文化活动的形式。红毯是举办单位或者是举办组织方为了回馈参加活动的明星一次有曝光度的机会,同时也是利用明星宣传活动本身的一个环节。然而,靠明星来博人眼球的红毯"创新"却大多沦为了新的"传统",大多沦为明星资源的堆砌与比拼,造成了观众的视觉和审美疲劳,这也侧面反映了电影节活动的创意匮乏。以电影节红毯秀为例,除了颁奖仪式令人瞩目外,声势浩大的明星红毯秀更是吸睛十足的环节,甚至已经超过了电影节活动本身,赚足人们的眼球与媒体曝光率。正因此,电影节红毯秀也开始逐渐出现"有钱有资本就能走"的现象,2016年更是爆出"戛纳红毯价目表",从某种程度上,红毯路演已经逐渐演变成明星争奇斗艳的时装秀和明星争抢版面的疯狂"菜市场"。

为了跳出这一困境怪圈,诸多红毯秀也尝试突破传统意识的壁垒,设计出很多具有创意性路演环节,如GQ智族十周年红毯盛典采用内容思维来做线下活动,将"做活动"提升到一个新的高度:前期以红毯明星预告引发微博、豆瓣等多个平台用户热议;为60位艺人拍摄了"名利场回眸"系列明星照片,产生了140多部创意视频及花絮等环节,在活动进行时引发第二轮网络热议,微博热搜20余个、话题阅读量全网就突破30亿、讨论量超过1 000万。因此,该红毯活动成功"出圈",一跃成为2019年关注度、影响力极大的时尚活动之一。由此看来,路演活动是一种限时、限速、限空间的活动形式,但唯一不限的就是创意。要在有限的时间里和特定空间里传递最有效的信息和最核心的内容,则需要创意制胜。

据统计,一场优秀的路演活动的聚客和传播效果对于商业中心来说相当于一个大型 IP 展、两个影院或六个连锁品牌餐饮开业,[1]可见其带动的整体商业价值之高。因此,面对如此丰厚的市场回报,对于品牌方以及策划者来说,成功举办一场路演活动确实是事半功倍的。一场成功的路演依赖于许多方面的因素,文化创意是首要因素。毫无创意的同质化活动注定失败。强烈的视觉冲击力,或许会让人先停下来。但如何使人留下,成为消费者,还需要有好的内容,或新鲜有趣、或伤感低沉,可以是积极向上,也可以是"丧文化",只有能引起与受众共鸣的情绪,加上互动体验,就能让消费者自发传播,通过社交网络增加话题性。因此,无论是快闪还是红毯,成功的路演都传递了一些关键信息,在愈发快速的社交媒体平台迭代中,文化创意必须要玩转多媒体,线上线下双向联动,平面、视频多渠道传播。同时,做活动应运用内容创意的思维,做活动不仅关乎执行,更应是一次极致的内容体验。

---

[1] 中国经济网.曾被调侃为"昙花一现"的快闪店潮流 为什么越来越受欢迎?[OL]. https://baijiahao.baidu.com/s?id=1638023297470695678&wfr=spider&for=pc.[访问时间:2020-05-04]

案例研读

"维密秀":靓丽外表下的创意技穷

一、风靡全球,创造历史

维多利亚的秘密(以下简称为维密)由罗伊·雷蒙德1977年在旧金山创立。1982年,罗伊·雷蒙德以100万美元的价格把维密出售给 L Brands 的前身 The Limited 集团。The Limited 由 Leslie Wexner 创立,除维密外,旗下还拥有 The Limited、Express 等服饰品牌。在 Leslie Wexner 商业化经营下,维密在80年代开始加速扩张,产品线一度扩大至鞋履、晚礼服和香水等,估值飙升至5亿美元,是易主前的100倍。

1995年,为能够接触到更多的消费者,维密率先推出了影响整个内衣行业的年度大秀。自第一届维密大秀开始,每年年末的一个夜晚,维密都会奉上这个一年一度的时尚秀场(图9-9)。在世界范围内精挑细选的超级模特、当红巨星的歌舞助阵、极尽奢华的定制内衣,以及美艳震撼的时尚T台等所有这些因素交织在一起吸引了全球超过180个国家和地区的观众,可以说维密大秀是没有国界之分的,如此影响力的堪称"内衣春晚"的一场秀也就成为了维密品牌传播和产品发布的有力武器。维密迅速风靡全球,更成为"性感"的代名词。

图 9-9 维密秀
(图片来源于网络)

一年一度的大秀,如今成了维密少有的被聚焦的时刻,甚至盖过了品牌的风头本身。这在本世纪初维密秀大红大紫的时候,根本难以想象。1999年,维密花了150万美金亮相同天举办的超级碗,在比赛间隙投放的30秒中场广告赚足了眼球,人们纷纷跑去维密官网看秀。在内衣和超模的吸引下,连橄榄球赛都被冷落一旁,超负荷的网络流量一度影响到比赛直播。2001年,维密的年度大秀开始与美国CBS广播公司进行独家合作,同时会在很多国家转播,并逐步在Facebook和YouTube上同步直播,直播再加上随后的视频播放,维密年度大秀的观众人数高达数亿。自维密秀正式登陆电视,此后每年都会吸引成百上千万的观众观看,逐渐成为一场全球知名的娱乐盛典——当然也让品牌赚得盆满钵盈。2004年,Tyra Banks、Heidi Klum、Gisele Bündchen和Adriana Lima等模特甚至在纽约、迈阿密、维加斯和洛杉矶四座城市进行全美天使巡演,风头一时无两。集齐黑色蕾丝、超模和Fantasy Bra等性感梦幻元素的年度大秀为维密带去了巨大流量,2007年11月13日,维密天使成为首位在好莱坞星光大道留名的商标。2009年,维密创造了平均每分钟卖出600件内衣的历史,Leslie Wexner则被称为内衣界的"巴菲特"。

二、跌落神坛,逐渐衰落

维密秀二十多年来的顺风顺水,麻痹了品牌感应时代变化的神经,逐渐开始走下坡路。2016年,观看维密大秀的18—49岁观众收视率仅为2.1,较2015年的2.3减少了9%。2017年,维密上海大秀总观众数不足500万,其中18至49岁观众收视率仅为1.5。而2018年由ABC负责播出的维密大秀收视率延续下滑趋势,总观众数跌至327万。

流量下滑直接影响的就是收入和利润。在2016财年录得77.8亿美元的销售额后,维密业绩开始急转直下,2017财年的营收大跌9%至73亿美元。维密去年的业绩表现也未出现预期的好转,收入继续下跌0.17%至73.75亿美元,受维密盈利能力再度下滑的影响,L Brands全年净利润同比大跌34.5%至6.4亿美元。

2019年第一季度,L Brands整体销售额为26.29亿美元,与上一年同期的26.26亿美元相比几乎无增长,净利润进一步大跌15%至4 030万美元。其中维密同店销售额下跌5%,Bath&Body Works同店销售额则大涨13% L Brands表示,2019年第一季度维密共关闭了35家门店,仅新增一家直营零售门店。[1] 有美国媒体报道,举办一次维密秀的成本超过1.3亿美金,随着收视率的下滑,2018年以来市值蒸发了近一半,母公司L Brands背负着巨大财务压力,有分析师认为"维密的品牌价值已经所剩无几"。

三、品牌老化,定位守旧

维密的衰落与其品牌老化、产品跟不上时代需求有着密切关系。

二十世纪七八十年代,美国处于消费升级的大环境,维密能从诸多同类产品中脱颖而出,成为消费者心中内衣品类的代表很大程度上是源于定位的成功。七八十年代的美国,女人们并不怎么追求内衣的格调和品位,她们大都穿着朴实、宽大的棉质内衣,内衣只是一种基本的生理衣物。街上的内衣店也基本上类似于杂货店,没有什么特色。维密的出现是这一切的分水岭。强调性感和优雅而非舒适,维密用独特的定位颠覆了广大男女性们对内衣的认识,更重要的是这种需求随着生活水平的提高已经在消费者心中存在。

---

[1] 时尚微视角.业绩节节败退,传今年维密大秀被取消[OL]. https://www.sohu.com/a/330759574_100191058. [访问时间:2020-05-04]

在践行自身的定位上，不单是维密的产品设计非常注重性感和优雅，首家维密零售店就以英国维多利亚时代的复古风而显得卓尔不群。维密挖掘出了广大青年女性内心对优雅和性感的追求，以此占领了消费者的心智，以至于在很多年轻女孩儿看来，只有把自己塞进维多利亚的秘密，那才是理想的尺寸和身材。性感是维密的核心定位，而要一直维持这样的定位就需要不断地创新，满足用户标新立异、追求与众不同的自我意识。维密的设计师每年都会推出大量的新品，为用户持续提供"不容易让人生厌"的产品，引爆了一波又一波的流行趋势。维密的专卖店每经过5年也都会重新设计一次，持续为用户创造新鲜感。更重要的是每年一度的维多利亚的秘密大秀，都会以全新的元素，惊艳的设计，绚丽的现场创造对美丽的颠覆，这场大秀经过20多年的时间依然是万众瞩目、全民期待。在坚持性感定位的基本前提下，维密通过不断的创新，不断创造了"不容易让人生厌"的产品，而且还常常带来惊喜与震撼，这是维密能够时刻站在潮头，经久不衰的重要原因。[1]

前半生积累的荣耀让维密过分骄傲，这就意味着维密丧失了审时度势的危机感。进入21世纪后，市场逐渐发生转变，消费者心态和审美开始升级。随着女性主义的崛起，消费者喜好变化越来越快，以取悦男性为主要目的的审美时代已悄然结束。性感也被重新定义，舒适取代性感成为消费者选购内衣时考虑的首要因素。据NPD调查数据[2]显示，与早期80%的女性出于更换需求购买内衣的动机不同，年轻消费者购买频次随新产品的推出而变化，舒适与休闲已成为千禧一代女性选购内衣时的重点参考因素，该群体容易受社会环境的影响并乐于尝试新鲜事物和风格。随着业绩下滑，维密品牌老化、产品难以满足需求等多重问题逐渐凸显。

外媒Business Insider曾采访4名不愿透露姓名的维密原高管。他们认为，时尚零售变化越来越快，其掌门人Edward Razek和Leslie Wexner的守旧是让维密最终沦落到当下这个局面的关键原因，分析师Ruth Bernstein也曾指出，"维密所有的宣传依旧在坚持传统性感的定义，自1999年以来就未更换过的门店设计、大量使用Photoshop处理过的图片，这是L Brands尽管多次强调向休闲运动类别转型却无法赢得千禧一代消费者共鸣的原因，相比其万年不变的品牌文化，这种转型看起来更像一种营销手段。"[3]专注女性消费者研究的咨询公司Female Factor的首席执行官Bridget Brennan表示，"过去的20年里，该品牌的理想审美相对狭隘，感觉基本没怎么变。就像是'维密'停在了过去的某个点，但是女性正在大步向前，努力改变文化环境，以社会包容、积极的'身材观'与多维度视角扩大美的定义。"

---

[1] 商业的价值.回顾"维密"成长史,一件内衣是如何在美国消费升级的浪潮中突围的？[OL].https://www.sohu.com/a/116879309_465214.[访问时间:2020-05-04].

[2] 北京商报网.大秀开启,维密寻找下一站[OL].https://www.sohu.com/a/274219210_268453.[访问时间:2020-05-04].

[3] 时尚头条网.维密创造了传统,现在却自己"杀死"了自己？[OL].https://new.qq.com/omn/20190806/20190806A0QA1O00.html.[访问时间:2020-05-04].

维密一向倡导的瘦、美在现在似乎已经迎合不了主流,在这个多元化的社会里,单一的审美变得不再那么让人推崇。意识到这一点并积极改变的维密将眼光投向了中国市场。为了开拓中国市场,2017年,维密把大秀搬到了上海,并邀请刘雯、奚梦瑶、何穗等7位中国超模走秀,成为史上最多中国模特参与的维密大秀。然而2017年奚梦瑶在T台的摔倒,让"花边"完全掩盖了内衣秀本身的传播,虽然在社交媒体上形成了较高的话题讨论度,但对内衣产品的讨论却寥寥无几。这场成本超过1.3亿元人民币的维密大秀,并没有对品牌形象的打造和具体产品的提振上做出可观的贡献。中国消费者对于维密产品也不怎么买账,消费者更加注重性价比、注重舒适度,这些都不是维密擅长的。维密把中国市场作为救命稻草,但结果似乎并不理想。

四、创新乏力,风光不再

经历了20年辉煌的维密却似乎忘记了竞争的残酷,仍然坚定不移地延续"性感"路线。2014年,维密用"Perfect Body"作为海报广告词引发了数万人的签名反对,即使后来把广告词改为"A body for every body",但海报依然由标准身材的模特拍摄,进一步激发舆论浪潮。次年,维密大秀收视率便出现下滑,暴跌30%,收看人数骤降至659万人。由此看出,除了品牌定位守旧、产品跟不上需求等导致维密秀收视下跌,维密秀本身的诸多问题尤其是缺乏创新精神和创意思维也是其逐渐式微风光不再的重要原因。

首先,传统的性感定义造成审美疲劳。年复一年重复性太高的内衣时装秀,如果没有创新,只会导致边际收益递减,且容易让观众产生审美疲劳,更为重要的是,维密秀上所体现的花枝招展的"性感观",与年轻女性对内衣的需求脱节,不再符合年轻一代的审美。从模特们梳妆打扮的后台开始,就是铺天盖地刺激眼球的粉红,台上各种飘扬的彩旗丝带毛线球,奇怪的水钻花边与流苏,在流行歌曲轰炸下让观众们眼花缭乱,可以说是一种奇怪的"晚会审美"了。在收视低谷的2018年大秀上,维密天使们穿着犹如花床单般令人头晕目眩的战袍出场,带来了一场土味轰炸。即便腿长逆天,也无法挽救这些艳俗的色彩和花纹。造型和款式雷同也是这几年维密秀一直被诟病的,满目的水钻和过于冗杂的花边也让人审美无能。

其次,过多的表演导致喧宾夺主。从2013年起,维密秀加大了表演环节的比例。在维密秀的演出嘉宾名单上,可以找到当下最红的歌手如泰勒·斯威夫特、蕾哈娜、塞琳娜·戈麦斯、Lady Gaga等。但这些费力请来表演的歌手大咖们,反而让人觉得眼花缭乱,过多的表演也有喧宾夺主的嫌疑,网络上不乏"维密秀是演唱会中间插播走秀"的吐槽,大秀内容重心的失调也显露出维密秀在吸引观众方面开始黔驴技穷。

再者,维密秀的专业性备受质疑。新鲜感减退的背后是千禧一代已经在重新定义什么才是真正吸引人的品牌或产品,"关于维密的悲伤之处在于他们曾经创造了一个如此美丽的传统,创造了天使,成就了多位超模,现在却自己'杀死'了自己"。当维密秀自降身价去拥抱流量和网红,它也在亲手破灭自己创造的"众神"神话。就像如今品牌和制作方都爱找网红和流量明星带货一样,维密在天使的选择上也逐渐抛弃了以往的大牌超模,在 Instagram 红得发紫的 Hadid 姐妹(Gigi 和 Bella)和 Kendall Jenner 的"网红肯德基三姐妹"成了最近 3 年维密秀的流量担当,以刘雯为代表的四大国模也为维密在中国市场圈了不少热度。2017 年奚梦瑶在走秀时不慎跌倒,让维密看到了巨大的流量利润,按照惯例,维密秀不太会再度启用有过重大失误的模特,但是奚梦瑶仍然被破格保送到 2018 年大秀的名单中。第二年奚梦瑶不仅没有离开维密,反而被签约成为了中国区的代言人之一。维密也许是出于对流量的考虑,却引来了意想不到的负面舆论,大秀本身的专业性也遭到了质疑。

维密天使就是维密秀最重要的名片,维密对于天使选拔的严苛人尽皆知,这种高门槛曾经造就过一个"神仙打架"的众神时代。在过去的二十多年中,维密秀曾给一代女性带来了美的憧憬。每年 T 台上的"维密天使"更是万里挑一,人气、身材、吸金能力缺一不可。不少年轻的模特都把走上维密舞台视作对自己职业生涯的至高肯定。2000 年,维密花了破纪录的 250 万美元签下巴西超模吉赛尔·邦辰,成为世界最贵超模,年均收入超过 4 500 万美元,日薪逾 10 万美元,连续八年蝉联《福布斯》最赚钱超模的冠军宝座。当各路网红在维密舞台上走起秀来,某年秀上的模特摔跤成为营销卖点,网友纷纷怀念起维密巅峰时期(2005 年—2011 年)"诸神之战"的场景,怀念吉赛尔·邦辰、娜奥米·坎贝尔等知名超模尚未淡出维密时的高水准走秀。当时,维密造就了超模们的巅峰,也造就了自己的巅峰。维密 2015 财年的销售额达到 76.7 亿美元的高峰,占据内衣销售总量的 40%,仅在美国就有 1 060 家分店[1]。但是随着天使们不断出走,大秀收视率不断下跌,维密选择妥协,降低了维密天使的准入门槛,开始启用 Kendall、Gigi 和 Bella 等基本功尚没有那么扎实的 Instagram 网红模特——这也是维密秀收视下跌原因之一。

从一家小店到闻名全球的内衣女王,维密用了将近 20 年,但却在不到 5 年内跌落神坛。维密也曾颠覆过内衣行业的规则,大胆突破,举办了内衣走秀这一全新的展示形式并大获成功,这份创新精神确实可圈可点。在女性主义崛起和 MeToo(美国反性骚扰运动)风潮席卷的大背景下,种种丑闻使维密头上的阴云又笼上一层。同时新的内衣品牌不断涌现、并多以"舒适、向不同身材的女性提供多种尺码的合身文胸"为亮点的情况下,这个昔日的内衣界"霸主"显得陈旧、缺乏变化,追求极致性感与"物化女性"之间的界限变得模糊,整个品牌的价值取向遭到广泛质疑。没有人不热爱美好的肉体,但"美好"不应只拥有"性感"这一种定义。

追根究底,维密秀式微的原因本质上在于缺乏创新精神和创意思维。1977 年"出生"的维密现在已经步入中年,面对这个万象更新的时代,它并不适应。当下,大众追求审美多样化,细分领域出现的新兴品牌不断冲击着市场。作为传统内衣代表的维密与整个时代渐

---

[1] 商业的价值.回顾"维密"成长史,一件内衣是如何在美国消费升级的浪潮中突围的[OL]. https://m.sohu.com/a/116879309_465214.[访问时间:2020-05-04]

行渐远。无论是走秀的审美、品牌的定位还是产品的设计，都已跟不上时代的潮流。曾经一度引领内衣风向标的维密，反而后劲不足创新乏力。没有品牌也没有活动能够一直成功，尤其对于已经举办了二十多年的维密秀而言，创意永远是核心与灵魂，唯有不断创新，才能在激烈的市场竞争中占有一席之地。

请思考以下问题：
1. 不同类型活动创意化的表现形式和内容有哪些？
2. 文化创意对一个活动来说，其重要性体现在哪些方面？
3. 维密秀风光不再的主要原因有哪些？
4. 为什么说文化创意是活动载体的灵魂？

思维导图

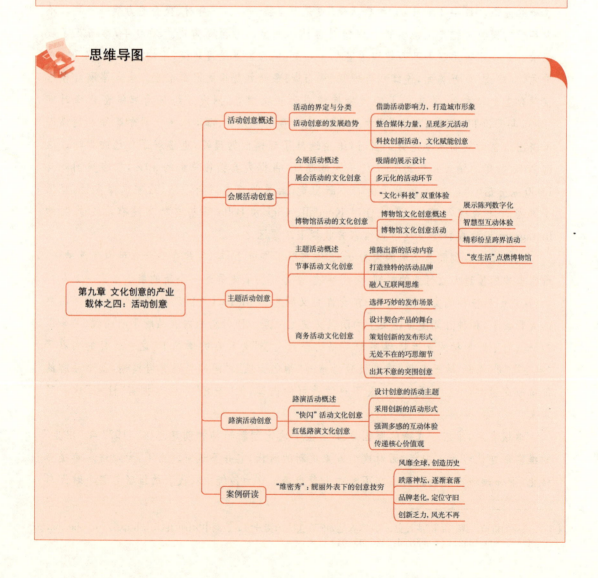

本章参考文献

［1］许传宏.会展策划(第3版)[M].上海:复旦大学出版社,2014.
［2］范周,吕学武.文化创意产业前沿——路径:建构与超越[M].北京:中国传媒大学出版社,2008.
［3］刘明广,罗魏.国际会展业经典案例[M].北京:清华大学出版社,2019.
［4］贾布.特展时代2.0:上海特展产业研究2014—2015[M].上海:同济大学出版社,2015.
［5］杨剑飞.世界文化创意产业案例选析[M].北京:中国国际广播出版社,2017.
［6］卢梦梦.文化创意在博物馆中的运用[J].东南文化,2011(5):121-124.
［7］张飞燕."互联网+"背景下的博物馆文创产品发展[J].遗产与保护研究,2016(2):22-26.
［8］廖明辉.产品的路演推广[J].企业改革与管理,2008(12):72-73.
［9］过聚荣.中国会展经济发展报告[J].中国会展,2005(10):57-57.
［10］蓝晓丹.国际电影节的价值观建构具体路径初探[J].艺术科技,2016(07):142.
［10］王春雷.中国会展旅游发展的优化模式构建[J].旅游学刊,2002(2):43-47.
［11］陈建军,葛宝琴.文化创意产业的集聚效应及影响因素分析[J].当代经济管理,2008(9):77-81.
［12］杜德斌,盛垒.创意产业:现代服务业新的增长点[J].经济导刊,2005(8):78-82.
［13］刘轶.我国文化创意产业研究范式的分野及反思[J].现代传播(中国传媒大学学报),2007(1):114-117,122.
［14］孙伟.企业活动与附加值绩效评价研究[J].新经济,2013(29):28-29.
［15］中国经济网."数字敦煌"30年:从构想到不断完善[OL].https://baijiahao.baidu.com/s?id=1617613117718753691&wfr=spider&for=pc.[访问时间:2020-05-04]
［16］百度百科.展览[OL].https://baike.baidu.com/item/展览/2659642?fr=aladdin.[访问时间:2020-05-04]
［17］新民晚报.一年吸引230万游客的"无界美术馆"究竟是什么样的?[OL].http://dy.163.com/v2/article/detail/EOSK9DB10512DU6N.html.[访问时间:2020-05-04]
［18］澎湃新闻.对话|TeamLab创始人猪子寿之:在美术馆体验自然万象[OL].https://www.thepaper.cn/newsDetail_forward_4432199.[访问时间:2020-05-04]
［19］新华社.日本动漫产业市场规模创新高[OL].https://baijiahao.baidu.com/s?id=1619024793099070719&wfr=spider&for=pc.[访问时间:2020-05-04]
［20］中国新闻网.2019年中国展会举办规模和可供展览面积均居世界首位[OL].https://baijiahao.baidu.com/s?id=1655259649547098015&wfr=spider&for=pc.[访问时间:2020-05-04]
［21］Frida.如何做好快闪店的体验式营销?[OL].https://www.yunyingdog.cn/21788.html.[访问时间:2020-05-04]

[22] Chili."生活不止眼前的苟且,还有前任的请帖!"520 分手花店,火了![OL]. https://www.digitaling.com/articles/37302.html.[访问时间:2020-05-04]

[23] 中国经济网.曾被调侃为"昙花一现"的快闪店潮流 为什么越来越受欢迎?[OL]. https://baijiahao.baidu.com/s?id=1638023297470695678&wfr=spider&for=pc.[访问时间:2020-05-04]

[24] 娱乐场老牌影展纷纷出闹剧,未来在哪里?[OL]. https://new.qq.com/omn/20180908/20180908A0IQ9M.html.[访问时间:2020-05-04]

[25] 光明日报.戛纳电影节的场内与场外[OL]. https://baijiahao.baidu.com/s?id=1601128138611611470&wfr=spider&for=pc.[访问时间:2020-05-04]

[26] 中国电影网.缺乏明确宗旨,上海电影节晋级一流需调整定位[OL]. http://ent.sina.com.cn/c/2008-05-09/10242019905.shtml.[访问时间:2020-05-04]

[27] 北国网.得到 APP 市场公关负责人曝光薛兆丰菜市场经济学展操作方法[OL]. http://news.163.com/19/0531/18/EGH9NTBG000189DG.html.[访问时间:2020-05-04]

[28] Angle.发布会独具一格 华为 P9 玩出新花样[OL]. http://www.pcpop.com/article/2621315.shtml.[访问时间:2020-05-04]

[29] 泡泡网.OPPO奇幻新年大秀 见证科技与艺术的完美邂逅[OL]. https://baijiahao.baidu.com/s?id=1620429806815485856&wfr=spider&for=pc.[访问时间:2020-05-04]

[30] 时时企闻观.围绕"中国味"品牌心智,百草味聚焦打造消费者新体验[OL]. http://finance.ifeng.com/c/7sYeYohgE15.[访问时间:2020-05-04]

[31] 丸子笛.到底是什么新产品,让这家公司在私人飞机上开了个新品发布会?[OL]. https://socialbeta.com/t/case-youdao-translation-product-launch.[访问时间:2020-05-04]

[32] 中国新闻网.报告称上半年中国出境游破 7 000 万人次 去泰日越最多[OL]. https://baijiahao.baidu.com/s?id=1611300055809593153&wfr=spider&for=pc.[访问时间:2020-05-04]

[33] 中国网.茅台酒世博会一摔成名[OL]. http://www.china.com.cn/culture/zhuanti/xbk/2010-04/09/content_19780094_2.htm.[访问时间:2020-05-04]

[34] 时尚微视角.业绩节节败退,传今年维密大秀被取消[OL]. https://www.sohu.com/a/330759574_100191058.[访问时间:2020-05-04]

[35] 商业的价值.回顾"维密"成长史,一件内衣是如何在美国消费升级的浪潮中突围的?[OL]. https://www.sohu.com/a/116879309_465214.[访问时间:2020-05-04]

[36] 北京商报网.大秀开启,维密寻找下一站[OL]. https://www.sohu.com/a/274219210_268453.[访问时间:2020-05-04]

[37] 时尚头条网.维密创造了传统,现在却自己"杀死"了自己?[OL]. https://new.qq.com/omn/20190806/20190806A0QA1O00.html.[访问时间:2020-05-04]

第十章

文化创意的团队与人才

学习目标

学习完本章,你应该能够:
(1) 了解文化创意团队的构成和职能分工;
(2) 了解文化创意人才的素质及培养要求;
(3) 了解文化创意行业协会和行业规范的基本情况。

基本概念

委托代理　业务自营　文化创意人才培养　文化创意行业协会　文化创意行业规范

第一节　文化创意团队

团队的研究在所有学科当中都占据重要的地位,这是因为无论做什么工作,一个成员之间相互协调的优质团队都非常关键。进行文化创意工作前,必须先了解文化创意团队的基本情况,包括文化创意团队的类型、职能和分工等。只有对文化创意团队有大致了解,才能在进行文化创意工作时选择或组建合适的团队,推动文化创意工作高效高质的完成。

一、业务委托与第三方专业服务

为了在企业经营的文化创意方面取得有代表性的成绩,如进军一个有发展前景的文化娱乐产业,设计出一系列吸引眼球的产品,或是举办一场轰动市面的公关活动等,市面上大部分企业开始选择将文化创意相关的业务委托给第三方专业公司运作。企业和第三方专业公司针对有关事项进行详细洽谈,签订合法合同,从而完成文化创意业务的正式委托。

(一)业务委托理念的发展

将文化创意业务委托给第三方公司正是对当今流行的"业务委托"理念的践行,该理念是在委托代理理论与业务外包趋势下发展而来的。

1. 委托代理理论的诞生

委托代理理论是随着委托代理关系的产生而正式诞生的。18世纪前,企业的所有者同时也是企业的经营者,所有权和经营权并没有明确分离。企业主投入了资金和精力,对企业的长远发展和日常运营承担全部责任,因此他们顺理成章地拥有全部的劳动所得。显然,企业主是劳动者,劳动意愿完全来源于自身,委托代理关系并不存在。到19世纪中期,生产力迅速提高,生产规模逐渐扩大,生产社会化程度也日益加大,此时对企业经营者的素质要求也随之提高:经营者不仅需要有专业的生产技术知识,而且需要对企业的组织架构进行合理的规划和管理等。在这样的情况下,企业若想从激烈的市场竞争中脱颖而出,必须将经营权和所有权分离,经营者将由更专业、更有能力的一批人担任,这批人被称为"职业经理人"。

由此可见,委托代理关系的出现是源于对"专业化"的追求。在生产力发展和企业规模扩大的时代,企业所有者的精力和能力有限,难以应付企业全部事项的经营;同时,有一批人缺乏足够的资金开创企业,但他们拥有充沛的精力和专业能力承担企业运营工作。一边是需求,一边是供应,委托代理关系由此而生。普拉特和泽克豪森认为,只要一个人或一个组织的利益与另一个人或另一个组织的行动相关联,且关联密切,两者就产生了委托代理关系。企业所有者等依赖他人行为的一方被称作"委托人",而职业经理人等负责行使权力的一方被称作"代理人",双方的利益往往不是一致的,这也就引起了委托代理关系中典型的"委托代理问题"。

现代企业组织理论中,最早提出委托代理理论的是经济学家,目的是针对委托代理关系的出现,用经济模型解决双方利益存在不一致的情况,防止代理人为了私利而"背叛"委托人,避免发生委托代理问题。在此基础上,管理学家们对委托代理理论进行完善,旨在帮助企业所有者通过组织设计和制度建立,以达到委托人和代理人双方的利益最大化。

委托代理理论的逐步完善解决了部分委托代理问题,促使委托代理关系在现实生活中更为广泛地应用。例如,某个部门的主管将一个项目完全交给某个员工,由该员工全权负责项目的前期准备、中期执行和后期评估;中央将一个地区的管理完全交给地方组织或基层组织去实施,中央负责监督而不干涉具体事项;研究生导师会将某个课题交给他认为有能力的学生负责,老师只提供方向性的指导,具体细节交由学生负责等。

文化创意领域同样存在委托代理关系。市场上的公司将文化创意业务完全交给第三方专业公司,前者提供自身的需求和大致想法,为委托人;后者负责具体的执行和成果输出,为代理人,双方在委托代理理论的指导下进行有效合作。

2. 业务外包的发展趋势

具体而言,以公司为主体,委托代理关系常表现为"业务外包"。

业务外包指的是企业出于自身发展情况,将本来应由自己提供的业务剥离出来,交付给外部第三方专业服务提供商来运营的经济活动。企业之所以选择外部第三方服务提供商,一部分原因是为了节约成本,业务外包更容易在外部形成规模经济,企业本身减轻了不必要的资产负担,从而达到降低成本的效果。另一部分原因则是为了集中资源发展企业的核心业务,将非核心的业务外包利于与企业外部机构形成合作,优化企业资源配置,实现企业的可持续发展等。选择业务外包的动机多种多样,不同情境下的不同企业会出于不同的考虑选择业务外包。

业务外包首先出现在国外。20世纪80年代,信息技术产业中的软件服务是最早引发外包热潮的一项服务,主要原因是当时的社会对其需求激增,只靠制造企业自身的力量无法高效高质地满足需求,在外部寻找专业的工厂成为大多数企业谋生的最佳途径。到了20世纪90年代,国际化分工程度加大,越来越多的企业从战略层面放弃兼顾价值链中所有的主要活动和辅助功能,转而注重对某一环节的深入钻研,使得某一服务领域中的专业性企业数量剧增,业务外包的成本持续下降,业务外包迅速成为各个企业,甚至是国家调整产业结构、促进生产发展的当红模式。随着业务外包模式的不断深入和不断成熟,中国开始引进业务外包模式,并在生产实践中逐步提高业务外包的比重。

业务外包在发展过程中出现了三种类型[1]:

(1) 信息技术外包(information technology outsourcing, ITO)。信息技术外包是指企业专注自身的核心业务,将与信息技术有关的业务交付给第三方去做,如电脑软件的研发、信息技术设备的维护、数据库的建立和管理等,这是最先发起的外包模式,也是现今中国占据主导地位的业务外包类型。

(2) 业务流程外包(business process outsourcing, BPO)。业务流程外包是指企业将某一项具体的业务或职能分给外部第三方执行,第三方专业公司会对业务或职能进行流程的改造和管理,如人力资源方面、财务方面、生产制造方面等,又如产品开发方面、广告投放方面等。

(3) 知识流程外包(knowledge process outsourcing, KPO)。知识流程外包是指让第三方专业公司为企业提供知识,包括提供知识产权研究、市场调研结果、数据分析报告、新兴技术研发思路、品牌策划方案等非物质型成果,帮助企业完成重要决策,这是伴随知识经济诞生而出现的全新业务外包类型,主要适应"知识即力量"的企业生存法则。三类业务外包有不同的侧重点,

---

[1] 商务部门户网站.服务外包统计调查制度[OL]. http://images.mofcom.gov.cn/fms/201901/20190125093012382.pdf.[访问时间:2020-03-06]

在几乎所有公司都致力于通过有效的业务外包来实现价值的今天,发挥着不同的重要作用。

业务外包已成为一种不可忽视的发展趋势,大多数企业顺应潮流,将文化创意相关的业务外包给不同类型的第三方专业公司,企业只负责和专业公司进行交接工作和必要的监督工作,具体的业务由专业公司来全权负责。同时,除了企业以外,地方政府和非营利组织等组织,在发展文化创意业务时也会寻求第三方专业公司的协助。文化创意方面的外包业务主要涉及业务流程外包和知识流程外包,相关第三方专业公司主要有咨询公司、策划公司、广告公司、公关公司和设计公司。为了深入介绍不同类型的第三方专业公司,接下来将以企业作为委托人代表,为大家介绍各类专业公司能为甲方提供的文化创意服务,进而了解政府等其他组织作为甲方代表时的业务情况。

(二) 咨询公司概述

1. 咨询公司概念及特点

咨询公司是从企业运营情况出发,用科学的方法进行市场调研、资料分析、数据挖掘等工作,寻找企业的经营问题或提升空间,提出适合企业长久发展的方案或研究报告的专业性机构。咨询公司具有针对性、专业性和上层性三大突出特点。

(1) 针对性。咨询公司与客户企业之间的关系非常密切,通常需要进入企业开展长时间的深入调研,了解企业的内部运营情况和外部市场情况,提出的咨询方案或研究报告切合某个企业的经营实际。除了个别的年度市场报告以外,咨询公司提供的方案极具针对性,聚焦企业问题、直击要害。因此,咨询公司提供咨询方案的周期非常长,特定的项目组对应特定的客户企业,不同的咨询方案或报告不存在可以共用的情况。

(2) 专业性。咨询公司相比市场中其他行业的公司对员工的专业能力要求更高。学历是考察一位应聘者是否有资格进入咨询企业的一个重要因素,例如中国国内大型咨询企业通常要求应聘者必须来自国内外名校,"清北复交浙"会优先考虑,来自美国常青藤名校的毕业生更是咨询企业偏爱的好苗子。咨询公司之所以对员工学历如此看重,很大程度是因为咨询公司格外注重方案的专业性,在各种调研和分析中要求使用科学、严谨的方法,呈现的报告须用规范而专业的表达方式,撰写的文书、制作的演示文稿均遵循专业的商务要求。不仅如此,咨询公司常会针对一个问题做非常深入的分析,通过多角度、全方位的剖析,获得于企业有利的经营启示,这些咨询工作都对专业能力要求非常高。因此,随机应变能力和深厚专业知识均是咨询公司择人的关键因素。

(3) 上层性。咨询方案一般从调研情况出发,指出企业现存问题或改进空间,为企业的全局或某一方面的发展指明方向。咨询方案中一般不包含具体的操作方案,如何时何地进行何种活动、具体招聘多少位员工以及员工的具体素质情况等。咨询公司提供的研究报告不含操作层面的信息,而是从宏观角度对某一方面的数据进行呈现和挖掘,提出对企业发展的有利启示。因此,咨询公司的产出就是给予方向性的指引。

2. 咨询公司的类型

咨询公司的分类标准有很多,一般按照咨询内容将其分为三类:战略咨询公司、运营咨询公司和信息技术咨询公司(图10-1)。

(1) 战略咨询公司。战略咨询公司指的是针对某个企业核心竞争力的确定以及获得竞争优势的方式进行建议和指导的咨询公司。战略咨询公司从最高的咨询层面为公司发展提供解决方案。主要提供的服务有：企业外部环境分析，内部资源和优势评估，竞争对手商业模式调查，关于业务层战略、公司层战略、竞争或合作战略等规划，以及企业战略实施等。从目前咨询行业的情况来看，在业界声誉和能力突出的战略咨询公司主要来自国外。

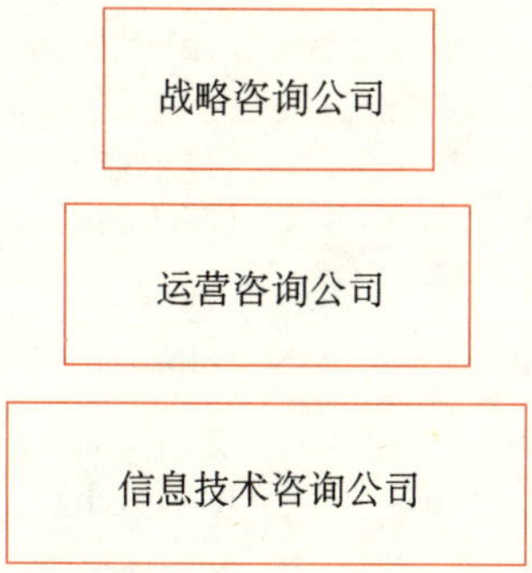

(2) 运营咨询公司。相比战略咨询公司而言，运营咨询公司提供的业务咨询更具体，指的是围绕价值链的主要活动和辅助功能，为企业提出专业化方案的咨询公司。运营咨询公司的范畴非常广，主要包括营销咨询公司、人力资源咨询公司、财务咨询公司和生产技术咨询公司等。其中，营销咨询公司主要负责为客户企业进行市场研究，评估竞争对手营销方案，确定市场进入策略，确定营销中大方向的产品设计、定价情况、渠道选择和推广方式等。

(3) 信息技术咨询公司。信息技术咨询公司主要提供信息技术咨询和信息技术实施两项服务。前者主要根据企业需求，为企业设计信息化流程，如供应链和生产管理、财务管理优化等；后者基于企业情况，设计适合企业的信息系统，如企业管理信息系统等。信息技术咨询公司提供的服务最为具体，注重发展全球信息技术咨询业务。

值得注意的是，随着咨询公司规模的扩大和能力的精进，不少咨询公司开始从单一服务领域拓展到综合服务领域，提供"一站式"的咨询服务，例如麦肯锡咨询、波士顿咨询、贝恩咨询等第一梯队的咨询公司均已经从战略咨询扩展到其他方面，全方位涉及企业管理、运营等各个领域。表 10-1 为目前在全球范围内规模较大、在业内受认可程度较高的咨询公司。

图 10-1 咨询公司分类

表 10-1 全球代表性强的咨询公司基本情况

公司名称	国家	成立时间	主营咨询业务
麦肯锡咨询（McKinsey）	美国	1926 年	战略咨询
波士顿咨询（The Boston Consulting Group）	美国	1963 年	战略咨询
贝恩咨询（Bain & Company）	美国	1973 年	战略咨询
罗兰贝格咨询（Roland Berger）	德国	1967 年	战略咨询
科尔尼管理咨询（A. T. Kearney）	美国	1926 年	战略咨询
艾意凯咨询（L. E. K.）	英国	1983 年	战略咨询

续表

公司名称	国家	成立时间	主营咨询业务
尼尔森（Nielsen）	英国	1923 年	市场咨询
益普索（Ipsos）	法国	1975 年	市场咨询
艾瑞咨询（iResearch）	中国	2002 年	市场咨询
美世咨询（Mercer）	美国	1937 年	人力咨询
怡安翰威特（AON Hewitt）	美国	1940 年	人力咨询
国际商业机器公司（IBM）	美国	1911 年	信息技术咨询
埃森哲咨询（Accenture）	美国	1989 年	信息技术咨询

资料来源：公开资料整理。

3. 咨询公司与文化创意服务

咨询公司是企业寻求文化创意业务外包时重要的第三方专业公司，起到基础性作用。主要可以提供文化创意方面的服务包括但不限于以下三方面。

第一，市场情况调查。所有的文化创意产出均以市场为导向，咨询公司通过完善的数据库和专业的分析能力，为企业提供关于市场情况的研究报告，例如国际国内文化创意行业的发展情况、竞争企业文化创意业务的发展进程、消费者对文化创意产品的需求情况以及国际国内的技术更新状态等，为企业制定文化创意方案提供可靠依据。

第二，挖掘企业优势。咨询公司通过深入进行企业调研的方式了解企业情况，从企业目标、业务布局、企业文化等各个方面，挖掘企业优势，定位企业核心竞争力，找出发展文化创意业务的突破口，为企业制定文化创意方案给予清晰指引。

第三，制定文化创意方案。综合以上分析结果，为企业制定一套独一无二的文化创意方案，方案一般只涉及方向性建议，不涉及具体的实操要求。例如，提出新的产品理念和产品设计思路，提出发展空间大且适合企业的方案，提出一年或多年的公关活动计划等。

（三）策划公司概述

1. 策划公司的概念及特点

策划公司指的是针对企业需求，为企业起草完善的、可操作的、具有创造性的方案，并帮助企业进行组织和实施以达成企业目标的专业型公司。策划人员要求能精准把握市场动态和需求，提出"快、准、狠"的策划方案，所谓"快"即把握机会、掐准时机提出策划方案，"准"即瞄准细分市场和目标受众进行针对性的方案设计，"狠"即要求策划方案可实施且有效果。

策划公司与上述的咨询公司都可看作是为企业出谋划策的"军师",针对企业的现状和未来提出相关建议,目的均是服务于企业的长远发展。然而,两者的差异之处不可忽视,主要体现在方向指引与具体操作的区别。

咨询公司致力于通过调研和分析,为企业提供方向性的指引。举例说明,针对企业的营销方面,咨询公司在各种市场研究后为企业提出的营销方案一般是高屋建瓴,如选择具备什么特征的市场作为第一步进军的市场、产品设计是体现功能性还是创新性等,咨询方案需要进一步的细化才能落地操作。相比之下,策划公司提供的方案比咨询公司更为具体,更为完善。同样是以营销方面的策划为例,策划方案包括了具体选择广州还是北京进入、哪年开始进入、进军第一个市场后多久进入第二个市场等,以及产品功能具体要怎么设计、产品创意具体需要体现在包装还是传播上,等等。企业通过一份策划案就能掌握接下来的操作流程,有的策划公司甚至为客户企业提供执行或监督执行的服务。

值得一提的是,随着公司业务的拓展,现有不少咨询公司开始涉及更为具体的方案设计,即向策划职能靠拢;同时有不少策划公司在起草正式策划时先提供专业的研究报告,即向咨询职能靠拢。换言之,咨询公司和策划公司两者之间的边界逐渐模糊,两者在业务领域上不断拓展、兼容。

2. 策划公司的类型

广义上,策划公司是一个非常广的概念,只要涉及具体方案设计的公司都可以叫作策划公司。但从策划公司提供的策划方向来看,策划公司主要有营销策划公司、品牌策划公司、活动策划公司三类。

(1) 营销策划公司。营销策划公司是围绕市场营销的一个或多个方面进行方案设计的公司。在营销策划下,可以细分为六个板块:①战略板块,针对战略层面的营销方案设计,例如市场细分、目标市场选择、定位选择;②产品板块,包括确定产品的卖点、功能和外观,设计不同系列产品的搭配等;③定价板块,制定不同市场、不同产品的定价策略;④渠道板块,为提高产品销量而设计更有效的销售渠道,并制定渠道进入计划和管理方案;⑤推广板块,或称传播板块,主要针对如何为企业及产品制定一套有效的推广方案,这一板块的方案可以落实到非常细致的地步,如各种媒体的推广措辞和时间推进表等;⑥组织板块,主要针对如何有效配置和管理营销人员为提高企业营销成效提出建议,营销策划公司很少单独呈现该板块内容作为一份独立的策划方案,一般结合其他板块一同设计。

中国营销策划公司在 2010 年后快速发展,2018 年国内营销策划企业数量超过 1 000 家。国内现有的营销策划公司或专业团队中,部分只负责单一板块的策划工作,例如专注提供数字推广策划的索象营销策划公司;也有较大型的公司或团队会提供综合的一体化营销策划方案,例如上海华与华营销策划公司、叶茂中营销策划机构等。

(2) 品牌策划公司。品牌策划最初是营销策划公司的职能之一,但随着打造强势品牌在市场竞争中的重要性凸显,品牌策划职能逐渐单独划分,形成了众多提供品牌策划方案的专业型公司,即为品牌策划公司。此类策划公司的核心工作是帮助企业建立品牌资产,打造强势品牌,使企业与其竞争者更好地区分开来。它们提供的策划方案一般包括以下几个方面:制定关于品牌定位、品牌价值链等品牌战略,选择品牌元素和品牌营销活动方案,规划品牌资产管理系统,设计以市场业绩、顾客心智为核心的品牌资产评估体系等。有的品牌策划公司在策划案提交后会协助企业执行,帮助企业导入新品牌和进行长期品牌管理。

国内单独提供品牌策划的公司数量不多,一般品牌策划的业务会包括在营销策划公司中。中国品牌策划公司的代表企业有以"让世界爱上中国品牌"为宗旨的上海沪琛品牌营销策划公司等。

(3) 活动策划公司。活动策划公司是指帮助各种企事业单位或个人进行活动策划,并按照策划内容组织活动的公司。活动策划有时会与企业的营销策划配合使用,为整合营销方案中的企业推广设计有效的公关活动。活动策划公司与前两类策划公司存在区别,前两类策划公司制定方案后不一定会帮助企业实施,但活动策划公司提供的服务通常也包括活动执行。

活动策划公司的服务内容一般包括以下几个方面:活动创意、内容、流程等策划,活动宣传方案及实施,活动人员、设备及场地等安排,活动现场控制及危机应对等。

3. 策划公司与文化创意服务

策划公司可以为企业提供的文化创意服务非常广泛,覆盖文化创意的各个方面。

第一,营销策划。策划公司首先从营销战略出发,为企业进行市场细分,选择适合企业发展规划的目标市场,进行准确的企业定位;接着细化产品创意的内容,包括产品功能、包装等;再者确定关于产品的推广方案。此外,如果企业有意愿进军与文化创意相关的新兴产业,如旅游产业、游戏产业、休闲产业等,策划公司将为其提供进入新产业的战略和策略规划。

第二,品牌策划。这部分策划与营销策划相辅相成,目的是通过系统的品牌策划,为企业打造坚实的品牌资产,在消费市场上树立与众不同的品牌形象,从而获取市场份额、建立竞争优势。

第三,传播策划。这部分策划主要是进一步细化营销策划中的推广方案,提供可直接采用的传播方案,如广告词创意、内容营销创意、传统媒体传播方案、新媒体传播方案等,让企业通过有效传播扩大市场影响力。

第四,公关活动策划。公关活动策划也是建立在营销策划的推广方案上,目的是通过举办更多与文化创意相关的公关活动,帮助企业文化创意业务顺利开展,如将中国传统文化与企业产品推广结合组织活动、为企业设计的文化创意产品举办发布会等。

(四) 广告公司概述

1. 广告公司的概念及职能

广告公司指的是专业经营与广告设计、广告制作和广告投放等密切相关活动的公司。广告业的发展已有300多年的历史,广告学也成长为一门成熟的学科,学术界对广告发展史进行剖析后,归纳出"广告四大要素"——战略、信息、媒介和评估(图10-2)。战略是指广告背后的逻辑,如这则广告目标是什么、目标受众是谁、需要传达什么类型信息等,体现的是广告前的调研、分析和策划部分;信息指的是广告中的信息内容以及信息呈现方式,体现的是广告的核心创意部分;媒介指广告投放的渠道选择,如传单与报纸等传统印刷媒介,高速公路标牌与海报等户外媒介,电视与广播等传播电波媒介,微博、微信、抖音等新媒体媒介或电梯广告等生活圈媒介等,媒介选择往往离不开战略部分的分析结果;评估指确定广告效果是否达到目标,通过评估结果确定广告方案的有效性,体现的是广告后的测评。[1]

图10-2　广告四大要素

围绕广告四大要素,广告公司的主要职能可主要分为四个部分:调研与策划职能、创意开发与制作职能、媒介计划与购买职能、广告效果评估职能。

2. 广告公司的类型

从大体上看,广告公司按照服务类型可分为三类:一是按职能、受众、媒体或行业区分的专业服务型广告公司;二是提供全方位服务的全面服务型公司;三是不直接提供服务,但联合了各方广告公司资源的代理服务型公司。

(1) 专业服务型公司。专业服务型公司聚焦于某一广告领域,例如部分公司从上述职能中选择特定的职能,致力于将特定职能做到极致,提供专业化细分广告服务。主要有如下几类:

广告策划公司,主要对客户企业内外部环境分析、消费者分析等,找出企业面临的营销问题,明确广告目的、目标受众群体特征和广告中的卖点,制定广告的创意主题,选择投放的媒体,设计出一套可操作的广告执行方案和广告评估方案。广告策划公司同时也属于策划公司的范畴。

广告创意公司,主要负责广告创意的设计和呈现,一般该类型的广告公司规模远不如广告策划公司大,并且时常聘用一些自由艺术家和作家。创意常包括广告文案、画面、剧情等的创作,产出相当依赖于灵感的迸发。广告创意公司通常作为独立的公司直接服务于广告主,但也会承包一些全面服务型广告公司的创意业务。

媒介服务公司,专门帮助广告主进行媒体选择、购买、投放和效果评估。在媒体众多的今天,这类广告公司备受欢迎,主要原因是公司内广告部门获取媒介资源的成本过高,而该类公司可通过自营或与传媒公司合作的形式,拥有一个或多个成熟的媒介资源,利用单一渠道或综合渠道的媒介投放经验,以较低的价格获得有效的传播媒介。

除了在职能方面体现专业广告服务,部分公司还提供针对单一受众的广告服务,如女性群体、青年群体、老年群体等;部分公司仅负责某一媒介的运作,如电视广告商、报纸广告商、电梯广告商等;还有部分公司只为特定行业的客户提供广告服务,以上均称为专业服务型广告公司。例如,专注影视广告的汉狮影视广告公司和专注电梯广告的分众传媒。

(2) 全面服务型公司。在广告行业中,有部分资源丰富、规模庞大的广告公司会提供全方

---

[1] Moriarty S, Mitchell N, Wells W D. Advertising & IMC: Principles and Practice[M]. Beijing: China Renmin University Press, 2013.

位的广告服务，涉及所有广告职能。一家全面服务型公司一般设置核心部门如市场调研部、创意部、广告制作部、媒体部和流程协调部，负责跟进各种广告服务的交付；设置对外的客户部和对内的人力资源部，分别处理客户对接和内部员工关系；同时设置财务部负责企业的资金周转。全球六大广告集团均为超大规模的广告公司，提供全方位、多层次的广告服务，是典型的全面服务型公司，表10-2 向读者整理了现全球六大广告集团的基本信息。

表 10-2　全球六大广告集团基本信息

集团名称	国家	成立时间	上市与否	旗下公司	集团典型客户
埃培智集团 The Interpublic Group of Companies	美国	1961年正式成立集团	是	麦肯广告、博达大桥广告（Foote Cone & Belding, FCB）、灵狮环球（Lowe & Partners Worldwide）等	卡夫 费列罗巧克力 摩托罗拉 海尔 香港旅游发展局
宏盟集团 Omnicom	美国	1986年正式成立集团	是	天联广告（BBDO）、恒美广告（DDB）、TBWA广告等	阿迪达斯 玛氏 惠氏奶粉 麦当劳 妮维雅 百事
阳狮集团 Publicis Groupe	法国	1926年正式成立集团	是	阳狮广告（Publicis）、萨奇广告（Saatchi & Saatchi）、实力传播（Zenith Optimedia）	宝洁 可口可乐 微软
哈瓦斯集团 Havas	法国	1935年初创	2017年被上市集团威旺迪收购	灵智广告（Euro RSCG）、阿诺国际传播（Havas/Arnold Worldwide）、灵锐媒体（Media Planning Group, MPG）	空客 家乐福 迪士尼 欧莱雅 哈雷戴维森
WPP集团 Wire & Plastic Products Group	英国	1975年初创	是	奥美广告（Ogilvy & Mather）、智威汤逊（JWT）、扬雅广告（Young & Rubicam）等	宝洁 福特 壳牌 芭比 IBM 联合利华
电通集团 电通扬雅株式会社	日本	1901年初创	是	电通安吉斯（上海）投资有限公司、北京电通广告有限公司等	佳能 联想 雀巢 丰田 优衣库

资料来源：公开资料；Wind 数据库。

(3) 代理服务型公司。代理服务型公司不直接提供广告服务,但在一个核心公司之下形成了众多广告公司的联合网络。该类型公司汇集各个提供不同服务的广告公司,一边对接客户以获得订单,一边将一份广告订单拆分,交由产业网络中的专业广告公司完成。代理服务型公司起到了中介的作用,不少上述独立的专业服务型公司或全面服务型公司都会加入其代理网络,成为其业务的一环。

另外,广告公司不仅提供广告制作服务,还会围绕广告制作提供一些配套服务,如提供简单的广告咨询服务、负责广告商标注册等,这些服务可能由专门的广告公司提供,也可能来自于全面服务型广告公司下设的一个部门。有趣的是,不是所有的广告公司都是独立运作的第三方专业公司,有的广告公司只为某个大客户而存在,完全依附于大客户而进行运作。

3. 广告公司与文化创意服务

广告公司主要负责企业文化创意业务之中与广告制作相关的服务,目的是为企业或企业产品打造出有创意、有效果的广告,将企业的品牌内涵和产品创意传播出去,提高知名度。广告公司要完成一份好的广告,需要兼顾市场、创意和规范程序,并且注意挖掘企业品牌或产品的文化内涵,在广告中进行体现。

广告服务的提供从企业的营销方案出发,通过阅读企业自制或由咨询公司提供的营销方案,广告公司了解企业的营销问题和广告需求,并由此设计广告理念。接着推进广告制作的每一步流程,包括广告策划方案制作,广告词撰写,广告片拍摄,广告投放等。企业可以邀请一家或多家广告公司参与文化创意方面的广告制作。

(五) 其他第三方专业公司

除咨询公司、策划公司和广告公司以外,公关公司和设计公司也是企业在发展文化创意业务时常选择的第三方公司。

1. 公关公司

公关公司主要负责处理企业的公共关系,目的是帮助企业与企业内外部的利益相关者形成有效的双向沟通,改善双边关系,促进双方相互理解、相互尊重、相互配合,为企业发展扫除障碍。[1]

企业在推动文化创意业务发展时,利益相关者众多,既包括外部利益相关者,如政府及相关主管部门、客户企业、各类型媒体、竞争企业、合作企业、消费者、社区等,也包括内部利益相关者,如员工和股东。其中,政府公关体现在进入某些文化创意新兴产业时必须遵循政府规范,增进政企关系融洽以获取更多资源;客户公关体现在深入了解客户在文化创意方面的需求,及时应对客户投诉等方面;媒体公关体现在加深加强企业与各种媒体之间的联系,便于通过媒体向公众传播良好企业形象,增进消费者信心。

2. 设计公司

设计公司是为客户提供线上和线下视觉创意的专业公司。设计公司范畴非常广泛,例如

---

[1] 杜慕群,朱仁宏.管理沟通(第2版)[M].北京:清华大学出版社,2014:123.

建筑设计公司、室内设计公司、服装设计公司、工业设计公司、景观设计公司等。一般来说，设计公司会根据客户对设计成品的要求，通过沟通洽谈后确定创意方案，之后进行反复的设计创作、和企业对接交流、设计修改，最终完成设计效果图交予客户企业。

在文化创意方面，设计公司主要负责的领域有：企业品牌标识设计、产品包装设计、推广海报设计、文化创意物品设计等，也可以与活动策划公司合作进行活动场地设计、与广告公司合作进行广告画面设计等。

二、组织内部团队结构

文化创意业务除了交给第三方专业公司完成以外，还可以通过在政府机构、非营利组织和企业等组织内部设置相关部门，依靠组织内部的团队力量，完成文化创意方面的工作。一般来说，政府机构、非营利组织与企业等组织在文化创意方面的部门设置不会有太大差异，下面以企业内部文化创意团队的建设为例，介绍文化创意团队的职能和分工。企业中与文化创意工作关系最大的部门主要包括策划部、品牌广告部和公关部。

（一）策划部

企业内部设置策划部的目的主要是，集聚一群专业人士的智慧，为企业各重点事项进行科学的规划，并统筹协调企业其他部门，按照规划高质高效地完成任务，以达到企业目标。企业策划部不是传统的企业部门，很多企业在最初并没有设置该部门，因此几乎所有的业务均无系统的规划，例如产品开发部仅听从部门内的想法设计新产品，销售部仅按照自己的判断进行销售工作等，将会导致业务板块割裂开来，对实现企业整体利益最大化造成了阻碍。在企业规模逐渐扩大、市场竞争日渐激烈的环境下，企业策划部成为拯救企业的关键团队。

企业策划部在文化创意方面的工作职责主要涉及以下四个方面。

第一，分析工作。企业策划部在企业行使类似外部咨询公司的职能，即对外部环境和企业内部环境进行专业的分析，为策划方案的构思和起草提供基础。外部环境分析主要围绕策划主题进行，和咨询公司分析的内容类似，例如做产品策划时需要了解行业中的竞品情况，做公关活动策划时需要了解同类型活动的举办情况或场地情况等。一般而言，企业策划部在外部环境分析方面不如专业咨询公司做得专业。但是，在内部环境分析方面却比咨询公司更有优势，主要是因为策划部属于企业内部组织，对企业十分熟悉，可以通过和其他部门的横向沟通拿到更为详尽且无保留的资料，从而对企业内部资源与能力、优势与劣势进行深度剖析。

第二，策划工作。策划部会在分析情况的基础上起草相应的策划方案，类似于第三方策划公司提供的服务。围绕根据企业目标确定的与文化创意相关的策划主题，方案会从各方面进行详尽撰写，如整体营销策划、品牌策划、传播策划等。内部策划部撰写方案难以像专业公司一样全面，但胜在沟通便利，在方案撰写过程中可随时与各部门交流，了解各部门情况和需求，呈现的方案更符合实际，更利于执行。

第三，执行工作。企业策划部与策划公司有一个区别：策划公司不一定帮助企业执行方案，而企业策划部一定会负责方案的落实。即使部分策划方案不由内部策划部负责，而是交由第三方策划公司起草,策划部仍要负责与策划公司的对接和方案完成后的落地执行工作。策划部对方案的执行体现在协调相应部门力量,按照策划的要求进行部门分工,并监督工作进度。

第四,评价工作。内部策划部并不只是负责单次的策划工作,因此在方案执行的各个阶段均需要对策划工作进行评价,例如在执行前评价方案的可操作性,在执行中记录方案的错漏处,在执行后评价方案的效果等,将评价结果在部门内部进行公示和讨论,并设置相应的绩效考核措施,激励部门员工不断提高策划能力。

值得注意的是,策划部门中不是每一时间段内只进行单一策划工作,经常是多个策划任务同时进行,因此部门内的分工非常关键。企业策划部一般有两种团队分工方式:一是按照职责进行分工;二是按照项目组进行分工。按照职责分工即分别设置分析岗、策划岗、执行岗和考核岗对应上述四个主要职责,其中分析岗和策划岗是核心职位。按照项目组分工即针对每一个策划任务安排不同员工组成项目组,每个项目组负责一次策划的全部工作,从分析开始到最后的方案评价。

(二) 品牌广告部

品牌广告部的设置主要为了帮助企业通过系统科学地打造强大的品牌体系,并利用多类型的广告将品牌传播出去,形成一定市场影响力。在信息爆炸的时代,消费者的注意力成为企业获胜的关键要素,因此,对企业打造差异化品牌并选择创新的传播方式提出了新要求。品牌广告部正是顺应新时代要求而生。

品牌广告部与文化创意关联密切,主要分为品牌方面与广告方面的职责。

品牌方面的职责,顾名思义是负责企业品牌体系的构建工作,与品牌策划公司的职能有重合的地方。然而,企业内部的品牌部门除了进行品牌战略、品牌元素、品牌内涵、品牌活动等各方面策划以外,更需要进行企业品牌资产的维持和提升。品牌部门设置在企业内部,在品牌构建后需要随时关注品牌的动态,对品牌进行长期管理,在合适的时候进行品牌延伸、品牌强化、品牌组合调整,或在品牌发展受阻时进行品牌激活等。关键在于,进行品牌构建和管理时需要不断挖掘文化内涵,并赋予品牌生命力,塑造品牌底蕴。

广告方面的职责体现在企业宣传方面,专门负责企业的广告业务活动。广告部作为企业的内部广告代理机构,承担外部广告公司一部分或全部职责,包括广告方案确定、广告词撰写、广告片制作等。一般企业广告部缺乏自己的传统媒体资源,如电视、广播、电梯广告等,仍需要求助于外部专业的媒介服务公司。但现在很多公司以新媒体为主要传播途径,微博、微信、抖音等自媒体的运营一般在企业内部即可完成。

品牌广告部的分工情况视具体企业情况而定:大规模企业会把品牌广告部拆分成品牌管理部和广告部门,分别负责不同业务,如品牌部下设调研岗、策划岗、管理岗、评估岗等,广告部下设策划岗、创意岗、技术岗、媒体运营岗等;有时也会按照项目进行划分。

如果部门规模更大的情况下,会按照行业类型、消费者类型、市场地区等对品牌广告部进行进一步划分,提高方案的针对性。甚至有的大公司会外设一个策划公司或广告公司,进行企业品牌广告业务的同时,接受来自其他企业的业务外包订单。

(三)公关部

企业公关部指在企业中开展公共关系相关活动的职能部门,设置部门的目的是协调和发展企业与内外部利益相关者的关系。有些企业未认识到公关部对企业发展的重要性,最终吃了大亏,例如三株口服液的口服液事件,因为一位顾客服用三株口服液后过敏死亡,而企业在事件后未妥善处理对外关系,导致三株集团损失惨重。不少企业因为规模问题无法设置专门的公关部门,但仍会有行政部门兼顾公共关系方面的工作。

公关部是企业的情报官、外交官和协调者,在企业中的作用体现十分广泛,聚焦文化创意方面,工作职责可归纳为以下五个方面。

第一,信息情报工作。公关部与外部各种机构和内部人员保持紧密联系,通过内外沟通,公关部能搜集到来自各方的情报,例如政府部门拟起草的文案、不同新闻媒体对企业发布新品的态度、消费者对企业设计的文化创意产品的评价等,又如股东对文化创意业务的要求、策划部遇到的难关等。公关部进行全方位的信息搜寻后进行整理,交予相关部门,为后续工作的开展提供情报。

第二,形象管理工作。企业可以看作一个人,人需要穿适合自己的衣服,企业也需要打造适合自己的形象。公关部根据了解到的市场外部情况和企业内部情况,为企业的整体形象构建提出思路,通过广告、软文、活动等方式宣传企业形象,通过与外界媒体等机构沟通以维护企业形象。企业形象是企业内涵的一种外在表现,也是公众所感受到的总体印象,主要包括企业精神、产品形象、员工形象等。企业形象的设计可与当地文化相结合,有助于文化创意业务的推进。

第三,对外沟通工作。除了搜集情报和传播形象,公关部还需要代表企业进行全方位的对外沟通。例如,与主流媒体建立长期联系,及时应对来自媒体的提问;主动与客户进行有效沟通,尤其是企业型的大客户,平衡企业和客户的收益;在进行业务外包时,与外部第三方专业机构进行及时沟通,保持互惠互利的合作关系;处理与竞争者之间的关系,避免恶性竞争;与企业周围的社区建立伙伴关系,为社区提供便利,让企业融入社区等。

第四,内部协调工作。公关部不仅需要处理对外关系,也需要协调企业内部关系,向上级领导传达下级员工诉求,通告下级员工相关的企业规划等。在内部员工出现矛盾时,包括部门内矛盾、部门间矛盾、上下级矛盾等,公关部负责进行矛盾调解,使企业尽快恢复秩序。

第五,危机应对工作。公关部的重要职责是帮助企业在遇到危机时顺利渡过难关。公关部常配有危机处理程序和熟悉危机处理的专业人员,在危机发生后,例如新文化创意产品理念被竞争者抢先使用、文化创意园区出现管理失误导致人员受伤、广告词被控诉有抄袭嫌疑等,企业的公关部负责准备相应材料,与外界行业协会、政府、媒体、事件相关人员等进行沟通,尽快对危机进行处理。

公关部的分工方式有多种,取决于企业情况。可以按照对内关系和对外关系进行简单划分,可以按照上述五个职责进行划分,也可以按照具体利益相关者类型进行划分,例如分为政府关系岗、媒体关系岗、客户关系岗、社区关系岗等。

三、文化创意业务外包与业务自营比较

本章主要讲述了两种文化创意工作团队形式,一种是在组织外部的第三方专业团队,另一种是组织内部设置的相关部门。两种团队形式分别体现了"业务外包理念"和"业务自营理念"。"业务外包理念"已在前文进行了解释,而"业务自营理念"即组织利用自己的资源,通过构建相关部门来负责文化创意业务有关的工作,不假手于人。

业务外包和业务自营是企业发展业务的两种主要形式,各有各的优点。

业务外包的优点主要是:更低的成本、更高的效率、更专业的服务;使公司专注于核心竞争力的培养和高增值业务的运营;改变企业业务流程,使得企业现存的业务更有效率;提高企业灵活性,更能适应环境的快速变化,从而快速把握市场机会。

但是业务外包有很多风险值得关注,相反,这却是业务自营的优势体现。例如自营能保持组织内部信息的安全与私密,降低创意被剽窃、机密信息被泄露的风险;自营可提高企业创新能力和多样化业务能力,为企业发现潜在商机,提供转型机会;自营还能减少很多沟通对接上的障碍,充分提高诸如文化创意产品、传播、公关活动等各类方案与组织的切合度等。

综上分析,无论是政府,还是企业,或是非营利组织,每当需要开展文化创意业务时,他们必须思考各种关于文化创意团队建设的问题,如由第三方机构负责文化创意工作,还是通过自己创建部门来开展文化创意业务?什么板块的文化创意业务应该外包给专业公司,什么板块的文化创意业务可以留在组织内部?具体选择哪家专业机构负责文化创意业务?组织内部要设置什么部门,如何进行管理等。

第二节 | 文化创意人才

无论是国家实现文化事业繁荣的伟大目标,还是企业达成文化创意业务发展的战略目标,都离不开文化创意人才。文化创意人才的关键作用体现在文化创意灵感的迸发,文化创意想法的提出、文化创意方案的规划、文化创意工作的落地等。回顾第一节,无论是第三方专业公司的服务提供,还是企业内部团队的业务运营,文化创意人才都与之关系密切。总的来说,文化创意人才是国家和企业文化创意工作得以高效高质完成的重要支柱,因此我们需要明确社会对文化创意人才的要求,以及了解如何对文化创意人才进行培养。

一、文化创意人才的要求

一般而言,因为涉及的范畴非常广,文化创意方面的全能型人才较少,大部分是在某一领域表现突出的专业型人才。所谓"术业有专攻",文化创意人才具体可以分为不同类型:研究文化创意专业学科的学术型人才,挖掘国家或不同组织文化内涵的文化型人才,提出各类原创想法的创意型人才,关注市场动态的分析型人才,擅长将文化创意转化为商业价值的策划型人才等。

不论是什么领域的文化创意人才，他们通常具有某些相同的能力与素质，使得他们更能把握文化创意方向，更为专业而出色地完成文化创意工作。虽然不同领域的人才侧重不同能力，但对文化创意人才的要求基本可以归为以下五点。

（一）基本的文化修养

文化修养是一个广泛的概念，指的是人们通过对文化知识的学习、吸收、提炼和思考后，形成的较为稳定的内在文化特征。一个人的文化修养可以影响个人的性格特点、待人接物的方式、处理事情的能力等。所谓"修养"，先"修"而后"养"，个人的文化修养可以通过学习各种文化知识而"修"得，但"修"的关键不在于文化知识的学习量，而在于个人能否将文化知识内化于心。换句话说，文化修养不仅体现在文化知识方面的学识水平，而且体现在汲取文化知识后的领悟成果。文化修养是集成型的大框架，有多种细分表现，与文化创意方面最为相关的是历史素养、文学素养和艺术素养。

历史素养具体表现为历史学识水平、历史理解能力、历史价值观等。一个人是否读过历史、读过多少历史、能否将不同时间或不同国家之间的历史串联起来、是否真正理解历史、理解的历史是什么样的、如何对历史事件和历史人物进行评价等，均能体现一个人的历史素养。文化创意人才必须具备基本的历史素养，理解文化创意的历史渊源，掌握企业或政府等组织所在国家的历史故事，了解全球的历史发展等，秉持正确的唯物史观看待文化创意工作，运用富含历史底蕴的方式开发文化创意、选择文化创意方案、设计文化创意元素。

文学是文化元素的重要积淀，文学素养指的是一个人在文学阅读、理解、交流、创作上的能力。生活中，大部分人都阅读过文学作品，诗词歌赋等中国传统文学、短中长篇小说等现代文学，还有历史读物、人物传记等均属于文学作品的范畴。然而，文学素养的培养不局限于阅读，更重要是深入思考、透彻理解文学作品中的浅层和深层含义，只有把文字内化成自身的智慧，才能在阅读中获得知识增量。另外，使用合适的方式将内化的知识向外界传达，甚至加上自己的生活体验形成新的文学创作也是文学素养的重要体现。在文化创意工作中，无论是文化创意元素的选择还是传播文案的撰写，都需要个人的文化素养作为支撑。

第三是艺术素养。个人对艺术的喜爱程度、鉴赏能力和创作功底等均可体现其艺术素养。艺术存在于生活的每一细微之处，因此一个人只要对艺术充满喜爱，便会热衷于观察和挖掘艺术，不自觉地将各种艺术形式存入脑中形成知识储备，用于文化创意工作的关键时候，例如在思考产品外形设计时、在构思广告片拍摄思路时等等。如果说对艺术的喜爱可以让人产生更多艺术想法，那么能感受和判断何为"美"的艺术鉴赏能力则可以帮助更多高质量艺术想法的诞生。在此之外，能亲自将艺术想法落地，创作出符合主题的艺术作品则是艺术素养的最高表现。

（二）活跃的创新思维

在竞争激烈的市场环境中，创新是帮助企业创造新财富、在新领域打败竞争者的成功源泉，进入一个全新的文化创意行业、开发一款前所未有的产品、用新传播方式宣传产品等均涉及创新，创新几乎成为所有企业寻求发展的必备活动。不仅企业如此，政府、非营利机构等组织乃至个人，都需要不断进行创新活动以便脱颖而出。

创新活动的顺利开展必须依靠人的创新思维。创新思维指的是突破常规思维，以一种全新的、原创的角度看待问题、分析问题和解决问题的思维方式。创新思维一般具有原创性、开放性和实践性，这三个重要特征分别揭示了对文化创意人才的具体要求。

第一，创新思维的原创性是区别于其他思维的突出特征。原创不是参考已有的模式进行修修补补，而是有能力、有勇气从一个全新的角度出发进行颠覆性改变。原创能力逐渐代替高水平的模仿能力，成为影响国内各产业尤其是文化创意产业发展的关键要素。因此，作为文化创意人才，必须具有勇于革新、敢于创造的能力。

第二，开放性是创新思维的第二个特点。如果只在同一领域或只朝着同一方向进行变革，其实相当于没有创新。一个企业永远只在传播方面谋求新方式，或只对产品的单一功能进行革新，长久而言创新效果会削弱。因而，真正的创新思维是开放的，文化创意人才需要根据环境变化寻求不同领域的创新，创造出永远出乎意料的创新成果，以达到轰动效果。

第三，实践性是指创新思维必须服务于现实主题，创新成果必须为现实创造价值。只有从当下的目标或问题出发，创新对于组织而言才是有意义的，否则再伟大的创造都一文不值。例如，某企业的产品销量非常不理想，企业中负责文化创意工作的员工开始对产品包装进行大刀阔斧的变革，设计出竞争者绝对意想不到的产品外形，但投入市场后却发现销量问题仍然存在。这在很大程度上说明了企业最初面临的问题并不是源于产品包装落伍，而是因为产品宣传不到位或产品功能无法满足消费者需求等。可见，未充分了解情况就盲目创新是毫无增益的。没有对症下药的创新必然会徒劳无功，文化创意人才在创新前必须充分理解组织需求。

（三）敏锐的市场意识

市场是文化创意的导向，因而贯穿文化创意工作的每一阶段。从上一节文化创意团队职能的介绍中，我们可以了解到咨询公司需要对市场进行分析才能为企业的发展提供方向指引，策划公司需要在了解市场环境的基础上为企业设计策划方案，广告策划方案和广告评价方案等也需要从市场出发制定。同时，创新思维的实践性要求文化创意人才理解组织需求，而理解组织需求一定程度上就是要把握市场环境变化。

与文化创意工作关联最密切的市场信息具体涉及行业情况、竞争者情况、消费者情况及技术更新情况。文化创意人才需要掌握行业分析能力，对行业动态保持敏锐度，发现行业机会和威胁，为企业选择何种行业、如何进入新行业等决策提供支持。选择特定行业后，需要对行业中的竞争者进行深入分析，帮助企业确定合适的战略和策略。同时，消费者的用户画像和需求变化是必须掌握的市场信息，正如第五章对文化创意市场的分析，人群迭代和消费升级等消费者情况会对文化创意的发展提出新要求。最后，技术情况也是需要关注的一个重点信息，无论是文化创意产品设计、文化创意产品传播，抑或是文化创意产品展示，均需要利用现代技术，把握技术发展新潮流。

对于文化创意人才，不一定要求他们具备专业的市场分析能力，也并非规定他们必须遵循系统的市场分析流程，但敏锐的市场意识必不可少。市场意识表现为清晰地认识到市场对文化创意工作的重要性,并将此谨记于心,随时洞察市场动态、分析市场规律和把握市场机会,从市场环境出发进行文化创意方案设计与实施。

(四)扎实的专业知识

与文化创意相关的专业知识涉及诸多学科,例如第一章提及的文化学、创造学、传播学等,要求从事文化创意工作的人员能通过自学或培训等方式接触各个学科,了解学科基本要点,区分学科基本概念,掌握学科基本逻辑。若想成长为文化创意人才,除了广泛涉猎多个学科外,至少需要扎实掌握一门学科的专业知识,深入理解学科内涵,能将该学科知识熟练运用到文化创意实践中。有的文化创意团队对人员的专业知识要求不会太高,对各种学科有初步了解即可;有的却非常严苛,常通过学历等硬性条件挑选专业知识扎实的文化创意人才,例如上一节提及的咨询公司用人标准。

一般而言,个人先天资质和早期培养在文化素养、创新思维和市场意识的养成过程中起到了关键作用,因而有很多人会因为自身资质不足或忽视早期练习而对文化素养等方面能力的提高感到力不从心。然而,专业知识的形成更多依靠后天的学习和积累,相对上述三个要求,专业知识水平的提高更容易通过自身努力而达成。因此,很多想在文化创意方面有所突破的人会从学习专业知识开始,提高个人在专业知识上的竞争力,弥补其他短板。因为传授专业知识往往更容易,也更有成效,所以不少培养文化创意人才的组织也是从打造和稳固专业基础开始,本节后半部分将会对文化创意人才的培养进行具体介绍。

(五)熟练的业务技能

要成为文化创意人才,业务技能熟练程度也非常关键。这一要求主要针对文化创意实践人才提出,不少企业、政府等组织常利用工作年限等硬性条件进行人员筛选。

在文化创意实践、非单纯的文化创意理论研究中,文化创意工作的完成往往需要经过多个步骤。同样以企业的文化创意业务为例,企业开展文化创意业务需要从最初的调研分析开始,到文化创意方案的起草和设计,再到文化创意方案在各个层面的实施,最后是文化创意方案的评估和调整。每个步骤都有不同的业务流程,也需要不同的业务能力,这要求各类型文化创意团队中的人才都必须对组织中至少一项业务流程非常熟悉,拥有精湛的业务能力,并能在最短时间出色地完成工作。例如,分析型人才必须了解完成一份全面的分析报告的步骤,并能熟练地收集资料、进行分析,规范地呈现分析结果;策划型人才则需要把握整个策划的流程,在了解企业需求后,通过一系列科学的操作,将充满创意且有价值的策划方案交予企业。

文化创意工作常常是庞大且复杂的,即使是文化创意下的一项细分业务都可能有巨大的工作量。文化创意人才不管专业知识如何扎实、业务技能如何熟练,都无法仅靠一人之力完成所有工作,因此对人才在统筹协调和指导监督上的能力也提出了新要求,这两项能力的养成能使文化创意人才成为一名出色的指挥官和管理者。其中,统筹协调能力指的是能调动不同团队或团队中不同成员的力量,通过合理分工和积极沟通,使人们团结协作完成任务。而指导监督能力指的是能根据业务内容,把自身的专业知识和业务技能传授给其他成员,提高整体成员的工作能力,指导他们按照要求完成任务,并相互监督。

因此,文化创意人才除了自身要在分析、策划、设计、公关等方面熟悉业务以外,还需要具备突出的统筹协调能力和指导监督能力,以带领文化创意团队高效高质地达成业务目标。

文化创意人才对于文化创意团队的建立和运作非常重要,真正的文化创意人才常常被各种求贤若渴的文化创意团队奉为至宝。一般来说,在文化创意方面称为人才的人必须能兼顾上述五方面的要求,不苛求他们在各个方面都表现惊人,但缺一不可。除此以外,个人的思想道德修养、思维敏捷性、决策能力、人际关系处理能力、合作能力、书面理解能力、口头表达能力、归纳演绎等能力也是必不可少的素质和能力,对于一个人能否被雇主接受、能否出色完成工作任务起到决定性作用。

二、文化创意人才的培养

随着文化创意人才重要性的凸显,全球范围内涌现出不少承担文化创意人才培养工作的组织,其中政府、高校、机构和企业在人才培养方面起最为关键的作用,逐渐形成政府、高校、机构、企业"四位一体"的文化创意人才培养体系。四种不同类型的组织共同发力:政府是文化创意人才培养的统筹者,高校是培养人才的主力军,机构被称作专业化文化创意人才的锻造炉,企业被认定为文化创意人才的实战基地。不同组织分别采用不同的方式进行文化创意人才的培养,同时各个组织之间又相互合作,通过不断交流提高文化创意人才的培养成效。

(一) 政府

政府在文化创意人才的培养中扮演了统筹者的角色,带头树立文化创意人才培养意识,促使社会中各类型组织重视文化创意人才培养。政府作为国家、地区的主要统治和管理机关,在参与文化创意人才培养工作上,主要体现在出台相关政策和给予资金支持。

1. 出台政策

从全球范围看,各国或各地区政府通常以出台相关政策的方式介入文化创意人才的培养工作。英国作为最早提出文化创意概念的国家,在 20 世纪 90 年代开始强调政策在推动文化创意人才培养方面的重要地位,最早可追溯到英国政府在 1998 年出台的《英国创意产业路径文件》[1]。该文件为英国社会界定了文化创意的内涵,指导社会组织进行相关人才的培养。直至今日,英国政府一直关注本国文化创意产业的发展,不断更新政策以提供支持,如提出关于保护文化创意知识产权的相关政策,鼓励国民大胆创新,不断提高自身的文化创意能力。

在中国,国家及各地方政府会出台各类型政策,引导和督促高校、企业等组织进行文化创意人才的培养,加快中国文化创意产业转型升级。2018 年北京市委、市政府印发的《关于推进文化创意产业创新发展的意见》[2],明确表示需要推进文化创意人才培养工作,建议高校等组织修订文化创意人才标准、建设文化创意人才培养实训基地、引进海外文化创意人才、给予文

---

[1] Gov. UK. Department for Digital, Culture, Media & Sport. Creative Industries Mapping Documents 1998[OL]. https://www.gov.uk/government/publications/creative-industries-mapping-documents-1998.[访问时间:2020-03-16].

[2] 中共北京市委,北京市人民政府.北京市委、市政府印发《关于推进文化创意产业创新发展的意见》的通知[OL]. http://www.gov.cn/xinwen/2018-07/05/content_5303724.htm.[访问时间:2020-03-16].

化创意人才多类补贴等。2019年国务院印发《国家职业教育改革实施方案》[1]，提出产教融合是未来人才培养的必由之路，要求国内各地重视企业和高校以及相关机构的深度合作，充分发挥不同组织的创新优势，提高文化创意人才的培养质量。

政府政策对于文化创意人才培养的作用有两点：一是传达国家或地区规划，促使社会上各种组织按照政策要求加快文化创意人才培养步伐；二是针对文化创意人才培养提供指导性意见，倡导高校、企业等组织采用更高效的方式开展人才培养。

2. 资金支持

除了出台引导性政策以外，政府还会通过拨款方式为培养文化创意人才提供资金支持，以此直接参与到文化创意人才的培养中。同样以英国为例，英国政府非常重视文化创意人才的培养，专门为该类型的人才培养设立专项资金，主要用于高校文化创意教育条件的改善、各类文化创意科研机构设备的更新等，此外还会用于支持正在发展文化创意业务的中小型企业，甚至设立专项奖金，奖励在文化创意方面有突破的个人或群体。

在中国，为了贯彻落实中央关于发展文化创意产业的政策，政府在人才培养上积极加大资金投入，推动文化创意产业高质量发展。从2014年起，国家开启了"文化产业创业创意人才扶持计划"[2]，由财政部设立专项资金，由文化部牵头负责具体事项。到了2019年，国务院继续关注推动创新创业的高质量发展，发起关于打造"双创"升级版的意见[3]，提出应加大财税政策支持力度，减轻文化创意相关企业或机构的税费，对于文化创意企业应充分发挥国家中小企业发展基金等国家基金的作用，支持企业在发展文化创意业务的同时，培养更多符合时代要求的文化创意人才。

更重要的是，政府对文化创意人才的重视远不止出台相关政策和加大财政拨款，政府还会举办丰富的文化创意活动、搭建各类文化创意支撑平台、积极引进海外文化创意经验、健全文化创意成果转化的体制机制、建立完善的文化创意产权管理体系、为文化创意人才提供更便利的服务等。政府的努力体现在社会的方方面面，致力为文化创意人才营造自由、开放、公平的创意环境，利于创意天性和灵感的释放，以及创意潜能的激发，从而促成更多出色的文化创意人才的诞生。

(二) 学校

勿庸置疑，高校已经成为培养文化创意人才的主力基地。高校通过正规的课程教育和课外实践，系统地向学生传授文化创意专业知识，目的是使学生从根源上了解文化创意，培养出一批具有扎实理论基础、能将理论与实践结合的专业型文化创意人才。学校对文化创意人才的培养主要体现在专业设立、课程安排及海外交流三个方面。

---

[1] 国务院.国务院关于印发国家职业教育改革实施方案的通知[OL]. http://www.gov.cn/zhengce/content/2019-02/13/content_5365341.htm.[访问时间：2020-03-16]

[2] 国务院.国务院关于推进文化创意和设计服务与相关产业融合发展的若干意见[OL]. www.gov.cn/zhengce/content/2014-03/14/content_8713.htm.[访问时间：2020-03-16]

[3] 国务院.国务院关于推动创新创业高质量发展打造"双创"升级版的意见[OL]. www.gov.cn/zhengce/content/2018-09/26/content_5325472.htm.[访问时间：2020-03-16]

1. 专业设立

最初,全球的高校并无单独设立文化创意专业,但有不少专业与文化创意人才的培养相关,例如戏剧、音乐、绘画等艺术类专业,电影与录像专业,平面设计专业,创意写作专业,管理学专业中的市场营销和旅游管理,软件及计算机专业中的视觉软件开发等。

随着文化创意产业对于国家经济及社会发展的重要性逐渐加深,以华威大学为首,英国高校逐渐将文化创意作为一个独立的学科引入高校专业设置中。作为最早提出文化创意概念的国家,英国同样成为文化创意专业设立的起源地。发展至今,全球各国均有部分高校引进文化创意专业,设立单独的文化创意学院,提供系统化的文化创意教学,其中包括以上海交大-南加州大学文化创意产业学院为代表的中国高校。表10-3列出了目前单独设立文化创意专业的十所英国高校的基本情况。

表10-3 单独设立文化创意专业的十所英国高校的基本情况

高校名称	创办时间	2019年QS世界排名	文化创意专业名称	院校及专业特点
伦敦大学学院（University College London）	1826年	10	创造性合作企业（Creative and Collaborative Enterprise）	享誉世界的顶尖综合研究型大学;文化创意专业注重与实践结合
曼彻斯特大学（The University of Manchester）	1824年	29	艺术管理、政策与实践（Arts Management, Policy and Practice）	英国老牌名校;文化创意专业注重将艺术管理和创作与文化创意政策结合
伦敦国王学院（King's College London）	1829年	31	文化及创意产业（Cultural & Creative Industries）	文化创意专业所属学院（Department of Culture, Media & Creative Industries）在学术排名上位于英国第一;文化创意专业涉及多种学科的教学,不单独钻研传媒等单一学科
华威大学（The University of Warwick）	1965年	54	创意及媒体企业（Creative and Media Enterprises）	英国顶尖研究型大学,传媒和戏剧专业更是多次荣膺英国专业排名第一;首个单独开设文化创意专业的高校,注重将商业与创意结合
格拉斯哥大学（University of Glasgow）	1451年	69	创意产业与文化政策（Creative Industries & Cultural Policy）	全球最古老的十所大学之一;文化创意专业注重跨学科教学,尤其设置与文化创意政策相关的课程
谢菲尔德大学（The University of Sheffield）	1897年正式成立	75	创意及文化产业管理（Creative and Cultural Industries Management）	文化创意专业偏向商科,注重教授关于文化创意企业或其他文化创意组织的管理

续表

高校名称	创办时间	2019年QS世界排名	文化创意专业名称	院校及专业特点
利兹大学(The University of Leeds)	1831年	93	文化创意及企业家精神(Culture, Creativity and Entrepreneurship)	英国前十的顶尖学府;文化创意专业偏重理论学习,如对文化理论和文化产业的分析,较少涉及文化创意产业管理方面的知识
诺丁汉大学(University of Nottingham)	1881年	82	文化产业及企业家精神(Cultural Industries and Entrepreneurship)	文化创意专业的师资主要来自传媒学院和商学院,重点关注传媒研究与企业管理的结合
卡迪夫大学(Cardiff University)	1883年	145	文化创意产业(Cultural and Creative Industries)	卡迪夫大学的传媒在英国名声较大;文化创意专业主要结合专业知识、学术研究和企业实践
伦敦大学亚非学院(SOAS University of London)	1916年	288	全球创意及文化产业(Global Creative and Cultural Industries)	全英国学生最多元化的大学之一;文化创意专业注重全球化,注重研究不同国家或地区的文化创意历史和现状,为不同地区设计适合当地的文化创意方案等

资料来源:知乎资料-英国文化创意专业院校深度解析。

2. 课程安排

独立的文化创意专业是在特定时代背景下基于不同学科背景而诞生的,因此,相比于其他专业,文化创意专业的包容性最为突出。该专业下设的课程内容涉及范围非常广泛,从文化到创意,从历史到时尚,从传播到管理,从理论到实践,文化创意专业融合了多方面知识,致力于培养懂理论、会实践的文化创意人才。

每个高校对文化创意的理解有所差异,例如什么是文化创意的基础性课程、什么是文化创意的核心理论、出色的文化创意人才应拥有什么知识、什么类型的课程对于学生而言最重要等。虽然所有高校均以教授文化创意方面的专业知识为教学基础,但正因为它们对上述问题众说纷纭,所以不同高校的专业侧重不同,有的注重文化创意中的单一类型理论研究,有的注重文化创意中的跨学科综合理论研究,有的则注重政策解读、企业实践、全球化视野拓展等,在表10-3中也可以看出不同院校的专业特点。

表10-4以中国境内文化创意学院代表——上海交大-南加州大学文化创意产业学院(ICCI)的课程设置为例,以便读者更清晰地了解文化创意专业的课程安排。

表 10-4　ICCI-文化创意专业课程安排示例

所属类别	课程名称
基础性课程	社会科学研究方法与统计
文化艺术类课程	艺术、文化与创造思维
	中西方文化比较与创意
	文化公司组织转型与变革
	20世纪与21世纪文化创意的产业化
	创新、创意与创业
	艺术、艺术家与社会
	文创产业调研
	全球化的好莱坞
传播类课程	新闻传播学理论基础
	新闻传播学研究方法
	新媒体研究
	媒体经营与管理
	新媒体法律与管理
	传媒经济与管理
	全球传媒与文化
	新闻传播政策、法规与伦理
管理类课程	管理学引导
	文化创意产业管理实务
	消费者行为
	新产品开发
	营销与消费者研究
	品牌管理与策划
	商务沟通
	公司财务
数字类课程	数字技术与软件
	数字技术与娱乐产业
	互联网与社会
实践类课程	构造现实：纪录片-产业与实践
	美国电影产业及实践

资料来源：上海交大-南加州大学文化创意产业学院（ICCI）官网资料。

3. 海外交流

高校对文化创意人才的培养方式除了设立专业和安排相应课程以外，还包括为学生提供海外交流的机会和平台，促进不同国家之间的文化创意交融，培养具有更全面专业知识和更广阔国际视野的文化创意人才。

高校设置海外交流的方式有多种，根据学生的参与方式大致可分为两种：一种是观摩型交流，主要以邀请全球范围内著名的文化创意学者或企业家至校内公开授课、发表演讲、举办座谈会等，学生主要采用"看"和"听"两种方式汲取知识，并通过与海外嘉宾的简单交流互动，深刻了解学者或企业家的经验故事和文化创意理念等，不断丰富内在的文化创意知识架构；另一种是体验型交流，其包含的形式更为多样，如由导师带领学生参加国际会议、参加短期海外交流项目、与海外到访的学生进行深度交流、远至海外合作院校修读双学位等。学生通过不同类型的海外交流，与海外的文化创意教育近距离接触，有机会学习到全球更多先进的学科知识，利于创新思维在全球范围内进行碰撞，大大促进学生国际化水平的提高和高质量创新成果的涌现。

虽然有的高校没有设立单独的文化创意专业，但高校中的人文学院、传播学院、管理学院、设计学院等同样会培养出适合文化创意工作的杰出人才，正如前面所提及的文化类、创意类、分析类、策划类、设计类专业型人才等。因此，不同高校会通过其独特的教学体系培养出不同类型的文化创意人才，切不可再有"若高校未单独设立文化创意专业，则它无法进行文化创意人才培养"的错误观点。

(三) 机构

这里的机构是指承担文化创意人才培养工作而独立运作的组织。有的机构是完全独立的法人，有的是某政府部门的下设机构，有的是附属于某一高校的机构，但不论成立背景如何，机构中具体的人才培养工作是由机构成员全权负责，他们具有充分的自主权。一般情况下，机构之间具有专业分工，针对某类专业型文化创意人才进行系统培养，因此机构又被称为专业文化创意人才的锻造炉。下面主要介绍两种机构组织，一是通常由政府和高校组织建立的科研机构，二是独立存在、培养文化创意实操人才的培训机构。

1. 科研机构

科研机构是在文化创意人才的培养工作中居于首要地位的机构，培养高层次的专业型文化创意人才，一般由政府组织、联合高校合作创办。具体来看，有的科研机构与政府关系更为密切，围绕政府工作的开展进行机构日常运作，称之为"政府型科研机构"；有的科研机构学术氛围更为浓厚，关注文化创意学科发展，钻研某一文化创意课题，称之为"学术型科研机构"。

政府型科研机构关注更宏观的层面，注重培养人才的政策分析和战略规划能力。该类型机构通过引导人们广泛收集市场信息，把握市场及不同产业的发展动态，促使他们对现有政策进行详细剖析，并根据社会发展情况对政策进行评价和提出合适的修正方案等，培养出能为政府发展文化创意事业出谋划策的得力人才。国内典型的政府型科研机构有：由文化部与北京大学共建的国家文化产业创新与发展研究基地（后发展为北京大学文化产业研究院），教育部、北京市与北京师范大学合作建立的北京文化发展研究院,中共杭州市委宣传部主管、联合中国传媒大学和杭州师范大学等单位的杭州文化创意产业研究中心,由四川省与中国人民大学联合创办的四川文化创意产业研究院等。

相比而言,学术型科研机构的研究内容更为聚焦和深入,致力于培养能深入理论研究、提出前沿观点的学术型人才。学术型机构可以进行纯学术的课题研究,钻研文化创意学科理论,通过定性、定量等研究方法提出创新观点,更新文化创意学科知识,取得文化创意理论上的突破。在进行学术型的课题研究中,个人得以夯实专业基础,锻炼研究能力,持续提高学术修养。同时,学术型机构还可进行应用型课题研究,例如将学科知识与政策内容、市场现状等结合起来,运用学术理论及观点为政策起草、市场规划提出专业性意见,大大培养了个人将理论结合实践、高效解决问题的能力。国内文化创意方面的学术型科研机构有中国人民大学文化创意产业研究所、清华大学文化创意发展研究院等。

无论是政府型机构还是学术型机构,都会通过举办各类活动和论坛等为人才搭建交流平台,不同领域的政府官员、企业家、教授、学生等汇集到同一平台上,利于人才了解多样信息,贯通各类观点,提高文化创意工作的准确性。

2. 培训机构

培训机构又称课外培训机构,即区别于高校办学,为个人或组织提供文化创意方面正规培训的独立社会组织。为了提高培训质量,进行文化创意人才培养的培训机构大多会聚焦于单一培训内容,向学员提供更高质量、更专业的教学。按照培训内容大致可将培训机构分为四类:学科理论类、文化艺术类、分析策划类和公关传播类。

学科理论类机构注重对文化创意专业知识的扫盲,例如文化学、创意学、管理学、历史学等等,设置各种学科的基础课程,为非在校学生提供系统学习文化创意知识的机会,提高参课人的专业知识水平。文化艺术培训机构是当今较为主流的一类文化创意培训机构,包括理论课程和实践课程,理论课程主要针对文化概念、文化元素、全球文化等关于文化的要点介绍,实践课程包括但不限于美术、手工艺、设计、器乐、舞蹈、书法等,旨在提高个人的文化艺术修养。分析策划类机构是近几年兴起的一类课外培训机构,主要针对如何有效进行市场分析、如何制定高质量的策划方案等问题进行相关培训,通过理论和案例的结合,帮助没有专业背景的学员快速掌握分析和策划的方法,提高业务技能和实操能力。公关传播类机构从两个角度进行人才培养:一是关于如何高效传播以提高企业知名度,二是关于如何合理处理公共关系以维护企业形象,同样从实践的层面出发并结合理论,培养出在传播和公关方面表现出色的文化创意实操人才。

各类培训机构的客户既可以是个人,也可以是企业、艺术机构等组织。当个人发现有接触文化创意工作的需求,或在从事文化创意工作时出现瓶颈,但因为年龄、金钱、时间等限制无法进入高校接受系统教育时,选择合适的课外培训机构是提高个人能力的有效途径。另外,博物馆、美术馆等艺术机构以及各种企业也会为组织内部的员工报名培训机构的课程,希望员工通过不断学习掌握新方法和新业务技能,提高业务能力,例如企业会组织市场经理、品牌经理等面向市场的工作人员参加分析策划类培训。

（四）企业

本章第一节关于文化创意团队的内容多以企业作为甲方展开介绍，咨询公司、策划公司、广告公司、公关公司和设计公司等第三方专业机构均属于企业范畴。企业在进行单一或综合文化创意工作的同时，也会对工作人员进行培训，通过良好的培训不断提高文化创意人员能力和素质，提升在文化创意工作上的绩效。文化创意人才对企业完成战略目标、实现长远发展非常重要，因此几乎所有企业都非常重视文化创意人才的培养。相对比于政府、高校、科研机构和课外培训机构，企业对文化创意人才的培训更切合实际情况，会减少文化修养和基础理论的培养比重，而加大对于市场分析等业务技能的培训，针对性和实操性更强。按照员工的职业阶段划分，企业培训可分为三大类：职前培训、在职培训和提升培训。

1. 职前培训

职前培训对于新员工和组织来说都非常重要，因此几乎所有企业都会对新招聘的员工进行职前培训。职前培训能让员工掌握基本技能，了解业务流程，熟悉上司和同事，并且能让员工快速适应企业环境，提高对岗位和工作的热情。不同规模企业、不同岗位的职前培训时长也会有所区别，小型企业中的常规岗位可能只需用数小时进行简单培训即可，有些大型企业核心部门的职前培训期则可能长达一年。

职前培训的方式依企业具体情况而定，一般带有鲜明的企业特色。下面以中国两家企业为例，以便对企业职前培训有更深刻、更直接的了解。华为公司的职前培训实行"全员导师制"，每一位经验不足的新员工都与一位资深员工配对，让老员工作为导师帮扶新员工。华为导师的职责非常广泛，包括讲述亲身经历和工作经验，传授专业知识和业务技能，对新员工思想和生活上的引导和照顾。通过导师一对一的辅导，新员工能在较短时间内调整自身状态，提高多方面的能力，适应华为公司的要求。另一家企业阿里巴巴，设立了独有的新人培训体系，对新员工采用"三阶段培训法"：第一个阶段为"结束阶段"，即引导员工忘记之前的工作经验或学习习惯，开始适应新的工作学习方式；第二个阶段为"困惑阶段"，主要是对新员工进行排忧解难，使员工尽快适应工作；第三个阶段为"重生阶段"，是指通过设置课程、企业内实习等方式让员工拥有符合企业所要求的业务技能，进而能全身心投入工作中。

2. 在职培训

在职培训的对象是已经进入岗位一段时间，对业务流程相对熟悉，可以独立承担业务工作的员工。文化创意产业往往是多变的，因此对员工的能力和素质要求也常有变化，在职培训旨在不断更新员工的知识和提高员工的技能，保证员工能准确且高效地完成文化创意工作。以企业策划部的员工为例，如果不能持续提高市场分析能力，将无法适应市场的高速变化，无法做出"快、准、狠"的策划方案，必将对企业造成或多或少的损失。又如承担视觉设计的员工也应不断学习，一方面需要吸收更多设计理念，保证设计成果符合时代潮流；另一方面需要掌握新技术的操作方式，利用新技术提高设计效率，改善设计效果。

在职培训的方式有很多种，下面简单列举几种。一是在企业跨部门组建项目组，促使员工在团队合作中交流思想,相互学习。二是在企业内部开设课堂,甚至开创企业大学,利用晚上或周末的时间将需要培训的员工组织起来,根据培训需求制定课程计划,为员工提供系统的知识或技能培训。三是录播教学视频,将教学内容录成视频上传到企业网站,支持员工利用自己的空闲时间进行弹性学习。四是组织企业外部学习,为员工报名上述文化创意课外培训机构课程,让员工接受更为专业的训练。另外,有的企业会倡导员工进行自主学习,通过自主学习谋求职业发展中的进步。例如,腾讯不仅成立了腾讯大学对员工进行培训,还通过推荐书目、推荐练习方法等引导员工进行自学,并运用绩效考核等方式督促员工自主学习。当然,在职培训也可以通过设置一对一导师制的方式进行。

3. 提升培训

提升培训主要在提拔员工时使用,当企业计划将一名员工从较低的职位升至较高职位时,就需要进行提升培训。提升培训一方面能起到考察人员资质的作用,通过培训过程中员工的表现,判断该员工是否具备升迁资格;另一方面,对员工进一步培养,教授他更高层次的知识和技能,利于他日后承担更重大的工作责任。有的文化创意企业不会设置单独的提升培训,会通过在职培训提升个人能力,当个人能力考核过关后直接升迁。但有的企业会非常看重员工的职位调动,例如拟将品牌部的某位普通职员升为副部长时,企业会单独为这位候选人设置一套培训方案。

提升培训常用的方式有三种:一是工作轮岗,让候选员工到不同部门的各种职位工作,了解不同部门的工作内容,掌握丰富的技能;二是进行离职培训,将候选员工调离原岗位,专心在企业大学甚至企业外接受系统的培训,如进入高校修读 MBA 课程、到海外相关机构进修、加入科研机构深入钻研某一领域的理论知识等,让候选员工各方面能力和素质得到大幅度提升;三是实行试用制,直接将一个属于上级的任务交由候选员工执行,上司负责指导和考察,通过实际项目的运作提升个人的业务能力。

企业一贯从自己的文化创意业务出发,根据不同职位要求和工作内容对员工进行培训,因此培养出一批能出色完成文化创意工作、解决企业问题的实践型人才。很多接受过高校和相关机构培训的文化创意人才最终也需要进入企业历练,所以企业被称为文化创意人才的实战基地。

政府、高校、机构和企业分别承担文化创意人才的培养工作,每个组织根据自己的特色培养出具有不同特点的文化创意人才。随着社会对文化创意人才的要求提高,单一组织的力量已无法培养杰出的文化创意人才,因此出现了四个组织之间的合作,即政府、高校、机构、企业"四位一体"。组织合作的方式有很多,上述政府和高校共建科研机构是一种方式,企业为高校提供文化创意实习岗位或投资举办文化创意比赛、企业为科研机构提供文化创意课题素材、课外培训机构与企业进行培训项目合作等也属于组织合作的方式。

除此之外,个人如果有需要,也可以通过自身的努力和悟性,运用各种手段,如阅读相关书籍、钻研文学或艺术、思考企业案例、参与各种实践活动等,实现文化修养、专业知识、市场意识等能力和素质的提高,将自己打造成为一名为社会所需要的文化创意人才。

第三节 | 文化创意行业管理

无论是文化创意团队,还是团队中的专业人才,在文化创意方面的工作和活动都离不开行业内部管理。文化创意的行业管理主要来自两个方面:一是行业中的管理组织,即行业协会;二是行业中的管理条例,一般被称作行业规范。行业协会和行业规范之间关系密切,行业规范对行业协会的管理工作和日常运作起到纲领性的指导作用,同时行业协会通过自身职能引导行业中的组织遵守规范,使行业规范得到高效落实。

一、文化创意行业协会

行业协会是一种独立于政府部门、高校、企业等社会组织的非营利性服务单位。行业协会一般是响应政府号召而组建的,成员由相关行业的各企事业单位构成。不同行业会对应设立不同的行业协会,专门管理特定行业内的事项。对于文化创意产业而言,文化创意行业协会是指由文化创意行业下各种组织构成并致力于扩大文化创意产业的非营利组织。

(一)文化创意行业协会作用与分类

随着文化创意产业的发展,行业协会对文化创意的行业管理起到了不可或缺的关键作用,其作用主要可体现为四个方面。

督促作用。 行业协会作为独立存在的社会组织,有效针对文化创意产业的发展现状,从更客观、更全面、更细化的角度为企业解读相关行业规范,引导企事业单位根据规范实施工作,保证文化创意产业顺应市场规律稳定发展。行业协会将通过人员驻扎或定期调查等方式跟进企业的表现,对企业行为进行密切监督,以确保行业中每个组织的行为合法合规。为了提高规范和监督的成效,协会通常会对符合行业规范的企业提出表扬和奖励,同时也有权对不符合行业规范的企业进行公开批评,甚至上报给相应执法机关。

联络作用。 行业协会的联络作用主要体现在政府部门和市场上独立企业的沟通上,实现信息在两类型组织之间的顺畅流通。作为政府和企业的纽带,行业协会将政府已制定或拟制定的文化创意政策或文化创意产业发展规划等传达给企业,为企业战略策略的制定提供关键信息,尽量减少企业业务在经营过程中被新政策强行中止的窘况出现。同时,协会可以收集企业意向,将企业的要求和意见反馈给政府,为政策的制定提供建议,确保政策的制定是从实际出发,降低政策推行的难度。

协调作用。 除了进行政府和企业之间的双边联络,行业协会还注重进行企业之间的协调联动。具体而言,为了提高企业之间协调和合作的程度,行业协会从多方面努力,如举办行业活动,为企业提供近距离交流的机会;收集各企业公开信息形成资料库,方便企业在决策时了解行业中竞争对手或合作者的基本信息;扮演"企业中介"的角色,为专注不同文化创意细分业务的企业相互引荐,帮助企业找到符合自身业务发展的外部文化创意团队。

服务作用。行业协会为行业中的各个组织提供全方位便利服务,包括但不限于法律服务、宣传服务、跨界服务和培训服务。文化创意行业协会因其独立性,可作为企业等组织的法律机构,为行业中组织提供法律条款咨询、行业纠纷解决、合法权益维护等法律服务。同时,利用行业协会的多方资源,协会可为不同企业或企业的文化创意产品提供宣传服务,如线上网站宣传、线下活动宣传等,甚至有的行业协会愿意为企业的宣传工作提供资金支持。文化创意行业协会与汽车、房地产等其他行业协会形成进行交流合作的平台,为文化创意企业进行跨界发展提供机会。最后,行业协会内部会为企业、机构等提供少量的培训服务,一定程度上缓解行业中人员能力与职位不匹配的紧急问题。

按照文化创意工作涉及的内容来分,文化创意行业协会主要包括主导型行业协会和辅助型行业协会。主导型的文化创意协会与文化创意产业有直接相关关系,以文化创意、文化或创意相关行业作为协会主体,处理的事项紧密围绕文化创意工作的各个方面,协会成员包括高校、文化创意科研机构、市场文化创意企业等涉及文化创意的企事业单位。与之相比,辅助型文化创意协会常被看作是其他行业的行业协会,但因为其与文化创意工作的某一细分领域密切相关而被纳入文化创意行业协会的构成部分。辅助型文化创意行业协会的范畴非常广泛,既包括与第三方文化创意团队相关的行业协会,如咨询协会、策划协会、广告协会、公关协会、设计协会和艺术协会等,也包括一些与文化创意相关度非常高的产业协会,如动漫游戏产业协会、休闲娱乐产业协会等。

(二)全球文化创意行业协会概况

在全球范围内,多个国家建立了成熟的文化创意行业协会以支持文化创意产业的长久稳定发展,其中既有主导型协会,也涉及众多辅助型协会。

首先以英国为例。因为文化创意产业发展较早,英国的文化创意协会发展成熟,在全球形成了巨大的影响力。其中,由英国政府于1934年创办的英国文化教育协会(British Council)最为出名,通过在全球109个国家的223个城市设有办事处,英国文化教育协会协助英国国内以及全球各地的高校、研究机构、企业等组织进行跨国文化交流,为不同组织的文化事业设计提供建议。英国还设置了创意产业委员会(Creative Industries Council),该协会直接服务于文化创意相关行业,旨在为英国创意产业发展提供信息资源、宣传资源等支持,协会成员皆为各文化创意产业的重要企业。另外,英国的主导型文化创意行业协会还有英格兰艺术委员会(Arts Council England)、英国创意与文化技能委员会(Creative & Cultural Skills)、创意技能委员会(Creative Skillset)。同时,英国针对艺术、时尚、设计、市场营销、媒体等细分领域设立了辅助型文化创意行业协会,该类型行业协会包括但不限于英国手工艺协会(Crafts Council)、英国时尚协会(British Fashion Council, BFC)、英国设计协会(Design Council)、英国特许市场营销协会(Chartered Institute of Marketing)、英国广告从业者协会(The Institute of Practitioners in Advertising)、英国电影协会(British Film Institute)、英国电影委员会(British Film Commission)、英国电影和电视制作公司联盟(the Producers Alliance for Cinema and Television)、英国新闻媒体协会(News

Media Association)、英国出版商协会(The Publishers Association)。

除英国以外,美国的各种辅助型文化创意行业协会同样享誉全球,对于当地乃至全球文化创意产业的发展起到重要作用。起源于1917年的美国广告公司协会(American Association of Advertising Agencies)是全世界最早的广告代理商协会,主要为全球广告公司制定行业标准、协调市场竞争、完善服务范围等,有助于全球广告业有序发展。美国市场营销协会(American Marketing Association)成立于1937年,如今已发展为全球规模最大的市场营销协会之一,协会工作主要围绕市场营销各方面工作以及营销领域的科研等,协会成员主要包括营销界内的相关企业、高校、机构等。另外,美国电影协会(The Motion Picture Association of America)成立于1922年,通过政治游说、制定标准等方式服务于协会成员,同时举办国际性电影活动,大大促进全球电影业的发展。

在日本,以动漫产业为代表的辅助型文化创意协会支持着文化创意产业的发展,对文化创意相关行业起到管理作用。创建于1978年的日本动画协会服务于日本动画产业,主要事项为加大日本动画的宣传和推广,例如组织影片展、动画会议以及为协会成员提供动画工作站等。日本动画协会的成员已过百,成员类型有进行动漫业务的企业,也有导演、动画创作人、动画设计师、动画制片人等个人。此外,日本于1946年设立的日本新闻协会和于1964年设立的日本动漫工作者协会都属于日本著名的文化创意行业协会。

(三) 中国文化创意行业协会情况

在中国,随着政府对文化创意产业的重视与文化创意组织的快速发展,国内出现了众多结构完善、运营成熟的主导型文化创意行业协会。国内的主导型文化创意协会设置既有国家级组织,也有省级、市级组织,表10-5呈现中国国内五家典型的主导型文化创意行业协会,这些协会服务于中国文化创意产业的各个方面,统筹管理国内文化创意相关行业工作。

表 10-5　中国主导型文化创意行业协会示例

协会类型	协会名称	创办时间	创立背景	协会事项	协会成员
国家协会	中国文化管理协会(China Culture Administration Association)	1991年	最初名为"中国文化管理学会",后经文化部、民政部批准更名为"中国文化管理协会"	积极开展文化领域学术研究工作,开展文化领域业务交流,开展对外文化交流工作等与文化创意事业相关的全方位事项	涉及多个细分行业的企业、机构等组织,如汽车文化、艺术典藏、文化旅游、传统文化、茶文化、体育文化、电子竞技、家居文化、网络文化
国家协会	中国文化产业协会(China Cultural Industry Association)	2013年	经国务院批准、民政部登记创办	着力建设跨越政、商、学界的交流平台,发展国际传播、交流合作、产业研究、文化金融、产业投资、实体运作六大核心业务	清华大学国家文化产业研究中心、中国科技大学、中国对外文化集团、阿里巴巴、盛大网络、恒大集团、深圳腾讯、北京银行等组织

续表

协会类型	协会名称	创办时间	创立背景	协会事项	协会成员
省级协会	上海市创意产业协会 (Shanghai Creative Industry Association)	2005年	在中共上海市委宣传部、上海市经济信息化委员会指导下，由上海戏剧学院、上海社会科学院、上海文广集团、上海实业集团发起筹备	旨在通过整合创意资源和集聚创意人才，建立创意产业的发展平台；通过合作交流、咨询培训、中介服务、会展招商、出版发行等，为会员开拓国内外市场服务；建立创意产业测评体系；促进创意产业知识产权保护、专利申请；维护会员合法权益	团体会员包括创意产业园区、创意基地，文化传媒、信息软件、生活时尚、广告、出版、城建规划设计等领域企事业单位、相关高等院校及科研院所
省级协会	首都文化产业协会 (Capital Cultural Industry Association)	2015年	由北京市国有文化资产监督管理办公室指导创办	致力于将首都的文化资源与产业整合，打造一个集资源共享、信息交流、协同协作等于一体的战略型平台	保利文化、北广传媒、光线传媒、完美世界、嘉德拍卖、开心麻花、歌华文化、小米科技、当当网等
市级协会	长沙市文化创意产业协会 (Changsha Cultural Creativity Industry Association)	2016年	由长沙市委、市政府指导，市委宣传部主管，经长沙市民政局批准成立	促进文化创意产业与旅游产业、创意农业、现代服务业、先进制造业等相关产业转型融合，搭建政府、企业、高校、金融、媒体与文化创意人之间的优质服务平台，推动全市文化创意产业更好更快地发展	湖南华凯文化创意股份有限公司、湖南日报报业集团有限公司、湖南永熙动漫科技股份有限公司、华谊兄弟（长沙）电影文化城有限公司等组织

资料来源：中国文化管理协会官网资料、中国文化产业协会官网资料、上海市创意产业协会官网资料、首都文化产业协会官网资料、长沙市文化创意产业协会官网资料。

除主导型文化创意行业协会外，中国根据文化创意产业发展情况和文化创意工作的内部分工，针对多个不同细分领域设置了辅助型行业协会。典型的辅助型行业协会有针对中国娱乐行业的中国文化娱乐行业协会（China Culture & Entertainment Industry Association），针对动画行业的中国动画学会（China Animation Association）、针对传统艺术的中国传统艺术协会（China Association of Traditional Art）；还有聚焦于文化创意工作中广告工作的中国广告协会（China Advertising Association），聚焦于公共关系维护的中国公共关系协会（China Public Relations Association）等。

为了提高国内文化创意工作的国际化水平，缩小与行业内领先国家的差距，中国与全球范围内的其他国家展开积极合作，共同创办文化创意行业协会，推动国家之间的文化创意交流，提高文化创意成果的国际化水平。美中文化艺术交流协会（Sino American Culture

Performance Exchange Association)成立于 1992 年,多次在中国和美国举办大型艺术活动、商业比赛等,促进中美两国在文化创意领域的交流与合作。成立于 2009 年的(China-UK Cultural Industry, CUCI)中英文化创意产业协会是中英之间唯一的创意产业协会,该协会利于英国创意产业的先进经验在中国传播,双方文化创意企业提供丰富资讯,是促进中英之间创意产业合作和分享的有效平台。另外,于 2018 年成立的日本中国文化产业交流协会(Japan-China Cultural Industry Exchange Association)也是著名的中外合作的文化创意行业协会,大大促进中日两国在影视娱乐等文化产业方面的交流合作。

文化创意行业协会对于全球文化创意发展的作用不容忽视,为了切实发挥行业协会的关键作用,社会逐渐对文化创意行业协会在组织结构、内部管理、协会间分工协调、服务意识等方面提出新要求,同时要求提高政府、机构、企业等对行业协会的重视程度和支持力度,保证行业协会能持续服务于文化创意产业发展,高效管理文化创意产业内的组织。

二、文化创意行业规范

若期待文化创意产业拥有良好的发展态势,稳定的行业环境和规范的行业行为必不可少,这要求各国针对文化创意相关行业推出完备的政策法规,从而形成系统的行业规范,加强职业道德,规范组织行为。

(一)英国文化创意行业规范

作为最早提出"文化创意产业"定义和内涵的国家,英国致力于强化政府对文化创意产业的影响力,制定系统的行业规范,形成被广泛认可且必须遵守的职业道德。英国最早制定文化创意政策的官方部门是创意产业特别工作小组(Creative Industries Task Force),于 1998 年和 2001 年分别发布《英国创意产业路径文件》[1],总结英国创意产业的发展现状,并针对文化创意相关行业提出战略引导和行业规范。以下为英国在 2001 年《英国创意产业路径文件》[2]中针对文化创意的部分行业规范:

> 文化创意产业包括以下细分行业:广告、建筑、艺术古董、手工艺、设计、时尚、电影、互动休闲软件(游戏)、音乐、表演艺术、出版、软件、电视与广播。
>
> 1. 广告行业:以顾客为中心,为更多中小型企业客户提供服务,实现权力从企业向客户的转移。
>
> 2. 建筑行业:注意进行建筑专业知识的输出和分享,必须提高妇女和少数民族在该行业从业人员中的比例。
>
> 3. 艺术古董行业:英国文化协会等行业协会应注重维持英国艺术家在全球的国际曝

---

[1] Gov. UK. Department for Digital, Culture, Media & Sport. Creative Industries Mapping Documents [OL]. www.gov.uk/search/all?keywords=Creative＋Industries＋Mapping＋Documents&order=relevance.[访问时间:2020-03-25]

[2] Gov. UK. Department for Digital, Culture, Media & Sport. Creative Industries Mapping Documents 2001[OL]. www.gov.uk/government/publications/creative-industries-mapping-documents-2001.[访问时间:2020-03-25]

光度,为英国艺术家提供更多机会。为了扩大影响力,英国艺术古董品可能需要以较低的价格向纽约、日内瓦等地销售,艺术家或企业应权衡收益和成本。

4. 手工艺行业:手工艺行业协会等协会应注重对手工艺技术和产品的推广,利用新技术进行营销和交流。举办的手工艺交易会应具备高质量。个人和组织均应为完善手工业行业信息出一份力。行业中组织应提供更多培训机会,尤其是针对年轻的创业者和学校毕业生,成熟的企业应为年轻人创业提供支持。

5. 设计行业:需要建立能代表全国整个设计行业的行业协会对行业进行管理。

6. 时尚行业:发挥互联网对于时尚行业的作用。行业中的个人和组织在行业协会的引导下,需要合力构建行业数据库,以提高企业识别威胁和机遇的能力。设立标准或考试,确保上岗的时尚设计师一定具备某些技能。时尚设计师和制造商之间需要建立良好的关系。大力发展伦敦以外城市的零售机会。

7. 电影行业:注重电影行业数字化进程。开发电影院数字设备的出口机会。

8. 互动休闲软件(游戏)行业:行业中既要保护5—15人的小型游戏工作室的发展,也需要鼓励建设50人甚至更多的高资本化工作室。游戏行业受制于有限的技术和产品生命周期,为了激发更多创造,游戏创作者可绕过出版商,自行发行游戏。

9. 音乐行业:注重电子商务对音乐行业的影响,尤其是企业应建立唱片的配送系统。随着互联网发展,应重视在线音乐引发的版权问题和隐私问题,需要保护音乐所有者的合法权益,保证他们的收益。在线音乐付费时,切实为消费者提供安全便利的支付方式。

10. 表演艺术行业:为了提高上座率,行业中应提高表演者技能,翻新歌剧院、戏剧院、音乐剧院等建筑,并充分利用上述投资进行获利。行业应降低对市场的依赖程度,提高作品创造性。鼓励政府或协会对私人部门提供资金等更多支持。

11. 出版行业:版权及知识产权保护是行业中必须注意的问题。行业中组织必须考虑内容付费的商业模式。进行电子出版的组织需要提高技术和管理方面的技能。行业中组织应注重财务和短期现金流的管理。

12. 软件行业:从业人员的特定技术非常关键。

13. 电视与广播行业:重视数字技术、互联网和电信发展对电视和广播的影响,并有效进行转型。注意对跨媒体所有权的监管和趋同市场的监管。

(二) 中国文化创意行业规范

在中国,司法部负责为文化创意产业制定行业中的法律法规,中华人民共和国文化和旅游部同时参与行业规范的制定。司法部于2019年12月发布的《中华人民共和国文化产业促进法(草案送审稿)》[1],能体现中国国内文化创意行业规范的情况。下面节选部分规范条款:

---

[1] 司法部门户网站.中华人民共和国文化产业促进法(草案送审稿)[OL]. www.npc.gov.cn/npc/c30834/201912/e9c9d9677e444915af5a945a11cdf728.shtml.[访问时间:2020-03-25]

该法律所称文化产业,是指以文化为核心内容而进行的创作、生产、传播、展示文化产品和提供文化服务的经营性活动,以及为实现上述经营性活动所需的文化辅助生产和中介服务、文化装备生产和文化消费终端生产等活动的集合。前款所称经营性活动的类别包含内容创作生产、创意设计、资讯信息服务、文化传播渠道、文化投资运营、文化娱乐休闲等。

1. (原文第十二条)文化创作原则:国家尊重和保障公民、法人和非法人组织的创作自由,激发全民族文化创新创造活力,鼓励创作生产和提供健康向上、品质优良、种类丰富、业态多样的文化产品和服务。

2. (原文第十三条)创作内容要求:国家重点鼓励和支持创作以下优秀作品。
  (1) 讴歌党、讴歌祖国、讴歌人民、讴歌英雄的;
  (2) 弘扬社会主义核心价值观的;
  (3) 传承中华优秀传统文化、继承革命文化、发展社会主义先进文化的;
  (4) 促进未成年人健康成长的;
  (5) 推动科学教育事业发展和科学技术普及的;
  (6) 促进中华文明与世界其他文明交流互鉴的;
  (7) 其他符合国家支持政策的优秀作品。

3. (原文第十六条)创作支持要求:国家倡导创作人员深入生活、扎根人民、贴近实际,不断进行生活的积累和艺术的提炼。县级以上人民政府及有关部门应为创作人员蹲点生活、挂职锻炼、采风创作提供必要的工作条件和成果展示平台。国家鼓励和支持文化领域人民团体充分发挥团结引导、联络协调、服务管理、自律维权等职能,依法维护创作人员权益。

4. (原文第十八条)创作传播要求:报纸、期刊、图书、音像制品、电子出版物、广播、电视、互联网等载体,剧场、影院、书店等场所,博物馆、图书馆、美术馆、文化馆等机构应当大力传播优秀作品。

5. (原文第二十一条)创作手段要求:国家鼓励创作生产与数字化、网络化、智能化的新技术、新应用、新业态、新模式有机融合,丰富创作生产手段和表现形式,拓展创作生产空间。

6. (原文第二十七条)行政许可要求:公民、法人和非法人组织从事文化产业活动,依法需要取得相关行政许可的,应当取得行政许可。

7. (原文第二十九条)社会责任要求:文化企业应当坚守中华文化立场,自觉弘扬和践行社会主义核心价值观,自觉维护国家文化安全和社会公共利益,充分考虑未成年人身心发展特点,维护社会公序良俗,承担社会责任和道德责任。

8. (原文第三十四条)服务保障要求:有条件的地方人民政府可出台相关政策,鼓励企业科学规划建设文化产业基础设施和公共服务平台,为文化企业提供生产经营场地和培训辅导、信息咨询、金融、知识产权等服务。

9. (原文第三十九条)市场价格要求:文化产品和服务价格主要通过市场竞争形成,同时更好发挥政府在价格形成、运行中的引导作用。经营者定价应当遵循公平、合法、合理和诚实信用的原则,依据生产经营成本和市场供求状况确定。特殊文化产品和服务应遵循其相应的价格管理机制。

10. (原文第四十条)中介服务要求:国家鼓励发展文化中介服务,健全文化经纪代理、评估、法律服务、鉴定、公证、投资、保险、担保、拍卖等中介服务机构。

11. (原文第四十一条)市场秩序要求:国家维护文化市场秩序,鼓励和保护公平竞争,制止垄断行为和不正当竞争行为,纠正扰乱市场行为,净化文化市场环境。

12. (原文第四十二条)诚信经营要求:公民、法人和非法人组织从事文化产业活动应当遵守社会公德、商业道德,诚实守信,接受社会公众监督;不得从事虚假交易、虚报瞒报销售收入、虚构市场评价信息,不得在提供文化产品和服务过程中欺骗消费者或过度炒作,扰乱文化市场秩序。

13. (原文第四十四条)市场监管要求:县级以上人民政府及有关部门加强对文化市场的日常监督管理,推动文化市场综合执法,提升文化市场技术监管水平,对违反有关法律、行政法规的文化市场经营活动实施处罚,保护文化企业和消费者合法权益。

14. (原文第四十五条)知识产权保护要求:县级以上地方人民政府负责知识产权行政管理和执法的部门应当采取措施,加强文化产业知识产权创造、运用、保护、管理、服务,依法查处侵权行为。

除了直接对文化创意相关行业整体设置的行业规范,中国国内还颁布了许多与文化创意工作紧密相关的条例。例如,本章第一节在文化创意团队中提及,广告是文化创意工作的一大重点,而广告公司是文化创意第三方专业团队的代表,因此与广告相关的法律法规同样对文化创意相关行业内的行为起到规范作用,部分内容可以归为文化创意行业规范。下面节选《中华人民共和国广告法(2018 修正)》[1]中的法条作为示例,可看出该法律中对文化创意组织起到的约束作用。

1. (原文第三条)广告应当真实、合法,以健康的表现形式表达广告内容,符合社会主义精神文明建设和弘扬中华民族优秀传统文化的要求。

2. (原文第四条)广告不得含有虚假或者引人误解的内容,不得欺骗、误导消费者。广告主应当对广告内容的真实性负责。

3. (原文第五条)广告主、广告经营者、广告发布者从事广告活动,应当遵守法律、法规,诚实信用,公平竞争。

4. (原文第七条)广告行业组织依照法律、法规和章程的规定,制定行业规范,加强行业自律,促进行业发展,引导会员依法从事广告活动,推动广告行业诚信建设。

---

[1] 全国人民代表大会常务委员会.中华人民共和国广告法(2018 修正)[OL]. www.fdi.gov.cn/1800000121_23_74611_0_7.html.[访问时间:2020-03-25]

5.（原文第八条）广告中对商品的性能、功能、产地、用途、质量、成分、价格、生产者、有效期限、允诺等或者对服务的内容、提供者、形式、质量、价格、允诺等有表示的，应当准确、清楚、明白。广告中表明推销的商品或者服务附带赠送的，应当明示所附带赠送商品或者服务的品种、规格、数量、期限和方式。法律、行政法规规定广告中应当明示的内容，应当显著、清晰表示。

6.（原文第九条）广告不得有下列情形：（一）使用或者变相使用中华人民共和国的国旗、国歌、国徽，军旗、军歌、军徽；（二）使用或者变相使用国家机关、国家机关工作人员的名义或者形象；（三）使用"国家级""最高级""最佳"等用语；（四）损害国家的尊严或者利益，泄露国家秘密；（五）妨碍社会安定，损害社会公共利益；（六）危害人身、财产安全，泄露个人隐私；（七）妨碍社会公共秩序或者违背社会良好风尚；（八）含有淫秽、色情、赌博、迷信、恐怖、暴力的内容；（九）含有民族、种族、宗教、性别歧视的内容；（十）妨碍环境、自然资源或者文化遗产保护；（十一）法律、行政法规规定禁止的其他情形。

文化创意产业的长期可持续发展依赖于高效专业的文化创意团队，只有充分结合第三方专业文化创意团队的智慧与企业内部团队的才能，才能有条不紊地完成文化创意方案策划、文化创意产品设计和文化创意企业推广等工作。而出色的文化创意团队建设必然离不开全方位发展、多方面均衡的高素质文化创意人才。了解当今行业环境对文化创意人才的各方面要求，掌握高质量培养文化创意人才的方式，调动社会一切力量投入文化创意人才的培养当中，这已经成为文化创意事业的重中之重。同时，只有设立运营成熟的行业协会，在行业中发挥行业协会的多方面作用，并且制定覆盖范围广、囊括内容足、处理规则细的行业规范，才能保证文化创意整个行业得到有效管理，获得健康、稳定、长久发展的机会。

 **案例研读**

《阿凡达》，创意无限

《阿凡达》被普遍认为是一部非常成功的电影，当时所创造的轰动效应至今仍未从脑海中淡去，不少观众对十年前的精彩回味无穷，期盼着《阿凡达》系列续集的重磅回归。

一、十年磨剑，一鸣惊人

《阿凡达》于2009年12月在北美首映，于2010年1月在中国国内上映，它的成功直观体现在巨额票房上：全球票房累计27亿美元，国内票房约13亿人民币；从2010年至2019年蝉联全球票房最高的电影，也是中国电影史上第一部票房超过10亿的影片。[1] 同时，它

---

[1] 搜狐网.《阿凡达》27亿美元票房，续集拍摄完成，2020年陆续上映![OL]. https://www.sohu.com/a/270912634_100287676.[访问时间：2020-12-22]

在电影界斩获大大小小的奖项，包括 2010 年第 82 届奥斯卡金像奖的最佳摄影奖、最佳艺术指导奖及最佳视觉效果奖，2010 年第 67 届美国电影电视金球奖的最佳剧情影片奖及最佳导演奖等。[1]

这部电影是典型的文化创意成果，塑造了文化新现象，引发了文化新潮流。从《阿凡达》的剧情设计上看，电影讲述了人类为获取潘多拉星球上的稀有资源，利用当时的科学技术将人类和潘多拉星球上纳美人的 DNA 进行混合，并复制出一个外形与纳美人相同、具备与纳美人交流能力、能完全适应潘多拉星球生活的阿凡达。主角杰克本想利用阿凡达的躯壳为人类采集信息，但在与潘多拉星及当地族人相处后，他逐渐对周围的一切产生感情，不愿意看到星球遭受灭顶之灾，因此放弃人类任务转而保护潘多拉星球。最终，由主角杰克灵魂主宰的阿凡达成功从人类的贪欲中拯救了美丽的潘多拉星球和善良的纳美人。《阿凡达》在剧情中涉及了多种创新元素，其中包括全新的生存星球、全新的人物外形、全新的生物交往方式、全新的生物种类和武器等，极大地满足了观众对新鲜事物的猎奇心理，同时为观众提供了更多想象的空间。

抛开市场等外界环境的推动因素，单纯从《阿凡达》电影本身出发，其成功的主要原因可以被归结为三点：技术新、画面精和推广足。"技术新"体现在《阿凡达》除去剧情创新之外的突破之处，电影创造性地提出"IMAX3D"的概念，通过结合 3D 和 IMAX 技术给观众营造全方位的观影体验，这种创新的技术造成了全球轰动，在人群中掀起一股观影热潮，"IMAX3D"技术成为了《阿凡达》最核心的卖点，极大程度推动了电影的票房大卖。"画面精"体现于两个方面，一是电影中设计了无可计数的震撼大场面，例如飞船遮蔽天空、人类与纳美人大战等，依赖于"IMAX3D"创新技术，以上画面都能通过银幕完美地呈现给观影者，带给观影者身临其境的感觉；二是《阿凡达》利用 CG 技术（computer graphics）、升级版人类动作捕捉技术和人类表情捕捉技术等，[2]塑造了栩栩如生的电影人物形象，将人物的各种复杂情感通过表情甚至微表情表达出来。电影中阿凡达和其他纳美人虽然不是真实的人物形象，但观众仍能感受到他们内心的细腻情感，忍不住对《阿凡达》的精湛画面拍案叫绝。"推广足"是《阿凡达》电影在上映后能迅速"引爆"的重要原因。电影发行团队的前期推广贯穿线上和线下，多种方式并行推广加大宣传力度，例如：导演卡梅隆亲自至各国为电影宣传，并透露电影剧情及新技术以留下悬念；邀请斯皮尔伯格等电影界著名导演提前观影，并公开评论以形成口碑宣传；在全球各地网站制定电影宣传页面，引起全球期待；等等。《阿凡达》在上映之前已经成为社会关注的漩涡中心，直接促成上映后的火爆局面。

无论是创新技术的开发及运用，还是电影画面的设计与呈现，或是电影上映前后的推广宣传，都离不开《阿凡达》背后高效团队的运营。作为一部内容丰富、技术复杂的文化创

---

[1] 1905 电影网.第 67 届金球奖获奖名单：《阿凡达》斩获两大奖[OL].https://www.1905.com/news/20100114/310150.shtml.[访问时间：2020-12-22]

[2] 搜狐网.电影《阿凡达》为何要采用真人表演和 CG 结合的制作方式呢？[OL].https://m.sohu.com/a/339381995_120279447.[访问时间：2020-12-22]

意作品,《阿凡达》绝不是依靠个人力量或单一企业运作就可以完成的。《阿凡达》的文化创意团队主要包含超过四十家独立企业,每家企业负责自己擅长的领域,企业之间相互协调,共同打造这部鸿篇巨制。

二、高手云集,无限创意

(一)远见卓识:电影投资团队

《阿凡达》的制作资金主要来源于三个大型公司的投资。最大的投资公司是二十世纪福克斯电影公司(20th Century Fox),在《阿凡达》约5亿美元的整体投资额中,二十世纪福克斯电影公司投资接近2亿美元。

1935年,二十世纪电影公司(20th Century Pictures,Inc.)和福克斯电影公司(Fox Film Corporation)合并建立二十世纪福克斯电影公司,成为最晚成立的好莱坞大型影业公司。在20世纪80年代,二十世纪福克斯电影公司面临发展瓶颈,传媒巨头鲁伯特·默多克收购福克斯公司股份,对公司结构和业务进行调整,使得公司获得数十年的稳定发展机会。该公司于2019年3月被迪士尼收购,并于2020年1月更名为20世纪影业(20th Century Studios)。福克斯公司投资的代表电影作品有《泰坦尼克号》《X战警》《冰河世纪》《辛普森一家》《死侍》等。[1]

除了二十世纪福克斯电影公司以外,还有两家私募基金参与了《阿凡达》的投资,两家私募基金的投资额占到60%,是个不小的数目。第一家私募基金是美国的Dune Entertainment,这家隶属于大型基金管理公司Dune Capital的私募企业与二十世纪福克斯在2007年签订了协议,承诺在未来3年为福克斯投资或发行的电影提供资金支持。第二家是英国的Ingenious Film Partner,这家成立于1998年的基金公司已经发展成为一家专门为文化创意产业提供融资甚至咨询服务的企业,与福克斯的合作还有《X战警3》等。

在电影投资领域,为了减少资金压力,降低投资风险,电影投资公司不会单独对一部电影的全部费用负责,即使是雄霸一方的影业巨头也不会轻易全额投资一部电影。类似《阿凡达》这种既有影业公司投资、又有私募基金公司支持的形式是当今最为常见的一种电影投资模式。在这种模式下,投资方之间需要提前签订合约,就风险分摊和收益划分进行明确规定,保证共同注资后的顺利合作。

总的来说,电影投资团队对于电影这一文化创意成果的产生非常重要,他们属于文化创意团队的范畴。电影投资团队的职能主要有:根据导演、演员、剧情等评估电影未来收益、挖掘投资机会、确定投资金额、控制电影制作成本、制作和发行过程中控制风险等,这些过程的完成质量对于电影的成败起到非常关键的作用。有部分电影投资公司因为其资本权力或者其强大的制作发行实力,还会在投资之余负责电影的制作和发行工作。二十世纪福克斯电影公司除了是《阿凡达》的投资方以外,还是电影发行的主要负责企业,同时兼顾

---

[1] 百度百科.二十一世纪福克斯电影公司[OL].https://baike.baidu.com/item/二十一世纪福克斯电影公司/5973802?fr=aladdin.[访问时间:2020-12-22]

电影制作工作,在下面的介绍中会有所提及。

(二) 精益求精:电影制作团队

说到《阿凡达》的电影制作,不得不提一对"金牌拍档"——詹姆斯·卡梅隆(James Cameron)和乔恩·兰道(John Landau),两人作为《阿凡达》剧组的核心人物,一位担任编剧和导演,一位担任制片人,是这部电影制作的主要组织者和领导者。

詹姆斯·卡梅隆,出生于1954年,是加拿大安大略省人。从学校辍学的他最初承包卡车司机的工作,后在机缘巧合中发现自己对电影的兴趣和天赋,于1980年在罗杰·考执导的影片《世纪争霸战》中任艺术总监,于1981年执导第一部作品《食人鱼2》,逐渐成为好莱坞著名的电影导演和编剧,并因《泰坦尼克号》获得第70届奥斯卡奖的最佳导演奖。乔恩·兰道,出生于1960年,被称作"好莱坞金牌制片人",乔恩·兰道多次与卡梅隆合作,作品除了《阿凡达》以外还有《泰坦尼克号》《阿丽塔:战斗天使》等。[1]

詹姆斯·卡梅隆和乔恩·兰道在参与电影的整体制作流程和统筹工作时并不是孤军作战,背后还有一家名为 Lightstorm Entertainment 的电影制作公司负责具体的画面设计、现场拍摄、人员调动等工作。这家由詹姆斯·卡梅隆成立的独立电影制作公司在《阿凡达》的制作中起到了核心作用,贯穿电影制作的每一个环节,对电影画面的每一帧负责。同时,投资方二十世纪福克斯电影公司也参与电影制作的统筹和监督工作。

除了起到统领作用的导演、制片人和主体制作公司以外,《阿凡达》的创新技术和精美画面还需要多个公司共同打造:以美国 Stan Winston Studio 为代表的角色设计公司有丰富的化妆和设计经验,为《阿凡达》电影角色设计造型和制作特效模型;以新西兰 Weta Digital Ltd.为代表的视觉特效公司有高超的技术团队,负责电影中风景和人物的特效实现和 IMAX3D 技术的实现;以美国 Skywalker Sound 为代表的音效制作公司拥有顶级的混音师,负责电影中的音效制作;老牌唱片公司代表——美国的 Atlantic Records 旗下的著名作曲家詹姆斯·霍纳(James Horner)和作词家西蒙·弗兰格林(Simon Franglen)负责电影主题曲的创作,并邀请英国 Syco Music 旗下签约歌手丽安娜·刘易斯(Leona Lewis)为电影演唱主题曲;还有专业负责声音后期降噪处理的美国 Dolby Laboratories 公司……[2]

《阿凡达》的电影制作团队不仅包括上述负责电影制作中主要活动的公司,还包括某些针对电影制作过程中的其他细分领域提供专业服务的公司,例如为整个《阿凡达》团队运营会计系统和设计薪酬体系,并负责团队中人员薪酬发放的好莱坞老牌薪酬服务公司 Cast & Crew Entertainment Service,又如专门为电影制作提供升降机、吊臂和摄影车等必用器械的 Chapman and Leonard Studio Equipment 公司等。

电影制作是一部电影作品诞生的核心阶段,因此作为文化创意团队的重心,电影制作

---

[1] 百度百科.詹姆斯·卡梅隆[OL]. https://baike.baidu.com/item/詹姆斯·卡梅隆/8926? fromtitle＝%E5%8D%A1%E6%A2%85%E9%9A%86&fromid=30982.[访问时间:2020-12-22].

[2] 新浪博客.《阿凡达》幕后48家公司分工清单[OL]. http://blog.sina.com.cn/s/blog_60ac18480100k2ig.html.[访问时间:2020-12-22].

团队在《阿凡达》作品的制作中主要承担管理和执行工作,好的制作团队是电影成功的必要因素。管理工作主要由导演、制片人和主体制作公司负责,有时投资方会参与其中。首先对电影的拍摄和制作制定合理的计划,接着组织其他制作团队以及演员进入工作流程,在制作的过程中不断调动各方的积极性,协调不同组织确保合作顺利进行,并随时监控电影制作工作的进行,及时纠正出现的错误,减少电影制作损耗。具体的执行工作是由专业的服务公司负责,每个团队基于自身的能力和经验负责电影制作的某一部分,受主体制作公司的管理,并与其他团队保持紧密合作关系。

(三)精兵强将:电影发行团队

电影作品制作完成后,需要进入电影发行阶段。电影发行主要包括电影上线和推广,发行的工作可以由投资方承担,也可以交由专门的电影发行公司负责。特别对于大型电影的发行,因为上线的影院范围广,涉及的推广工作繁重,一般发行工作至少由两家企业负责推进。《阿凡达》的发行工作非常复杂,发行团队制作了多个发行版本用于全球放映,其中有18个不同的版本用于美国本土影院,另外92个版本用于国际市场,并翻译成了47种语言放映[1]。同时为了适应不同的银幕尺寸,电影作品被设计成多种长宽比,为全球各地的不同影院提供多样选择。

如此重大的发行工作,主要承担者当然是最大投资方二十世纪福克斯电影公司。福克斯旗下的地域分公司合力参与《阿凡达》的影片发行,例如二十世纪福克斯荷兰分公司、二十世纪福克斯比利时分公司等,上映前负责宣传预热,上映时将制作完成的影片在短时间内有效扩散至全球各地的影院,上映后还需要进行持续宣传以保持电影热度。

除了福克斯的参与,《阿凡达》的成功发行离不开美国IMAX公司的全程支持。IMAX公司成立于1967年,最初总部位于加拿大多伦多和美国纽约,主要研发巨幕电影的制作和放映技术,发明与巨幕电影放映相关的设备,企业发展势头十分迅猛。IMAX公司不断广泛推广其巨幕技术,与多家影业公司合作制作和发行电影,同时以独立或合作的方式在全球范围内建立巨幕影院,截至2019年6月,IMAX大中华区影院达到662家[2],截至同年9月,IMAX公司在全球81个国家和地区共建有1 568家巨幕影院[3]。将"IMAX3D"作为核心创新点和卖点的《阿凡达》的发行必然需要IMAX公司的参与,该公司主要负责电影关于IMAX技术的宣传工作,如与福克斯合作举办电影发布会,负责推进全球巨幕电影院对《阿凡达》的排档,以及合理安排放映现场的管理工作。不仅如此,IMAX公司参与了少量电影制作环节,协助电影制作团队改进摄像机,提高电影画面质量。另外,日本的松下(Panasonic)参与了电影放映前的宣传广告投放工作。

---

[1] 新浪.解密:《阿凡达》如何打破电影发行常规[OL]. https://news.pedaily.cn/201004/20100429170049.shtml.[访问时间:2020-3-26]

[2] 中关村在线.IMAX中国影院数量达662家 上半年票房收入2.36亿美元[OL]. http://news.zol.com.cn/723/7232237.html.[访问时间:2020-03-26]

[3] 猫眼电影.IMAX 2019年全球票房破10.35亿美元,创历史新高[OL]. https://baijiahao.baidu.com/s?id=1653405443600388316&wfr=spider&for=pc.[访问时间:2020-03-26]

电影发行团队相对电影投资团队和制作团队而言,相当于承担了"电影诞生流水线"的最后一个环节,是决定呕心沥血制作出的电影作品能否高效高质传达到观众眼前的关键步骤,这个步骤更是关系到电影是否会受到观众的广泛关注和喜爱。一般而言,电影投资团队被看作是"委托人",而电影发行团队是负责具体事务操作的"代理人",是文化创意第三方团队的典型代表。电影发行主要涉及的工作有:整体宣传策划的制定、上映前宣传活动的举办和广告的投放、紧密联络全球各地影院、电影制作完毕后的拷贝和寄发、各影院上映的档期安排、上映现场的管理工作、上映后的持续线上线下宣传等等。可以看出,电影发行团队的工作与策划、广告、公共关系均密不可分,对团队成员在市场意识、营销能力等方面有较高的要求。

值得一提的是,美国电影协会作为美国著名的文化创意行业协会之一,对《阿凡达》的发行也做出了不可或缺的贡献。协会对电影的支持体现在协助发行公司为《阿凡达》电影公开宣传、为电影撰写好评并通过自有资源广为传播、将《阿凡达》上映定为2009年电影界意义重大的八大事件之一以吸引行内人重视、把《阿凡达》称为"艺术的新里程碑",奠定了电影的历史地位等。

(四)同力协契:电影衍生品团队

电影衍生品是利用电影影片中的人物角色、场景、剧情、道具等,设计与之相关的产品,形式可以是图书、电子游戏、模型、玩偶、海报等。电影与电影衍生品相辅相成,一方面,电影的高知名度和高喜爱度能催生各类的电影衍生品,提高电影衍生品的销量;另一方面,电影衍生品的热卖能帮助影视公司带来持续的收益,能扩大电影受众和延长电影影响力,好的衍生品更能正向影响观众对电影的评价。《阿凡达》中影响力较大的电影衍生品形式为系列书籍、手机游戏、主机游戏和玩偶模型。

于1817年创建于纽约的英国Harper Collins公司是全球著名的专业英语出版商,具有超过两百年历史的Harper Collins有强大的出版能力,曾是马克·吐温、勃朗特姐妹、狄更斯、马丁·路德·金等文学大家的出版商,现已发展成为全球最大的英语出版巨头。该公司在电影上映后出版了《阿凡达》系列书籍,吸引了全球各地的读者。

负责设计和发行《阿凡达》同名手机游戏的公司是法国的Gameloft。这家成立于1999年的游戏公司主要负责手机、电视等游戏软件的开发和发行,同时不断将电脑游戏转移至手机形成移动端游戏。同时,作为主机游戏巨头的索尼(Sony)和微软(Microsoft)分别在Playstation平台和Xbox平台发布《阿凡达》同名游戏,吸引不同国家、不同年龄段的玩家,把玩家往电影本身引流,吸引更多人观看或再次、多次观看电影。

美国的美泰公司(Mattel)获得授权利用《阿凡达》影片中的人物、动物、武器等设计玩具。这是世界上最大的玩具制造商之一,有成熟的玩具设计和生产体系,有完备的渠道资源,有"芭比娃娃""托马斯小火车"等成功经验,因而在《阿凡达》系列玩偶的生产和销售中驾轻就熟,在全球完成了巨大销量,帮助电影持续保持高知名度。

随着文化创意行业的日渐受到重视,人们逐渐看到电影衍生品团队对电影成功的推动作用,销售电影衍生品的收益占影视公司总收益的比例不断扩大,在国内,越来越多企业开始为准备上映或已经上映的电影设计创意衍生品,纯靠票房赚取利润的时代已经过去。

三、盛名之下,以何攀高

《阿凡达》的技术和画面创新了电影的拍摄和放映方式,开创了"IMAX 3D"的电影新时代,与此同时,有效的发行推广和创意连连的衍生品不断为电影本身增色,吸引全球各国一批又一批的观众走进影院,如潮的好评瞬间在社会爆发。毋庸置疑,《阿凡达》在电影界创造了一次辉煌,的确称得上"艺术的新里程碑"。

《阿凡达》背后的团队是促成这次成功的关键:依靠独到的眼光发现商机并为电影投入充足资金的电影投资团队,利用某一领域登峰造极的技艺为电影技术和画面出力的电影制作团队,通过完善的发行体系和丰富的发行经验顺利推进电影上线和推广工作的电影发行团队,以及为扩大和延长电影的影响力而创造出有趣的游戏或玩偶的电影衍生品团队。每个团队成员内部是专业的,对自己的工作范畴非常擅长,热衷于不断钻研以达到极致。不同团队成员之间是协作的,为了提高投资、制作、发行和衍生品创造这四大工作成效,大团队之中的成员紧密交流,相互补充;为了从整体上提高电影的全方位水平,不同大团队之间也需要共同策划,合力前行。

电影是文化创意成果的经典类型,电影从零到一的每一个阶段都属于文化创意工作的范畴,《阿凡达》的成功打造深刻揭示了专业文化创意团队的重要地位。我们需要清晰地认识到,文化创意团队的缺位往往是导致文化创意事业落后或发展遭遇瓶颈的主要原因,因而培养在细分领域专业的团队并组织各类团队进行有效协作是大力发展文化创意事业、缩小与行业中先进国家之间显著差距的必经之路。

最后需要承认的是,《阿凡达》这份答卷,虽然高分但并不是满分,在名利双收的胜局下依旧隐藏个别负面评价。大部分指责集中在电影的剧情上,有观影者评价电影不过是"老套的好莱坞剧情",正派与反派的对立、英雄与美女的爱情故事、正义最终战胜邪恶的结局等已经毫无新意,强大的技术支持也无法完全遮掩剧情的苍白。

十年过去了,《阿凡达》依旧未离开我们的话题,一方面是它当时创下的震撼感难以挥去,另一方面是卡梅隆屡次预告的《阿凡达》续集不断撩拨着影迷的好奇心。然而,在期待的同时,人们不禁好奇,或者说是为总导演詹姆斯·卡梅隆担忧:《阿凡达》系列的后三部能否像第一部那样创下划时代的影坛神话?在盛名之下想要再攀高峰总是困难的,再加上社会环境变迁之迅猛,消费者品位转变之快速,《阿凡达》系列续集只有不断取得重大的创新和突破才能拥有市场,不然难免会让观众觉得索然无味最后冷漠离场。创新可以体现在很多方面,例如电影技术和画面效果、电影剧情、电影推广方式或是衍生品设计等等,无论是在什么方向上的创新,对于以卡梅隆为核心的整个电影团队而言都是严峻的挑战。

《阿凡达》系列续集的制作会有什么高精尖团队加入?它们能否打破"续集难敌首作"的宿命,给观众带来意想不到的惊喜?我们不妨拭目以待。

请思考以下问题：

1. 你认为在文化创意过程中，外部委托团队与内部团队应如何整合？
2. 你认为文化创意人才最重要的素质是什么？为什么？
3. 文化创意人才培养中如何突出实践因素？
4. 结合《阿凡达》制作，试分析团队的分工与合作。

思维导图

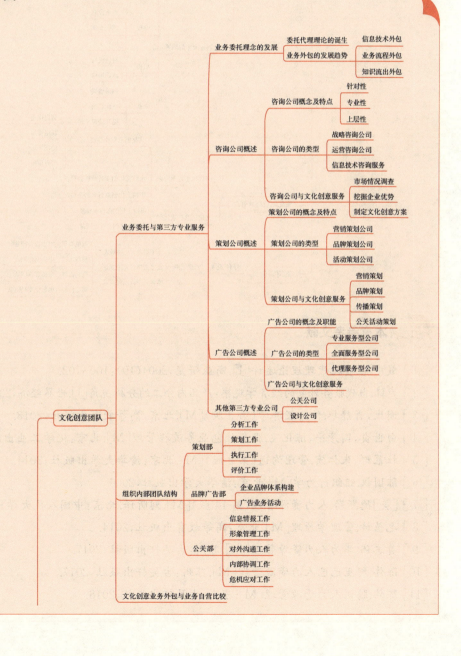

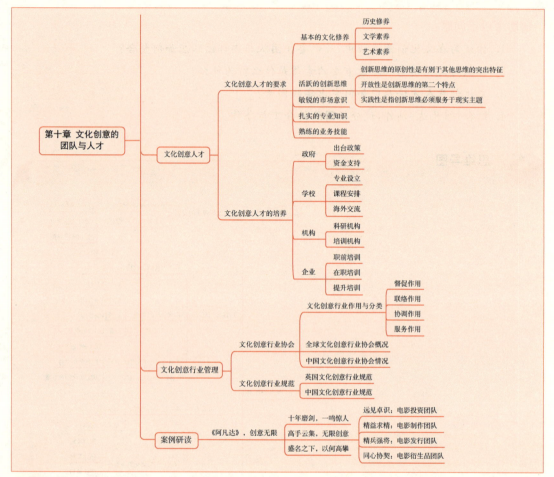

 本章参考文献

[1] 戴中亮.委托代理理论述评[J].商业研究,2004(19):100-102.

[2] 卢锋.当代服务外包的经济学观察:产品内分工的分析视角[J].世界经济,2007(8):24-37.

[3] 谢康,肖静华.信息经济学(第3版)[M].北京:高等教育出版社,2013.

[4] 白世贞,国彦平,陈化飞.服务外包业务流程管理[M].北京:化学工业出版社,2012.

[5] 杜慕群,朱仁宏.管理沟通(第2版)[M].北京:清华大学出版社,2014.

[6] 陈国权.组织行为学[M].北京:清华大学出版社,2006.

[7] [美]德斯勒.人力资源管理(第14版)[M].刘昕译.北京:中国人民大学出版社,2017.

[8] 毛蕴诗.管理学原理[M].北京:高等教育出版社,2014.

[9] 黄志伟.华为人力资源管理[M].苏州:古吴轩出版社,2017.

[10] 陈伟.阿里巴巴人力资源管理[M].苏州:古吴轩出版社,2017.

[11] 陈伟.腾讯人力资源管理[M].苏州:古吴轩出版社,2018.

[12] Liu R, Feils D J, Scholnick B. Why are Different Services Outsourced to Different Countries? [J]. Journal of International Business Studies, 2011(4):558-571.

[13] Hecker A, Kretschmer, T. Outsourcing Decisions: The Effect of Scale Economies and Market Structure[J]. Strategic Organization, 2010(2):155-175.

[14] Nadkarni S, Hherrmann P. CEO Personality, Strategic Flexibility, and Firm Performance: The Case of the Indian Business Process Outsourcing Industry[J]. Academy of Management Journal, 2010(5):1050-1073.

[15] Katsikeas C S, Skarmeas D, Bello D C. Developing Successful Trust-based International Exchange Relationships[J]. Journal of International Business Studies, 2009(1):132-155.

[16] Grimpe C, Kaiser U. Balancing Internal and External Knowledge Acquisition: The Gains and Pains from R&D Outsourcing[J]. Journal of management studies, 2010(8):1483-1509.

[17] Alberti F G, Sciascia S, Tripodi C, et al. The Entrepreneurial Growth of Firms Located in Clusters: A Cross-case Study[J]. International Journal of Technology Management, 2011(1):53.

[18] Bhardwaj B R, Sushil, Momaya K. Drivers and Enablers of Corporate Entrepreneurship: Case of a Software Giant from India[J]. Journal of Management Development, 2011(2):187-205.

[19] Sorensen R B, Robinson S K. What Employers Can Do to Stay Out of Legal Trouble When Forced to Implement Layoffs[J]. Compensation & Benefits Review, 2009(1):25-31.

[20] Michael A, Hitt R. Duane Ireland, Robert E. Hoskisson, et al. Strategic Management: Competitiveness and Globalization: Concepts and cases[M]. China Renmin University Press, 2012.

[21] Keller K L. Strategic Brand Management[M]. China Renmin University Press, 2016.

[22] Moriarty S, Mitchell N, Wells W D. Advertising & IMC: Principles and Practice[M]. China Renmin University Press, 2013.

[23] 中国文化管理协会. 协会简介[OL]. http://www.ccan.org.cn/index.php?m=content&c=index&a=lists&catid=119/.[访问时间:2020-03-31]

[24] 中国文化产业协会. 协会简介[OL]. http://www.chncia.org/xiehuigaikuang.php?mid=1.[访问时间:2020-03-31]

[25] 上海市创意产业协会. 协会介绍[OL]. http://www.shcia.org/xiehuijieshao/.[访问时间:2020-03-31]

[26] 首都文化产业协会.协会简介[OL].http://ccia.s.cn.vc/blog/_630970_206214.html.[访问时间:2020-03-31]

[27] 长沙市文化创意产业协会.协会简介[OL].http://www.changshaidea.com/index.php?m=content&c=index&a=lists&catid=28.[访问时间:2020-03-31]

[28] 上海交大-南加州大学文化创意产业学院.课程设置[OL].https://icci.sjtu.edu.cn/program/index/13/75.[访问时间:2020-03-31]

[29] 创意产业协会.主要联系人和相关资源[OL].https://www.thecreativeindustries.co.uk/uk-creative-overview/why-the-uk/key-contacts-and-useful-resources-(chinese)-主要联系人和相关资源.[访问时间:2020-03-31]

[30] BestU留学社.英国文化创意专业院校深度解析[OL].https://zhuanlan.zhihu.com/p/87738930.[访问时间:2020-03-31]

第十一章 文化创意的基本流程

学习目标

学习完本章,你应该能够:
(1) 了解文化创意的调研方法;
(2) 掌握文化创意的策划过程;
(3) 明确文化创意的实施步骤;
(4) 熟悉文化创意的评估方式。

基本概念

文化创意的调研　文化创意的策划　文化创意的实施　文化创意的评估

第一节 文化创意的调研

调研是文化创意的前置工作。调研的目的在于找出企业进行文化创意的市场需求,明确文化创意的工作目标,为后续文化创意的方向选定、方案设计、方法选择打下基础。在为企业进行文化创意方案之前,需要进行四项基本调研工作:行业调研,明确企业所处行业的变化趋势,结合市场环境确定为企业进行文化创意的整体方向;竞品调研,分析企业同行的文化创意结果,分析竞品企业创意的优缺点,同时思考自身企业在文化创意时的差异化因素;消费者调研,明确消费者的心理特征、行为特征、需求特征,据此确立企业文化创意的主题与风格;企业调研,了解企业自身的优势、劣势以及进行文化创意的基本条件,对即将进行的策划工作进行可行性分析。

一、行业调研

行业调研是文化创意调研工作中的基础。企业进行文化创意的目的在于通过文化创意成果的打造吸引消费者的关注,提高产品的销售规模,取得市场的认可。因此在进行文化创意具体的策划工作之前,需要对企业自身所处行业、产品的需求特征、市场的竞争特征、外部的环境特征等因素进行基础性分析。通过行业调研的结果确定企业战略、产品、营销方面的定位与方向,从而明确文化创意的目标与策略。行业调研工作通常从时间纵向与空间横向两个角度开展,主要包括需求端调研、供给端调研和环境端调研。

(一)行业需求端调研

行业需求端的核心要素是企业在所处的市场中,消费者直接愿意付费购买的产品或服务的需求。因此,当行业需求端因素发生变化,如主流产品品类、消费人群、推广媒体及购买渠道,会直接影响企业的市场策略、方向选择,企业自身的文化创意工作也要做出相应改变。

当企业所处行业的主流产品品类发生变化时,会对企业文化创意方向的选择产生影响。如日化洗涤行业,过去几十年在衣物洗涤市场中洗衣粉是核心需求产品,因此大量的日化企业如宝洁、联合利华、纳爱斯、立白等品牌在洗衣粉产品的广告、包装等方面做了大量的文化创意工作;而当洗衣液产品出现时,企业将文化创意方向转向洗衣液产品[1],以蓝月亮为主的洗衣液品牌也借此后来居上,成为洗衣液领域的领军企业。因此,企业开展文化创意工作的方向应随着产品或服务品类需求变化,而进行适度调整。

当企业所处行业的主流消费人群发生变化时,会对企业文化创意内容的特征产生影响。如白酒行业,传统白酒品牌的目标消费人群以中年男性为主,他们关注白酒品牌的档次、品质等方面,因此茅台、五粮液等传统白酒品牌在品牌定位、广告创意、文化创意展现等方面凸显高端形象,受到中年男性消费者的喜爱。而江小白的主流消费者人群以年轻男性为主,因此江小白的广告[2]通过趣味、新颖、创意十足的文案内容吸引了年轻男性群体。因此,企业在进行文化创意内容策划时,要根据主流消费人群的需求变化进行精准匹配。

当企业所处行业的主流推广媒体发生变化时,会对企业文化创意的展现形式产生影响。

---

[1] 雪尔.洗衣液挑战洗衣粉[J].消费指南,2010(3):39-39.
[2] 戴世富,张莹.娱乐至上:互联网时代品牌传播的秘笈——以重庆青春小酒"江小白"为例[J].东南传播,2014(11):106-108.

传统媒体时代，企业主要依托纸媒、广播、电视等媒体展现企业的文化创意，如广告语、广告片、宣传海报等；而新媒体时代，文化创意的展现形式变得十分丰富，新增了如 H5 页面、微信小游戏、社交 APP、短视频等媒体形式。例如，抖音成为越来越多企业进行品牌传播与文化创意展现的平台。因此，企业在展现文化创意时，应当以社会主流传播媒体为依据。

当企业所处行业的主流购买渠道发生变化时，会对企业文化创意的推广方式产生影响。互联网电商的兴起改变了消费者的购买方式，传统的线下渠道销售也开始向线上电商转移。消费者购买渠道的变化也为企业文化创意作品推广提供了新的选择路径，如淘宝直播、抖音短视频等全新销售渠道的出现，也使得企业开始尝试新渠道，选择符合企业发展的精准渠道。因此，企业选择的文化创意推广方式应与主流购买渠道紧密结合，随趋势而变化。

（二）行业供给端调研

行业供给端因素成为企业进行文化创意时的比较与参考。行业供给端的核心要素是企业在所处的市场中，由企业与其竞争公司所构成的竞争环境。当企业希望通过文化创意对自身产品卖点、产品特色进行宣传之前，就不得不对行业的整体竞争环境、竞争格局、竞争趋势进行分析。

第一，企业所处行业的不同竞争特征的市场环境对文化创意的选择具有一定的影响。如食品行业的辣条类产品，在十年以前始终以低价竞争、渠道竞争为主，始终缺乏高端品牌。因此，卫龙食品重新对自身包装进行全新的文化创意设计，融入简约的设计风格，推出全新系列，正式摆脱传统低价竞争的行业困境，成为辣条食品中的高端典范（图 11-1）。[1]

图 11-1　卫龙包装苹果风设计[2]

---

[1] 高媛.卫龙品牌创新策略研究[J].艺术科技，2017(7)：31.
[2] 数英.所有模仿苹果风的设计里，只有卫龙辣条掌握了精髓！[OL]. https://www.digitaling.com/articles/30017.html.[访问时间：2020-05-26]

第二，竞争格局主要是指企业自身在行业所处的地位及竞品企业的市场集中度。市场占有率较低、行业地位较弱的企业在进行文化创意时，需要关注与行业头部企业的卖点定位与主题策划的差异性，发挥自身产品优势、突出品牌特点，在文化创意的选择上以小而美的主题策略抢占细分市场。

第三，竞争环境与竞争格局关注的是过去与当下，而竞争趋势关注的是企业所处行业未来竞争环境与竞争格局的变化。企业在进行文化创意时，对于竞争趋势的变化要提前预判，重点关注产品竞争、品牌竞争、渠道竞争等方面的变化，让文化创意的选择未雨绸缪。

（三）外部环境端调研

外部环境端因素的特征会直接影响企业文化创意工作的主题选择、展现形式与创意限制。外部环境端的调研通常采用 PEST 分析，其中 P 是政治（Politics），E 是经济（Economy），S 是社会（Society），T 是技术（Technology）。在分析一个企业进行文化创意工作的外部环境的时候，通常可以采用这四个因素来进行调研。

首先是政治环境，主要包括政治制度与体制，其中法律环境主要包括政府制定的法律、法规。在企业进行文化创意过程中，需要对本土政治体制与法律规定进行充分研究，规避因为文化创意产生的政治风险与法律风险，文化创意的结果符合规范性要求。如 2018 年炸鸡餐饮企业上海台享餐饮管理有限公司在文化创意中采用"叫了个鸡"等有违公序良俗的标语，受到了监管机构的处罚。

其次是经济环境，主要包括 GDP、人均可支配收入、人均可支配支出、失业率等因素。企业文化创意的内容不仅要符合当下本体经济环境水平，也需要符合未来经济发展的趋势。并且文化创意的目标区域不同时，各地的经济环境对文化创意的选择也有显著的影响。例如一二线城市与三四线城市、城镇区域与乡村区域等差异，对文化创意的主题选择、文案风格、视觉风格等方面都会产生差异化影响。如百度在针对农村市场的拓展宣传中，采用"养猪种树铺马路，发财致富靠百度"等刷墙大字报创意，非常符合农村大众的认知偏好。

再次是社会环境，主要包括人口环境和文化背景，不同区域的人口特征、文化差异、民族风情等因素也会影响到企业的文化创意工作。例如针对少数民族地区的文化创意通常与当地的民族风情、生活习惯息息相关，与当地的文化背景越契合文化创意成果的作用也会越明显。

最后是技术环境，这不仅包括发明，而且还包括与企业市场有关的新技术、新工艺、新材料的出现和发展趋势以及应用背景。新的技术手段的出现为文化创意的创作与传播都提供了更多的选择方式，如大数据技术的出现使得文化创意最终的投放会更加精准，与目标消费者的契合度也更高。

二、竞品调研

竞品调研是为文化创意调研提供参照。前文我们已经提到企业进行文化创意的目的在于通过文化创意成果的打造吸引消费者的关注，提高产品的销售规模，取得市场的认可。其中，企业若要赢得市场，本质上是能够在与竞争品牌的角逐中取得最终的胜利。因此，企业在进行文化创意工作时,需要详细调研公司所处行业的竞品发展情况,包括其整体战略、市场策略、核心产品、品牌定位,尤其是竞品采用了哪些文化创意的手段、运营了哪些文化创意推广的方式、策划了哪些文化创意活动、研发了哪些文化创意产品,最终取得了怎样的效果。企业对竞品在文化创意方面的研究,不仅可以为自身进行文化创意工作时提供一定的思路借鉴与参考,同时也能让企业自身更好地发现自己与竞品的差异,从而选择符合企业自身的个性化主题与卖点。

(一)竞品的分类

一般将竞品分为三类[1]。第一类是直接竞品,与企业的产品相比,它在外观细节、功能特征、交互形式等方面具有高度的相似性,是企业最直接的竞争对手。因此这类竞品企业文化创意的内容与企业自身文化创意工作也具有高度的相关性,是企业竞品选择中的核心对象。例如,神州专车在提出"安全"的定位前首先需要对市场上的滴滴、美团等直接竞品进行调研。第二类是间接竞品,通常它与企业产品在功能点上有所不同,但是在某些部分依然相似,会降低企业自身产品在市场上的使用率。这类竞品企业在文化创意的内容部分,可以为企业自身发展提供一定参考,是企业竞品选择中的重要对象。例如数码相机企业不仅仅需要调研其他生产数码相机的直接竞争者,更需要关注具有拍摄功能的智能手机等间接竞争企业。最后一类是潜在竞品,在当前可能并不与企业产品直接相关,但当这类竞争者在行业利润达到一定规模时,能够进入企业自身所在市场,并且对竞争格局产生重要影响。例如,传统电商平台也需要关注如抖音、快手等内容平台向电商平台的纵深挺进。因此,企业在发展过程中应密切保持跟踪与关注这类竞品的文化创意活动,防范对企业自身市场造成冲击。潜在竞品则是企业竞品选择中的补充对象。

(二)竞品的调研方法

竞品调研要与研究竞品的目的相关联。竞品调研的方法非常多,对竞品企业文化创意内容方面的调研,通常会采用以下几种方法:线上资料搜索,是对竞品企业在线上开展的文化创意活动进行一手资料搜集与整理,如竞品企业在百度搜索、微博、抖音、公众号、官网、新闻报道等线上媒体及APP上的文化创意内容,分析其内容特征以及选择投放媒体的原因;线下资料搜集,是对竞品企业在线下投放的文化创意内容进行一手资料搜集与整理,如企业在机场、高铁站、电梯等户外媒体投放的文化创意广告和线下举办的文化创意活动,分析其线下与线上在文化创意内容上的差异,以及线下投放的区域特征、辐射的人群特征等情况;竞品客户访谈,是指企业自身调研人员化身竞品企业客服或通过第三方市场调研公司对竞品企业的客户进行访谈,关注其客户对于竞品在文化创意内容上的关注程度、兴趣程度、评价程度等方面内容;竞品企业访谈,企业自身调研人员作为竞品企业目标客户或通过第三方市场调研公司对竞品企业进行访谈,关注竞品企业的产品卖点、品牌定位、文化创意工作的实施情况等;第三方数据平台分析,是通过如百度指数、微信指数、媒体报道数量等数据关注竞品企业在市场的品牌关注度,依托淘数据等大数据平台监测竞品企业在文化创意投放时期线上业绩的变动情况,可有效地

---

[1] 马晓赟.浅析竞品分析[J].艺术科技,2014(2):263.

分析竞品企业在文化创意内容投放之后对其业绩的带动效果;第三方研究报告分析,是指企业通过咨询公司、证券公司、高校智库等机构对特定的行业以及企业制作的研究报告,研究竞品企业包括品牌、文化创意等在内的全面信息。

(三) 竞品的调研内容

竞品调研的内容主要关注其在文化创意工作方面的具体成果内容、展现形式等方面因素,并且通过特性罗列与对比分析的方式,对竞品文化创意内容进行多方评价。具体的调研因素包括但不限于以下内容:广告语、广告片、产品包装、产品周边、线上海报、户外海报、媒体内容、品牌事件等。对于不同竞品企业,以上因素可以通过特性罗列与分析评价的方式进行研究。[1] 所谓特性罗列是指针对竞品众多不同的文化创意内容进行横向类别罗列与纵向指标分析;而对比评价是指针对不同竞品的企业各类文化创意内容与各项评价指标进行对比分析,总结概括每个企业文化创意内容的优点、缺点、特点,并以此提出企业自身文化创意工作的进行方向与策划主题。例如纳爱斯集团在执行品牌文化创意之前对国内化妆品行业的完美日记、御泥坊等文创的各方面都进行了全面的调研。

三、消费者调研

消费者调研是文化创意调研工作中的核心。企业文化创意内容展现的对象是企业的目标消费者,企业希望自己的文化创意内容能够吸引消费者,就必须对目标消费者的需求偏好以及个人特征进行充分的研究。通过对消费者个体特征的挖掘,发现能够激发消费者兴趣互动以及情感共鸣的文化创意主题与内容,是企业进行文化创意工作的出发点。消费者调研工作是一个有方法、有步骤、讲究科学性的研究流程,掌握消费者调研的基本流程,使企业文化创意结果更加有效。

(一) 消费者调研的方法

消费者调研一般可以分为一手信息调研与二手信息调研。消费者的二手信息调研主要是对现有资料以及第三方调研结果进行收集与归纳。而对消费者一手信息调研是企业普遍采用的方法,主要可以分为问卷调查、随机访谈、深度访谈。

问卷调查是消费者调研中覆盖范围最广的调研方式。问卷调查可以通过线上问卷传播与线下问卷发放的形式进行调查。问卷调查的关键在于调查前对相关问题的设计。问卷调查的优势在于调查覆盖的广泛度较高,企业进行调查的人力成本与消费者参与调查的时间成本相对较低。其劣势在于设计的问题和答案一般以标准化为主,在设计内容以外的有价值信息获取度较低。

随机访谈通常可以采用线下随机抽样访谈与随机电话访谈的形式进行。对于线下部分重点区域以及该区域内的消费者,针对该区域的随机线下访谈可以有效地捕捉目标消费者的回答结果,虽然广泛性有所不足,但针对性更强。对于拥有目标消费者联系方式的情形,也可以

---

[1] 马晓赟.浅析竞品分析[J].艺术科技,2014(2):263.

通过随机电话访谈的形式进行调研,该种方式相比于线下随机访谈的成本更低,但访谈的成功率也会有所降低。

深度访谈相比于随机访谈而言,通常进行的时间更长、调查的内容更多、获取的消费者主观信息也更加丰富。通常,它的样本量相比于问卷调查与随机访谈更少,并且由于样本量的不足容易出现结果的偏差。但深度访谈对于企业深入了解消费者的需求与特征更有帮助。

由于其进行的形式与特点不同,不同的消费者调研方法各有优劣。在实际的消费者调研过程中,需要针对企业实际需求与客观条件进行适当的侧重选择。

(二)消费者调研的内容

文化创意方面消费者调研的核心在于通过对消费者特征的研究,判断能够吸引消费者的核心要素,从而决定文化创意的方向、主题、内容、形式以及传播路径。如果文化创意之前缺少对消费者的分析与研判,容易导致最终产生的文化创意作品难以获得消费者的普遍认可与积极评价,从而对企业自身产品销售难以产生有力的推动作用,因此消费者调研是文化创意调研工作中的核心。

在消费者调研的内容中,通常关注消费群体、消费需求、消费能力、消费心理、消费行为五大要素。消费群体,包括消费者的性别、年龄、职业、区域等群体特征。结合企业目标消费者的选择,企业在做消费者调研时需要对其群体特征进行充分的了解,明确标记每个样本的群体特征信息,有利于在消费者调研分析时从不同群体维度研究消费者调研结果的差异。消费需求,是消费者对产品的核心诉求与未满足的痛点。对消费者的消费需求进行调研分析,有利于企业发现目前整体市场中消费者还有哪些诉求未被解决,还有哪些需求未被满足。对消费者需求点的调研不仅有利于企业找到自身产品定位的出发点,也有利于企业在进行文化创意工作时其创意的内容更加贴切消费者的需求特征。消费能力,是指消费者的收入水平、消费水平、消费分布等内容。针对不同区域、不同职业、不同年龄特征的消费群体而言,通常在消费能力上具有显著差异。在消费者调研中对消费能力的调查,可以让企业更加明确目标消费者的支付能力,结合企业产品确定针对不同消费能力群体的产品定位,同时针对细分产品设计不同的文化创意内容。消费心理,消费者对产品、服务关注因素的偏好。对消费者偏好的研究可以更加准确地发现消费者的兴趣点与诉求点,文化创意的内容只有与消费者心理精准匹配,才能更加容易地引起消费者的关注与共鸣。消费行为,指的是消费者的购买渠道、购买频次、购买价格、购买类别等消费行为特征。对消费者行为的准确研究可以判断消费者从关注到购买的整体决策机制,发现提高消费者购买转化率的关键要素,从而通过文化创意内容对消费者的购买行为进行有效引导。例如,力士洗发露在推出男性洗发水品牌之前对男性群体的消费需求、能力、心理以及行为进行调研后,发现目标男性人群对篮球等运动主题十分喜欢,因此锁定在腾讯 NBA 节目中植入其针对男性的文化创意内容,配合品牌营销在男性洗发露的细分市场实现了较大的突破。

(三)消费者调研的结果

通过对消费者的问卷调查、随机访谈、深度访谈的调研手段,对消费群体、消费需求、消费能力、消费心理、消费行为五大内容要素进行综合调研之后,需要对调研结果按照一定的方法进行总结与分析。

对消费者调研结果的分析通常可以采用三种方式:第一种是客观总结,对调研过程中捕捉的有价值信息进行归纳总结、有序梳理,可以通过表格、图像等形式对结果进行客观的陈述与展现;第二种是交叉分析,针对不同消费群体特征交叉分析其消费需求、消费能力、消费心理、消费行为等内容要素,可以更加深入地发现不同群体之间对于同一方面问题的信息差异,让企业更加深入了解不同群体的消费偏好,从而针对不同群体进行细分产品定位,策划不同的文化创意内容;第三种是因果分析,在客观数据与信息的背后,需要关注产生该结果的原因和逻辑关系,通过因果分析梳理出消费者心理与行为的作用机制,发现消费者购买产品的核心原因,从而在文化创意内容上进行精准引导。

四、企业调研

企业调研是文化创意调研工作的落脚点。帮助企业进行文化创意工作需要对企业自身进行深入了解,对公司自身的客观条件、希望文化创意工作达到的目标等方面进行详细调研,以此制定文化创意的工作目标、主题方向、策划内容、制作成本等因素。文化创意工作需要从企业自身实际情况出发,综合考虑企业自身的资金预算、支持条件以及企业自身的优势劣势等情况。

(一)企业调研的方法

企业调研是一项系统化工程,具体的流程包括问题的提出、问题的形成、收集资料、初步评价、建模优化、分析评价、提出可行方案。[1] 企业调研通常采用的方法是内部访谈法。针对文化创意工作的企业调研,通常需要访谈企业负责人、产品总监、市场总监、品牌总监、广告总监等核心成员,了解他们对文化创意工作的实现目标、展现形式、主题偏好、投放渠道、工作预算等关键诉求。

(二)企业调研的内容

企业调研的内容主要包括六个方面:工作目标,了解企业产品及市场预设的目标,从而制定企业文化创意工作的实现目标,并确定文化创意工作实施的具体方案思路;条件支持,明确企业在文化创意工作中可以提供哪些条件支持,包括资金、人员、技术、媒体等核心要素;内部优势,分析研究企业相比于竞争对手其自身在产品、市场、品牌方面的内部优势,对文化创意内容的卖点突出进行合理选择;内部劣势,分析研究企业相比于竞争对手存在哪些不足与劣势,在文化创意内容中扬长避短,突出优势弱化劣势;外部机遇,分析研究企业外部环境中有哪些企业可以抓住的机遇,哪些主题可以在文化创意中采用;外部威胁,分析研究企业外部环境中有哪些企业需要避免的威胁,在文化创意工作过程中尽可能地有所避免。例如,内蒙古区域公共品牌天赋河套在进行品牌文化创意之前就委托上海交大中国企业发展研究院进对其大量的

---

[1] 张彩江,胡俊雄,余晓燕.企业调研方法论[J].价值工程,1999(1):223-229.

内部授权企业高管以及品牌公司各管理层进行深度调研,进一步发现和分析企业自身的优势劣势与资源条件,为文化创意工作做足准备。

第二节 文化创意的策划

策划是文化创意的核心工作。通过对前期调研结果的深入分析,发现企业在市场中的发展机会,确定企业产品与品牌的准确定位;根据定位的确定,通过文化创意内容的策划对企业品牌进行广泛宣传。文化创意中的策划工作主要关注文化创意内容的产生,从内容的主题选择、整体定位到创意内容的设计。在具体的工作方面,可以分为四个部分:选择目标市场、确定目标人群、选准整体定位以及开展文化创意,因此本节将从这四个方面对文化创意的策划工作流程进行阐述。

一、选择目标市场

目标市场的选择并非毫无根据、随意指定,而是在通过深入的市场分析与数据论证后进行精准选择。目标市场的选择基于文化创意工作中的调研结果,包括对企业所处行业的深入分析、对企业竞品的对比分析、对消费者人群的特征分析、对企业自身内部的条件分析。

在开展文化创意工作时,选择的目标市场要满足"他需、我有、人无"这三个特征。首先,"他需"即从需求端出发,选择具有庞大的消费需求,且有巨大的需求规模发展潜力的目标市场。市场的需求是指导企业进行产品开发与市场拓展的出发点,而市场的需求规模决定了企业发展的边界与上限。只有行业与市场有足够大的需求规模与足够快的增长态势,企业才能顺势而为,自身的发展速度才能逐步加速。其次,"我有"是要从供给端出发,选择企业自身的技术与产品能够满足其需求的目标市场,能够为其提供所需的产品、服务以及品牌。在一个需求庞大且增长迅速的市场,企业只要能够提供满足市场需求的产品与服务,就能分得这一块快速做大的市场蛋糕。因此对供给端的分析更加关注于企业自身的客观条件,包括技术、研发、生产等方面条件是否可以满足市场的供给。最后,"人无"即从竞争端出发,选择参与的竞争对手较少或竞争激烈程度较低的目标市场,企业才能在这样的市场竞争环境中获得竞争优势。极端的"人无"状态就是垄断类市场环境,在这种情况下,市场上只有企业一家供给者,具有对市场的定价权。但在绝大部分行业,很难达到理想状态下的"人无"。因此在竞争端通常是考虑虽然也有其他竞争对手,但企业自身在与竞品竞争的过程中其技术能力、产品品质、渠道、品牌知名度等方面都有显著的优势,企业自身能达到的标准竞品很难达到,这种状态也属于竞争环境中相对性的"人无"。对于企业来说,当一个市场满足以上三点特征时,这个市场是一个非常重要的目标市场,甚至是一个发展机遇。

二、确定目标人群

确定文化创意品牌目标人群的意义是为了让文化创意品牌建设的方向更准确，从而使文化创意品牌形象更吻合目标人群的需求和追求，使品牌能够更快速地传播和被记忆。这不是单纯知道企业产品适合哪一部分人，而是要准确知道这个群体的喜好、特性、习惯以及对同类产品消费时的购买欲来源等具有参考价值的详细信息，这样才能成为让整个文化创意品牌建设更精准、更有效的依据。[1] 选择精准的目标人群可以准确地打造品牌形象、选择传播渠道、决定展现形式、实现品牌体验、选定营销模式及完成市场拓展。

确定目标人群需要对其进行需求、心理及行为三方面的分析。

对目标人群的具体需求进行研究，是要判断目前公司所处目标市场中的消费者还有哪些需求没有被满足，或者消费者对已经满足的需求中还有哪些不满意的地方。从消费者的视角研究其对于需求的关注点与偏好点。在文化创意工作中，文化创意的内容始终要与消费者的需求相结合。文化创意的主题、风格以及展现形式都是为了企业满足消费者的产品或服务需求赋能，因此目标人群的需求特征与文化创意工作密切相关。

对目标人群的心理分析主要是从人群性格和购买动机两方面入手。一方面，性格不同的消费者对文化创意内容的需求也是不相同的。性格可以是内向的、外向的、乐观的、悲观的、保守的、激进的等，其中性格外向、容易冲动的消费者往往喜欢表现自己，因而他们喜欢购买能表现自己个性的产品，而性格内向、保守的消费者则喜欢大众化，往往购买比较朴实平常的产品。[2] 因此，文化创意内容的风格也需要与目标消费者的人群性格相契合。另一方面，购买动机也是对目标人群进行心理分析的重要内容。购买动机是指为了满足一定需要而引起购买行为的欲望或意念。消费者购买产品主要有求实、求廉、求新、求美等动机。例如，有的人购买服装更侧重于质地，有的人则会更侧重于款式。由于目标消费人群对特定产品的购买动机差异，文化创意工作也需要符合并推动消费者的购买动机。例如宝马为了针对年轻人群体的心理诉求进行品牌锁定，与王者荣耀联合推出宝马联名皮肤引擎之心，打造汽车与游戏文创相结合的一个典型爆款。

对目标人群的行为分析主要包括两部分内容。其一，分析目标人群的购买时间。许多产品的消费具有时间性，烟花爆竹的消费主要在春节期间、月饼的消费主要在中秋节以前、旅游点在旅游旺季生意最兴隆。因此，企业可以根据产品的购买时间，在适当的时候加大促销力度，采取优惠价格，以促进产品的销售。比如航空公司、旅行社等机构会在寒暑假期间加大宣传力度，实行优惠票价等策略，以吸引师生乘坐飞机外出旅游；空调商家则多在酷热炎夏促销爆发。不同企业的文化创意内容主题与投放时期也会与特定产品的购买时间相匹配。其二，分析目标人群的消费频率。消费频率大多对应用户对商品的消耗速度，如果确定了用户的消耗速度，就可以制定出更合理的营销频率。而不同人群对于同类商品的消耗速度也是有明

---

[1] 载三文化.品牌目标人群如何准确定位[OL]. https://www.sohu.com/a/277546295_100086285.[访问时间：2020-03-11]

[2] 同上。

显区分的,譬如儿童牙膏消耗与成人牙膏消耗的区别、冬季服装更换与夏季服装更换的区别、男装消费频率与女装消费频率的区别等。例如男性对服装购买频次相对于女性频次更低,因此海澜之家广告语"一年逛两次海澜之家"就突出了男性的特征,既体现了品牌服装类别很多逛两次足以买到心仪的服装,又充分体现了男性用户的消费者心理,购物简单直接不浪费时间。

三、选准整体定位

定位理论是由著名营销专家艾·里斯与杰克·特劳特在 20 世纪 70 年代提出。特劳特和里斯认为,定位要从一个产品开始,这个产品可能是商品、服务、机构甚至是人。定位并不是你对产品要做的事,而是你对预期客户要做的事。换句话说,企业希望在预期客户的心中给产品定位,确保产品在预期客户头脑里占据一个真正有价值的地位。定位理论的核心叫作"一个中心两个基本点":"一个中心"指的是以"打造品牌"为中心,"两个基本点"指的是以"竞争导向"和"消费者心智"为基本点。定位决定了创意的主题和方向。文化创意以公司的定位为出发点,结合主题与方向的选择,更加精准地为用户产生创意内容,更加有效地为企业的市场赋能。文化创意工作脱离了企业的定位,不仅难以对用户产生有效的引导作用,同时还有可能向市场传达错误的产品信息和品牌认知。因此文化创意并不只是简单的技术层面问题,而是始终与公司整体发展方向与顶层设计相结合的战略思路的落地。

从定位的类型来看,自上而下可以分为企业的战略定位、企业的产品定位、企业的品牌定位与品牌的 DNA 要素。

(一)战略定位

战略定位是企业战略的核心内容,但它并非是要在一个结构化的产业中寻找自己的位置,而是一个随着企业内外部环境的变化而不断演变的过程。企业战略定位作为一个完整的理论体系,所要解决的就是企业经营中所遇到的最根本的方向正确、运作高效、主体投入这三者的有机结合问题。"做什么""如何做""谁来做"这三个维度组成了企业战略定位的基本构架,而且这三个维度是独立而完备的。其中"做什么"涉及经营目标选择,"如何做"涉及运作过程控制,"谁来做"涉及行为主体界定,它既包含了企业战略定位的方向、基础、人员等重要方面,也体现了企业战略定位的动态性和过程性特征。也正是基于上述三维构架的具有企业属性的战略定位,使企业具备了与其他企业区别开来的"异质性",企业才能获得和保持竞争优势。[1]企业的战略定位确定了公司顶层的发展目标、实施路径、重点市场等方向性命题,企业的文化创意工作只有与企业的战略定位紧密结合,才能保证文化创意工作的正确性与有效性。

(二)产品定位

产品定位指的是企业生产怎样的产品来满足目标消费者或目标市场的需求[2]。产品定位通常将企业产品与目标市场的选择相结合,也可以看作是企业的市场定位进行产品化的工

---

[1] 李庆华.企业战略定位:一个理论分析构架[J].科研管理,2004(1):8-14.
[2] 蓝进.试论市场定位、产品定位和竞争定位之间的关系[J].商业研究,2007(10):51-53.

作。产品定位有两类原则：一个是适应性原则，包括产品适应消费者的需求，同时又适应企业自身的人力、财力、物力等客观条件；另一个是差异性原则，指的是企业在产品定位过程中，要寻找与竞争对手之间的差异性，减少竞争中的风险。产品定位的方法众多，主要有：产品差异定位法，结合公司销售产品与市场的显著差异进行定位；利益定位法，从产品的品质、价格、选择性等特点出发追求价值的最大化；使用者定位法，从特定的产品使用者与购买者使用场景出发，塑造突出的定位形象；使用定位法，根据消费者使用产品的时间和方式进行定位；分类定位法，对于企业产品和同类产品竞争过程中，选择细分的领域与概念进行定位；针对特定竞争者定位法，该种定位针对特定竞争者的竞争定位，而并非产品品类的总体定位；关系定位法，当企业产品缺乏显著差异时，可与典型品牌定位产生关联。企业的产品定位确定了公司针对目标市场与目标消费者最直接突出的产品卖点与产品特征，企业的文化创意工作需要与企业的产品定位紧密结合，才能更加准确地确定文化创意工作的创意主题与方向。

（三）品牌定位

品牌定位是企业在产品定位的基础上，对企业品牌在个性差异与文化决策上的商业性决策，它是建立与目标市场有关的品牌形象的过程和结果。当特定品牌确定了一个合适的市场地位，使得其自身产品在消费者心中产生一个特定的位置之后，当消费者产生某种消费需求时，就会对品牌产生联想与购买的欲望[1]。品牌定位不仅可以创造品牌的核心价值，在消费者心中产生个性化、差异化的优势，也可以使品牌与消费者建立长期而稳定的关系，在消费者产生对该品类产品消费需求时，会将已经建立品牌关系的产品作为首选，还可以为企业的市场开拓与营销策略指引方向。由此可见，品牌定位与消费者需求紧密联系，因此品牌定位要聚焦满足消费者需求。由于消费者的群体特征、消费行为和消费心理都有所差异，所以企业在进行品牌定位时，需要结合自身的客观条件、市场的消费需求、竞品的竞争特点等因素出发，找到市场中的细分空间，细化品牌定位，从而能够更加精准地满足消费者的需求。企业的品牌定位确定了公司针对目标市场与目标消费者最直接突出的品牌目标与品牌方向，企业的文化创意工作需要与企业的品牌定位紧密结合，才能更加准确地确定文化创意工作的创意内容与展现形式。

品牌DNA即品牌基因。品牌基因是品牌定位的核心要素，也是品牌价值与品牌个性的体现。不同品牌之间的差异性根源是因为其品牌基因的差别决定的。品牌基因可以让消费者更加清晰明确地对特定品牌产生特定的形象认知，感知特定品牌的个性与识别性。品牌DNA具有辨识性、延续性、稳定性。品牌DNA的辨识性让消费者能够区别于企业品牌与其他品牌的个性差异；品牌DNA的延续性让企业的品牌个性拥有了长久的时间价值；品牌DNA的稳定性使得特定品牌的个性与形象不会轻易变更，一旦在消费者心中形成特定的品牌形象将持续稳定地保持下来。企业的品牌DNA确定了公司针对目标市场与目标消费者最直接突出的品牌个性与品牌特征，企业的文化创意工作需要与企业的品牌DNA紧密结合，才能更加准确地确

---

[1] 朱振中.试论品牌定位策略[J].商业研究,2002(3):7-9.

定文化创意工作的创意风格与表现形式。品牌 DNA 是与文化创意结合最紧密的要素,品牌 DNA 直接引导了文化创意的方向与主题,但品牌 DNA 又需要从战略定位、产品定位、品牌定位进一步导出。例如农夫山泉以"健康、天然"为品牌 DNA,坚持"水源地建厂、水源地灌装"的行为,从而有了脍炙人口的品牌创意口号"我们不生产水,只做大自然的搬运工"以及"农夫山泉有点甜"的品牌体验。

四、开展文化创意

创意是文化创意策划流程中的核心。创意的工作围绕着前期定位中的目标、方向、主题、内容、风格、形式等基本原则展开,并紧密结合市场、人群与定位而产生最终的创意成果。而文化创意有多种表现形式,任何可以让消费者直观感受的场景都可以作为文化创意的展现载体。品牌进行文化创意时通常包括产品创意、视觉创意、广告创意、新媒体内容创意、品牌活动创意等,关于产品创意已经在第六章作了较为详细的介绍,因此下面将对其他部分创意进行阐述。

(一)视觉与文案创意

视觉设计是文化创意工作中所有创意的前提与核心,无论是产品创意、广告创意、新媒体内容创意、品牌活动创意都离不开丰富的整体视觉设计创意内容。

视觉设计的创意流程可以拆分为四个环节:确定情感关键词、情绪板、头脑风暴、用户验证[1]。首先,确定情感关键词。情感关键词,就是我们设计的视觉所要表达的情感感受,这是从 0 到 1 做视觉设计的第一步。在确定情绪关键词的时候,需要考虑三个问题:品牌与产品要解决的目标是什么?品牌面对的主要用户群是怎样的?希望用户在使用产品或者看见品牌时,产生怎样的情绪感受?例如想做年轻人的视频社交产品,就会记下诸如好玩、热情、丰富、可爱、二次元等各种情感关键词,这都是团队成员希望这个产品成为的样子。但是在做视觉设计的时候收集的目标不能太多,于是把优先级不高的去掉,把重复的感受合并,最后确认的情感关键词是:阳光、温暖、年轻。也就是说,接下来做的视觉设计,就应该做出阳光、温暖和年轻的感觉。其次,情绪板。有了关键词事情还不是那么简单,因为大家会对同一情感会有不同的认知,比如有的人认为的阳光是蓝天白云,有的人却认为阳光是绿树草地,这就会导致后续视觉设计在颜色偏好上会有争议。所以必须要靠情绪板,把每个人对情感的抽象理解具象成实际可定义的元素。再次,头脑风暴。开展头脑风暴的主要目标不是为了马上确定方案,而是尽可能多地收集创意和想法。不然设计师会很快陷入细节而错过很多精彩的设计点子,而在后续推进的时候其他人也一定会质疑和提出各种反对方案,让设计师反复验证和修改,所以一开始就要大开脑洞。最后,用户验证。第一个是定量研究,把可选的方案放在问卷里,抽样选择部分受众进行问卷调查反馈;第二个是定性研究,找不同的用户进行实质性的交流,了解他们的主观反馈信息,根据用户验证内容对可选的设计方案进行最终的确定或调整。

而文案策划的写作流程一般分为以下几个阶段[2]。第一,研究产品,产品的属性和对应

---

[1] 领企设计.视觉设计的 4 个步骤[OL]. https://www.sohu.com/a/135264388_627328.[访问时间:2020-03-11]
[2] 简书.文案的写作流程是怎样的[OL]. https://www.jianshu.com/p/7e1a9e72ae40.[访问时间:2020-03-11]

的利益点是什么;第二,研究用户,确定目标用户和卖点;第三,根据文案推广渠道和公司战略,确定文案的目的;第四,确定文案的推广渠道;第五,组织信息,用思维导图列出文案的逻辑框架;第六,撰写文案标题和正文;第七,利用问题自检清单对文案进行审查。

(二) 广告创意

关于广告创意,在第六章第三节已经对产品如何开展广告创意进行阐述,因此这里将对企业与品牌的整体创意策略进行说明。从整体广告策划流程上看,一般要遵循信息原则、利他性原则、系统性原则、可行性原则、创新性原则、心理原则、道德原则等七大原则,确保整体策划、创意能够在保质保量的前提下,顺利推进。

同时,尽管广告创意因人、时、地、事的不同,内容也会有所不同,但是不同的国家、国情,广告创意的原则却是一致遵循的。因此,在广告内容创意方面一般应该遵守以下三个原则。一是真实原则。广告创意只有以事实为依据进行说服,才能在一定范围深入人心。只有真正站在消费者的立场上用他们熟悉的事例去比喻,用用户的语言去说明,才能使广告创意内容的特性被了解。二是通俗易懂原则。这个原则不仅要求广告创意的语言和视觉表达必须一目了然,通俗易懂,过于啰嗦晦涩的广告语或影像讲述会让消费者生厌。三是新颖独特原则。新颖独特的创新原则,需要针对人群的注意特点、需求层析、利益诉求和兴趣偏好来增强广告内容的吸引力。通常采用的方法为增加刺激的强度、尽力突出刺激目标。

此外,由于广告片依旧是各类广告中的主流形式,是人们获取产品与品牌信息等内容的主要且有效的渠道,因此需要特别强调广告片的制作环节中应当遵循四大原则。第一,视觉中心原则。广告片的制作要尽量用画面说话,通过精心设计的画面抓住观众的视线,引发观众的兴趣。第二,简练真实原则。广告片的时间通常非常有限,在很短时间内广告无法面面俱到地向消费者介绍各方面信息,因此需要通过最简练的表现手法传播最需要表达的主题内涵。第三,创新艺术原则。创新和艺术是广告片的生命力所在,通过充分调动画面的声、光、色等各种元素,新奇独特地表达广告主题内容,才有可能打动消费者。第四,整体协调的原则。作为一则完整的广告片,必须是视听效果完全结合的产物。广告词、背景音乐、广告画面都是不可缺少的重要部分,对于渲染气氛、强化主体、激发消费者兴趣都有不可忽视的作用。在广告片制作中各要素应该有机结合为一体,形成一个完美的艺术作品整体。

(三) 新媒体内容创意

新媒体时代的到来为文化创意提供了更加丰富的展现形式、传播方式与表达风格。新媒体时代的品牌通常塑造"三新主义":新定义,意味着要讲出新的品牌故事,重新引领新的消费趋势;新话语,指在文化创意时要关注年轻人,结合年轻人的个性特征重塑话语体系;新传播,是追求创意、内容、技术与媒介的有机结合,让文化创意内容具有可传播性与营销的穿透力。

在新媒体的内容创意方面,可以遵循以下原则[1]:第一,互动至上。新媒体时代的传播特征在于互动性强,传播性广,尤其是用户自身对企业文化创意内容的自主传播。因此企业在进

---

[1] 肖明超趋势观察.新媒体内容创意的8大法则[OL]. https://baijiahao.baidu.com/s? id=15983501533387954291&wfr=spider&for=pc.[访问时间]:2020-03-11].

行文化创意时内容的形式与选择上需紧密结合互动性特征,通过内容创意引导消费者互动性传播。第二,情绪表达。通过情绪的调动,拨动用户的心弦。品牌的文化创意内容融入情绪的表达,输入品牌的情感,能够拉近品牌与消费者之间的亲近感,同时更能够唤起用户对品牌的情感共鸣。第三,反差效果。创意内容通常出奇制胜,强化第一印象。如果画面、文案、声音、动画等各种表现形式平淡无奇,往往很难抓住消费者的注意力,而越能与消费者传统认知产生冲突的内容越能够很好地在消费者心中强化记忆。第四,正向价值。企业在文化创意时不可为了追求反差效果而故意丑化品牌形象,突破道德底线,而是在充分表达品牌核心卖点的基础上对表现效果进行突出,弘扬核心价值,树立品牌正能量。第五,虚实转换。"把实的内容做虚,把虚的内容做实",文化创意内容与核心产品的虚实结合与虚实转换可以有效地抓住消费者的眼球。如网易云音乐在品牌文化创意中将产品页面展示到地铁全车厢的车体,形成由虚到实的转换;正山堂茶业将茶园风光通过 VR 全景的形式线上展现,实现由实到虚的转换。第六,内容为王。内容的创意是永恒不变的主题。通过文案创意、视觉创意等形式的颠覆,结合趣味性、互动性、传播性的特征,才能有力地抓住消费者的兴趣点,如江小白的酒类文案(图 11-2)、杜蕾斯的避孕套文案(图 11-3)等,都是通过内容创意的质量保障获取广泛的用户流量。第七,短小精悍。内容过于繁复会增加消费者的认知门槛,通过简单直接的表现风格,轻量化的传播风格,可以加快用户对品牌文化创意内容的认知与理解,从而提高文化创意内容的传播效率。

图 11-2　江小白广告 [1]　　　　图 11-3　杜蕾斯广告 [2]

(四)品牌活动创意

品牌活动是一个企业开展文化创意工作的重要形式。企业通过品牌活动的执行向消费者传递品牌个性、曝光产品特征、培育品牌形象。活动策划是一项具备随机性与灵活性的创造性

---

[1] 搜狐.江小白扎心文案又双叒叕来了![OL]. https://www.sohu.com/a/207785846_441449.[访问时间:2020-05-26]
[2] 梅花网.人类首张黑洞照片发布,段子手和品牌商炸了![OL]. https://www.meihua.info/a/73553.[访问时间:2020-05-26]

工作。因此活动并没有固定套用的执行模板,而是在不断的头脑风暴与形式创新中结合不同品牌和企业的特征和条件进行创造性的策划。从整体活动的策划内容来看,同样也可以参考以下原则[1]。

1. 创意创新原则

活动策划最大的诟病就是复制抄袭,尤其是对于其他品牌已经有一定影响力的活动形式进行完全搬运,往往很难产生二次吸引消费者的作用。活动策划基于创意创新的原则,不断从活动形式、活动内容、传播方式上进行新的构思,让消费者能够眼前一亮,才能够最大地发挥活动的价值。

2. 客观现实原则

活动策划不仅需要仰望星空,也需要脚踏实地。策划的基本考量需要结合企业自身的客观条件、执行能力以及落地可能性方面进行思考。过于脱离实际的策划方案会让企业无法执行,策划的内容自然难以付诸实践。

3. 目标主导原则

活动策划需要结合公司品牌战略设定目标,通过活动的执行为品牌定位的输出、品牌形象的展示、产品销售的导流等产生直接推动作用,避免出现"只赚吆喝不赚钱"的窘境。

4. 系统规则原则

活动策划需要有明确的流程制定、规则设计等系统化的制度形成。在具体的活动执行上,可以按照策划的步骤与流程有条不紊地进行开展。

5. 简单易行原则

活动策划在达到目标的要求下尽量降低活动执行的难度,使得活动执行团队可以更加便捷、有效地对活动实施开展;同时对企业开展活动的资源、资金等要素的运作方面避免浪费。

从整体的活动步骤来看,可以按照以下步骤进行活动策划:设定问题与目标、策划环境分析、创意与构想、制定具体计划与日程、完成整体策划书、活动组织实施和效果评估与反馈。

第三节 文化创意的实施

实施是文化创意的落地工作。文化创意工作的实施流程就是将前期的策划思路与想法形成对外的展现形式,将文化创意内容从企业内部输出到外部市场的过程。在文化创意工作的实施方面,需要重点考虑企业自身的实施能力、资源支持等客观条件,充分与文化创意的主观想法相结合,将企业对于文化创意的策划想法有效地落地,使得文化创意内容推动企业自身的品牌发展与市场发展。

---

[1] 龙腾文化.活动策划的原则与基本方法[OL]. https://www.sohu.com/a/325717920_120164027. [访问时间:2020-03-11]

一、前期实施准备

在文化创意工作实施之前,需要对文化创意工作的客观条件与资源基础进行梳理,根据客观支持力度并结合文化创意工作的实现目标进行可行性方案设计。在实施条件的准备中,主要关注团队、资金与时间安排三个方面内容。

(一)建立团队

文化创意团队是文化创意工作的核心条件。对文化创意团队的组成考虑总体成员的完备性、成员之间的互补性、成员思路的创造性、成员能力的专业性。完备性要求针对需要达成的文化创意工作目标整体团队需要拥有实现该目标的各种能力;互补性要求在能够发挥成员自身的个人特长前提下,成员之间能够有效协作,优势互补;创造性是对团队成员进行文化创意策划工作的创意性要求;专业性是对成员自身的专业能力的要求。

在文化创意团队的构成方面,通常需要配备如下成员:项目组长,需要带领团队对整体文化创意工作的目标、方向、主题、内容以及具体实施的步骤进行有效设计与管控,发挥文化创意团队的集体效率;文案策划人员,针对文化创意内容中的文字性创意工作进行创意策划,包括广告语、广告词、营销软文等营销文案的创意;视觉策划人员,针对文化创意内容中的平面视觉内容进行视觉设计,包括摄影、海报、贴图、产品包装等平面形象的设计工作;特效策划人员,针对文化创意内容中的视频、动画等动态画面的摄像、剪辑、特效制作方面的工作;技术人员,针对部分需要小程序、网页端等开发内容的文化创意工作还需要配备专业的程序开发人员,也可针对开发专业性较强的工作进行外包;协作人员,负责团队对外的沟通协作,协调各部门之间针对文化创意内容实施、传播的沟通协同工作。

(二)准备资金

预算是文化创意工作实施条件中最为关键的客观因素之一。"巧妇难为无米之炊",文化创意工作最终能达到怎样的内容效果与传播效果与企业对于文化创意工作的预算密不可分。同时在预算的使用上,要进行合理的划拨与分配。首先要考虑人员预算,主要针对策划过程中策划团队的人力成本,结合策划周期、人员数量、市场人力成本等因素进行考量。其次是物料预算,主要针对策划内容实现落地的过程中产生的物资成本,如摄影摄像、海报制作、活动物资等成本的产生。最后是投放预算,针对文化创意内容成型之后,进行市场投放与消费者曝光的过程中所需要的媒体成本;投放预算的规模决定了最终文化创意内容传播效果的好坏,同时也反向影响文化创意内容策划过程中的内容类型、展现形式等。

(三)制定时间表

在具体进行文化创意策划与执行的工作之前,需要对后续工作进行明确的流程设计与日程设计,以时间表的方式进行呈现。在策划时间表中,需要对整体目标进行拆分,细分为每个类别策划工作的组内目标,再落实到组内成员的个人目标中。目标确定之后,针对文化创意工作的目标实现进行步骤划分与时间节点设定,包括团队整体、策划小组、组内个人的计划时间表。

二、文化创意营销实施

企业在营销方面,最关注产品、渠道和品牌。"成功的品牌"让消费者产生购买产品的欲望,"便捷的渠道"让有购买欲望的消费者更加容易购买,"品质的产品"让购买过产品的消费者会持续进行购买。因此,这三个方面的内容也是消费者最直接能接触并且产生认知的。文化创意内容在营销方面的实施也通常关注产品、渠道、品牌三个环节。

(一)产品的创意营销

文化创意在产品的实施方面,主要体现在产品使用、产品包装与产品衍生中。首先,产品在使用上的文化创意通常是对产品传统使用方式进行创新,结合产品本身的特征、功能、使用方式等方面引入创意元素,赋予更多的创意与吸引力。例如星巴克的猫爪杯对杯子的内部结构进行改造,形成猫爪立体图案的创意设计,对普通杯子的使用特征进行了改变。星巴克的猫爪杯在推出之后,受到了市场的广泛欢迎,也对星巴克的品牌声誉产生了积极的影响。其次,产品包装主要针对其外部箱体、瓶体等产品形象进行文化创意设计,也是产品进行文化创意营销最广泛的方式。正如前文我们已经举例的农夫山泉歌词瓶、可口可乐歌词罐、卫龙食品的苹果风包装,以及百事可乐虚拟现实AR罐、茶颜悦色奶茶的古风杯等,都是很好地结合了文化创意的元素在产品的包装上,并且都产生了成功的品牌营销作用。最后,基于核心产品的文化主题向周边衍生品的文化创意延展,这也是目前最为普遍的营销方式。其中典型的案例就是故宫博物院推出的故宫文化创意周边产品,不仅在线上与线下热卖,更使故宫在众多博物馆中脱颖而出,成为中国文化创意的知名IP。

(二)渠道的创意营销

文化创意的实施渠道是要将文化创意导入消费者的购买场景中。其中,按场景来区分,主要可以分为线上渠道与线下渠道两类场景。线上渠道的文化创意导入包括天猫、京东、小程序商城、官网等电商店铺的文化创意设计,线下渠道包括形象店、专卖店、专柜等线下购买场景的文化创意设计。线上渠道逐渐成为越来越多品牌的首选。对于官网直销的品牌而言,官网的文化创意导入也是渠道实施的重要方面,同时也是品牌宣传的关键路径;在电商店铺的文化创意导入中,通常引入自身设计元素与文案创意,而并非采用电商平台统一的简单模板。如三只松鼠结合品牌的松鼠形象IP对线上店铺的形象包装。此外,线下可以采用两种方式实现文化创意,一是针对自营的专卖店文化创意打造成为吸引流量的形象店,另一种是对加盟的专卖店进行装修风格的统一要求。例如苹果公司的线下自营专卖店融入丰富的苹果设计风格元素,体现科技、高端、简约的形象特征,成为线下专卖店文化创意的标杆。

(三)品牌的创意营销

文化创意在品牌的实施方面,主要体现在品牌内容对消费者的宣导过程中的创意落地,一方面包括广告语、广告片、品牌文案、品牌海报、公关活动等品牌内容方面的策划落地,另一方面包括对创意完成的品牌内容进行精准的媒体选择与市场投放。

三、文化创意传播实施

在文化创意营销实施完成后，最后需要通过广泛的媒体投放到市场中，让更多的目标消费者接触与感知品牌内容。在媒体渠道的选择方面主要分为两大类：一方面通过线上新媒体的形式进行品牌内容的投放，另一方面通过传统媒体的选择进行传播场景的构建。对于企业来说两类媒体的有效协同与结合才能最大程度发挥品牌内容传播的效果。

在传统媒体领域，选择电视媒体中的央视频道一直是一个行之有效的投放渠道，尤其是在移动互联网发展尚不成熟的时期，央视广告的投放有效性是非常高的。2013年之前，大众普遍对电视媒体的依赖程度非常高，而对央视频道更是关注，如晚饭时全家齐看央视一套新闻、晚饭后全家齐看央视八套电视剧、春节全家齐看央视春晚。因此在热门央视频道进行品牌投放，基本能够保证绝大部分的目标消费人群都能看到。这一时期的品牌投放并不以追求"精准营销"到达率为目标，而是通过所有人群的"全覆盖"囊括几乎所有潜在目标消费人群。

而随着2013年之后移动互联网等新媒体渠道的兴起，以上的投放方式效率逐渐开始降低。一方面央视媒体竞标价水涨船高对投放企业的成本压力增加，另一方面不同人群的媒体选择偏好开始出现逐步细分的趋势。不同年龄、不同性别，甚至不同职业的人群日常频繁接触的媒体渠道已经出现显著的分化：传统电视媒体的观看大众已经从全类型人群缩聚为中老年妇女；18—22岁的在校大学生基本没有接触传统电视的时间里，主要观看在线视频网站、年轻女性偏好使用"小红书""爱奇艺"等社区或视频平台；技术宅男更加关注"知乎""果壳"等知识平台；运动男性偏好使用体育节目集中的"腾讯视频"；95后群体主流使用的社交平台主要集中在"QQ空间"；职场男士关注更多的为如"今日头条""凤凰新闻"等资讯类平台；真正覆盖比较广的全类型人群平台已经转移为"朋友圈""抖音""微博"等。例如当前最受年轻男性欢迎的洗发露品牌之一"力士"近几年主要品牌投放选择的渠道聚焦在腾讯视频的 NBA 节目植入中，传导的品牌定位以及品牌价值以"年轻、男性、运动、新潮"的主题为主，与 NBA 节目的主流观看群体十分吻合，实现了十分成功的投放效果。

因此，在当前媒体类型众多、人群集聚细分的情形下，企业的品牌内容投放首先需要确定其目标消费群体的消费特征和心理特征，并且根据其特征创意企业需要投放的品牌内容和营销文案，最后精准分析该类目标群体普遍使用的媒体渠道进行精准投放。新媒体在品牌传播中的作用已经从作为传统媒体的补充成为逐渐取代传统媒体的重要营销工具。新媒体渠道以智能移动设备为载体，以各种移动端内容作为展现方式，相比于传统媒体渠道有着展现形式更丰富、用户互动性与自主传播性更强、用户使用黏性与频次更高的特点。2018年国内大众传统电视单日观看时长降低至132分钟/天，而移动设备单日使用时长达到289.7分钟/天，移动设备超越传统电视成为大众最常用的内容展示终端，这也成为品牌投放渠道中新的重要选择路径。

品牌在新媒体的投放上，一方面需要企业自身品牌公众号的持续维护和运营积累流量，另一方面是通过 KOL(Key Opinion Leader，关键意见领袖)的现有流量带货推广。例如许多小众口红品牌通过微博"口红一哥"李佳琦直播带货，单场销售额最高突破2 000万元；快手网红"散打哥"在快手电商节上，1分钟卖出3万单价格19.9元的两面针牙膏，总销量过10万单；59元的七匹狼男士保暖内衣 10 分钟卖出近 10 万套。正是由于新媒体传播的有效应用,许多原本不知名的产品能够"短、平、快"地打造为网红品牌:靠文案内容营销起家的酒类品牌"江小白"、靠"饥饿营销"炒作的网红茶饮品牌"喜茶"、靠世界杯事件营销走红的油烟机品牌"华帝"、靠视觉创意营销吸引流量的快消品品牌"杜蕾斯"等。

对于新品牌来说,由于传播前在市场上并没有形成消费者的固有认知和定位,因此通过新媒体渠道的一系列营销和传播可以快速建立消费者新的品牌认知,是一个推陈出新的颠覆过程;对于传统品牌来说,由于长期的传统媒体投放与口碑沉淀,已经在消费者心中形成了比较深的品牌基础,新媒体渠道可以作为一个新的品牌投放补充提升原有的品牌热度,是一个锦上添花的革新过程。

第四节 文化创意的评估

评估是文化创意的后置工作。企业通过文化创意工作的评估能够发现文化创意工作的策划与实施效果,以及对品牌赋能的作用,并在评估结束之后,可以及时对未来的品牌发展方案进行修正与调整。

一、评估的指标确定

在评估工作中,通常以知名度、美誉度、忠诚度等定性指标和到达率、转化率、留存率等的定量指标为评价指标。

(一)定性指标:知名度、美誉度、忠诚度

品牌是一个系统概念,是企业各方面优势如质量、技术、服务、宣传等的综合体现。所以,实施品牌战略要求企业系统地改善整体运作以促进品牌的段位升级,从品牌知名度到品牌美誉度,再到更高级的品牌忠诚度。通过提高品牌知名度、提升品牌美誉度发现并吸引新的潜在客户,通过提升品牌忠诚度留住顾客。[1]

知名度是指被公众知晓、了解的程度,是评价组织名气大小的客观尺度,侧重对"量"的评价,即是组织对社会公众影响的广度和深度。同时,品牌知名度也是一个品牌在消费者心中的强度,可分为知道、记得、被主导等几个层次。广义的品牌知名度包含熟悉品牌的内涵以及品牌识别和品牌记忆。品牌知名度指标反映了一个品牌对某类产品的代表性程度、消费者对某品牌的熟悉程度以至可能引发的认知度、好感。美誉度是指一个组织获得公众信任、好感、接纳和欢迎的程度,是评价组织声誉好坏的社会指标,侧重对"质"的评价,即组织的社会影响的美丑、好坏,即公众对组织的信任和赞美程度。美誉度反映的是消费者对品牌评价好的程度,

---

[1] 张新锐,杨晓铮.品牌阶梯——品牌知名度、美誉度、忠诚度[J].经济管理,2002(21):15-17.

它在一定程度上代表了品牌在人们心中的印象和信任感。品牌忠诚度是指消费者在购买决策中，多次表现出来对某个品牌有偏向性的行为反应。它是一个行为过程，也是一个心理决策和评估的过程。品牌忠诚度的形成不完全是依赖于产品的品质、知名度、品牌联想及传播，它与消费者本身的特性密切相关，消费者的产品使用经历。[1]

（二）定量指标：到达率、转化率、留存率

通常，品牌传播效率的提升是指到达率、转化率与留存率的提升。首先，"到达率＝品牌投放到达的目标人群数量/品牌所有潜在目标人群数量"，在全市场的消费人群中，并非所有的消费者都是企业的目标消费人群。例如，产品对象为中年女性的企业，如果品牌的投放到达的是儿童，这部分投放的效果是非常有限的，而企业仍然需要为这类投放付费。因此到达率的高低直接决定了企业品牌投放的效率问题，投放越精准，效率越高，相对应平均投放成本也越低，而决定到达率高低的关键因素在于企业对目标消费者品牌投放的精准程度。其次，"转化率＝品牌投放到达的目标人群中选择消费的人群数量/品牌投放到达的目标人群数量"，当目标消费者接收到企业的品牌投放内容之后，其中有不少消费者会因为被品牌投放内容打动而产生对该品牌的购买行为，购买的人数越多，品牌投放内容的转化率也就越高。决定转化率高低的关键因素在于企业对消费者品牌投放的具体营销内容是否具有吸引力与感召力。最后，"留存率＝再次续购的消费者人数/品牌投放到达的目标人群中选择消费的人群数量"，消费者的留存率是由企业自身的产品和服务所决定，消费者对所购买的产品和服务越满意，其留存续购的可能性也就越高。留存的消费者人群是能够为企业真正带来长期价值的核心消费者。因此对于企业的整体品牌投放体系而言，更加精准的到达、更多有效的转化、更多用户的留存三个步骤是实现将潜在目标消费者转化为长期价值消费者的完整路径。

二、评估后的优化与调整

对于文化创意工作与品牌工作的及时评估可以帮助企业及时地对品牌战略进行优化。我们以日化产品的市场与企业为例，日化产品的发展重心主要是产品、营销和渠道三个因素，这三个因素在不同的市场发展时期侧重点均有所不同。过去四十年国内日化市场经历了三个特征阶段的发展：从无到有、从有到优、从优到品。第一个"从无到有"的阶段主要是 20 世纪 80 年代到 21 世纪初期，市场需求解放然而市场供应有限，因此只要市场能够提供满足消费者需求的产品以及便利的购买方式便能够获得消费者的认可，这个阶段"产品"和"渠道"是核心。第二个"从有到优"的阶段主要在 2000—2015 年，随着各种同类产品品牌的出现，可供消费者选择的品牌非常多，而这个时期众多品牌的产品品质良莠不齐，消费者更加关注不同品牌产品的质量、价格、市场口碑等因素，性价比和市场影响力高的产品更容易获得消费者的青睐，因此在这个群雄逐鹿、优胜劣汰的整合竞争阶段，"产品"和"营销"是关键。第三个"从优到品"的阶段是从 2015 年后逐渐显现，市场格局基本稳定，不同品牌的产品品质都已经基本达到最优化，

---

[1] 行知部落.浅谈品牌的知名度、美誉度与忠诚度[OL]. https://www.xzbu.com/9/view-4440524.htm.[访问时间：2020-03-11]

产品本身的功能、品质等提升已经无法对消费者产生明显的感知差异和优势时,"产品"因素不再是快消品竞争的根本,而是其参与竞争必须具备的根基,在这个时期"营销"成为决定消费者品牌选择的主要因素。而这里的"营销"并不是传统意义的销售、渠道,而是通过品牌推广在新一代消费者心中建立更加"精准、感召、共情"的品牌形象。

作为国内日化行业的龙头企业纳爱斯集团在不断地追随市场趋势与自身评估过程中反复优化调整自身的品牌方案。纳爱斯集团经历了五十余年的成长与发展,建立了众多脍炙人口的品牌生态:超能、雕牌、纳爱斯、健爽白、伢伢乐、百年润发等。纳爱斯的系列品牌从诞生到发展再到成熟,一直在消费者心中塑造"品质""效果""性价比"等品牌形象。从往年采用的"只买对的,不选贵的""洗得干净,吃得放心""营养牙床,针对根本,牙齿更坚固"到"牙膏有营养,清新更持久"等广告语分析,这类广告语都始终围绕着产品本身的优良特性所演绎(图11-4)。这类广告语非常符合日化行业"从有到优"发展阶段强化产品本身优势的营销特征,对于60后、70后成长的女性消费者有非常强的品牌吸引力,因此这类广告在过去能够发挥十分良好的效果驱动中年女性进行品牌选择。然而这类仅强调产品优良特征和功效的广告语在进入到当前第三阶段"从优到品"的时候,便缺少了更加充满寓意和想象力的品牌印象,对于"注重品牌重于注重品质"的新一代年轻消费人群来说在宣导的诉求方面有所错位,因此也显得吸引力有所欠缺。

图11-4 纳爱斯集团品牌生态[1]

"超能女人用超能"是一个重要的突破,从以往广告语的聚焦产品延伸到产品个性与消费者个性相融合上,效果非常成功,符合第三阶段"从优到品"的品牌塑造过程,通过对品牌文化创意内容的概念提升打造了日化行业新的爆款单品。

案例研读

《中国好声音》,综艺节目的文化创新

2012年的音乐选秀节目竞争十分激烈,多家省级卫视纷纷欲在音乐选秀领域大展身手:如青海卫视的《花儿朵朵》、辽宁卫视的《激情唱响》、江西卫视的《中国红歌会》、

---

[1] 纳爱斯官网.纳爱斯集团品牌生态[OL]. http://www.cnnice.com/products/products1.html. [访问时间:2020-05-26]

四川卫视的《中国藏歌会》、山东卫视的《天籁之声》、云南卫视的《完美声音》、深圳卫视的《The Sing-off 清唱团》、广西卫视的《一声所爱·大地飞歌》、东方卫视的《声动亚洲》、浙江卫视的《中国好声音》。其中，《中国好声音》成为受广泛关注的节目之一，从2012年7月13日浙江卫视正式推出《中国好声音》第一季开始，引起社会各界的广泛好评。在节目播出期间，《中国好声音》微博评论和转发量高达12亿，网络点击量突破13亿人次，每期平均收视率为4.032%，单期最高突破6%，均创省级卫视全国第一。国家广电总局将其评为2012年创新创优电视栏目，并向全国推广。

一、《中国好声音》的创新思路

《中国好声音》从内容生产、节目形式、市场推广到媒体传播等方面均对传统音乐选秀类节目形式进行了创新，既引入国外成熟的运营模式，又结合本土文化与特色，成为舶来节目形态在中国市场本土化实践的成功案例。

（一）内容与形式的创新

如今仍是"内容为王"的时代。《中国好声音》之所以可以从众多音乐选秀节目中脱颖而出，正是因为其在内容与形式上凸显创意，进行创新设计。下面，将从节目定位、节目人员、节目形式与节目价值四个方面具体探讨其创新之处。

1. 差异化定位，突出错位竞争优势

《中国好声音》通过差异化定位、个性化创意与传统音乐选秀类节目展开错位竞争，回归寻找"中国好声音"的初衷，让声音重回本位。第一，简化流程，专注音乐。传统音乐选秀类节目通常通过各地区海选、分赛区比赛、全国总决赛的形式进行比赛，而《中国好声音》采取短平快的方式，由40多位导演组成的栏目组在全国各地音乐学院、酒吧等场景直接选拔，快速让优质选手可以进入录制环节聚集人气。同时在节目中引入了盲听的方式，对选手的外貌、外形等客观条件要求降低，导师仅通过对声音这一唯一指标进行转身，让节目定位重回"好声音"的本质。第二，导师坐镇，观众忠诚。评委和嘉宾是真人秀节目的一大亮点之一，传统真人秀节目频繁出现更换评委和嘉宾的现象，同时同一评委可能会参加多个真人秀项目，无形中分裂了节目与评委之间的专属性联想，导致观众对评委变化的关注远超过对节目本身。而在《中国好声音》第一季中，刘欢、那英、庾澄庆、杨坤等四位一线著名音乐人不仅专业水准与业界影响出众，更为重要的是，《中国好声音》是他们在选秀类节目中的首秀。导师的"忠诚"在很大程度上强化了观众对于《中国好声音》的品牌联想与收视忠诚度。[1]

2. 突出选手魅力，打造专业评审团

中国音乐选秀节目的评审经常被大众质疑之处主要体现在专业素养不高、不权威、靠毒舌或是哗众取宠来夺人眼球。而《中国好声音》中四位评委均是第一次亮相于选秀节目，

---

[1] 李翔.《中国好声音》：电视音乐选秀的新范例[J].媒体时代，2012(9)：29-31.

他们在音乐上的造诣也令人称赞。专业评审之间在抢夺选手时的妙语连珠、相互调侃与挤兑也成为节目的一大看点,特别是专业权威评委们的第一次亮相,不仅为中国电视音乐选秀节目带来了一些清新的感觉,也令观众耳目一新。而在选手方面,被观众热议的选手首先是声音好听、有特色的选手,这一点就是人际吸引中的才华与能力,因为毕竟对于音乐选秀类节目而言,好的声音才是一档优质节目成功的基础与灵魂。参赛者的能力与才华的确成为吸引大众收视与热议的撒手锏。除了好的声音之外,参赛者的个人品质也成为热议的话题,之所以会成为关注的焦点,那是因为中国目前的电视节目,特别是选秀节目非常热衷于挖掘选手背后的情感故事,力图做到以情动人、寓教于乐。

3. 优质资源整合,输出高品质内容

《中国好声音》对优质资源充分整合,输出高品质内容。《中国好声音》打破传统的节目模式,以开放的心态整合海内外的优势资源,确保内容的高规格与高水准。首先,引进海外版权。《中国好声音》原型是荷兰的王牌电视节目 *The Voice*,星空传媒以 300 万元人民币购买 *The Voice* 的版权后得以进入中国市场。引入这一海外版权后,无论是在比赛流程,舞美设计,还是在导师遴选、拍摄技法等方面,《中国好声音》均严格遵照版权方的要求与指导进行,以确保 *The Voice* 版本的全球统一,包括导师们坐的旋转椅也是节目组从国外空运而来。其次,新鲜刺激、悬念十足的节目形态。《中国好声音》采取评委通过盲听方式选择喜爱的选手进行培养。每位选手出场时四位专业评审是背对着选手的,评委只能通过对于选手声音的判别来进行选择,这样的选拔方式很有新意。与此同时,镜头频繁捕捉四位专业评审在盲听时的各种表情,观众们可以通过评委们的表情不断猜测评委会不会转过身去;评委转身之后,演唱者又会选择谁作为自己的指导老师。这些悬念时刻都在刺激着观众,不断地激发他们的收视期待。

4. 传递正能量,弘扬主流价值观

节目对于平等、真诚、坚持梦想等主流价值观的弘扬与传递让《中国好声音》无疑成为2012 年中国电视音乐选秀节目中最接地气的。在《中国好声音》中,专业评委与选手们之间的地位是平等的,四位平日里高高在上、高不可攀的明星在节目中摇身一变,成为节目组参赛者们亲切的音乐导师,而且他们还可以放下身段请求参赛者选择自己作为指导老师,他们会与参赛者真诚互动。节目评委不会采取像其他部分音乐选秀节目中评委们夸夸其谈、哗众取宠、喧宾夺主的不妥做法,而是用自己对于音乐的理解与认知,真诚地与选手们进行交流。此外,对于梦想坚持的肯定与鼓励也是节目呈现出来的重要品质。在《中国好声音》的舞台上,每一位参赛者都有着不同寻常的音乐经历,对音乐也有着自己特殊的感情,而节目就是要将这些经历与感情融合在一起,在音乐的舞台上迸发,用无国界的音乐震撼每个人的心灵。

(二) 推广与传播的创新

《中国好声音》除了在节目内容与形式上进行了创造与创新,突破了传统音乐选秀节目的固有模式,同时在传播方面也采取了众多行之有效的方式。栏目组一方面通过事件营销制造热门话题,同时采用全媒体资源传播,扩大节目影响力。

1. 多平台联播引起关注

《中国好声音》开设节目官网,同时将节目网络播放权出售给多家视频网站,方便观众在非电视播出时段收看。根据有关统计数据,《中国好声音》80%的观看观众来自网络,每期平均点击率超千万,成为各大视频网站热播的综艺节目。同时,《中国好声音》栏目组在新浪微博开设官方微博"中国好声音"和微吧"中国好声音微吧",对节目进行现场直播。2013年1月《中国好声音》的微博提及量超过194万条,在真人秀栏目中仅次于《我是歌手》。《中国好声音》以互利共赢的模式开启了节目的网络传播场景,与爱奇艺、新浪、搜狐、百度等各大网络媒体形成战略合作,不仅通过网络影响力的攀升放大了新媒体传播效应,同时节目借助各方互联网平台的影响力提高节目自身的广泛关注度。此外,《中国好声音》与百度爱奇艺合作,推出了《中国好声音后传》,由导师杨坤担当主持面向学员进行访谈,在浙江卫视每晚《中国好声音》首播后与观众见面。除了《中国好声音后传》这档访谈节目外,由爱奇艺独家冠名的"爱奇艺中国好声音学员推介会"也在全国各大城市举行,被导师选中的优秀学员将举行多场线下拉票演出活动。与优秀视频网站合作,使得有着很好口碑的《中国好声音》与爱奇艺形成了一个有益的合作互补关系,建立一个以满足用户利益为核心的良性循环。[1]

2. 凭借传统媒体扩大影响

《中国好声音》邀请众多媒体评审亲历现场,通过全方位报道提高节目的影响力。尤其是在导师终极考核环节,来自新闻界99位媒体评审出现在比赛中,一方面他们不仅可以对好声音学员的表现进行投票,同时还以亲历者的身份报道当期节目。《中国好声音》的这一做法使得各方媒体能够通过现场收集第一手材料进行报道,不仅丰富了评审团成员所在媒体的报道内容,使报道更具现场感和权威性,同时也扩大了《中国好声音》在报道媒体所在地的影响力。

3. 借助社交媒体引发热议

《中国好声音》充分发挥微博等社交媒体功能,通过事件营销提高节目传播范围。在微博等社交媒体上,每一期节目播出之后都会引发各种衍生的话题与热议。《中国好声音》节目编排的竞技化导向产生的紧张感和戏剧化效应,制造了源源不断的争议话题,引发了微博持续关注的发酵裂变效应,迅速形成了媒介公共领域。例如那英怒斥剧透及对媒体代表发飙、吉克隽逸被质疑身份造假等,尤其是这类事件经过部分明星转发,使得无论是有关学员的事件争议,还是使得学员精彩表现的视频被广泛传播,都让《中国好声音》成为微博的热点,成为大众喜闻乐见的话题。节目的官方微博、导师的微博以及学员微博汇聚为强大

---

[1] 许继锋.《中国好声音》爆发性传播效应的模式要素[J].中国广播电视学刊,2012(10):101-104.

的网络舆论力量,同时适时邀约姚晨、冯小刚、李玫、刘若英、张靓颖等名人在微博"捧场",使得微博意见领袖推送的信息更具专业性和权威性,明星微博营销的聚变放大效应形成了良好的舆论口碑。网络谣言、阴谋论等炒作形式作为一种舆论调味剂,例如梁博夺冠内定等谣言不胫而走,对炒作与提升《中国好声音》的舆论影响起到了帮衬作用。

二、《中国好声音》的成功原因

2013年在浙江省广播电影电视局和省广播电影电视学会举办的《中国好声音》专家研讨会上,浙江广电集团编委、浙江卫视总监夏陈安表示《中国好声音》的成功有三大因素:第一,以精英的实力创造大众文化。《中国好声音》弘扬主旋律与提倡多样化协调并存、促进文化繁荣与回应时代精神双向融合的"顶层设计",突出公益特色、崇尚励志阳光、传递正能量、弘扬真善美。第二,创新电视节目模式和艺术表现形式。《中国好声音》是引进的海外节目版权,但浙江卫视对其进行了本土化改造,讲中国人自己的故事,寻找中国独有的精神气质。在《中国好声音》中保留了原版的"盲选"元素,强化导师培训和选择的过程,而大大淡化了投票晋级的典型选秀模式。第三,打造电影大片级的品级。在《中国好声音》中,导师团队的刘欢、那英是顶级的流行音乐人,音响设计师是北京奥运会开幕式的音响总工程师金少刚,录音师是专为王菲录音乐专辑的高手。节目的视觉呈现也是世界水平的,与《荷兰之声》《美国之声》不相上下。录制现场16个机位覆盖场内各个角落,场外还有10个机位随时抓拍学员和家人。每位学员,从走上录制大厅外的红地毯,到走进后台等候室,再步入梦想通道,最后到演出完毕与家人分享感受,始终有摄像机随时跟拍。一期节目,26个机位,要拍摄近1000小时的素材才能完成。[1]

我们结合夏陈安总监的观点,同时参考公众各方对《中国好声音》的综合评价,对《中国好声音》取得成功的原因进行综合分析,总结出以下六点。

(一) 优质版权是节目质量的保证

中国电视节目制作出现的时间不长,向国外学习仿照其优秀作品可以节约很多时间,也降低了投资的风险。而国内的消费者对于新的节目是比较期待的,但是国内的技术和创意还不足。因此,目前风险最小的方式就是向国外学习、模仿他们的节目。《中国好声音》以开放的心态整合海内外的优势资源,引进海外版权荷兰的王牌电视节目 The Voice,确保内容的高规格与高水准。

(二) 制播分离形成共同利益体

中国传统的真人选秀节目特点主要依赖于自制自播进行,运作方式并不利于多种传媒机构参与,市场扩展难度较大。《中国好声音》在上海制作完成,在浙江卫视播出,节目制作由灿星公司完成。这种节目制作与播出方式完全脱离了既有的自产自销模式,通过制播分离的形式将节目推向市场。节目播出前期灿星制作投入了大量的资本维持节目播出,这是一般媒体平台难以承受的。尽管《中国好声音》以8000万高价售出,但浙江卫视还是经过

---

[1] 张筱迪."多元化"趋势下的娱乐节目模式创新——以"中国好声音"为例[J].才智,2017(29):239.

多方筹资赢得播出权。同时,合作双方签订了收视率协议,根据合同约定如果收视率不超过2%,那么灿星制作将得不到获利。如果收视率不低于2%,那么双方就会按比例分配广告获利。广告商的赞助成为节目获利的重要来源,这也是合作双方利益分成的基础,制播双方将为节目付出更大的努力。

(三)广告投放策略提升节目价值

《中国好声音》每一季都有不同的变化,唯一不变的只有主持人华少的"快语广告",但相同的语速却带来了差异的广告价格,从第一季的广告收入3亿到今年的第四季广告收入超过20亿,四年的《中国好声音》广告收入总额超过40亿。"正宗好凉茶"的加多宝作为《中国好声音》四季唯一的冠名商,冠名费由第一季的6 000万元,第二季的2亿元到第三季的2.5亿元。除了冠名权,广告也是节目的一块香饽饽,《中国好声音》的成功让广告商们纷纷投入节目广告的竞标当中,第四季广告商进一步深挖市场潜力,进一步扩大了商业运作,其中广告商们最看重的自然是每一季巅峰之夜的黄金时段广告,第三季《中国好声音》中一则60秒的广告以1 070万元的价格拍走,问鼎当时中国电视史上最贵广告,第四季的《好声音》巅峰之夜的60秒广告以高达三千万的费用标得,再一次刷新了中国电视单条广告之最。随着节目收视率居高不下,《中国好声音》商业价值越来越高,与广告商合作更加频繁。2015年随着《中国好声音》播出,浙江卫视广告创收就高达85亿,由此看来该节目拥有巨大的观众市场和商业潜力。

(四)多渠道传播建立良好口碑

《中国好声音》营销上利用"电视+互联网平台+社交媒体"的传播方式建立了广泛的品牌口碑。《中国好声音》很好地和社交媒体产生了互动,吸引了大量的年轻人。《中国好声音》的成功离不开微博,微博将节目的相关信息加以传播,如预告、幕后故事等,让观众更加好奇,更愿意去观看节目;同时,明星大量转发微博,也让网络上形成宣传;正是这些转发和评论,让好声音获得了大量的关注。《中国好声音》不仅利用微博造势,还在其他媒体如广播、广告以及视频网站等上增加宣传,建立好声音的品牌形象。以《中国好声音》第三季为例,节目以腾讯视频作为核心,整合打通超13个平台、20种组合投放方式实现全力支持。第三季仅首期节目就在独家视频平台腾讯视频上,实现了综艺节目观看量的飞跃增长:从15小时5 000万播放,到20小时破1亿,再到24小时破1.2亿。

(五)名人效应提升社会关注度

《中国好声音》每一季强大阵容的导师团队在国内娱乐界有很好的观众基础,通过名人效应吸引观众的关注,同时也能够让更多的参赛者参与进来。不仅如此自节目开播之后,许多名人也都非常关注,利用微博形式评论节目,比如姚晨、冯小刚、朱丹等,都曾经在微博发文评论,引起了广泛的关注;同时节目组邀请众多名人如莫文蔚、李宇春、刘若英等亲临现场助阵。公众人物能够发挥巨大的榜样作用,节目将公众名人邀请到节目现场,能够充分发挥他们对于大众的吸睛作用,让他们的影响力吸引更多的关注,从而确保节目的热度与收视率。

(六)情感化营销赢得观众共鸣

情感营销的核心就是抓住消费者的情感需求,在营销方式中重视情感共鸣,包括情感促销、情感设计、情感包装等措施达到传播的目标与效果。《中国好声音》中的情感因素包括以下几个方面。真实故事:每个选手无论是在开场介绍还是在评委点评时,始终紧扣着"你今天来到这个舞台的目的",即追寻音乐梦的主题;节目组并不过多渲染选手背景来历,而是通过对故事煽情的程度拿捏,煽情却不悲情,有眼泪也有欢乐。情感创新:当节目评委听到动情时,常常会真情流露;观众从诧异随着节目深入,逐渐其心灵也随之得到慰藉。传播正能量:情感营销的重点在于引导观众,使得观众关注声音和声音背后为梦追寻、奋斗的精神和文化。《中国好声音》所展现的励志精神中存在巨大的公共价值,节目不仅赢得了更多的观众,也创造了众多积极的精神正能量。

中国好声音的评委、歌手李健曾这样进行评价:"优秀的演唱者会源源不断地涌现,但优秀的作品也就是演唱资源目前相对匮乏。一代代拥有音乐和演唱才华的人是不会缺失的,但再好的歌手也需要演唱好的歌曲。歌曲匮乏的一个典型例子,就是很多老歌不停地被翻唱。随着各种选秀节目的出现,很多好的作品被翻唱太多次了,已经很难再出新意,所以它们需要'封山''封河''护林''静养'。同时,需要补充大量新鲜的原创歌曲。此外,音乐选秀节目的选歌也存在问题。要知道,审美的趣味是很难培养的,其中有文化的成分,也有天赋的成分。很多学员是靠天赋在做选择,但很多时候需要文化的培养才能达到良好的品位。我们应该让学员知道,很多流行的、有名的歌曲不一定是优秀的作品,知名歌手的作品不都是优秀的。一些流行的作品是很平庸的,甚至有时候品质低劣的作品也可以很流行。这就意味着,导师也好,节目组也好,应该具备很好的判断能力。音乐的健康发展需要整体的生态环境。"[1]

三、《中国好声音》成功背后的思考

中国电视音乐选秀节目经历了2005年超级女声的辉煌之后,逐渐迈入了"七年之痒",直至2012年《中国好声音》的出现,又令已经对此种节目类型产生审美疲劳的观众兴奋起来。《中国好声音》的成功,不仅因为其节目样态新颖独特、节目参赛者表现出众、节目评审专业权威等节目品质优质有保障,同时也是充分结合互联网平台、社交媒体等营销传播资源整合的综合结果。在选秀类节目沉寂达七年之久的"后超女时代",《中国好声音》打破传统的电视节目制作与运营范式,战略性地对节目展开基于产业链的系统化、全方位、市场化经营与运作模式,使渐入疲态的选秀类节目重焕生机。与此同时,《中国好声音》在娱乐内容资源产业化开发路径上的大胆探索,也启发着在文化体制改革大背景之下,作为市场运作主体的广电媒体及影视制作公司将大有可为。[2]

《中国好声音》是综艺节目文化创新中的经典案例与成功代表。首先从中国市场综艺

---

[1] 网易新闻.李健对《中国好声音》的独到分析![OL]https://www.163.com/dy/article/ELG1RODD05445428.html.[访问时间:2020-12-27]

[2] 梁满收.《中国好声音》好在哪里?[J].南方电视学刊,2012(4):41-43.

节目的环境与观众兴趣偏好的角度出发,找到了《中国好声音》与其他同类节目的差异定位与创新定位,同时在策划过程中对海外模式版权的引入、先进节目方式的借鉴、成熟运作模式的设计,都使得《中国好声音》无论是现场效果还是节目质量都得到了保障。同时在互联网平台、社交新媒体等传播模式兴起的时期,《中国好声音》充分整合全方位媒体资源,将品牌影响力扩大到最大化,成为当时家喻户晓的综艺节目与众人热议的热门话题。

《中国好声音》的成功不仅给综艺节目的创新提供了优秀的借鉴范本,同时也为文化创意工作提供了丰富的案例宝藏。科学的流程产生正确的方法,正确的方法创造优秀的内容。不管是哪个具体领域的文化创新,对市场环境与目标受众的调研分析、对文化创意内容与形式的创意策划、对文化创意工作执行以及传播的落地实施、对文化创意效果的综合评价,适用于任何一个领域进行文化创意工作的关键流程。

请思考以下问题:
1. 试论调研与分析在文化创意工作中的作用。
2. 在文化创意的策划工作中,如何确定目标受众?
3. 如何对文化创意工作的成果进行有效评估?
4. 谈谈《中国好声音》对国内综艺节目文化创新的启示。

思维导图

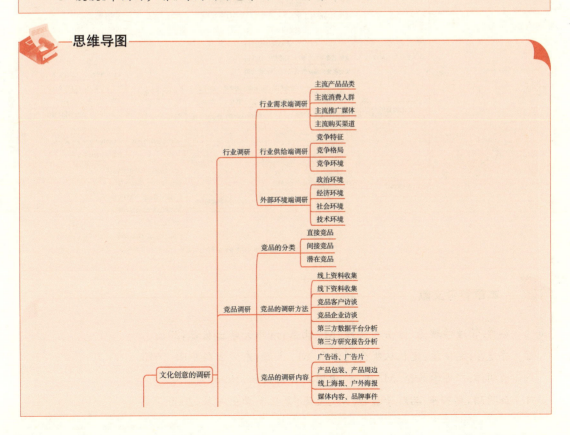

文化创意学概论

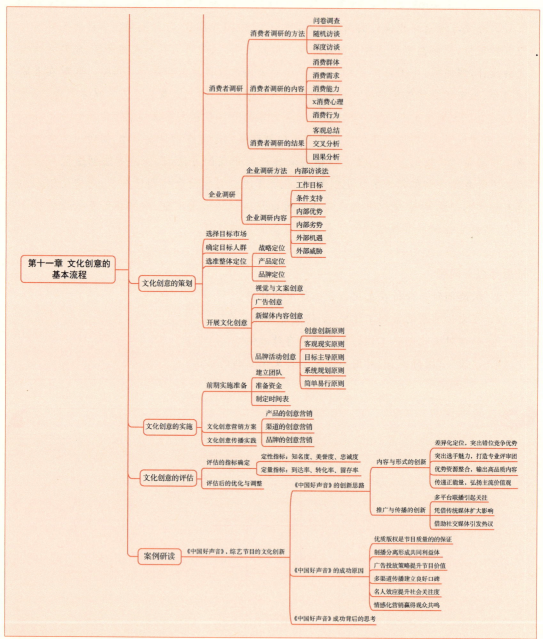

 本章参考文献

[1] 秦勇.管理学理论、方法与实践[M].北京:清华大学出版社,2013.

[2] 鲁建华.定位屋:定位从观念到体系[M].上海:东方出版中心,2015.

[3] 余明阳.广告学导论[M].北京:中国物资出版社,1996.

[4] 余明阳,杨芳平.品牌学教程[M].上海:复旦大学出版社,2009.

[5] 薛可.品牌扩张:延伸与创新[M].北京:北京大学出版社,2004.

[6] 陶艳红.文化创意产品的感性评价方法流程研究[D].上海:华东理工大学,2015.

[7] 冯丽云.现代市场调查与预测[M].北京:经济管理出版社,2008.

[8] 詹成大.电视媒体策划[M].北京:中国广播电视出版社,2002.

[9] 郦红艳.品牌竞争力影响因素分析[J].中国工程科学,2002(5):79-83,87.

[10] 洪磊.企业品牌战略的实施构想[J].商情,2017(49):112,111.

[11] 丁润生.知名度美誉度的量化表征——兼谈评估知名度美誉度应注意的几个问题[J].安阳工学院学报,2003(3):140-143.

[12] 张新锐,杨晓铮.品牌阶梯——品牌知名度、美誉度、忠诚度[J].经济管理,2002(21):15-17.

[13] 李翔.《中国好声音》:电视音乐选秀的新范例[J].媒体时代,2012(9):29-31.

[14] 许继锋.《中国好声音》爆发性传播效应的模式要素[J].中国广播电视学刊,2012(10):101-104.

[15] 张筱笛."多元化"趋势下的娱乐节目模式创新——以"中国好声音"为例[J].才智,2017(29):239.

[16] 梁满收.《中国好声音》好在哪里?[J].南方电视学刊,2012(4):41-43.

[17] 黄璐.《中国好声音》凭什么赢得收视率[J].青年记者,2012(32):65-66.

[18] 张雷,陈波.产业链视域下的《中国好声音》栏目运营策略分析[J].浙江传媒学院学报,2013(4):79-82.

[19] 王权.《中国好声音》取得成功的三点原因[OL].http://china.com.cn/guoqing/2013-04/22/content_28619987.htm.[访问时间:2020-3-11]

[20] 吴琼.案例研究_浙江卫视《中国好声音》营销策略[D].南昌:南昌大学,2016.

第十二章

文化创意产业园

学习目标

学习完本章,你应该能够:
(1) 了解文化创意产业园的界定、形成分布与类型;
(2) 了解文化创意产业园的运营管理;
(3) 了解文化创意产业园发展的问题、路径与趋势。

基本概念

文化创意产业园　文化创意产业园类型　文化创意产业园运营　文化创意产业园发展

第一节 文化创意产业园的概述

文化创意产业园正成为当代世界文化经济扩张的主要特征之一,它既是文化经济快速发展的场所、条件和手段,也是一种文化经济的目标、导向和产品。文化创意产业园区现已深刻影响了人民的生活方式、消费方式以及文化生产方式,如艺术中心、文化街区、娱乐场所、村落古镇、公共广场、购物商城等文化空间成为大众熟悉的日常生活体验。本节将主要集中探讨文化创意产业园的界定、形成与分布以及类型划分。

一、文化创意产业园的界定

国内外对于文化创意产业园的界定多种多样,有从产业发展角度进行界定的,有从学术研究角度界定,同时不同国家、不同组织基于自身的发展也给出不尽相同的界定。

(一)国外关于文化创意产业园的界定

随着文化创意产业园在西方国家的发展,相关的研究也越来越多。从已有的讨论来看,研究者以两种不同的定义视角关注文化创意产业园的概念。

第一种是经济视角,即文化创意产业园作为产业集群的分支,主要是文化与相关企业之间的地理空间上的集聚,因此西方国家一般习惯使用文化创意集聚区(cultural and creative clusters, CCC)的称谓指代文化创意产业园。20世纪初马歇尔(A. Marshall)最早提出的产业集群的概念,认为属于同一产业的不同企业可以通过地理上的集聚实现规模经济。自20世纪70年代,世界经济陷入衰退,发达工业国家开始寻求经济发展的转型,产业集群的协同效应与竞争优势特点与后福特主义产业的发展趋势极其适合,所以产业集群成为发达工业国家实现经济转型的替代方案。至此,波特(M. Porter)正式从学理上论证"集群"概念,强调集群内部企业间相互作用的重要性,并认为企业间的共同性和互补性成为集群的竞争优势。基于产业集群概念,所谓文化创意产业园即是属于文化创意产业的文化及相关研究企业和机构通过地理集聚形成的具有协作效应和竞争优势等产生经济溢出影响的园区。当然,尽管文化创意产业园属于产业集群分支之一,但它也与一般产业园区的内涵不同,即文化创意产业园不仅是文化及相关企业间的地理集聚现象,同时也是文化生产和消费的场所。

另一种是文化发展视角的界定,认为文化创意产业园并不是产业集群的分支,而是一种文化集聚的特殊现象。这一说法更注重文化的独立性,如文化街区、文化园区、文化集群等都可大致归纳入该概念中。不同于一般工业园区强调科技、技能、管理等方面的创新,文化创意产业园更注重文化创造能力的培育。文化创造能力不像知识能够通过常规教育获得,只能由艺术家形成的创意氛围中通过长时间文化实践逐渐形成。文化创意产业园正是艺术家聚集形成的有创意氛围的园区,其构成要素包括文化活动、建筑构造和文化意义。[1]

根据世界知识产权组织(World Intellectual Property Organization, WIPO)的定义,文化创意产业园是指文化创意产业(工艺、设计、互动软件、电影、音乐、出版等)在地理上的集中,它将文化创意产业资源聚集在一起,使文化产品的创造、生产、分销和消费得到最优化,这种集聚行为最终将促使企业间合作和关系网络的形成。[2]

---

[1] 肖博文.政策转移视角下中国文化创意产业园区变迁研究[D].武汉:华中师范大学,2019.
[2] 蒋三庚,张杰等.文化创意产业集群研究[M].北京:首都经济贸易大学出版社,2010:18.

(二)国内关于文化创意产业园的界定

在中国,与文化创意产业园类似的概念有文化园区、创意产业园区、文化产业园区等。由于中国文化创意产业园出现较晚,相关研究也稍显滞后,所以国内至今尚无统一的界定。目前,有一些学者对文化创意产业园的界定主要从两个方面着手:一方面指在地理空间上的产业聚集,强调与文化产业相关的企业、艺术机构、金融机构等组成的群体,形成产业联动、互补与合作,以产生孵化效应和整体辐射力的文化企业群落;另一方面在政府引导布局下,具备完善的管理体系和公共服务设施,通过文化创意产业的定位和集聚,专门从事产品设计,生产和销售活动的园区。

21 世纪初,上海市政府发布的《上海创意产业集聚区建设管理规范》中也对文化创意产业园的概念作出界定,即在政府相关部门确定的功能区域内,凭借先进制造业、服务业发展和城市功能定位,利用工业等历史建筑开发和改造,利用原创设计形成产业集群,并用以进行文化创意活动、建筑设计活动、时尚消费活动、咨询策划创意等活动。同时,文化创意产业园也为创意人员之间、创意企业之间提供了交往、互动、聚集的场所,是不同的创意产品交易和展览的平台。

二、文化创意产业园的形成与分布

西方城市在经历了 20 世纪 80 年代的"后工业化"过程后,开始积极寻找新的就业方式。由于文化产业既能改善就业现状,同时也能成为经济再生的新动力,因而迅速成为席卷全球的一股热潮。发达国家一些城市的地方政府在商业中心旁边的旧工业区进行了大规模调整,在旧公园的基础上迅速建立新的文化工业园或文化街区。Loft 的出现最有代表性。Loft 英文原意为阁楼或顶楼。Loft 的出现可追溯到 20 世纪 40 年代,当时纽约的艺术家们,为了逃避高昂的租金,在曼哈顿对旧仓库进行创意改造,分离出工作、创造、生活等各种空间。

文化创意产业园作为一种产业集聚的表现形式最早起源于西方国家。从全球来看,文化创意产业园主要集中在以美国为核心的北美地区,以英国为核心的欧洲地区和以中国、日本、韩国为核心的亚洲地区。美国占市场总额的 43%,欧洲占 34%,亚洲、南太平洋国家占 19%,其中日本占 10%,韩国占 5%,中国和其他国家及地区仅占 4%。

20 世纪 90 年代起,中国开始逐步投入文化创意产业园建设,前期建设发展缓慢,2002 年末全国只有 48 个园区建成,2005 年中国文化创意产业园超过 100 个,自此数量开始猛增。2012 年呈现井喷态势,达到 1 457 个,并在 2014 年时总数量达到 2 570 个。2015 年园区数量稍有回落,[1] 2018 年数量达到 2 599 个。在这一时期全国各地重视文化创意产业并大力建设,在短时间内形成集群效应和竞争优势。

根据《文化发展统计公报》,截至 2018 年底全国共有 1 个国家文化产业创新实验区,1 个国家动漫产业园,10 个国家级文化产业示范园区,10 个国家级文化产业试验园区和 335 个国

---

[1] 华谊兄弟研究院.浅析文创产业发展(上)——政策环境变化及海内外市场现状对比[OL]. https://mp.weixin.qq.com/s/ZEZtyLjiajIjYItwUzieFg.[访问时间:2020-03-03]

文化产业示范基地。2019年5月29日，在第十四届中国北京国际文化创意产业博览会上，专家保守估计各省市和国家级的产业园超过3 000家，没有挂牌认证的园区大概在1万家左右，飙升的文化创意产业园数量说明竞争十分激烈。目前，中国已初步形成六大文化创意产业聚集区。

图12-1　北京798艺术区
（图片来源于网络）

首都文化创意产业园区：以北京为龙头城市，包括京津冀地区。以文化影视、当代艺术、古玩艺术为核心产业，例如798艺术区(图12-1)、琉璃厂文化产业园等。

长三角文化创意产业园区：以上海为龙头城市，带动南京、杭州等城市协同发展，以室内设计、工艺美术、广告策划为主导产业；例如上海红坊、8号桥、田子坊等。

珠三角文化创意产业园区：以广州、深圳为代表的广告、影视、设计、动漫、印刷产业走在全国前列；例如华侨城文化创意园(图12-2)、广州红专厂、蛇口价值工厂等。

图12-2　深圳华侨城创意园
（图片来源于网络）

滇海文化创意产业园区：以昆明、丽江和三亚为代表，展现为影视、服装等行业特色，例如创库、金鼎1919等园区。

川陕文化创意产业园区：以成都、重庆和西安为代表，主要从事影视制作、广告创意、动漫网络游戏产业；例如红星路35号、岩山城后街影视文创园等。

中部文化创意产业园区：以湖南长沙为代表，以电视娱乐产业为优势，例如金鹰卡通产业园。[1]

中国文化创意产业园由于发展起步晚，产业基础薄弱等原因，大多是由政府主导推动建立的，其主要目的是为文化创意产业的发展营造文化环境，提供聚集空间，促进当地文化创意产业的快速发展。在园区管理上，主要由政府相关部门监督管理，以及园区运营机构日常管理组成。

文化创意产业园的形成是一个不断演化的发展过程。在形成的初期，不会有完整的文化产业集群出现，只有具备完善的基础配套设施、形成明晰的主导产业、构建外围相关产业后，才

---

[1] 百度文库.中国文化创意产业园区发展现状与问题[OL]. https://wenku.baidu.com/view/0d834e1ca8114431b90dd893.html.[访问时间：2020-04-03]

能形成文化创意产业园的集群力量。因此,文化创意产业园的形成是基于特定的区域文化背景,在城市特定的空间内形成的创意集群,使企业在生产活动中形成相互合作、相互竞争的良性创意空间。

三、文化创意产业园的类型

(一)国外关于文化创意产业园类型的划分

学者莫马斯(Hans Mommaas)在分析荷兰文化创意产业园时曾提出,区分文化创意产业园类型的七个核心尺度:园区内活动的横向组合及其协作和一体化水平;园区内文化功能的垂直组合;文化生产活动的融合水平;涉及不同管理者的组织框架;金融制度和相关公私部门的参与种类;文化空间的开放或封闭程度;园区具体的发展途径;园区的地理位置。[1] 这七个核心尺度可以作为确定文化创意产业园类型的重要参考。

而学者桑坦加塔(Walter Santngata)根据功能将文化创意产业园具体分为四种类型。第一种,产业型文化创意产业园,主要是以积极的外形、地方文化、艺术和工艺传统为基础而建立的。此类园区的独特之处在于其工作室效应和创意产品的差异。第二种,机构型文化创意产业园,主要是以产权转让和象征价值为基础而建立。其基本特征是有正规机构,并将产权和商标分配给受限制的生产地区。第三种,博物馆型文化创意产业园,主要是以网络外形和最佳尺寸搜寻为基础而建立。园区通常是围绕博物馆网络而建,位于具有悠久历史的城市市区。其本身的密度能造成系统性效应,吸引旅游观光者。第四种,都市型文化创意产业园,主要是以信息技术、表演艺术、休闲产业和电子商务为基础而建立。通过使用艺术和文化服务,赋予社区新生命以吸引市民,抵抗工业经济的衰落,并为城市塑造新的形象。[2]

(二)国内关于文化创意产业园类型的划分

由于中国文化创意产业园的发展还是初期,尚无统一的类别划分。结合中国实际情况,目前主要是从园区特点、区位依附、运营主体等方面对文化创意产业园区进行划分。

1. 基于园区特点的分类

根据全国现有文化创意产业园所呈现的性质特点,可以将其分为以下几种类型:

(1)艺术型文化创意产业园。这种类型的园区也是创作型园区,原创能力强,但艺术产业化程度还较弱。目前国内有名的艺术园区有北京大山子艺术园区、青岛达尼画家村、北京高碑店传统民俗文化创意产业园、潘家园古玩艺术品交易区等。[3]

(2)混合型文化创意产业园。这种类型的文化创意产业园往往依托科技园区,并结合园区内的优势产业同步发展文化产业,但园区内并未形成文化产业链条。例如,张江文化科技创意产业基地、香港数码港、深圳华夏动漫产业园。

---

[1] 百度百科.文化创意产业园[OL]. https://baike.baidu.com/item/文化创意产业园/2884909?fr=aladdin.[访问时间]:2020-03-08]

[2] 前瞻产业研究院.文化创意产业园发展及运营模式分析[OL]. https://f.qianzhan.com/yuanqu/detail/180522-ab4a60df.html.[访问时间:2020-03-08]

[3] 薛童.高碑店传统民俗文化产业园区中国古典艺术之窗[J].新经济导刊,2006(18):32-34.

(3) 休闲娱乐型文化创意产业园。这类文化创意产业园主要满足当地居民及外来游客的文化消费需求。最有代表性的是上海的新天地、北京长安街文化演艺集聚区等。

(4) 产业型文化创意产业园。园区内,产业集群发展相对比较成熟,有很强的原创能力,产业链相对完整,形成了规模效应。例如,深圳大芬村,以绘画艺术为主,也已经形成一定的产业链条及规模效应,但原创能力不强,而且这是中国此类文化创意产业园普遍存在的问题。

2. 基于园区区位资源的分类

根据文化创意产业园依托的区位资源不同,可以将其分为以下几种类型:

(1) 以传统特色文化资源为依托的文化创意产业园。这种类型的文化园区主要是以地方文化、艺术和工艺传统为基础而建立,通常位于具有重要文化意义和悠久历史的地区。在园区内,产业集群发展相对比较成熟,有很强的原创能力,产业链相对完整,形成了规模效应。此类园区的独特之处在于其"工作室效应"和"创意产品的差异"。例子包括四川德阳的三星堆文化产业园和北京的高碑店民俗文化园。艺术家村庄最初是由艺术家自己建立的。

(2) 以特殊人才聚集地或大学人文环境为依托的文化创意产业园。这类文化创意产业园主要是以大学作为技术的发生器,可以不断开发新的科技。同时它又是各类人才的聚集地,不但培养人才也吸引着各领域最优秀的人才。大学也是一个开放的社区,是一个提供多元文化的场所,大学往往成为创意的中心。因此,依托大学发展文化创意产业园也就成为一种重要的途径。

(3) 以高科技开发区为依托的文化创意产业园。这类文化创意产业园主要是以高新技术产业园区为区位依附。因为高新技术产业园区内高新技术产业发达,高校、科研机构、高科技企业聚集,科技与文化相结合的智力型人才众多,最适宜发展文化与科技结合的文化产业。高新技术产业区都有着大量的信息产业,这些产业跟文化产业能够实现很好的融合。属于此类型的有位于中关村高科技园区内的中关村创意产业先导基地、位于大连市高新技术产业园区的国家动画产业基地、位于上海浦东张江高科技园区内的张江文化科技创意产业基地等等。

(4) 旧厂房仓库改造型文化创意产业园。这种文化创意产业园是把过去遗留下来的老建筑、老仓库等工业遗产改造后形成文化创意产业园,这种也是现阶段中国文化创意产业园建立的最主要方式,例如北京的 798 文化创意园区、昆明 871 文化创意工厂(图 12-3)、重庆北仓文创街区(图 12-4)等。这类园区是在节约建筑成本、资源回收改造的基础上形成,废弃的大量工厂厂房不仅房租较低,同时其厂房的构造敞亮宽广,非常适合改造再利用。所以,这种把废弃的工业遗产改造为文化创意产业园的方式可以使艺术家更好地进行密集型知识创造,也可以使旧有的工业遗产重获利用,并促进当地文化旅游发展。

(5) 新建型文化创意产业园。这种创意产业园区通常位于城市 CBD 核心区域,其形态或者是整体的园区或者是独栋办公楼,其文化创意产业包含种类众多,有技术开发、艺术创作、展品销售等诸多区别;此外也有的文化创意产业园在近郊地区集聚,如北京宋庄原创艺术区等,这类园区通常会重点考虑交通问题、周边环境设施等。

图 12-3 昆明 871 文化创意工厂
（图片来源于网络）

3. 基于园区运营主体的分类

根据文化创意产业园运营主体和提供服务平台的机构的不同，可以将其分为以下几种类型：

（1）政府主导模式的文化创意产业园。政府直接推动、规划建设的园区这种模式是由政府相关部门新规划出一块区域，成立基地管理机构和运营企业，集中建设基础设施和相关服务平台，实行一定的优惠支持政策，吸引和扶持发展某类文化创意产业而逐步形成集聚区。以北京石景山数字娱乐产业基地和北京市 DRC 工业设计创意产业基地等为典型。

（2）企业主导模式的文化创意产业园。这类园区指由企业为主体进行园区运营并搭建文化创意产业的服务平台。例如北京中关村科技园区雍和园的文化产业园，以歌华有线等企业为基础资源，赋予动漫和网络游戏等文化创意产业内容发展起来。

（3）政府、社团、企业联合主导模式的文化创意产业园。如蓟县蟠龙山的盘龙谷影视基地，由中华文化名人联盟与蓟县许家台乡共同立项，由上海绿地集团承建，该园区以饮食创作制作、交易展演、评选、颁奖、体验、旅游为主，占地 28 平方千米，是文化创意产业的又一新模式。

（4）院校、企业主导运作模式的文化创意产业园。这种运作模式是以高校学术品牌为基础，即以高校科研和人才优势为核心，整合文化创意产业要素，以高校为文化创意产业的主要运营主体。上海虹桥软件园是采取这种运营模式开发园区的典型代表。园区是由上海交通大学为主体的上海市慧谷高科技创业中心和上海虹桥软件园有限公司共同运营。[1]

4. 其他方式的园区分类

除以上提到的三种主要分类方式外，文化创意产业园还有其他方式的分类。例如，按照园

---

[1] 前瞻网.文化创意产业园区的四大发展模式[OL]. https://www.sohu.com/a/272358858_114835.[访问时间：2020-03-10]

区不同的功能,可以将其划分为创意生产型、消费商业型和复合型。其中,创意生产型是指给创意人才群体提供产品研发、产品沟通以及展览等功能的文化创意产业园。消费商业型是指为创意人才群体和消费人群提供产品销售、产品交流平台的文化创意产业园,利用园区本身具备的商业气氛和文化气氛,使与会人群的文化体验感增强。复合型是指创意生产型和消费商业型的结合,其旨在把创意产品的生产、交流、展览、销售联系起来,从而形成完善的产业链。

图 12-4　重庆北仓文创街区
(图片来源于网络)

此外,根据开发的方式不同,文化创意产业园还可以分为"自下而上"和"自上而下"两种。其中,"自下而上"是指文化创意产业园由民间创意资本组织并集聚而成,这种文化创意产业园往往活力十足,具有较强的可塑性。而"自上而下"是指文化创意产业园由开发商和政府联合规划形成,这种文化创意产品园往往配套措施完善,不过区域创意空间比较一致,自身的可塑性并不强。可以看出,文化创意产业园根据分类标准的不同可以划分为多种形态。

由于中国文化创意产业园发展变化快,园区类型划分界线不是很明晰。目前的划分仅是根据当前的一些情况进行,今后随着中国文化创意产业园发展逐渐成熟,园区类型的划分将会进一步完善。

第二节　文化创意产业园的运营

文化创意产业园作为文化经济融合的一种典型空间,日益成为政策制定者、学术研究者、城市规划者、艺术实践者、文化生产者、文化消费者以及园区周边居民等多个利益群体共同关注的焦点。本节将讨论文化创意产业园在国家政策、运营要素、运营组成和影响运营四个方面的因素。

一、文化创意产业园的国家政策

中国自 2005 年起吹响发展文化创意产业的号角,随后各类文化创意产业园如雨后春笋般涌现。近年来,随着中国各项支持政策的出台与市场的不断升级变化,国内文化创意产业更迎来迅猛发展,模式也趋于完善与多元化。国家及地方一系列指导政策和意见的出台,为文化创意产业园指明了发展大方向。

在 2010 年,文化部启动对文化产业园区(集聚区)认定相关政策。文化部办公厅印发了《国家级文化产业示范园区管理办法(试行)》的通知,对国家级文化产业示范园区申报与审核的条件、管理和审核办法,园区考核包含的方面,撤销园区"国家级文化产业示范园区"称号的行为作出明确的阐释,推动了国家级文化产业示范园区的建设。同年,文化部下发《关于加强文化产业园区基地管理、促进文化产业健康发展的通知》,加强了文化产业园区基地的有效管理,而且为解决一系列文化产业园区、基地发展进程中出现的问题提供了有力的指导。在 2011 年 6—12 月的检查期间,在北京、湖北和广东淘汰了四个国家示范基地。在主题公园方面,中国有近 2 500 多个主题公园,占地 167.2 平方千米,远远超出了必要,浪费了土地资源。2011 年 8 月,国家发展改革委、国土资源部、住房和城乡建设部联合发布了《关于暂停新开工建设主题公园项目的通知》,该通知规定在出台下一步的国家政策之前,不得批准任何新的主题公园。

2012 年,工业和信息化部印发了《国家级工业设计中心认定管理办法(试行)》,对推动企业工业设计中心和工业设计企业的建设,推动文化产业中工业设计产业的发展作出巨大的贡献。2014 年,文化部办公厅修订印发了《国家文化产业示范基地管理办法》,进一步加强了国家文化产业示范基地的建设管理,提高了中国文化产业规模化、集约化、专业化发展水平。十八大以来,国家加强对外文化贸易基地的建设,北京、上海、深圳三地的国家对外贸易基地作为中国实施文化走出去国家战略的首块"试验田",正在成为中国文化"引进来、走出去"的前沿阵地。

2014 年 2 月发布的《国务院关于推进文化创意和设计服务与相关产业融合发展的若干意见》中指出要引导集约发展。依托现有各类文化、创意和设计园区基地,加强规范引导、政策扶持,加强公共技术、资源信息、投资融资、交易展示、人才培养、交流合作等服务能力建设,完善创新创业服务体系,促进各类园区基地提高效益、发挥产业集聚优势。

2016 年 9 月,国家文化部办公厅下发《关于进一步完善国家级文化产业示范园区创建工作方案》,将以演艺娱乐、动漫、游戏、游艺、数字文化、创意设计、文化旅游、艺术品、传统工艺、文化创意和设计服务与相关产业融合发展等为重点领域,有明确的优势行业和发展定位,已集聚不少于 100 家文化企业,具备一定产业规模的园区,进一步创建成为示范园区,优化区域文化产业发展环境,提高区域文化产业竞争力,完善现代文化产业体系、实现文化产业成为国民经济支柱性产业战略目标提供有力支撑。

2017年4月发布的《文化部"十三五"时期文化产业发展规划》提出,推动文化创意和设计服务与装备制造业和消费品工业相融合,提升产品附加值,鼓励文化与建筑、地产等行业结合,建立有文化内涵的特色城镇。同年9月,文化部公示第一批国家级文化产业示范园区创建资格名单。同年,文化部发布的《关于推动数字文化产业创新发展的指导意见》提出,引导数字文化产业集聚发展的,充分发挥国家级文化产业示范园区、国家文化产业创新实验区、国家文化与科技融合示范基地等创意创新资源密集区域的作用,培育若干各具特色、各有侧重的数字文化产业优势产业集群和产业链。

2018年9月发布的《国务院关于推动创新创业高质量发展打造"双创"升级版的意见》提出打造"双创"升级版的八个方面政策措施。其中,大力促进创新创业平台服务升级的措施具体要求,提升孵化机构和众创空间服务水平,搭建大中小企业融通发展平台,深入推进工业互联网创新发展,完善"互联网+"创新创业服务体系,打造创新创业重点展示品牌。在加快构筑创新创业发展高地方面的措施强调,打造具有全球影响力的科技创新策源地,培育创新创业集聚区,发挥"双创"示范基地引导示范作用,推进创新创业国际合作。

另外,各省(区、市)也积极出台相关意见推进文化创意产业创新发展,发布鼓励创意产业园发展的行业政策和指导意见。其中,上海、北京发布数量最多,其次为苏杭地区和广深地区。

二、文化创意产业园的运营要素

文化创意产业园运营模式的形成由许多要素在相互作用和支撑,可大致分为外部支撑要素和内部成长要素。

(一)文化创意产业园的外部支撑要素

文化创意产业园的发展离不开政策、经济、市场、创新能力与法律环境的外部支撑。

首先,国家、地区文化创意产业相关政策是文化创意产业园发展的指引。不同地区有不同的文化产业政策、土地使用政策、项目审批制度、资金管理制度等。正如前文所说,中国已将文化创意产业提升到战略发展地位,政府的引导与扶持,可以鼓励自由经营和公平竞争,并由市场对文化创意产品进行检验与评判,成为文化创意产业园发展的重要外部支撑要素。

其次,雄厚的经济实力和产业根基是文化创意产业园发展的基础。中国文化创意产业园主要集中在北京、上海、广州等经济发达地区的现状说明,文化创意产业的发展需要发达的经济实力作为支撑。这是因为创意产业根植于传统产业,客观上要求当地拥有雄厚的经济实力和传统产业基础,从传统产业门类中进行潜力开发,才能对创意产业相关要素进行提炼和优化。

再次,旺盛的文化创意产业消费需求是文化创意产业园发展的动力。从马斯洛需求理论来看,当人们物质层面的消费需求得到满足之后,就会产生更高层次的精神文化消费需求。上海、北京等地人均GDP已超过1万美元,社会消费结构将向享受型与体验型转变,人们的消费重心开始转向教育、科技、艺术、旅游等领域。因此,旺盛的文化消费需求将促进文化创意产业市场的繁荣。文化创意产业园聚集如此多的文化消费类型,无疑是满足消费者需求的最佳平台。

复次,创新能力的共生效应是文化创意产业园发展的关键。创新能力的不断提升是创意产业发展的关键因素,文化创意产业园集聚了人力资源、资金资源和技术资源。人类的多样性带来了文化的多样性。聚集可以增进艺术家之间的交流,不断产生创意创新的想法。人力资源为创新产品的研发和生产创造了必要的外部条件。因此,文化创意市场的竞争越激烈,创新力越强,创新资源越容易获得,从而形成良性循环。

最后,健全的知识产权法律法规是文化创意产业园发展的保障。目前国内文化创意产业仍处于初级发展阶段,创意作品的盗版、侵权等问题频发不断。因此,作为文化创意产品集中交易的载体,文化创意产业园有必要建立健全的知识产权法律法规体系来保障其健康发展和良性运作。

(二) 文化创意产业园的内部运营要素

文化创意产业园的内部运营要素与产业运作的主体密切相关。纵观文化创意产业园发展历程,园区开发商的角色定位经历了从房东到运营方的转变过程。发展初期,这些开发商只负责提供办公用房并以收房租盈利。目前园区运营方已转变成为创意企业搭建平台,致力于提供法律、会计、培训、管理、投资、文化交流等增值业务,这些增值业务也成为运营方盈利的主要来源。文化创意产业园的开发和运营主体已从关注空间布局的设计,转变为对整合文化创意产业链相关内容服务的重视上。因此,不同的运营主体的不同利益需求,将导致园区经营方式的不同,是影响内部运营的重要要素。目前,文化创意产业园的运营主体主要包括以下四个:

第一,政府部门。社会非常认可政府在文化创意产业园发展中的重要作用,因为只有政府才能从一个产业的发展方向来判断未来的发展趋势。作为文化创意产业园的主要参与者之一,它对园区的空间演变有着巨大的推动作用。由于文化创意产业园创意经济充满活力,政府愿提供各种资金、人才、空间等优惠措施,支持文化创意产业园结构调整。从国家成功经验来看,政府在园区建设中的主导作用,不仅需要投入土地、资金和政策,还需要加强服务功能建设。一是建立规范化、程序化、技术化的服务体系,保障配套服务的后续落实,如金融、物流、通信等配套服务;二是拓展服务类型。文化创意产业园是优秀文化元素、创意和智慧的集合,而不是土地、建筑等简单的物质元素的集合。园区只有整合多种产业要素,构建完善的产业链,促进产业链中企业的互动,才能在产业整体发展中发挥优势。

第二,运营企业。企业作为市场经济中重要经济实体,对文化创意产业的发展具有重要作用。特别对于企业主导型文化创意产业园,企业作为运营主体,对于园区的良性发展起着决定性作用。作为文化创意产业园的运营主体,其主旨一般都在于为入驻园区的创意企业和个人搭建服务平台,帮助创意进入市场,促进创意转化为产品,产生价值。作为园区运营主体的企业,其主要职能是配合企业的发展需求。通过政企结合,搭建公共服务平台,拓宽投融资渠道,实现利益共享和服务共享;与政府产业促进机构合作,促进园区合理规划、有效结合、快速推进;建立高效统一的中介平台,整合完善产业发展的技术、咨询、信息、市场推广等中介服务;通过图书出版、自有网络平台、报纸等方式传播和推广,智能化传播园区信息,为园区企业提供推广服务;合理规划和发展园区主导产业的衍生产业,注重服务平台的权威性、系统性和示范性,塑造园区知名品牌,为园区企业提供更加完善的管理服务。

第三,产业组织或协会。作为非政府、非营利性的中介,产业组织或协会在园区运营中发挥着重要作用,整合全社会的优势产业资源,吸引研发机构和创意企业入驻,孵化创意人才,调动创意积极性,实现创意企业和人才集聚,从而促进园区发展。

第四,高等院校或文化研发机构。院校和科研机构自古以来是人才培养和理论研究的场所,作为文化创意产业园运营主体之一,通过将高等院校和科研机构内部资源与园区间进行整合,实现资源共享,从而园区的发展输出源源不断的创意人才、新知识、新思维、新工艺、新管理模式,同时也加快了大学和科研机构知识资源转化成为产业成果的速度。

此外,在运营主体主导下,文化创意产业园的管理模式、特色产业、特色文化以及空间载体也是影响内部运营的重要要素。其中,管理可分为单一管理体制和复合管理体制。在中国文化创意产业园运营中较为常见的是政府、企业、高校科研机构进行联合管理的混合管理模式,体现了"官、产、学、研"联合管理的特点。而特色产业、特色文化与空间载体正是运营主体进行园区差异化运营与建设的关键,因此也对文化创意产业园的内部运营起到重要作用。

三、文化创意产业园的运营基础

文化创意产业园的运营管理要求园区在追求自身生存和可持续发展的过程中,不仅要考虑实现园区的经营目标、产业发展,还要提高市场地位,同时保持园区在竞争领域的持续盈利增长和能力提升以及未来商业环境的拓展,从而保证园区长期繁荣发展。

(一)确立差异化的产业定位

差异化的产业定位是文化创意产业园稳定运营的基石。实现产业定位的差异化,需要坚持专业化、特色化,提高文化创意产业集群的核心竞争力。波特的集群竞争理论认为,产业特色是创意产业集群持续竞争力的关键。在一些文化创意产业园的运营过程中,总是寻求提高企业的入住率。没有明显的产业特征,就无法形成园区的可持续核心竞争力,最终效果差强人意。例如,百老汇戏剧作为美国最著名的文化创意产业集群,不仅包括近40家剧院,还形成了创意、表演、创作、营销、人才培养、投融资等产业体系。这些从业者都以戏剧为中心,"戏剧"已成为百老汇最著名的具有品牌意义的产业集群文化符号。[1]

因此,园区的规划建设必须思考如何对文化创意产业园做出差异化的产业定位,并从目标和路径上明确园区的发展方向。确立差异化的产业定位必须考虑城市的文化环境和资源禀赋,充分发挥具有城市特色的文化资源优势。文化与其他产业资源最大的区别是地域性。一定的地域、人口和历史传统决定了这一地区特殊的文化禀赋。例如,江南雨水孕育了吴浙的细

---

[1] 孟庆华,沈山,安宁.国外创意产业集群的发展及启示[J].经济研究导刊.2011(20):55-58.

腻文化,崎岖壮阔的黄土高原孕育了秦陕的蓬勃文化,典雅的京城孕育了壮丽的皇家文化。文化是文化创意产业赖以生存的基础,它的挖掘与发展离不开地域文化特色。文化创意产业园是一个地区文化精华的整合体,应更加注重特色文化资源的开发、利用与演绎。

(二)构建协调完善的产业链体系

构建产业链的核心是在同一个主导力量下,将同一产业链中处于不同地位和功能的一系列企业进行整合,通过降低上下游交易成本,提高企业间合作效率,增加产品生产各个环节的利润和价值。因此,文化创意产业园应该是产业链上下游文化企业的集合,可以相互关联、相互合作,而不仅仅是同类型企业在物理空间的聚集。[1]

从理论上讲,文化创意产业园应该覆盖产业运营的整个产业链。一是产业链上游的文化创意设计师和生产环节,是整个文化产业生存和发展的原动力;二是产业链中间的文化传播、推广和营销环节,如媒体平台、影院、剧场等,展览馆、博物馆等;三是文化产业及其下游的衍生销售和体验环节,如主题店、体验馆等。此外,还要顺应文化休闲娱乐的市场需求,将产业链延伸到休闲娱乐领域文化消费相关产业,引进具有文化创意元素的餐饮、酒吧、酒店等服务设施。因此,在引进入驻企业时,要充分重视园区产业链建设,注重产业上下游产品的结合,提供和接受服务型企业与产品型企业的互惠互补,形成园区内不同程度的产业链,并逐步优化。

另一条构建完整产业链体系的途径是,园区可以吸引龙头企业入驻,构建以龙头企业为基础,以利益为纽带,以专业分工为划分的产业链,通过龙头企业的扩散效应,使产业集群实现从数量到质量的跨越。比如北京怀柔影视基地就吸引了龙头企业中国电影集团入驻。在中影集团的带动下,产业集聚效应明显。围绕影视制作、影视策划、影视拍摄、影视教育培训等主要影视产业链环节,园区企业进一步整合,核心竞争力和发展潜力进一步增强,这些发展经验值得文化创意产业园借鉴。还有,如美国好莱坞已形成以文化创意产品制造企业为核心,信息咨询机构服务内容创意,后期制作、设备供应商服务加工生产,中介机构、广告公司等为市场营销提供服务,以及为政府、行业协会、民间团体、投资机构提供综合服务的产业链增值模式。

总之,文化创意产业园的设计框架应尽可能延伸产业链价值,拓展产业体系,满足市场需求,不断提高市场竞争力。

(三)形成开放性的园区格局

文化创意产业园不同于制造业园区和工业园区。不仅有创意设计师和创意产品的生产者,还有文化产品生产过程中的参观者和体验者,还有文化产品的购买者和文化休闲娱乐设施的消费者。

文化创意产业园的开放性是由四个因素决定的。第一,开放是文化传播的本质。国外和中国台湾的文化创意产业园开放度和社区整合度都很高。美国、英国以及中国台湾的文化创意产业园基本无围墙,他们将公园视为开放空间,与周边社区共享基础设施、文化空间等,举办各种文化活动,吸引居民参与。第二,只有开放才能保证创意设计师的灵感有源头活水。创意

---

[1] 杨秀丽.文化产业园区如何可持续运营[J].商场现代化,2016(1):250-251.

设计是基于人们的情感和想法,所以我们不能闭门造车。我们需要与志同道合的人的思想碰撞,产生灵感和火花。第三,只有开放才能保证园区的知名度,因为人是文化从作品到产品转变过程中最关键的环节。第四,只有开放的环境才能满足中国消费者日益增长的文化休闲体验需求。随着中国国民经济水平的提高,文化消费已经从产品消费向体验消费演变,消费者更喜欢无法复制的文化体验过程。因此,开放是文化创意产业园产业链各环节应始终坚持的原则。

中国也在逐步尝试建立开放式园区,逐步打破园区固有的闭环发展理念,走向创意社区、创意生活、创意消费三位一体的新模式。部分园区通过开放园区文化基础设施,举办公益文化活动等方式促进社区融合,在提升区域文化氛围,提高群众文化素养等方面发挥了重要作用。具体来说,有以下几点:

第一,把文化创意的制作过程摆在前台。过去,文化创意制作人在设计室、创意室、排练厅或作坊制作文化产品,而开放式园区则要求文化创意制作人开放作品制作的后台,不能阻挡热情的消费者前来探望。当然,将文化创意生产过程摆在前台,不仅是为了满足消费者个体的好奇心,更是为了让文化创意生产者走出背景限制,在开放生产过程的同时,与消费者就文化创意进行更多的思想交流,以同样的方式在人们之间产生共鸣,激发更多的创意灵感。同时,开放的制作流程可以提高消费者对文化创意产品的认识,培养更多的文化创意爱好者,提高文化传播效果。

第二,将消费者的个人需求融入文化创意生产。既然文化创意产业园应该表现为一种开放的格局,只有当消费者的意愿能够对生产过程产生影响时,才是真正的开放格局。从消费市场的演变来看,消费者个体需求融入生产过程也是必然趋势。首先,消费者的个人需求代表着特定的市场细分,也与目标群体的专属服务相似,可以使消费者体验到在消费过程中受到尊重和专属消费的感觉。当工业化的大规模复制使消费者被千万雷同的产品所包围时,能够反映个人需求的文化创意产品将受到消费者的青睐。其次,将消费者的个人需求融入生产中,可以使消费者在文化创意生产中产生体验感,这就是体验经济时代的核心价值。消费者参与文化创意生产过程,能贡献智慧,见证文化创意产品的诞生。这个过程带给他们不同的乐趣,并最终形成宝贵的经验记忆。这种记忆正是普通文化消费所不能提供的体验价值。

第三,将文化创意与休闲娱乐结合起来。文化创意产品的消费和体验给消费者带来精神启迪和升华,休闲娱乐给消费者带来放松和愉悦。两者结合凝聚在文化创意产业园的观光休闲之旅中,是消费者的精神体验和物质体验,是文化创意产业园产业链延伸的创新升级。从营销角度看,文化创意元素与休闲娱乐实施的结合是宣传推广的卖点。从市场定位的角度看,购买这类消费品和消费体验的人通常是具有一定文化创意欣赏水平的高知人群,其消费能力相对较高,因此市场价格定位自然可以提高。

综上,文化创意产业园作为文化企业集聚力量的龙头,需要承担更为艰巨的使命。差异化的产业定位有助于提升文化创意产业园的市场竞争力,开放式园区模式有助于集聚文化创意产业园人气,开辟园区新业态,最终促进文化创意产业园整体升级和良性运行。

四、文化创意产业园的运营升级

文化创意产业园运营过程中，中小企业也在加快成长步伐。这期间企业往往会遇到宣传难、融资难、突破难等问题。如何在园区已有运营基础上，通过创新升级来解决这些问题，帮助企业发展，进而为经济发展提供中坚力量，是园区运营所面临的重要课题。

(一) 形成科学的物业管理

物业管理对于文化创意产业园至少有两层含义。一是要有稳定充足的资金支持文化创意产业园健康可持续发展。无论是政府直接管理，还是企业委托管理，即使不通过园区盈利，也需要为园区日常运营所需的人力资源、基础设施、公共平台等资源建立稳定的资金来源。二是目前国内文化创意产业园存在诸多问题，如企业享受优惠政策后撤离，造成园区空壳。这两个问题的症结在于缺乏专业的物业管理和服务团队。如果我们探索一条科学合理的文化地产开发和物业管理之路，文化和地产就能相辅相成。

建设公共服务平台是物业管理的关键。物业管理的核心理念是为园区企业提供专业服务，主要是指在园区办公楼宇入住及物业服务的基础上，通过智慧园区管理系统、云桌面服务系统、园区 ERP 管理系统，搭载招商服务平台、双创服务平台、物业服务平台、商务服务平台、人力资源服务平台、项目申报服务平台、财税服务平台、法务服务平台等专业服务平台。具体的服务内容可以包括安排办公场地、开展创业培训、联系创业导师、指导政策申报、协办企业注册、促进资质对接、推荐孵化平台、助力宣传推广、公共技术支持、组织创业活动等。

园区最核心、最具竞争力的服务内容是基于产业规模和产业链的公共服务平台，这是分散的文化企业无法获得的，也是一般文化企业集群无法提供的。所以，建设公共服务平台目的在于满足入园企业的基础办公服务，提升客户满意度和黏性的同时，为后续服务的导入提供接口。

(二) 提供金融服务与资本运作

文化创意产业园具有规模效益优势，产业链各环节的合作使企业具有联动效应，在一定程度上保证了市场盈利能力和竞争力，将成为投资者青睐的对象。

对于部分成长潜力突出的中小企业，园区运营者可以择机引入智慧换股的模式。核心是将租金、增值服务以及具备客户黏性的其他园区要素作价，转化为种子企业的股权，缓解中小企业创办初期融资难、资金压力大的问题。

对于发展走上正轨具备一定规模的入园企业，园区应当整合各方资源，辅导其对接资本市场，此时园区运营者可以设立产业/并购基金，一方面为企业发展提供资金，解决其融资难爆发难的问题，另一方面也借此增强产融结合过程中园区运营者的话语权。园区应当统筹提供的服务包括投融资顾问服务、资产证券化服务、上市辅导服务、战略咨询服务、并购重组服务、高端税务筹划服务等内容。因此，与其让分散的小份额资金找到自己的投资对象，不如通过公共服务平台整合投融资的供求关系，搭建文化投融资的桥梁。

(三) 提供信息流和推广服务

园区可拓展此业务的原因有二，一是文化创意产业园具有自身的政府背景优势，为文化企业申请项目政策搭建了沟通渠道;二是集聚文化企业的信息推广和营销需求,搭建企业间的合作平台和媒体组织。园区可以整合线下传媒产业链及线上互联网传媒分包平台,积极将园区企业导入媒介系统、网络播放量采集系统、内容平台匹配系统、网络热度采集系统、热点内容期待指数系统等,实现线下实体企业的线上互联网化,解决企业推广难的问题。目前,国内多家媒体集团参与了文化创意产业园的建设和运营。此时,园区公共服务平台可以更方便、更直接地利用媒体的舆论影响力和市场推广力为园区企业服务。

另外,园区还需系统规划专属的文化活动,在节假日开展丰富多彩的文化活动,营造和谐文明舒适的生活环境,满足园区企业和员工的精神文化需求,使更多的人愿意参与和推广园区。

(四)加强对创意人才的吸引

文化创意产业发展的核心是创意,创意来源于生活和人。因此,吸引人、聚集人流也是文化创意产业园作为公共服务平台,必须为园区企业提供的重要服务。

各国均很早就意识到了人才对于发展文化创意产业的重要性。英国2008年发布的《新经济下创意英国的新人才》战略报告,其中提出了26条详细行动计划和相应目标。美国通过实施宽松的移民政策对全球创意人才、睿智思想和相关产业进行吸纳。如今,美国有近万人属于创意型人才,他们所服务的领域从科学、工程学到建筑和设计,从艺术、音乐、娱乐业到专业性很强的其他相关领域,为美国经济发展做出了巨大贡献。

中国想要发展文化创意产业,要注重文化创意产业方面的技术或管理人才的培养和吸纳。例如,北京朝阳区建设的人才集聚高地五年行动计划、"金凤凰计划""鸿计划"等吸引精英及青年人才政策,不断完善人才集聚认定体系,提升人才综合服务水平;加快聚集国际顶尖人才,定向引进培育重点行业人才,构建素质优良、结构合理的人才体系。

除了政策吸引,园区还需着力改善人才长期居留条件,建立人才公寓、人才交流服务中心、三甲医院、国际学校等重点项目建设,积极探索搭建高层次人才综合服务平台,整合各类优质服务资源,在交通出行、医疗服务、子女教育等重点领域,为高层次人才提供更加方便快捷的个性化服务,以构建文化创意领军人才高地,为文化产业输送新鲜血液。

(五)保护艺术创作生产

创意是整个文化创意产业园的灵魂和价值,特别是在文化创意产业园的商业价值和品牌价值已经形成的时候,更应该关注和保护创意设计师的生存和发展。对于那些不适合产业化的艺术创意类型,如果被迫收取高额租金,势必会阻碍创意的产生,影响园区的整体运营。因此,对不同类型的企业应采取不同的管理方法。以文化为主题的休闲产业盈利能力强,可适当增加商业租金;从事创意设计的艺术家和企业可为园区带来开放活力,形成吸引消费者的人气,并可得到公共文化服务的支持。虽然租金收入少了,但能最大限度地提高园区的知名度和品牌效应。这种以商业租金反推艺术创作的方式,既保持了园区的创意设计能力,又使园区能够在市场化条件下持续运作。

综合来看,中国文化创意产业园的发展方兴未艾。今后,园区要加强特色文化创意产业集群培育,充分发挥高新技术人才、地理环境和基础设施优势,营造鼓励学习、信息共享、创意共生、相互反馈的园区文化氛围,走差异化、特色化、品牌化道路,加强产业集群建设,开拓园区增值服务,促进文化创意产业园可持续发展和创新发展。

第三节 文化创意产业园的发展

在近十年来文化创意产业园的发展中,政府在推动文化创意产业发展方面的作用有目共睹,发挥着产业倡导者和引领者的作用。园区也一直响应政府号召,在政府资金和政策的引导下,开展创意活动实践。在这期间,文化创意产业园有哪些策略,有哪些发展问题、需怎么解决以及未来发展趋势如何,都将在本节中探讨。

一、文化创意产业园的发展问题

目前,中国文化创意产业园区数量虽多,但在繁荣景象的背后,问题同样凸显。作为文化创意产业聚集区,大多存在园区太多、资源分散、建设模式相同、房地产色彩浓厚、园区位置不清、产业结构相同等问题;园区相互分离,缺乏必要的分工协作;园区建成后,租金高,企业入住率低,难以吸引创意群体,缺少文化氛围。这使得其文化产品附加值不够高,无法满足市场需求,不利于企业和园区自身发展和盈利,也大大削弱了中国文化创意产业在国际竞争中的整体实力。目前,文化创意产业园主要存在以下五大发展问题:

第一,重复建设和同质化现象严重。据粗略估计,目前中国文化创意产业园有上千个,其中很多是重复建设,缺乏自成体系的内容。比如,在游戏动漫产业中,很多城市几乎每个区域都有一个动漫基地,造成不必要的资源浪费和恶性竞争。此外,利用文化创意理念打造房地产的现象也很多,导致文化创意产业同质化问题严重。

第二,园区顶层规划设计存在问题。一些园区缺乏长远规划,缺乏对市场形势和周边环境的研究,对园区自身产业的核心定位不准确,最终导致园区在实际运营过程中发展空间小,效益转化潜力不足。比如一些古村落公园,由于设计失误,在场地布局和功能挖掘上缺乏考虑,在实际运行过程中经常与文物保护发生冲突,或者过度开发,给文化遗产造成不可弥补的损失。由于配套设施严重滞后,也有新兴的文化创意产业园产城分离严重。园区缺乏产业配套设施和生活配套设施,造成白天繁忙,晚上几乎空无一人。园区与城市融合程度低,造成园区发展后劲不足。

第三,创新能力不足,产业链缺乏闭环,盈利模式不佳,只注重圈地收租,忽视物业可持续管理,导致企业亏损和园区空置。文化创意产业园的价值在于构建产业链,提供良好的孵化氛围,充分发挥园区的产业整合价值。一般来说,关于文化创意产业园的收入,自身内容创意占70%,物业占20%—30%,这是一个正常的比例。但目前,许多文化创意产业园产业结构不合理,研发活力弱,产出效率低,成为二次房东。比如,一个动漫文化创意产业园近年来努力制作了一部近百集的动画片。播出后,市场反响不大,连投资成本都赚不回来。从长远来看,即使在政府补贴和政策的支持下,企业的经营理念也是封闭、僵化的,导致产销孤立,难以形成市场吸引力和可持续发展的局面。

第四,很多园区采取点对点招商模式,但招商过程中产业链的整合更为重要。如果产业链无法整合,园区后续竞争力将出现问题。不同的产业引导需要不同的产业支撑,这对实力不强的开发商来说非常困难。不同的地块往往具有吸引不同产业的地理优势,不同的产业需要不同的产业配套支撑。这样的产业配套在短时间内能完成,但建成后难以继续复制到其他地区。例如开发商、地理位置、配套设施往往难以落地匹配,这都将增加开发难度。[1]

第五,理论不系统,专业人才缺乏,政策转型不落地。与国外的文化创意产业园相比,中国文化创意产业园仍处于粗放式发展阶段,缺乏丰富的历史文化积淀,没有形成完整的理论指导体系。专业人才匮乏也是制约中国文化创意产业园升级改造的重要因素之一。目前,中国文化创意产业相关需求与人才储备存在差距。高素质的文化创意人才和综合性人才仍然缺乏。政府的相关政策,如税收减免、土地使用、市政配套、基础设施建设等,还没有完全贯彻理解,导致政策无法转化为具体的接地气项目。[2]

二、文化创意产业园的发展路径

文化创意产业园的成功主要取决于精心规划设计、不断创新和造血能力,以及一系列产业整合机制。要实现文化创意产业园的健康发展,必须把握好以下几个方面。

(一) 完善产业集群发展规划,避免重复布局

产业集群规划是一项复杂的系统工程。在推动文化创意产业集群发展的过程中,园区运营主体必须加强对集群经济的规划和引导,使产业集群具有良好的发展前景、地方嵌入性和可操作性。文化创意产业园的产业定位可以分为三类:一类是主要依靠企业自身资源,吸引主要产业链上下游企业入驻;二是主要依靠外部市场资源,如引入影视、艺术、音乐等文化产业企业,并开发相关功能;三是依靠企业自身与外部市场相结合,寻求外部企业和消费者支撑。

因此,文化创意产业园在全新的规划、建设的过程中应注意以下三点。

首先,要对现有的区域资源环境和产业基础有精准把握。只有在一定的文化土壤上,一个城市的文化产业才能形成和不断发展。因此,脚踏实地地理清区域真正的优势所在才是关键。例如,北京的优势在文化旅游、图书出版发行、艺术品展览和经营,包括收藏品拍卖、影视创作和剧目表演业等方面;上海的优势在动漫游戏研发制作业、展览展示业等方面;深圳的优势在游乐业、休闲度假业方面。这些都与城市历史积淀和发展步伐直接相关。

---

[1] 搜狐网. 我国产业园区发展痛点全面剖析[OL]. https://www.sohu.com/a/280824659_100014972.[访问时间:2020-03-12]

[2] 新浪网. 文化产业规模化集约化专业化发展的新示范[OL]. http://finance.sina.com.cn/roll/20101226/08213560279.shtml.[访问时间:2020-03-12]

其次,必须对文化创意产业园的可行性进行充分论证后才能够进行。论证可以从以下几个角度展开:产业状况分析、市场供求分析、市场环境分析等。只有通过充分的可行性论证,才能发挥政府对文化创意产业园发展的有效引导和支持作用。

最后,文化创意产业园的顶层设计,不仅需要政府部门和文化专家的参与,还需要景观设计、城市规划、建筑、地理、生态、环境科学与艺术等学科的人士参与。规划设计要有全局意识和战略眼光,避免因不合理规划重复建设造成资源浪费。对一个城市来说,在规划过程中,每一个文化创意产业园都要设计成具有文化、创意、特色、文化融合和产业集聚的园区,不允许同质化建设。

(二) 构建园区的自成体系,坚持特色发展

探索自己的商业模式、个性化定位和盈利渠道。文化创意产业园的发展需要确定自身的核心资源,即自身的发展主题内容,并形成具体可行的创新方向和盈利模式。例如对于动漫园区来说,如果以动漫为重点,则应以广播电视的生产、营销、放映为重点,促进产品走向更好的市场;如果以漫画为重点,则应以印刷、包装、发行为重点。

品牌建设对文化创意产业园的特色发展具有重要作用。通过政府引导、企业为主、市场运作模式、依托园区现有资源、统一规划,坚持自主创新的内涵式发展和招商引智的外延式并重,带动相关产业集群发展,塑造园区新形象。其次是强化软环境建设也同样重要。主要体现为法律政策、行政效率、服务理念、文化氛围上,法律政策公开、公正,审批和收费事项简化,行政效率提高等都会起到提升文化创意产业园品牌的作用;最后是媒介推广,园区运营主体应统一宣传策略,可以利用少量资金,启动整个园区广告宣传并代为推广园中企业,实现盈利之后滚动运营。

总之,每个园区都应该有自己独特的内容。特色是园区的生命力。要强化特色,体现个性,着力培育特色主导产业,培育独特的核心竞争力。

(三) 充分发挥市场机制的调节作用,根据需求发展

一个产业从起步到形成优势是一个极其漫长的过程,至少要十年甚至更多的时间。因此,园区需制定有针对性、阶段性的发展规划方案才能保障产业集群战略得到贯彻执行。园区需要以市场为导向,以核心资源为支撑,以利益为纽带,整合文化产品的创作、生产、加工、销售,形成有机产业链。同时,园区还应帮助企业成长,为相关企业提供交流合作的平台,使各利益相关方在产业整合中实现多赢。

具体而言,作为园区管理者,有必要对企业入园设置门槛,与产业链相关的企业可以入驻,而与之无关的企业不能容纳,从而避免过多的同质化企业,造成有限资源的激烈竞争。园区管理还应倡导开放式园区的管理模式,形成内外互动、融为一体的泛园区管理。

此外,运营架构要突破传统单一化的"招商+物业"模式,以"集团性团队"架构,通过集成软性服务理念,以"高端文化"服务产业链来整体提升园区内涵和功能。集团性运营团队包括行业组织方即特定行业协会组织;运营方即项目的管理、运营发展方;项目管理方即物业的监管与托管方;专业服务公司即以文化推广为核心的创意服务公司;特定行业即项目的特定使用

方与招商对象。通过整合创意产业价值链上运营服务性质的环节,构建起集团性运营服务团队,以创意价值增值,实现园区不断的自我更新与功能再造。

(四)加强园区人才队伍的建设,形成核心发展

文化创意产业园的发展需要培养综合性人才,这也是园区重要的战略资源。除了拥有专业的创意人才外,还要特别注重打造一支高素质的文化产业管理人才队伍和一支懂销售、懂市场、懂法律法规的营销队伍。特别是文化创意产业园管理人才,要在市场的竞争中磨砺培养。此外,目前高校课程与实践中存在对文化创意人才培养缺失的问题,文化创意产业需要一个综合性、跨学科的系统设计。园区需要联合政府、高校、研究机构一同形成产、学、研通力合作机制,为园区传输源源不断的人才。比如北京中关村创意产业基地可依托大学知识和人力资源,上海天山软件园可借鉴美国硅谷与斯坦福、印度班加罗尔与当地高校人才培养的合作模式,探索一套产学研互动机制,提高园区知识生产和创新能力。

(五)完善园区租金定价的程序,规范稳定发展

文化创意产业园租金的定价程序,首先是参照园区所在城市运营状况最好的产业园区的租金,确定一个定价目标,再结合周边市场供求水平调整目标;其次是估算建设成本,包括年承包费用、新旧厂房改造费用的折旧率、物业管理和设备维修费等;再次是确定总体策略,可以通过平开高走,甚至起步阶段实行"零房租"进驻,吸纳主导企业入住,聚集人气,再根据不同企业、不同位置、不同租期实行差别定价;最后是选择定价方法,可以根据园区不同发展阶段选择成本导向、竞争导向和需求导向的定价策略。最终是要在考虑运营商预期利润、入驻企业的接受能力与政府的租金补贴扶持之间寻求一个多方满意的平衡点。总的来说,政府不能长期扶持一个产业的发展,创意产业最终必须回归市场,因此也必须按照商业市场运作,培育出自己的造血功能。

目前文化创意产业园主要以老工业园区和老城区改造为主。在改造设计中,必须处理三个方面的利益关系,即通过招商引资引入的房屋产权人、开发商和创意产业人群。文化创意产业的发展离不开这三个层面的共同努力。在运营中,需落实文化创意产业园产权关系不变、房屋建筑结构不变、土地性质不变的三个不变原则,从而帮助产业结构、就业结构、管理模式得到转变,改变原有的企业形态和企业文化,使之成为适合城市发展的文化创意产业园。

三、文化创意产业园的发展趋势

作为文化创意产业规模化、集约化发展的重要途径和载体,近十年中国文化创意产业园建设势头强劲。在积极的产业政策推动下,文化创意产业园也将迎来美好的发展前景。现对未来发展趋势作出以下分析。

(一)服务内涵不断拓展完善

随着文化创意产业园产业链和运营模式的不断完善,文化创意产业园的运营除收取租金和配套物业服务费外,将更加注重公共服务平台的建立。文化创意产业园通过公共服务平台为入驻企业提供产品孵化、展示推广、技术服务、人才培训、投融资、政策及法律咨询等专业化服务,有助于拓展园区服务内涵,为园区长期发展提供重要保障。未来,完善的公共服务平台

将成为决定园区有效运行与发展的关键。

(二)向科技智慧型园区转型升级

目前,中国的文化创意产业园建设已初具规模。未来随着社会经济的发展和科技应用的创新与发展,着眼于文化创意产业园高效运行、放眼于不同产业园之间的合作协同的智慧园区逐渐成为行业热点。智慧园区利用物联网、云计算、大数据等新一代技术对园区进行全面升级,通过检测、分析、集成和智慧响应等方式全面集成运用园区内外资源,能够增强园区之间信息交流,整合园区资源信息,促进产业园区规划、建设、管理和服务实现智慧化,提升园区产业价值链,实现园区经济可持续发展目标。此外,虚拟园区也开始快速发展。在移动互联概念的热炒下,怎样结合线下的实体园区,做好线上的虚拟园区运营,形成线下线上相互补充、互相促进之势,成为很多园区思考的问题。同时,一些门户网站也在思考推出虚拟园区板块,为园区和园区企业服务。[1]

(三)探索国际化道路,国内外协同发展

围绕着京津冀协同发展、长江三角洲经济区、粤港澳大湾区等区域建设发展规划,各地文化创意产业园根据自身产业基础和优势,因地制宜,形成了优势互补、协同共享的文化创意产业园集聚发展的格局。近年来,随着"一带一路"倡议的提出,中国文化创意产业园逐渐由国内集聚向国际协同发展,一些文化企业开始在美国、欧洲等发达地区建设文化创意产业园,并取得了一定的效果。未来将有更多的企业和园区探讨在海外建立文化创意产业园,国际合作园区也将不断出现,成为中国对外文化交流和贸易的平台,促进不同文化创意产业园良性互动。

(四)与金融服务开展深入合作

很多实业资本也关注并投资文化创意产业。在目前的文化创意产业园中,60%左右都配备有园区孵化器。未来文化创意产业园与金融的结合将更加紧密,开发更多、更新的金融产品,主要体现在三个方面:第一,银行和金融机构将在授信、融资等方面向园区提供支持,促进园区自身的规模化、品牌化、平台化发展和建设;第二,给园区企业提供更多的金融服务支持,如知识产权融资服务,结算、网络银行、自助银行、账户管理、POS消费等;第三,给文化创意产业的创新、创业者提供个人金融服务支持。通过这种深度的、全面的金融合作,可以更好地改善文化创意产业园的发展环境。

(五)融合发展成为新时代特征

如今,各行各业的转型升级进入攻坚期,旅游业、工业、农业、商业,尤其是地产业的发展都将面临巨大的挑战。在这种情形下,以文化创意为核心推动力,或者是借文化创意之名,进行融合式发展成为很多企业的选择。对于文化创意产业园的融合来说,新的趋势将出现在以下三个方面。

1. 与城市融合发展

文化创意产业园发展一般经历:从文化产业开发区,发展到文化创意产业园,然后是城市

---

[1] 刘结成.文创3.0时代:文化产业发展的新特征[J].文化月刊,2015(11):34-35.

文化创意街区,最终发展到城市文化和创意城市融合。目前中国的文化创意产业园基本走过了文化产业开发区阶段,经过近几年来文化创意产业园的发展,面对当前的经济和社会发展形势,各个城市都亟须建立符合自己城市文化特色的文化创意街区,这既是文化创意产业从业者的要求,也是城市市民生活的需求。因此,一些文化创意产业发展要素条件比较成熟的城市,将开始着手打造城市文化创意街区,使之成为城市市民的休闲娱乐中心,游客的地方文化体验中心,城市产业升级的创意驱动中心。[1]

2. 与商场商业融合发展

目前国内知名的文化创意产业园很多都是利用老建筑、老厂房改造而成,这些园区投入小,见效快,既能满足文化创意类企业对环境、空间的要求,又与他们的支付能力相匹配,还与园区管理企业的运营能力相适应。2016年,随着移动互联的发展,面对以淘宝为代表的电商的冲击,传统的商场必将面临更大的生存压力。因此一些商场开始思考与文化创意产业相结合,利用原有商场的建筑、区位、商业等优势,建立特色商业文化创意产业园。

3. 与农业融合发展

随着城镇化的发展,加上近几年农业逐步得到资本的青睐,一些有条件的城市开始思考怎样利用城市周边的土地,建设创意农业园区,把生产、生活、生态发展有机融合,打造集休闲、娱乐、观光、旅游、体验为一体的新型农业文化综合区,使城镇化的同时相关产业也发展起来。

(六) 出现众筹园区新形态

前几年众筹成为国内火热的概念,仅2015年上半年,国内众筹领域发生融资事件1 423起,募集总金额达到18 791.07万元。作为互联网金融的一种新方式,类似"团购模式"募集资金的众筹模式迎来了快速发展期。随着国家对创新创业的鼓励和扶持,面对互联网时代大众创业、万众创新的形势,如何构建面向人人的"众创空间"等创业服务平台,激发亿万群众创造活力,将是以后社会思考的热点,在这种背景下,众筹园区将成为一种载体和形式出现。

(七) 完善园区文化创意产业生态链

经过近十年来的发展,面对新进入者的挑战和更加激烈的市场竞争,一些成熟的文化创意产业园面临着管理和运营升级的难题和挑战。在目前的环境和条件下,这些园区的最好出路在于:根据各个园区自身特点和自身资源情况,建设符合园区定位的产业生态,形成良好的产业发展环境和氛围。[2]

综上所述,文化创意产业园未来将出现更加泛化现象、智慧园区开始快速发展、国际化探索涌现、与金融合作更加深入、融合化发展加速、众筹园区出现、围绕文化创意产业生态体系建设。不管以上的趋势是单个出现,还是组合出现在某个园区,中国的文化创意产业园发展方向在于:建立创新的环境和氛围,产生新的思想和产品,培育创新企业,用感性的园区,塑造情感的商业,回归温暖的人文主义。

---

[1] 刘结成.我国文化产业园区的发展现状与商业模式分析[J].人文天下,2014(9):24-33.
[2] 刘吉发.创新与文化创意:关系辨析及产业发展趋势[J].现代经济探讨,2009(1):34-37.

> **案例研读**
>
> ## M50，城市更新下的产业联动
>
> ### 一、M50 文化创意产业园的历史背景
>
> 作为一个有机体的城市，无时无刻不与外界发生着物质能量的交换和自身的新陈代谢，城市更新就是针对城市功能和结构衰退所做的综合性调整。随着全球化经济的不断推进，城市人文环境和软实力成为城市综合竞争力提升的决定性因素，因此除了容易直观感受到的物质和形体更新外，社会经济结构和文化层面的更新起着更加关键的作用。在知识经济繁荣的背景下，许多发达国家竞相以创意城市作为发展策略，将城市中的老厂房、老仓库、老建筑等资源再利用，促进产业机构的调整与升级，成为城市新的生产力的载体。
>
> M50 是苏州河文化圈中最著名的文化创意产业园之一。它占地约 24 000 平方米，拥有超过 50 座建筑，建筑面积超过 41 000 平方米。1949 年前，M50 是中国企业家和国际资本家在上海建造的 100 多家纺织厂之一。它位于苏州河附近，这是一条运输路线，用于将物料和制成品进出工厂运往全国其他地区和世界各地。建造 M50 时的传统工业建筑在很大程度上依赖于砖木结合了大型工业窗户，为车间提供了照明。这一直受到本地艺术家的青睐。自 1999 年 11 月，原业主上海春明粗纺厂停产，这片 40 余亩，建筑面积 41 000 平方米的工业建筑群历经了从都市工业园区，到春明艺术产业园的过渡，于 2005 年由上海经委挂牌成为上海市首批创意产业聚集区之一（图 12-5）。
>
>
>
> 图 12-5　上海 M50 文化创意园区
> （图片来源于网络）

2017年，上海普陀区人民政府发布长寿商业商务区"十三五"规划，其主要目标是"优化区域空间布局提升功能、激发创新创业活力提升能级、做精文化休闲空间提升品质、推动城市更新改造提升形象"。沿着苏州河的河流由西往东，许多创意产业聚集区成横轴带状分布在两侧。上海普陀区人民政府更是提出优化"两翼三带"的空间发展格局，打造以"苏州河十八湾"为中心的文化创意空间，建设创新创意创业融合带。位于苏州河畔的 M50 文化创意产业园的改造，成为城市更新中苏州河文化娱乐旅游休闲产业和创意设计产业的独特亮点。[1]

M50 中艺术家工作室的聚集在很大程度上归功于两个外国画廊，它们对促进和收集中国当代艺术特别感兴趣——香格纳（瑞士）和比翼（英国）。它们是 1950 年代出生的当时鲜为人知的中国当代艺术家与国际化艺术市场之间的纽带和中介。在 1990 年代的上海 M50 中，很少有地方可以将中国当代艺术作为一种纯粹的艺术形式存在，并且可以直接与全球市场联系起来。M50 或附近仓库中的许多艺术家与香格纳画廊（ShanghART Gallery）和比翼画廊（BizArt）合作，因此享誉国际。其中，艺术家薛松将自己的工作室保留在 M50 直到今天。

二、M50 文化创意产业园的发展现状

上海的文化创意产业是在上海产业结构调整的背景中发展起来的。据不完全统计，至 2016 年底，上海文化创意产业园已达 300 多家，其中 106 家获得"上海市文化创意产业园区"称号。[2]

由于"一哄而上"的园区建设以及"招商引资"的简单复制，导致文化创意产业园的同质化倾向严重，彼此间争夺有限的企业资源。虽然苏州河畔以及莫干山路的艺术聚集地名声在外，M50 也是上海工业文化创意园区第一品牌，但近两年，由于像西岸创意园，德必创意园的兴起，也面临竞争日益激烈的局面。

自 2012 年香港"当代艺术品"秋拍遇冷，当代艺术行业进入冰封期，这给 M50 带来巨大压力。M50 的业态主营为画廊与设计师工作室，在此期间，M50 身兼扶持文化创意产业的责任，顶住压力，与园内艺术家携手，仍旧保持园区的低流动性，平稳地过渡到 2015 年当代艺术品市场破冰期的到来。但是如何刺激艺术行业焕发活力仍需要进一步部署。目前，在产业转型过程中，M50 在艺术市场中尚未形成完整的产业链。

M50 需要以反思规避同类型文化创意产业园已经逐渐暴露的问题为前提，坚守创意内涵。现实中，一些园区以单一快速复制实现资金迅速回笼为第一目标，但所产生的专业化服务水平不高，管理不健全的问题成为产业园区发展的瓶颈，文化创意产业园也逐步失去"创意"内涵。

---

[1] 上海市普陀区人民政府门户网站.普陀区长寿商业商务区"十三五"发展规划（2016—2020 年）[OL]. http://www.shpt.gov.cn/shpt/gkgh-zhuangxian/20170517/193572.html.[访问时间:2020-03-20]
[2] 方田红,曾刚.上海创意产业园区空间分布特征及空间影响[J].社会科学家,2011(8):59-63.

相关研究均表明区际产业合作对区域发展有重大影响。产业联动发展战略的执行,对区域内部产业的结构调整和产业升级,甚至是产业市场竞争实力的提升具有极大的促进作用,成为推动城市更新的主要驱动力之一。M50文化创意产业园的产业联动是属于水平型产业联动,各产业相互依赖,相互支撑,相互分享资源。水平型产业联动是一种较为高级的联动类型,具有层次化、结构化、网络化的特征。技术创新扩散、交互式学习、知识创造和分享、邻里关系共建和社会文化根植是其核心内容,产业联盟是其主要方式。

M50文化创意产业园目前已形成较为密集的艺术文化产业集群,面向产业集群的生产性服务供给不足,对潜在需求的引导和激发不够,通过以下分析,探索M50是如何通过运营管理促进知识性服务业和园区产业集群联动发展。

三、M50文化创意产业园的运营发展

为实现产业联动的效益最大化,改变"小、弱、散"的现状,结合目前M50主要服务人群,M50需要打造综合性"文旅地标",形成高级形式的产业联盟。基于产业链和市场关联的模式是现阶段的主要联动方式,即是将城市旅游发展视为一种M50及周边区域的行为过程,这一过程主要包含了旅游产业发展的内容。

从产业联动角度看,旅游产业的发展不能脱离相关及辅助产业发展的基础。城市旅游的发展涉及国民经济的各个行业,因此,必须认识到产业联动程度对旅游发展竞争力的影响作用。以文旅企业为核心,突破产业界限,发挥其横向一体化联系,将会有利于谋求M50相关艺术产业对旅游产业的支撑,从而使其在整体上提高文旅竞争能力。[1]

从产业供给出发,旅游产业结构转型升级包括旅游业生产力六要素的改善,即吃(旅游餐饮)、住(宾馆住宿)、行(交通)、游(景观旅游)、购(旅游商品)、娱(娱乐休闲)。本文将从这六大要素,结合现阶段分析和未来趋势对M50提出发展策略。[2]

(一)M50餐饮服务分析

业界把餐饮的本质定义了三个词叫温度、滋味和锅气,把餐饮1.0时代定义为产品主义时代,就是懂餐饮的人取胜;2.0时代是媒体主义时代,就是拥有粉丝和流量的人取胜;3.0就是客户体验时代,只有拥有竞争力的产品才能取胜。

第一,M50需更加注重餐饮全流程的效率和消费者体验。M50可引入SaaS系统逐步用智慧化、数字化的经营理念迎合年轻消费者的喜好,而移动化、自助化、智能化的新餐饮体验也将成为未来餐饮的重要发展方向。具体而言,包括从线上选择餐厅,线上预定在线排队,在线预点餐/到店扫码点餐、到店用餐、在线支付、电子发票。

第二,利用M50新媒体引发关注度。以"答案茶"作为案例,答案茶是非常有意思的品类,抖音短视频平台将近4亿的播放量。成千上万个问题,答案茶最终戳到你的心,它是一

---

[1] 方田红,曾刚.上海创意产业园区空间分布特征及空间影响[J].社会科学家,2011(8):59-63.
[2] 郭鲁芳.关于我国旅游业国际竞争力的思考[J].旅游科学,2002(2):12-15.

场精心策划的"心动"。这是新媒体＋网红爆款的一个非常典型的案例,但这也说明餐饮品牌要更注重消费者的需求和诉求,对每一个产品细节定位非常准确。因此,结合M50浓厚的艺术氛围,可抓住"互动感""仪式感""分享感"来打造或引入新品类餐饮。

第三,多场景下全时段运营可成为M50新流量。目前多场景下的全时段运营,类似华为、阿里、滴滴、快手这样的互联网公司,他们的自动售卖机不受场地限制,随处安置,可以解决员工对于不同时段的就餐需求。而餐饮特别向全时段、多场景进行延伸,本质上是要解决顾客闲时段用餐,同时提升自身的收益。所以M50可在园区类规划多场景餐饮,让消费者无论哪个时段前往园区都可以享受美食,满足餐饮需求。

(二) M50住宿条件分析

苏浙沪一带既是经济发展区,同样也是旅游旺盛地带,住宿需求方面无论是商业出差还是休闲度假都较高。M50作为上海火热的旅游打卡点,潜在住宿需求肯定存在上升空间。有两种类型的住宿形式有了突破性的升级。

第一,是精品艺术型酒店。酒店以"空间和作品不能相抵触"为原则,一方面是从几千件藏品中挑选合适的作品,一方面则要按照作品的观念重置空间的理念。M50现拥有140余户艺术家工作室、画廊以及各类文化创意机构,具有丰富的艺术资源。在精品酒店的载体下,艺术品可以通过消费者的观看来实现价值,同时也为M50的未来收藏空间进行减压。

第二,利用周边现有小区闲置房产开办特色民宿。不仅可以使消费者体会到M50独特的艺术氛围,也可以在民宿空间内举办不同的品牌活动,这也在某种程度上增加了旅游的乐趣,打造口碑,增加用户黏性。民宿与传统酒店业目标用户重合度不高,实际竞争并不激烈,也与现周边的连锁酒店和商务酒店很好地区分消费人群。

对于当下民宿标准的监管问题,M50可利用其品牌影响力,增加消费者的信赖度。并可通过各种手段建立信用系统,引入"芝麻信用"这类第三方认证机制,特别是设立住宿黑名单机制,不良行为被记录的同时也会接入公安系统,同时可引入人性化的住宿双方评价评论系统等,杜绝卫生、安全等各方面隐患。所以,M50可以"艺术美""居住美""休闲美"为特性打造针对不同消费人群的艺术型精品酒店或民宿。

(三) M50交通优势分析

地铁是上海市民游客选择较多的出行方式。而M50距3号线、4号线、7号线均需约15分钟步行抵达,在交通便捷程度方面有较大提升空间。

在内部交通方面,由于M50尽可能地保留了场地内原有的建筑,内部的交通流线也比较交错复杂,初次到访的游客很容易迷失方向。但是,也正因在形态上缺乏总体控制,M50自发形成了自由、不规则的空间特征,有别于其他建筑形态整齐划一、规整有序的文化创意产业园,形成灵动且独具魅力的空间感。此外,园区除莫干山路的主入口外,几乎没有对外开放的出入口,多以实墙甚至建筑围合,封闭的空间作用机制,便于园区的管理,却也为游客的出入带来一定的不便。因此一方面可加强交通的明确性,在马路上用色彩标出引导的路线,从而更加明确方位。另一方面可在其他路段也设置边门,使周边居民或从其他方向到来的游客更快地进入并游览 M50。

对于园区外部的交通出行,M50 可与普陀区政府建立良好合作关系,改良公共交通体验。比如,效仿陆家嘴的旅行巴士,推出"苏河十八湾"的环线游览大巴,在 M50 大门口设立站点,便于游客随上随停;或是在地铁 3/4 号线中潭路站与 7 号线长寿路站点外设置旅行接驳车,每 30 分钟一班,使因路途较远望而却步的游客成为"回头客"。

(四) M50 旅游资源分析

M50 作为旅游景点,其本身具有两重吸引游客的基因:一是其历史建筑的文脉传承。莫干山路老厂房,浓缩了 19 世纪末至 20 世纪 30 年代以来上海城市和工业文明的发展史。二是文化创意领域的领军企业与人才的集聚。园区内与艺术行业相关的企业比例高达 92%,这得益于 M50 长期坚持的低租金出租。因此 M50 的商业面积始终得到严格的控制,目前商业比例仅为 3%,且 M50 没有大幅调高商业比例的计划,而是选择其他路径,涉及话剧舞台领域,拓展多元化的商业模式,最终实现从园区实体到文化载体的转变。

但是,产业汇聚是一把双刃剑,产生效应的同时也限制了公众的选择。据调研,有 65% 以上到此的受访者是从事艺术相关职业的,另有 18% 是艺术爱好者,两者相加比例竟高达 83%。这使得 M50 对普通游客黏性不足,造成"高冷"距离感,对步入国际轨道也会造成一定障碍。

改善 M50 旅游现状需要多方面的提升。首先,总体布局主要考虑工厂区的复兴,重构在滨河与沿莫干山路立面的形象,在城市公园区形成主要轴线,成为统领空间结构的元素,形成了一个主轴,三条次轴;另外,改造原有建筑外部空间和利用废弃用地规划众多不同功能和形态的空间节点以及大片的绿化与景观空间,在轴线搭建的空间骨架中形成丰富的点和面,做到结构布局点、线、面相结合,并深刻理解现状,凸显特色的地理形态特征。根据功能定位,基地分为现代文化艺术区、工业旅游区和城市公园,并以城市公园为轴,现代文化艺术区和工业旅游区为两翼,从而将原有零乱和残破的空间布局重构与完善。

如今 M50 周围正建设大型的城市绿地,可在新一轮的城市建设中,对公共活动空间做系统的、联系的布局考虑,沿苏州河布置滨江架空的步行系统,并将步行系统引入 M50 中,加强 M50 的可达性,使之成为苏州河滨水带上一颗明珠,让身处 M50 的游客也可以感受到苏州河的流动与存在。

此外,长寿湾也承载着深厚的文化内涵。湾区内的昌化路曾是福新面粉厂、申新九厂、上海啤酒厂等轻工企业诞生地,不少"红色学堂"——顾正红纪念馆、上海纺织博物馆及筹建的沪西工人半日学堂等坐落于此。M50 可与长寿路街道和普陀区文化局合作,逐步探索设计"长寿民族工业旅游"线路,聚焦红色文化历史传承功能,带动 M50 的旅游景点联动。

(五) M50 购物环境分析

自 2018 年上海普陀区政府对外发布重塑"苏河十八湾"文化品牌系列举措,在改造 M50 的同时,将打造"天安阳光千树"等一批标志性商业新地标。

天安·千树坐落于苏州河畔,由英国"鬼才"设计师 Thomas Heatherwick 领衔打造,以"创意"为基因,集建筑艺术、文化传承、历史遗产与自然风貌于一体,囊括精品购物、餐饮休闲、文化创意娱乐和酒店办公等功能,将成为地标性的创意城市休闲综合体。自此,M50 内部的购物业态可良性发展,与周边"天安阳光千树"形成购物圈的融合也将在未来成为可能。

(六) M50 娱乐设施分析

自 2015 年,M50 迎来了改变:以坚持始终走品牌化道路为根本,精心打造一流的 M50 艺术创意街区,实现 M50 可规模化的核心能力。在原有的资源基础上,M50 引入了全新的体验类概念客户,成功引得大量游客驻足体验。由于 M50 天然的艺术基因,这样的活动策划起来几乎是得天独厚。陶艺体验、银饰类创作体验、传统竹艺编制体验、油画体验、女红体验、皮具制作体验等应有尽有。

未来,体验式商业、沉浸式消费将占据主导,而千禧一代已成为消费的主力军。追求个性化的他们倾向于分享"与自己有关"的活动,并希望获得与众不同的体验。因此,M50 在线下活动的打造思路上,既要让这个地方符合年轻人个人的身份和个性的标签,让他们来到这里时获得一种身份的认同感,又要满足千禧一代的"自我表达欲",找到他们之间的"差异化"定位。例如,知乎在静安大悦城打造的"不知道诊所"、噗呲于大丸百货举办的脱口秀展都是近几年值得借鉴称道的、吸引年轻人的展览案例。而同样具有艺术基因的艺仓美术馆,也于去年因粉红的保罗·史密斯(Paul Smith)展火遍全网。

此外,随着两孩政策的开放,亲子活动也将成为主流。在这一方面,M50 的举措是相对较为滞后的。在公共空间设置更多的亲子互动装置,并将"美育"纳入常规活动之一,是可行性较大的方案。

请思考以下问题:
1. 文化创意产业园概念最早提出是什么时间?
2. 文化创意产业园类型的划分有哪几种方式?
3. 文化创意产业园如何在运营中实现产业增值?
4. 你认为中国成功的文化创意产业园由什么要素组成?
5. 你认为未来中国文化创意产业园如何在市场中持续生存?

思维导图

- **第十二章 文化创意产业园**
  - 文化创意产业园的概述
    - 文化创意产业园的界定
      - 国外关于文化创意产业园的界定
      - 国内关于文化创意产业园的界定
    - 文化创意产业园的形成与分布
    - 文化创意产业园的类型
      - 国外关于文化创意产业园类型的划分
      - 国内关于文化创意产业园类型的划分
        - 基于园区特点的分类
          - 艺术型文化创意产业园
          - 混合型文化创意产业园
          - 休闲娱乐型文化创意产业园
          - 产业型文化创意产业园
        - 基于园区区位资源的分类
          - 以传统特色文化资源为依托的文化创意产业园
          - 以特殊人才聚集地或大学人文环境为依托的文化创意产业园
          - 以高科技开发区为依托的文化创意产业园
          - 旧厂房仓库改造型文化创意产业园
          - 新建型文化创意产业园
        - 基于园区运营主体的分类
          - 政府主导模式的文化创意产业园
          - 企业主导模式的文化创意产业园
          - 政府、社团、企业联合主导模式的文化创意产业园
          - 院校、企业主导运作模式的文化创意产业园
        - 其他方式的园区分类
          - 按照园区功能划分
          - 根据开发方式划分
  - 文化创意产业园的运营
    - 文化创意产业园的运营要素
      - 文化创意产业园的国家政策
      - 文化创意产业园的外部支撑要素
        - 国家、地区文化创意产业相关政策是文化创意产业园发展的指引
        - 雄厚的经济实力和产业根基是文化创意产业园发展的基础
        - 旺盛的文化创意产业消费需求是文化创意产业园发展的动力
        - 创新能力的共生效应是文化创意产业园发展的关键
        - 健全的知识产权法律法规是文化创意产业园发展的保障
      - 文化创意产业园的内部运营要素
        - 政府部门
        - 运营企业
        - 产业组织或协会
        - 高等院校或文化研发机构
    - 文化创意产业园的运营基础
      - 确立差异化的产业定位
      - 构建协调完善的产业链体系
      - 形成开放性的园区格局
        - 把文化创意的制作过程摆在前台
        - 将消费者的个人需求融入文化创意生产
        - 将文化创意与休闲娱乐结合起来
    - 文化创意产业园的运营升级
      - 形成科学的物业管理
      - 提供金融服务与资本运作
      - 提供信息流和推广服务
      - 加强对创意人才的吸引
      - 保护艺术创作生产
  - 文化创意产业园的发展
    - 文化创意产业园的发展问题
      - 重复建设和同质化现象严重
      - 园区顶层规划设计存在问题
      - 创新能力不足，产业链缺乏闭环，盈利模式不佳
      - 采取点对点招商模式，未注重产业链整合
      - 理论不系统，专业人才缺乏，政策转型不落地
    - 文化创意产业园的发展路径
      - 完善产业集群发展规划，避免重复布局
      - 构建园区的自治体系，坚持特色发展
      - 充分发挥市场机制的调节作用，根据需求发展
      - 加强园区人才队伍的建设，形成核心发展
      - 完善园区租金定价的程序，规范稳定发展
    - 文化创意产业园的发展趋势
      - 服务内涵不断拓展完善
      - 向科技智慧型园区转型升级
      - 探索国际化道路，国内外协同发展
      - 与金融服务开展深入合作
      - 融合发展成为新时代特征
      - 出现众筹园区新形态
      - 完善园区文化创意产业生态链
  - 文化创意的评估
  - 案例研读
    - M50、城市更新下的产业联动
      - M50文化创意产业园的历史背景
      - M50文化创意产业园的发展现状
      - M50文化创意产业园的运营发展
        - 餐饮服务分析
        - 住宿条件分析
        - 交通优势分析
        - 旅游资源分析
        - 购物环境分析
        - 娱乐设施分析

本章参考文献

[1] 张学良.2014中国区域经济发展报告——中国城市群资源环境承载力[M].北京:人民出版社,2004.

[2] 蒋三庚,张杰,王晓红.文化创意产业集群研究[M].北京:首都经济贸易大学出版社,2010.

[3] [美]波特.国家竞争优势[M].李明轩,邱如美译.北京:华夏出版社,2002.

[4] [德]韦伯.工业区位论[M].李刚剑,陈志人,张英保译.北京:商务印书馆,1997.

[5] 张胜冰,徐向昱,马树华.世界文化产业概要[M].昆明:云南大学出版社,2006.

[6] 刘安长.四大城市群竞争中国经济"第四极"的比较研究[J].理论月刊,2013(10):118-122.

[7] 颜烨,卢芳华.长三角、珠三角与京津冀的发展比较与思考[J].北京行政学院学报,2014(5):73-78.

[8] 熊澄宇,傅琰.关于当前我国文化产业分类标准的研究[J].社会科学战线,2012(1):149-154.

[9] 郭全中.我国文化产业园区研究[J].新闻界,2012(18):62-67.

[10] 肖博文.政策转移视角下中国文化创意产业园区变迁研究[D].武汉:华中师范大学,2019.

[11] 戈雪梅,周安宁.文化创意产业园区、动漫产业空间集聚及其影响因子实证分析[J].商业时代,2011(33):118-120.

[12] 侯汉坡,宋延军,徐艳青.文化创意产业集群动力机制分析及实证研究——以北京地区为例[J].开发研究,2010(5):138-142.

[13] 刘云,王德.基于产业园区的创意城市空间构建——西方国家城市的相关经验与启示[J].国际城市规划,2009(1):72-78.

[14] 陈建军,葛宝琴.文化创意产业的集聚效应及影响因素分析[J].当代经济管理,2008,(9):71-75.

[15] Aydalot P, Keeble D. High Technology Industry and Innovative Environments: The European Experience[M]. London: Routledge, 1988.

[16] Breschi S. The Geography of Innovation: Across-sector Analysis[J]. Regional Studies, 2000(3): 213-229.

[17] Sternbrg R. Innovation Networks and Regional Development [J]. European Planning Studies, 2008(4): 389-407.

第十三章

全球文化创意产业的总览

学习目标

学习完本章你应该能够：
(1) 了解全球文化创意产业成功要素；
(2) 了解中国文化创意产业发展面临的挑战及自身发展优势；
(3) 了解全球文化创意产业的发展趋势。

基本概念

成功要素　外部挑战　内部挑战　全球化　文化力　文化＋创意＋科技

第一节　全球文化创意产业成功要素

发展文化创意产业已成为世界经济发展的新潮流和众多国家的战略性选择。目前全球文化创意产业主要集中在以美国为核心的北美地区,以英国为核心的欧洲地区和以中国、日本、韩国为核心的亚洲地区。因此,本节将对其中主要国家的文化创意产业成功要素进行详细阐述。[1]

一、美国文化创意产业成功要素

美国是全球创意大国,其文化产业包含内容众多,其文化产业与文化创意产业并没有十分明显的界限,统称文化产业。虽然其在文化政策制订方面与其他国家有所不同,至今未设立文化部,也没有正式的官方文化政策,但却是世界上第一个进行文化立法的国家。美国文化政策的基本原则是对内放松管制、对外扩张,并对文化产业给予一定扶持。美国文化创意产业采取多方投资和多种经营的方式,鼓励非文化部门和外来资本的投入,这是美国文化产业跨国经营的基础。也因为这样的投资环境才能吸引更多投资,使流动资本继续集中在文化产业中,得以寻觅商机。总结而言,美国文化产业的成功有以下几个原因:

(一)政府创造宽松的外部环境

首先,美国政府注重通过法律加强对版权的保护。美国国会先后通过了《版权法》《半导体芯片保护法》《跨世纪数字版权法》《电子盗版禁止法》《伪造访问设备和计算机欺骗滥用法》等一系列有关版权保护的法律法规,为版权产业的繁荣和发展提供了法律保障。

其次,加大对文化创意产业的投入。这种投入面向所有符合规范的团体,鼓励多元投资机制和多种经营方式,鼓励非文化企业和境外资金投入文化产业。现在美国投资主体非常多样:一是政府投资,面向所有符合政策导向的团体;二是吸收非文化部门和外来投资,来自各大公司、基金会和个人捐助的数额远远高于各级政府的资助。

最后,形成比较完善的融资体制。一些有实力的文化产业集团,如美国广播公司、哥伦比亚公司等,背后都有金融大财团的支持。

(二)政府高水平的引导和管理

在美国,政府机构中保护版权产业的机构很健全。政府机构中设有相关部门:版权办公室,隶属于国会图书馆,主要负责版权的登记、申请、审核等工作,以及为国会等部门提供版权咨询;美国贸易代表署,负责知识产权方面的国际贸易谈判;海关,主要负责涉及知识产权产品的进出口审核等相关工作;以及商务部国际贸易局、科技局和版权税审查庭等部门。

此外,随着版权产业的需要,美国政府还成立了一些直属政府部门的工作小组,加强对版权的监督和保护,设立了美国国家信息基础设施顾问委员会、信息政策委员会等机构。各州政府和市政府等各级政府都十分重视文化产业。例如,纽约市政府比国家艺术捐赠部门有更高的年预算。文化产业在纽约经济中的重要性日益增加,并且通过电影戏剧广播市长办公室等机构改进了对文化产业的服务。其职责是使每个地区都有文化生活,用于资助文化事业的经费由政府核定,议会审查批准。同时要保证这些活动符合法律的规定,凡是背离法律规定的,

---

[1] 文创中国周报.美英日韩中:全球五大文化创意国家产业布局解析[OL]. https://www.sohu.com/a/233626992_534424.[访问时间:2020-03-15]

政府有权给予取缔。美国在对文化市场进行管理时不仅运用经济的、行政的、行业自律的手段,还非常重视法律的约束。

(三) 重视科技在文化产业中的作用

美国文化产业的成功,并能引导全球文化产业发展,在经济和政治因素促成的基础上,科技含量高是其重要原因。尤其是大众传播媒介,它直接构成了美国文化产业的输出机。如果缺少了电视、电影、收音机、印刷新闻媒介和广告这些传媒的支撑,那么,至少美国文化的传播不会如今日这般普泛与深入。尤其是在大众传播媒介领域,印刷复制、录音录像、电子排版、网络传输、数字化、地球通信卫星等高新技术的广泛应用,使美国文化创意产业具备了向全世界扩展的"桥梁"和"利器"。

(四) 放眼全球,广泛开展国际合作

借助贸易自由化潮流,美国文化产业已经取得了向全球输出的主导权,且正在从资金、技术、信息等要素的全球自由流动中受益。特别是在资本方面具有压倒性优势,美国文化产业的投资者,无论是好莱坞的电影制片厂还是流行音乐的唱片公司,其实都是以外来跨国资本为主的。在文化产品制作中,则立足于全球市场需求并引领潮流,牢牢把握海外销售市场美国的电影产量仅占全球的6%,而市场占有率却高达90%。输出美国的文化价值观,并通过影响人们的观念来进一步培育消费市场成了美国人发展文化产业的法则。[1]

二、英国文化创意产业成功要素

英国同样是世界文化输出强国,一直从教育培训、扶持个人创意及提倡创意生活三方面着手,研究如何帮助公民发展及享受创意,因此全世界在目睹英国的成就后,便相继导入及引进文化创意产业,同时展开各项创意产业的后续发展,英国文化创意产业成为仅次于金融服务的第二大产业,帮助英国实现了由以制造业为主的"世界工厂"向以文化产业为主的"世界创意中心"的成功转型。

(一) 建立文化产业制度体系,为文化创意产业提供政策保障

政府是推动文化创意产业发展的重要力量,有责任营造一个适宜产业发展和企业公平竞争的环境。英国政府设立"区域发展署"和"地方文化协会",负责协调区域经济发展和更新,强化区域竞争力并平衡区域间的发展,从而使地方以更有弹性的方式应对全球化的挑战,而非以传统的中央地方关系架构来推动产业发展。[2] 对文化产业而言,知识产权的保护具有特别重要的意义,可以说是产业健康发展的命脉。由此,英国政府制定了一套完整的文化产业政策,出台了一系列相关的法律法规,从法律和制度方面提供强有力的保障。例如,1996年颁布新的《广播电视法》以及《著作权法》《电影法》等,从而在制度上确保了文化市场的健康持续繁荣。

---

[1] 中国报告大厅.美国文化创意产业成功的原因[OL]. http://m.chinabgao.com/viewpoint/813.html.[访问时间:2020-03-10]

[2] 陈琳,高德强.英国文化创意产业发展的经验与启示[J].四川省干部函授学院学报,2016(3):5-10.

（二）合理利用独特的自然与文化资源，打造本土文化创意品牌

英国文化创意产业区域非均衡发展的状况比较突出。从地域来看，英国是由大不列颠岛和爱尔兰岛东北部及附近许多岛屿组成的岛国，总的来说分为英格兰、威尔士、苏格兰和北爱尔兰四部分。由于各种有形和无形资源分布的差异性，英国各地区文化创意产业的发展状况和程度也有差异；如地处英格兰的首都伦敦以电影节、时装节、设计节、游戏节为基础，发展艺术、演艺、电影、时装、设计、数字传媒、音乐等产业，成为全球"创意城市"的典型；距伦敦100公里的牛津城是著名的大学城，英国借助名校品牌深度开发了文化旅游资源；英格兰西北部利物浦是披头士摇滚乐团的故乡，现在发展成为英国音乐、艺术、博物馆、足球队等文化荟萃的名城，被誉为"创新之城"；苏格兰高原北部大峡谷的尼斯湖，利用水怪神话深度开发文化创意产业而闻名遐迩。

（三）营造良好的发展环境，推动文化创意产业发展

英国是世界上第一个将文化产业定义为创意产业并提出创意产业政策的国家，重视文化创意产业的发展。在英国创意产业形成发展的过程中，在国家一系列政策法规的引导下，地方政府与各种专业性组织开展广泛的合作，积极营造良好的发展环境，为创意企业提供全方位的咨询和服务，从而为文化创意产业的兴起创造了良好的社会土壤[1]。英国为文化创意产业的发展专门组建了跨政府部门的行动小组，统一调动各部门掌握的有限资金和资源，形成合力，极大地提高了工作效率。

（四）注重培养创新型人才，促进创意产业的良性发展

早在英国创意产业特别工作小组成立之初，英国政府就制定了对文化创意产业发展至关重要的三项政府措施，其中第一项就是为有才能的人士提供培训机会，尤其注重对青少年的艺术教育和创造力培养。政府部门协力培养文化创意人才，并推出了一系列举措。例如，政府将英国博物馆、美术馆、艺术馆中数量众多、馆藏丰富的文化艺术遗产转化为取之不竭的艺术教育资源免费对学生开放，让学生从中得到形象生动的艺术教育。[2] 英国先后发布一系列文件，如《英国创意产业路径文件》《英国创意产业专题报告》《下一个十年》等，进一步明确文化创意产业的发展和人才培养等问题。同时，政府相关部门设立多项文化创意基金、文化创意活动等，吸引文化创意人才沟通、交流、学习和进步。同时，社会组织也在培养文化创意人才上积极发挥作用，与政府文化机构、教育部门等通力合作，不断创新方式，为文化创意产业的发展准备人才。

三、日本文化创意产业

日本的文化创意产业以其独特的创业、发展之路给周边及世界带来了宝贵的经验，也成为了日本经济的一张金名片。那么，日本文化创意产业的发展到底有哪些成功经验呢？

---

[1] 李淑芳.英国文化创意产业发展模式及启示[J].当代传播，2010(6):74-76.
[2] 陈美华，陈东有.英国文化产业发展的成功经验及对中国的启示[J].南昌大学学报(人文社会科学版)，2012(5):63-67.

(一)以国家文化政策为先导

日本文化厅于 1996 年 7 月提出了《21 世纪文化立国方案》,随后又在 1998 年 3 月通过了《文化振兴基本设想》的报告,具体解释了文化立国想要达到的目标和需要发展的内容,推进文化立国战略。此后,日本文化创意产业经过了 20 多年的发展,取得了令人瞩目的成绩。不仅如此,还带动了动漫、音乐、游戏等其他产业及周边制造产业的发展。

2015 年 8 月,日本经济部门提出了"酷日本"政策。为了推广这一目标,主要有三个战略方向:第一,创造日本的风潮,有效宣传日本的魅力;第二,在当地构架可获利的平台,在新兴市场推广日本文化、产品及服务时,可向日本经济产业部门申请"新兴国市场开拓等事业费补助金",作为市场拓展的经费补助;第三,在日本国境内消费,促使海外国家的游客前往日本进行消费,例如把体验观光项目、传统工艺器具、动漫和周边等产品输出海外,通过海外市场的宣传、产品销售,而吸引大量的游客访日。

(二)以动漫为文化创意产业主导

日本素有"动漫王国"之称,是世界上重要的动漫制作和输出国之一,其动漫产业也在日本文化创意产业中占主要地位。

首先,日本动漫产品的竞争力,实质上来源于文化的内容。继承传统的日本文化,吸收外来文化,并且学习和借鉴国外先进的理念和项目。由于动漫本身具有自身的故事性和艺术性,在动漫制作过程中,日本不仅取材于本国的传说故事,更加入了外国元素。同时,在发掘文化项目的时候,积极地学习和引进国外的可取之处,选题新颖独特,使文化项目能持续发展。日本文化创意产业与传统文化的结合,不仅给文化创意增加了新意和活力,更对传统文化的传承和发扬,起到了很好的作用。比如日本的很多玩偶,比如 Hello Kitty 都会加入和服款和樱花款,设计独特,往往一上市就受到追捧。

其次,围绕动漫 IP 的衍生开发与产业融合发展也是日本动漫产业的一大特色。日本动漫影响了几代人,从幼童到成年人都留有深刻的记忆:从《圣斗士星矢》到《灌篮高手》,从《花仙子》到《哆啦 A 梦》《千与千寻》等。这也对动漫周边文化创意产业的发展,提供了源头和基础,由动漫 IP 衍生出的如卡通造型玩偶、玩具、卡通摆设和一些生活用品等,也成为当今日本动漫产业的重要组成部分。此外,由于媒体的多样性、综合性,使日本除动漫产业外的其他相关产业,如电影、电视剧、游戏、音乐等,也在发展过程中相互联系、相互影响、相互促进,从而推动了日本文化创意产业发展。比如动画片《铁臂阿童木》1952 年在杂志上连载,之后不断在报纸杂志上出现,接着又演绎成木偶剧、人版电视剧、电视动画片和电影等多种产品(图 13-1)。

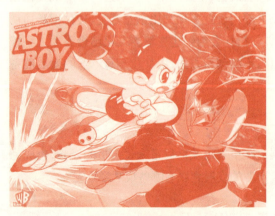

图 13-1 《铁臂阿童木》
(图片来源于网络)

最后,动漫产业也采用多途径开展产品宣传。例如,每年3月,日本都会举办动漫商务综合国际贸易会(即东京国际动漫街),邀请动漫商务相关的企业和组织参展、与国内外买家进行洽谈合作,也会举办现场活动并销售动漫相关产品,利于把握动漫市场设计趋势,进而推动动漫产业的良性发展。

(三)以科技和人才为发展支点

首先,日本发展文化创意产业高度重视并推进领先世界的科技开发,并且与先进的科技相配合。日本文化创意产业中科技的含量非常高,其创意理念依靠先进的科技和设备转化为新颖、具有竞争力的文化产品。科技的发展不仅推进、促成了日本文化创意产业一直保持世界前端,也为文化创意产业的题材提供了素材。

其次,日本十分注重文化创意人才的培养。在理念上关注对人才的创新意识和能力的培养,注意发现具有独特创意的人才,鼓励、支持年轻人的创意行为,为他们提供多渠道途径学习和展示。[1]

四、其他国家文化创意产业成功要素

除美国、英国、日本之外,还有诸多其他各国在文化创意产业发展上的成功经验值得学习。

韩国的文化创意产业采取以政府主导的发展策略,以国际化战略拓展国际市场。从1998年开始,韩国就陆续推出了《国民政府的新文化政策》《文化产业发展五年计划》《文化产业发展推进计划》《21世纪文化产业的设想》等纲领性文件,也颁布了《文化产业振兴基本法》等多部法律,提供强有力的保障。此后,韩国2001年还专门成立了系统支持文化产业发展的专门机构,叫文化振兴院。近十多年来,韩国政府在各个层面,都在有计划、有步骤、有举措地推广"韩流"。此外,为了让文化创意产业得以再创奇迹,韩国政府采取动员社会投资、官民共同融资的策略,广设各项文化创意产业投资基金,重点式培育具有市场发展潜力的产业,如电子游戏、电视剧和电影业。在具体的制度设计中,韩国政府也同样是长期筹划。

其他一些国家在文化创意产业发展上,也同样离不开政府的政策、资金和管理等支持。法国政府对文化产业的发展进行了强有力的干预,文化在发展过程中呈现出了一种政府与市场、国家所有的文化机构与私营文化企业有机地结合在一起的现象。同时,其公共文化服务预算投入大,文化管理体系比较系统,使官方文化管理体系与民间文化团体互为补充。比利时政府颁布多条法令,使文化政策法令化,各行政区政府在公共文化的立法上实现地方文化全自治。相反,印度政府则在文化创意产业上采取自由化政策,放松了对文化产业的许多限制,为印度的文化产业注入活力。

此外,德国、澳大利亚和拉丁美洲部分国家结合当地丰富的特色文化,将文化与旅游结合、传统与现代结合,实现旅游价值增值、文化价值增值的良性循环。如德国的工业区顺应绿色低碳环境转型和经济转型的趋势,将工业区打造为工业遗址公园,为其带来了新的旅游资源;澳

---

[1] 陈艳.日本文化创意产业发展的经验与启示[J].当代旅游,2019(1):1.

大利亚政府在经济生活中帮助发展原住民聚居地的旅游业,不仅促进了当地经济增长,使原住居民的生活得到更有效的保障,更宣传了原住民文化的独特魅力;拉美文明史给拉丁美洲留下了玛雅文化、阿兹特克文化和印加文化,留下了富有民族特色的文化活动、体育活动,吸引世界游客停留,促进了产业发展。

由此可见,在国家政策的支持下,坚持"内容为王",采用"因地制宜""因时制宜"的措施,顺应地方特色和时代潮流,以富有本国特色的文化来推动文化产品和服务生产与出口等业务,也是许多国家文化创意产业取得成功的重要因素。

第二节 中国文化创意产业发展启示

一、中国文化创意产业发展面临的挑战

文化创意产业如今成为全球各国发展的战略性产业,因此中国在文化创意产业发展中面临来自国际的严峻外部挑战,同时也存在自身的内部发展挑战。

(一)中国文化创意产业发展的外部挑战

如今,中国文化创意产业的发展面临着前所未有的国际竞争压力。两次世界大战结束以后,美国逐渐成为世界上经济、军事实力最强大的国家,其文化创意产业的发展也在不断加强。尤其是在20世纪中后期,美国凭借超强、高效的信息传播技术和畅通、高速的跨国人流、物流,向全球推广、普及美国的文化,在世界上有着很强的影响力,在全球文化产业中占据支配地位。其他一些国家,如英国、日本、韩国、加拿大、澳大利亚、法国、德国等,虽然在总量上尚难与美国相较,但也都具备了一定的实力,逐渐发展出各自的产业特色。进入21世纪后,文化全球化更加深刻,文化创意产业巨大的产业发展潜能引起越来越多国家的重视,已经成为诸多国家重要的战略性经济发展策略。中国文化创意产业起步较晚,虽然保持着高速发展的节奏,但是在未来仍然面临着全球文化创意市场的激烈竞争。

(二)中国文化创意产业发展的内部挑战

除去外部因素,中国文化创意产业也存在着内部的挑战。

第一,文化创意产业的整体系统还不够完善。中国文化创意产业相较于西方发达国家起步晚,发展方式较为粗放,产业附加值偏低,还没有形成完善的产业链。例如好莱坞的衍生品收入大约占总收入的七成,票房收入仅占三成,而中国则相反。[1] 目前包括核心产业、配套产业、支持产业、衍生产业在内的中国整体文化产业系统还不够完善。例如,中国文化创意产业投融资机制不完善。这就导致文化创意企业在缺乏自有资金需要融资时就面临抵押品的品牌效应不足的困境,而使企业融资难度加大。

---

[1] 鲁元珍.文化产业如何走出品质增长之路.光明日报[N].2011-7-1:14.

第二,文化产品创意性仍有所欠缺。企业自主品牌意识不强,开发创新能力比较弱,文化创意品牌同质化,缺少自身特色,雷同的文化创意产品造成市场恶性竞争,如影视剧生产跟风现象严重,相同题材而制作粗陋的影视剧层出不穷,各地旅游景点也常出现似曾相识的文化街区和类似的旅游纪念品。

第三,文化创意产业人才缺乏。当前中国文化创意产业的发展前景较为乐观,但是文化产业人才的培养滞后于文化创意产业的发展。文化创意产业十分注重创新,创意、创新知识以及高新技术人才需求的水平和结构,决定了人才在文化产业发展过程中的特殊地位。在文化产业各层次就业比重当中,文化相关层和外围层所占的比重较大,文化核心层中拥有自主创意创新能力的人才比重低,并且整体水平不高。

第四,知识产权保护不力,盗版现象仍然层出不穷。对知识产权保护的缺失既是创新者之痛,更是建设创新型国家之碍。它容易导致优秀的文化创意流失,打击优秀文化创意工作者的创作热情,从而阻碍产业的进步。

第五,文化创意产业的产品与服务评估指标体系与评估机制还不够科学,许多文化评估机构主体越位和缺位的情况普遍存在,市场化程度较低,导致风险的不确定性,即使能获得高额回报,也对投资者缺乏吸引力。[1]

二、中国文化创意产业发展的优势

2013年党的十八届三中全会提出建立健全现代文化市场体系,标志着中国文化产业开始实现发展动力机制的转变。2017年党的十九大报告进一步对新时代文化建设做了深刻系统的阐述,在这样一个历史进程中,中国文化产业得到快速发展。在吸取别国文化创意产业发展的经验基础上,中国文化创意产业发展还需要梳理自身发展优势,做到知己知彼、趋利避害,充分迎接即将面临的各种挑战。

(一)国家政策保驾护航

中国在国家、地方政策方面给予文化创意产业发展以支持。在政府的积极引导下,中国文化产业已经初步形成了以国家级文化产业示范园区和基地为龙头,以省市级文化产业园区和基地为骨干,以各地特色文化产业群为支点,共同推动文化产业加快发展的格局。北京、上海、深圳、成都、等地积极推动创意产业的发展,正在建立一批具有开创意义的创意产业基地。

此外,"一带一路"为中国文化创意产业跨地区融合及走向世界提供了新机遇。2016年12月,《文化部"一带一路"文化发展行动计划(2016—2020年)》提出"建立和完善文化产业国际合作机制,加快国内'丝绸之路文化产业带'建设;以文化旅游、演艺娱乐、工艺美术、创意设计、数字文化为重点领域"。"一带一路"倡议是经济贸易与文化交流的伟大创举,而文化创意产业作为经济与文化双核战略有机结合的重要载体,能够在此过程中推动中国文化创意产业的跨地区发展融合及"走出去",与沿线国家和地区实现互惠共赢。一方面,"一带一路"沿线国家及地

---

[1] 顾江.中国文化产业发展的机遇与挑战[J].人民论坛:中旬刊,2011(12):36-37.

区为中国文化创意产业提供了更为广阔的国际市场,根据国外不同受众群体的文化传统和价值取向,中国文化创意企业可以有针对性地开发适销对路的文化创意产品;另一方面,沿线国家及地区不同的文化背景和人文风俗为中国文化创意产业提供了丰富的文化资源,注入新活力。[1]在国家和地方政策的鼓励下,中国文化产业进入快速发展的新时期。

(二)雄厚经济助力腾飞

中国良好的经济形势与经济基础也给予文化创意产业发展以支持。党的十八大以来,中国文化创意产业发展态势良好,随着消费升级以及全民文化意识的提升,文化创意产业总体营收规模不断扩大,供给呈现缺口。2017年文化及相关产业增加值34 722亿元,占GDP比重4.2%,继续向国民经济支柱性产业迈进。文化产业总体融资规模不断扩大。2017年全国5.5万家规模以上文化及相关产业企业实现营业收入91 950亿元,比上年增长10.8%,增速提高3.3个百分点,持续保持较快增长。[2]雄厚的经济实力与经济基础,成为中国文化创意产业发展的重要支撑。

(三)文化资源激发潜能

尽管中国文化创意产业起步相对较晚,但文化资源非常丰富,可以为文化创意产业提供源源不断的素材。中华民族是一个有着5 000年历史的伟大民族,中华文化是经历了漫长的历史岁月而形成的,是世界上唯一没有发生过历史断层的文化类型。鲁迅先生曾说:"只有民族的,才是世界的"。中国传统文化也成为中国未来文化创意产业走向世界的重要依托。因此,随着人们对于文化创意产品的需求日益旺盛,中国传统文化就成为中国文化创意事业的灵感之源,其蕴含将丰富的文化资源优势转化为文化创意产业优势的巨大潜力,中国文化创意产业前景广阔。

(四)科学技术注入活力

中国科技水平的不断提高不仅为文化创意产业提供了发展基础、技术和效益平台,更提供了更多升级发展的可能性。科学技术的合理使用为创造更加丰富多彩的文化创意衍生品赋能,促进文化创意产品的多维度创新、多元化、数字化发展。诸如数字影像、沉浸式体验、区块链等技术越来越多地被应用到文化创意产业中。许多技术已经拥有广泛的用户基础,如博物馆通过展示数字化藏品,扩大文化影响力,创新文化体验。而皮影戏利用数字化技术支撑,采用大屏幕来放映,吸引了更广泛的年轻群体,推动产业进入新阶段。随着5G技术、虚拟现实(VR)、增强现实(AR)等技术的发展,这些数字文化产品无论在形式还是内容方面,都将为文化创意产业带来新的生机。随着中国信息化水平的快速提高以及三网融合的业务不断创新与发展,高新信息技术会不断向文化产业领域扩散与融合,文化产业将在内容和形式上得到不断创新与发展。

---

[1] 中国市场研究网.中国文化创意行业发展现状及市场前景分析预测研究报告[OL]. https://www.hjbaogao.com.cn/scsj/2019-06-22/311554.html.[访问时间:2020-03-16]

[2] 国家统计局门户网站.2017年我国文化及相关产业增加值占GDP比重为4.2%[OL]. http://www.stats.gov.cn/.[访问时间:2020-03-17]

第三节 全球文化创意产业发展趋势

一、从多极化走向全球化

(一) 文化无国界,全球化凸显

在全球文化产业市场上,长期以美国、英国、日本、韩国为首的发达国家占据着全球文化创意产业的主阵地,不断向其他国家输出文化产品,获取高额利润,文化创意产业呈现多极化发展。美国、英国、日本、韩国的文化产业已形成各自特点与国际优势,对世界经济与文化产生了重要影响。总体来看,美国、英国、日本、韩国的文化产品与服务在世界上不仅影响力广泛,其在世界各国也形成了商业和文化的双重号召力,尤其在以英国的音乐和表演艺术、美国的电影、日本的动漫、韩国的影视剧和网络游戏为代表的产业都有一定程度的体现。

随着政治、经济全球化不断深入发展,文化全球化也朝着更为深刻的方向发展,文化全球化得更为明显,世界的文化创意产业也逐渐从多极化走向全球化。越来越多的国家意识到发展文化创意产业的重要性,如今不仅美国、英国、日本、韩国等国的文化创意产业发展优势突出,中国、法国、印度、荷兰、芬兰等世界各国的文化创意产业都在逐渐崛起。在文化全球化的大背景之下,借助于日新月异的科技手段,全球文化共享的氛围也逐渐形成。从诸多国家的文化创意产品中,可以看到更多其他国家的文化元素。例如在影视行业,跨文化传播现象屡见不鲜,跨文化题材影片也逐年增多,美国的迪士尼、皮克斯、梦工厂等闻名全球的动画制作公司都特别善用各国的文化元素,进行电影作品改编,如《阿拉丁》《白雪公主与七个小矮人》《马达加斯加》《花木兰》等都是取材于世界各国的故事或文化。其中,在迪士尼电影《花木兰》中,

图 13-2 迪士尼《花木兰》
(图片来源于网络)

不论是故事人物还是社会环境都取材于中国的故事《花木兰》,但是在叙事结构、人物性格、故事情节、主题等方面采用了美国迪士尼的惯用手法,以此种方式进行文化共享、文化融合和文化传播(图 13-2)。这样的文化产品不仅受到了中美观众的欢迎,也收获了全球观众的期待。

(二) 弘扬民族文化,屹立世界之林

在如今文化无国界,文化创意产业全球化发展的大环境下,深入民族文化成为各国开展文化创意的重要突破口。各民族在其历史发展过程中,创造和发展起来的具有本民族特点的文

化,包括衣食住行、生产工具等物质文化和语言、宗教、科学艺术等精神文化,标志着民族历史的发展水平。每个地区或国家的民族文化都有自身的历史渊源和特殊个性,具有显著的民族性,而历史越悠久、传统越深厚的文化,其民族性就越强烈、越具特色。民族文化的特殊个性表现为不同的民族气质、心理、感情和习俗,这也是一个民族区别于其他民族的重要标志。因此,发展文化创意事业,必须要取其精华,弃其糟粕,继承优秀的民族文化,依托于此的文化创意产业才能屹立于世界之林,保持长久而持续的发展。

在经济全球化快速发展、各国联系越来越紧密的当今社会,文化全球化在全球经济格局中扮演着越来越重要的角色,文化生产力在现代经济的总体格局中的作用越来越突出。文化的力量深深熔铸在民族的生命力、创造力和凝聚力中,成为综合国力的重要标志。因此,在文化全球化的背景之下,大力保护和发展民族文化的重要性已成为各国的共识和追求。保护民族文化不仅有助于自身民族文化的传承和发展,也有利于推动世界文化多样性的形成和发展。

二、从产品力走向文化力

(一) 文化创意产业的高效益

被世界商业管理界誉为"竞争战略之父"的迈克尔·波特说:"基于文化的优势是最根本的、最难以替代和模仿的、最持久的和最核心的竞争优势。"由此可见,文化才是一个国家或城市的最大不动产:日本喊出"独创力关系国家兴亡"的口号;韩国贴出了"资源有限,创意无限"的标语;美国则写出了"资本的时代已经过去,创意的时代已经来临"的格言;新加坡在1998年制定"创意新加坡计划"后,又在2002年明确提出要把新加坡建成全球的文化和设计业中心、全球的媒体中心;而中国北京、上海、香港、台北等地也正全力打造华语世界、亚洲乃至全球的"创意之都"。

据联合国教科文组织发布的数据,2017年,全球文化创意产业创造产值2.25万亿美元,超过电信业全球产值(1.57万亿美元),并超越印度的国内生产总值(1.9万亿美元)。全球文化与创意产业从业人数2 950万,占世界总人口的1%。[1] 文化创意产业因其产业的高效益正在被越来越多国家所关注,也正在成为世界各国的战略性资产。

(二) 文化创意产业的产品力与文化力

在文化创意产业持续创造社会效益和经济效益时,我们应关注其背后的产品力和文化力。产品力主要表现为产品的品质,价格,品牌,以及创新等方面对目标群体的吸引力。在传统意义上,产品的产品力通常是衡量一个产业的价值的标准之一。而"文化力"这个概念于20世纪首次提出,即文化也是一种生产力。从狭义上讲,文化力是文化、艺术、出版、文物保护、图书馆、档案馆、群众文化、新闻、文化艺术经纪与代理、广播、电视、电影等部门创造的文化艺术对人类自身、社会生产(物质生产和精神生产)和人类社会的作用力。它包括文化艺术品的创造能力(文艺生产力)和文化艺术对社会的作用力(文艺产品影响力);从广义上讲,文化力是人类

---

[1] 国际作家与作曲家联合会(CISAC),安永会计师事务所(EY).文化与创意产业报告[R]. 2017.

的意识形态活动和科技、教育、文化艺术、娱乐(含旅游)等精神生产部门创造的精神财富对人类自身、社会生产(物质生产和精神生产)和人类社会的作用力,它包括精神产品的创造能力(精神生产力)和精神产品对人类社会的作用力(精神产品影响力)。[1]

如今,世界各国联系不断加强,生产力快速发展,文化全球化更加深刻,使得文化创意产业由产品力的竞争逐渐变为文化力的竞争。文化创意产业的这一转变与历史的发展历程有着密切关系。第一,欧美发达国家已经完成了工业化,开始向服务业、高附加值的制造业转变。这些国家一方面,把一些粗加工工业、重工业生产向低成本的发展中国家转移;另一方面,其中很多老旧的产业、城市出现了衰落,从而产生经济转型的实际需要。第二,20世纪60年代,欧美出现了大规模的社会运动,亚文化、流行文化、社会思潮等此起彼伏,人们更接受差异,人们更倡导张扬个性的解放,社会氛围更加开放包容,社会文化更加多样多元,形成了有利于发挥个人创造力的氛围。第三,20世纪80年代撒切尔夫人、里根上台以后的经济政策更加鼓励私有化和自由竞争,企业和个人要创新,有差异化才能有市场,这也刺激了创意产业的发展。第四,在当今经济和文化全球化情境下,各国生产力不断快速提高,经济贸易往来越来越频繁,文化交融越来越多面多元,竞争变得更加复杂。纵观世界发展,各个国家的产品制造能力较从前都有了大幅提高,同时,随着科技的发展,国家之前的交通、通信更加顺畅,这导致资源逐渐由稀缺转化为过剩。我们可以随意选择看美国电影、听韩国音乐、玩日本游戏,产品的传播和使用已经跨越了国界,渗透进世界人民的日常生活中,甚至出现了供过于求的状态。在这种情形下,产品的质量已经趋同于较高水平,消费者追求的则不单是某一产品本身,而是其背后蕴含的文化寓意和文化认同。文化创意产品不仅仅要追求产品力,更要追求文化力。因此,在文化创意产业的未来发展中,增加文化创意产业产品的文化内涵,提升产业文化力将成为重要课题。

(三)文化创意提升产品附加值

在产品实用价值相当的情形下,由于知识产权的保护、文化创意的增强和软实力的提升,产品的附加值也将增加。举例来说,相同质量的 T 恤衫会因为印有不同的 logo 或图案而产生价格的区别和销量的区别。日本品牌优衣库发售的与美国街头艺术家 Kaws 联名 T 恤衫一经发售便被一抢而空,进而成为"千金难买"的稀有品。而如果只是在优衣库商店中随意挑选一件白色 T 恤衫,其价格和销量都和联名款有着很大的区别。这是因为,消费者看中的并不仅仅是其实用价值和产品质量,而是 T 恤衫上的图案所蕴含的文化态度、文化价值。同样,国产品牌"江小白"因为其瓶身印刷的各类个性语

图 13-3　优衣库 Kaws

---

[1] 陈运庆.浅议用文化力打造城市核心竞争力[J].江西科技师范大学学报,2004(6):58-60.

录而迅速蹿红。它的特色和优势并不在酒本身,它所兜售的是一种情怀。虽然一个文案只有一句话、几个字,却能紧贴消费者的内心,获得一种文化认同。由此可见,文化创意提升了产品附加值,为文化创意企业及整个产业发展带来了巨大利润,也推动文化创意产业从产品力走向文化力。

当前,中国文化创意产业发展已经进入重要的转型期。新时代文化创意产业发展需要注重文化内容、创意文本的内涵式融合,不能仅仅是"为融而融",要真正实现基于市场发展规律的行业跨界融合。在中国新型工业化、信息化、城镇化和农业现代化进程中,文化创意产业已贯穿在经济社会各领域各行业,呈现出多向交互融合态势。文化创意和设计、金融、高端服务业、旅游、科技、医疗健康等实体经济之间的深度融合,是国民经济新的增长点,也是提升国家文化软实力和国际竞争力的重要举措。[1] 随着中国经济发展,文化创意产业的国际交往进一步密切。文化创意产业对提升中国在全球价值链中的地位和作用日益提高,日益成为工业、制造业等传统产业转型升级的重要推手。[2] 在这个全球竞争新战场中,产品力已经不再是文化创意产业的竞争核心,取而代之的则是文化力上的激烈竞争。

三、从"文化+创意"走向"文化+创意+科技"

(一)文化创意产业数字化发展

随着科技的发展和普及,"文化+创意+科技"逐渐取代过去单一的"文化+创意"的发展模式,数字化已经成为当代文化创意产业发展的重要趋势,数字化发展已成为文化发展的突出特点之一,互联网也成为当代中国最重要的文化创意产业平台。在文化活动方面,线上数字化聚集性文化活动逐渐成为趋势。"云博物馆""云旅游""云音乐会"等不断涌现,人民网、字节跳动、腾讯以及各地政府对"云端展会""云端论坛"首次进行了大规模实验,各地景点基于VR和全景视觉技术开发线上游览平台并向社会投放,以满足消费者多样的文化需求。如故宫博物院推出了"VR故宫""全景故宫""云"游故宫观展,敦煌研究院也利用数字资源推出了"数字敦煌"精品线路游、"云游敦煌"小程序等一系列线上产品(图13-4)。此外,移动游戏、短视频平台、社交网络等媒介在全民居家时期的全线爆发,使得线上文化产业发展表现抢眼。

在文化创意生产方面,线上办公新形式迅速普及。数字化技术的运用带来新的社会认识,培养了新的消费习惯,创造了新的效率增长空间。这意味着线上教学、办公、教育、培训、咨询服务乃至工业生产等业态,将会迎来更深刻的发展机遇,从而进一步影响文化创意企业的生产和办公方式。在新冠疫情期间,多家服务商向社会免费开放远程办公产品,从而帮助减少人员流动,其中包括阿里巴巴的钉钉、华为云的WeLink、腾讯的腾讯会议、字节跳动的飞书、国外远程办公及会议软件Zoom等。这为文化创意产业的远程办公与云协作提供了可能。不少艺术

---

[1] 马明.新时代文创产业需要内涵式发展[OL]. http://theory.gmw.cn/2019-11/17/content_33325301.htm.[访问时间:2020-03-21]

[2] 商务部门户网站.2018国际文创产业合作伙伴大会在京顺利召开[OL]. http://www.mofcom.gov.cn/article/shangwubangzhu/201809/20180902785699.shtml.[访问时间:2020-03-21]

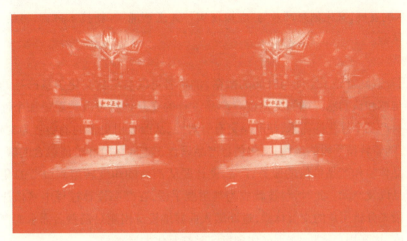

图 13-4　故宫 VR

（图片来源于网络）

设计、网络文学、游戏设计等对计算机技术具有较高依赖度的行业通过云办公的方式实现复工。

（二）文化创意产业移动化发展

在移动网络和体验经济时代，文化创意产业成为拉动城市经济发展的新引擎。当前，诸多国家文化创意产业的增速已高于同期 GDP 的增速，文化创意产业创造了新的经济增长点，在推动传统产业转型、促进产业结构调整、高新技术转化等方面发挥着重要作用。其中，文化创意产业的移动化发展是其一大趋势。

全球移动通信系统协会预测，到 2025 年全球 5G 连接数量将达 14 亿个，未来 15 年间，5G 将为全球经济增加 2.2 万亿美元 GDP。有人称，未来，5G 技术与人工智能、大数据等紧密结合，将会开启一个万物互联的全新时代，相关领域将呈现出蓬勃发展态势，文化创意产业也在移动化发展进程中迎来重大发展机遇。同时，文化与互联网、旅游、体育等行业融合发展，跨界融合已成为文化创意产业发展最突出的特点，数字内容、动漫游戏、视频直播等基于互联网和移动互联网的新型文化业态成为文化创意产业发展的新动能和新增长点。随着 5G 的试商用，传输成本大大降低，"平台＋技术＋内容＋垂直运作"将形成文化创意产业的新生态，产生巨大的商机，文化创意企业要走出"舒适区"，打破"思维定式"，提前布局，打通线上线下，连接技术和内容，融合传统和现代，经风雨、见彩虹，实现新的跨越式发展。

其中，中国文化创意产业的移动化发展尤为显著。目前，中国已经迈入了移动互联网全民时代，在 2018 年，中国移动互联网用户人数已达到 8.2 亿，移动互联网数据流量同比增长 189％，其中，短视频对中国互联网流量和使用时长的增长功不可没。移动应用和涉及的细分领域主要集中在：游戏、视频、新闻、社交、电商、金融(手机银行、传统券商、P2P、直销银行、银行信用卡)、房产(含开发商类)、旅游(在线旅游服务平台、航空、酒店)、生活服务、教育、医疗、母婴、出行、汽车服务等诸多实用内容。"互联网＋"时代为传承文化传播提供了广阔平台，使传统文化活起来，火起来，更在传播过程中不断被筛选和再造，最终变得更加大众化和生活化。

随着 5G 技术的发展，文化创意产业与"虚拟现实""人工智能"等新技术融合，将给人们带来更新颖的文化体验。

（三）文化创意产业交互化发展

如今，因互联网打破了空间与时间的壁垒，消费者可以参与到文化创意产品的设计中，增强他们的参与感和认同感。增强文化创意产品设计的交互体验可以实现更加个性化的设计，满足消费者对产品个性化的需求，使产品更有针对性，从而吸引更多的消费者为文化创意产品买单。同时，随着科技手段的运用，文化创意产品设计正走向体验和价值融合的服务模式。要提供融合产品体验和产品价值的服务，产品设计要从消费的角度转型到服务的角度，整合平面、交互、产品以及空间。此时，科技就成为其重要手段，在产品设计过程中将依托用户体验，利用科技手段来分析用户的交互体验，进而因人而异地设计出满足消费者需求的产品，提升消费者的满意度，增强用户体验，实现文化创意产品交互化发展。

如今，动漫游戏、网络文学、网络音乐、网络视频等数字文化创意产品已拥有广泛的用户基础，与百姓生活越来越密切，并在诸多新科技的帮助下，如 VR、AR、全息投影等，也实现了各种用户体验全新形式，不仅在视觉上增强用户对产品相关性的认知，而且节省用户选择产品的时间和精力。随着 5G 应用广泛融入社会，文化产品的数量与种类将会不断丰富，音乐、动漫、影视、游戏、演艺等传统业态的数字化程度将不断加深，具有可视化、交互性、沉浸式等特性的文化创意产品和服务也将不断涌现。通过移动智能终端参与互动体验，身临其境地体验不同类别的文化创意内容，必将成为文化创意产业未来发展的重要趋势。

案例研读

"苏绣"，传统文化的创新传播

中国是世界上最早发明养蚕、缫丝、织绸、染印和刺绣的国家，以"丝国"之名享誉中外。刺绣在中国已有两千多年的历史，当刺绣在不同区域形成特定的刺绣品类且最终形成各自相对独立的体系之时，刺绣文化开始呈现出百花齐放的场面。苏绣更以技法奇巧、工艺独特、图案精致、色彩清秀闻名于世，被誉为四大绣之首。2006 年 5 月 20 日，苏绣经国务院批准列入第一批国家级非物质文化遗产名录。苏绣具有重要的历史认知价值和艺术价值。

1992 年，由联合国教科文组织发起世界记忆工程项目，目的是保护世界文化遗产，促进世界文化遗产数字化。2005 年国务院出台的《国务院办公厅关于加强我国非物质文化遗产保护工作的意见》中指出，要运用文字、录音、录像、数字化多媒体等方式，对非物质文化遗产进行真实、系统和全面的记录，建立档案和数据库。[1] 2011 年出台的

---

[1] 国务院办公厅网站.国务院办公厅关于加强我国非物质文化遗产保护工作的意见[OL]. http://www.gov.cn/zwgk/2005-08/15/content_21681.htm.[访问时间:2020-03-22]

《中华人民共和国非物质文化遗产法》第十三条也明确提到,"文化主管部门应当全面了解非物质文化遗产有关情况,建立非物质文化遗产档案及相关数据库"。[1] 目前,苏绣信息的传播主要有博物馆、艺术馆的宣传展览、低端绣品的批发生产、高端绣品的私人订制和民间宣传教育活动。总的来看,苏绣信息的传播形式较为传统,较少运用现代信息技术。同时,对于苏绣品牌的塑造和运营较少,思想较为保守。

　　现在,数字化技术越来越多地被应用到非物质文化遗产的保护。首先,通过数字化技术将苏绣有关的针法、影像、图片进行数字扫描采集,建立苏绣信息数据库。将苏绣传承人相关的资料、教学视频进行整理、编码、分类,建立传承人智慧存储库,并实时更新相关传承人的资料。其次,通过运用网络技术和多媒体技术,搭建苏绣网络互动平台,拉近民众与传统文化之间的距离,促进同行传承人之间的技艺交流、知识分享,同时也更便于广大苏绣兴趣爱好者欣赏佳作、学习交流、获取信息。在网站中,应当包括苏绣行业的最新动态、苏绣佳作、针法讲解视频、苏绣论坛、在线观看教学以及相关政策法规等。通过这个平台,让传承人更明确地了解大众的文化需求和文化喜好,促使其创作出更多能满足大众文化需求的作品。同时,大众更加深入了解行业发展、最新动态,通过互联网的互动性,促进文化传播、信息交流以及知识与理念的碰撞。再次,一些传统博物馆和艺术馆通过引进数字化信息设备,将传统展品佳作通过视频、动画等形式展现,提升了视觉体验和信息收集的广度。利用 VR 技术,将苏绣创作过程真实地还原,实现虚拟在线、可视化操作以及跨空间互动,让学习者在虚拟空间获得真实的学习感受,从中体验苏绣的魅力。除此之外,借助新媒体,也是促进数字化传播的一大途径。APP 的盛行给苏绣的数字化传播提供了新思路。以故宫博物院为例,故宫开发了故宫展览 APP,大众只要使用移动终端,就可以观看故宫的展览,不仅有详细的文字图片介绍,还有 VR 全景模式,让人仿佛身临其境地观赏到文物展品。其专业的语音导览系统,也增强了传统文化的感染力。[2]

　　在传播与数字技术迅猛发展的背景下,数字技术为种类繁多的非物质文化遗产的保护、传承与传播带来了全新机遇。在社会发展的过程中,传统文化的创新传播是创造性转化和创新性发展的重要组成部分。无论从国家到个体,还是从政策到市场,如何通过创新传播将传统文化中优秀的文化基因与当代文化相适应、与现代社会相协调已然成为一个备受关注的话题。在大众对文化消费与体验不断发生变化的今天,文化与科技,文化创意、设计服务与日常生活的融合为我们带来了更多创新体验产品。

　　传统文化的创新性发展,只有外部形式的创新是不够的,要注重传统文化的现代

---

[1] 国务院办公厅网站.中华人民共和国非物质文化遗产法[OL]. http://www.gov.cn/flfg/2011-02/25/content_1857449.htm.[访问时间:2020-03-22]
[2] 吕彦池.非物质文化遗产数字化保护与传承——以苏绣为例[J].自然与文化遗产研究,2019(8):53-55.

展现。文化的内涵、深度成为愈来愈显性的需求。这就需要将传统文化艺术的历史积淀、美学意味与创新的传播意识相结合,在传统与现代、内部与外部之间形成有效的链接。传统文化艺术内部与外部社会多种要素的合作探索,立足传统,与时代接轨,与大众的需求接轨,这是新时代中国传统文化创新性发展、创造性转化的重要一环。传统文化创新传播,是立足当下社会,鲜明地体现社会主义文化为人民服务这一宗旨的重要途径。在这样的一盘大棋中,文博、非遗、文化创意产品、多元新文化体验以及相关教育活动,一起构建了当代社会传统文化创新传播的生态系统。从传播形态来看,传统文化艺术的传播包含要素传播、作品传播和文化传播3种形式。日常生活中的文博文化创意产品就是要素传播的典型代表,这也是传统文化艺术进入日常生活的重要形式。展览演出是作品传播的主要形式,往往都以相对完整的产品展现在观众面前。以传统文化艺术为主题的各种线上线下文化活动则属于广义多元的文化传播。[1]

在传统文化的创新传播上,新技术,特别是数字技术,带给社会全方位影响。对文化而言,数字技术不仅是文化生产要素和载体,也形成新的文化业态,进而塑造文化新生态,开辟文化创造新语境。中国传统文化与数字技术相遇,碰撞出崭新文化产品,带来丰富别样的文化体验。新技术手段已经深刻影响文化生产方式、传播方式、消费方式,催生文化生产新业态、新生态。"网生代"文化消费行为与审美趣味也不同于前代人,喜欢在更多元互动的沉浸场景中获得体验。文化创造者需利用好虚拟现实、增强现实、混合现实、人工智能等新技术,营造虚拟场景,丰富充实传统文化空间,创造出可广泛共享的产品,为公众提供沉浸式的文化参与体验。信息化时代的文化消费和知识生产,技术要素比重越来越重,但文化价值应始终是核心。技术与价值、工具与理性,都在新产品层面获得融合提升的契机,数字技术融合现代审美让传统文化以全新方式呈现,中国文化价值也在不同形态文化产品中融通共生。[2]

请思考以下问题:

1. 苏绣是中国的名片之一,是世界文化遗产,谈谈如何通过"一带一路"倡议展示中国传统文化,赢得沿线国家的青睐。
2. 请结合人工智能和互联网技术,策划一场"人人绣"非遗文化活动。
3. 比较各国文化创意产业发展,你认为对中国的文化创意产业发展有什么启示?
4. 你认为未来全球文化创意产业竞争将会有什么特点?

---

[1] 胡娜.传统文化传播创新呈现出时代特点[OL]. http://www.chineseculture.com.cn/News_Showw.asp?id=737. [访问时间:2020-03-22]
[2] 高宏存.以数字技术创新传播优秀传统文化[N].人民日报,2019-02-26:20.

思维导图

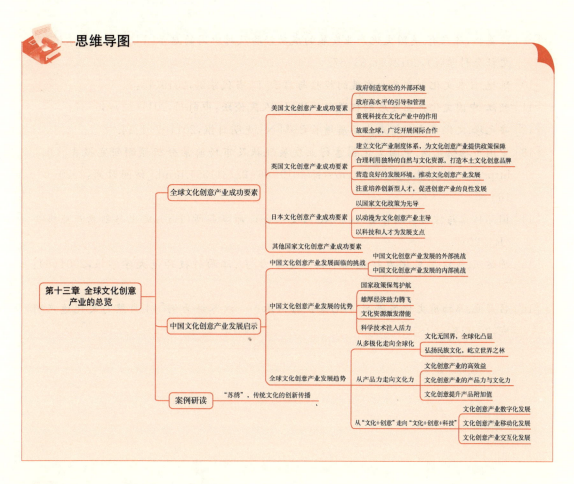

本章参考文献

[1] 黄耀文.文化中国,创意无限[M].北京:经济日报出版社,2009.

[2] 赵建国.中国文化产业国际竞争战略[M].北京:清华大学出版社,2013.

[3] 薛可.文化:品牌之根[M].武汉:武汉大学出版社.1999.

[4] 贾春峰.文化力[M].北京:人民出版社,1995.

[5] 文创中国周报.美英日韩中:全球五大文化创意国家产业布局解析[OL]. https://www.sohu.com/a/233626992_534424.[访问时间:2020-03-15]

[6] 中国报告大厅.美国文化创意产业成功的原因[OL]. http://m.chinabgao.com/viewpoint/813.html.[访问时间:2020-03-10]

[7] 陈琳,高德强.英国文化创意产业发展的经验与启示[J].四川省干部函授学院学报,2016(3):5-10.

[8] 李淑芳.英国文化创意产业发展模式及启示[J].当代传播,2010(6):74-76.

[9] 陈美华,陈东有.英国文化产业发展的成功经验及对中国的启示[J].南昌大学学报(人文社会科学版),2012(5):63-67.

[10] 陈艳.日本文化创意产业发展的经验与启示[J].当代旅游,2019(1):1.

[11] 顾江.中国文化产业发展的机遇与挑战[J].人民论坛:中旬刊,2011(12):36-37.

[12] 鲁元珍.文化产业如何走出品质增长之路[N].光明日报,2011-7-1:14.

[13] 中国市场研究网.中国文化创意行业发展现状及市场前景分析预测研究报告[OL].https://www.hjbaogao.com.cn/scsj/2019-06-22/311554.html.[访问时间:2020-03-16]

[14] 国际作家与作曲家联合会(CISAC),安永会计师事务所(EY).文化与创意产业报告[R].2017.

[15] 陈运庆.浅议用文化力打造城市核心竞争力[J].江西科技师范大学学报,2004(6):58-60.

[16] 吕彦池.非物质文化遗产数字化保护与传承——以苏绣为例[J].自然与文化遗产研究,2019(8):53-55.

图书在版编目(CIP)数据

文化创意学概论/薛可,余明阳主编. ——上海:复旦大学出版社,2021.4(2024.7 重印)
博学·文创系列教材
ISBN 978-7-309-15485-6

Ⅰ.①文… Ⅱ.①薛…②余… Ⅲ.①文化产业-教材 Ⅳ.①G114

中国版本图书馆 CIP 数据核字(2021)第 044525 号

文化创意学概论
薛　可　余明阳　主编
责任编辑/方毅超

复旦大学出版社有限公司出版发行
上海市国权路 579 号　邮编:200433
网址:fupnet@fudanpress.com　http://www.fudanpress.com
门市零售:86-21-65102580　　团体订购:86-21-65104505
出版部电话:86-21-65642845
常熟市华顺印刷有限公司

开本 787 毫米×1092 毫米　1/16　印张 28.75　字数 621 千字
2024 年 7 月第 1 版第 3 次印刷

ISBN 978-7-309-15485-6/G·2200
定价:68.00 元

如有印装质量问题,请向复旦大学出版社有限公司出版部调换。
版权所有　侵权必究